普通高等教育“十三五”规划教材

土木工程类系列教材

地下建筑结构设计

（第4版）

Design of Underground Construction Structure

(4th Edition)

王树理　编著

清华大学出版社

北京

内容简介

本书系统地介绍了目前代表全球主流大学土木工程相关地下建筑结构设计教学中最主要的、流行的地下建筑结构设计种类、设计理论、设计原理及设计方法，突出地下建筑结构的设计，旨在培养地下建筑结构的设计人才。全书共分10章，内容包括绪论、地下建筑结构设计方法、地下建筑结构设计计算理论、盾构法隧道衬砌结构设计、钻爆法隧道结构设计、非开挖顶管结构设计、明挖基坑支护结构设计、沉井结构设计、沉管结构设计、地下建筑工程降水与防水设计。

全书安排了大量图表、公式、例题、复习思考题和习题，方便读者理解书中的内容。相关例题、复习思考题、习题的参考答案文件可以在网上免费下载，网址：www. uecollege. cn。本书可作为大土木工程地下建筑工程本科生、研究生教材，供地下工程、地质工程、岩土工程、隧道工程等新土木工程领域相关专业高校师生及广大科技工作者使用或参考。

版权所有，侵权必究。举报：010-62782989，beiqinquan@tup.tsinghua.edu.cn。

图书在版编目(CIP)数据

地下建筑结构设计/王树理编著. —4版. —北京：清华大学出版社，2021.1(2024.8重印)
普通高等教育"十三五"规划教材. 土木工程类系列教材
ISBN 978-7-302-54362-6

Ⅰ. ①地… Ⅱ. ①王… Ⅲ. ①地下建筑物-建筑结构-结构设计-高等学校-教材
Ⅳ. ①TU93

中国版本图书馆CIP数据核字(2019)第263847号

责任编辑：秦 娜 赵从棉
封面设计：陈国熙
责任校对：赵丽敏
责任印制：刘 菲

出版发行：清华大学出版社
网 址：https://www. tup. com. cn，https://www. wqxuetang. com
地 址：北京清华大学学研大厦A座 **邮 编**：100084
社 总 机：010-83470000 **邮 购**：010-62786544
投稿与读者服务：010-62776969，c-service@tup. tsinghua. edu. cn
质量反馈：010-62772015，zhiliang@tup. tsinghua. edu. cn
印 装 者：涿州市般润文化传播有限公司
经 销：全国新华书店
开 本：185mm×260mm **印 张**：22 **字 数**：533千字
版 次：2007年3月第1版 2021年1月第4版 **印 次**：2024年8月第3次印刷
定 价：65.00元

产品编号：082407-01

第4版前言

2006年，编者在加拿大McGill University做访问学者的时候，考察了McGill University和University of Toronto的土木工程专业的科研方向、教学情况和教材内容，于2007年组织了燕山大学的王树仁、北方工业大学的孙世国、河北大学的杨万斌和北京航空航天大学的朱建明等同行编著了第1版《地下建筑结构设计》。2008年《地下建筑结构设计》被评为"北京高等教育精品教材"。2009年对本书补充了大量的例题、复习思考题及习题，出版了修订版第2版。2014年笔者再次赴美国Michigan Technological University做访问学者，先后又考察了世界前50名美国大学中的7所大学（依据http://cwur.org），对美国土木工程排名前列的Massachusetts Institute of Technology、University of Illinois at Urbana-Champaign、University of California-Berkeley、Columbia University、Princeton University、Texas A&M University、University of Washington的土木工程的科研方向、教学情况和教材内容再次进行考察和研究，又对本书进行了修订，出版了第3版。截至2016年年底，笔者收到了使用本教材进行教学的山东大学、兰州交通大学、宁波大学、中南大学、华北水利水电大学、湘潭大学、哈尔滨工业大学、燕山大学、大连理工大学等老师们反馈的许多宝贵意见，其间也收到了许多热心且富有专业责任的读者所提供的建议，使本人再次修订本书，决定出版第4版。

本次修订在语言表述、精确计算例题、修正图表错误和补充习题条件上做了大量工作。就教材内容而言，这将会是"终极版"。更多新内容将体现在讲解教材的PPT中。同时，完成了全书的例题、习题的解题过程文件和复习思考题参考答案。所有读者均可在www.uecollege.cn上免费下载上述文件，以方便自学。

从第1版到第4版，历时10年，能够改进的内容越来越少。对于书中所谈到的设计计算理论，虽然有的文献年代稍早，看似陈旧，但是由于经典的土力学和岩石力学理论经过几十年的发展仍然没有重大的突破，大家对此也就可以理解了。能够有所发展的是计算机技术在土力学和岩石力学中的应用，如有限元、边界元等应用在地下建筑结构的设计中，这使得这个古老的学科能够跟上时代，得以重生。很难想象，如果今天没有计算机技术,我们会付出多大努力来实现想要的研究结果。为了适应计算机技术在地下建筑结构设计中的应用,笔者已经购买了处理地下建筑结构设计中的岩土体问题设计和分析的完整商业软件,包括主要处理岩体问题的 Dips 6.0、Examine3D 4.0、Phase2 7.0、RocData 5.0、RocFall 5.0、RocPlane 3.0、RocSupport 3.0、Settle3D 3.0、Slide 6.0、Swedge 6.0、Unwedge 3.0,处理土体问题的 DC-foundation、DC-soil,处理爆破工程设计和分析的2DBench、2DFace、2DRing、2Dview、JKBMS,用于各种材料的、目前公认最优秀的显性动力分析软件 LS-DYNA。第4版书的 PPT 文本将再现计算机技术在地下建筑结构设计中的魅力,并加入了数值分析的研究成果。这个 PPT 也将不断地升级,通过电子邮件的方式发送给那些有教学需要的大学老师。

新版教材中,图片412张,公式335个,表格107个,例题35题,复习思考题54题,习题22题。内容尽可能以形象的图表格式表现,方便自学。考虑到全书的字数限制,对第3版书中的例题进行了优化筛选。

地下建筑结构设计的理论和实践随着计算机技术的发展日新月异,除了经典的理论,新技术、新方法和新理论也不断涌现。吸收和讲授新的内容,追求正确的、先进的、可以持续使用的理论和技术,一直是本书的目标。

一本书修订到第4版,从理论上来说内容的错误、文字的可读性和表述方法的流畅性应该被解决,但是,当笔者再读修改稿内容时,仍然发现了一些错字、别字及文献引述中的错误。也许第4版出版后,书中的不足之处和错误仍然存在,希望读者不吝指正,笔者将万分感谢。

王树理

2020年12月

目　录

第 1 章

绪论

1.1 地下建筑结构的概念和特点

地下建筑结构是指在地面以下保留、回填或不回填上部地层，在地下空间内修建能够提供某种用途的建筑结构物。

1.1.1 工程特点

地下建筑结构设计不同于地上建筑结构设计，其设计的工程特点表现在以下几个方面。

(1) 地下空间内建筑结构替代了原来的地层，建筑结构承受了原本由地层承受的荷载。在设计和施工过程中，要最大限度地发挥地层自承载能力，以便控制地下建筑结构的变形，降低工程造价。

(2) 在受载状态下构建地下空间结构物，地层荷载随着施工进程发生变化，因此，设计要考虑最不利的荷载工况。

(3) 作用在地下建筑结构上的地层荷载，应视地层的地质情况合理简化确定。对于土体，一般可按松散连续体计算；而对于岩体，首先要查清其结构、构造、节理、裂隙等发育情况，然后再确定是按连续还是非连续介质处理。

(4) 地下水状态对地下建筑结构的设计和施工影响较大。设计前必须勘察清楚地下水的分布和变化情况，如地下水的静水压力、动水压力、地下水的流向及地下水的水质对结构物的腐蚀影响等。

(5) 地下建筑结构设计要考虑结构物从开始构建到正常使用以及长期运营过程中的受力工况，应注意合理利用结构的反力作用，以节省造价。

(6) 在设计阶段获得的地质资料，有可能与实际施工揭露的地质情况不一样，因此，在地下建筑结构施工过程中，应该根据施工的实时工况，动态修改设计。

(7) 处在岩体中的地下建筑结构物，围岩既是荷载的来源，在某些情况下又与结构共同构成承载体系。

(8) 当地下建筑结构的埋置深度足够大时,由于地层的成拱效应,结构所承受的围岩垂直压力总是小于其上覆地层的自重压力。地下建筑结构上的荷载与众多的自然和工程因素有关,它们的随机性和时空效应明显,而且往往难以量化。设计时必须考虑单一工程的特殊性,以及相关工程的普遍性。

1.1.2 设计特点

与地上建筑结构的设计相比,地下建筑结构的设计特点表现在以下几个方面。

1) 基础设计

(1) 深基础的沉降计算要考虑土的回弹再压缩的应力-应变特性;

(2) 处于高水位地区的地下工程应考虑基础底板的抗浮问题;

(3) 厚板基础设计,如筏型基础的板厚设计,应根据建筑荷载和建筑物上部结构状况,以及地层的性能,按照上部结构与地基基础协同工作的方法确定其厚度及配筋。

2) 墙板结构设计

地下建筑结构的墙板设计比地上建筑结构要复杂得多,作用在地下建筑结构外墙板上的荷载(作用力)分为垂直荷载(永久荷载和各种活荷载)、水平荷载(施工阶段和使用阶段的土体压力、水压力以及地震作用力)、变形内力(温度应力和混凝土的收缩应力等),应根据不同的施工阶段和最后使用阶段,采用最不利的组合和墙板的边界条件,进行结构设计。

3) 明挖与暗挖结构设计

地下建筑结构的明挖法施工可采用钢筋混凝土预制件或现浇钢筋混凝土结构,而暗挖法施工一般采用现浇钢筋混凝土拱形结构。

4) 变形缝的设置

地下建筑结构中设置变形缝时最难处理的是防水问题,所以,地下建筑结构一般尽量避免设置变形缝。即使在建筑荷载不均匀可能引起建筑物不均匀沉降的情况下,设计上也尽可能不采用沉降缝,而是通过局部加强地基、用整片刚性较大的基础、局部加大基础压力增加沉降或调整施工顺序等来得到整体平衡的设计方法,使沉降协调一致。地下结构环境温差变化较地上结构小,温度伸缩缝间距可放宽,也可以通过采用结构措施来控制温差变形和裂缝,以避免因设置伸缩缝出现的防水难题。

5) 其他特殊要求

地下建筑结构设计还应考虑防水、防腐、防火、防霉等特殊要求的设计。

1.2 地下建筑结构的分类和形式

根据地下空间的特点,地下建筑结构按用途、几何形状和埋深的分类见表1-1～表1-3。

表 1-1 地下建筑结构按用途分类

序号	用途	功能
1	工业、民用	住宅、工业厂房等
2	商业娱乐	地下商业城、图书馆等
3	交通运输	隧道、地铁、地下停车场等
4	水利水电	电站输水隧道、农业给排水隧道等
5	市政工程	给水、污水、管路、线路、垃圾填埋等
6	地下仓储	食物、石油及核废料存储等
7	人防军事	人防工事、军事指挥所、地下医院等
8	采矿巷道	矿山运输巷道和开采巷道等
9	其他	其他地下特殊建筑

表 1-2 地下建筑结构按几何形状分类

几何形状	施工	形式	方向	几何形状	施工	形式	方向
	钻孔或竖井	挖掘	垂直或倾斜		洞室或洞穴	天然或挖掘	水平或倾斜
	微型隧道或隧道	天然或挖掘	水平或倾斜或螺旋		堑壕或露天矿	明挖	倾斜或垂直

表 1-3 地下建筑结构按埋深分类

名称	埋深范围/m			
	小型结构	中型结构	大型运输系统结构	采矿结构
浅埋	0～2	0～10	0～10	0～100
中深	2～4	10～30	10～50	100～1000
深埋	＞4	＞30	＞50	＞1000

典型的地下建筑形式如下。

1.2.1 居民住宅

窑洞可能是人类使用地下建筑结构最古老的形式。图1-1所示为中国农村的地下黄土窑洞。世界上许多地区的宗教和超常规使用的场所也被建在地下,如图1-2、图1-3所示。其中,图1-2所示为哥伦比亚锡帕基拉(Zipaquira)地下盐洞大教堂入口,图1-3所示为印度建在岩石中的阿楼拉(Ellora)佛教寺庙。

图1-1 中国农村地下黄土窑洞

图1-2 哥伦比亚锡帕基拉地下盐洞大教堂入口(Pinzon-Isaza,1983年)

图1-3 印度建在岩石中的阿楼拉佛教寺庙

1.2.2 娱乐场所

地下建筑娱乐场所的用途包括天然洞室探险、旅游观光、运动设施和社区中心。图1-4所示为前捷克斯洛伐克的旅游小船穿过迈查尔(Machocha)溶洞。图1-5所示为挪威加尔克(Gjorvik)的地下游泳池。图1-6所示为加拿大蒙特利尔(Montreal)地下步行街网络布置图(部分)。图1-7所示为法国巴黎亚乐(Les Halles)地下街外景。

图 1-4 前捷克斯洛伐克的旅游小船穿过迈查尔溶洞

图 1-5 挪威加尔克的地下游泳池

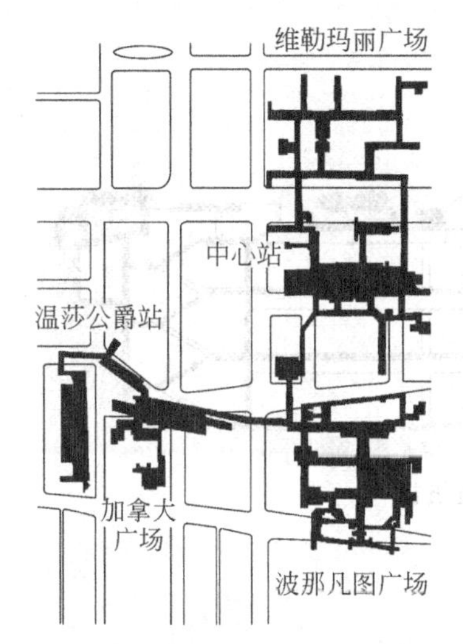

图 1-6 加拿大蒙特利尔地下步行街网络布置图（部分）

图 1-7 法国巴黎亚乐地下街外景

1.2.3 商业与教育设施建筑物

地下商业建筑物包括游览设施、展览馆和图书馆等。如建在哈佛大学校园里的内森·汞撒利·蒲赛（Nathan Mersh Pusg）图书馆（见图 1-8），英国牛津大学的拉德克利夫（Radcliffe）科学图书馆和日本东京地下七层的国家国会图书馆。

教育设施建筑在地下建筑中占有重要地位，一般是浅埋明挖式建筑物，以防范火灾，使人容易从安全出口逃脱，如图 1-9、图 1-10 所示。美国明尼苏达大学的民用与矿产工程技术大楼，就是针对校园地表空间的拥挤状况和明尼苏达州恶劣的天气而修建的。该工程表明，在明尼阿波利斯圣保罗开发地下空间存在巨大潜能。

在芬兰的一个技术研究中心，一座由几个大型岩体洞室组成的地下研究实验室正常有50 人在工作，但是在紧急避护时，它可容纳 6000 人。

图 1-8　哈佛大学蒲赛图书馆

图 1-9　加利福尼亚旧金山莫斯科(Moscone)会议中心

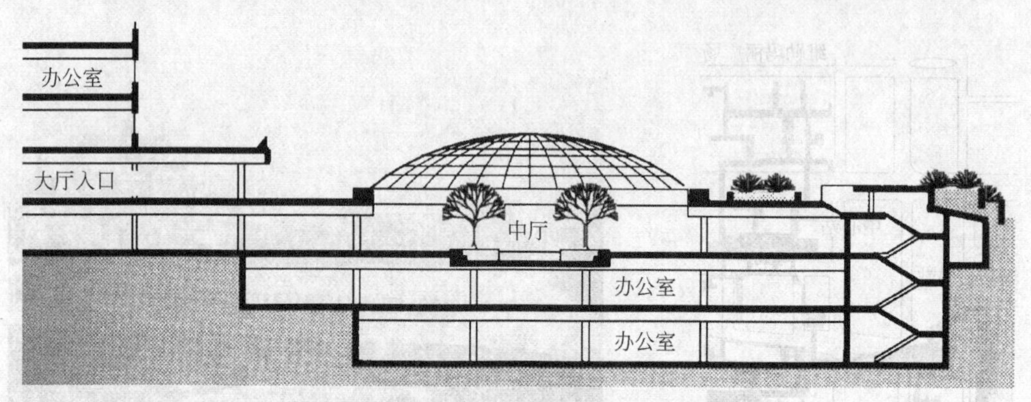

图 1-10　美国内布拉斯加州奥马哈建筑群

1.2.4　特殊设施

位于美国明尼苏达州橡树公园山庄的保密监狱，其部分结构建于地下，如图 1-11 所示。该监狱设置在一个浅峡谷的凹陷处，监狱外墙处于四周斜坡监视下，高大的外墙及观望塔也起着威慑作用。

在法国、印度、意大利、日本和美国，重大粒子物理实验室等国家级研究设施都建在岩洞和隧道中，巨大的粒子碰撞实验室也建在地下，以避免偏高的辐射和从磁场逸出的加速电子束可能产生的严重后果。

在世界上的许多城市中，许多医疗设施和紧急事件应急设施都建在地下，除满足民防要求外，也用作和平时期的医院。例如，上海考虑民防要求，在地下建设了一个拥有 430 张床位的医院。2006 年上海地下掩体改建 90 000m^2，遇紧急情况时可容纳 20 万人在里面生活 7～15 天。

1.2.5　地下停车场

大城市修建地下停车场比较普遍。在高层住宅和大型交际活动场所，需要配套大量停车设施，为了不破坏地表环境和避免大量占地，修建地下停车场成为解决方案之一。图 1-12 所示为法国巴黎地下停车场入口。

图 1-11 明尼苏达州橡树公园监狱

图 1-12 法国巴黎地下停车场入口

1.2.6 工业设施

工业设施是否建在地下,通常考虑三个因素:

(1) 战时保护;

(2) 地下环境的特殊属性;

(3) 节省或降低费用。

“二战”期间,许多工业设施被迁到地下,以躲避空中侦察或者避免被轰炸。在伦敦和英格兰一些城市,一些区域的地下系统被改造成了最高机密的工厂。德国于 1942 年 5 月签发了一项法令,规定将整个德国的航空业全面分散到地下,地下结构采用了跨度约 200m 的大跨土层覆盖壳结构。在“二战”中,日本也修建了超过 28 000m^2 的地下工厂。

除了用于安全保护外,还可利用地下结构潜在的特殊属性,如稳定的热环境、低振动、有效控制通风、低渗透、岩石洞室抗地面荷载能力等。此外,从美学意义出发也促使一些工业设施全部或部分建在地下。

1.2.7 军事及民防设施

安全防卫及军事使用经常与地下使用相互联系。由于进入点有限并可在轰炸下施以保护,地下设施能提供安全的庇护,如导弹筒仓、地下潜水艇基地、弹药储库和一些多样性的特殊化设施。世界上许多国家已经逐步建立核爆炸和原子辐射掩体,以避免核打击和提供核反击的保护措施。美国较大的军事指挥中心都建在较深的地下空间,例如,科罗拉多州的北美防空联合司令部(NORAD),其入口如图 1-13 所示。图 1-14 所示为瑞典建在岩石中的潜水艇库室。

在北欧一些国家,许多民防工程都建在地下,如瑞典斯德哥尔摩的地下电信中心,挪威的地下国家档案馆等。

20 世纪 60 年代,我国一些城市掀起建设地下民防工程的热潮(见图 1-15),仅北京就修建了大约 5000km 长的地道。世界上几个拥有核武器的国家,通过修建地下工程,完成了大量的地下核武器试验。

图 1-13 美国科罗拉多州的北美防空联合司令部防空指挥部入口

图 1-14 瑞典建在岩石中的潜水艇库室

图 1-15 我国城市人防工程建筑

1.2.8 储藏建筑

1. 食物储藏

地下食物储藏主要基于三个因素：

(1) 环境适合食物保护；

(2) 啮齿动物和大批滋生昆虫很容易被赶走；

(3) 对预防入侵者偷窃或抢劫而言,食物供应更安全。

图1-16所示为一个1500t的地下小麦储藏室的结构。图1-17所示为美国密苏里州堪萨斯城的地下储库。

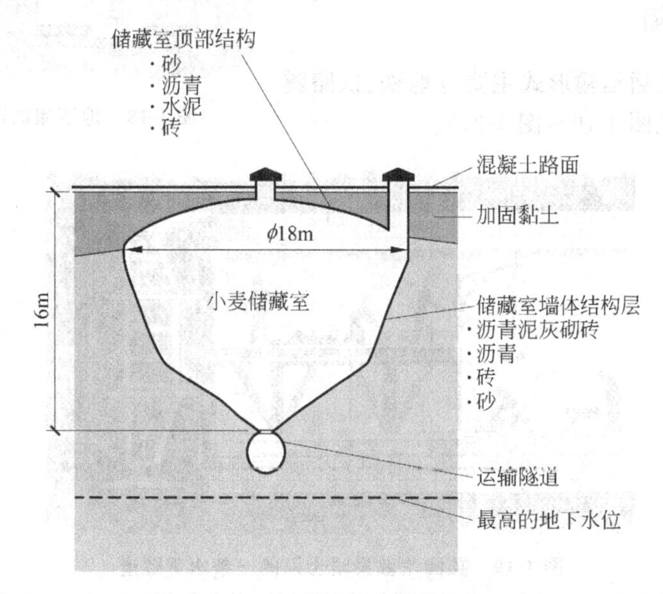

图1-16 1500t的地下小麦储藏室结构

图1-17 美国密苏里州堪萨斯城的地下储库

2. 石油与天然气存储

对工业化国家而言,石油和天然气是重要的经济能源和军事能源。因此,最近几年全世界范围内修建了大批的石油及天然气存储设施。第一个地下存储方案旨在地下洞室中存放传统油箱。然而,斯堪的那维亚人发明了在水位线以下岩体洞室中存储石油的方法,使石油浮在水床上,同时被洞室四周的水封堵着,如图1-18所示。

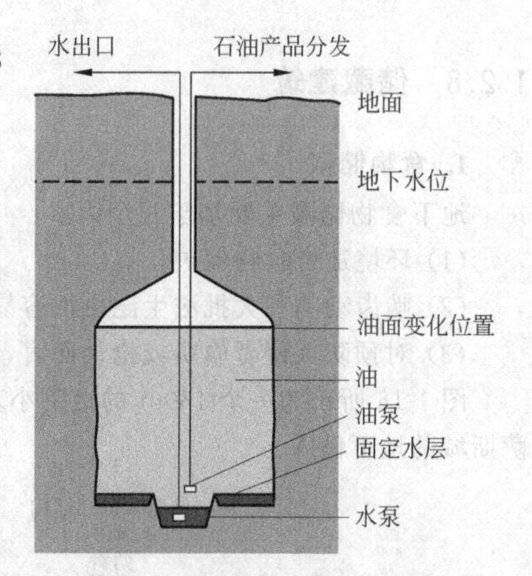

图1-18 地下储油洞室剖面图

3. 信息安全存储

出于防范自然灾害或战争的考虑,许多国家和一些大公司对记录档案的安全存储非常重视。例如,美国摩门宗教档案被保存在靠近犹他州盐湖城的一个很深的地下建筑物内。挪威的国家档案馆就坐落在有多层防护体系的岩体洞室建筑结构中。

1.2.9 交通运输

地下空间的交通运输形式主要有地铁、铁路隧道、公路隧道等(见图1-19～图1-21)。

图1-19 英国伦敦泰晤士河的一条水下隧道

该隧道采用布鲁内尔(Brunel)发明的开放型手掘盾构技术挖掘,于1863年完成。

图1-20 美国华盛顿的某地铁车站

图1-21 美国西雅图贝克山(Mt. Baker Ridge)隧道

1882年,世界上第一座较大的、穿越瑞士阿尔卑斯山的铁路隧道——15km长的圣高达山铁路隧道竣工。随着城市的扩张，第一条地铁线路于1863年在伦敦开始运行。截至2017年3月，世界上大约有201个城市使用了地铁，而且这个数字还在增加。

从1890年到2018年底，我国运营及在建铁路隧道有18 594座，总里程达到23 796km。

日本青函隧道把日本的本州主岛与北海道岛连接起来。该隧道于1988年通车，隧道总长53.9km，其中有23.3km位于海底，位于海平面下最大深度达到240m。

在蒙特利尔、多伦多、东京、巴黎和北京等城市，其地铁车站常作为大型地下购物中心和人行道网络的一部分。

1.2.10 公共隧道

1. 水供应与污水处理隧道(见图1-22～图1-24)

净水供应、污水处理与排泄促进了地下空间的开发和利用。在瑞典，有15座水净化车间建于岩体洞室中，其净化能力占整个国家废水净化的30%。

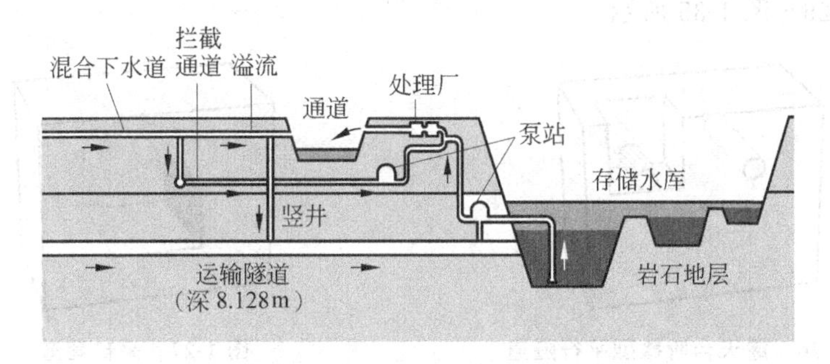

图1-22 美国伊利诺伊芝加哥隧道和水库设计示意图

图1-23 挪威奥斯陆地下水处理工厂入口

图1-24 瑞典斯德哥尔摩的亨尔克斯达(Henriksdal)污水处理工厂

2. 水电隧道(见图1-25)

出于一些技术和美学设计的考虑，水电隧道修建在地下有许多优点。在地下水电站的开发利用方面，挪威走在了世界前列，全世界共有300个左右的地下水电站，其中大约200个在挪威。

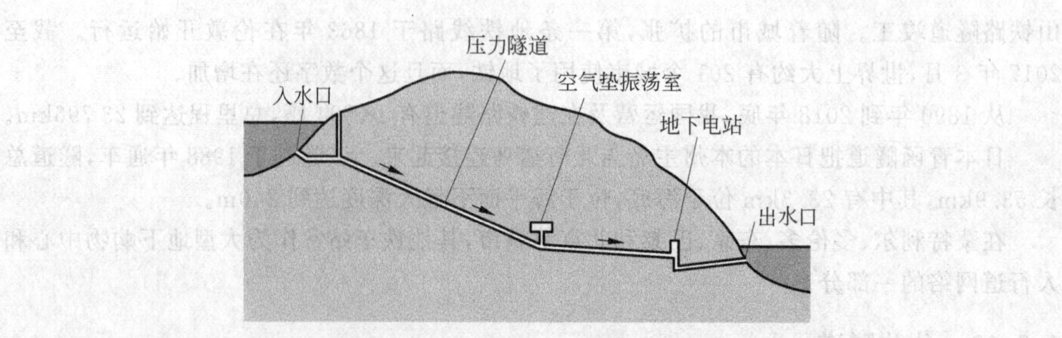

图 1-25　地下水力发电站剖面示意图

3. 功用管道

地下结构的小断面、线性管状管道系统主要是服务隧道，各种功用管道和隧道最终使用的结构如图 1-26～图 1-35 所示。

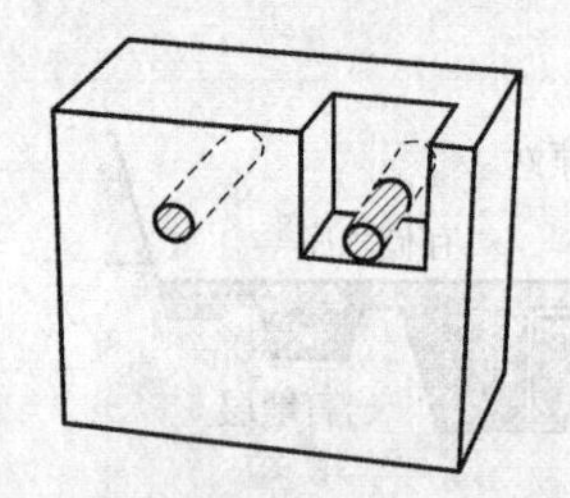

图 1-26　露天台阶微型平行隧道

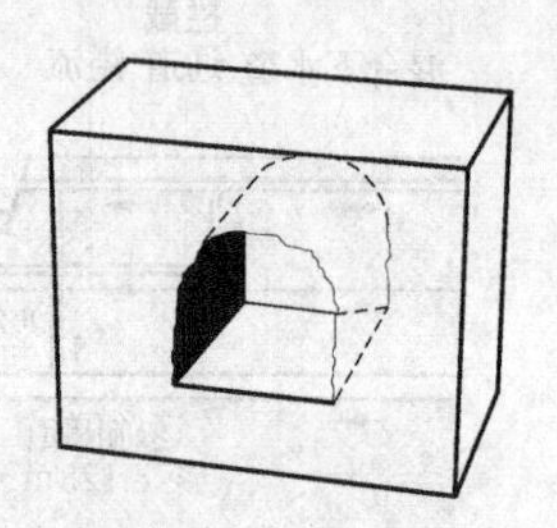

图 1-27　采矿巷道

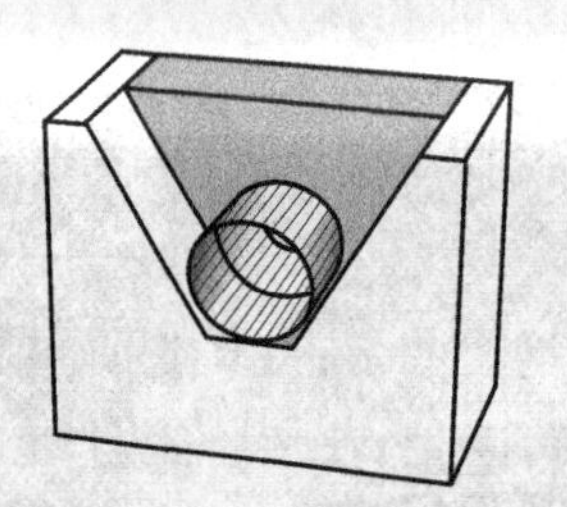

图 1-28　露天台阶圆形管道

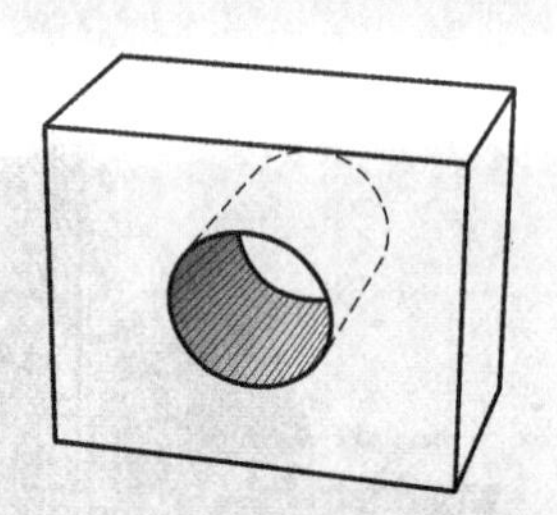

图 1-29　圆形隧道

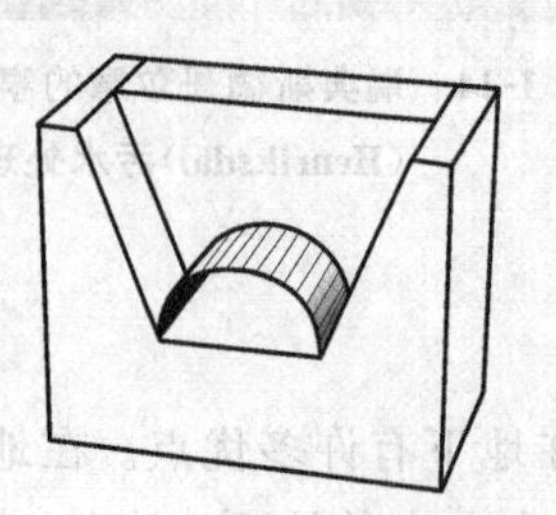

图 1-30　露天台阶微型管路

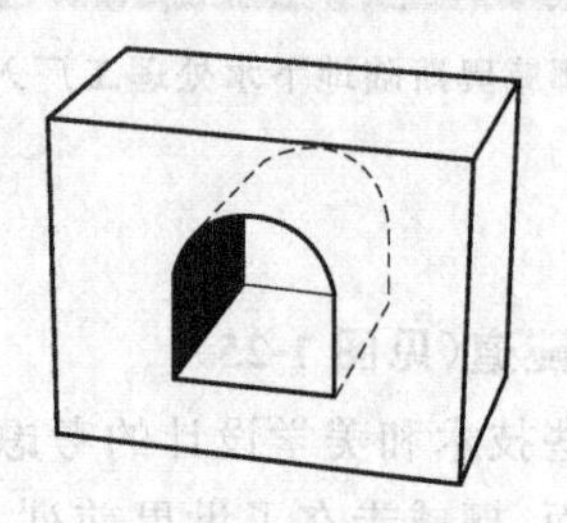

图 1-31　马蹄形隧道

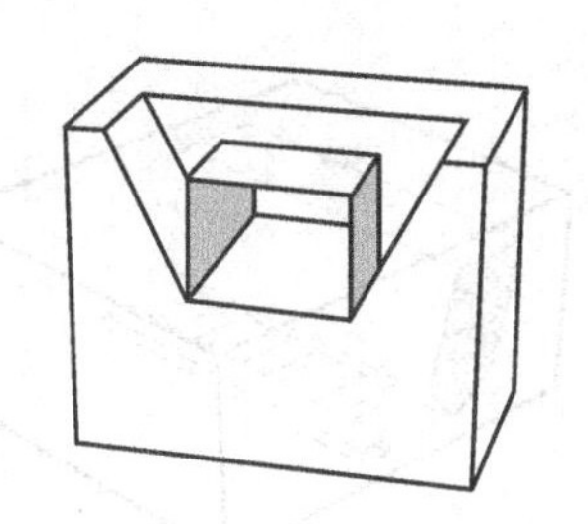

图 1-32 露天台阶方形隧道

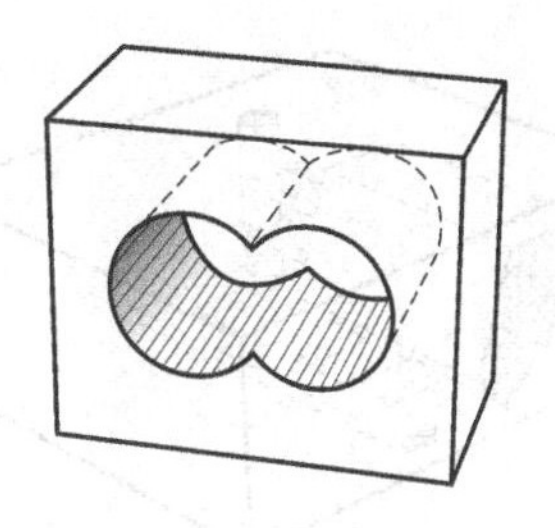

图 1-33 连孔隧道

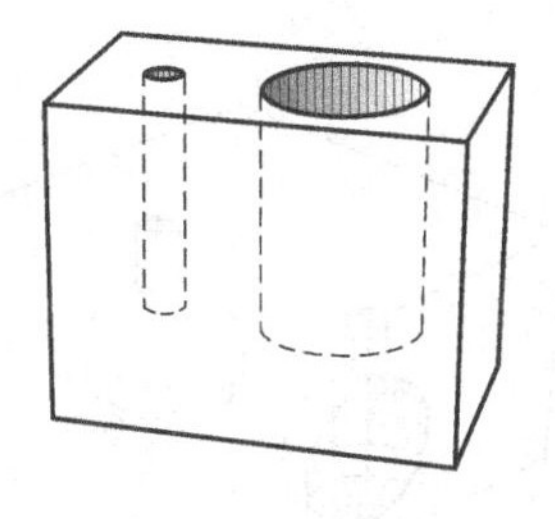

图 1-34 钻孔和竖井

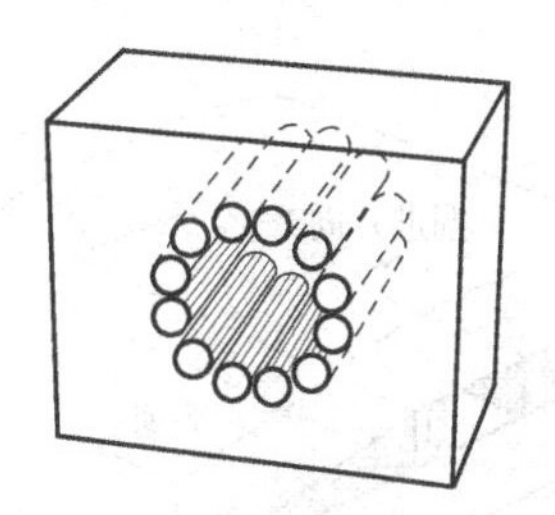

图 1-35 大断面管棚支护隧道

1.2.11 地下采矿巷道

地下大开放空间采矿巷道应以优化岩石结构和强度为设计基准，建筑结构尽量设计成自支护的形式。采矿工程中各类常见巷道和洞室群的结构如图 1-36～图 1-44 所示。

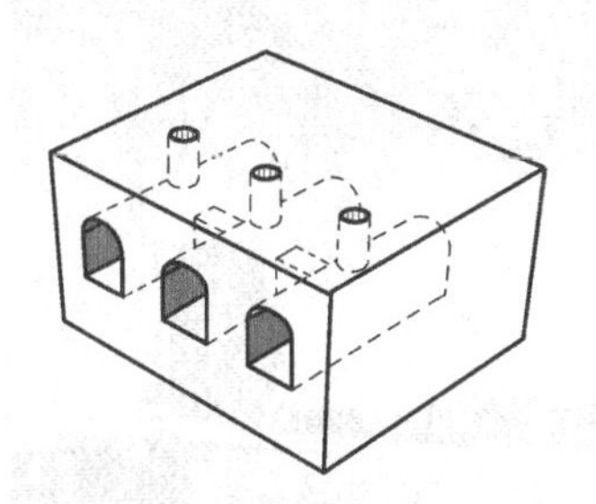

图 1-36 传统采矿坑道

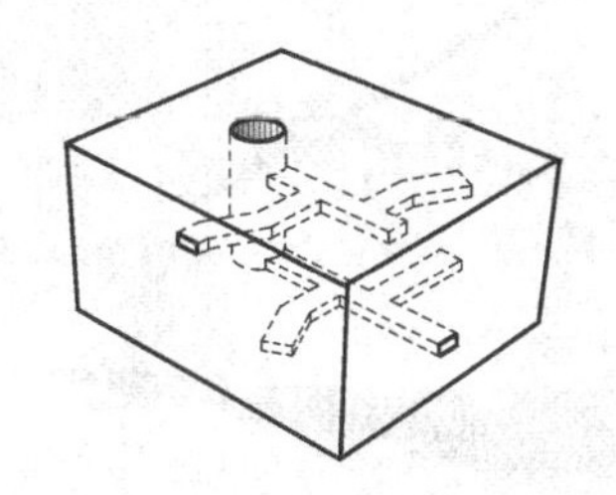

图 1-37 竖井多水平巷道

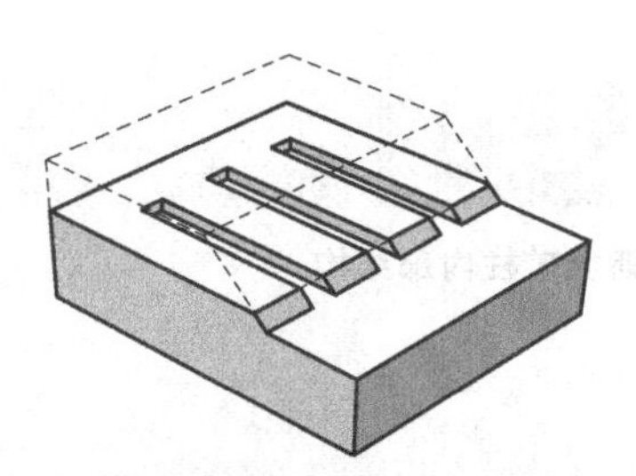

图 1-38 平洞条带采矿结构

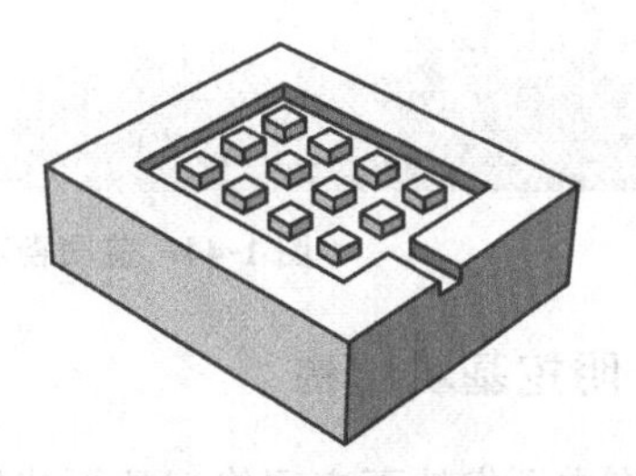

图 1-39 房柱式采矿结构

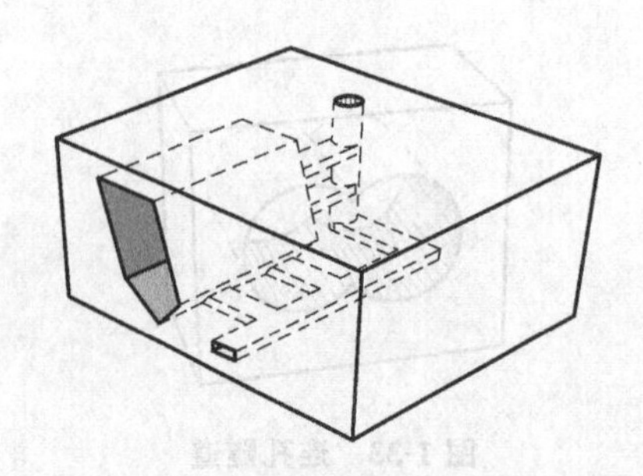

图 1-40　崩落式采矿结构

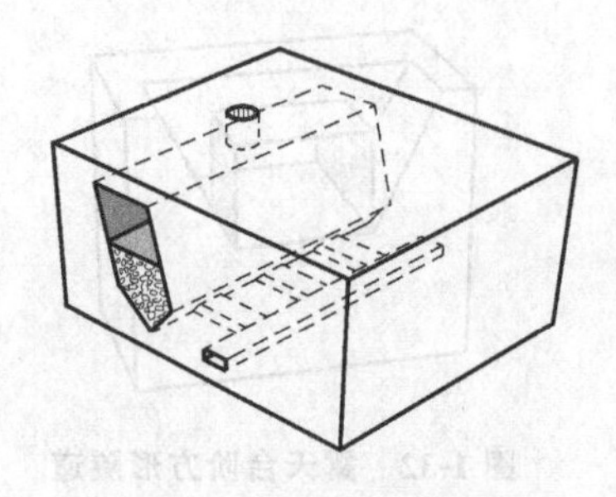

图 1-41　充填法采矿结构

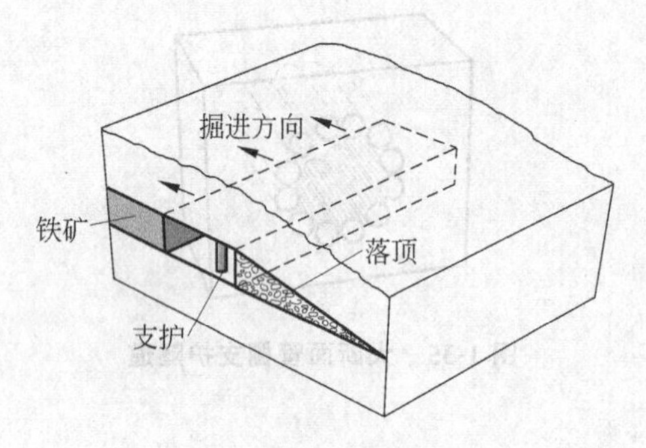

图 1-42　长壁式采矿结构

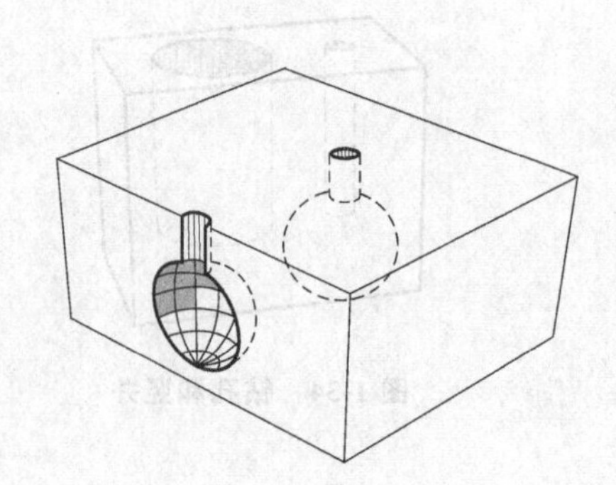

图 1-43　浸溶法采矿结构

图 1-44　美国密苏里州堪萨斯城矿柱内部结构

1.2.12　明挖基坑结构

在城市中开发地下空间修建地下建筑结构时，有许多不同的基坑开挖形式。图 1-45 所示为明挖深基坑地下空间的不同结构形式。

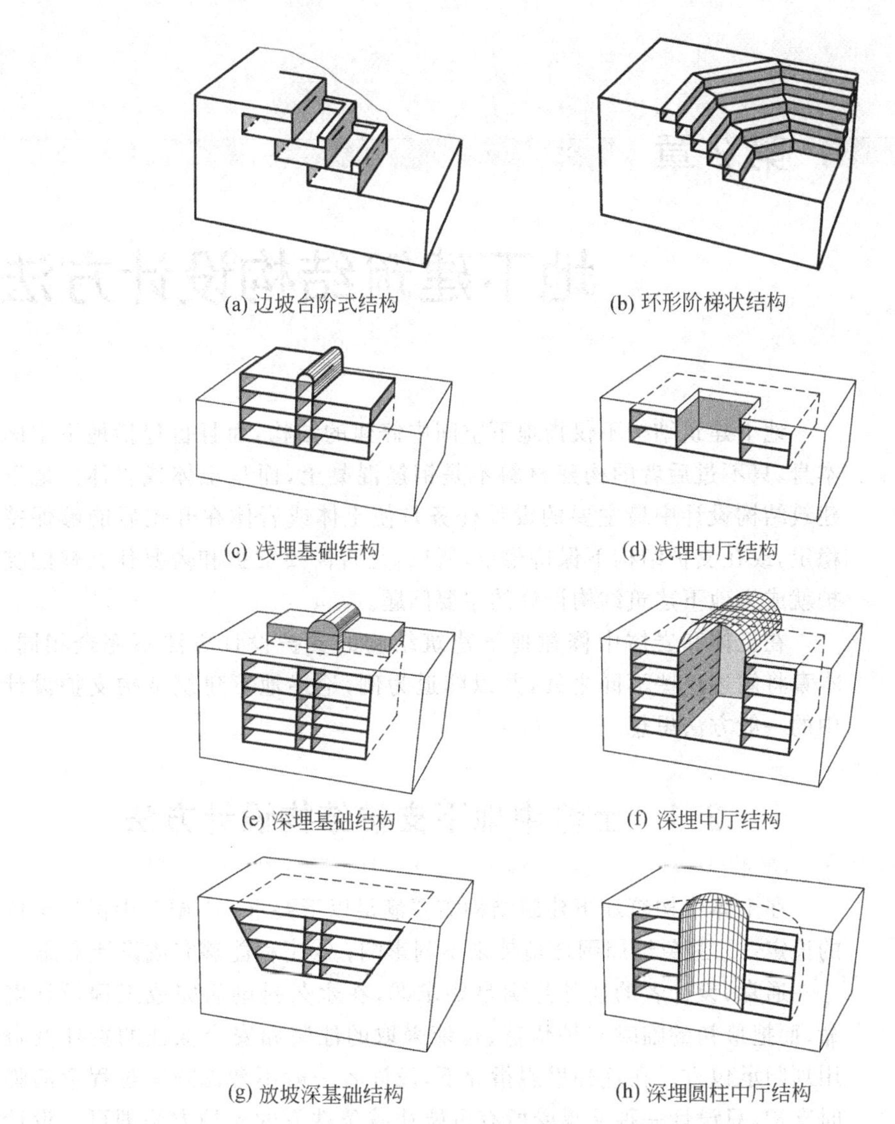

图 1-45 不同的明挖深基坑地下建筑结构

复习思考题

1.1 举例说明地下建筑结构的形式。

1.2 从工程和设计两个方面说明地下建筑结构的主要特点。

1.3 试述各类地下建筑结构的典型用途。

第2章

地下建筑结构设计方法

地下建筑结构不仅指地下空间中修建的结构，而且也包括地下空间本身，只不过后者的构建材料不是钢筋混凝土，而是土体或岩体。地下建筑结构设计中最主要的设计任务是使土体或岩体在开挖后能够保持稳定，或在支护结构下保持稳定，所以，是否需要支护和需要什么样的支护就成为地下建筑结构设计的主要问题。

在土体和岩体中修建地下建筑结构的支护设计方法不完全相同。本章将阐述这些不同之处，并以隧道为例，论述地下建筑结构支护设计中的一般方法思想。

2.1 土体中地下支护结构设计方法

在土体中构筑地下建筑结构需要满足以下要求：①施工中保持土体的稳定；②避免给周围环境带来不利影响；③工程能够完成设计寿命。

通常，设计者的任务是满足要求③，在永久衬砌后完成工程设计寿命，而把最初的临时支护优选、可能采取的注浆和安全保证的责任及费用划归承包方。在这种思想指导下，设计者一般不考虑施工过程中的临时支护，只设计一种能承受所有可能荷载条件下的支护方法即可。设计者有时为了减少隧道的影响范围而设计重型结构，把地面沉降控制和结构保护的责任留给承包方。

在某些条件下，这种思想也许是无可厚非的，但是，无论如何，设计者的责任远非只是隧道的永久衬砌。在工程建设过程中，承包方和设计者都积极参与其中是非常重要的，这是基于以下几点原因：①为保证低价中标者有足够的资金和施工方法完成隧道的建设，并保证规范的规定和重要性要求得到满足；②为了衔接临时支护（如最初喷射的混凝土部分）和后来永久衬砌体系的使用；③为了评估承包方对隧道的选址和土体/岩体条件的责任；④落实承包方对第三方的责任（如对公共设施、建筑物、行人和交通等的责任），以使承包方不仅对地下结构提供足够的、经济的保护措施，而且要保证其安全性。

显然，承包方和设计者对工程有显著的影响，这些影响是通过组织、管理、选址、具体要求以及提供给承包方的土层条件资料等方式体现的。

为了使对周围结构和公共设施的危害最小化，在土体中，隧道设计和施工的最初内容之一就是控制土体的位移。但是，隧道建设过程和对土体位移的控制很大程度上取决于承包方所采用的隧道施工方法、设备以及施工工艺。对设计者来说，为了达到理想的效果，就要通过具体措施来控制承包方的施工进程，实际上这是很困难的。通常，隧道建设合同中约定了特定的施工工艺和施工方法，这就要求必须严格审查标书，逐条考虑可执行情况，并尽可能细化规范标准（例如，要求使用压缩空气或者特定的掘进机型号等），以保证标书中的要求在合同中得到体现。否则，当合同是通过有效地、公开地、激烈地竞价后得到，再修改合同，而标书中没有具体要求就相当麻烦。

如果出现预先没有充分考虑到的地质情况，设计者就应该变更设计，提高单价，并允许承包方改变工程量，并为变更的情况付费。

具体施工要从实际出发。有些要求是不能实现的，比如不允许土体有位移，如果强制执行，将会很困难，除非这些在合同中有合理的措施来保证，当采用原来的施工方法不能按时完成或施工工期吃紧时，应该允许有变更。变更可选择的方法是，规定邻近结构允许发生的土体位移最大值，如果超出这个位移值，则要求改进和采取附加措施。如采用压密注浆就可以避免隧道掘进对周围产生的大量沉降，从而使位移不超过规定。

在隧道建设行业中，要重点强调施工过程，鼓励承包方采取有效措施控制费用和工期。如遇到与工程勘察报告不符的情况，要进行积极处理并给予补偿。要采取一些措施来降低承包方的风险和发生不测事件的概率，如地质报告中要说明地质条件和可能遇到的复杂地质条件的风险。可以对不同场地实行不同的标准，也可以把隧道所处的地质条件划分为3～4个等级，因为支护和花费关键在于各类场地地质条件所占的百分比，以及应用技术的单位价格。在施工过程中，为了解决发包方和承包方之间的争端，在工程开始阶段，组织一个由发包方、承包方和监理方组成的评审委员会来仲裁整个工程过程中的争端是很有必要的。

在工程勘察中，对隧道通过的土层及地下水的调查是至关重要的。在衬砌设计中，对衬砌和隧道施工的相互作用、注浆过程和它与隧道表面的相互作用进行充分的分析与计算是很关键的。设计的主要内容之一是控制土体的位移，并将对周围结构物、高速公路的影响和其他地下公共设施的土体损伤的风险最小化。

2.1.1　勘察

设计和投标阶段之前进行的工程勘察以及得到的勘察报告，不仅能帮助设计者选址和准备隧道施工文件，还能帮助有意向投标的承包方准备标书，并帮助中标方完善最初的施工组织设计。如果在土层中不进行必要的支护，会由于地下施工导致工作面周边水压力和土体压力发生变化，进而可能会导致地下空间顶部的垮塌、土体内涌，直至发展为冒顶。即使不发生土体破坏，当土体位移沿着盾构和早期衬砌产生的空隙发展，小的位移也会累积成较大位移。因此，土层的自立性与采用的隧道掘进机有很大关系，这些性质取决于土的短期黏聚性和周围地下水的渗流条件。

这些地质信息有时很难从工程勘察报告的数据中推断出来。土体的自立性质取决于地层的变化及土的黏聚性，以及地下水的渗流条件。

在隧道建设中，工程地质剖面的详细数据是最重要的数据。因此，勘察过程和数据分析就显得尤为重要。工程勘察很大程度上依赖于该过程中技术人员的判断能力,所以,绝不允许胡编乱造。要对隧道周围的区域进行采样、拍照,做好样本的日志编写工作。

通常,对土层的样本描述并不能充分地代表对土层的描述。例如,将一个1.5m厚的区域标成黏质粉土,但是并不清楚是一系列的粉土还是黏土,或是它们的混合物。太沙基(1950)认为,了解沉积结构对隧道工程的作用和该结构的详细情况及其变化是非常重要的。在含水率相同的情况下,由黏土和粉土相间形成的纹泥层与单一淤泥质黏土有不同的渗透性和应变软化特性,纹泥层的软化率较高。取样时一般会破坏土的黏聚性或胶结性,这使得判断实际情况很困难。时间长了,样本也会风干,这就给以后确定土的强度和黏聚性带来困难。因此,必须获取未扰动样本。如用小探孔不能探明孤石和复杂地质情况时,可采用大直径的工程勘察孔。

对于坚硬的黏土和软岩,采样器在钻进过程中会产生贯入阻力,这样采出的样本会失去黏聚性或胶结性。因此,在硬土和软岩取芯的过程中,应尽可能采用扰动小的取样方法。

土层的渗透性对于评价设计和施工进度很重要。比较普遍的方法是采用钻孔压水试验确定土层的渗透性。为了明确土层的渗透性对隧道施工的影响,工程勘察过程中的数据收集十分重要。从工程勘察数据所得到的土层特性来获取潜在的场地条件很困难,因此要正确评估土的特性。

2.1.2 衬砌设计

在衬砌设计中,必须考虑衬砌与周边场地的相互作用关系。一个弹性的、连续的,且与土层接触的衬砌,可以承受相当大的荷载。衬砌与围岩紧密接触可提高衬砌的承载力。

20世纪40年代初期,太沙基任芝加哥地铁工程顾问时,就认识到衬砌和围岩相互作用的关系,他建议采用200mm厚的薄层混凝土支护技术,取代过去忽略黏土的作用而采用750mm的厚层混凝土支护。厚层支护方式是按照侧压力是垂直压力的1/3～2/3来设计的,从而计算的弯矩比较大,因此不得不采用厚的钢筋混凝土结构支护。薄层支护方式是根据支护变形时侧压力是垂直压力的7/8而设计的,因此得到的弯矩比较小。由于衬砌是柔性的,它允许有少量的侧向位移,从而使水平压力与垂直压力达到平衡。

Burns和Richard(1964)对薄层支护与围岩相互作用的弹性进行了分析,结果表明,在给定荷载条件下,随着衬砌柔性的增加,位移会减少。衬砌的柔性可用泊松比表示:

$$\mu=\frac{E_s r^3}{8E_L I} \tag{2-1}$$

式中:μ——土体的泊松比;

E_s——土体的弹性模量,MPa;

r——衬砌隧道的半径,m;

$E_L I$——沿着隧道,单位长度衬砌的刚度,MN·m。

在连续衬砌中,最大弯矩与泊松比的关系如图2-1所示。

支护施工过程对应力分布有重要的影响。型钢或混凝土装配管片可以作为临时支护和永久支护。或者先作为临时支护,然后再加上混凝土衬砌成为永久支护。隧道中使用的衬砌其抗弯刚度要足够大,以避免屈服。

设计衬砌要考虑的荷载通常包括:①运输和装配施工时的应力;②安装衬砌时产生的

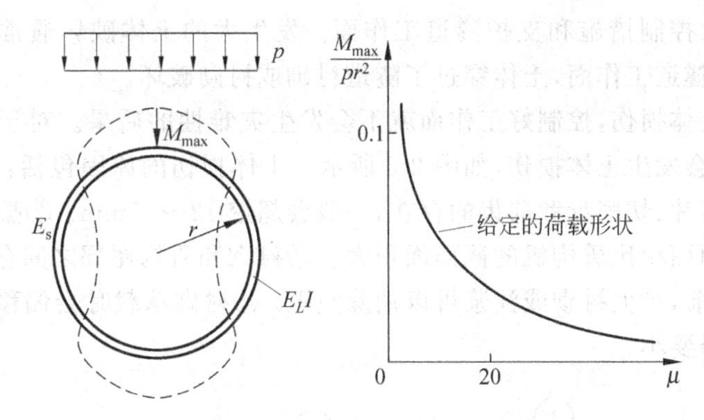

图 2-1　连续衬砌中最大弯矩与泊松比的关系(Peck et al.,1972)

抵抗土的注浆压力和扩展压力；③盾构推进时衬砌受到的盾构顶力。沿着隧道周边的沉降、超挖、不完全注浆和衬砌的扩展会产生不规则荷载，这将在衬砌上产生很大的弯曲应力。如果将临时支护和永久支护相结合，比如预制混凝土管片或喷射混凝土作为临时支护，就会很合算。在许多隧道施工中，采用预制非螺栓连接的混凝土管片作为临时支护的方法可以加快掘进速度。在两层衬砌之间铺设防渗膜，可以防止水汽进入，采用这种双层衬砌也可以加快掘进速度。

2.1.3　地面沉降控制

1. 地面沉降评估和控制措施

在过去的几十年里，土体中的隧道施工和地面沉降控制取得了长足的发展。通过采取对隧道内部和地面进行监测、改善盾构设计、采用压密注浆等控制措施，不仅显著地提高了设计方的能力，还使承包方在控制好地面沉降的前提下加快了施工进度。

隧道支护设计和施工工艺的改进，使得沿着隧道产生地面沉降的可能性降低了，但问题仍然存在。比较困难的问题不是在较软的土层中，而是在伴有硬土、孤石或与岩石并存的不稳定土体中。令人感到欣喜的是，能适应复杂地层条件的盾构机械在不断改进。目前，带有圆形切割头的硬岩盾构机已经具有土压平衡盾构机的功能，它可以穿越复杂地层。

2. 地面沉降估算

预测地层条件和选择可以控制地面沉降的方法是至关重要的。选择控制地面沉降的方法时要结合土体的自立性质综合考虑。

开挖土体并向前推进支护时，支护将对周围的土体产生扰动。这将导致周边土体的损伤或松动。通常，在未采取措施前，这会导致支护周围的土体迅速脱落，形成空洞。如果仅考虑未扰动土体的性质，就会低估可能造成的土体损伤程度。

土体的损伤通常指受扰动的土体失去其原有的力学性能，而发生变形或破坏。通常有两种类型的土体损伤：①突然的、不可控制的、灾难性的大量土体损伤；②沿着隧道开挖面，经常发生的、少量的土体损伤。

应选择使大量的土体损伤风险最小化的施工方法。为了使灾难性的土体位移最小化，就要对地下水采取控制措施和支护隧道工作面。发生大的土体破坏通常指土体出现了滑动、蠕动或挤压到隧道工作面,土体穿过了隧道衬砌或衬砌破坏。

对于少量的土体损伤,控制好工作面就不会发生灾难性的后果。对于采用盾构法施工的隧道,超挖时就会发生土体损伤,如图 2-2 所示。土体损伤的原因包括:①掘进机前部的超挖。由于超挖刀片、切削盘和前齿的存在,一般会超挖 12～55mm。②掘进机的切削和偏移导致钻掘的椭圆面积比盾构机的截面面积大。③衬砌和盾构尾部之间存在空隙。出现空隙后,在土进入之前,扩大衬砌或注浆可以消除空隙。④衬砌承载时会偏移,导致额外沉降,不过相比其他沉降要小。

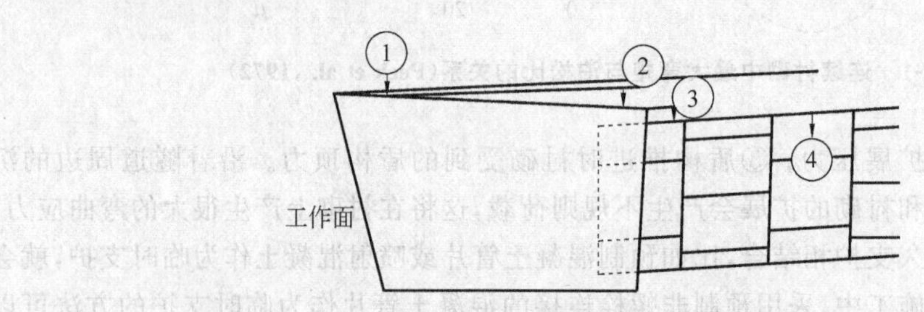

图 2-2 盾构隧道的土体损伤原因

弄清了土体损伤的原因和损伤体积后,就可以通过土体的质量、最大沉降量(δ_{max})和地面沉降坑半宽(W_h)来确定地面的位移变化和分布,如图 2-3 所示。P. B. Peck 结合采矿引起的地面沉降的计算方法,提出了隧道施工沉降坑的形状近似于概率论中的正态分布曲线,并给出了地面沉降的横向分布估算公式:

$$\delta(x)=\frac{V_s}{\sqrt{2\pi}\,i}e^{-\frac{x^2}{2i^2}} \tag{2-2}$$

式中:$\delta(x)$——与中心横向距离为 x 处的沉降量,m;

V_s——地面沉降坑体积,对于盾构掘进,它是盾构推进每米地层的损失量,m^3/m;

x——与离隧道垂直中心线的距离,m;

i——曲线反弯点的横坐标,也称沉降坑宽度系数,m。

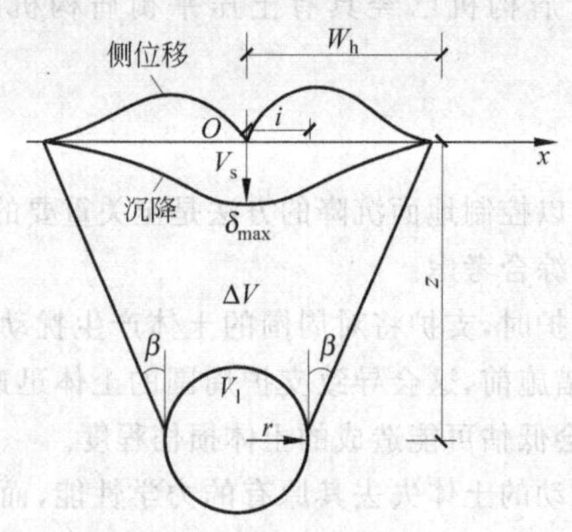

图 2-3 隧道穿越土层时的地面沉降分布与沉降形状(Cording, Hansmir, 1975)

z—地面到隧道中心的距离;r—隧道半径;β—地层破裂面倾角,砂土取 10°～30°,黏土取 25°～45°

$$V_s = V_l - \Delta V \tag{2-3}$$

$$\delta_{max} = V_s / W_h \tag{2-4}$$

$$W_h = 2.5i \tag{2-5}$$

式中：V_l——土体损伤的体积，m^3/m；

ΔV——隧道上部土的膨胀体积，m^3/m；

δ_{max}——地面最大沉降量，m；

W_h——地面沉降坑半宽，m。

在密砂地层中，由于隧道上方存在土体膨胀体积 ΔV，则 $V_s < V_l$；土层越密实，$z/2r$ 越大，ΔV 就越大，此时 V_s 将越小，也即伴随隧道周围土体损伤的沉降坑就越浅；在松砂中，隧道掘进引起的土体扰动将使 ΔV 减小，导致 $V_s > V_l$；在软黏土中，$V_s = V_l$。但是，如果在隧道周边排水或土体发生扰动，则黏土会随时间固结，使得地面沉降坑体积远大于土体损伤的体积。

3. 有盾构的土体控制

采用不同的盾构设计可以控制不同的工作面，并限制盾构和衬砌周边土的位移。下面分别进行介绍。

网格挤压式盾构正面网格开孔出土面积较小，适宜在软黏土层中施工，当处在局部粉砂层时，可在盾构土舱内用局部气压法来稳定正面土体。网格挤压式盾构推进时，难免会对正面土体产生挤压扰动，较难有效地控制地表沉降。它一般适用于在临江、河、湖、海等地可为施工提供丰富的供水资源及泥水排放条件较好的隧道工程。

土压平衡盾构掘进机是利用安装在盾构前面的全断面切削刀盘，将正面土体切削下来，使其进入刀盘后面的储留密封舱内，并使舱内的压力与开挖面水土压力平衡，以减少盾构推进对土体的扰动，从而控制地表的沉降。

泥水平衡盾构是通过向支撑环前面安装隔板的密封舱中注入具有适当压力的泥浆，使其在开挖面形成泥膜，支撑正面土体，并由安装在正面的大刀盘切削土体表层泥膜，泥水混合后形成高密度泥浆，由排泥泵及管道输送至地面处理。整个过程由设在地面中央控制室内的泥水平衡自动系统统一管理。

双圆加泥式土压平衡盾构是利用安装在盾构前面的两个辐条式切削刀盘对正面土体进行旋转切削，同时，利用盾构土体上的千斤顶将盾构掘进机向前顶进，切削下来的土体进入刀盘后方的土舱内，仓内始终保持适当压力，以与开挖面水土压力平衡，减少盾构推进时对土体的扰动，从而控制地表的沉降。

4. 无盾构的地面控制

在软弱地层中，无盾构隧道挖掘可以应用在两个方面：①采用盾构花费会很高的短隧道工程；②采用盾构开挖会很困难的、复杂地质条件的土层、软岩隧道工程。

借鉴古典的采矿方法，遇到上述复杂地质条件的土层、软岩时，在隧道工作面、导坑工作面，采取人工挖掘方法并采用锚杆、钢支撑或木支护系统是可行的。现在用得比较多的是新奥法。此种方法采用喷射混凝土作为临时支护，在工作面形成一个封闭的圆环，强调开挖和支护的工艺顺序。该法对周围土体的扰动最小。

在挖掘中，与有支护方法相比，采用无支护方法时更应注意避免对周围土体的扰动和挤压。大多数的无支护方法的掘进效率比使用盾构机低。

5. 加固地层和改善地下水条件的方法

在隧道掘进之前加固地层和改善地下水条件的方法有降水、化学注浆、水泥注浆、射流注浆等注浆技术和冷冻法。

采用化学注浆、射流注浆、压密注浆及劈裂注浆等注浆法可以解决隧道开挖前或隧道开挖过程中的土体沉降问题。在设计阶段,注浆法也可用于加固松软地层,防止在重大建筑物下面或当隧道通过危险复杂地段时出现拱顶坍塌及围岩松动。注浆法也同样被指定用于浅层地基上有隧道通过现有建筑结构时的支护,以及减少由于隧道开挖对松散的、敏感性高的软土地基的扰动而引起的地基沉降。在一些工程中,注浆法也可以用于减少由于降水而引起的地基沉降,或者防止土体中细砂的流失。在实际隧道施工中,水泥注浆也能解决细砂土层在干燥状态时的流砂以及砂土层在饱和状态时的不稳定问题。

为了解决软土地层隧道施工中出现的问题,工程界对注浆法进行了许多革新。一般来说,不同的场地条件可以使用一种或多种注浆技术。注浆既可以表现为主动行为,如加固隧道掘进通过的土体,也可以表现为被动行为,如加固承受重要建筑结构的土体。每一种注浆法都会不同程度地影响土的强度、黏聚力、渗透性和刚度。

注浆技术在地基处理、隧道掘进方面得到了很好的应用,所取得的经验促进了注浆法中设计、技术、设备以及注浆材料各个方面的进步,这极大地鼓舞了设计工程师以及承包商使用注浆法的信心。

化学注浆可以用来渗透加固工作面和隧道拱上方的砂土。渗透注浆的优势是能为地层提供足够的黏聚力,使其直立在隧道工作面上。注浆通常是从地面进行的,但是化学注浆也在隧道开挖工作面布置成超前小导管,用此注浆法来控制地层沉降。由于高压注浆能够增加浆液扩散半径,所以也可以采用高压注浆法来减少超前小导管孔的数量。

射流注浆是用很高的注浆压力(35MPa)在钻孔中注浆,在旋转和拔出注浆喷嘴的过程中劈裂土体并搅拌成水泥土,形成一个直径为0.6～1.2m的圆柱加固体。通过射流注浆柱垂直地相互咬合或者横跨隧道,可以保持土体的稳定。

压密注浆是用高压将低坍落度的浆体压入土中,根据隧道的埋深,可以不扰动土体并进行大体积的置换,从而减小土体的移动。压密注浆浆体由低坍落度的水泥土或土和粉煤灰的混合物组成。在掘进过程中,浆体可以通过注浆管从地面或隧道内部注入,填充已经形成的裂缝并压实松散的土层,置换隧道周边脱落的土体(见图2-4)。从地面注浆的浆液一般插入隧道顶部以上1.5～4.5m的范围内,或在隧道盾构后面6m的范围外。这种方法的优点

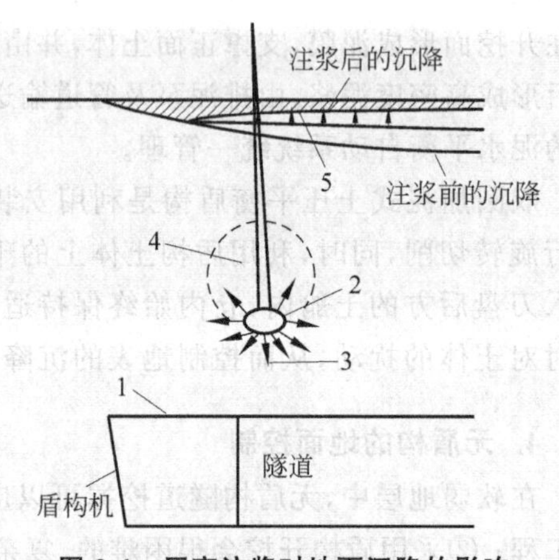

图2-4 压密注浆对地面沉降的影响
(Baker,1983)

1—盾构机左前部地面沉降;2—盾构机后尾低坍落度压密注浆;3—围绕着注浆的压密土球在到达地面以前,恢复邻近隧道的土层损伤体积;4—在隧道上方隆起的土体;5—恢复至以前的地面沉降

是可以在隧道掘进过程中应用，能使地下建筑结构位移控制在可接受的范围内。

图 2-5～图 2-9 示出了在某排水暗渠的基础下面注浆控制和监测的结果。在衬砌扩展之前，为了减少地面的沉降，在盾构尾部安装了控制沉降的监测仪器，盾构有足够大的顶力，可以保证工作面的砂堆能够维持在自然安息角。

由图 2-5 可知，在施工之前，由于隧道掘进，最大沉降量预计在 25mm。在暗渠下面的掘进隧道拱部上方 4.572m 和 0.6096m 处，安装了两套深浅沉降观察系统，该系统布置在隧道掘进前方，距离暗渠几十米的地方，如图 2-5 所示。

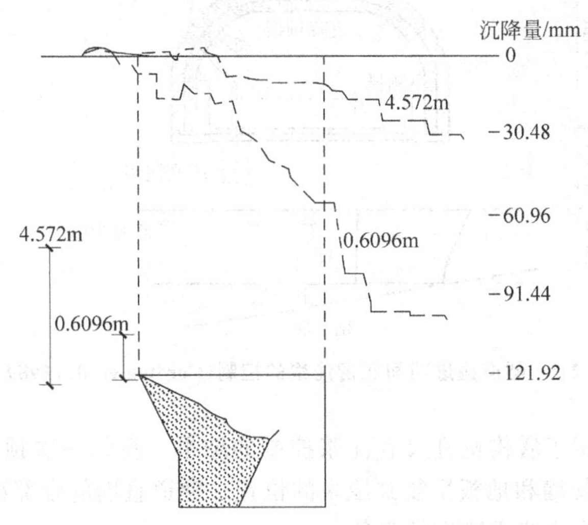

图 2-5　在通过暗渠之前的浅埋沉降监测系统(Cording et al. ,1989)

为了更多地减少沉降，在暗渠下方隧道掘进通过的地方设置了压密注浆。压密注浆安排了 10 个孔，其中 5 个孔从地面注浆，5 个孔从暗渠内向下注浆，如图 2-6 所示。

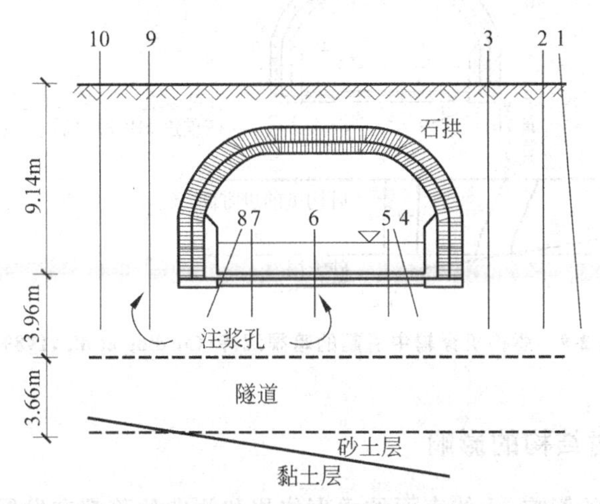

图 2-6　压密注浆孔布置(Cording et al. ,1989)

压密注浆设置在盾构机尾部隧道与暗渠间的正后方。地面注浆人员与隧道内的测量人员、观测人员使用话筒保持联络，每隔 10min 读一次沉降数据，如图 2-7 所示。为了置换土体内损失的体积，每个孔平均注浆 0.8m^3(坍落度小于 100mm，注浆压力为 2MPa)，每次注浆安排在盾构机推进之后进行,注浆体形成的压密土向上隆起,向下压实隧道衬砌上的土体。隧道掘进的衬砌监测结果表明,在注浆体下面,隧道顶部沉降量大约为12mm,在最大沉降量25mm以内,结构不会发生破坏。

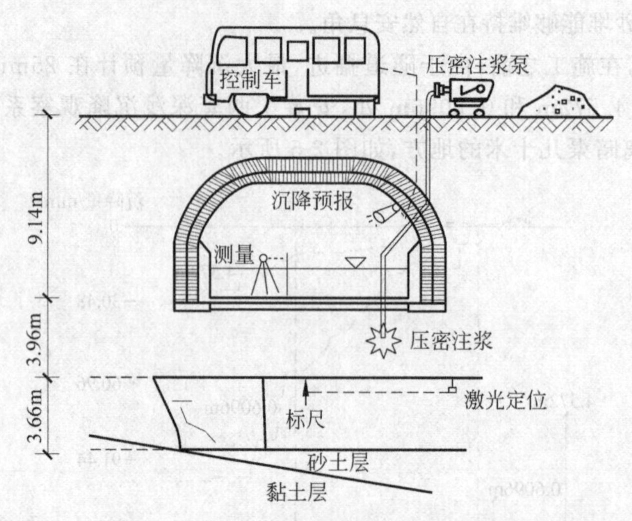

图 2-7 隧道掘进期间压密注浆的控制(Cording et al.,1989)

图2-8、图2-9显示了盾构机进尺和注浆控制的结果。在每一次顶进后,发生3～6mm的沉降量,然后注浆,使墙和地板恢复到原来的位置。隧道直墙的全部沉降量在盾构机通过后小于9mm,没有发生水流进隧道的现象。

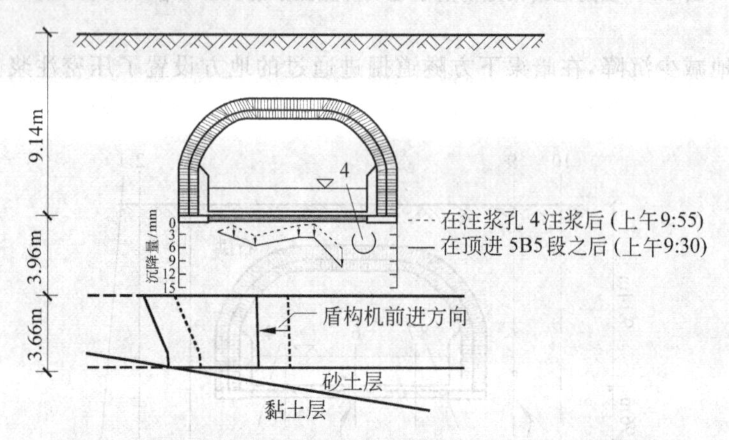

图 2-8 盾构机穿越中引起的暗渠沉降(Cording et al.,1989)

2.1.4 土体移动对结构的影响

由于掘进和开挖的影响,土体表面的垂直位移和侧向位移都在发展,并将产生扭曲角和侧向应变,这将导致结构的破坏。如果结构宽度 L 大于沉降坑的半宽 W,扭曲角将接近平均沉降倾斜量。如果结构宽度 L 小于沉降坑的半宽 W,结构将经历一个刚体倾斜,这将减少扭曲角,并小于沉降倾斜度。在这种情况下,扭曲角与 $L\delta_{\max}/W^2$ 成正比,由于结构在沉降坑中的位置不同,扭曲角也不同,在坑底的扭曲角将达到最大。

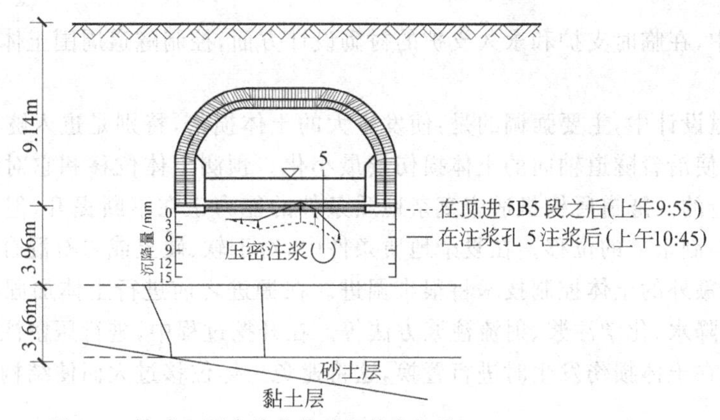

图 2-9　钻孔 5 压密注浆使暗渠恢复沉降(Cording et al.,1989)

通过测量地面的扭曲角和侧向应变、结构上的应变和位移，所获得的损伤破坏准则如图 2-10 所示。该图是假设损伤为墙体结构上的最大拉应变的函数而得到的。沿着梁、墙和基础的扭曲角、水平应变都将增加到最大应变。

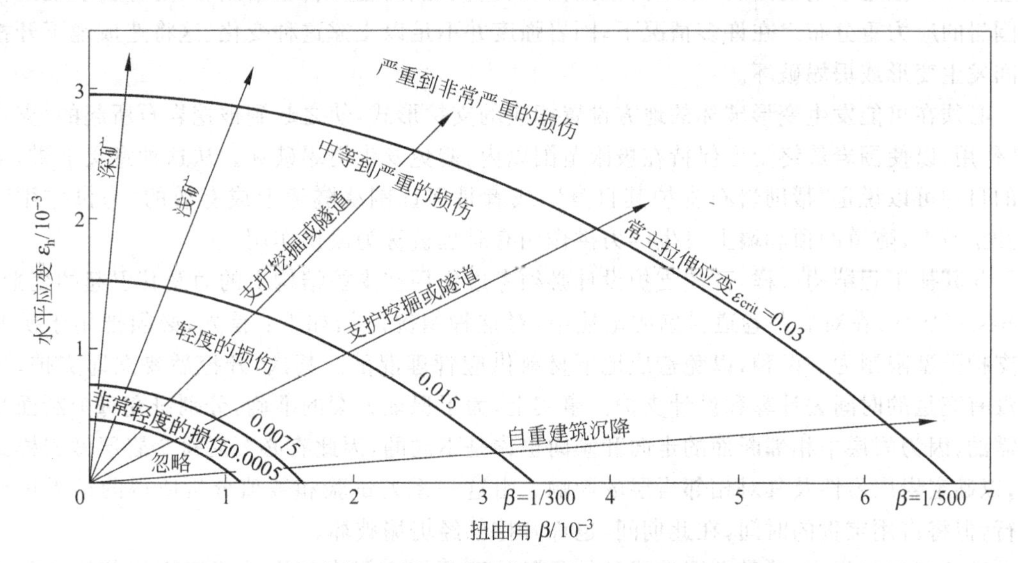

图 2-10　扭曲角和侧向应变损伤准则(Boscardin,Cording,1989)

结构开裂损伤等级可以用个体裂缝的大致宽度来判别，如表 2-1 所示。如果个体裂缝的大致宽度为 1mm，则损伤等级为非常轻度，或用数字表示为 1 级。

表 2-1　结构开裂损伤等级

损伤等级	个体裂缝的大致宽度/mm
可忽略(0)	小于 0.1
非常轻度(1)	1
轻度(2)	小于 5
中等(3)	5～15，或由一系列大于 3mm 的裂缝组成
严重(4)	15～25，而且依赖于开裂的数量
非常严重(5)	大于 25

施工领域中,在临时支护和永久支护的衬砌设计方面,控制隧道周围土体的位移都取得了显著的进步。

在土质隧道设计中,主要强调的是:使发生大的土体损伤,特别是进入隧道面土体损伤的风险最小化,使沿着隧道轴向的土体损伤量最小化。预测土体位移和它对结构的影响的施工方法是可行的。隧道盾构机适应复杂地质条件的能力正在不断提升,但仍然需要采取额外的措施来控制土体的位移。在复杂地质条件中,对于软、硬土或岩石混合等不稳定的土体,如果不采取额外的土体控制技术将很难掘进。在掘进之前进行土体加固将有助于问题的解决,如采用降水、化学注浆、射流注浆方法等。在开挖过程中,进行压密注浆时辅以监测土体位移,可以在土体损伤发生时进行置换,这将避免土体位移过大而使结构超载。

2.2 岩体中地下支护结构设计方法

由于上覆岩石重力和地质构造作用力的影响,深部地下开挖空间的围岩上作用有初始地应力。开挖地下空间之后,原来由被挖掘岩石所承担的应力转移给围岩,这样会引起开挖处围岩的应力重分布。在许多情况下,围岩强度并不足以支撑这种变化,这将造成地下开挖空间发生变形或坍塌破坏。

必须在可能发生变形破坏的地方设置相应的支护形式,使之起到被挖岩石所起的"支护力"作用,以使围岩最终变形保持在极限范围以内,避免发生坍塌破坏。从这种意义上讲,支护的目的可以说是"帮助岩石支护其自身",或者是保证围绕隧道形成有效的"力拱作用"。在开挖面上,隧道的顶和墙上发生的力拱作用有时也被称为成拱作用。

与其他工程结构一样,开挖支护设计必须考虑作用在支护结构上的力及其引起的变形。Labasse(1949)在对矿井巷道衬砌的论述中,对这种情况总结如下:首先,必须把用于矿井的支护类型限制为一两种,以免造成地下材料供应管理混乱。其次,开挖后要立即支护,可能没有充足的时间去计算和设计支护。事实上,为了保证方案的准确,分别研究每个断面是必需的,因为岩层中相邻断面的走向和倾向也许是不同的,因此有必要对每个岩层做岩样试验,以确定岩层岩性及其对相邻岩层的影响。由这一系列试验和数值分析所得的结果也许可行,但将占用宝贵的时间,在此期间,也许开挖已经坍塌破坏。

Pack(1969)指出,这种情况造成的结果是地下开挖空间支护设计不但不如其他工程结构设计精确,而且还要遵循不同的原则——有时是"凭着感觉设计"或者是"基于观察的方法"。对于强调材料特性的初始状态与作用荷载的"预设计",通常在设计优化的最后阶段才能对设计的标准执行情况进行最终评估。

"凭着感觉设计"要适应开挖过程所遇到的情况。应用这种设计时支护系统要有足够的强度,从此意义上讲,这种支护系统的强度要足以满足岩体的差异性,或者能够在开挖面针对差异性进行修改。要成功地应用这种支护方法,要求一线工程师和相关管理人员对初始应力和岩体变形如何影响开挖的稳定性、对潜在危险的识别有强烈的意识,对所面临的情况有快速、有效的反应,必要时应修改支护系统的设计,以保证开挖的稳定性。

复杂可行的支护设计可在理想条件下从简单开挖的变形机理分析中总结出来。对此将在第3章中详细论述,本章重点介绍弹性-非弹性分析以及圆形开挖围岩的二维变形(平面应变)问题。

2.2.1　计算机模型在开挖设计中的作用

在工程设计的许多分支中，相对于早期的单“闭合型”(closed-form)(任何公式能用有限数量的标准运算表述)分析结果设计，今天的计算机模型极大地提高了设计效率。到目前为止，对于地下开挖设计和其他岩石工程问题，虽然计算机模型有相对的局限性，但是在工程设计中已经发挥了重要的作用。

对于开挖支护设计来说，大量的不确定性是由于岩体中大规模的不连续面，如节理、层理和断裂面等的弱化效应造成的。虽然这些因素相互作用的机理不易查明，但是，为了提高支护设计水平，进一步查明这些离散的不连续面对岩体变形机理的影响也是必要的。

Lorig(1987)和Johnasson(1988)等采用计算机程序分析了节理和块状岩石的变形特性，并用于一些特殊的实际情况。为了确定关键不连续面的主要变量是如何影响开挖稳定性的，需要严格地进行计算机模型设计，并且需要补充一些特殊的条件。这些试验也能用来进行节理和块状岩体的一般本构模型的分析研究(Mulhaus，1989)。

2.2.2　地下开挖引起围岩变形的基本分析

岩石力学性质、岩石本构关系不仅是开挖支护设计的理论基础，而且也是地下开挖引起围岩变形分析的重要内容。

图2-11(a)、(c)示出了各种类型岩石在受压荷载作用下的典型变形特性(压荷载、收缩变形取正值)，图2-11(b)、(d)、(e)示出了实际分析中常用的典型变形特性的理想曲线。

图2-11(a)表示试样在无侧限($\sigma_3=0$)和侧限($\sigma_3>0$)条件下，完全轴向荷载-轴向变形行为特性。$\sigma_1=F/A$，$\varepsilon_1=\Delta L/L$。曲线在开始时表现为弹性变形(OA段)，由于岩石样本内部存在裂隙，之后曲线变为非线性(AD段)，直到峰值荷载(D点)。σ_b为弹性变形向非线性变形转化点的界限应力。当试样逐渐破碎时，强度降低，荷载开始下降(DE段)。随着围压(σ_3)增大，峰值强度也增大，试样强度的损失率随变形增大而降低，即峰后曲线斜度变小。当围压(σ_3)高到一定程度时，岩石强度几乎不变，其承压性能也许超过峰值荷载，直至发生了很大的轴向变形为止。

图2-11(b)是图2-11(a)的理想曲线，有时也用于隧道围岩特性的弹塑性分析中。从峰值强度下降到残余强度的曲线部分有时直接达到峰值(图中实线)，有时假设是一个应变的函数(图中虚线)。

图2-11(c)示出了试样在轴向压缩下，体积应变从体积收缩到体积膨胀的变化过程，可以看出：①试样在达到单轴荷载峰值前就开始体积膨胀($\Delta V/V$从正到负斜线段)，这说明试样在达到峰值荷载前，其内部已产生裂隙；②围压作用下的样本，在较大轴向变形时，开始发生体积膨胀。体积应变$\Delta V/V=\varepsilon_1+\varepsilon_2+\varepsilon_3$。

图2-11(d)是图2-11(b)中数据的莫尔-库仑强度包络线，示出了各种围压作用下峰值强度与残余强度的轨迹。图2-11(d)中完整岩石强度包络线表达式为

$$\tau_i=c_i+\sigma_n\tan\varphi_i \tag{2-6}$$

岩石破坏强度包络线表达式为

$$\tau_r=c_r+\sigma_n\tan\varphi_r \tag{2-7}$$

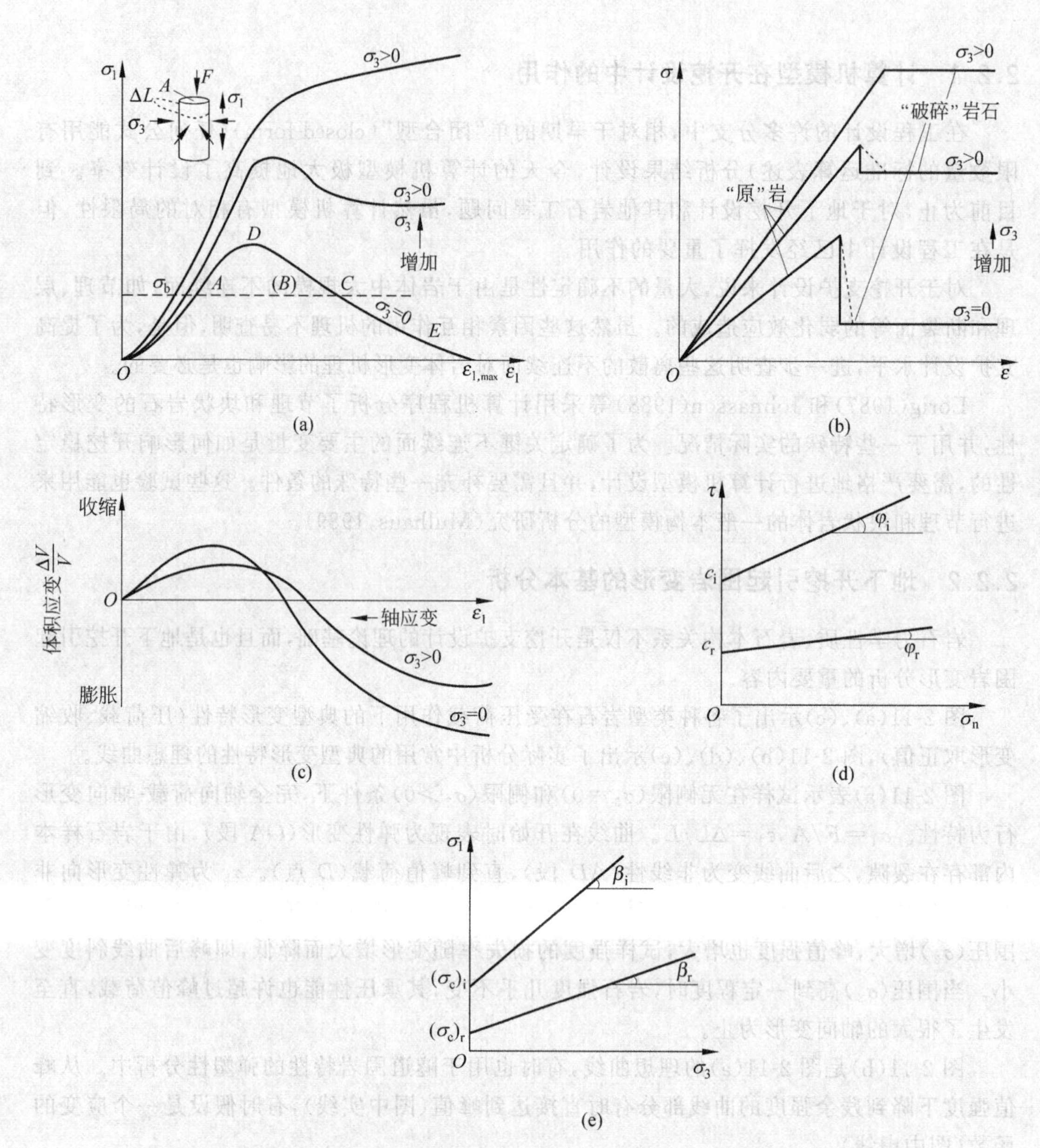

图 2-11　实验室测试得到的岩石样本典型变形行为特性曲线与理想行为特性曲线

(a) 实验室测试的典型特性曲线；(b) 在分析中应用的理想应力-应变曲线；
(c) 实验室内观测到的体积应变曲线；(d) 莫尔-库仑理论的岩石峰值与残余强度；
(e) 在最大、最小主应力(σ_1,σ_3)坐标中，莫尔-库仑理论的岩石峰值与残余强度特性

对应图 2-11(e)，在主应力(σ_1,σ_3)坐标下的峰值强度和残余强度的表达式为

$$\sigma_1=(\sigma_c)_i+\zeta_i\sigma_3 \tag{2-8a}$$

摩擦角为

$$\beta_i=\arctan\zeta_i,\quad \beta_r=\arctan\zeta_r \tag{2-8b}$$

式中：ζ——体积增加系数；i 代表 intact，表示完整岩石的特性；r 代表 residual，表示不完整或破碎岩石的残余特性。

$$\sigma_1=(\sigma_c)_r+\zeta_r\sigma_3 \tag{2-9}$$

$$(\sigma_c)_i=\frac{2c_i\cos\varphi_i}{1-\sin\varphi_i} \tag{2-10}$$

$$(\sigma_c)_r=\frac{2c_r\cos\varphi_r}{1-\sin\varphi_r} \tag{2-11}$$

$$\zeta_i=\frac{1+\sin\varphi_i}{1-\sin\varphi_i} \tag{2-12}$$

$$\zeta_r=\frac{1+\sin\varphi_r}{1-\sin\varphi_r} \tag{2-13}$$

式中：$(\sigma_c)_i$——完整岩石的无侧限抗压强度，MPa；

$(\sigma_c)_r$——不完整或破碎岩石的(残余)无侧限抗压强度，MPa；

σ_3——围压，MPa；

σ_1——主应力，MPa；

σ_n——作用在某一平面上某一点的正应力，MPa；

τ——作用在同一平面上的剪应力，MPa；

ζ_i，ζ_r——中间变量系数；

c_i——完整岩石的黏聚力，MPa；

c_r——不完整或破碎岩石的黏聚力，MPa；

φ_i——完整岩石的内摩擦角，(°)；

φ_r——不完整或破碎岩石的内摩擦角，(°)。

岩石的本构关系也受时间、温度、湿度和承压水等因素的影响。地下开挖空间，特别是长隧道，常常穿过各种不同岩性的岩层。因此，支护设计人员必须认识到开挖规模和图2-11中所示的不同曲线在不同开挖面上会有所变化。

2.2.3 轴对称弹塑性分析

在平面应变条件下，各向同性的弹塑性材料受轴对称外力 p_0 和内力 p_a 作用的厚壁圆筒的简单模型，常用于研究地下开挖围岩的变形机制，如图2-12所示。

当外压较小时，圆筒的变形是完全弹性的，筒壁处 $r=r_0$ 的环向应力表达式为

$$(\sigma_\theta)_{r=r_0}=2p_0-p_a \tag{2-14}$$

趋向于厚壁圆筒内的弹性径向位移(位移向中心为正)$(u_r)_e$ 为

$$[(u_r)_e]_{r=r_0}=\frac{r_0(1+\mu)}{E}(p_0-p_a) \tag{2-15}$$

式中：E——弹性模量，MPa；

p_0——外压力，MPa；

p_a——内压力，MPa；

μ——泊松比。

如果外压增大到超过式(2-14)的值，或者内压减小，则环向应力 $(\sigma_\theta)_{r=r_0}$ 将会超过岩石的抗压强度，非弹性变形将发展。在古典厚壁圆筒理论中，假设非弹性变形是沿着同心圆环均匀地发生的(见图2-12)，圆环的外半径为 R_0，随着压力的增加而增大。对于在弹性-非弹

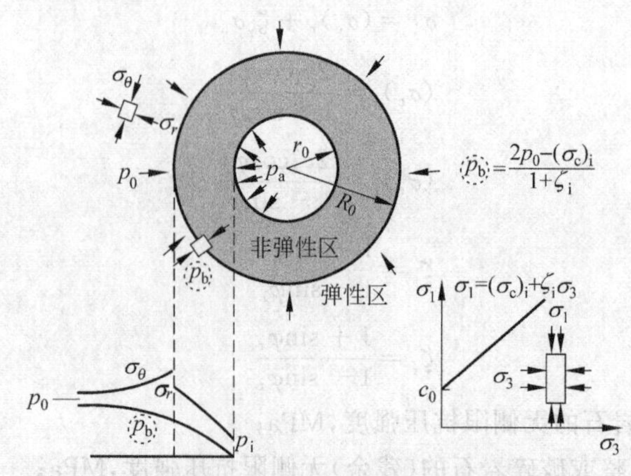

图 2-12 平面应变条件下各向同性的弹塑性材料受轴对称内外压力作用的厚壁圆筒模型

p_b 为非弹性区与弹性区相交边界处的压力(MPa)

性边界($r=R_0$)的弹性岩石,有 $\sigma_1=2p_0-(\sigma_r)_{r=R_0}$ 和 $\sigma_3=(\sigma_r)_{r=R_0}$。代入式(2-8a),得

$$(\sigma_r)_{r=R_0}=\frac{2p_0-(\sigma_c)_i}{1+\zeta_i} \tag{2-16}$$

岩石的非弹性变形膨胀会引起向内的径向变形位移$[(u_r)_p]_{r=r_0}$,其位移量级将取决于 p_0、p_a、$(\sigma_c)_i$(这个因数也是决定厚壁圆筒半径的因素),相关岩石在非弹性区和弹性区的本构关系。对此将在3.2节详细论述。

许多研究者也提出了类似的开挖围岩变形计算分析方法,它们最大的区别是对于非弹性岩石本构关系的特殊假设。

(1) 当 p_a 下降或 p_0 增长时,①非弹性区环绕内孔壁对称扩展;②径向变形向开挖洞内增大,先是线性变形,然后是非线性变形,直到非线性变形发展到弹性-非弹性边界上的弹性变形区(相对非弹性变形,线弹性变形通常很小,在支护设计计算中常被忽略);③只要非弹性岩石有非零的残余强度,即$(\sigma_c)_r>0$,开挖时即使不支护($p_a=0$)也能保持稳定,如图2-13所示。随着变形增大,残余强度降低,在开挖边缘达到最小值。图中实线(i)代表岩石强度假设符合单摩尔包络线(即 $\varphi_i=\varphi_r$,$c_i=c_r$);虚线(ii)代表岩石强度随变形减小的过程,从相同的初始值到较小的残余值(即 $\varphi_i>\varphi_r$,$c_i>c_r$);原始各向同性压力 $p_0=2.8$MPa,挖掘半径 $r_0=2.4$m。

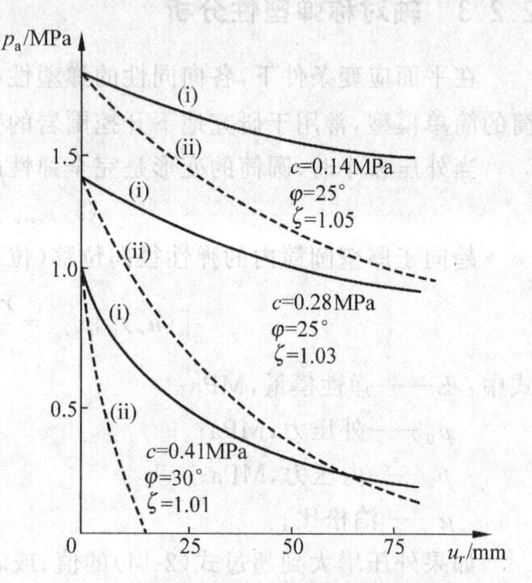

图 2-13 基于弹塑性厚壁圆筒分析得到的支护压力与径向位移的关系

(2) 随着摩擦角 φ 的减小和岩体体积增加系数 ζ 增加,径向变形加大,如图2-13所示。在该图中,影响非弹性变形的因素有均匀的独立应变、体积增加系数 ζ。当开挖洞室

半径增加 Δr 时，即隧道半径为 $r+\Delta r$，如果有限的外边界保持不变，那么变形域将是 $r+\Delta r$，所有的变形按比例相应变化，即弹性-非弹性边界半径按比例 $(r+\Delta r)/r$ 增加。在新开挖边界上的径向变形也相应地变化，此时新开挖边界上的岩石强度又变为零，在外力 p_0 保持不变的情况下，这个过程随着开挖会重复进行。换言之，在没有约束的条件下，开挖变形会自发地增加，即开挖变得不稳定，最终坍塌，直到开挖空间被碎裂岩石充填为止。另一种情况是，只要 p_0 足够大，即使开挖空间有持续内压力 p_a 作用，如充满水的有压洞室，也可能发生坍塌破坏。

在脆性岩石中，这种不稳定性将剧烈发生，即如果不完整岩石的强度下降，将没有一点峰后变形就立即达到峰值强度（对应图 2-11(a)中曲线 DE 卸载部分，非常陡地下落）。在这种情况下，不完整岩石不能完全吸收由卸载释放的弹性能量（压力从 p_0 降到弹性-非弹性边界的 p_b），因此，多余的能量将加速不完整岩石向开挖空间变形，直到洞室坍塌破坏。

实际工程中，当钻眼过程中钻到高应力岩石中时，就会产生快速自发的坍塌破坏。如在煤矿工作面识别高应力区的一种实用技术就是观测工作面上一个钻眼的钻进速度和每单位钻进力切割岩石的体积。当横穿高应力区时，其切割下来的岩石体积将快速增加，且钻孔孔径快速变大。

Jaege 和 Cook(1979)、Petukhov 和 Linkov(1979)已经测试了在弹性-非弹性变形中，圆形开挖洞室的稳定性。这两个研究表明，如果卸载曲线斜率的绝对值近似为一个恒定值，即下降模量 M（见图 2-14(b)）小于岩石的弹性模量 E，则变形将缓慢地发生。Petukhov 和 Linkov 已经推算了作用在厚壁圆筒上，使其发生不稳定之前的外压力 p_0 的最大值，结果见图 2-14。

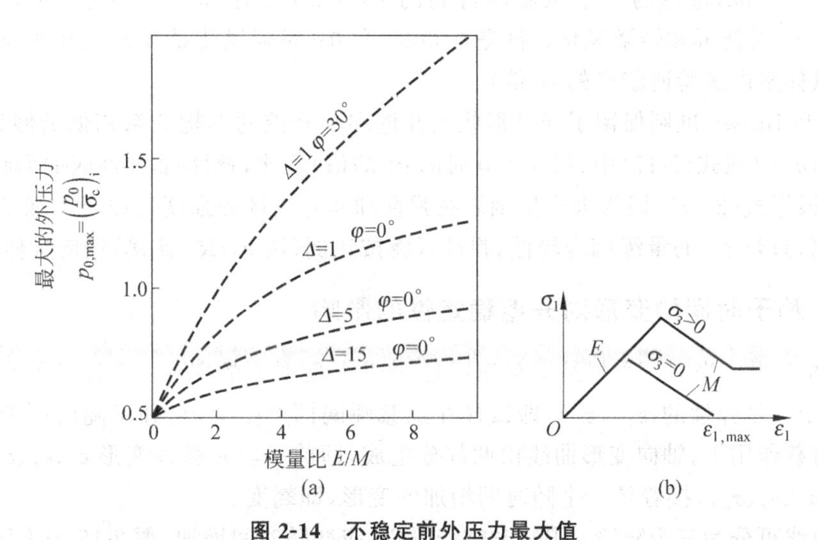

图 2-14 不稳定前外压力最大值

(a) 围绕一个圆心洞室的最大外压力 $p_{0,\max}$ 与卸载模量比绝对值 $|E/M|$ 之间的函数关系；
(b) 在分析中假设的完全应力-应变曲线的理想形式

影响最大外压力 $p_{0,\max}$ 的因素有：①与卸载模量比绝对值 $|E/M|$ 相关的完全应力-应变曲线的形状；②无侧限抗压强度 $(\sigma_c)_i$（式(2-8)，式(2-10)）；③非弹性区岩石的内摩

擦角 φ(Petukhov 和 Linkov 的理论不区分完整岩石和不完整岩石的摩擦角 φ)；④膨胀系数Δ($\Delta=|\varepsilon_3/\varepsilon_1|$)，$\varepsilon_1$ 是受压岩石样本不可改变的轴向应变，ε_3 是 ε_1 在变形至完全丧失黏聚力时 $\varepsilon_{1,\max}$ 所对应的不可改变的侧应变(见图 2-11(a)、图 2-14(b))。

图 2-14 说明了对开挖支护设计很重要的一点，即非弹性区岩石的本构关系对开挖面岩石的强度和稳定性有显著的影响。当$|M|$为无限大时(即岩石没有任何弹性卸载变形，强度瞬间下降达到无侧限抗压强度(洞壁))，在弹性极限值为 $p_0=(\sigma_c)_i/2$ 时，开挖变得不稳定。对于一个有限的(负的)峰后斜线值，$p_0>(\sigma_c)_i/2$。Guenot(1988)通过对空心岩石圆筒室内试验记录资料的研究发现，p_0 的实际取值范围是$(\sigma_c)_i<p_0<4(\sigma_c)_i$，即当弹性应力集中达到岩石的无侧限抗压强度时，不支护的小型开挖(开口钻孔)钻孔破坏数量是预计发生数量的 2～8 倍。

Vardoulakis 等(1988)依据分岔理论(bifurcation theory)研究了在外力作用下的空心圆筒非弹性区的行为特征。他们指出，开挖坍塌破坏通过剪切带形成(即离散的剪切裂隙)。由分岔理论推测的外力值与室内试验得到的压力值很接近。

Hoek 和 Brown(1980)以古典厚壁圆筒理论作为隧道支护设计的基础，假设在圆形开挖围岩中，非弹性区均匀发展，则岩石的破坏准则表示为

$$\sigma_1=\sigma_3+\sqrt{m(\sigma_c)_i\sigma_3+s(\sigma_c)_i^2} \tag{2-17}$$

式中：m,s——常数，取决于岩石性质以及在达到 σ_1、σ_3 前岩石的破碎程度。

Hoek 和 Brown(1980)发现，对于大开挖而言，根据实际观察，如果要使厚壁圆筒的理论分析值与实际值相符合，则要求 m 和 s 值很小。他们总结了 m 和 s 值与其他经验测试强度的关系，认为这些关系可作为评价岩体强度的准则。例如，他们通过对完整的和具有节理的安山岩(panguna)进行的三轴试验所得到的 m 与 m_i 之比和 s 分别为：对完整岩石是 1.00 和 1.00；对新鲜和轻微风化试样是 0.0021 和 0；对强风化试样是 0.0006 和 0(m_i 是完整岩石试样室内试验所获得的 m 值)。

Hoek 和 Brown 准则保留了同样形状大开挖和小开挖的本构关系相似的假设，对于同样的 p_0 与$(\sigma_c)_i$(在式(2-17)中，当 $\sigma_3=0$ 时的 σ_1 的值)之比，弹性-非弹性区的形状相同。

但是，根据式(2-17)，因为大开挖围岩在弹性和非弹性区的强度比原岩的强度低，所以，对于大开挖，只要 p_0 的量级相应较低，弹性区将按比例(按 r_0/R_0 比例)径向延伸。

2.2.4 依赖于时间的变形对开挖稳定性的影响

图 2-15 示出了当岩石受持续恒载作用时，产生的随时间的变形。在较低的水平轴向荷载作用下，变形是弹性的($\varepsilon_1<\varepsilon_0$)，即试样在加载瞬间即产生变形，并不随时间变化。在较高的初始荷载作用下，轴向变形曲线由两部分组成，即前一段是弹性变形 ε_a、ε_b、ε_c、ε_d(对应轴应力 σ_a、σ_b、σ_c、σ_d)，接着是一个随时间增加的变形，即蠕变。

蠕变曲线可分为三个阶段：①暂时蠕变阶段，应变随时间增加，图 2-15 中Ⅰ区；②稳定蠕变阶段，图 2-15 中Ⅱ区；③加速蠕变阶段，最终发展至坍塌，图 2-15 中Ⅲ区。

在高压荷载作用下，蠕变各阶段变短。当荷载达到 σ_b 时，试样会立即发生破坏。

有些类型岩石(如蒸发岩(evaporites))有硬化特性(随着时间慢慢变形，强度增加)，并随着时间增加，其变形会产生不规则的内裂隙，在恒载作用下将最终导致坍塌(图 2-15 中蠕变阶段Ⅲ)。

在开挖洞室蠕变的第Ⅱ阶段，特别是第Ⅲ阶段，由于裂隙岩石的弹性模量逐渐减小，变形越来越不明显。事实上，在理想条件下，围绕开挖的非弹性区，弹性模量从弹性-非弹性边界为最大到挖掘面最小，为依次降低的同心环，这会降低作用在开挖边界上的应力集中。与图2-15中的恒载情况相比，在开挖的邻近处，随着变形增大，“脱落荷载”将减少开挖面处岩石变形速率。依据随变形的模量比减少，图2-15中蠕变变形加速第Ⅲ阶段围绕开挖也许表现为一种或多或少的恒定速率。事实上，依赖于时间的变形也被认为是岩石强度逐渐降低的过程，依赖时间从高到低降为残余强度值(即式(2-11)中c_r、φ_r)。

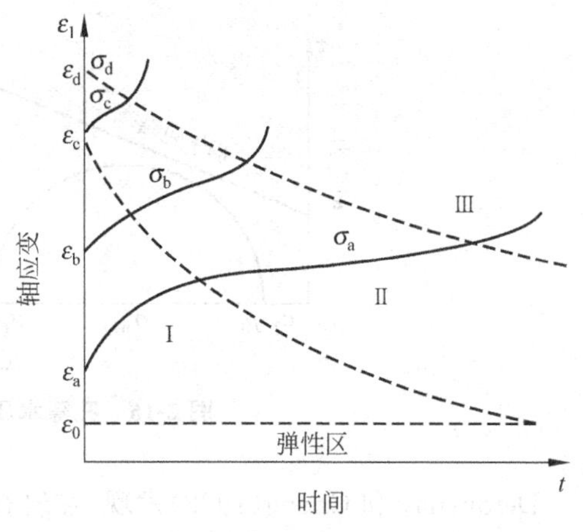

图2-15 各种级别的恒单轴压力下岩石试样依赖于时间的蠕变特性

$\sigma_d>\sigma_c>\sigma_b>\sigma_a$(压为正)

这种机理可用于解释“自稳时间”，Lauffer(1958)认识到，围岩在开挖后一段时期内不用支护也能保持稳定，但过了这段时间，就会发生坍塌破坏。当岩石开始蠕变或强度逐渐降低时，围绕开挖安装的早期支护也可以作为随时间增加的荷载(Panet，1979；Guenot et al.，1985)。开挖的自稳时间随着其开挖规模增大而变短。

2.2.5 水压力对开挖稳定性的影响

岩石中承压水对开挖的影响有以下几个方面。

(1) 开挖前就存在的均匀水压力p_f，能减少岩体的有效主应力，使其值从排水岩石条件($p_f=0$)得到的σ_1、σ_2、σ_3值下降到水压条件下的(σ_1-p_f)、(σ_2-p_f)、(σ_3-p_f)值，也就是将图2-16中的莫尔应力圆向左移动p_f，使岩体更加接近其极限条件。由上述分析可以看出，水压力的影响是弱化岩石。此时，最大和最小有效主应力分别为$\sigma_{\max,\mathrm{eff}}=(\sigma_1-p_f)$，$\sigma_{\min,\mathrm{eff}}=(\sigma_3-p_f)$。同样，平均有效法向应力$\sigma_{m,p}$和初始平均法向应力$\sigma_{m,0}$为

$$\sigma_{m,p}=\frac{(\sigma_1-p_f)+(\sigma_3-p_f)}{2}=\frac{\sigma_1+\sigma_3}{2}-p_f \tag{2-18}$$

$$\sigma_{m,0}=\frac{\sigma_1+\sigma_3}{2} \tag{2-19}$$

有效剪应力(τ_{eff})值与最大剪应力值($\tau_{\max}=(\sigma_1-\sigma_3)/2$)相同，即

$$\tau_{\mathrm{eff}}=\frac{(\sigma_1-p_f)-(\sigma_3-p_f)}{2}=\frac{\sigma_1-\sigma_3}{2}=\tau_{\max} \tag{2-20}$$

(2) 由于岩体的渗透性，水会流向开挖空间。开挖后水压力下降(p_f将下降到零)，因而产生水力梯度，水力梯度所产生的压力将把岩石推向开挖空间。同时，水压力降低将增加岩体的有效应力，当水流的压力逐渐衰减时，在挖掘面的邻近处趋向于增强岩石强度(在图2-16中，莫尔圆向右移动)。高水压渗透环境下矿井的支护处理就是这类实例。在矿井掘进过程中，要求高强度的衬砌支护以防止坍塌破坏。多年过后矿井废弃时，人们发现，虽然支护衬砌发生了位移不再起作用，但矿井仍能保持稳定(Mohr，1960)。

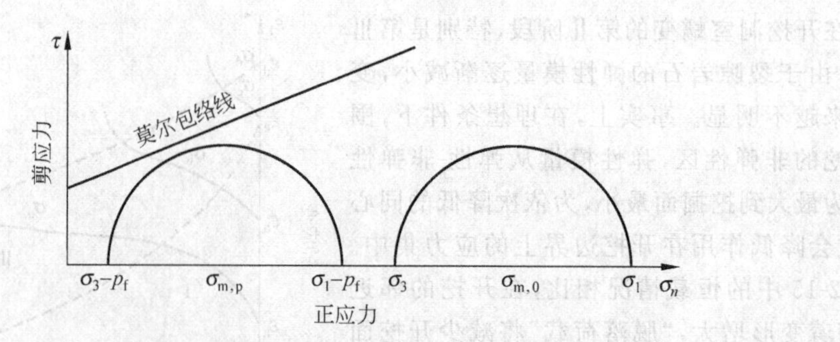

图 2-16 孔隙水压力对岩石的弱化效应

Detournay 和 Cheng(1988)发现,在岩石中,弹性应力集中和结构面上分布的水流压力联合作用会使岩石达到强度极限。

(3) 在某些情况下,水流流向开挖空间时会带走一部分岩体内部的细小颗粒,这将降低岩体强度。在极端情况下,当开挖穿过无黏性的砂层时,因开挖产生的应力集中足以破坏岩体,而且,随着水流不断带走破碎体,这种破坏会是灾难性的——类似于峰后变形曲线突然下降的自发性坍塌破坏。在一些事故中,因遇到高水压力,当炮眼钻到低强度岩体时,在隧道工作面可能会冲出上千立方米的固体物质(流砂),很显然,这是造成隧道不稳定性的主要原因,会妨碍隧道工程施工,严重影响工程效益。

总之,在许多情况下,释放开挖引起的水压力能增加开挖的稳定性,但也会降低其稳定性。这主要取决于岩体强度、岩石的天然黏聚力、原始水压力的量级和岩体的渗透性。

2.2.6 圆形开挖围岩的实际状态与厚壁圆筒理论的比较

在实验室内,在增加外压力的情况下,测试岩石空心厚壁圆筒的岩石状态的研究已经完成。Guenot(1988)发现,外压力 p_0 可能大大超过 $(\sigma_c)_i/2$,并且在圆筒内壁,剪应力等于无侧限抗压强度 $(\sigma_c)_i$。事实上,对于所有类型的岩石,在圆柱发生坍塌以前,在外压力 p_0 增大至大于 $(\sigma_c)_i/2$ 的情况下,均会发生实质性的非弹性变形。

在圆筒内壁的非弹性变形不是均匀地发展,而是在其上某一点处发生和发展的。原来的圆形截面孔变成了椭圆形截面孔。由于内壁上一些点的强度比其他点低,这些点会比其他点先发生非弹性变形,因此,孔趋向于变成椭圆形而不是圆形(Rabcewicz,1970)。

在均匀外压力 p_0 作用下,作用在椭圆长轴($2c$)顶点的应力集中(σ_e),比作用在椭圆短轴($2b$)的顶点应力集中大,并且有

$$\sigma_e = 2p_0(c/b) \tag{2-21}$$

很显然,在恒载 p_0 作用下,在椭圆开挖破坏区端点的应力集中将增大,“破坏”也会继续发展。虽然 p_0 是压力,但这种情况类似于 Griffith(1921)在恒定外拉力作用下裂隙发展的假设,即椭圆形裂隙会自发地增长。

但是,在多数情况下,有许多破碎材料填充在椭圆形裂隙内,由式(2-8)可知,这将在弹性-非弹性边界上产生支护应力 $(\sigma_r)_b$,从而增加岩石强度。这样,为了使椭圆形裂隙端点的应力集中超过在该点增加的岩石强度,并使裂隙继续发展,需要增大 p_0。然而,p_0 达到某种应力水平后,也许会使岩石的开裂不完整,而不是进一步扩展原始裂隙。

Detournay 和 St. John(1988)研究了一些不同的情况，假设圆形洞室围岩有相同的强度，但作用的外压力不是各向同性的，即 $P>Q$(压应力为正)，主应力 P、Q 作用在开挖轴线的法向上，如图 2-17 所示。

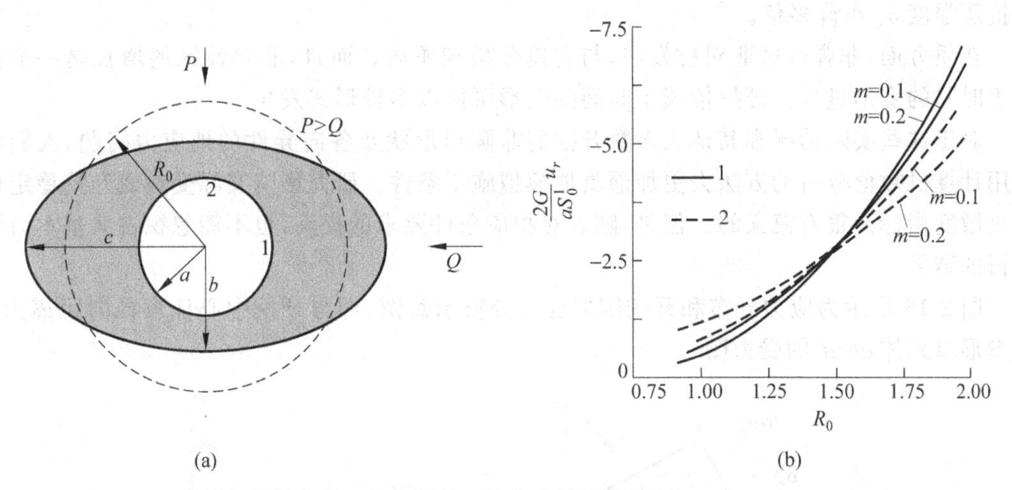

图 2-17 非各向同性荷载下围绕圆形开挖断面的非弹性区(Detournay, St. John, 1988)

非弹性区是以椭圆形形状发展的，其长轴($2c$)方向垂直于最大应力 P 方向，其短轴($2b$)方向垂直于最小应力 Q 方向。且椭圆的平均半径 R_0 为

$$R_0=\frac{b+c}{2} \tag{2-22}$$

R_0 也是各向均匀应力情况下的非弹性区半径，如图 2-12 所示。外压力值为

$$p_0=\frac{P+Q}{2} \tag{2-23}$$

随着非弹性椭圆形继续扩展(即 R_0 增加)，孔的最大收敛值 u_r 由点 2(图 2-17(b)中的虚线)转到点 1(图 2-17(b)的实线)的位置。

在图 2-17 中，应力系数比为

$$m=\frac{S_0}{S_0^1} \tag{2-24}$$

式中，初始实际应力差为

$$S_0=\frac{P-Q}{2} \tag{2-25}$$

初始实际应力差最大值为

$$S_0^1=\frac{(P-Q)_{\max}}{2} \tag{2-26}$$

由上述分析可以看出，当 $P=Q$ 时，在均匀、各向同性、连续的荷载下(见图 2-12)会引起非弹性环均匀地增长。局部开挖的非均匀性可以使得非弹性区不对称地发展。

2.2.7 古典弹性-非弹性分析与实际的关联

前文阐明了开挖洞室围岩的实际状况与古典厚壁圆筒的弹性-非弹性分析的不同之处，

这些不同表现在量和质两方面。

在量方面，隧道能承受的外压力的最大值可能比小开挖(如钻孔)情况下的完整岩石的无侧限抗压强度 σ_c 大许多倍，也可能比大开挖(如隧道或大洞室)情况下的完整岩石的无侧限抗压强度 σ_c 小许多倍。

在质方面，非弹性区非对称发展，与古典分析相矛盾。而且，非弹性区的增长是一个依赖于时间的变形过程。开挖依赖于时间的变形可能以多种形式发生。

对于这些实际情况和其他大多数开挖的非圆形形状及各向异性的地应力问题，人们希望用计算机数值分析的方法去更加逼真地模拟施工条件。研究影响实际变量或开挖稳定性的灵敏度指标是很有意义的。但是，随着对相应条件要求的提高，也不能忽视古典基本力学分析的结果。

图 2-18 所示为应力分布和开挖围岩变形分析示意图，即与开挖中心任意径向距离为 r 的楔形单元体 $abcd$ 的受力图。

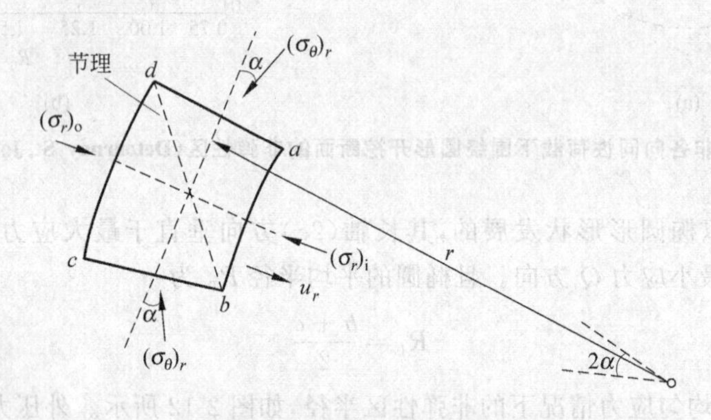

图 2-18　围岩楔形体单元作用力

相对于作用在单元体外面的 $(\sigma_r)_o$，开挖后作用在里面的应力 $(\sigma_r)_i$ 较小，因此造成力不平衡，使单元体移向开挖中心。单元体径向位移 u_r 与切向力的函数关系为

$$(\sigma_\theta)_r = f(u_r) \tag{2-27}$$

式中：$f(u_r)$——单调增长的函数，但不一定是线性的。

由楔形单元体上的力平衡关系可得

$$(\sigma_r)_i \times ab = (\sigma_r)_o \times cd - 2(\sigma_\theta)_r \times bc \times \sin\alpha \tag{2-28}$$

将式(2-27)代入可得

$$(\sigma_r)_i \times ab = (\sigma_r)_o \times cd - 2f(u_r) \times bc \times \sin\alpha \tag{2-29}$$

由式(2-29)可知，随着向内的径向位移 u_r 增大，$(\sigma_\theta)_r$ 变大，径向应力 $(\sigma_r)_i$ 变小。这可解释用于支护设计的“收敛约束”的方法。

很重要的一点是，在不破坏平衡的条件下，单元体可能表现为弹性或非弹性；当单元体向内移动时，切向应力增大。剪应力增长和径向应力降低的联合作用会引起作用在节理面 db 上的法向应力 σ_j 和剪应力 τ_j 的变化。法向应力 σ_j 和剪应力 τ_j 在界面上是否达到极限，由界面的倾向黏聚力与摩擦的性质决定，剪应力的某些值会导致界面滑动。这会释放各个单元体的压力，同时使得剪应力减少。因而，根据式(2-28)可知，为了保持平衡，需要增加径向压力。在滑动之后，节理可能会承担进一步积聚的切向应力，以使稍后当压力达到某一极限值时再次滑动(岩石的滑动摩擦阻力通常小于静摩擦阻力)。图 2-19 显示了滑动的几个阶段对支护作用曲线的影响。节理的摩擦阻力会随着重复滑动而减少(节理弱化)。因此,对于一个给定的径向压力减小值,在静态平衡再次建立之前,就会出现大位移,甚至可能会形成这样一种状态:单元体没有强度,即可能发生$(\sigma_\theta)_r$和$(\sigma_r)_i$相等的情况,开挖会变得不稳定而产生崩塌,除非支护抗力$(\sigma_r)_i$保持足够高的值。

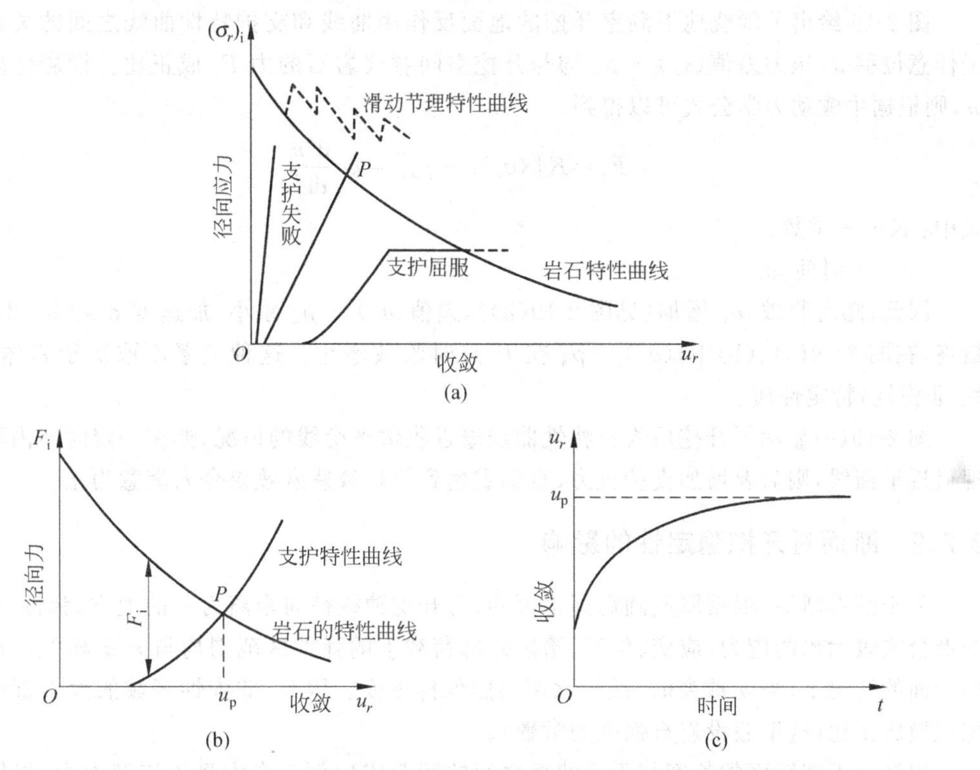

图 2-19　围绕地下开挖的地压反作用曲线(岩石特性曲线)和支护特性曲线

在许多实际情况下,不连续面(节理、岩层)不仅沿开挖断面,也沿轴向倾斜。在这种情况下,沿不连续面岩体就会滑动,并倾向"滑出平面"。这种滑动将影响地压反作用曲线,类似平面滑动(随径向变形而增加,切向应力下降),因而,需要进行与平面滑动相似的控制。在岩体三维各向异性的条件下,基于开挖设计和稳定分析的平面应变假设可能无效,特别是在靠近开挖工作面的大变形区域。然而,假定不连续面滑动被限制在开挖附近,那么平面应变假设对于大多数非弹性区域仍然是可以接受的。

总之,保持地下开挖稳定性的目标是允许围岩产生一定的变形,但是不能使围岩彻底碎裂。

2.2.8　开挖支护

无支护开挖的洞室表明,在一些岩体中,当$(\sigma_r)_i=0$时可以形成平衡。例如一个足够高的切向应力σ_θ能够与$(\sigma_r)_0$达到平衡。然而在很多情况下,一些支护被认为是必要的,以增加岩体的自支护能力。这种支护和前面讨论的岩石楔块所起的作用相同。例如,岩体向内的变形增加将缩短支护,使得支护上的切向应力增加。支护上的径向压力p_a和支护的向内

变形 u_r 的关系类似于岩体单元函数关系式(2-27),表示为

$$p_a = g(u_r) \tag{2-30}$$

这里,g 是一个函数,用于反映支护特性。此公式通常呈线性,但也不总是如此,如木支护和型钢联合支护,也许最初在支护上产生较小的压力和较大的初始变形,而当支护的刚度逐步变大直到木支护破坏时,型钢就起主要支护作用。

图 2-19 给出了围绕地下洞室开挖的地面反作用曲线和支护特性曲线之间的关系。对于任意位移 u,压力差值 $(\sigma_r)_i - p_a$ 均与开挖空间替代岩石的力 F_i 成正比。设岩体质量是 m,则根据牛顿动力学公式可以得到

$$F_i = K[(\sigma_r)_i - p_a] = m\frac{d^2u}{dt^2} \tag{2-31}$$

式中:K——常数;

t——时间,s。

因此,随着收敛,u_r 增加(见图 2-19(b)),差值 $(\sigma_r)_i - p_a$ 减小,加速度 d^2u/dt^2 也衰减,最终,在图 2-19(a)、(b)中,$(\sigma_r)_i - p_a$ 在 P 点时收敛停止。这种关系不取决于岩体的(弹性-非弹性)特定性质。

图 2-19(c)显示了开挖后岩石特性曲线逼近收敛平衡线的情况,如在一定时间内不能实现逼近平衡线,则需要增加支护抗力,直到观察到的收敛速度效果令人满意为止。

2.2.9 断面对开挖稳定性的影响

关于圆形断面,根据厚壁圆筒理论可知,与开挖轴线径向距离为 r 的地方,弹性-非弹性变形公式表示出的应力、应变、位移、给定外部荷载下的弹性区范围均与 r/a 相关。在非圆形断面的情况下,当 a 改变时,线性比例仍然保持不变。因此,非弹性区域的大小直接与开挖规模成正比(这里假设岩石强度为常数)。

岩体中不连续面的长度与不连续面之间的间距成比例。在大型不连续面中,岩体强度会变低,因此,大开挖将产生大的非弹性区,稳定性比小开挖差。

非圆形开挖在各点有不同的非弹性区曲率半径。图 2-20(a)所示为"马蹄形"开挖,在点 A 和点 E 的曲率半径接近于零,沿着 AB 和 ED 边有大的曲率半径,但在 BCD 部分变小。在底边 AFE 上,曲率半径无限大。类似地,图 2-20(b)和图 2-20(c)中所示的椭圆形开挖,在点 A 和点 C 曲率半径最小,在点 B 和点 D 曲率半径最大。如果把每段作为圆形开挖曲率半径的一部分,就相当于每段的曲率半径径向收敛,u_r 直接正比于曲率半径。因此,小径向半径区在较小的绝对值下比大半径区径向位移更易达到平衡。类似地,非弹性区的扩展也会使曲率半径按比例增加。

在隧道和斜井挖掘中,顶板处的重力促进初始应力集中形成,在底板抵抗初始应力集中,这将改变平衡条件。在地应力不平衡处,非弹性区的扩展不同于"各向同性应力,局部变化半径"的情况。因此,Detournay 指出,非弹性区的扩展将在法向上达到主应力的最大值和最小值。在最大应力的法向方向上,这种扩展使弹性-非弹性界面曲率的半径变小。因而,在界面之外的弹性区内,减少了高应力集中程度,即在界面处趋向于稳定状态。

图 2-20(b)、(c)示出了在各向同性和各向异性地应力条件下的非弹性区变化情况。岩石的径向异性(如岩层面)也会改变非弹性区的形状,使其沿层面向上扩展,相关开挖围岩的

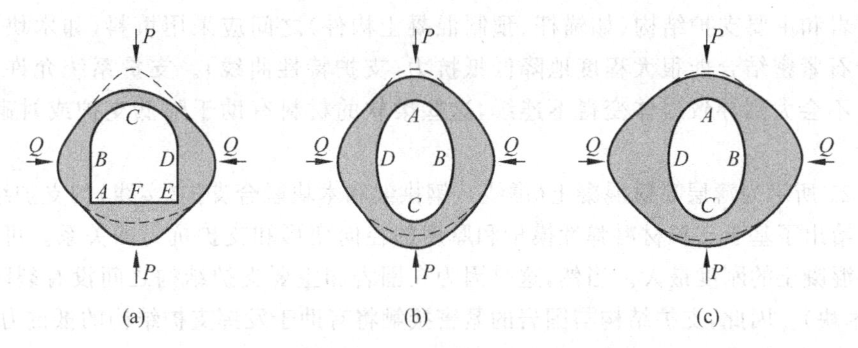

图 2-20　围绕非圆形开挖洞室曲率半径的变化

(a) $P=Q$,马蹄形断面；(b) $P<Q$,椭圆形断面；(c) $P>Q$,椭圆形断面

应力也会促进滑移层面的滑动。当设计锚杆希望锚固在弹性区的时候,考虑到非弹性区的这些影响是很重要的。

图 2-20(c)是对地下开挖两种不同设计方法的说明。由弹性理论(Isaacson,1958)可知,当满足以下三个条件时:①围绕椭圆形开挖的洞壁主应力 P、Q($P>Q$)保持不变;②椭圆的主轴($2c$)方向与最大主应力 P 的方向一致,短轴($2a$)方向与最小主应力的方向平行;③椭圆的形状 $b/a=P/Q$,在主应力 P 和 Q 不相等的情况下,如果岩体是各向同性的,则这种椭圆的形状常被认为是对竖井和隧道最稳定的形状。此时,切向应力 σ_θ 为

$$\sigma_\theta = P + Q \tag{2-32}$$

然而,如果超过了岩石的弹性强度,就会产生非弹性区,且在边界的最大径向区后有最大程度的扩展。因此,在这种情况下开挖的稳定形式是在弹性 非弹性界面上,或多或少像椭圆形状,其主轴垂直于最大压应力,即与最佳弹性形状的方向相反。换言之,如果在“灵活优化”的形状情况下突然超载,如岩爆,则大体积的、承受超载的岩体将向开挖洞室内移动,可能造成破坏。事实上,一些设计已经按照这些准确的结论用于岩爆情况。

基于上述原因,建议经常检查由于开挖应力集中而引起的非弹性区的扩展程度,为此可以采用 FLAC、Phase2 软件进行弹性-非弹性边界的数值模拟。由于岩石强度的多变性,特别是沿着长隧道,一些超应力是可能发生的,如果设计者希望减小非弹性区的体积,建议使开挖洞室的形状与所推测的弹性-非弹性边界形状相似。

2.2.10　支护的实际效果

支护系统的效果取决于已安装支护对围岩向内移动的抵抗力。对岩体而言,支护系统的效果取决于岩体作用在支护上产生向内变形时形成剪应力的大小。下面说明一些重要的结论:①支护的形状必须遵循开挖的形状。因此,在围岩有大曲率半径的地方,支护也将有相似的曲率半径,反之亦然。因此,在非弹性区(收敛)最大处(曲率半径最大处),在支护上的剪应力的增长率将会达到最小值。这表明,此部分支护对整个支护系统的稳定性来说是至关重要的。②当支护不是围绕整个开挖洞室的连续结构(如隧道底板直接设置锚杆的地方)时,在支护内,剪应力也许会被在拱角和开挖底板之间的最大垂直力所限制。当开挖底板的岩石受水弱化和风化时,就要求在拱下采取扩展拱角的形式解决。如果必须承受高荷载,底板上应设置反拱支护,并将围绕开挖面的支护做成封闭结构。

在围岩和主要支护结构(如锚杆、预制混凝土构件)之间应采用填料(如木块等)。主支护与岩石紧密结合能很大程度地降低抵抗力(支护特性曲线)。支护系统允许的、总的径向变形不会大到导致岩体变得不连续,这些柔软的材料有助于降低支护或衬砌的平衡荷载。

图 2-21 所示为薄层喷射混凝土(虚线)、钢拱架和木块联合支护(实线)的支护结构特性曲线。它给出了基于支护材料弹性模量和厚度的径向变形和支护抗力的关系。可以看出,薄层喷射混凝土的刚度最大。当然,这是因为在围岩和主要支护结构之间没有裂隙或填充材料(即木块)。因此,支护结构与围岩的紧密接触将有助于发挥支护结构的抵抗力。

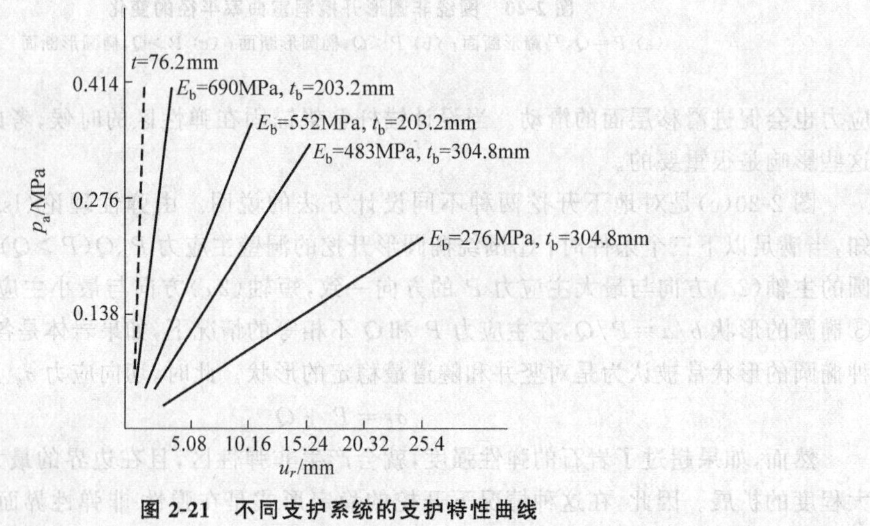

图 2-21 不同支护系统的支护特性曲线

许多理论分析中假设作用在支护结构上的均匀径向压力在实际中很少见。作用在支护上的荷载情况常常是:①以点力形式作用在不连续的位置上;②支护上各点力的大小在变化。

在支护上,这些非均匀压力将产生弯矩、弯曲应力及均匀切向压应力,即使在很低的总平均径向压力下,这种非均匀性也会导致支护结构的失效(如鼓起)(Proctor,White,1946)。

2.2.11 开挖面上岩体的稳定性

沿着开挖方向,在开挖面的区域扩展到大约 1/2 倍或 1 倍开挖面直径距离的地方,常常是岩体稳定性最关键的地方,尽管此时采用的是临时支护,也要求在开挖后尽快设置。

在此开挖区内,在开挖面、顶部、底板和侧墙的初应力会立即进行重新分布。对此种情况最好用三维径向收缩变形模型模拟。

在球形变形分析中,图 2-18 所示的二维楔形体被三维圆锥体代替,向内位移导致切向应力环绕整个倾斜面,而不像平面应变中那样仅为两面。在球形变形分析情况下,切向应力随着向内位移 u_r 增大而快速变大,因此,为满足稳定性要求,支护抗力 p_a 随着位移 u_r 增大而快速降低。

同样地,开挖中的球形衬砌所产生的支护抗力 p_a 将随径向变形增加快速增大。因此,式(2-27)与图 2-19 的岩石特性曲线图中,径向压力随着位移 u_r 增大而快速降低;式(2-30)

与图 2-19 的支护特性曲线图中，径向支护抗力随着位移 u_r 增大而快速增大。因此，图 2-19 中的平衡点 P 应该在径向位移 u_r 较小值的时候建立。事实上，基于厚壁圆筒分析的推测结论，在开挖面的变形和稳定条件是有效的(Egger，1980)。例如，虽然由应力重分布引起的最大应力集中在开挖面与开挖洞壁的相交角线处，但是由于其三维曲率半径在此处是最小的，所以变形的岩石沿着此线很快就会稳定。此种情况与图 2-20(a)中点 A 和 E 的情况相似。

这有助于解释软弱岩层在开挖面边角处设置倾斜的注浆岩石锚杆的实际效果，有助于加强和稳定下一进尺的开挖。在软弱岩层中安装锚杆，在开挖面处变形最小，因此，锚杆的加强效果也就最好。

很重要的一点是，“不破碎变形”的稳定性准则也适用于开挖面和侧墙。事实上，在软弱岩层开挖中，在开挖面上的节理、裂隙可能发生滑动。即使在开挖到那里之前，开挖面和开挖面前面的一定距离内的岩体的过度变形也会使侧墙产生向内的变形(Proctor，White，1977)。

随着开挖规模增大，开挖面条件也变得越来越严峻，开挖面的影响范围也相应变大。在全断面开挖前先掘一个小导洞，设置增强岩石强度的支护系统，然后再分段开挖并支护是一个好的设计思想。

2.2.12　支护设计方法

对于不同的地下建筑结构，将在后面各章中详述其设计方法。下面仅对国内外一些岩石中支护的设计方法进行简要介绍，以使读者了解支护设计的进展和设计原理。

1. Proctor 和 White 的方法

Proctor 和 White(1977)设计了一个锚拱支护作为决定性结构，他们假定支护上的压力是由岩石的重力静荷载作用在支护上产生的，这种荷载不会随着岩体的位移(收敛)而改变。并假定垂直或近乎垂直的支架依靠足够坚固的底板来承担支护上的全部垂直荷载。静荷载的大小是根据经验估计的，主要依据各种地质条件下现场观察的支护荷载来估计。这种方法假定非弹性区域的岩体没有自支撑能力，即基本上是破碎的。这在某些时候被认为是保守的、最坏工况下的方法，但是它的现场评估荷载可能比整个非弹性区域破碎时的情况要小。这种方法的主要缺点是没有考虑岩体的自支撑能力。

2. Lang 等的方法

Lang 和 Bischoff(1984)在岩石锚杆加固开挖设计中处于领先地位。在效果上，Lang 等试图通过锚杆围绕围岩形成一个加强岩石单元拱。加强岩石单元拱与砖拱或石拱有些类似。与 Proctor 和 White 的方法相比，Lang 等假定在加强岩石单元的拱外岩体中存在着一个区域，这个区域的岩体作用在加强岩石单元上，不能自支撑。加强岩石单元所需厚度依据关键性荷载的计算而定。由加强岩石单元的厚度又可以确定围绕岩体开挖安装锚杆的长度、距离、密度。围绕开挖的岩体锚杆区变成了支护，支护上的荷载是锚杆支护之外的上部破碎的岩体重力。

3. Einstein 和 Schwartz 的方法

Einstein 和 Schwartz(1979)提出了在不均等主应力荷载发生一系列变化时，圆形支护产生的抗力的一种闭合分析解。这种解可应用于弹性荷载条件和假设所需支护大小的情况。

表面看来 Einstein 和 Schwartz 的分析不能应用于隧道支护。因为根据定义,弹性变形是瞬时的,恰好和开挖同时形成。然而在安装支护之前,靠近隧道工作面安装支护的时候,应当打消不能应用于隧道支护的想法。当掘进时,靠近工作面携带的"主导"荷载将被转移到开挖工作面,靠近隧道工作面安装的支护可能导致额外的类弹性荷载。而且,岩体依赖时间的蠕变可能导致额外的类弹性支护荷载。例如,可以定义"长期"弹性模量,这个模量比"短期"和瞬时弹性模量小些(Muir Wood,1975)。对于当试图将衬砌支护设计成永久衬砌的情况,尽管岩石可能没有发展成"破碎岩石"区域,但是蠕变可能已经有少许,此时 Einstein 和 Schwartz 的弹性分析就特别有用。

4. 分级系统

在给定的开挖工程中,由于认识到可能会遇到各种各样的岩石类型,以及在开挖前实际上不可能确定岩体性质、初始应力等,于是人们做了许多努力去发展岩体经验分级系统。这些系统是根据岩石类型,开挖面大小、节理、裂隙和方向,以及地下水工况等因素来对所需支护进行评估的。评估是基于其他相似工况下的成功开挖支护设计做出的。

当完成一项设计计算,将其与过去的类似工程设计计算进行比较时,分级系统就可以发挥作用。当挖掘或支护的条件出现不希望的情况,需要修改设计时,了解岩体支护相互作用的力学机理和基本的设计要素就显得至关重要。

5. 新奥法(NATM)

新奥法的思想是:①要认识到保持围岩完整性的重要性,特别是最关键的地方,如开挖新暴露的工作面、穿越松散地层等,采用金属网、轻型拱、岩石锚杆、喷射混凝土等各种组合方案,可以解决复杂地压问题;②强调围绕整个围岩采用闭合环形支护,在内衬上形成连续的切向阻力的重要性,这对挤压地层是更可取的有效支护方法;③通过观测收敛速度和利用前面讨论的原理进行安装支护,使用喷射混凝土增加内衬厚度以减少收敛速度时要具有灵活性;④对岩石直接应用喷射混凝土支护,以确保支护的早期刚度达到最大值。

新奥法得到持续而广泛的发展,表明它所依据的支护原理是基本正确的。就像我们所认识到的,所有的原理都来源于围绕开挖的弹性-非弹性变形平衡的简单假设。为了完成支护设计,当试图对岩体特性做一些定性评估的时候,就要参考岩体分级系统。

2.2.13 开挖稳定性的不连续性分析

事实上,岩体强度通常比岩块试样的强度低。这主要是因为在岩体中存在着大量的不连续面。

显然,把在常规强度试验中的岩石强度作为岩体的强度是不符合实际的。而且,开挖中各段岩性多变,尤其是在大开挖中。因此,开挖稳定性和支护设计原理常常建立在大量量测和定性分析的基础上。关于不连续面影响岩体稳定性的分析并没有大的进展。

数值模拟技术,如 Universal Distinct Element Code(UDEC)及其三维补充部分(3DEC)(Cundall,1988; Hart et al.,1988),这个专为研究节理和块状岩体而设计的程序为我们提供了很大方便。UDEC 和 3DEC 已经用于支护系统的设计,特别是针对块状岩体。研究表明,即使小的变化,如节理方位、地应力方向、节理摩擦阻力及节理之间摩擦阻力的变化等都能引起稳定性的显著变化。为了弄清那些显著影响开挖稳定性和支护设计的因素，需要大量的设计和严谨的计算机模拟方法。

2.2.14　总结

(1) 地下结构设计应该因地制宜，而不是一味追求使用最新的方法。这是由开挖过程中的不确定因素和现场岩体性质所决定的，特别是在开挖后需尽快支护的情况。

(2) 支护作用的实质是使开挖洞室围岩中应力重新达到平衡状态。对变形机制的定性研究可以使我们在开挖揭露的情况与预测不相符时做出正确的反应。

(3) 开挖围岩非弹性或破碎岩石区的力学特性对开挖的稳定性起着决定性的作用。由于岩体中不连续面的存在，岩体强度远比岩块强度低。

(4) 当地下开挖洞壁形成一条封闭曲线时，岩体的向内变形趋向于使开挖达到稳定平衡状态，会在开挖围岩中产生持续的剪应力(拱效应)。因为要达到平衡所需的变形量是极大的，因此要使用支护。

(5) 大曲率半径开挖断面与小曲率半径开挖断面相比更不稳定，因此要求高度关注相关支护。

(6) 在理想条件下，支护应该是一条闭合曲线，以保证剪应力的建立是连续的。在不同情况下(如钢拱或马蹄形支护)，开挖底板岩石克服作用在支护结构上的力的能力就显得很重要。

(7) 相对于围岩，支护结构可以承受的剪应力更大。这是因为支护结构中不存在岩体内的不连续面。

(8) 由于岩体强度的不确定性，在分析开挖面周围分布的应力和位移时，应适当考虑非弹性区的范围和形状。当岩体强度足够低以致产生非弹性变形时，非弹性区的范围和形状会扩展。弹性-非弹性界面的形状可建议一个挖掘形状，虽然不同于弹性分析预测的结果，但会更精确。

(9) 简单的闭合解分析方法，如古典空心厚壁圆筒方法，对开挖设计原则的理解是很有意义的。这种理解有助于对实际支护选择的研究。这种分析法的主要缺点是在开挖设计中一些实际重要变量的影响原因(如非圆形开挖、各向异性应力、不连续面等)不明确。

(10) 利用计算机程序可以实现对连续岩体开挖围岩的弹性-非弹性变形作二维和三维模拟。这不仅对一些特殊情况下的设计有意义，也可使我们对影响开挖稳定性的因素和实际变量范围有更清晰的理解。数值模拟试验对重要实际变量的影响研究具有很大的潜力。将其与闭合解分析方法相结合，有望建立更坚固的基础结构，在此基础上进行场地勘察，以建立更合理的开挖设计方法。

(11) 新奥法是与开挖支护一般原则相结合的、实际应用得很好的一种设计和施工方法。

2.3　地下建筑结构设计内容

修建地下建筑结构，必须按基本建设的程序进行勘测、设计和施工。设计分为工艺设计、规划设计、建筑设计、防护设计、结构设计等。对每一个工程都要作结构设计方案比较，再进行结构设计。与本课程相关的是地下建筑结构形式的选择和结构设计。地下建筑结构形式的选择和结构设计的主要内容如下。

1) 初步拟定截面尺寸

根据施工方法选定结构形式和结构平面布置方式,根据荷载和使用要求估算结构跨度、高度、顶/底板及边墙厚度等主要尺寸。初步拟定地下建筑结构形状和尺寸时需要考虑以下三个方面的内容。

(1) 衬砌或支护的内轮廓必须符合地下建筑使用的要求和净空限界,同时要选择符合施工方法的结构断面形式。

(2) 结构轴线应尽可能与在荷载作用下所决定的压力线重合。

(3) 截面厚度是结构轴线确定以后的重点设计内容,要判断设计厚度的截面是否有足够的强度。

2) 确定结构上作用的荷载

根据荷载作用组合的要求确定荷载,必要时要考虑工程的防护等级、"三防"要求(防核武器、防化学武器、防生物武器)与动载标准。

3) 结构内力计算

选择与工作条件相适应的计算模型和计算方法,得出各种控制截面的结构内力。

4) 结构的稳定性验算

地下结构埋深较大又位于地下水位以下时,要进行抗浮验算;对于明挖深基坑支挡结构要进行抗倾覆、抗滑动验算。

5) 内力组合

在各种荷载作用下分别计算结构内力,在此基础上对最不利的可能情况进行内力组合,求出各控制截面的最大设计内力值,并进行截面强度验算。

6) 配筋计算

核算截面强度和裂缝宽度得出受力钢筋并确定必要的构造钢筋。

7) 安全性评价

如果结构的稳定性或截面强度不符合安全度的要求,就需要重新拟定截面尺寸,并重复以上各个步骤,直至截面符合稳定性和强度要求为止。

8) 绘制施工设计图

并不是所有的地下建筑结构设计都包括上述各项内容,要根据具体情况加以取舍。

进行地下建筑结构设计,一般先采用经验类比或推论的方法,初步拟定衬砌结构的截面尺寸。按照这个截面尺寸计算在荷载作用下的截面内力,并检验其强度。如果截面强度不足或富裕太多,就得调整截面尺寸重新计算,直至合适为止。

进行结构设计时必须将荷载考虑完全,结构强度计算正确,安全风险评估合理,并且符合国家及每个工程项目的相关规范。工程中由于设计失误而引发的事故并不罕见,如1994年西非石油储罐的设计,每个石油储罐高15m,6个安装储罐中的2个在施工过程中由于突发风暴而破坏(见图2-22)。这个偶然荷载(突发风暴)在设计阶段已经考虑到了,但是没有考虑风载压在有扣的储油罐上的情况,致使储油罐惨遭破坏,损失100万美元。另一个实例是由于设计失误导致涡轮发电机组爆炸(见图2-23),设计阶段由于应力分析不精确,600MW涡轮发电机在进行安全测试时不幸粉碎。主轴有11处遭到了破坏,有3t材料抛射穿过隔离墙,电站列车85%被破坏,损失近4000万美元。再如1995年,日本神户—大阪高速公路由于地震抗力设计可行性研究不足，虽然知道地震可能发生，但是并没有充分估计其后果，导致在 40s 地震（里氏 7.2 级）时间里，高速公路基础桩剪切破坏，高速公路坍塌（见图 2-24），损失 100 亿美元。另外还有众所周知的协和式飞机（见图 2-25）潜在的爆胎、油箱爆裂等问题，都是由于风险估算不足导致的。

图 2-22　石油储罐失误设计

图 2-23　涡轮发电机组爆炸

图 2-24　高速公路坍塌失误设计

图 2-25　协和式飞机失误设计

伦敦地铁和英吉利海峡隧道是地下建筑结构的著名设计。伦敦地铁是世界上第一条地铁，采用明挖法施工，先挖掘了一个宽 10m、深 6m 的深基坑，再建成拱形的砖顶，然后将土回填，在地面上重建道路和房屋。

经过 100 多年，伦敦地铁随着城市一起不断地扩建，几乎所有的线路都建设了延长线。12 条地铁线在城市的地下纵横交错，构成密集的城市轨道交通网，使伦敦成为世界上地铁最发达的城市之一。伦敦地铁设计也因此成为最成功的设计范例之一。

英法海峡隧道长 48km，大约有 35km 在水下，为世界上最长的海底水下隧道。这是在海底复杂地质环境中，设计施工的著名地下隧道工程。

2.4　地下建筑结构设计规范

由于地下建筑结构的建设费用极高，在施工过程中，又受到许多不确定性因素影响，任何疏忽都有可能导致设计的失败，所以要求地下建筑结构设计必须按照安全可靠、技术可行、经济合理的原则进行设计。地下建筑结构设计同时应符合相关的行业规范，如《混凝土结构设计规范》(GB 50010—2010)、《铁路隧道设计规范》(TB 10003—2016)、《公路隧道设计规范》(JTG D7012—2014)、《地铁设计规范》(GB 50157—2013)、《岩土锚杆与喷射混凝土支护工程技术规范》(GB 50086—2015)、《水工隧洞设计规范》(SL 279—2016)、《岩土工程勘察规范(2009年版)》(GB 50021—2001)、《建筑地基处理技术规范》(JGJ 79—2012)、《建筑桩基技术规范》(JGJ 94—2008)等。

复习思考题

2.1 地下建筑结构需要满足哪些功能?

2.2 薄层喷射混凝土支护的优点是什么?

2.3 控制土体移动、沉降的措施有哪些?

2.4 在岩石中，为什么支护设计有时是"凭着感觉设计"或者是"基于观察的方法"?

2.5 影响最大外压力 $p_{0,\max}$ 的因素有哪些?

2.6 水压力是如何影响开挖稳定性的?

2.7 在岩石开挖中，稳定性的目标是什么? 如何理解其含义?

2.8 断面是如何影响开挖稳定性的? 设计中如何考虑断面形状?

2.9 地下建筑结构支护设计方法有哪些?

2.10 简述地下建筑结构设计的内容。

第3章 地下建筑结构设计计算理论

3.1 土压力计算理论

3.1.1 土压力及其分类

作用在挡土墙上的土压力是填土(填土和填土表面上的荷载)或挖土坑壁原位土对挡土墙结构产生的侧向土压力,它是挡土墙承受的主要荷载。土压力的计算涉及填料、墙身以及地基三者之间的共同作用。土压力的性质和大小与墙身的位移、墙体高度、墙后填土的性质等有关。根据墙的位移方向和大小,作用在墙背上的土压力可以分为主动土压力、静止土压力和被动土压力三种,见表3-1。其中,主动土压力的合力 P_a 最小,被动土压力的合力 P_p 最大,静止土压力的合力 P_0 则介于上述两者之间,如图3-1所示。

表3-1 土压力种类

类型	出现土压力的情况	示意图
静止土压力	当挡土墙静止不动时,墙后土体由于墙的侧限作用而处于静止状态,如图3-1中的 O 点。此时墙后土体作用在墙背上的土压力为静止土压力,其合力用 P_0 表示	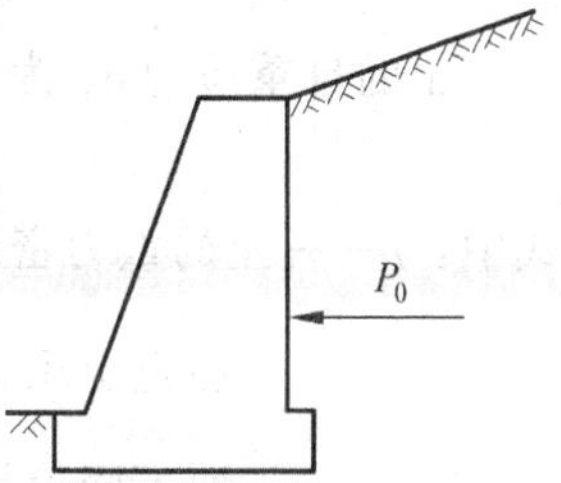
主动土压力	当挡土墙在墙后土体的推力作用下向前移动时,墙后土体随之向前移动。土体下方阻止移动的黏聚力和摩擦力发挥作用,使作用在墙背上的土压力减小。当墙向前移动达到 $-\Delta$ 值时,土体中产生的黏聚力和摩擦力全部发挥作用,此时墙后土体达到主动极限平衡状态,墙背上作用的土压力减至最小。因土体主动推墙,则此压力称为主动土压力,其合力用 P_a 表示	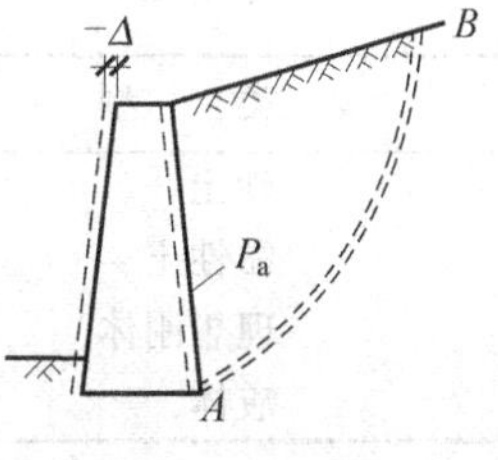

续表

类型	出现土压力的情况	示 意 图
被动土压力	若挡土墙在巨大的外力 F 作用下向后移动推向填土，则填土受墙的挤压，使作用在墙背上的土压力增大。当挡土墙向填土方向的位移量达到 $+\Delta$ 时，墙后土体即将被挤出且产生滑裂面 AC，在此滑裂面上的抗剪强度全部发挥，墙后土体达到被动极限平衡状态，墙背上作用的土压力增至最大。因是土体被动地被墙推移，则此压力称为被动土压力，其合力用 P_p 表示	$+\Delta$, F, C, P_p, A

3.1.2　静止土压力

当挡土墙具有足够的截面并且建立在坚实的地基上(例如基岩)时，墙在墙后填土的推力作用下不产生任何移动或转动，同时墙后土体没有破坏而处于弹性平衡状态，这时作用于墙背上的土压力称为静止土压力 p_0，如图 3-2 所示。

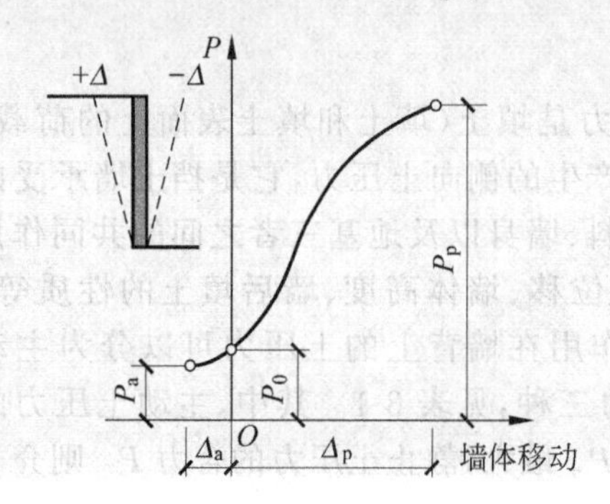

图 3-1　土压力与墙体位移的关系

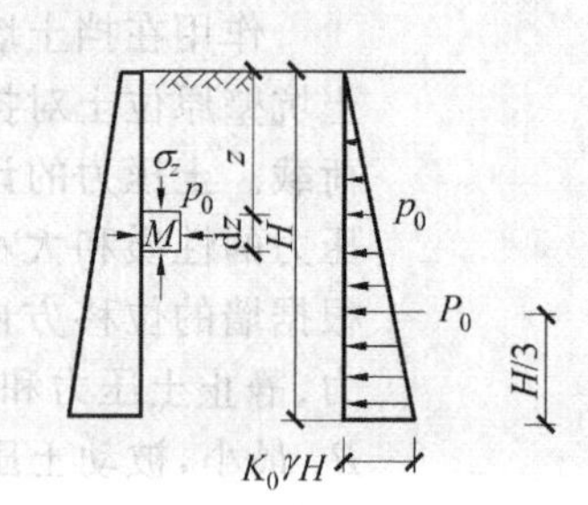

图 3-2　静止土压力计算图

根据弹性半无限体的应力和变形理论，深度 z 处静止土压力 p_0 为

$$p_0 = K_0 \gamma z \tag{3-1}$$

土的自重应力 σ_z 为

$$\sigma_z = \gamma z \tag{3-2}$$

式中：γ——土的重力密度，简称重度，kN/m^3；

K_0——静止土压力系数，可由泊松比 μ 来确定，$K_0 = \dfrac{\mu}{1-\mu}$，针对不同工程土体情况取不同值，见表 3-2。

表 3-2　不同工程土体的泊松比和静止土压力系数

类　　型	μ	K_0
砂土	0.20～0.25	0.25～0.33
黏性土	0.25～0.40	0.33～0.67
理想刚体	0.00	0.00
液体	0.50	1.00

在均质土中，静止土压力与计算深度呈三角形分布，对于高度为 H 的竖直挡墙，取单位墙长，则作用在墙上静止土压力的合力值 P_0 为

$$P_0 = \frac{1}{2}K_0\gamma H^2 \tag{3-3}$$

式中：H——垂直挡墙高度，m；

P_0——墙上静止土压力的合力，方向水平，作用点在距墙底 $H/3$ 高度处，kN/m。

静止土压力系数 K_0 也可以在室内由三轴仪或在现场用原位自钻式旁压仪等测试得到。缺乏试验资料时，可以按表 3-3 估算 K_0 值。

表 3-3　K_0 经验计算公式表

序号	土的类别	计 算 公 式
1	砂性土	$K_0 = 1 - \sin\varphi'$
2	黏性土	$K_0 = 0.95 - \sin\varphi'$
3	超固结黏土	$K_0 = \sqrt{OCR}(1 - \sin\varphi')$

注：表中 φ' 为土的有效内摩擦角；OCR 为土的超固结比。

《公路桥涵设计通用规范》(JTG D60—2015)给出了静止土压力系数的参考值，见表 3-4。

表 3-4　《公路桥涵设计通用规范》给出的 K_0 参考值

类　别	K_0
砾石、卵石	0.20
砂土	0.25
粉质砂土	0.35
粉质黏土	0.45
黏土	0.55

例 3-1　设计一堵基岩上的挡土墙，墙高 $H=6.0$m，墙后填土为中砂，重度 $\gamma=18.5\text{kN/m}^3$，有效内摩擦角 $\varphi'=30°$。计算作用在挡土墙上的土压力。

解　因挡土墙位于基岩上，因此按静止土压力公式(3-3)计算：

$$\begin{aligned} P_0 &= \frac{1}{2}\gamma H^2 K_0 \\ &= \frac{1}{2} \times 18.5 \times 6^2 \times (1 - \sin 30°)\text{kN/m} \\ &= 166.5\text{kN/m} \end{aligned}$$

总静止土压力作用点位于距底部 $H/3=2$m 处。

3.1.3　朗肯土压力理论

1857 年英国学者朗肯(Rankine)研究了土体在自重作用下发生平面应变时达到极限平衡的应力状态，建立了计算土压力的理论。由于其概念明确、方法简便，因此至今仍被广泛应用。

1. 基本假设

朗肯土压力理论是根据半空间的应力状态和土的极限平衡条件得出的土压力计算方法,又称为极限应力法,见图3-3。

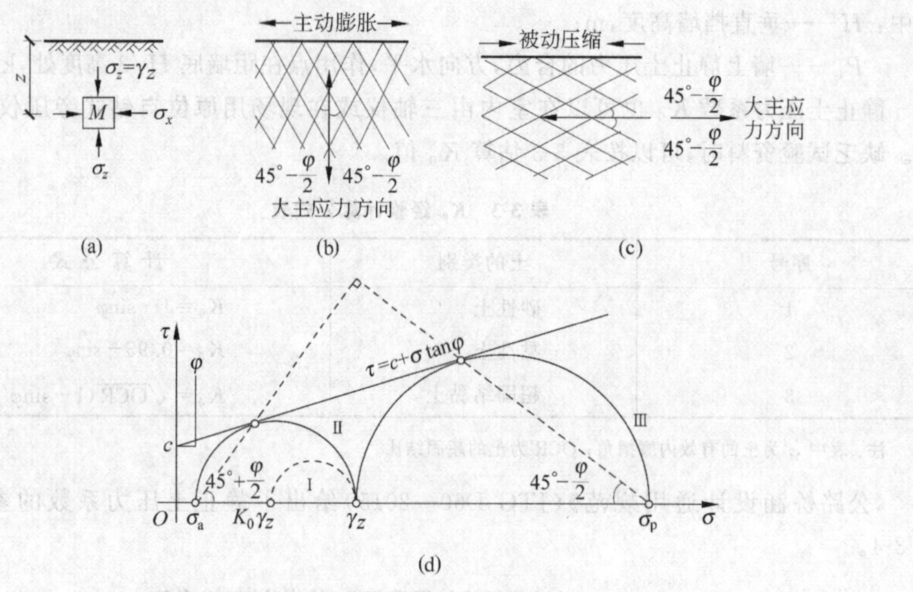

图3-3 半空间的极限平衡状态

(a) 半空间内的单位微体;(b) 半空间的主动朗肯状态;
(c) 半空间的被动朗肯状态;(d) 用摩尔圆表示主动和被动朗肯状态

朗肯理论的基本假设:

(1) 墙本身是刚性的,不考虑墙身的变形;

(2) 墙后填土延伸到无限远处,填土表面水平;

(3) 墙背垂直光滑,墙后土体达到极限平衡状态时产生的两组破裂面不受墙身影响。

图3-3(a)表示一表面为水平面的半空间,即土体向下和沿水平方向都伸展至无穷,在距地表z处取一单位微体M,当整个土体都处于静止状态时,各点都处于弹性平衡状态。设土的重度为γ,显然M单元的垂直法向应力等于该处土的自重应力,$\sigma_z=\gamma z$,而水平法向应力为$\sigma_x=K_0\gamma z$。

由于土体内每一竖直面都是对称面,因此垂直面和水平面上的剪应力都等于零,因而相应截面上的法向应力σ_x和σ_z都是主应力,此时的应力状态用摩尔圆表示为如图3-3(d)所示的圆Ⅰ,由于该点处于弹性平衡状态,故摩尔圆不与抗剪强度包络线相切。

设想由于某种原因使整个土体在水平方向伸展或压缩,土体由弹性平衡状态转为塑性平衡状态。如果土体在水平方向伸展,则M单元在水平截面上的法向应力σ_z不变,而垂直截面上的法向应力σ_x却逐渐减少,直至满足极限平衡条件为止(称为主动朗肯状态),此时σ_x达到最低限值σ_a。因此,σ_a是小主应力,而σ_z是大主应力,并且摩尔圆与抗剪强度包络线相切,如图3-3(d)的圆Ⅱ所示。若土体继续伸展,则只能形成塑性流动,而不改变其应力状态。反之,如果土体在水平方向被压缩,那么σ_x不断增加而σ_z却保持不变,直到满足极限平衡条件(称为被动朗肯状态),此时σ_x达到最大限值σ_p,这时σ_p是大主应力而σ_z是小主应力，摩尔圆与抗剪强度包络线相切，如图 3-3(d)的圆Ⅲ所示。

当土体处于主动朗肯状态时，大主应力所作用的面是水平面，故剪切破坏面与垂直面的夹角为 $45°-\frac{\varphi}{2}$，如图 3-3(b)所示。当土体处于被动朗肯状态时，大主应力所作用的面是垂直面，故剪切破坏面与水平面夹角为 $45°-\frac{\varphi}{2}$，如图 3-3(c)所示。因此，整个土体由互相平行的两组剪切面组成。

朗肯将上述原理应用在挡土墙土压力计算中，根据假设推导出无黏性土和黏性土的主动土压力与被动土压力计算公式。

2. 无黏性土的土压力

无黏性土的土压力计算见表 3-5。

表 3-5　无黏性土的土压力计算

项目	主动土压力	被动土压力
计算公式	$p_a=\gamma z K_a$ 式中：p_a——主动土压力，kPa； K_a——主动土压力系数， $K_a=\tan^2\left(45°-\frac{\varphi}{2}\right)$； γ——土的重度，kN/m^3； z——计算点距填土表面的深度，m	$p_p=\gamma z K_p$ 式中：p_p——被动土压力，kPa； K_p——被动土压力系数， $K_p=\tan^2\left(45°+\frac{\varphi}{2}\right)$； γ——土的重度，kN/m^3； z——计算点距填土表面的深度，m
土压力分布	p_a 与 z 成正比，当 $z=0$ 时，$p_a=0$；当 $z=H$ 时，$p_a=\gamma HK_a$，呈三角形分布，见示意图	p_p 与 z 成正比，当 $z=0$ 时，$p_p=0$；当 $z=H$ 时，$p_p=\gamma HK_p$，呈三角形分布，见示意图
土压力的合力	取挡土墙长度方向上 1 延米计算，P_a 为土压力三角形分布图的面积，即 $P_a=\frac{1}{2}\gamma H^2K_a$	取挡土墙长度方向上 1 延米计算，P_p 为土压力三角形分布图的面积，即 $P_p=\frac{1}{2}\gamma H^2K_p$
土压力的合力的作用点	位于土压力三角形分布图的重心，距离墙底为 $H/3$ 处，见示意图	位于土压力三角形分布图的重心，距离墙底为 $H/3$ 处，见示意图
示意图	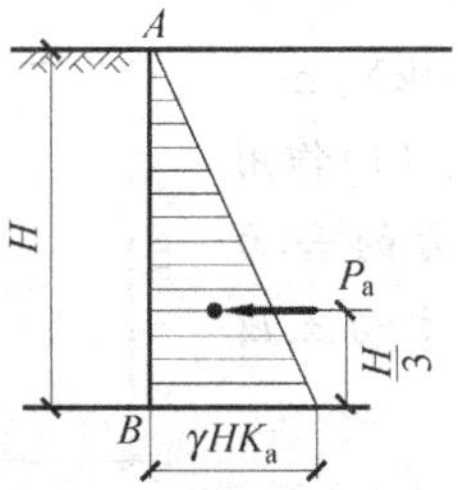 A　H　P_a　$\frac{H}{3}$　B　γHK_a	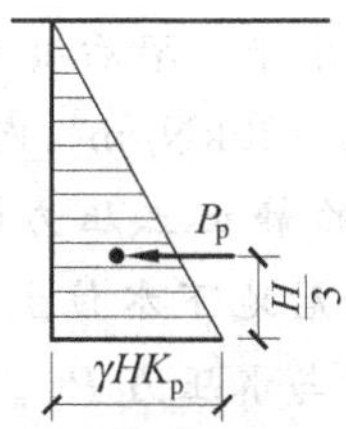 P_p　$\frac{H}{3}$　γHK_p

3. 黏性土的土压力

黏性土的土压力计算见表 3-6。

表 3-6 黏性土的土压力计算

项目	主动土压力	被动土压力
计算公式	$p_a=\gamma zK_a-2c\sqrt{K_a}$ 式中：c——土的黏聚力，kPa	$p_p=\gamma zK_p+2c\sqrt{K_p}$ 式中：c——土的黏聚力，kPa
土压力分布	由两部分组成： 第一部分 γzK_a，与无黏性土相同，是由土的自重 γz 产生的，与深度 z 成正比，此部分土压力呈三角形分布； 第二部分为 $-2c\sqrt{K_a}$，由黏性土的黏聚力 c 产生，为一个常数。 黏性土的主动土压力分布只有△abc 部分，见示意图	由两部分组成： 第一部分 γzK_p，与无黏性土相同，是由土的自重 γz 产生的，与深度 z 成正比，此部分土压力呈三角形分布； 第二部分为 $2c\sqrt{K_p}$，由黏性土的黏聚力 c 产生，为一个常数。 上述两部分的土压力叠加，呈梯形分布，见示意图
土压力的合力	取挡土墙长度方向上1延米计算，P_a 为土压力三角形分布图的面积，即 $P_a=\frac{1}{2}\gamma H^2K_a-2cH\sqrt{K_a}+\frac{2c^2}{\gamma}$	取挡土墙长度方向上1延米计算，P_p 为土压力三角形分布图的面积，即 $P_p=\frac{1}{2}\gamma H^2K_p+2cH\sqrt{K_p}$
土压力的合力的作用点	主动土压力的合力的作用点位于△abc 的重心位置，即 $\frac{H-z_0}{3}$ 处，临界深度 $z_0=\frac{2c}{\gamma\sqrt{K_a}}$	被动土压力的合力的作用点位于土压力分布梯形的重心 G 点(计算见图 3-4)。图中取 $\angle PQC$ 为 α，$\overline{PQ}$ 为中线，则 $GP=\frac{H}{3\sin\alpha}\frac{a+2b}{a+b}$，$GQ=\frac{H}{3\sin\alpha}\frac{2a+b}{a+b}$
示意图	$2c\sqrt{K_a}$ D E z_0 A H P_a F B C γHK_a	$2c\sqrt{K_p}$ A D G P_p B C $\gamma HK_p+2c\sqrt{K_p}$

例 3-2 已知某挡土墙的高度 $H=8.0$m，墙背竖直、光滑，填土表面水平。墙后填土为中砂，重度 $\gamma=18.0$kN/m^3，饱和重度 $\gamma_{sat}=20$kN/m^3，内摩擦角 $\varphi=30°$。计算：(1)作用在挡土墙上的静止土压力的合力 P_0，主动土压力的合力 P_a；(2)当墙后地下水位上升至离墙顶 4.0m 时，主动土压力的合力 P_a 与水压力 P_w。

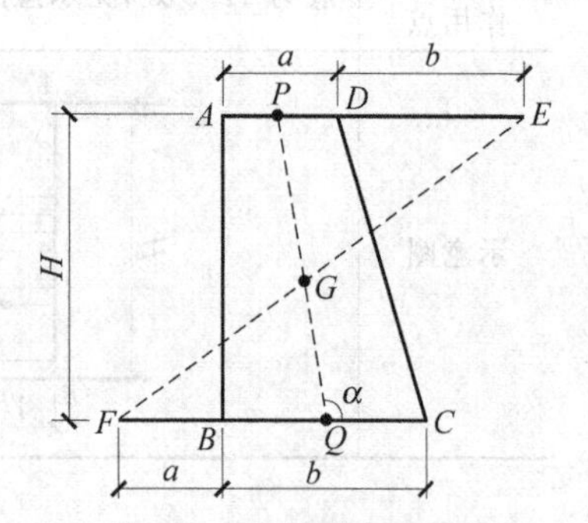

图 3-4 求解黏性土的被动土压力梯形重心

解 (1) 墙后无地下水情况

① 静止土压力的合力 P_0 应用式(3-3)计算。取中砂的静止土压力系数 $K_0=0.4$，可得静止土压力的合力为

$$P_0=\frac{1}{2}\gamma H^2K_0=\frac{1}{2}\times 18.0\times 8^2\times 0.4\text{kN/m}=230.4\text{kN/m}$$

P_0 作用点位于距墙底$\frac{1}{3}H=2.67\text{m}$ 处，如图 3-5(a)所示。

② 主动土压力的合力 P_a 挡土墙墙背竖直、光滑，填土表面水平，适用朗肯土压力理论。由表 3-5 可知

$$P_a=\frac{1}{2}\gamma H^2K_a=\frac{1}{2}\times 18.0\times 8^2\times\tan^2\left(45°-\frac{30°}{2}\right)\text{kN/m}\approx 192\text{kN/m}$$

P_a 作用点位于距墙底$\frac{1}{3}H=2.67\text{m}$ 处，如图 3-5(b)所示。

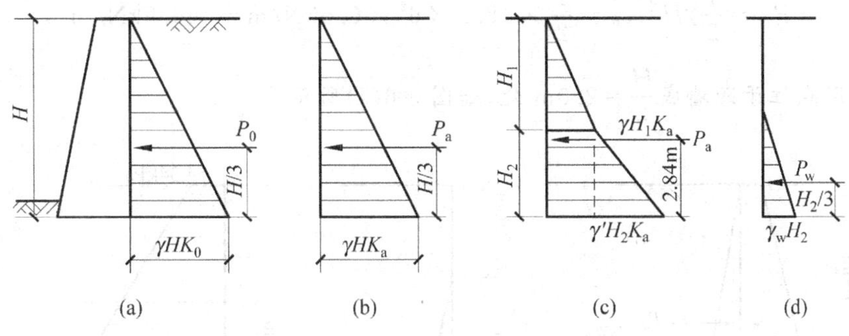

图 3-5 例 3-2 的土压力、水压力图

(2) 墙后地下水位上升情况

① 主动土压力的合力 P_a 因地下水位上、下砂土重度不同，土压力分两部分计算。

水上部分墙高 $H_1=4.0\text{m}$，重度 $\gamma=18.0\text{kN/m}^3$，则

$$P_{a1}=\frac{1}{2}\times 18\times 4^2\times\tan^2\left(45°-\frac{30°}{2}\right)\text{kN/m}\approx 48\text{kN/m}$$

水下部分墙高 $H_2=4.0\text{m}$，用浮重度计算，则

$$\gamma'=\gamma_{sat}-\gamma_w=(20-10)\text{kN/m}^3=10\text{kN/m}^3$$

则

$$\begin{aligned}P_{a2}&=\gamma H_1K_aH_2+\frac{1}{2}\gamma' H_2^2K_a\\&=\left(18.0\times 4.0\times 0.333\times 4+\frac{1}{2}\times 10\times 4^2\times 0.333\right)\text{kN/m}\\&\approx 122.5\text{kN/m}\end{aligned}$$

主动土压力的合力

$$P_a=P_{a1}+P_{a2}=(48+122.5)\text{kN/m}=170.5\text{kN/m}$$

主动土压力的合力作用点离墙底 2.84m。也可分别计算水上、水下两部分各自的作用点。

水上部分 P_{a1} 作用点位于离墙顶$\frac{2}{3}H_1=2.67\text{m}$ 处，水下部分 P_{a2} 作用点为梯形重心，位于离墙底 1.87m 处。

② 水压力 P_w

$$P_w=\frac{1}{2}\gamma_w H_2^2=\frac{1}{2}\times 10\times 4^2\text{kN/m}=80\text{kN/m}$$

水压力 P_w 的合力作用点位于距墙底 $H_2/3=1.33\text{m}$ 处,如图 3-5(d)所示。

例 3-3 已知某混凝土挡土墙,墙高为 $H=6.0\text{m}$,墙背竖直,墙后填土表面水平,填土的重度 $\gamma=18.5\text{kN/m}^3$,内摩擦角 $\varphi=20°$,黏聚力 $c=19\text{kPa}$。计算作用在此挡土墙上的静止土压力的合力、主动土压力的合力和被动土压力的合力,并给出土压力分布图。

解 (1) 静止土压力的合力

取静止土压力系数 $K_0=0.5$,则

$$P_0=\frac{1}{2}\gamma H^2 K_0=\frac{1}{2}\times 18.5\times 6^2\times 0.5\text{kN/m}=166.5\text{kN/m}$$

P_0 作用点位于距墙底 $\frac{H}{3}=2.0\text{m}$ 处,如图 3-6(a)所示。

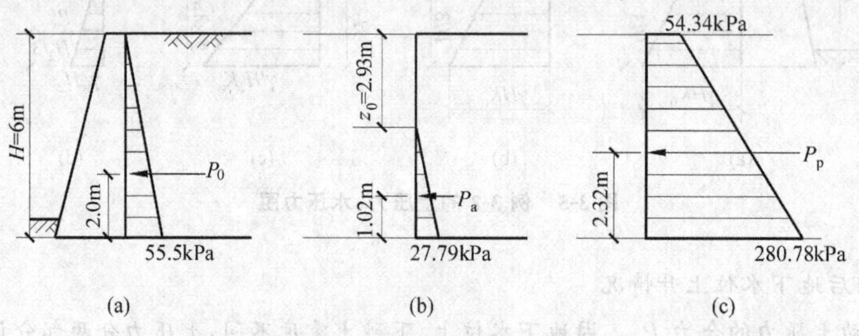

图 3-6 例 3-3 土压力分布图

(2) 主动土压力的合力

根据题意,挡土墙墙背竖直,填土表面水平,符合朗肯土压力理论的假设。由表 3-6 中公式得

$$\begin{aligned}P_a&=\frac{1}{2}\gamma H^2 K_a-2cH\sqrt{K_a}+\frac{2c^2}{\gamma}\\&=\left[\frac{1}{2}\times 18.5\times 6^2\times \tan^2\left(45°-\frac{20°}{2}\right)-2\times 19\times 6\times \tan\left(45°-\frac{20°}{2}\right)+\frac{2\times 19^2}{18.5}\right]\text{kN/m}\\&\approx 42.65\text{kN/m}\end{aligned}$$

临界深度 z_0 为

$$z_0=\frac{2c}{\gamma\sqrt{K_a}}=\frac{2\times 19}{18.5\times 0.7}\text{m}\approx 2.93\text{m}$$

P_a 作用点位于距墙底 $\frac{1}{3}(H-z_0)=\frac{1}{3}(6-2.93)\text{m}\approx 1.02\text{m}$ 处,如图 3-6(b)所示。

(3) 被动土压力的合力

由表 3-6 可知

$$P_p = \frac{1}{2}\gamma H^2 K_p + 2cH\sqrt{K_p}$$
$$= \left[\frac{1}{2} \times 18.5 \times 6^2 \times \tan^2\left(45° + \frac{20°}{2}\right) + 2 \times 19 \times 6 \times \tan\left(45° + \frac{20°}{2}\right)\right] \text{kN/m}$$
$$\approx 1004.81\text{kN/m}$$

墙顶处土压力为

$$p_{p1} = 2c\sqrt{K_p} = 2 \times 19 \times 1.43\text{kPa} = 54.34\text{kPa}$$

墙底处土压力为

$$p_{p2} = \gamma H K_p + 2c\sqrt{K_p} = (18.5 \times 6 \times 2.04 + 2 \times 19 \times 1.43)\text{kPa}$$
$$= (226.44 + 54.34)\text{kPa} = 280.78\text{kPa}$$

被动土压力的合力作用点位于梯形的重心，距墙底 2.32m 处，如图 3-6(c)所示。

3.1.4　库仑土压力理论

1776 年法国的库仑(C. A. Coulomb)根据墙后土楔体处于极限平衡状态时的力系平衡条件，提出了一种土压力分析方法，称为库仑土压力理论。

1. 适用条件

库仑土压力理论是根据墙后土体处于极限平衡状态并形成一滑动楔体时，从楔体的静力平衡条件得出的土压力计算理论。库仑土压力理论的适用条件见表 3-7。

表 3-7　库仑土压力理论的适用条件

项　次	适用条件
1	墙背俯斜，倾角为 ε，如图 3-7(a)所示
2	墙背粗糙，墙上摩擦角为 δ
3	填土为理想散粒体，$c=0$
4	填土表面倾斜，坡角为 β
5	滑动破坏面为一平面

2. 无黏性土主动土压力

一般挡土墙的计算均属于平面问题，故在以下的讨论中均沿着墙的长度方向取 1m 进行分析，主动土压力分布呈三角形，如图 3-7(c)所示。

当墙向前移动或转动而使墙后土体沿着某一破坏面 BC 破坏时，土体 ABC 向下滑动而处于主动极限平衡状态。此时，作用在墙上的主动土压力为

$$P_a = \frac{1}{2}\gamma H^2 K_a \tag{3-4}$$

其中

$$K_a = \frac{\cos^2(\varphi - \varepsilon)}{\cos^2\varepsilon\cos(\delta + \varepsilon)\left[1 + \sqrt{\dfrac{\sin(\delta + \varphi)\sin(\varphi - \beta)}{\cos(\delta + \varepsilon)\cos(\varepsilon - \beta)}}\right]^2} \tag{3-5}$$

图 3-7 中：ψ——W 与 P_a 的夹角，$\psi=90°-\delta-\varepsilon$；

W——滑楔自重，kN；

K_a——主动土压力系数；

ε——墙背的倾斜角，(°)；

β——墙后填土面的倾角，(°)；

δ——土对挡土墙背的摩擦角，(°)；

φ——土的内摩擦角，(°)；

R——滑动面 BC 上的反力，kN。

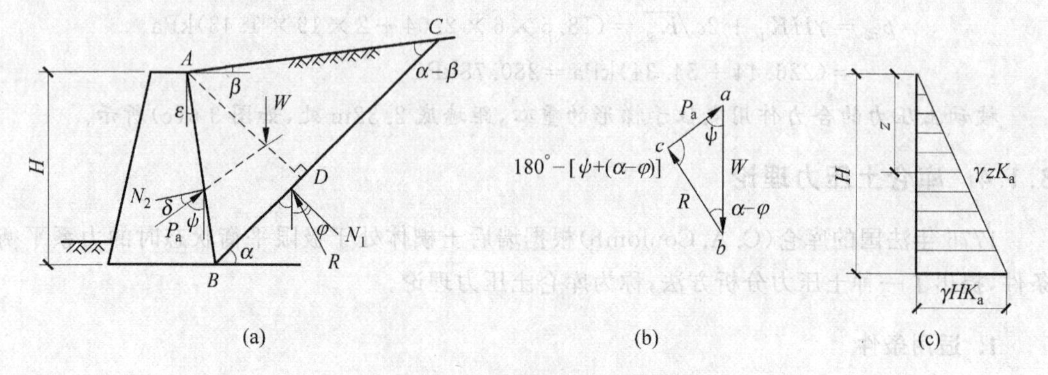

图 3-7 库仑主动土压力计算图

主动土压力系数 $K_a=f(\delta,\varepsilon,\varphi,\beta)$ 可以查表 3-8、表 3-9 获得。

表 3-8 主动土压力系数 K_a 与 δ、φ 的关系($\varepsilon=0°,\beta=0°$)

φ	10°	12.5°	15°	17.5°	20°	25°	30°	35°	40°
$\delta=0°$	0.71	0.64	0.59	0.53	0.49	0.41	0.33	0.27	0.22
$\delta=+\frac{\varphi}{2}$	0.67	0.61	0.55	0.48	0.45	0.38	0.32	0.26	0.22
$\delta=+\frac{2\varphi}{3}$	0.66	0.59	0.54	0.47	0.44	0.37	0.31	0.26	0.22
$\delta=\varphi$	0.65	0.58	0.53	0.47	0.44	0.37	0.31	0.26	0.22

表 3-9 主动土压力系数 K_a 与 φ、ε、β 的关系($\delta=0°$)

计算用图	φ	ε \ β	+30°	+12°	0°	−12°	−30°
+β +ε	20°	$\varepsilon=+20°$		0.81	0.65	0.57	
		$\varepsilon=+10°$		0.68	0.55	0.50	
		$\varepsilon=0°$		0.60	0.49	0.44	
		$\varepsilon=-10°$		0.50	0.42	0.38	
		$\varepsilon=-20°$		0.40	0.35	0.32	

续表

计算用图	φ	ε \ β	$+30°$	$+12°$	$0°$	$-12°$	$-30°$
$-\beta$ $-\varepsilon$	30°	$\varepsilon=+20°$	1.17	0.59	0.50	0.43	0.34
		$\varepsilon=+10°$	0.92	0.48	0.41	0.36	0.33
		$\varepsilon=0°$	0.75	0.38	0.33	0.30	0.26
		$\varepsilon=-10°$	0.61	0.31	0.27	0.25	0.22
		$\varepsilon=-20°$	0.50	0.24	0.21	0.20	0.18
	40°	$\varepsilon=+20°$	0.59	0.43	0.38	0.33	0.27
		$\varepsilon=+10°$	0.43	0.32	0.29	0.26	0.22
		$\varepsilon=0°$	0.32	0.24	0.22	0.20	0.18
		$\varepsilon=-10°$	0.24	0.17	0.16	0.15	0.13
		$\varepsilon=-20°$	0.16	0.12	0.11	0.10	0.10

墙背与填土之间的摩擦角由试验确定或参考表 3-10 取值。

表 3-10　土对挡土墙的墙背摩擦角 δ

挡土墙背粗糙度及填土排水情况	δ
墙背平滑，排水不良	$0\sim\frac{\varphi}{3}$
墙背粗糙，排水良好	$\frac{\varphi}{3}\sim\frac{\varphi}{2}$
墙背很粗糙，排水良好	$\frac{\varphi}{2}\sim\frac{2\varphi}{3}$

3. 无黏性土被动土压力

当墙受到外力作用推向土体，直至土体沿着某一破坏面 BC 破坏时，土体 ABC 向上滑动，并处于被动极限平衡状态。此时，作用在墙上的被动土压力是

$$P_p=\frac{1}{2}\gamma H^2 K_p \tag{3-6}$$

式中：K_p——被动土压力系数(见图 3-8)。

$$K_p=\frac{\cos^2(\varphi+\varepsilon)}{\cos^2\varepsilon\cos(\varepsilon-\delta)\left[1-\sqrt{\frac{\sin(\varphi+\delta)\sin(\varphi+\beta)}{\cos(\varepsilon-\delta)\cos(\varepsilon-\beta)}}\right]^2} \tag{3-7}$$

例 3-4　已知某挡土墙高度 $H=6.0\text{m}$，墙背竖直，填土表面水平，墙与填土的摩擦角 $\delta=20°$。填土为中砂，其重度 $\gamma=18.5\text{kN/m}^3$，内摩擦角 $\varphi=30°$。计算作用在挡土墙上的主动土压力。

解　因挡土墙墙背非光滑，墙与填土的摩擦角 $\delta=20°$，不能忽略不计，故不能采用朗肯土压力公式计算。由库仑土压力公式(3-4)得

$$P_a=\frac{1}{2}\gamma H^2 K_a$$

其中，K_a 为主动土压力系数，由 $\varphi=30°,\delta=\frac{2}{3}\varphi=20°,\varepsilon=0°,\beta=0°$，查表 3-8，得 $K_a=0.31$。

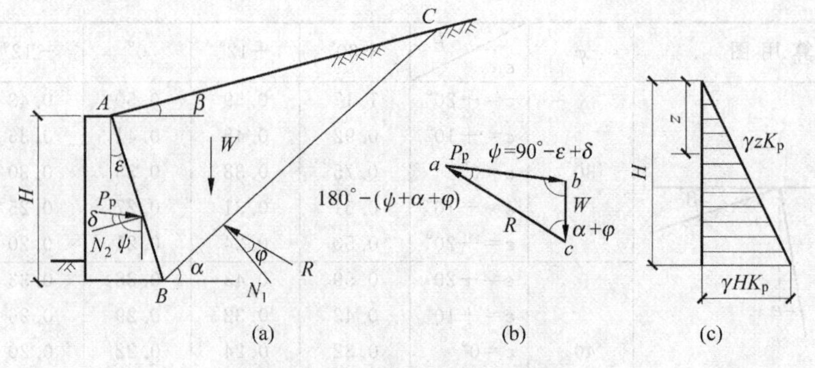

图 3-8 库仑被动土压力计算图

ψ—W 与 P_p 的夹角,$\psi=90°+\delta-\varepsilon$

将各数据代入式(3-4)得

$$P_a=\frac{1}{2}\gamma H^2K_a=\frac{1}{2}\times18.5\times6^2\times0.31\text{kN/m}\approx103.23\text{kN/m}$$

P_a 的作用点位于离底部$\frac{1}{3}H=2.0\text{m}$ 处,P_a 的方向与墙背的法线 N 成$\delta=20°$,位于法线 N 的上侧,见图 3-9 所示。

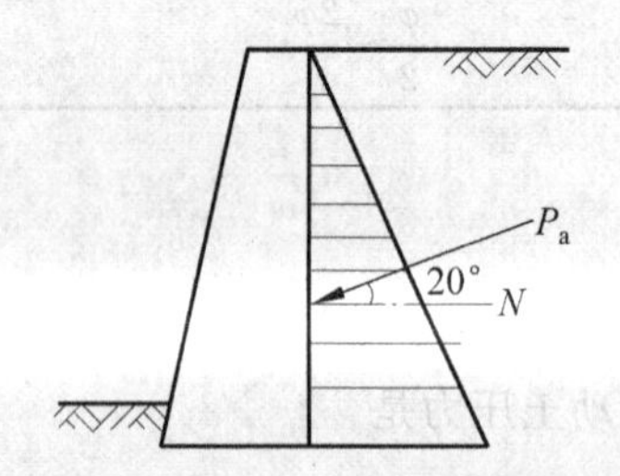

图 3-9 例 3-4 主动土压力计算图

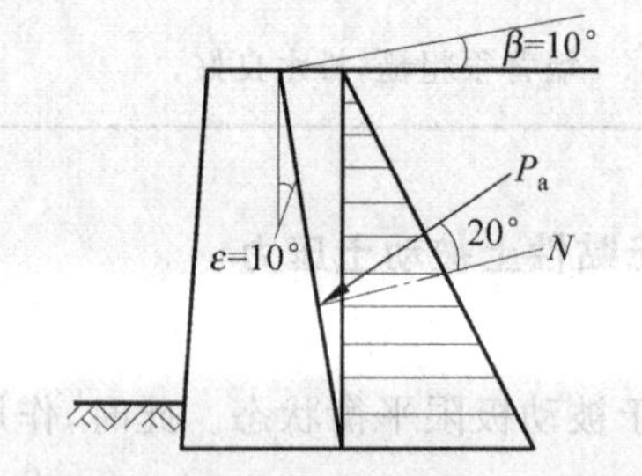

图 3-10 例 3-5 主动土压力计算图

例 3-5 已知某挡土墙高度 $H=6.0\text{m}$,墙背倾斜 $\varepsilon=10°$,墙后填土倾角 $\beta=10°$,墙与填土的摩擦角 $\delta=20°$。墙后填土为中砂,中砂的重度 $\gamma=18.5\text{kN/m}^3$,内摩擦角 $\varphi=30°$。计算作用在此挡土墙上的主动土压力。

解 根据题意,采用库仑土压力理论计算。

将各数据代入式(3-4)得

$$P_a=\frac{1}{2}\gamma H^2K_a=\frac{1}{2}\times18.5\times6^2\times0.44\text{kN/m}\approx146.52\text{kN/m}$$

P_a 的作用点位于离底部$\frac{1}{3}H=2.0\text{m}$ 处,P_a 的方向与墙背的法线 N 成$\delta=20°$,位于法线 N 的上侧,如图 3-10 所示。

3.2　岩石力学计算理论

3.2.1　围岩压力及分类

1. 围岩的概念及其应力状态

地下建筑结构建设在地下且具有一定应力场的地质环境中，受岩体应力状态的极大影响。地下建筑结构设计主要是为了解决在这个地质环境中支护结构因抵抗围岩压力而产生的应力和变形问题。

由于岩体的自重和地质构造作用，在开挖洞室前岩体中就已存在地应力场，人们习惯称之为围岩的初始应力场。它是经历了漫长的应力历史而逐渐形成的，并处于相对稳定和平衡状态。

洞室开挖后，由于围岩在开挖面解除了约束，破坏了这种平衡，洞内各点的应力状态就会发生变化，其结果是引起洞室周围各点的位移，为适应应力的这种变化而达到新的平衡状态的现象叫作应力重分布。但这种应力重分布仅限于洞室周围一定范围内的岩体，在此范围以外仍保持初始应力状态。通常把洞室周围发生应力重分布的这部分岩体叫作围岩，而把重新分布后的应力状态叫作围岩应力状态或二次应力状态。

由于二次应力状态的作用，使围岩向洞内位移，这种位移称为收敛。若岩体强度高、整体性好、断面形状有利，则岩体变形到一定程度就自行终止，围岩呈稳定状态；反之，如果岩体的变形自由发展下去，最终将导致洞室围岩整体失稳而破坏。在这种情况下，应在开挖后沿着洞室周边设置支护结构，以对岩体的移动形成约束。同时支护结构也将承受围岩的作用力，并产生变形。如果支护结构有一定的强度和刚度，则这种围岩和支护结构的相互作用会一直延续到支护所能提供的抗力与围岩作用力达到平衡为止，从而形成一个力学上稳定的洞室结构体系，这就是支护应力状态或三次应力状态。支护应力状态满足稳定要求后就会形成一个稳定的洞室结构。

2. 围岩压力的基本概念

对于地下建筑结构工程而言，围岩压力是指作用在支护结构上的作用力。支护结构上承受的荷载与支护结构的刚度以及支护架设的时间等因素有关。

广义地讲，将围岩二次应力状态的全部作用称为围岩压力。这种作用在无支护洞室中出现在围岩中，在有支护结构的洞室中，表现为围岩和支护结构的相互作用，这种荷载作用的概念和分配过程在围岩-结构计算模式中得到了充分的体现。目前一般工程中所认为的围岩压力，是指在洞室开挖后的二次应力状态下，围岩产生变形或破坏所引起的作用在衬砌上的压力。

3. 围岩压力分类

1）变形压力

变形压力是由于围岩变形受到支护的抗力而产生的。按其成因可分为三种。

（1）弹性变形压力。当采用紧跟开挖面进行支护的施工方法时，由于存在开挖面的“空间效应”而使支护受到一部分围岩的弹性变形作用,由此而形成的变形压力称为弹性变形压力。

(2) 塑性变形压力。由于围岩塑性变形而使支护受到的压力称为塑性变形压力,这是最常见的一种围岩变形压力。

(3) 流变压力。围岩产生显著的随时间增长的变形或流动。该压力是由岩体变形、流动引起的,有显著的时间效应,它能使围岩鼓出或闭合,甚至完全封闭。

变形压力是由围岩变形表现出来的压力,所以变形压力的大小既取决于原岩应力大小、岩体力学性质,也取决于支护结构刚度和支护时间。

2) 松动压力

由于开挖而松动或塌落的岩体,以重力形式直接作用在支护结构上的压力称为松动压力。

随着洞室的开挖,如果围岩不能满足自稳,且不进行任何支护,周围岩体会经过应力重分布→变形→开裂→松动→逐渐塌落的过程,然后在洞室的上方形成近似拱形的空间后停止塌落。将洞室上方所形成的相对稳定的拱称为“自然平衡拱”(见图 3-11)。自然平衡拱上方的一部分岩体承受上覆地层的全部重力,如同一个承载环一样,并将荷载向两侧传递下去,这就是围岩的“成拱作用”。而自然平衡拱范围内破坏了的岩体的重力,就是作用在支护结构上围岩松动压力的来源。

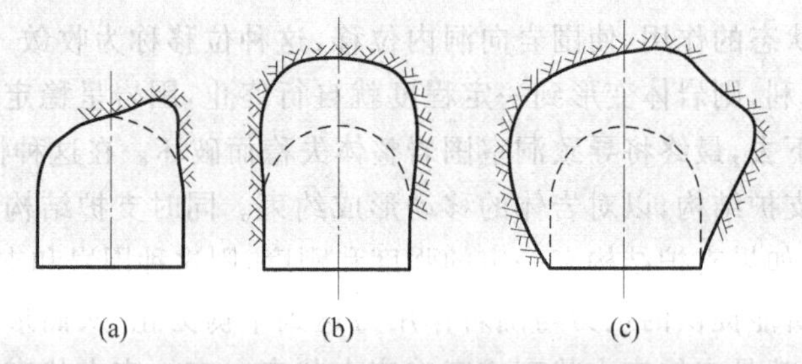

图 3-11 因塌方形成的自然平衡拱

实践证明,自然平衡拱范围的大小除了受上述的围岩地质条件、支护结构架设时间、刚度以及它与围岩的接触状态等因素影响外,还取决于以下诸因素。

(1) 洞室的尺寸。洞室跨度越大,则自然平衡拱越高,围岩压力也越大。

(2) 洞室的埋深。人们从实践中得知,只有当洞室埋深超过某一临界值时,才有可能形成自然平衡拱。习惯上将这种洞室称为深埋洞室,否则称为浅埋洞室。由于浅埋洞室不能形成自然平衡拱,所以浅埋洞室围岩压力的大小与埋置深度直接相关。

(3) 施工因素。如爆破的影响,爆破所产生的震动常常使围岩过度松弛,造成围岩压力过大。又如分部开挖多次扰动围岩,也会引起围岩失稳,使围岩压力加大。

松动压力通常由下述三种情况形成:

(1) 在整体稳定的岩体中,可能出现个别松动掉块的岩石对支护造成的落石压力,表现出局部的围岩应力(见图 3-11(a));

(2) 在松散软弱的岩体中,洞室顶部和两侧形成扇形塌落对支护造成的散体压力,分布较均匀(见图 3-11(b));

(3) 在节理发育的裂隙岩体中，围岩某些部位的岩体沿弱面发生剪切破坏或拉坏，形成了局部塌落的非对称的松动压力(见图 3-11(c))。

3) 膨胀压力

岩体具有吸水膨胀崩解的特性，其膨胀、崩解、体积增大可以是物理性的，也可以是化学性的。由于围岩膨胀崩解而引起的压力称为膨胀压力。膨胀压力与变形压力的基本区别在于它是由吸水膨胀引起的。从现象上看，它与流变压力有相似之处，但两者的机理完全不同，因此对它们的处理方法也各不相同。

岩体的膨胀性，既取决于其蒙脱石、伊利石和高岭土的含量，也取决于外界水的渗入和地下水的活动特征。岩体中有水源供给时，蒙脱石含量越高，其膨胀性越大。

在以往的试验中人们已观察到，膨胀荷载一般只在仰拱处产生，即膨胀荷载的方向与自重荷载相反，但量值常为覆盖层自重的若干倍。因此对承重结构来说，膨胀荷载常为最不利的荷载形式。

膨胀荷载的大小与岩体的状态、洞室结构形式等很多因素有关，目前还没有计算模型来计算膨胀荷载的大小，通常只根据经验数据或量测结果来估计。太沙基根据经验提出膨胀压力可相当于 $h=80\text{m}$ 厚覆盖层的自重，假设覆盖层岩体的重度为 24kN/m^3，则膨胀荷载为

$$p_v=\gamma h=24\times 80\text{kPa}=1920\text{kPa}=1.92\text{MPa} \tag{3-8}$$

米勒(Müller)根据某洞室在建造过程中不同测点的试验测试结果，绘制了如图 3-12 所示的膨胀荷载随时间而变化的曲线。从图中可以看出，个别测点的膨胀压力可达 3.5MPa 以上，这大约相当于 146m 的覆盖层厚度，这是一个相当大的荷载，是具有一般强度的洞室承重结构无法承担的外荷载。为了使承重结构不被破坏，在膨胀地质条件下需设计特殊结构形式。如采取图 3-12 中膨胀荷载的平均值，约为 2MPa，则与太沙基提出的近似估计是比较接近的。

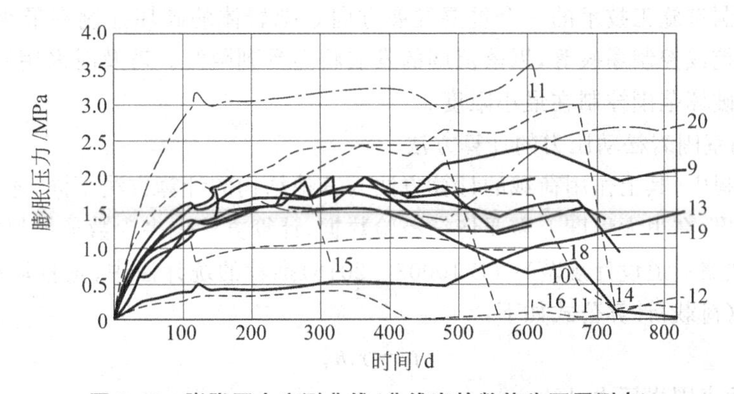

图 3-12　膨胀压力实测曲线(曲线旁的数值为不同测点)

米勒在给出试验得到的膨胀荷载随时间变化的结论同时，还给出仰拱处因为膨胀而使结构产生底鼓 ΔH 的试验结果。从图 3-13 中可以看出，膨胀可使仰拱中心处产生的上升位移最大达 24mm。由于膨胀会引起较大的附加荷载及附加位移，因此在膨胀地质条件下建造洞室时，要充分考虑膨胀因素。

4）冲击压力

冲击压力又称岩爆，它是在围岩积聚了大量的弹性变形能之后，由于开挖突然释放出来的能量所产生的压力。冲击压力一般在高地应力的坚硬岩石中发生。

由于冲击压力是岩体能量的积聚与释放造成的，所以它与岩体弹性模量直接相关。弹性模量较大的岩体在高地应力作用下，易于积聚大量的弹性变形能，一旦遇到适宜条件，它就会突然猛烈地大量释放。

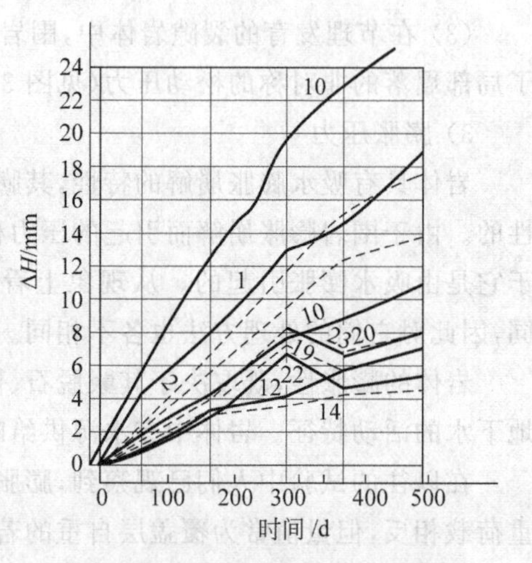

图 3-13 仰拱中心处因膨胀引起的上升位移

围岩压力按其作用方向，又可分为垂直压力、水平侧向压力和底部压力。在坚硬岩层中，围岩水平压力很小，常可忽略不计；在松软岩层中，围岩水平压力较大，计算时必须考虑。围岩底部压力是向上作用在衬砌结构底板上的荷载。一般来说，在松软地层和膨胀性岩层中建造的地下建筑结构会受到较大的底部压力。

4. 松动压力的计算

松动压力与洞室塌方形态相关，塌方的基本形态有发生在拱部或侧壁的局部塌方（见图3-11(a)），主要发生在大块状岩体中，以及发生在层状岩体或碎块状岩体中的拱形塌方（见图3-11(b)、(c)）。

1）深埋洞室围岩松动压力的特征

压力的分布是不均匀的，在块状岩体中这种不均匀性更为明显。洞室的塌方高度与开挖高度 H 和跨度 B 有关，但两者的影响并不等价。此外，围岩的松弛范围与施工技术有很大关系。现代洞室施工技术的一个重要发展方向是把岩体的破坏控制在最小限度。例如，采用非爆破开挖或控制爆破等，塌落范围的发展将会受到限制。若及时采用锚喷支护，同样也会将岩体的破坏范围控制在最小限度。

2）深埋洞室围岩松动压力的计算方法

在洞室工程中，其上作用荷载的计算方法与其他结构的计算方法不同，通常不能通过公式准确计算得出，在很大程度上需要依靠经验数据，计算方法也多为数值模拟方法。

在我国《铁路隧道设计规范》(TB 10003—2016)推荐的统计法中，垂直均布压力作用下结构上的作用(荷载)计算公式如下：

$$p=\gamma_{r}h_{r} \tag{3-9}$$

式中：p——垂直围岩压力，kPa；

γ_r——围岩重度，kN/m³；

h_r——计算围岩高度，m。

(1) 对于单线铁路隧道

$$h_{r}=0.41\times1.79^{S} \tag{3-10}$$

式中：S——围岩级别的等级，如Ⅱ级围岩 $S=2$。

(2) 对于双线及以上隧道

$$h_r = 0.45 \times 2^{S-1} \times \omega \tag{3-11}$$

式中：ω——开挖宽度影响系数，以 $B=5\text{m}$ 为基准，B 每增减 1m 时围岩压力的增减率，$\omega = 1+i(B-5)$。其中，当 $B<5\text{m}$ 时，取 $i=0.2$；当 $B>5\text{m}$ 时，取 $i=0.1$。

式(3-9)～式(3-11)适用于钻爆法施工的深埋隧道，且 $H/B<1.7$，不适用于有显著偏压及膨胀压力的围岩。

围岩的水平均布压力 q 如表 3-11 所示。

表 3-11　围岩水平均布压力

围岩级别	Ⅰ、Ⅱ	Ⅲ	Ⅳ	Ⅴ	Ⅵ
水平均布压力 q	0	$<0.15p$	$(0.15\sim0.3)p$	$(0.3\sim0.5)p$	$(0.5\sim1.0)p$

在按照荷载结构模型计算结构的内力时，除要确定均布围岩压力的数值外，还要考虑荷载分布的不均匀性。对于图 3-14 所示的非均布作用压力可用等效压力验算结构内力，即采用非均布作用压力的总和应与均布作用压力的总和相等的方法来确定各荷载图形中的最大压力值。

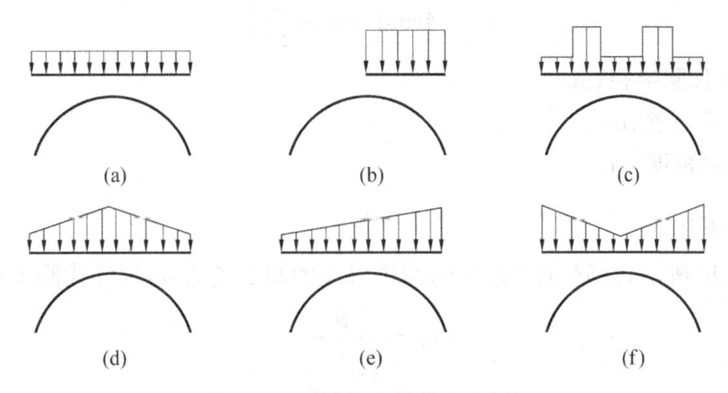

图 3-14　不均匀荷载的分布特征

通常情况下，可以用垂直和水平均布压力图形作为主计算结构内力，并用偏压及不均匀分布荷载图形进行校核，较好的围岩着重于用局部压力校核结构内力。另外，还应考虑围岩水平压力非均匀分布的情况。

必须指出，上述压力分布图形只概括了一般情况，当因地质、地形或其他原因产生特殊的荷载时，围岩松动压力的大小和分布应根据实际情况分析确定。

例 3-6　隧道穿越Ⅳ级围岩，其开挖尺寸净宽 10.0m，净高 10.00m，围岩天然重度 $\gamma=20\text{kN/m}^3$，试确定其围岩的松动压力。

解　隧道的高度与跨度之比

$$H/B = 10.00/10.00 = 1 < 1.7$$

对于单线隧道采用式(3-9)和式(3-10)计算，得垂直均布压力

$$p = \gamma h_r$$

式中

$$h_r = 0.41 \times 1.79^S = 0.41 \times 1.79^4\,\text{m} = 4.21\text{m}$$

代入上式,得

$$p=20\times4.21\text{kPa}=84.20\text{kPa}$$

水平均布压力

$$q=(0.15\sim0.3)\times84.20\text{kPa}=12.63\sim25.26\text{kPa}$$

3.2.2 非圆形洞室等代圆法

在洞室围岩变形与破坏的简化分析中,常把直墙拱形、曲墙拱形等接近圆形断面的洞室形状假定为圆形,这种方法称为等代圆法。将非圆形洞室等代为圆形洞室在国内外相关科技文献中是一种广泛采用的方法。这些都是以洞室的几何形状和大小为基本量,并假定某种依赖关系进行等代的方法,不考虑应力状态等其他因素的影响,有一定的近似性,比较简便。下面介绍几种求等代圆的常用方法。

1. 取断面外接圆半径

如图 3-15(a)所示,洞室各部分尺寸与等代关系用下式表示:

$$r_0=\frac{\sqrt{4h^2+b^2}}{4\cos\left(\arctan\dfrac{b}{2h}\right)} \tag{3-12}$$

式中:r_0——等代圆半径,m;

h——断面高度,m;

b——断面跨度,m。

2. 取圆拱半径

如图 3-15(b)所示,设洞室跨度为 b,圆拱对应的圆心角为 α,则等代圆半径 r_0 为

$$r_0=\frac{b}{2\sin\dfrac{\alpha}{2}} \tag{3-13}$$

3. 取大小半径和的 1/2

如图 3-15(c)所示,a_1、a_2 为大小圆弧半径,则等代圆半径 r_0 为

$$r_0=\frac{a_1+a_2}{2} \tag{3-14}$$

4. 取洞室高度与跨度之和的 1/4

当洞室工程中常用的高跨比(h/b)在 0.8~1.25 范围内时,前面三种方法都是适用的。但对于一些大跨度、高边墙的洞室,则以改进后的第三种方法,即取洞室高度与跨度之和的 1/4 来计算,如图 3-15(d)、(e)、(f)所示。图中 h、b 分别为断面高度和跨度,则等代圆半径为

$$r_0=\frac{h+b}{4} \tag{3-15}$$

例 3-7 已知洞室高度为 55.4m,宽度为 44m,求其等代圆半径。

解 因为 $H/b=55.4/44=1.259$,所以

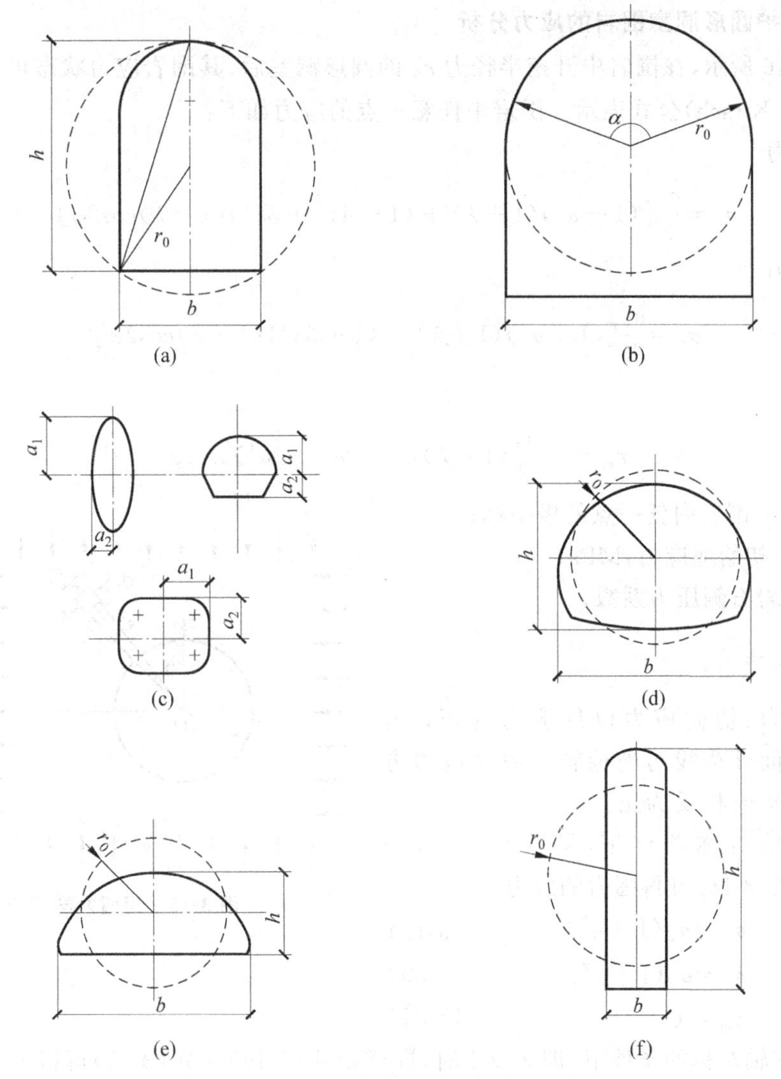

图3-15　非圆形洞室等代圆半径 r_0 计算方法

$$r_0=\frac{h+b}{4}=\frac{55.4+44}{4}\text{m}=24.85\text{m}$$

例3-8　已知某圆弧洞室宽度为10m，圆弧角为 $\alpha=80°$，试求其等代圆半径。

解　$r_0=\dfrac{b}{2\sin\dfrac{\alpha}{2}}=\dfrac{10}{2\sin\dfrac{80°}{2}}\text{m}\approx7.78\text{m}$

3.2.3　圆形洞室围岩线弹性应力和位移分析

对于完整、均匀、坚硬的岩体，无论是分析围岩的应力和位移，还是评定围岩的稳定性，采用弹性力学方法都是可以的。对于成层的和节理发育的岩体，如果层理或节理等不连续面的间距与所研究的岩体的尺寸相比较小，则连续化假定和弹性力学的方法也是适用的。

1. 无支护圆形洞室围岩的应力分析

如图 3-16 所示，在围岩中开挖半径为 r_0 的圆形洞室后，其围岩应力状态可用弹性力学中的柯西(G. Kirsch)公式表示。围岩中任意一点的应力如下：

径向应力

$$\sigma_r=\frac{\sigma_z}{2}[(1-\alpha^2)(1+\lambda)+(1-4\alpha^2+3\alpha^4)(1-\lambda)\cos2\varphi] \tag{3-16}$$

切向应力

$$\sigma_t=\frac{\sigma_z}{2}[(1+\alpha^2)(1+\lambda)-(1+3\alpha^4)(1-\lambda)\cos2\varphi] \tag{3-17}$$

剪应力

$$\tau_{rt}=-\frac{\sigma_z}{2}(1-\lambda)(1+2\alpha^2-3\alpha^4)\sin2\varphi \tag{3-18}$$

式中：r,φ——围岩内任一点的极坐标；

σ_z——初始地应力，MPa；

λ——岩石侧压力系数；

α——$\alpha=\frac{r_0}{r}$。

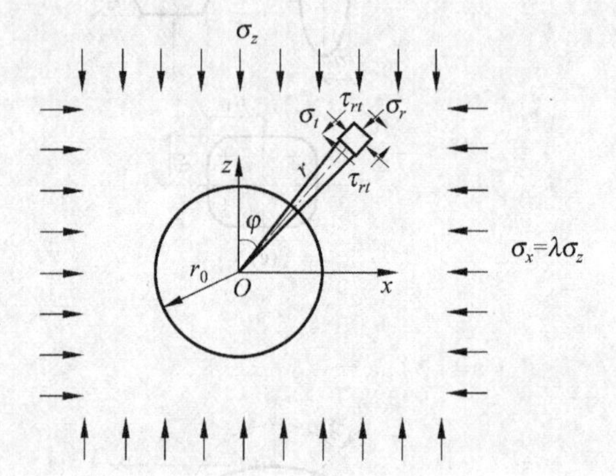

图 3-16 柯西力学模型

径向应力、切向应力以压应力为正；剪应力以作用面外法线与坐标轴一致而应力方向与坐标轴指向相反为正。

(1) 在轴对称条件下，即 $\lambda=1$ 时，由式(3-16)～式(3-18)可得围岩的应力

$$\sigma_r=\sigma_z(1-\alpha^2) \tag{3-19}$$

$$\sigma_t=\sigma_z(1+\alpha^2) \tag{3-20}$$

$$\tau_{rt}=0 \tag{3-21}$$

(2) 在非轴对称的条件下，即 $\lambda\neq1$ 时，同样由式(3-16)～式(3-18)可得 $r=r_0$ 处围岩的应力

$$\sigma_r=0 \tag{3-22}$$

$$\sigma_t=\sigma_z[(1+\lambda)-2(1-\lambda)\cos2\varphi] \tag{3-23}$$

$$\tau_{rt}=0 \tag{3-24}$$

在水平直径处，$r=r_0,\varphi=90°$ 时，有 $\sigma_t=\sigma_z(3-\lambda)$，说明此处切向应力是初始应力值的$(3-\lambda)$倍，表现出应力集中现象。在拱顶处，$r=r_0,\varphi=0°$时，有 $\sigma_t=\sigma_z(3\lambda-1)$，当 $\lambda=0$ 时，拱顶切向拉应力最大，$\sigma_t=-\sigma_z$。通常围岩的侧压力系数 λ 在 0.2～0.5 之间。

2. 无支护圆形洞室围岩的位移分析

如图 3-16 所示，在围岩中开挖半径为 r_0 的圆形洞室后，其围岩的位移可用弹性力学中的柯西公式表示。围岩中任意一点的径向位移为

$$u=\frac{\sigma_z(1+\mu)}{2E}r_0\alpha\{(1+\lambda)+(1-\lambda)[4(1-\mu)-\alpha^2]\cos2\varphi\} \tag{3-25}$$

切向位移为

$$v=-\frac{\sigma_z(1+\mu)}{2E}r_0\alpha(1-\lambda)[2(1-2\mu)+\alpha^2]\sin2\varphi \tag{3-26}$$

式中：u——因开挖而引起的围岩径向位移，u 已经减去开挖前存在的位移 u_0，径向位移以指向洞室内为正，m；

v——切向位移，以顺时针为正，m；

E——岩石弹性模量，kPa。

(1) 在轴对称条件下，即 $\lambda=1, r=r_0$ 时，洞室围岩的位移呈轴对称分布，有

$$u_{r_0}=\frac{\sigma_z(1+\mu)}{E}r_0 \tag{3-27}$$

$$v_{r_0}=0 \tag{3-28}$$

(2) 在非轴对称条件下，即 $\lambda\neq1, r=r_0$ 时，洞室围岩的位移为

$$u_{r_0}=\frac{\sigma_z(1+\mu)}{2E}r_0[1+\lambda+(3-4\mu)(1-\lambda)\cos2\varphi] \tag{3-29}$$

$$v_{r_0}=-\frac{\sigma_z(1+\mu)}{2E}r_0(3-4\mu)(1-\lambda)\sin2\varphi \tag{3-30}$$

3. 有支护圆形洞室围岩的应力和位移分析

洞室开挖后，各种条件下的围岩都会发生向洞室内的变形，这种变形属于卸载后的回弹。如果洞室开挖后立即修筑支护结构，且在理想情况下不考虑修筑衬砌前的应力释放，则围岩中的应力和变形是在与衬砌共同作用下产生的。

洞室支护衬砌后，相当于在洞室周边施加了阻止洞室围岩变形的抗力，从而也改变了围岩的应力状态。支护抗力的大小和方向对围岩的应力状态有很大的影响。假设支护抗力沿着洞室周边径向均布，则可作如下分析。

(1) 在轴对称条件下，即 $\lambda=1$ 时，洞室围岩的应力为

$$\sigma_r=\sigma_z(1-\alpha^2)+p_a\alpha^2 \tag{3-31}$$

$$\sigma_t=\sigma_z(1+\alpha^2)-p_a\alpha^2 \tag{3-32}$$

式中：p_a——支护抗力，MPa。

围岩的应力由两部分组成，第一部分由洞室开挖造成，第二部分由支护抗力造成。

(2) 在轴对称条件下，当 $\alpha=1, r=r_0$ 时，由式(3-31)、式(3-32)得洞室围岩的应力

$$\sigma_r=p_a \tag{3-33}$$

$$\sigma_t=2\sigma_z-p_a \tag{3-34}$$

由此可见，支护抗力 p_a 的存在使周边的径向应力增大，而使切向应力减小。其实质是使洞室围岩的应力状态从单向变为双向或三向，从而提高了围岩的承载力。当支护抗力 $p_a=\sigma_z$ 时，有 $\sigma_r=\sigma_z, \sigma_t=\sigma_z$，即恢复到初始应力状态，显然这是不可能的。

(3) 在轴对称条件下，即 $\lambda=1$ 时，洞室周围岩体内的位移为

$$u_r^e=\frac{1+\mu}{E}(\sigma_z-p_a)\frac{r_0^2}{r} \tag{3-35}$$

当 $r=r_0$ 时，位移为

$$u_{r_0}^{e}=\frac{1+\mu}{E}(\sigma_z-p_a)r_0 \tag{3-36}$$

同样，支护结构也受到 p_a 的作用，当支护结构的厚度大于0.04倍的开挖宽度 b 时，其应力和变形可以用弹性力学中厚壁圆筒的公式计算，有

$$\sigma_r^{c_0}=p_a\frac{r_0^2}{r_0^2-r_1^2}\left(1-\frac{r_1^2}{r^2}\right) \tag{3-37}$$

$$\sigma_t^{c_0}=p_a\frac{r_0^2}{r_0^2-r_1^2}\left(1+\frac{r_1^2}{r^2}\right) \tag{3-38}$$

$$u_r^{c_0}=\frac{p_a(1+\mu_c)}{E_c}\frac{r_0^2}{r_0^2-r_1^2}\left[(1-2\mu_c)r+\frac{r_1^2}{r}\right] \tag{3-39}$$

式中：μ_c，E_c——衬砌支护材料的泊松比、弹性模量，kPa；

r_0，r_1——衬砌支护的外半径、内半径，m；

$\sigma_r^{c_0}$，$\sigma_t^{c_0}$——支护结构的径向应力、切向应力，kPa；

$u_r^{c_0}$——支护结构的位移，m。

当 $r=r_0$ 时，支护抗力与结构刚度的关系为

$$p_a=\frac{E_c(r_0^2-r_1^2)}{r_0(1+\mu_c)[(1-2\mu_c)r_0^2+r_1^2]}u_{r_0}^{c_0}=K_c u_{r_0}^{c_0} \tag{3-40}$$

上式中支护结构的刚度系数 K_c 为

$$K_c=\frac{E_c(r_0^2-r_1^2)}{r_0(1+\mu_c)[(1-2\mu_c)r_0^2+r_1^2]} \tag{3-41}$$

当 $r=r_0$ 时，在具有支护结构的刚度系数 K_c 的情况下，由式(3-36)和式(3-40)得支护抗力为

$$p_a=\frac{\sigma_z r_0 K_c(1+\mu)}{E+r_0K_c(1+\mu)} \tag{3-42}$$

该式表明，支护结构的刚度越大，其承受的荷载也越大。

3.2.4　圆形洞室围岩弹塑性应力和位移分析

在深埋洞室或埋深较浅但围岩强度较高的洞室中，围岩的二次应力状态可能超过围岩的抗压强度或局部的剪应力超过岩体的抗剪强度，从而使该部分的岩体进入塑性状态。此时在坚硬、脆性、整体的围岩洞室中将发生脆性破坏，如岩爆、剥离等，或在洞室围岩的某一区域内形成塑性应力区，发生塑性剪切滑移或塑性流动，并迫使塑性变形的围岩向洞室内滑移。因塑性区的围岩变得松弛，其物理力学性质(c、φ 值)也发生变化。

本书只讨论侧压力系数 $\lambda=1$ 时的情况。当 $\lambda=1$ 时，荷载和洞室都呈轴对称分布，塑性区也呈圆形，而且围岩中不产生拉应力。因此，要讨论的只有进入塑性状态的一种可能性。

在分析塑性区内的应力状态时，需要解决的问题是：确定形成塑性变形的塑性判据或破坏准则；确定塑性区的应力、应变状态；确定塑性区范围。

1. 圆形洞室围岩塑性判据

将摩尔-库仑条件作为塑性判据的方法在弹塑性分析中应用较广。其塑性条件在 τ-σ

平面上表示成一条剪切强度直线，它对 σ 轴的斜率为 $\tan\varphi$，在 τ 轴上的截距为 c。其几何意义是：若岩体某截面上作用的法向应力和剪应力所绘成的应力圆与剪切强度线相切，则岩体将沿该平面发生滑移。

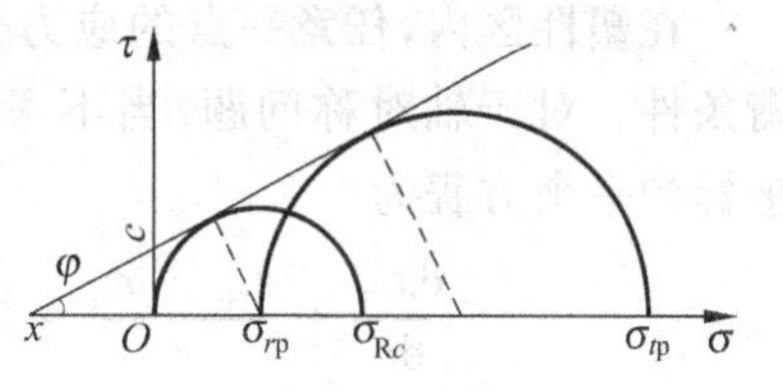

图 3-17　材料强度包络线及应力圆

$\lambda=1$ 的圆形洞室，其剪应力为 0，所以围岩内的切向应力 σ_{tp} 和径向应力 σ_{rp}（p 为 plastic 的缩写，表示岩体塑性区特性）就成为最大和最小主应力了。如果岩石的峰值强度为 σ_{Rc}，则由图 3-17 可知

$$\sin\varphi=\frac{\sigma_{tp}-\sigma_{rp}}{\sigma_{tp}+\sigma_{rp}+2x} \tag{3-43}$$

或

$$\sin\varphi=\frac{\sigma_{Rc}}{2x+\sigma_{Rc}}$$

即

$$x=\frac{\sigma_{Rc}}{2}\frac{1-\sin\varphi}{\sin\varphi}$$

设 $\zeta=\dfrac{1+\sin\varphi}{1-\sin\varphi}$，$\sigma_{Rc}=\dfrac{2\cos\varphi}{1-\sin\varphi}c$，将 x、ζ、σ_{Rc} 代入式(3-43)得

$$\sigma_{tp}-\zeta\sigma_{rp}-\sigma_{Rc}=0 \tag{3-44}$$

亦可写成

$$\sigma_{tp}(1-\sin\varphi)-\sigma_{rp}(1+\sin\varphi)-2c\cos\varphi=0 \tag{3-45}$$

式(3-44)或式(3-45)就是目前常用的求解洞室围岩塑性区的塑性判据。

当 $\lambda=1$ 时，洞室周边的 $\sigma_{tp}=2\sigma_z$，$\sigma_{rp}=0$，将该值代入式(3-44)，即可得到洞室周边的岩体极限状态判据

$$2\sigma_z=\sigma_{Rc} \tag{3-46}$$

如果满足下式，则洞室周边的岩体将进入塑性状态：

$$2\sigma_z\geqslant\sigma_{Rc} \tag{3-47}$$

上述分析是建立在洞室围岩出现塑性区后岩性没有变化，即 c、φ 值不变的前提下的。实际上岩石在开挖后由于爆破、应力重分布等影响已被破坏，其 c、φ 值皆有变化。若用岩体的残余黏聚力 c_r 和残余内摩擦角 φ_r 表示改变后的岩体特性（r 为 residual 的缩写，表示破碎岩体的残余特性），则式(3-44)可写成

$$\sigma_t^r-\zeta_r\sigma_r^r-\sigma_{Rc}^r=0 \tag{3-48}$$

或

$$\sigma_t^r(1-\sin\varphi_r)-\sigma_r^r(1+\sin\varphi_r)-2c_r\cos\varphi_r=0 \tag{3-49}$$

2. 圆形洞室围岩弹塑性应力分析

轴对称条件下（$\lambda=1$）围岩内的应力及变形均仅为 r 的函数，而与讨论点和竖直轴的夹角 φ 无关，且塑性区为一等厚圆，假设在塑性区中 c、φ 值为常数。进行该分析的基本假设是：塑性区满足塑性条件与平衡方程；弹性区满足弹性条件与平衡方程；在弹性区与塑性区交界处既满足弹性条件又满足塑性条件。计算简图如图 3-18 所示。

1) 塑性区内的应力场

在塑性区内,任意一点的应力分量仍需满足平衡条件。对于轴对称问题,当不考虑体积力时,极坐标的平衡方程为

$$\frac{d\sigma_{rp}}{dr}+\frac{\sigma_{rp}-\sigma_{tp}}{r}=0 \tag{3-50}$$

式中:σ_{rp}、σ_{tp}——表示塑性区的径向应力和切向应力,MPa。

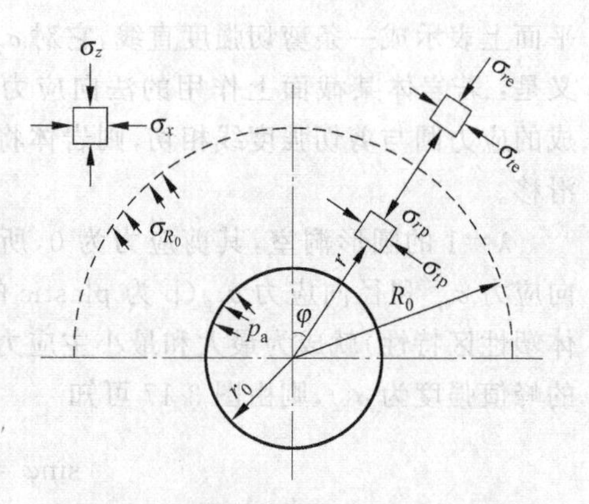

图 3-18 塑性区内单元体的受力状态

在塑性区的边界上,除满足平衡方程外,还需满足塑性条件。将式(3-45)的塑性判据写成如下形式:

$$\frac{\sigma_{rp}+c\cot\varphi}{\sigma_{tp}+c\cot\varphi}=\frac{1-\sin\varphi}{1+\sin\varphi} \tag{3-51}$$

将上式中的σ_{tp}用σ_{rp}表示,代入式(3-50),经整理并积分后,得

$$\frac{2\sin\varphi}{1-\sin\varphi}\ln r+C=\ln(\sigma_{rp}+c\cot\varphi) \tag{3-52}$$

当有支护时,支护与围岩边界上($r=r_0$)的应力为支护抗力,即$\sigma_{rp}=p_a$,则求出积分常数

$$C=\ln(p_a+c\cot\varphi)-\frac{2\sin\varphi}{1-\sin\varphi}\ln r_0 \tag{3-53}$$

将式(3-53)代入式(3-51)及式(3-52),并进行整理,即得塑性区的应力

$$\begin{cases}\sigma_{rp}=(p_a+c\cot\varphi)\left(\dfrac{r}{r_0}\right)^{\frac{2\sin\varphi}{1-\sin\varphi}}-c\cot\varphi\\[2ex]\sigma_{tp}=(p_a+c\cot\varphi)\dfrac{1+\sin\varphi}{1-\sin\varphi}\left(\dfrac{r}{r_0}\right)^{\frac{2\sin\varphi}{1-\sin\varphi}}-c\cot\varphi\end{cases} \tag{3-54}$$

式(3-54)为塑性区内的应力状态。由该式可知,围岩塑性区内的应力值与初始应力状态无关,仅与围岩的物理力学性质、开挖半径及支护提供的抗力p_a有关。

当$\lambda=1$时,距洞室某一距离的各点应力皆相同,因此,形成的塑性区也是圆形的,如图3-18所示。

2) 弹性区内的应力场

在塑性区域以外的弹性区域内,其应力状态是由初始应力状态及塑性区边界上提供的径向应力σ_{Rc}决定的。

令塑性区半径为R_0,且塑性区与弹性区边界上应力协调。当$r=R_0$时,有

$$\sigma_{R_0}=\sigma_{rp}=\sigma_{re} \quad 及 \quad \sigma_{tp}=\sigma_{te}$$

对于弹性区,$r\geqslant R_0$,相当于"开挖半径"为R_0,其周边作用有"支护抗力"σ_{R_0}时,围岩内的应力及变形参照式(3-31)、式(3-32)确定。弹性区内的应力为

$$\begin{cases}\sigma_{re}=\sigma_z\left(1-\dfrac{R_0^2}{r^2}\right)+\sigma_{R_0}\dfrac{R_0^2}{r^2}\\[2ex]\sigma_{te}=\sigma_z\left(1+\dfrac{R_0^2}{r^2}\right)-\sigma_{R_0}\dfrac{R_0^2}{r^2}\end{cases} \tag{3-55}$$

将式(3-55)中的两式相加消去 σ_{R_0}，即得弹、塑性区边界上($r=R_0$)的应力为

$$\sigma_{re}+\sigma_{te}=2\sigma_z$$

同理，有

$$\sigma_{rp}+\sigma_{tp}=2\sigma_z$$

以上两式是弹塑性区边界上径向应力和切向应力应满足的塑性判据。将上式代入塑性判据式(3-51)中，即可得 $r=R_0$ 处的应力

$$\begin{cases}\sigma_r=\sigma_z(1-\sin\varphi)-c\cos\varphi=\sigma_{R_0}\\ \sigma_t=\sigma_z(1+\sin\varphi)+c\cos\varphi=2\sigma_z-\sigma_{R_0}\end{cases}\tag{3-56}$$

式(3-56)说明，弹塑性区边界上的应力与围岩的初应力状态 σ_z 以及围岩本身的物理力学性质 c、φ 有关，而与支护抗力 p_a 和开挖半径 r_0 无关。将式(3-56)代入式(3-55)可得弹性区内的应力。

3) 塑性区半径与支护抗力的关系

将 $r=R_0$ 代入式(3-54)，并考虑该处的应力应满足式(3-56)所示的塑性条件，可得塑性区半径 R_0 与 p_a 的关系

$$p_a=-c\cot\varphi+[\sigma_z(1-\sin\varphi)-c\cos\varphi+c\cot\varphi]\left(\frac{r_0}{R_0}\right)^{\frac{2\sin\varphi}{1-\sin\varphi}}\tag{3-57}$$

上式也可写成

$$R_0=r_0\left[(1-\sin\varphi)\frac{c\cot\varphi+\sigma_z}{c\cot\varphi+p_a}\right]^{\frac{1-\sin\varphi}{2\sin\varphi}}\tag{3-58a}$$

或

$$R_0=r_0\left[\frac{2}{\zeta+1}\frac{\sigma_z(\zeta-1)+\sigma_{Rc}}{p_a(\zeta-1)+\sigma_{Rc}}\right]^{\frac{1}{\zeta-1}}\tag{3-58b}$$

式(3-58)示出了在其围岩岩性特征参数已知时，径向支护抗力 p_a 与塑性区半径 R_0 之间的关系。该式说明，随着 p_a 的增加，塑性区域相应减小。即径向支护抗力 p_a 的存在限制了塑性区域的发展，这是支护抗力的一个很重要的支护作用。

又如，若洞室开挖后不修筑衬砌，即径向支护抗力 $p_a=0$ 时，则式(3-58)变成

$$R_0=r_0\left[(1-\sin\varphi)\frac{c\cot\varphi+\sigma_z}{c\cot\varphi}\right]^{\frac{1-\sin\varphi}{2\sin\varphi}}\tag{3-59a}$$

或

$$R_0=r_0\left[\frac{2}{\zeta+1}\frac{\sigma_z(\zeta-1)+\sigma_{Rc}}{\sigma_{Rc}}\right]^{\frac{1}{\zeta-1}}\tag{3-59b}$$

在这种情况下塑性区是最大的。

若不想形成塑性区域，即 $R_0=r_0$，就可以由式(3-58)求出不形成塑性区所需的支护抗力

$$p_a=\sigma_z(1-\sin\varphi)-c\cos\varphi\tag{3-60}$$

或

$$p_a=\frac{2\sigma_z-\sigma_{Rc}}{\zeta+1}\tag{3-61}$$

这就是维持洞室处于弹性应力场所需的最小支护抗力。它的大小仅与初始应力场及岩性指标有关,而与洞室尺寸无关。上式所示的 p_a 实际上和弹塑性边界上的应力表达式(3-56)一致,说明支护抗力仅能改变塑性区的大小和塑性区内的应力,而不能改变弹塑性边界上的应力。

实际上衬砌是在洞室开挖后一定时间内修筑的,塑性区域及其变形已发生和发展,因此,所需的支护抗力将小于由式(3-60)所得的数值。

在松动区边界上的切向应力为初始应力,即 $\sigma_t=\sigma_z$,可由式(3-54)得

$$\sigma_{tp}=(p_a+c\cot\varphi)\frac{1+\sin\varphi}{1-\sin\varphi}\left(\frac{r}{r_0}\right)^{\frac{2\sin\varphi}{1-\sin\varphi}}-c\cot\varphi=\sigma_z \tag{3-62}$$

若松动区半径为 R,则 $r=R$,有

$$R=R_0\left(\frac{1}{1+\sin\varphi}\right)^{\frac{1-\sin\varphi}{2\sin\varphi}} \tag{3-63}$$

可见,松动区半径 R 和塑性区半径 R_0 存在一定的关系。

例 3-9 已知洞室埋深 $H=100\text{m}$,洞室开挖半径 $r_0=3.0\text{m}$,岩体重度 $\gamma=17.64\text{kN/m}^3$,黏聚力 $c=0.2\text{MPa}$,内摩擦角 $\varphi=30°$,岩体平均弹性模量 $E=100\text{MPa}$,泊松比 $\mu=0.5$,$\lambda=1$。(1)当不采用任何支护结构时,试求塑性区半径 R_0 及其围岩内的应力状态;(2)若洞室开挖后立即采取支护,$p_a=0.2\text{MPa}$,求此时的塑性区半径 R_0 及围岩内的应力状态。

解 初始应力场应力为

$$\sigma_z=\gamma H=\frac{17\,640\times 100}{1\times 10^6}\text{MPa}=1.764\text{MPa}$$

(1) 将有关数值代入式(3-59),则无支护时($p_a=0$)塑性区半径

$$R_0=r_0\left[(1-\sin\varphi)\frac{c\cot\varphi+\sigma_z}{c\cot\varphi}\right]^{\frac{1-\sin\varphi}{2\sin\varphi}}$$

$$=3.0\times\left[(1-\sin30°)\times\frac{0.2\times\cot30°+1.764}{0.2\times\cot30°}\right]^{\frac{1-\sin30°}{2\sin30°}}\text{m}$$

$$\approx 3.0\times 1.7453\text{m}=5.2359\text{m}$$

塑性区的范围为(5.2359−3)m=2.2359m。

松动区半径

$$R=R_0\left(\frac{1}{1+\sin\varphi}\right)^{\frac{1-\sin\varphi}{2\sin\varphi}}=5.2359\times\left(\frac{1}{1+0.5}\right)^{\frac{1-0.5}{2\times0.5}}\text{m}\approx 4.2751\text{m}$$

各点的应力列于表 3-12。

表 3-12 无支护抗力时围岩内各点的应力($p_a=0$)

r/m	3.0	4.0	5.0	5.2360	6	7	8	9	10	11
	塑性区				弹性区					
σ_r/MPa	0	0.2694	0.6158	0.7088	0.9604	1.1736	1.3120	1.4068	1.4747	1.5249
σ_t/MPa	0.6928	1.5011	2.5403	2.8191	2.5676	2.3544	2.2160	2.1211	2.0533	2.0003

(2) 当 $p_a=0.2\text{MPa}$ 时，$R_0=4.1706\text{m}$，松动区半径为 3.4039m。各点的应力列于表 3-13。

表 3-13　有支护抗力时围岩内各点的应力(p_a=0.2MPa)

r/m	3.0	3.4	3.8	4.1706	5	7	8	9	10	11
	塑　性　区				弹　性　区					
σ_r/MPa	0.2	0.3554	0.5303	0.7088	1.0304	1.3897	1.4774	1.5376	1.5806	1.6124
σ_t/MPa	1.2928	1.7590	2.2836	2.8192	2.4976	2.1383	2.0506	1.9904	1.9474	1.9156

根据上述计算绘制的洞室围岩内应力分布如图 3-19 所示。

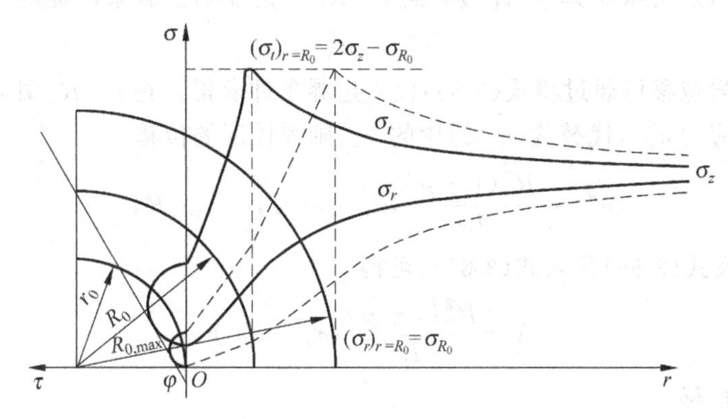

图 3-19　圆形洞室围岩内的应力分布

不形成塑性区所需的最小径向抗力为

$$p_a=\sigma_z(1-\sin\varphi)-c\cos\varphi=[1.764\times(1-0.5)-0.2\times0.8660]\text{MPa}=0.7088\text{MPa}$$

变化支护抗力的数值说明支护抗力对塑性区半径、松动区半径的影响。

当 p_a 分别为 0、0.2、0.4、0.6、0.7088MPa 时，其塑性区的范围列于表 3-14。

表 3-14　支护抗力和塑性区半径、松动区半径的关系

p_a/MPa	0	0.2	0.4	0.6	0.7088
R_0/m	5.2385	4.1706	3.5680	3.1684	3.0
r_0/R_0	0.5727	0.7193	0.8408	0.9469	1.0
R/m	4.2767	3.4039	2.9124	2.5864	2.4495

图 3-19 示出了有支护和无支护时围岩塑性区应力的变化情况。由图可知，在围岩周边加上支护抗力 p_a 后，使洞周由双向应力状态进入三向应力状态，从而在满足极限平衡状态的情况下，使切向应力增大了 ζp_a，在图中表现为摩尔圆内移。以上分析说明，支护抗力 p_a 的重要支护作用之一是控制塑性区的发展，从而也可以改善围岩的应力状态。

3. 圆形洞室围岩弹塑性位移分析

为计算塑性区域内的径向位移 u^p，可假定塑性区内的岩体在小变形的情况下体积不变，即

$$\varepsilon_r^p+\varepsilon_t^p+\varepsilon_{rt}^p=0 \tag{3-64}$$

根据轴对称平面应变状态的几何方程(塑性区亦应满足)

$$\varepsilon_r^p=\frac{du^p}{dr},\quad \varepsilon_t^p=\frac{u^p}{r},\quad \varepsilon_{rt}^p=0$$

式(3-64)可以改写为

$$\frac{du^p}{dr}+\frac{u^p}{r}=0 \tag{3-65}$$

积分得

$$u^p=\frac{A}{r} \tag{3-66}$$

其中,A 为待定系数,可根据弹、塑性边界面 $r=R_0$ 上的变形协调条件确定,即

$$u_{R_0}^e=u_{R_0}^p \tag{3-67}$$

弹性区的围岩位移可通过将式(3-35)代入边界条件求得。在 $r=R_0$ 处,用作用在弹、塑性边界上的径向应力 σ_{R_0},代替式(3-35)中的 p_a,则弹性区的位移

$$u_{R_0}^e=\frac{R_0^2(1+\mu)}{Er}(\sigma_z-\sigma_{R_0}),\quad r\geqslant R_0 \tag{3-68}$$

将式(3-68)及式(3-66)代入式(3-67),可得

$$A=\frac{R_0^2(1+\mu)}{E}(\sigma_z-\sigma_{R_0})$$

则塑性区的围岩位移

$$u^p=\frac{R_0^2(1+\mu)}{Er}(\sigma_z-\sigma_{R_0}),\quad r_0\leqslant r\leqslant R_0 \tag{3-69}$$

该式与弹性区的位移表达式一样。

如将含有支护抗力 p_a 的塑性区半径 R_0 的表达式(3-58)代入式(3-69),即可得出洞室周边径向位移 $u_{r_0}^p$ 与支护抗力的关系式

$$\frac{u_{r_0}^p}{r_0}=\frac{1+\mu}{E}(\sigma_z\sin\varphi+c\cos\varphi)\left[(1-\sin\varphi)\frac{c\cot\varphi+\sigma_z}{c\cot\varphi+p_a}\right]^{\frac{1-\sin\varphi}{\sin\varphi}} \tag{3-70}$$

或写成

$$p_a=-c\cot\varphi+(1-\sin\varphi)(c\cot\varphi+\sigma_z)\left[\frac{(1+\mu)\sin\varphi}{E}(c\cot\varphi+\sigma_z)\frac{r_0}{u_{r_0}^p}\right]^{\frac{\sin\varphi}{1-\sin\varphi}} \tag{3-71}$$

以上各式中的 R_0 可由式(3-58)求得。

由此可见,在形成塑性区后,洞室周边位移 u_{r_0} 不仅与岩体特性、洞室尺寸、初始应力场有关,还与支护抗力 p_a 有关。支护抗力随着洞周位移的增大而减小,若允许的位移较大,则需要的支护抗力变小。而洞周位移的增大是和塑性区的增大相联系的。

当黏聚力 $c=0$ 时,

$$u_{r_0}^p=\frac{1+\mu}{E}\sigma_z\frac{R_0^2}{r_0}\sin\varphi \tag{3-72}$$

事实上,围岩进入塑性状态后,体积会发生变化,称为剪胀现象,故上式只能算作近似公式。

例 3-10　引用例 3-9 的数据，求无支护时的洞室位移，并画出荷载-位移曲线。

解　当围岩的二次应力场处于弹性状态时，p_a 与 u_{r_0} 的关系可由式(3-36)给出。当二次应力形成塑性区时，p_a 与 u_{r_0} 的关系可由式(3-70)或式(3-71)给出。两段衔接点的洞室周边围岩不出现塑性区所需提供的最小支护抗力由式(3-61)求出：

$$p_a=\frac{2\sigma_z-\sigma_{Rc}}{\zeta+1}$$

当 $p_a=\sigma_z$ 时，洞壁径向位移 $u_{r_0}=0$，即全部荷载由支护结构来承受。当 $p_a=0$ 时，只要围岩不坍塌，就可以通过增大塑性区范围来取得自身的稳定，此时的洞周位移 u_{r_0} 可以由式(3-69)求出：

$$u^{\mathrm{p}}_{r_0,\max}=\frac{R_0^2(1+\mu)}{Er_0}(\sigma_z-\sigma_{R_0})$$

式中：R_0——无支护抗力时的塑性区半径。

由题中数据，并将式(3-56)代入上式得出无支护时的洞周位移

$$u^{\mathrm{p}}_{r_0,\max}=\frac{1+\mu}{E}(\sigma_z\sin\varphi+c\cos\varphi)\frac{R_0^2}{r_0}=14.46\mathrm{cm}$$

将计算出的荷载-位移曲线 p_a-u_{r_0} 的关系示于图 3-20。

事实上，洞室开挖后，支护的架设无论如何总是要滞后一段时间，这时塑性区已经形成，洞周的位移与支护抗力的关系曲线如图 3-20 中的上段虚线所示。

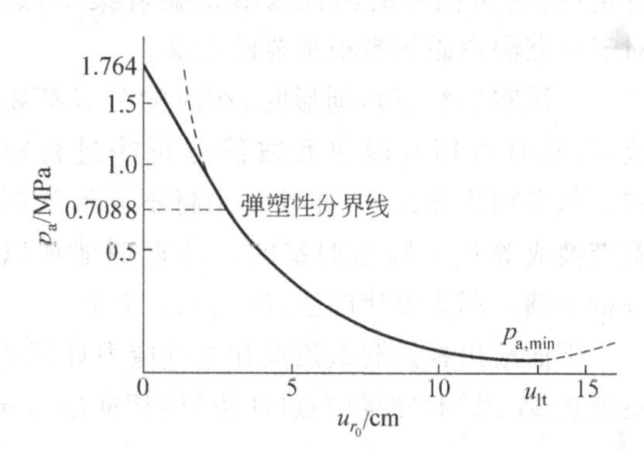

图 3-20　荷载-位移曲线 p_a-u_{r_0} 关系图

此外，任何类别的围岩都有一个极限变形量 u_{lt}，超过这个极限值，岩体的 c、φ 值将急剧下降，并造成岩体松弛和塌落。而在较软弱的围岩中，这个极限值一般都小于无支护抗力时洞壁的最大径向位移值。因此，在洞壁的径向位移超过 u_{lt} 后，围岩就将失稳。如果在洞壁位移大于 u_{lt} 后再进行支护以稳定围岩，所需的支护抗力必将增大，所以这条曲线达到 u_{lt} 后不应该再继续下降，而是上升。令人遗憾的是，虽然一些学者作了各种努力，但目前还无法将 u_{lt} 之后的上升曲线用数学表达式描述出来，只能形象地表示成上升的趋势(图 3-20 中 u_{lt} 后的虚线所示)，这段曲线对于实际工程已没有实用价值。

图 3-20 所示的曲线即为围岩的特征曲线，亦称围岩的支护需求曲线(详见 3.2.6 节)。根据接触应力相等的原则，该曲线亦称为支护的荷载曲线。它形象地表示出围岩在洞室周边所需提供的支护抗力及其与周边位移的关系：在洞周极限位移范围内，容许围岩的位移增加，所需要的支护抗力减小，而应力重分布的结果大部分由围岩承担，反之亦然。

应该指出，上述分析是在理想条件下进行的。例如，假定洞壁各点的径向位移都相同，支护需求曲线与支护的刚度无关等。事实上，即使在标准固结的黏土中，洞壁各点的径向位移相差也很大，也就是说洞壁的每一点都有自己的支护需求曲线。再者，支护抗力是支护结构与洞室围岩相互作用的产物，而这种相互作用与围岩的力学性质有关，当然也取决于支护

结构的刚度,不能认为支护结构只有抗力而无刚度。尽管存在这样一些不准确之处,但上述的洞室围岩与支护结构的相互作用机理仍是有效的。

综上所述,支护抗力 p_a 的存在控制了洞室岩体的变形和位移,从而控制了岩体塑性区的发展和应力的变化,这就是支护结构支护作用的实质。同时,由于支护抗力的存在也改善了周边岩体的承载条件,从而相应地提高了岩体的承载能力。

3.2.5　非轴对称条件下围岩的应力分析

当 $\lambda \neq 1$ 时,塑性区的形状和范围的变化是很复杂的,这里不再详述,读者可参阅有关专著。现以实例说明当无支护抗力时,λ 值对塑性区范围和形状的影响。

已知 $c=2.5\mathrm{MPa}$, $\varphi=30°$, $\sigma_z=15\mathrm{MPa}$,当 λ 分别为 0.2、0.3、0.5、0.75 和 1.0 时,得到的塑性区域边界示于图 3-21。

图 3-21 表明,$\lambda=0.5$ 时,塑性区基本上出现在侧壁,呈月牙形;$\lambda=0.3$ 时,则变成图示的耳形,也集中在侧壁;$\lambda=0.2$ 时,又变成向围岩深部扩展的X形。需要说明的是,无论何种情况,洞室侧壁的塑性区域都显著集中,这对于研究洞室破坏有很重要的意义。

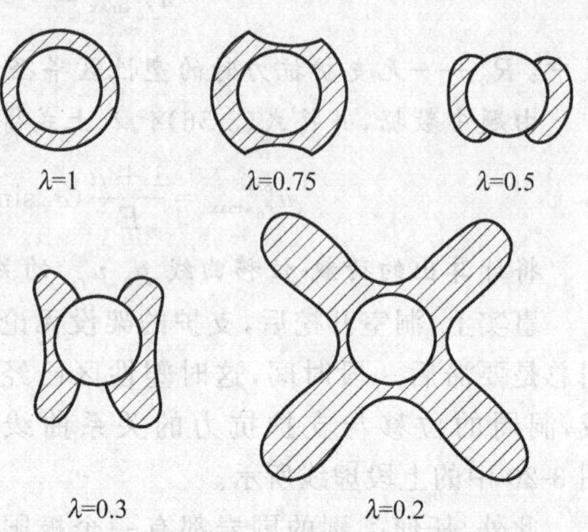

图 3-21　非轴对称条件下围岩塑性区的特征

当洞室形状不是圆形时,相应的公式都要改变,此时可用有限单元数值分析法进行求解。但在初步设计中,亦可采用将不同形状洞室变换成等代圆圆形洞室的方法近似地加以分析非圆形洞室等代圆法,详见 3.2.2 节。

下面给出根据洞室顶点和侧壁应力计算的参数简化算法。根据计算分析,各种形状洞室顶点(A 点)和侧壁中点(B 点)的切向应力 σ_{tA} 和 σ_{tB} 可用下式表示:

$$\begin{cases}\sigma_{tA}=\sigma_z(a\lambda-1)\\ \sigma_{tB}=\sigma_z(b-\lambda)\end{cases} \tag{3-73}$$

式中:a,b——洞室周边应力计算系数,其值列于表 3-15。

表 3-15　不同形状洞室切向应力的荷载系数

编号	1	2	3	4	5	6	7	8	9
形状	(a, b)								
a	5.0	4.0	3.9	3.2	3.1	3.0	2.0	1.9	1.8
b	2.0	1.5	1.8	2.3	2.7	3.0	5.0	1.9	3.9

由表 3-15 可知,编号 4、5、6 的洞室基本上都可以按圆形洞室来处理,不会造成很大误差。对铁路隧道洞室来说,单、双线铁路隧道断面可以近似地直接采用圆形断面的求解公式。

根据太沙基理论和实际经验可知，对于埋深小于2.5倍开挖半径的浅埋洞室，其二次应力场和位移场就不能按上述的分析方法了，一般采用有限元数值解法。

3.2.6 围岩与支护结构的相互作用

1. 围岩的支护需求曲线

通常，把围岩变形特征曲线称为围岩收敛曲线，主要有弹性收敛曲线和弹塑性收敛曲线。

1) 弹性收敛曲线

洞壁位移可由式(3-36)计算。其收敛曲线如图3-22中线1所示，它只适用于围岩处于弹性的状态。

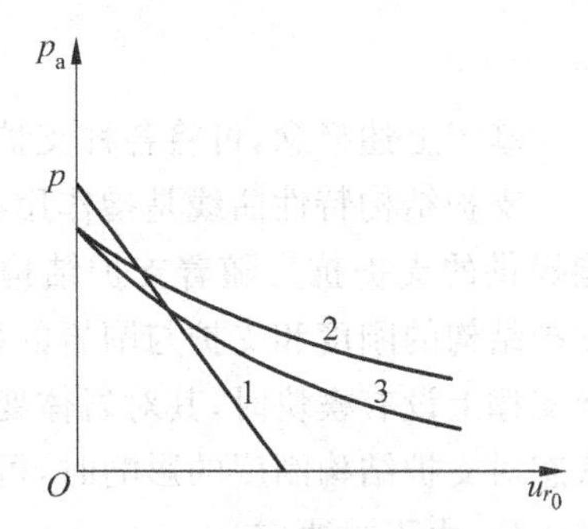

图3-22 围岩弹塑性收敛曲线

1—弹性曲线；2—弹塑性曲线；3—考虑扩容的弹塑性曲线

2) 弹塑性收敛曲线

(1) 不考虑塑性区体积扩容的方程

一般都采用修正的芬纳公式，即洞周位移可由式(3-70)计算。

由于塑性区的 c、φ 值是变化的，因此代以不同的 c、φ 值就可得到不同的收敛线。通常采用平均的 c、φ 值来确定收敛线，如图3-22中线2所示。

(2) 考虑塑性区体积扩容的收敛曲线如图3-22中线3所示，方程如下：

$$u_{r_0}=\frac{\Delta\sigma(1-\mu)r_0}{2G}\left[\frac{(\sigma_z+c\cot\varphi)(1-\sin\varphi)}{p_a+c\cot\varphi}\right]^{\frac{1-\sin\varphi}{2\sin\varphi}}+\frac{r_0}{2G}(1-2\mu)(p_a-\sigma_z) \tag{3-74}$$

式中：$\Delta\sigma$——弹塑性边界上应力差，$\Delta\sigma=\sigma_t-\sigma_r=2\sigma_z\sin\varphi+2c\cos\varphi$；

G——围岩的剪切模量，$G=\dfrac{E}{2(1+\mu)}$。

当 $\mu=0.5$ 时，则式(3-74)化为式(3-70)。

也可通过引入一个塑性区体积扩容系数 n 来求解洞壁位移(n 表示塑性区体积变化的百分率)。按 n 的定义，可导出下式：

$$u_{r_0}=\frac{\Delta\sigma r_0}{4G}\left[\frac{(\sigma_z+c\cot\varphi)(1-\sin\varphi)}{p_a+c\cot\varphi}\right]^{\frac{1-\sin\varphi}{2\sin\varphi}}+\frac{nr_0}{2}\left\{\left[\frac{(\sigma_z+c\cot\varphi)(1-\sin\varphi)}{p_a+c\cot\varphi}\right]^{\frac{1-\sin\varphi}{2\sin\varphi}}-1\right\} \tag{3-75}$$

一般可取 $n=0.1\%\sim0.5\%$。当 $n=0$ 时，式(3-75)化为式(3-70)。

2. 支护结构的支护特性曲线

以上所述是洞室围岩与支护结构共同作用的一个方面，即围岩对支护的需求情况。现在分析它的另一个方面，即支护结构可以提供的约束能力。任何一种支护结构，如钢拱支撑、锚杆、喷射混凝土层、模板浇注混凝土衬砌等，只要有一定的刚度并和围岩紧密接触，总能对围岩变形提供一定的约束力，即支护抗力。但由于每一种支护形式都有自己的结构特点，因而可能提供的支护抗力大小与分布以及支护抗力随支护变形而增加的情况都有很大的不同。因为支护形式不仅取决于支护结构本身的构造，而且与周围岩体的接触条件以及在施工中出现的各种意外情况有关。因此,目前在评价支护结构的支护抗力特性时,原则上都假定其他条件是相同的、不变的(如紧密接触、压力分布均匀、径向分布等),只研究支护因结构不同而产生的力学效应。

围岩对支护结构的压力是径向均布的,是一个轴对称圆形洞室问题。相对于围岩的力学特性而言,混凝土衬砌或钢支撑的力学特性可以认为是线弹性的。

一般情况下,支护结构的力学特性可表达为

$$p = f(K) \tag{3-76}$$

式中 K 为支护抗力 p 与其位移 u 的比值,称为支护结构的刚度,即

$$K = \frac{\mathrm{d}p}{\mathrm{d}u} \tag{3-77}$$

基于上述概念,可将各种支护结构的力学特性用支护结构特性曲线表示。

支护结构特性曲线是指作用在支护结构上的荷载与支护变形的关系曲线,支护结构所能提供的支护抗力随着支护结构的刚度增加而增大,所以这条曲线又称为支护补给曲线。支护结构的刚度和支护与围岩的接触状态有关。例如,钢支撑本身抵抗变形的能力很强,但当支撑上设有楔块时,其对岩体变形的约束就可能很小。在不考虑支护结构与围岩的接触状态对支护结构刚度的影响时,可以认为作用在支护结构上的径向压力 p_i 和它的径向位移成正比,由下式决定:

$$p_i = K \frac{u_{ir_0}}{r_0} \tag{3-78}$$

因为这里只考虑径向均布压力,所以 K 中只包含支护结构受压(拉)刚度。若洞室周边的收敛不均匀,则支护结构的弯曲刚度就成为主要的了。

通常支护结构都是在洞室围岩已经出现一定量值的收敛变形后才设置的,若用 u_0 表示这个初始径向位移,则

$$u_{ir_0} = u_0 + \frac{p_i r_0}{K} \tag{3-79}$$

同时,也应将支护补给曲线的起始点移至$(0, u_0)$处,如图 3-23 所示。

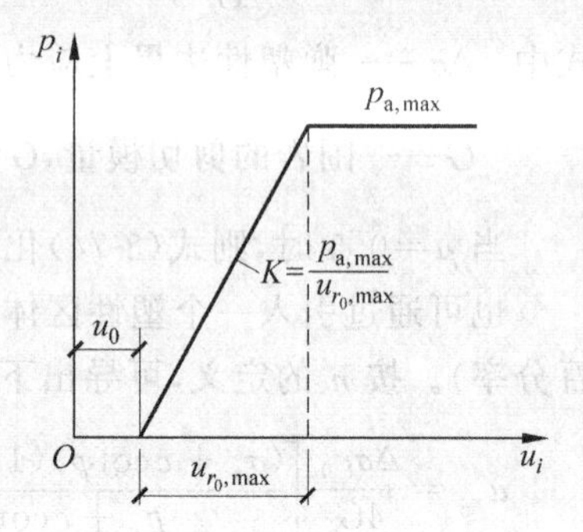

图 3-23 支护结构特性曲线的物理概念

在达到支护结构强度以前,式(3-79)都是适用的。在采用喷射混凝土支护、楔点钢支撑、注浆锚杆或锚栓等情况下,都假定达到这一点时支护体系发生破坏,而且在正常支护抗力下,会进一步出现图 3-23 所示的变形。图中最大支护抗力用 $p_{a,max}$ 表示,对应的最大位移为 $u_{r_0,max}$。

3. 围岩与支护结构准静力平衡状态的建立

可以根据围岩的支护需求曲线和支护结构的支护补给曲线,来分析洞室围岩和支护结构是如何在相互作用的过程中达到平衡状态的(见图 3-24)。开始时(图中的 A 点),围岩所需的支护约束力很大,而一般支护结构所能提供的支护约束力则很小,因此,围岩继续发生变形,并在变形过程中与支护结构的支护补给曲线相交于一点,从而达到平衡,这个交点应在围岩的 u_{1t} 和支护结构的 $u_{r_0,max}$ 之前。随着时间的推移,出现地下水位逐渐恢复、围岩物

理性质指标劣化、锚杆锈蚀等现象后，这个平衡状态还将改变。

支护结构特性曲线与围岩支护需求曲线交点处的横坐标为形成平衡体系时洞周发生的位移。交点纵坐标以下的部分为支护结构上承受的荷载，以上的部分为围岩承受的荷载。

下面对图3-24进行分析。

(1) 不同刚度的支护结构与围岩达成平衡时的 p_a 和 u_{r_0} 是不同的。刚度大的支护结构承受较大的围岩作用力(压力)；反之，刚度小的支护结构所承受的围岩压力较小。所以，在工程中强调采用柔性支护以节约成本，但也应保持必要的刚度，以便有效地控制围岩变形，从而达到稳定。图3-24中锚杆的支护补给曲线①未与围岩的支护需求曲线相交，说明锚杆的刚度太小，它所能提供的约束抗力不能满足围岩稳定的需要，这最终将导致围岩失稳。当然，增加支护结构的刚度并不总是意味着要增加支护结构的尺寸和数量，重要的是使支护结构尽早地形成闭合断面。

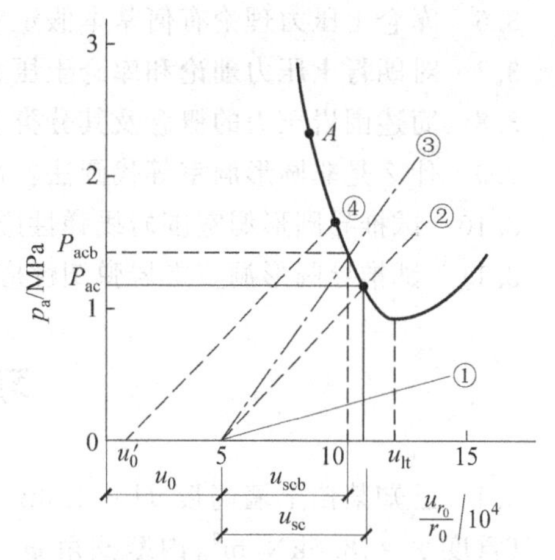

图3-24　围岩与支护结构的相互作用

①—锚杆支护曲线；②、④—喷射混凝土支护曲线；③—组合结构支护曲线

(2) 同样刚度的支护结构，其架设的时间不同，最后达成平衡的状态也不同。由图3-24中曲线②和④可知，支护结构架设得越早，它所承受的围岩压力就越大。但这并不是说支护结构参与相互作用的时间越迟越好，因为对初始变形不加以控制会导致围岩迅速松弛而崩塌。因此，原则上要尽早地架设初次支护，将围岩的初始变形控制在适当的范围内。当然，这个范围的大小视岩体的特性和埋置深度而定。例如埋置较深的塑性岩体，尽管变形已达到0.2～0.3m，但岩体还处在应力释放过程中，此时只要求逐步控制它的变形速度就可以了，如过早地架设刚度较大的支护，反而有可能使其因受力过大而损坏。

塑性区的存在并不意味着洞室失稳、破坏，在洞室保持稳定的前提下，可以适当推迟支护架设时间，使洞周塑性区有一定发展，以充分发挥围岩的自承能力，从而减小支护厚度，达到既保证洞室稳定性又降低工程造价的目的。但围岩塑性区的发展切忌进入松动破坏，一旦围岩出现松动破坏，围岩压力将大大增加，并有可能危及洞室稳定。

复习思考题

3.1　土压力有哪几种？影响土压力大小的主要因素是什么？

3.2　何谓静止土压力？说明产生静止土压力的条件和应用范围，列出其计算公式。

3.3　何谓主动土压力？产生主动土压力的条件是什么？它适用于什么范围？

3.4　何谓被动土压力？什么情况下会产生被动土压力？工程上如何应用？

3.5　朗肯土压力理论有何假设条件？适用于什么范围？主动土压力系数 K_a 与被动土压力系数 K_p 如何计算？

3.6 库仑土压力理论有何基本假定？适用于什么范围？K_a 与 K_p 如何求得？

3.7 对朗肯土压力理论和库仑土压力理论进行比较和评价。

3.8 简述围岩压力的概念及其分类。

3.9 什么是非圆形洞室等代圆法？简述常用的非圆形洞室等代圆法计算方法。

3.10 试推导圆形洞室围岩线弹性应力、位移理论的计算公式。

3.11 试推导圆形洞室围岩弹塑性应力、位移理论的计算公式。

习 题

3.1 已知某挡土墙高度 $H=4.0$m，墙背竖直、光滑，墙后填土表面水平。填土为干砂，其重度 $\gamma=18.0\text{kN/m}^3$，内摩擦角 $\varphi=36°$。计算作用在此挡土墙上的静止土压力 P_0；若墙能向前移动，大约需移动多少距离才能产生主动土压力 P_a？计算 P_a 的数值。(答案：57.6kN/m；约 2cm；37.4kN/m)

3.2 设习题 3.1 中的墙后填土中的地下水位上升至离墙顶 2.0m 处，砂土的饱和重度为 $\gamma_{sat}=21.0\text{kN/m}^3$，求此时墙所受的 P_0、P_a 和水压力 P_w。(答案：52.0kN/m；33.8kN/m；20.0kN/m)

3.3 若习题 3.1 中的挡土墙与墙之间的摩擦角 $\delta=24°$，其余条件不变，计算此时的主动土压力 P_a。(答案：36.3kN/m)

3.4 某地区修建一挡土墙，已知高度 $H=5.0$m，墙的顶宽 $b=1.5$m，墙底宽度 $B=2.5$m。墙面倾斜，墙背竖直，墙背摩擦角 $\delta=20°$，填土表面倾斜 $\beta=12°$。墙后填土为中砂，其重度 $\gamma=17.0\text{kN/m}^3$，内摩擦角 $\varphi=30°$。求作用在此挡土墙背上的主动土压力 P_a 和 P_a 的水平分力与竖直分力。(答案：106kN/m；90.5kN/m；55.0kN/m)

3.5 已知某地铁隧道埋深 28m，断面形状如图 3-25 所示。$h=5.2$m，$b=6.8$m，岩体重度 $\gamma=18\text{kN/m}^3$，黏聚力 $c=0.21$MPa，内摩擦角 $\varphi=30°$，岩体平均弹性模量 $E=120$MPa，泊松比 $\mu=0.5$，$\lambda=1$。

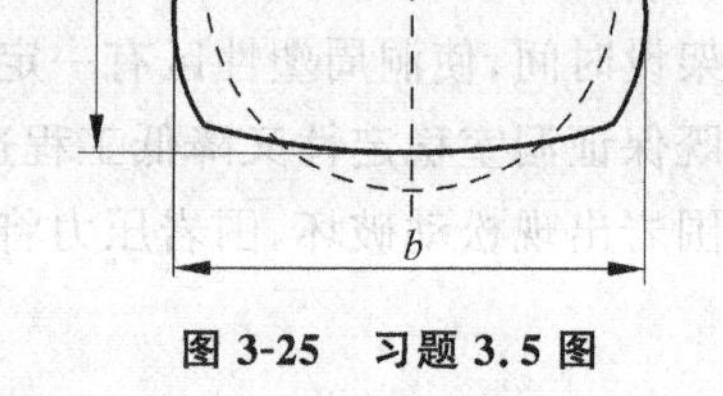

图 3-25 习题 3.5 图

(1) 试求等代圆半径。

(2) 求塑性区半径 R_0 及松动区半径 R。

(3) 当 $p_a=0$ 时，绘制等代圆隧道围岩内的应力分布图。

(4) 当 $p_a=0.18$ 时，绘制等代圆隧道围岩内的应力分布图。

3.6 引用习题 3.5 中的数据，求无支护时的洞室位移，并画出荷载-位移曲线。

第4章

盾构法隧道衬砌结构设计

4.1 盾构法概述

盾构法开挖隧道通常适用于软土而不是岩石中。相关衬砌参数，如材料的尺寸和强度不仅取决于地层情况，还取决于施工工法。实际应用中，进行盾构法衬砌设计需要具有相应的施工经验和理论知识。

4.1.1 盾构法隧道衬砌设计流程

设计的隧道应满足国家相关部门制定的技术要求、规范及标准。盾构法隧道衬砌设计流程如下。

(1) 确定隧道的内部尺寸。设计的隧道内径应该由满足隧道功能所需要的地下空间决定。此空间的决定因素确定方法包括：用地铁隧道确定结构的标准尺寸及列车的轨距；用公路隧道确定交通客流量及车道的数量；用给水、排水管道计算流量；用普通管道选择不同种类及尺寸的设备。

(2) 荷载类型的确定。作用在衬砌上的荷载包括土压力、水压力、静荷载、超载及盾构千斤顶的推力等，设计者应该慎重选择衬砌设计的荷载类型。

(3) 衬砌条件的确定。设计者应该确定衬砌的条件，如衬砌的尺寸(厚度)、材料的强度、加固的方法等。

(4) 计算内力。设计者应该使用合适的计算模型及设计方法来计算弯矩、轴力、剪力等内力。

(5) 安全性校核。设计者应该利用计算出的内力来校核衬砌的安全性。

(6) 评估。如果设计的初衬砌不满足设计荷载要求或设计的衬砌安全但不经济，则应改变衬砌的条件并且重新设计。

(7) 设计的批准。设计者认为所设计的衬砌结构安全、经济且适用后，工程项目的主管部门负责人就应该批准设计文件。

图 4-1 所示为盾构法隧道衬砌设计的流程图。

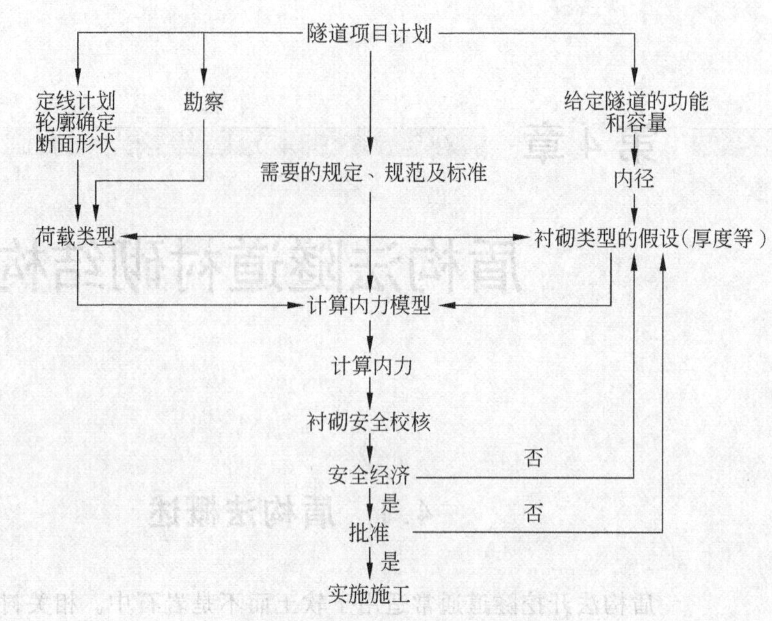

图 4-1　盾构法衬砌设计流程图

4.1.2　盾构法隧道结构设计的步骤及主要内容

第一步：确定几何参数。包括基准线、开挖直径、衬砌直径、衬砌厚度、圆环的平均宽度、管片系统、接缝连接。

第二步：确定岩土参数。包括特殊位置的重力、黏聚力、内摩擦角、弹性模量、变形模量、K_0值。

第三步：选择危险断面。包括超载、地面荷载、地下水及邻近建筑物影响的区域。

第四步：确定TBM盾构机的机械参数。包括总推力、推力装置的数量、垫片数量、垫片形状、注浆压力、安装所需空间。

第五步：确定材料的属性。包括混凝土标号、抗压强度及弹性模量，钢筋类型及抗拉强度，垫圈类型、宽度及弹性性能，裂缝允许宽度。

第六步：设计荷载。①土压力。分析作用于衬砌管片上的荷载及土压力(见图4-2～图4-6)。②千斤顶的推力荷载。分析由于推进器垫板压在不同类型管片上时的荷载的影响(见图4-7)。③拖车和其他服务设备的荷载。拖车和其他服务设备的荷载主要包括单轮承载(见图4-8)。④附属注浆荷载。扩展的注浆压力(见图4-9)。⑤静荷载、存储及装配荷载弯矩的影响(见图4-10)。

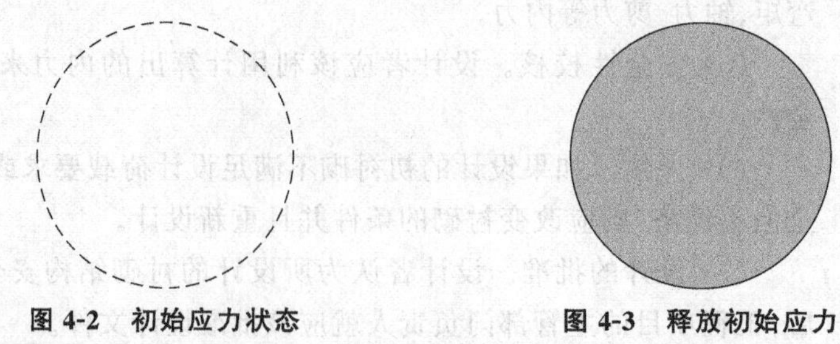

图 4-2　初始应力状态

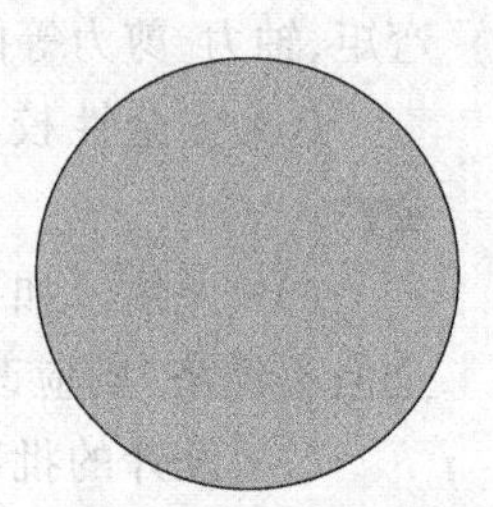

图 4-3　释放初始应力

第七步：设计模型。对于三维条件须通过二维条件的抽象计算来仿真，如太沙基假设。①分析模型。分析模型使用的公式必须同时符合国家标准和设计荷载叠加原理。②数值模型。使用符合国家标准的有限元程序(FEM)来完成弹塑性状态下的应力及应变分析，并进行详细结构状态的仿真(见图4-11)。

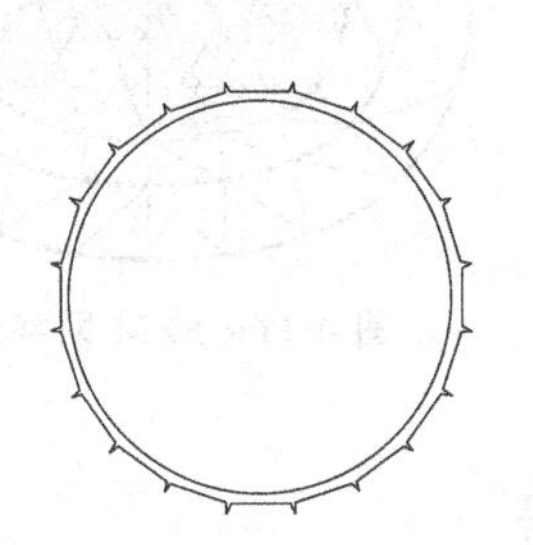

图4-4 通过盾构支护挖掘

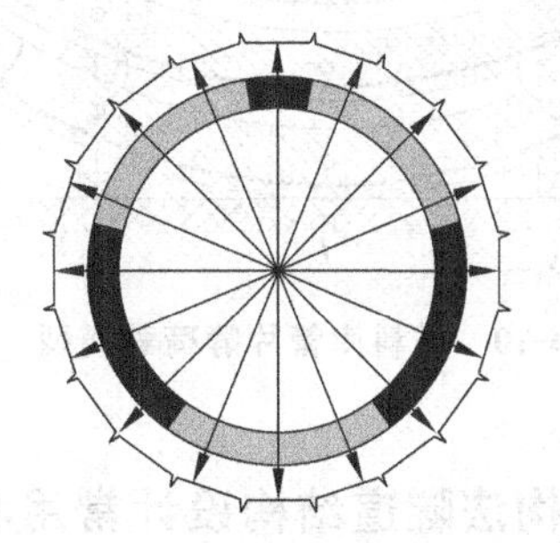

图4-5 通过注浆管片支护挖掘

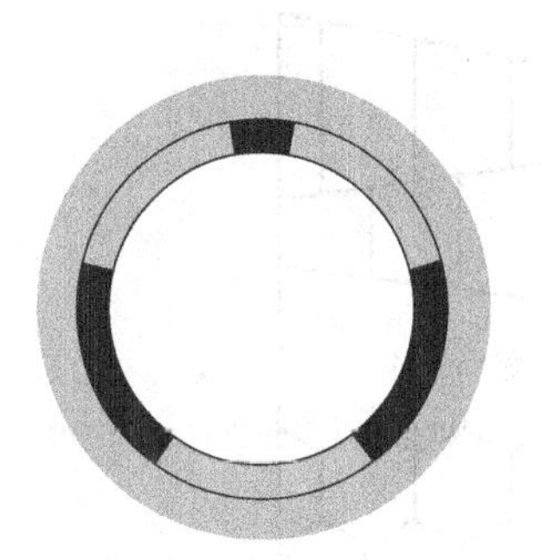

图4-6 永久变形

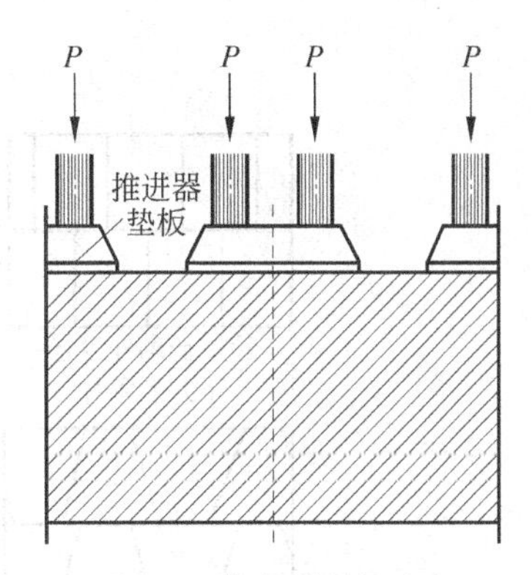

图4-7 推进器衬垫分布

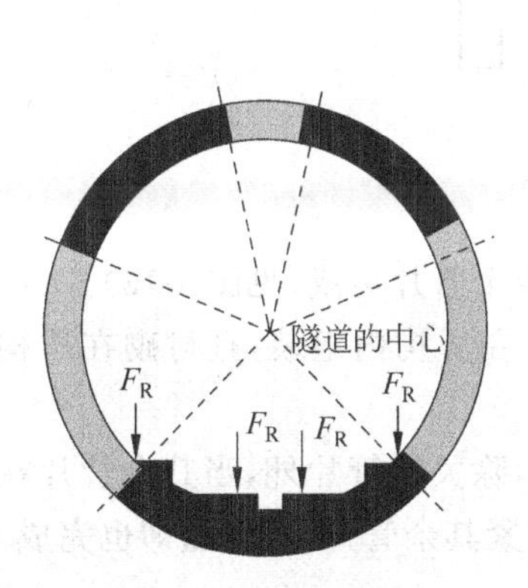

图4-8 拖车荷载分布

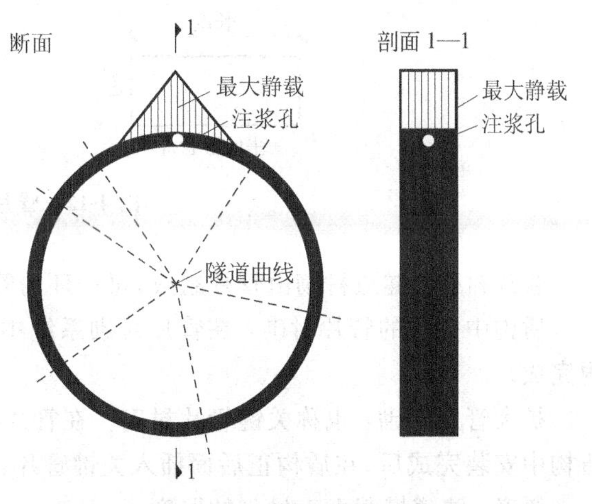

图4-9 设计注浆压力

第八步：计算结果。剪力、弯矩和挠度一般以表格的形式来展现，以此确定设计荷载及进行管片的加固。

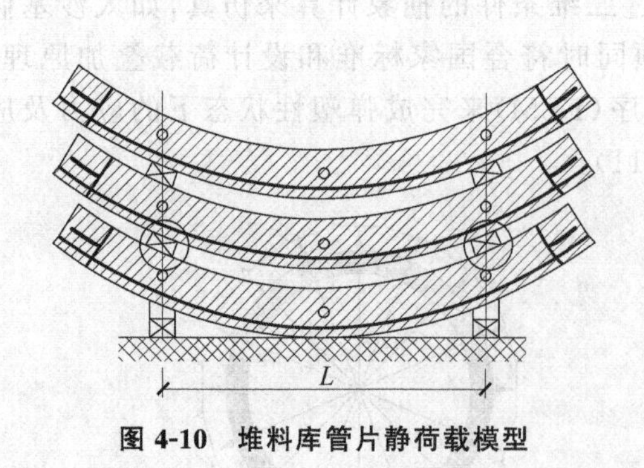

图 4-10 堆料库管片静荷载模型

图 4-11 FEM 网格划分

4.1.3 盾构法隧道结构设计常用名词及图示符号

管片：盾构隧道最初衬砌的弧形混凝土构件称为管片，管片可以是预制混凝土管片(见图 4-12)。

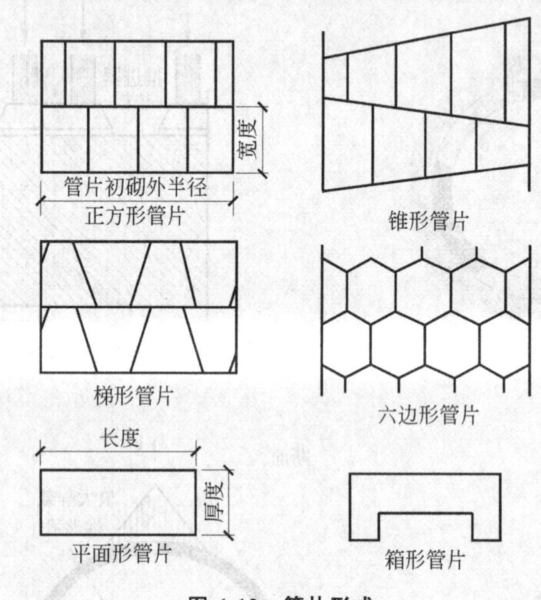

图 4-12 管片形式

管片衬砌：隧道衬砌由管片组成，每一环的管片衬砌由数个管片组成(见图 4-13)。

盾构中完成的管片衬砌：在管片衬砌系统中所有的管片在盾构内组装，且衬砌在盾构内完成。

扩大管片衬砌：也称关键管片衬砌。在管片衬砌系统中，除关键管片外，当其余管片在盾构中安装完成后，在盾构正后面插入关键管片，关键管片挤紧其余管片，衬砌随即也完成。

厚度：隧道横截面上衬砌的厚度。

宽度：管片沿隧道轴线方向上的长度。

连接缝：衬砌的间断处以及管片之间的接触面。

连接缝的类型有以下几种。

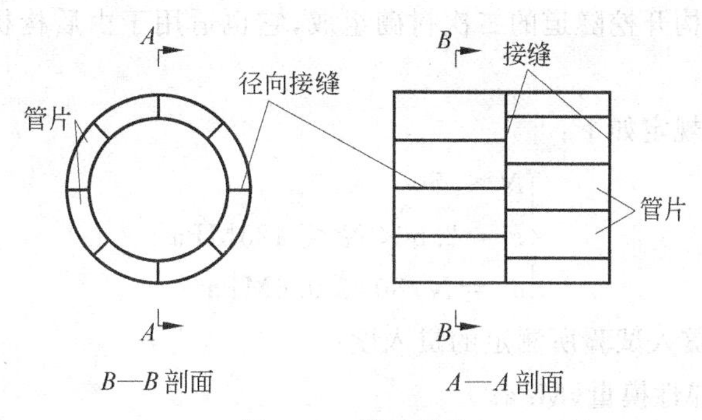

图 4-13　管片衬砌

(1) 普通连接：分带有连接件、不带连接件和带导向钢筋连接三类。其中带有连接件连接又分为直线形钢筋螺栓、曲线形钢筋螺栓、可再利用的斜钢筋螺栓。

(2) 舌形或凹槽连接。

(3) 铰支式连接：分带凹凸面、带双凸面、带中心钢筋件和不带中心件连接四种。

(4) 销钉连接：分环形连接、径向连接和螺栓连接。其中环形连接是指环之间的接缝连接；径向连接是指管片沿隧道轴线方向上的接缝连接；螺栓连接是指用钢螺栓来连接管片。

在实际设计和施工中，所选择衬砌的装饰、管片的形状、接缝和防水细节应该有效、可靠。通常应考虑下列因素：安装方法细节和安装设备；隧道的功能要求，包括使用年限及防水性要求；地表和地下水条件，以及地震因素；隧道选址处的正常施工环境。

典型图示符号说明如图 4-14 所示。

p_0——超载，kPa；

γ——土的重度，kN/m^3；

γ'——土的浮重度，kN/m^3；

c——土的黏聚力，kPa；

c'——地下水位以下土的黏聚力，kPa；

φ——土的内摩擦角，(°)；

φ'——地下水位以下土的内摩擦角，(°)；

H_w——在隧道拱部以上地下水位高度，m；

H——土的覆盖层厚度，m；

D——管片外直径，m。

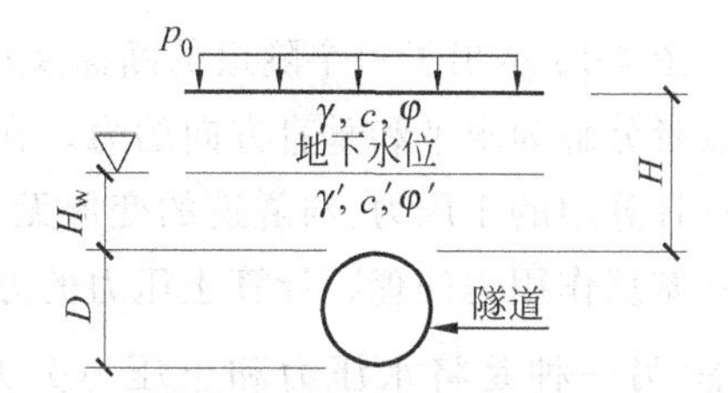

图 4-14　计算中使用的符号范例

4.2　盾构衬砌结构设计方法

4.2.1　设计原则

1. 应用范围

盾构法隧道衬砌结构适用于软土(如淤泥质土层和冲洪积土层)，且由高强度混凝土组成的管片衬砌以及盾构开挖隧道的二次衬砌组成,它也适用于由盾构机开挖的地下软岩隧道的管片衬砌。

软土的物理特征规定如下:

$$\begin{cases} N \leqslant 50 \\ E = 2.5 \times N \leqslant 125\text{MPa} \\ q_u = N/80 \leqslant 0.6\text{MPa} \end{cases} \tag{4-1}$$

式中:N——由标准贯入试验所测定的贯入度;

E——土体的弹性模量,MPa;

q_u——土的无侧限抗压强度,MPa。

2. 设计原理

采用的设计原理必须保证盾构隧道衬砌的安全性。在隧道衬砌设计书中,应该说明设计计算的必要性、设计的假设、设计寿命以及核算永久安全性等问题。

4.2.2 荷载

1. 荷载的种类

在衬砌设计中必须考虑的荷载有:①土压力;②水压力;③静荷载;④超载;⑤地基反作用力(如果必要的话)。同时应该考虑的荷载还有:①内部荷载;②施工期间的荷载;③地震效应。以及特殊荷载:①邻近隧道的影响;②沉降的影响;③其他荷载。

2. 土压力

图4-15示出了一个隧道的断面及周围土体的情况,土压力沿隧道断面径向作用于衬砌上或者分解为水平和垂直方向的力。在作用于隧道的土压力中,垂直和水平土压力是确定设计计算用的土压力,与隧道的变形无关。此外,将隧道底部的土压力看作反向土压力,作为地基反作用力处理。计算土压力的方法有两种,一种是将水压力作为土压力的一部分来考虑,另一种是将水压力和土压力分开计算。通常前者适用于黏性土,后者适用于砂质土。但是,对于稳定性好的硬质黏土以及固结粉土也多以水土分算进行考虑。在水压力、土压力合算时,地下水位以上用干重度,地下水位以下用饱和重度;在水压力、土压力分算时,地下水位以上用干重度,地下水位以下用浮重度。

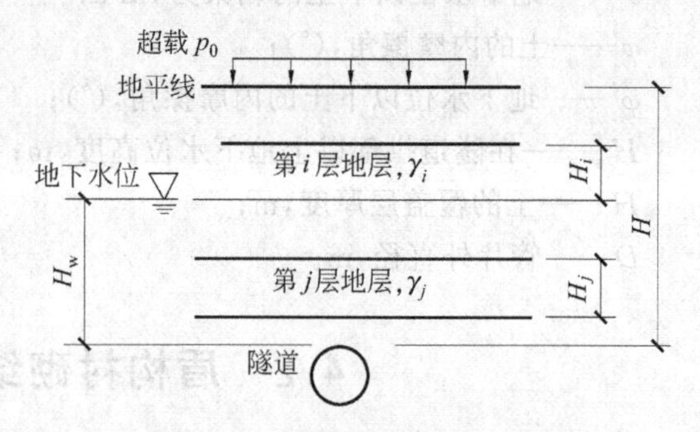

图4-15 隧道及其周围土体剖面

γ_i—在潜水位以上的第 i 层土的单位重度,kN/m³;

H_i—在潜水位以上的第 i 层土的厚度,m;

γ_j—在潜水位以下的第 j 层土的单位重度,kN/m³;

H_j—在潜水位以下的第 j 层土的厚度,m

1) 水平土压力

从隧道衬砌拱部至底部,作用于衬砌形心处的水平土压力始终为一均布荷载。它的大小由垂直土压力乘以土的侧压力系数确定(见图4-16)。

在难以得到地基反作用力的情况下，可以考虑将施工过程中的静止土压力系数 K_0 作为侧向土压力系数，参照表 4-1 中的计算公式计算。在可以得到地基反作用力的情况下，常用的方法是以主动土压力系数作为侧向土压力系数或者以上述的静止土压力系数为基础考虑适当的折减进行计算。设计计算中拟采用的侧向土压力系数的值应介于静止侧向土压力系数与主动侧向土压力系数之间。一般来说，侧向土压力系数可以按照表 4-2 所示范围，根据与地基反作用力系数的关系来确定。

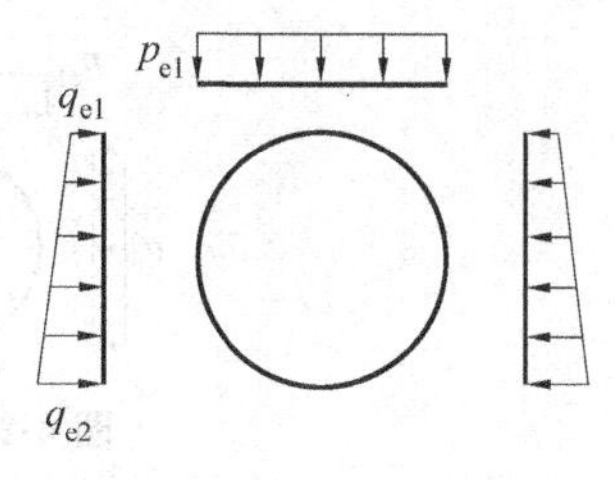

图 4-16　作用在衬砌上的土压力

表 4-1　土压力计算公式

<table>
<tr><th colspan="2">约束条件</th><th>p_{e1}</th><th>q_{e1}</th><th>q_{e2}</th></tr>
<tr><td rowspan="3">$H_w \geqslant 0$</td><td>$H<2D$</td><td>$p_0+\sum\gamma(H-H_w)+\sum\gamma' H_w$</td><td rowspan="3">$K_0\left(p_{e1}+\gamma'\frac{t}{2}\right)$</td><td rowspan="3">$K_0\left[p_{e1}+\gamma'\left(2R_c+\frac{t}{2}\right)\right]$</td></tr>
<tr><td>$H\geqslant 2D$
且 $h_0>H_w$</td><td>$\sum\gamma(h_0-H_w)+\sum\gamma' H_w$</td></tr>
<tr><td>$H\geqslant 2D$
且 $h_0<H_w$</td><td>$\sum\gamma' h_0$</td></tr>
<tr><td rowspan="2">$-2R_c\leqslant H_w<0$</td><td>$H<2D$</td><td>$p_0+\sum\gamma H$</td><td rowspan="2">$K_0\left(p_{e1}+\gamma\frac{t}{2}\right)$</td><td rowspan="2">$K_0\left[p_{e1}+\gamma'\left(2R_c+\frac{t}{2}-(-H_w)\right)+\gamma(-H_w)\right]$</td></tr>
<tr><td>$H\geqslant 2D$</td><td>$\sum\gamma h_0$</td></tr>
<tr><td rowspan="2">$H_w<-2R_c$</td><td>$H<2D$</td><td>$p_0+\sum\gamma H$</td><td rowspan="2">$K_0\left(p_{e1}+\gamma\frac{t}{2}\right)$</td><td rowspan="2">$K_0\left[p_{e1}+\gamma\left(2R_c+\frac{t}{2}\right)\right]$</td></tr>
<tr><td>$H\geqslant 2D$</td><td>$\sum\gamma h_0$</td></tr>
</table>

注：① K_0 取值分为三类情况：根据物理指标，$K_0=\frac{\mu}{1-\mu}$；砂性土，$K_0=1-\sin\varphi$；软土或非常软的黏土，$K_0=0.80\sim0.85$。

② h_0 为太沙基隧道拱部松动区高度，m；t 为衬砌管片厚度，m；R_c 为管片形心半径，m。

表 4-2　根据标准贯入试验的 N 值而确定的 K_0 和 k 值

土体种类	K_0	$k/(\mathrm{MN/m^3})$	N
极密实的砂	0.35～0.45	30～50	$30\leqslant N$
非常硬的黏土	0.35～0.45	30～50	$25\leqslant N$
密实砂性土	0.45～0.55	10～30	$15\leqslant N<30$
硬黏性土	0.45～0.55	10～30	$8\leqslant N<25$
黏性土	0.45～0.55	5～10	$4\leqslant N<8$
松砂性土	0.50～0.60	0～10	$N<15$
软黏性土	0.55～0.65	0～5	$25\leqslant N<4$
非常软的黏性土	0.65～0.75	0	$N<2$

注：k—地基反作用力系数。

水平土压力也可以用五边形模型假定为均载或均匀可变荷载。按图 4-17 计算水平土压力 q_e 如下：

$$q_e=\frac{q_{e1}+q_{e2}}{2} \tag{4-2}$$

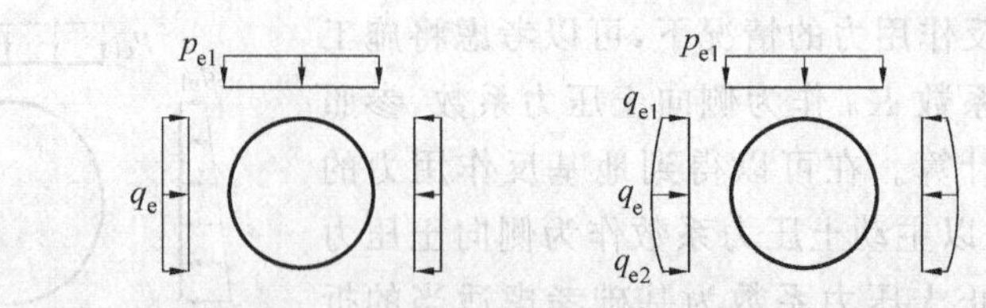

图 4-17　作用在衬砌上的五边形土体压力模型

p_{e1}—衬砌拱部的垂直土压力,kPa；q_{e1}—衬砌拱部的水平土压力,kPa；q_{e2}—衬砌底部的水平土压力,kPa

2) 垂直土压力

将垂直土压力作为作用于衬砌顶部的均布荷载来考虑,其大小宜根据隧道的覆土厚度、隧道的断面形状、外径和围岩条件来确定。考虑长期作用于隧道上的土压力时,当覆土厚度小于隧道外径的2倍时(隧道为浅埋隧道：$H<2D$),因不能获得土的成拱效应,故采用总覆土压力,如图4-15所示。计算公式为

$$p_{e1}=p_0+\sum\gamma_i H_i+\sum\gamma_j H_j \tag{4-3}$$

$$H=\sum H_i+\sum H_j \tag{4-4}$$

当覆土厚度大于隧道外径的2倍时(隧道为深埋隧道：$H>2D$),地基中产生成拱效应的可能性较大,可以考虑在设计计算时采用松动土压力。在砂质土中,当覆土厚度大于$(1\sim2)D$时,多采用松动土压力；在黏性土中,如果是由硬质黏土($N\geqslant0$)构成的良好地层,当覆土厚度大于$(1\sim2)D$时,多采用松动土压力；对于中等固结的黏土($4\leqslant N<8$)和软黏土($2\leqslant N<4$),按土层不能成拱考虑,将隧道的全覆土重力作为土压力计算的实例比较常见。

松动土压力的计算,通常采用太沙基公式(见图4-18)。一般来说,当垂直土压力采用松动土压力时,考虑到施工时的荷载以及隧道竣工后的变动,在多数情况下设定一个土压力的下限值。垂直土压力的下限值虽然由于隧道使用目的不同而各异,但一般将其取为相当于隧道外径2倍的覆土厚度的土压力值。当地层为互层分布时,以地层构成中的支配地层为基础,将地层假设为单一地层进行计算,或者以互层的状态进行松动土压力的计算。由图4-18可得

$$B_1=\frac{D}{2}\cot\left(\frac{\pi}{8}+\frac{\varphi}{4}\right) \tag{4-5}$$

式中：B_1——太沙基隧道拱部松动区宽度之半,m。

取隧道上覆土层单元体dh,建立受力模型,单元体两侧将受到向上的摩擦阻力和黏聚力、水平法向力、重力和单元体上下侧土压力,根据受力平衡得

$$2B_1(\sigma_v+d\sigma_v)-2B_1\sigma_v+(2K_0\sigma_v\tan\varphi-2B_1\gamma+2c)dh=0$$

简化后得

$$\frac{d\sigma_v}{\dfrac{K_0\tan\varphi}{B_1}\sigma_v+\dfrac{c}{B_1}-\gamma}+dh=0$$

令$A=\dfrac{c}{B_1}-\gamma$,$B=\dfrac{K_0}{B_1}\tan\varphi$,则

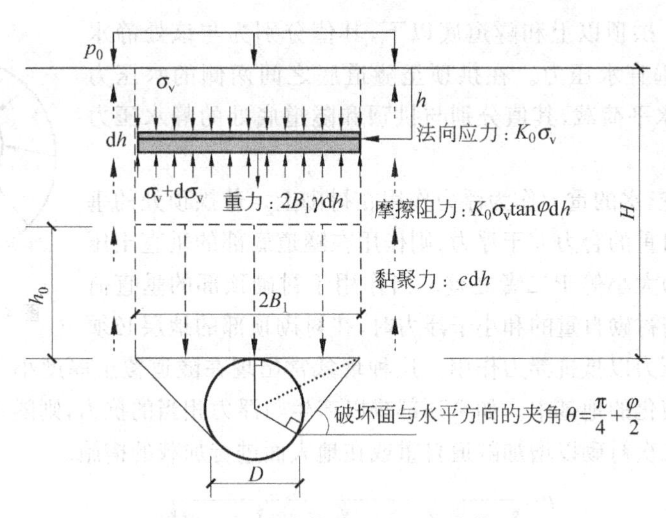

图 4-18　太沙基公式土压力计算图

$$\frac{d\sigma_v}{B\sigma_v+A}+dh=0 \quad 或 \quad \frac{1}{B}\frac{d(B\sigma_v+A)}{B\sigma_v+A}+dh=0$$

$$\int_{p_0}^{\sigma_v}\frac{1}{B}\frac{d(B\sigma_v+A)}{(B\sigma_v+A)}+\int_0^H dh=0$$

$$\frac{1}{B}[\ln(B\sigma_v+A)-\ln(Bp_0+A)]=-H$$

$$\sigma_v=-\frac{A}{B}(1-e^{-HB})+p_0e^{-HB}$$

因为隧道拱部垂直松动土压力 $\sigma_v=\gamma h_0$，即 $h_0=\frac{\sigma_v}{\gamma}$，将 A、B 的表达式代入得

$$h_0=\frac{B_1\left(1-\frac{c}{B_1\gamma}\right)\left[1-\exp\left(-K_0\frac{H}{B_1}\tan\varphi\right)\right]}{K_0\tan\varphi}+\frac{p_0\exp\left(-K_0\frac{H}{B_1}\tan\varphi\right)}{\gamma} \tag{4-6}$$

如果隧道位于潜水位以上，则

$$p_{e1}=\gamma h_0 \tag{4-7}$$

如果 $h_0<H_w$，则太沙基公式为

$$p_{e1}=\gamma' h_0 \tag{4-8}$$

在 $p_0<\gamma H$ 的情况下，不考虑 p_0 的影响，则

$$h_0=\frac{B_1\left(1-\frac{c}{B_1\gamma}\right)\left[1-\exp\left(-K_0\frac{H}{B_1}\tan\varphi\right)\right]}{K_0\tan\varphi} \tag{4-9}$$

$$p_{e1}=\gamma h_0=\frac{B_1\left(\gamma-\frac{c}{B_1}\right)\left[1-\exp\left(-K_0\frac{H}{B_1}\tan\varphi\right)\right]}{K_0\tan\varphi} \tag{4-10}$$

3. 水压力

一般情况下作用在衬砌上的水压力为静水压力(见图 4-19)。但为了简化计算，将水压

力分为两种情况：拱顶以上和隧道底以下，其值分别为与该处静水压力相等的均布垂直水压力。在拱顶至隧道底之间两侧的水压力取为均匀变化的水平荷载，其值分别与拱顶和隧道底处的静水压力相等(见图4-20)。

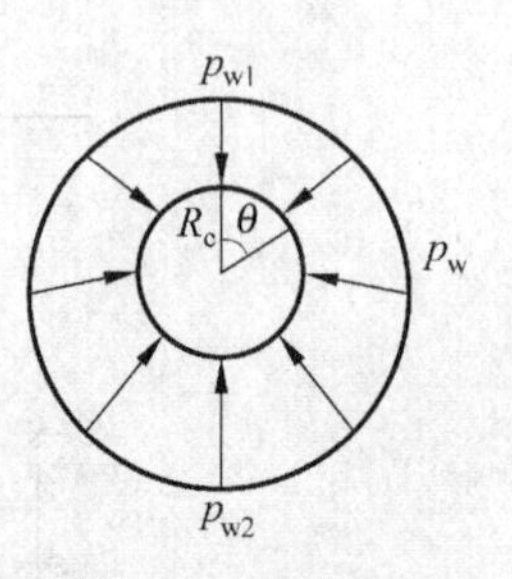

图 4-19　静水压力

由于隧道开挖，水的重力作为浮力作用在衬砌上。若拱顶处的垂直土压力和衬砌自重的合力大于浮力，则作用在隧道底部的垂直土压力(地基反作用力)大小等于二者之差。当作用于衬砌顶部的垂直荷载(减去水压力)与衬砌自重的和小于浮力时，在衬砌顶部的地层必须产生足够大的土压力以抵抗浮力作用。这种现象常出现在隧道覆土厚度小、地下水位高以及地震时容易发生液化的地基中。如果顶部难以产生与浮力相当的抗力，则隧道会上浮，这时必须采取诸如施作二次衬砌以增加隧道自重或在地表面进行加载的措施。

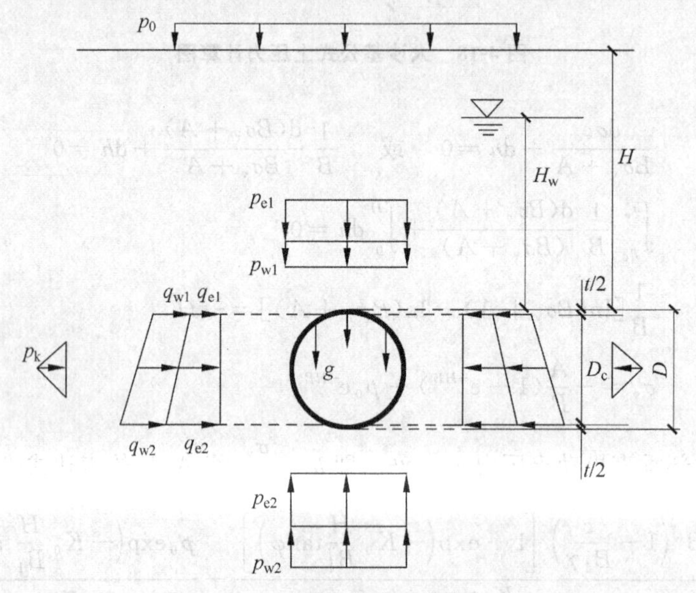

图 4-20　弹性方程方法荷载条件

根据弹性方程荷载条件，采用不同方法时的水压力计算公式如下。

1) 采用静水压力时，管片上各点处的水压力为

$$p_w = \gamma_w \left[H_w + \frac{t}{2} + R_c (1 - \cos\theta) \right] \tag{4-11}$$

式中：p_w——水压力，kPa；

γ_w——水的重度，kN/m^3；

θ——隧道上任意一点与垂直方向的夹角，(°)。

2) 采用垂直均布荷载和水平均布变化荷载组合时的各种水压力

作用于衬砌拱部的垂直水压力

$$p_{w1} = \gamma_w H_w \tag{4-12}$$

作用于衬砌底部的垂直水压力

$$p_{w2} = \gamma_w \left[H_w + 2\left(\frac{t}{2} + R_c \right) \right] = \gamma_w (H_w + D) \tag{4-13}$$

作用于衬砌拱部的水平水压力

$$q_{w1}=\gamma_w\left(H_w+\frac{t}{2}\right) \tag{4-14}$$

作用于衬砌底部的水平水压力

$$q_{w2}=\gamma_w\left[H_w+\left(\frac{t}{2}+2R_c\right)\right] \tag{4-15}$$

3）浮力

若采用静水压力，则浮力为

$$F_w=\gamma_w\pi D^2/4 \tag{4-16}$$

若采用垂直均布荷载和水平匀变化荷载组合，则最大浮力为

$$F_{w,\max}=D(p_{w2}-p_{w1})=\gamma_w D^2 \tag{4-17}$$

4）隧道衬砌底部的垂直土压力（地基反作用力）

考虑自重且静水压力时，地基最大反作用力

$$Dp_{e2}=Dp_{e1}+W-F_w \Rightarrow p_{e2}=p_{e1}+\pi g-\frac{\pi}{4}\gamma_w D \tag{4-18a}$$

式中：g——静荷载（管片自重），计算见下文；

W——沿隧道轴线方向每米衬砌的重量，kN/m。

不考虑自重且浮力采用垂直均布荷载和水平匀变化荷载组合时，地基反作用力

$$p_{e2}=p_{e1}+p_{w1}-p_{w2}=p_{e1}-\gamma_w D \tag{4-18b}$$

4. 静荷载

静荷载是作用于隧道横断面上的垂直方向荷载，一次衬砌的最大静荷载按下式计算：

$$g=\frac{W}{\pi D} \tag{4-19}$$

如果断面是矩形，则

$$g=\gamma_c t \tag{4-20}$$

式中：γ_c——混凝土单位重度，kN/m³。

5. 地面超载

地面超载增加了作用于衬砌上的土压力。作用于衬砌上的道路交通荷载、铁路交通荷载、建筑物的重量即为地面超载。地面超载及其参考值如下：

公路车辆荷载，$p_0=10\text{kPa}$；铁路车辆荷载，$p_0=25\text{kPa}$；建筑物的重量，$p_0=10\text{kPa}$。

6. 地基反作用力

计算衬砌中的内力时，必须确定地基反作用力的作用范围、大小及方向。地基反作用力通常分为两种：①独立于地基位移而确定的反作用力 p_{e2}（见图 4-21）；②从属于地基位移而确定的反作用力。一般将前者作为与给定荷载相平衡的反作用力，预先假定其分布均匀；后者与衬砌的地基内位移有关，并与地基的位移成比例，且其比例因子定义为地基反作用力系数。这个因子的取值取决于围岩刚度和衬砌半径。

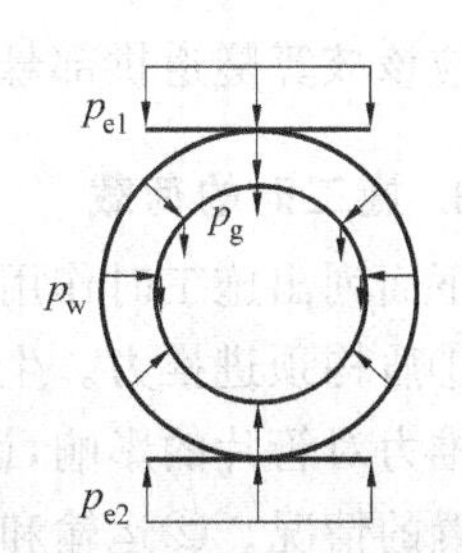

图 4-21 地基反作用力模型

地基反作用力等于地基反作用力系数乘以衬砌位移,由围岩刚度和管片衬砌刚度决定,而管片衬砌刚度取决于管片刚度及接缝数目和类型。

在地基反作用力的常用计算方法中,垂直方向与地基位移无关的地基反作用力,取与垂直荷载相平衡的均布反作用力;因为水平方向的地基反作用力是伴随衬砌向围岩方向的变形而产生的,故在衬砌水平直径上下45°中心角范围内,采用以水平直径为顶点的三角形分布。地基反作用力大小与衬砌向围岩方向的水平变形成正比,如图4-22所示。其计算公式如下:

$$p_k = k\delta \tag{4-21}$$

式中:p_k——地基反作用力,kPa;

k——地基反作用力系数,根据土质条件与侧向土压力系数 K_0 的关系确定(见表4-2);

δ——位移值,$\delta=\delta_1-\delta_2$,其中,δ_1 为土压力和水压力引起的 B 点位移;δ_2 为地基反作用力引起的与上述方向相反的 B 点位移。

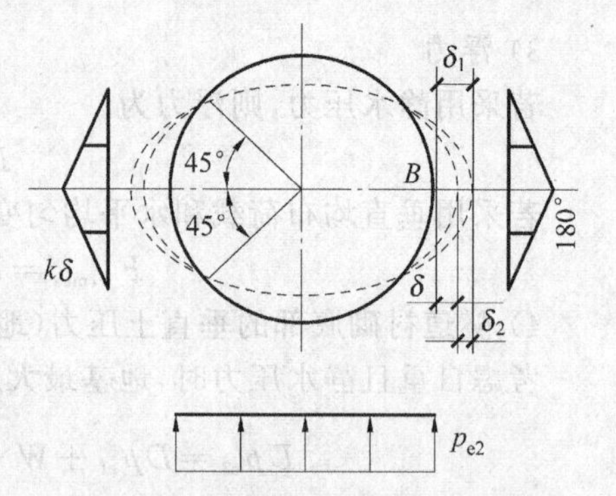

图 4-22 地基反作用力计算模型

与常用的计算方法不同,由地基的位移所确定的地基反作用力的另一种方法,是将管片环与地基间的相互作用力作为地基弹簧的作用力来考虑,这一方法是将地基反作用力考虑为管片向地基方向变形所产生的反作用力。常见的有全周地基弹簧模型(见图4-23)和部分地基弹簧模型(见图4-24)两种。从应用实例来看,多数只考虑半径方向的弹簧,也有一些利用切线方向弹簧进行设计的例子。

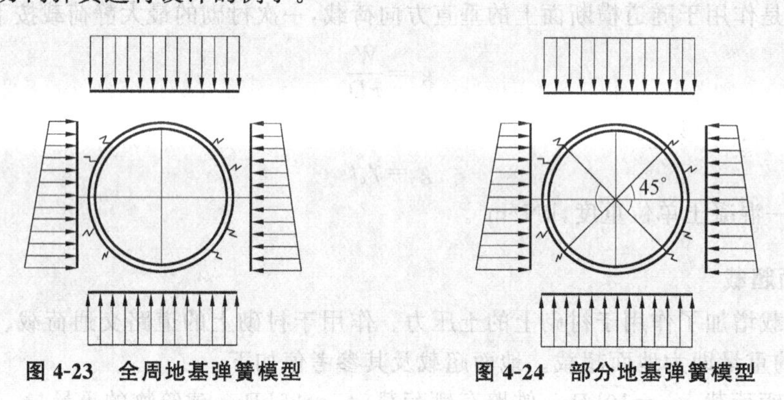

图 4-23 全周地基弹簧模型　　图 4-24 部分地基弹簧模型

7. 内部荷载

应该核算隧道拱部悬挂设备或内部水压力而引起的荷载的安全性。

8. 施工时的荷载

下面列出施工时作用在衬砌结构上的荷载:

①盾构顶进推力。生产管片时,应测试管片抵抗盾构顶进推力的强度,为了分析盾构千斤顶推力对管片的影响,设计者应该核算由于偏心而引起的剪力和弯矩,包括允许极限荷载时放置的情况。②运输和装卸时的荷载。③背后注浆压力。④垂直操作时的荷载。⑤其他荷载。例如,储备车厢的静载、管片调整形状时的千斤顶推力、切割挖掘机的扭转力等。

盾构千斤顶推力是最主要的力，表示为

$$F_s=(700\sim1000)\pi\frac{D^2}{4} \tag{4-22}$$

式中：F_s——盾构千斤顶推力，kN。

荷载条件确定后，其他压力均取某一参考值。

9. 地震影响

(1) 静态分析法。如地震变形法、地震系数法、动力学分析法等，这些方法一般用于抗震设计。

(2) 地震变形法。该方法通常用于调查隧道由于地震而产生的变形，详见有关专著。

10. 其他荷载

如果需要，应该检查邻近隧道对开挖的影响和不均匀沉降的影响。

4.2.3 衬砌材料

钢筋混凝土管片适合作为初衬支护材料，而现浇混凝土适合作为二次支护的材料。日本工业标准(JIS)、德国工业标准(DIN)、美国混凝土协会(ACI)标准和中国《混凝土结构设计规范》(GB 50010—2010)都明确地提出了材料的测试方法、标准值和设计值。

对于没有现浇的内部衬砌支护，如果外部管片衬砌支护需要的话，一次完成衬砌也是允许的。

1. 弹性模型

钢筋和混凝土弹性模型如表4-3所示。

表4-3　钢筋和混凝土的弹性模型

混凝土标准强度 f_{ck}/MPa	18	24	30	40	50	60
混凝土弹性模量 $E_c/10^4$ MPa	2.2	2.5	2.8	3.1	3.1	3.5
钢筋弹性模量 $E_s/10^4$ MPa	21					

2. 应力-应变曲线

混凝土应力-应变曲线采用图4-25中的曲线模型。

当 $\varepsilon_c\leqslant\varepsilon_0$ 时，

$$\sigma_c=f_c\left[2\frac{\varepsilon_c}{\varepsilon_0}-\left(\frac{\varepsilon_c}{\varepsilon_0}\right)^2\right] \tag{4-23}$$

当 $\varepsilon_0<\varepsilon_c\leqslant\varepsilon_u$ 时，

$$\sigma_c=f_c \tag{4-24}$$

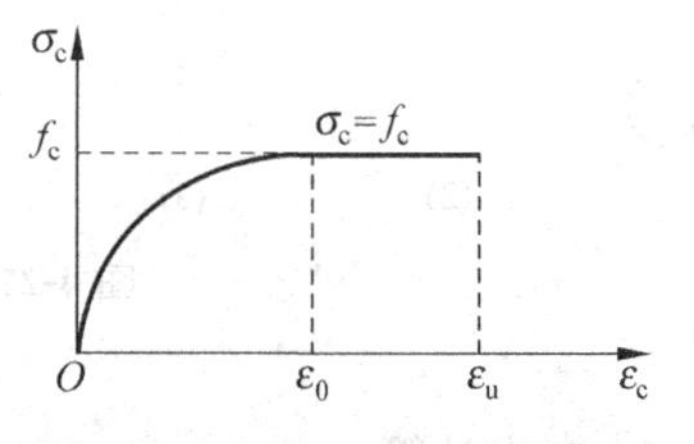

图4-25　混凝土应力-应变曲线

式中：f_c——混凝土的峰值应力，MPa；

σ_c——混凝土的屈服应力，MPa；

ε_0——相应于峰值应力时的应变，取 $\varepsilon_0=0.002$；

ε_u——极限压应变，取 $\varepsilon_u=0.0035$。

钢筋应力-应变曲线采用图4-26所示的双直线模型。

当$\varepsilon_s \leqslant \varepsilon_y$时,

$$\sigma_s = E_s \varepsilon_s \tag{4-25}$$

当$\varepsilon_y < \varepsilon_s \leqslant \varepsilon_{s,h}$时,

$$\sigma_s = f_y \tag{4-26}$$

式中: f_y——钢筋的屈服强度,MPa;

σ_s——钢筋的应力,MPa;

E_s——钢筋的弹性模量,MPa;

ε_s——钢筋的应变;

$\varepsilon_{s,h}$——钢筋强化起点的应变。

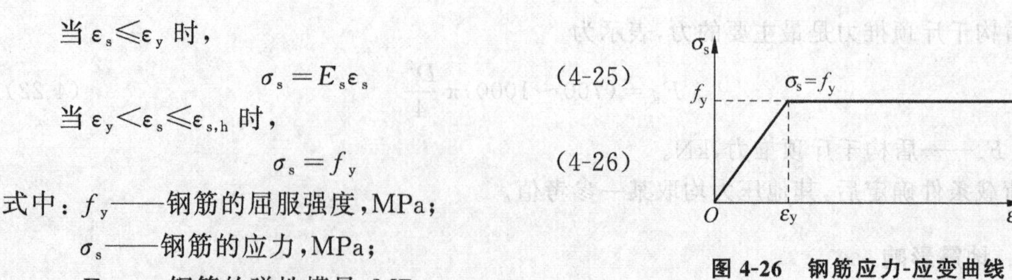

图 4-26　钢筋应力-应变曲线

4.2.4　安全系数

安全系数应该基于土体的荷载来确定,且应符合相应的建筑规范和标准的要求。安全系数的设计计算参考4.2.6节。如果隧道设计成临时的结构,则安全系数可以修正。

4.2.5　管片结构设计计算

结构衬砌计算单位应采用国际标准单位(SI)。

1. 设计原理

隧道断面的设计计算,首先应选择以下的关键区段(见图4-27)。

(1) 上覆地层厚度最大的横断面;

(2) 上覆地层厚度最小的横断面;

(3) 地下水位最高的横断面;

(4) 地下水位最低的横断面;

(5) 超载最大的横断面;

(6) 有偏压的横断面;

(7) 表面有突变的横断面;

(8) 附近现有或将来拟建的隧道的横断面。

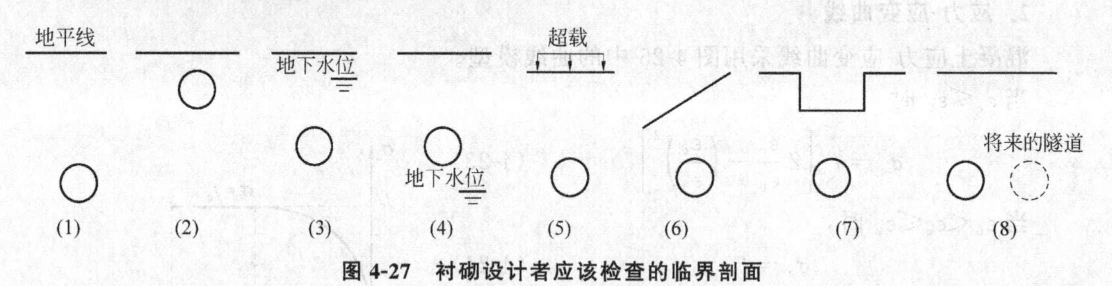

图 4-27　衬砌设计者应该检查的临界剖面

2. 内力计算

1) 计算模型

隧道结构设计计算中结构内力(弯矩M、轴力N、剪力Q)的各种计算方法如图4-28所示,这里具体介绍以下几种盾构隧道结构内力的计算模型。

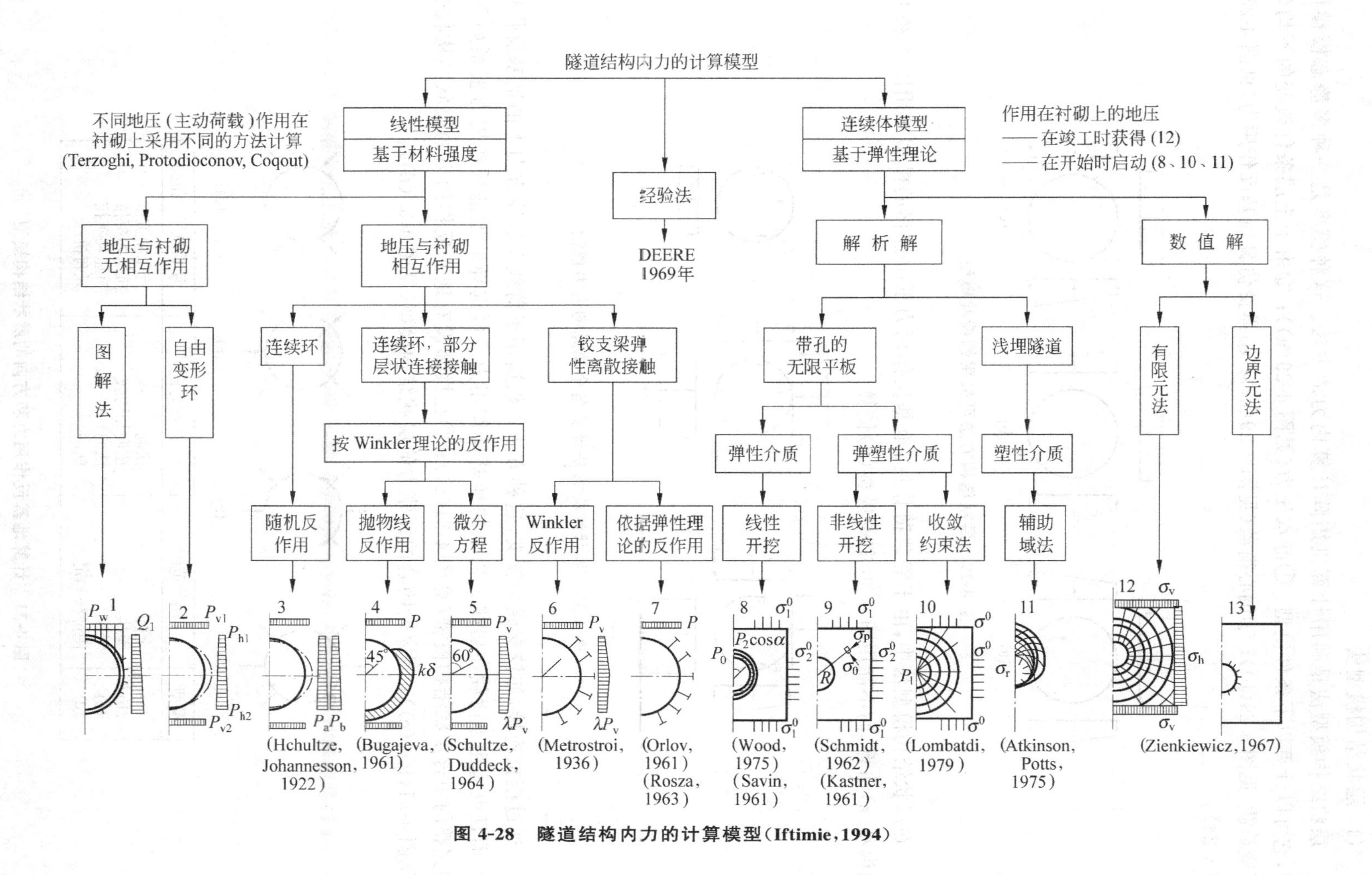

图 4-28　隧道结构内力的计算模型(Iftimie,1994)

(1) 层状结构模型法

层状结构模型法是利用计算机矩阵计算内力的方法。这种模型是一种多静态模糊模型,它可以计算以下条件模型:①静水压力(见图 4-29(a));②由于土层条件改变的不均匀可变荷载(见图 4-29(b));③偏心荷载(见图 4-29(c));④弹簧仿真地基反作用力(见图 4-23、图 4-24)。

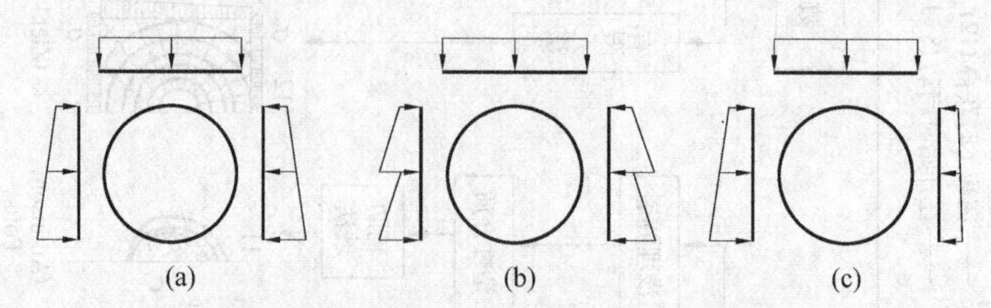

图 4-29 层状结构方法可采用的荷载模型

在层状结构模型法中,由于静载荷作用,地基反作用力抵抗位移的模型可用图 4-30 中的模型(a)估算,而不能用图 4-30 中的模型(b)估算。

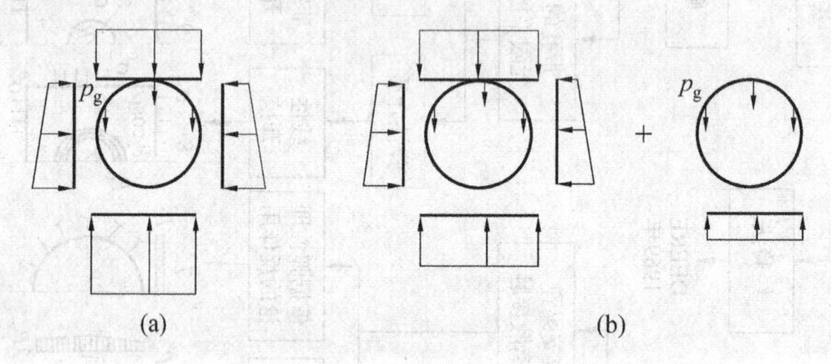

图 4-30 层状结构方法计算各个单元的内力模型

通过模拟连接,如铰支或半铰支,这种方法不仅适用于荷载在法线方向上的地基反作用力,而且也适用于荷载在切线方向上的地基反作用力。可选择的地基反作用力模型如下:①完整的闭合层状结构模型(见图 4-31(a));②在拱部没有地基反作用力的层状结构模型(见图 4-31(b)、(c));③完全闭合的无张力的层状结构模型(见图 4-31(d))。

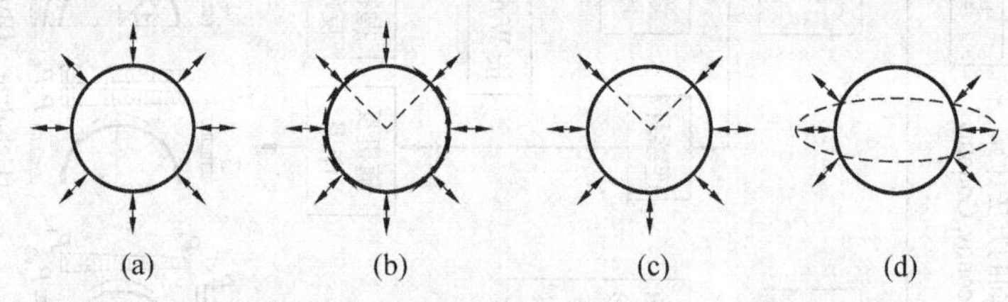

模型	层状范围	层状方向	层状抗压/抗拉
(a)	全圆	法向	抗压和抗拉
(b)	无拱	法向和切线	抗压和抗拉
(c)	无拱	法向	抗压和抗拉
(d)	由位移确定	法向	只有抗压

图 4-31 计算地基反作用力和方向的层状结构模型

(2) 有限元法

有限元法(FEM,见图 4-32)是以连续体理论为基础,并且与计算机的发展相适应。在 FEM 设计中,土的弹性模量和泊松比是必需的参数,衬砌管片按梁单元考虑。FEM 不但可以计算隧道衬砌的构件力,还可以计算周围地面的沉降、应力-应变状态和上面或相邻的隧道对该隧道模型的影响。

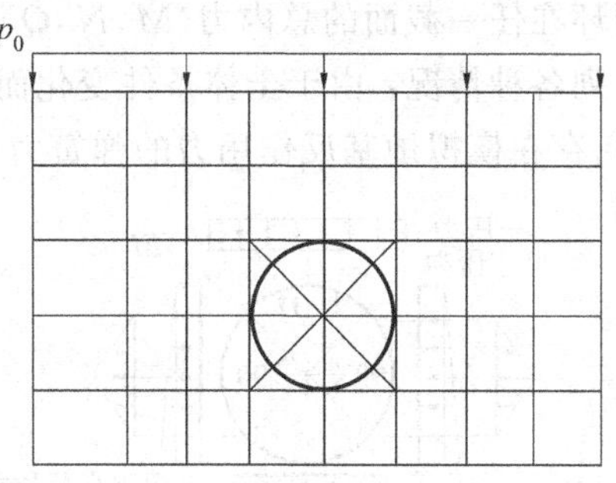

图 4-32　FEM 网格轮廓

采用 FEM 模型能够模拟衬砌和实际地层间相互作用的行为特征:①土层行为。可以考虑土层初始应力状态、土层参数。例如,土的单位重量、弹性模量、泊松比、隧道断面形状和尺寸、施工方法及工艺。②估计阻止荷载依赖衬砌结构的衬砌行为(管片的数量、结构和连接方式)、背部注浆的特征和效果以及地面超荷载大小的影响等因素。③量化场地条件、施工方法(例如盾构的类型)、背部注浆方法、尾部空隙的尺寸和应力松弛程度等。

(3) 弹性方程法

在计算机出现之前,弹性方程法是计算内力的简便方法,计算公式见表 4-4。然而,采用这种方法不能对图 4-33 中所示的(b)、(c)模型进行计算。在这种方法中,水压力被认为是垂直均载和水平均载的组合。在水平方向上的地基反作用力简化为三角形分布的可变荷载(见图 4-20)。

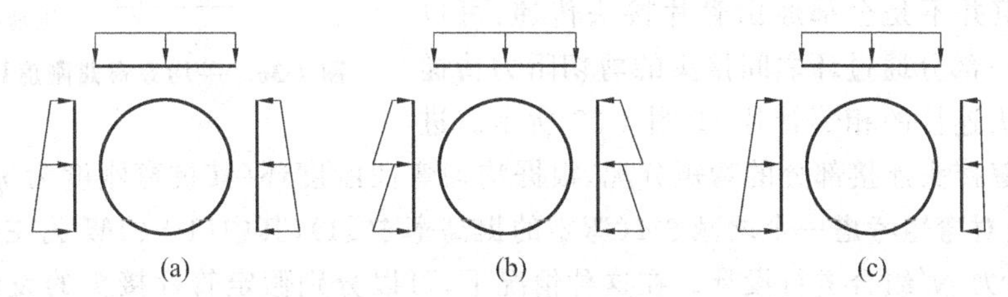

图 4-33　弹性方程法计算内力的荷载模型

(a) 可采用的模型;(b)、(c) 不可采用的模型

对于管片环的结构模型,根据对管片接头的力学处理方法的不同,其计算模型大致可以分以下三类。

① 假设管片环是弯曲刚度均匀的环的方法

情况一:不考虑管片接头部分的弯曲刚度降低,管片环和管片截面具有相同的刚度 EI,且弯曲刚度为均匀的环的方法。

该方法将水压力按垂直均布荷载和水平均匀变化荷载的组合进行计算。水平方向的地基反作用力则假定为自环顶部向左右各 45°～135°区间的渐变荷载,是以隧道的起拱点为顶点的等腰三角形,其大小与位移的大小成正比(Winkler 线性假定),如图 4-34、图 4-35 所示。

由于结构和荷载均关于垂直轴对称,所以,拱顶的剪力为零。等弯曲刚度环计算模型为二次超静定结构,根据弹性中心处的相对角变形和相对水平位移等于零的条件计算任意截面的内力。当外荷载作用于隧道衬砌时,由衬砌变形而产生的地基反作用力的分布规律很难确定,为了便于计算,根据经验先假定侧向地基反作用力为三角形分布。具体计算时,采取力法求得在垂直方向均载、侧向均载、侧向三角形变化荷载、侧向地基反作用力、静荷载各自作用下衬砌圆环的任一截面内力(M_θ,N_θ,Q_θ),然后将这些内力叠加,就可以计算出衬砌圆环在任一截面的总内力(M,N,Q),管片截面内力的计算公式参见表4-4。该法不适用于下列各种情况：由于土体条件变化而产生的非均匀变化的荷载；有偏压荷载；考虑静水压力,存在模拟地基反作用力的弹簧力。

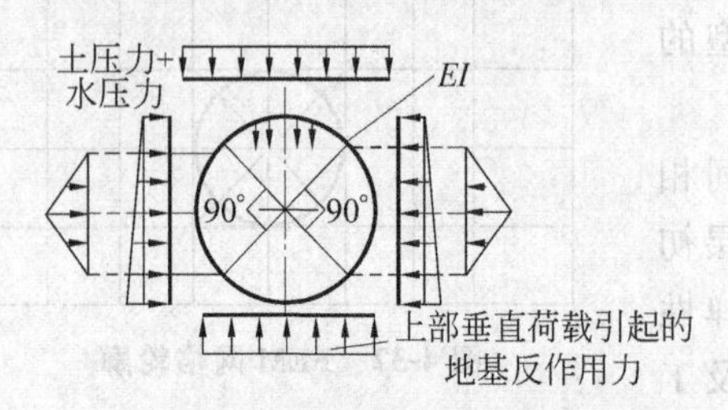

图4-34　等弯曲刚度环计算模型

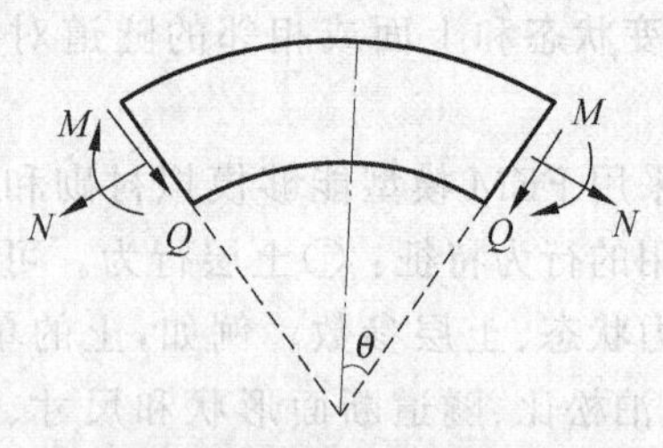

图4-35　管片截面内力

情况二：因管片有接头,故对其整体刚度有影响,可以将接头部分弯曲刚度的降低看作衬砌环整体刚度的降低,但仍然将其作为抗弯刚度均匀的圆环处理(平均等刚度法),见图4-36。

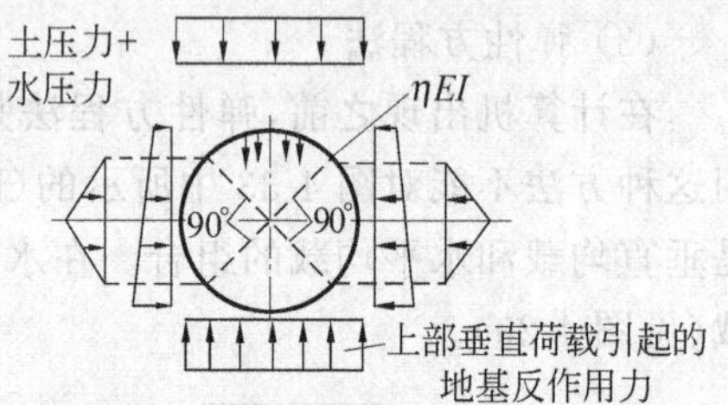

图4-36　平均等弯曲刚度计算模型

由于存在接头,可将管片整体抗弯刚度由EI降低为ηEI(η称为抗弯刚度的有效率,$\eta \leqslant 1$)来计算圆环截面内力(M,N',Q),具体算法见表4-4中公式；并且弯矩并不是全部经由管片接头传递,可以认为其中的一部分通过环之间接头的剪切阻力传递给由错缝接头连接的相邻管片,如图4-37所示。进一步考虑错缝接头连接部分的弯矩分配,根据均匀弯曲刚度环(其抗弯刚度为ηEI)计算截面内力时,应对弯矩考虑一个增减ξM(弯矩的提高率$\xi \leqslant 1$),其中$(1+\xi)M$为主截面的设计弯矩,与轴向力N'组合进行设计。在这种情况下,可以分别假定管片接头的设计弯矩和轴向力为$(1-\xi)M$和N',据此可以进行接头的设计。参数η和ξ值因管片种类、管片接头的结构形式、环相互交错连接的方法和结构形式不同而有所不同。目前,η和ξ值是根据试验结果和经验来确定的,如果不考虑管片接头部分的弯曲刚度降低,$\eta=1$,否则η取0.25～0.80。

② 假设管片环是多铰环的方法(见图4-38)

这种计算方法是一种把接头作为铰接结构的解析法。多铰环本身是非静定结构,只有

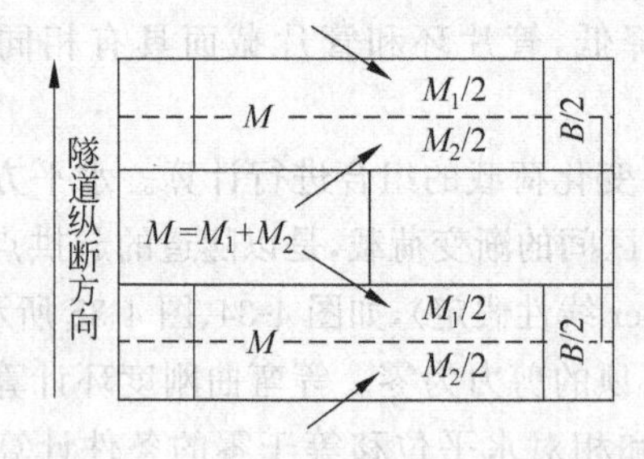

图4-37　管片接头弯矩传递示意图

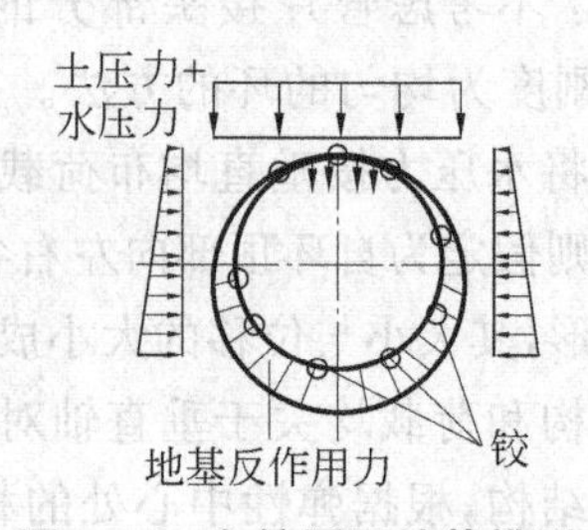

图4-38　多铰圆环计算模型

表 4-4 弹性方程计算内力

荷载	计算图	适用范围	弯矩 M/R_c^2	轴力 N/R_c	剪力 Q/R_c
垂直方向均载 ($P=p_{e1}+p_{w1}$)	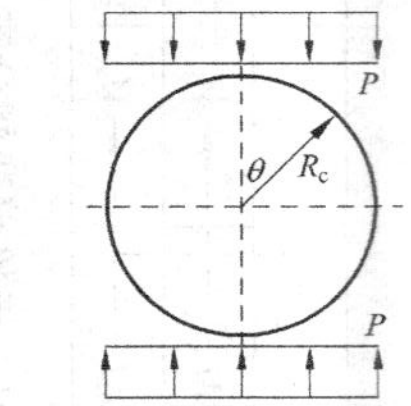	$0\leqslant\theta\leqslant\pi$	$(1-2S_2)\frac{P}{4}$	S_2P	$-SCP$
侧向均载 ($q=q_{e1}+q_{w1}$)	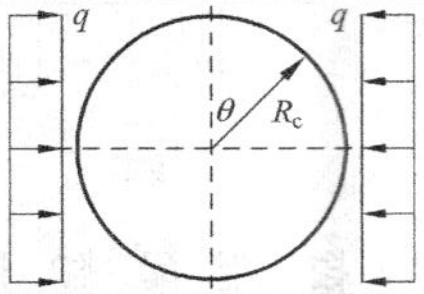	$0\leqslant\theta\leqslant\pi$	$(1-2C_2)\frac{q}{4}$	C_2q	SCq
侧向三角形变化荷载 ($q'-q$) ($q'=q_{e2}+q_{w2}$)	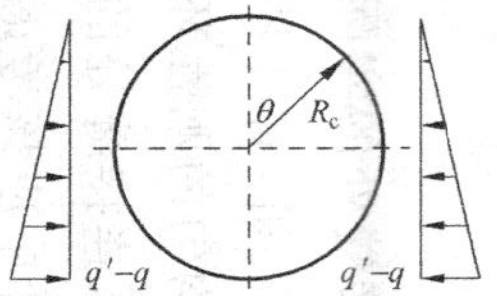	$0\leqslant\theta\leqslant\pi$	$(6-3C-12C_2+4C_3)\frac{q'-q}{48}$	$(C+8C_2-4C_3)\frac{q'-q}{16}$	$(S+8SC-4SC_2)\frac{q'-q}{16}$
侧向地基反作用力 ($k\delta$)	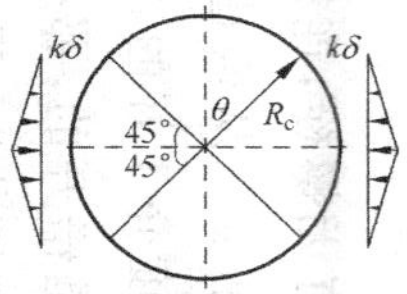	$0\leqslant\theta\leqslant\pi/4$	$(0.2346-0.3536C)k\delta$	$0.3536Ck\delta$	$0.3536Sk\delta$
		$\pi/4\leqslant\theta\leqslant\pi/2$	$(-0.3487+0.5S_2+0.2357C_3)k\delta$	$(-0.7071C+C_2+0.7071S_2C)k\delta$	$(SC-0.7071C_2S)k\delta$
		$\pi/2\leqslant\theta\leqslant3\pi/4$	$(-0.3487+0.5S_2-0.2357C_3)k\delta$	$(0.7071C+C_2-0.7017S_2C)k\delta$	$(SC+0.7071C_2S)k\delta$
		$3\pi/4\leqslant\theta\leqslant\pi$	$(0.2346+0.3536C)k\delta$	$-0.3536Ck\delta$	$-0.3536Sk\delta$
静荷载 (g)	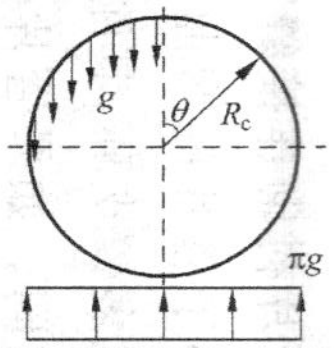	$0\leqslant\theta\leqslant\pi/2$	$\left(\frac{3\pi}{8}-\theta S-\frac{5C}{6}\right)g$	$\left(\theta S-\frac{C}{6}\right)g$	$\left(-\theta C-\frac{S}{6}\right)g$
		$\pi/2\leqslant\theta\leqslant\pi$	$\left[-\frac{\pi}{8}+(\pi-\theta)S-\frac{5C}{6}-\frac{\pi S_2}{2}\right]g$	$\left(-\pi S+\theta S+\pi S_2-\frac{C}{6}\right)g$	$\left[(\pi-\theta)C-\pi SC-\frac{S}{6}\right]g$
弹簧的侧向位移(δ)	考虑衬砌自重对地基的反作用力：$\delta=\frac{(2P-q-q'+\pi g)R_c^4}{24(\eta EI+0.045k R_c^4)}$；不考虑衬砌自重对地基的反作用力：$\delta=\frac{(2P-q-q')R_c^4}{24(\eta EI+0.045kR_c^4)}$。 注：$\theta$ 为拱角；$S=\sin\theta$；$S_2=(\sin\theta)^2$；$S_3=(\sin\theta)^3$；$C=\cos\theta$；$C_2=(\cos\theta)^2$；$C_3=(\cos\theta)^3$				

在隧道围岩的作用下才会成为静定结构,并假定沿圆环分布有均匀的径向地基反作用力。以主动土压力方式作用于管片环上的荷载,可以采用前述的不考虑接头影响的等刚度荷载计算模型计算,而由于环的变形所产生的地基反作用力,一般按照 Winkler 假定计算。

采用这种计算方法时,因依赖隧道周边地基的反作用力,故要注意选择合适的地基。此外,在管片拼装过程中以及刚从盾尾脱出后地基反作用力尚未充分发挥作用时,为使管片能够自承,需要采用辅助手段,或者使管片接头具有一定的刚度,使其自身能够保持环状。由此可见,这种计算方法通常用于地层条件较好的情况。

③ 假设管片环是具有旋转弹簧的环,并以剪切弹簧评价错缝接头拼接效应的方法(见图 4-39、图 4-40)

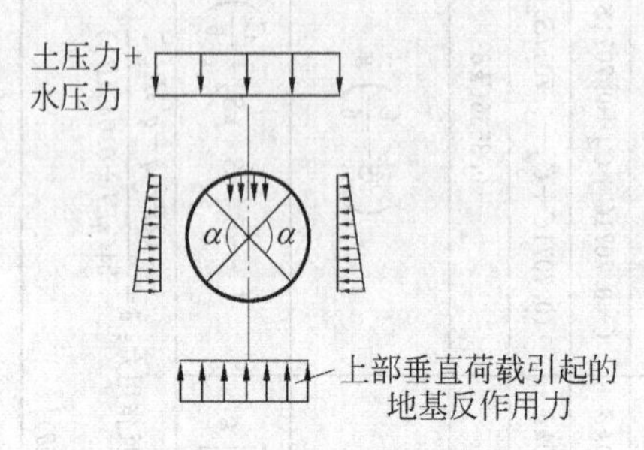

图 4-39　梁-弹簧计算模型

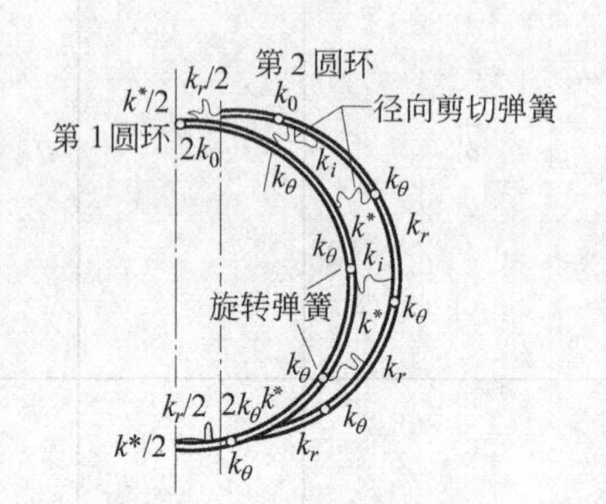

图 4-40　同时考虑旋转弹簧和剪切弹簧的圆环

这种解析法的特点是将管片环模拟为梁(直梁或曲梁)的构架,用旋转弹簧和剪切弹簧分别模拟管片接头和环间接头,对其弹性性能用有限元法进行分析,并计算截面内力。采用这种模型可计算由于管片接头引起的管片环的刚度降低和错缝接头的拼接效应。

在管片环对接、两环或三环交错连接的情况下,采用这种方法也可以计算截面内力,并能直接计算出环间的剪力。此外,当管片接头的旋转弹簧常数为零时,其计算方法与多铰环相同;如果旋转弹簧常数为无穷大,则计算方法与等刚度均匀环相同。

其他计算模型,如 Schultze 和 Duddeck 模型、Muir Wood 模型等,请参阅有关专著,这里不再一一详述。

2) 连接缝的评价

无论管片衬砌连接缝有无螺栓,连接缝处的实际弯曲刚度均小于管片的弯曲刚度。从构造上讲,管片环能够被模拟成多铰支环,其刚度介于好的、均匀的刚性环和多铰支环之间。如果管片是错开的,那么连接缝处的弯矩将比毗邻的管片所受的弯矩小,在设计中应该考虑连接缝的实际影响因素,见图 4-41。

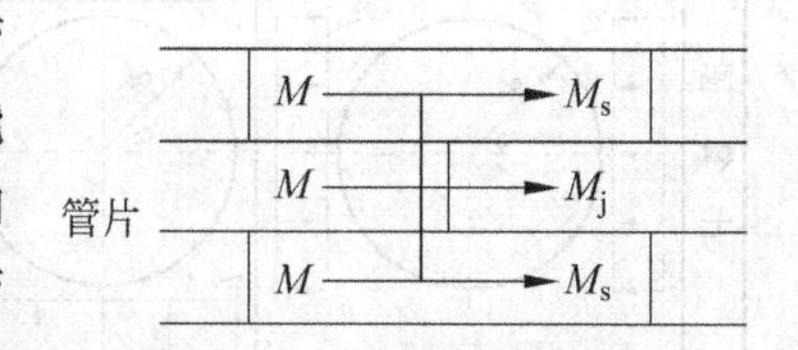

图 4-41　连接缝弯矩分布

接头处的螺栓按钢筋强度计算,接头安全度的校核采用与截面安全度校核相同的方法。按照刚度均匀圆环法计算管片环的截面内力时,应将管片接头的强度和刚度看作和管片的相同。此时,管片接头处的设计截面内力为管片环上产生的最大弯矩以及该位置上的轴力、最大剪力以及该位置上的轴力。

当采用平均等刚度计算法计算接头截面的内力时，对于弯矩可参照弯矩提高率作折减处理，接头处的构件内力按下式计算。

接头：$M_j=(1-\xi)M$，　$N_j'=N'$。

管片：$M_s=(1+\xi)M$，　$N_s'=N'$。

当将管片环作为多铰环计算截面内力时，假定管片接头为铰结构，且只能传递剪力和轴力。

当将管片环作为具有旋转弹簧的环计算截面内力时，若用梁-弹簧模型计算，则能直接得到管片接头位置上的截面内力。然后选择其中最大的内力，并将弯矩、轴力和剪力进行适当的组合进行设计。

一般来说，对于钢制管片的接头螺栓，采用以管片边缘为回转中心的模型计算出螺栓的应力；而对于混凝土管片的螺栓，则将其作为受拉钢筋混凝土截面来设计。对于接头板，如果是钢制管片、平板形管片，则以作用于螺栓的应力计算板厚。

4.2.6　截面安全性检验

根据构件受力的计算结果，必须用极限状态设计方法或者用允许应力设计方法检验关键部位的安全性。关键部位如下：①有最大正弯矩的地方；②有最大负弯矩的地方；③有最大轴力的地方。也应验算衬砌抵抗盾构推力的安全性。

1. 极限状态设计方法

截面上设计荷载引起的设计弯矩和设计轴向力的关系如表 4-5 所示。按规定，包含轴向荷载力和弯矩的安全性校核可以通过从原点右侧的 M-N' 曲线上找出的点(M_d，N_d')来确定，判断由式(4-27)、式(4-28)计算得到的点(M_{ud}，N_{ud}')是否落在曲线 M_d-N_d' 以内。

钢筋混凝土的应力-应变分布状态见图 4-42。由该图得轴力

$$N'_{ud}=\int_{-\frac{h}{2}}^{\frac{h}{2}}\frac{\sigma_c(y)b\,dy}{k_c}+\frac{T_s'-T_s}{k_s} \tag{4-27}$$

弯矩

$$M_{ud}=\int_{-\frac{h}{2}}^{\frac{h}{2}}\frac{\sigma_c(y)yb\,dy}{k_c}+\frac{T_s'\left(\frac{h}{2}-a_s'\right)+T_s\left(\frac{h}{2}-a_s\right)}{k_s} \tag{4-28}$$

其中

$$T_s=A_s\sigma_s \tag{4-29}$$

$$T_s'=A_s'\sigma_s' \tag{4-30}$$

式中：A_s'——受压区钢筋截面面积，mm^2；

A_s——受拉区钢筋截面面积，mm^2；

k_c——混凝土的安全系数；

k_s——钢筋的安全系数；

a_s'——受压区钢筋的保护层厚度，mm；

a_s——受拉区钢筋的保护层厚度，mm；

x——压缩侧边缘到中和轴的距离，mm；

b——矩形截面为全宽度，T形断面为腹板宽度，mm；

h——截面高度，mm；

T'_s——受压区钢筋的受力，N；

T_s——受拉区钢筋的受力，N。

表 4-5　极限状态设计

极限状态	内力	截面	应变	应力
Ⅰ	$\varepsilon'_u=\varepsilon'_l=\varepsilon'_{cu}$ $N_{ud}=N_{max}$ $M=0$		ε'_u ε'_l	σ_c σ'_s σ_s
Ⅱ	$\varepsilon'_u=\varepsilon'_{cu}$ $\varepsilon'_l=0$ $x=t$			
Ⅲ	$\varepsilon'_u=\varepsilon'_{cu}$ $\varepsilon'_l<0$ $x_0<x<t$			
Ⅳ	$\varepsilon'_u=\varepsilon'_{cu}$ $N_{ud}=0$ $\varepsilon'_l<0$ $x=x_0$		x	

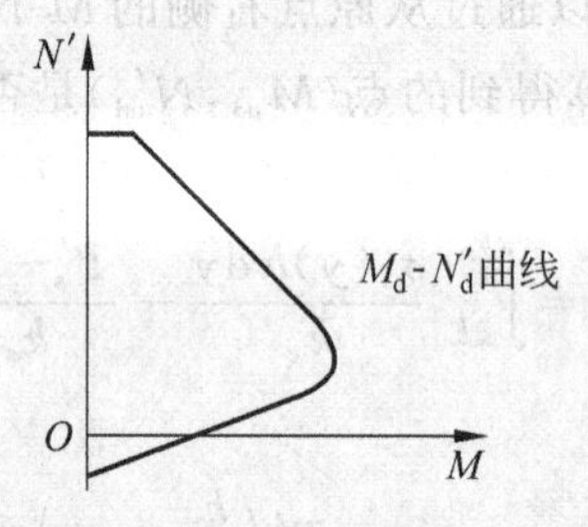

注：表中σ_c为混凝土极限纤维应力；ε'_{cu}为混凝土极限纤维应变；ε'_u为混凝土顶部极限纤维应变；ε'_l为混凝土底部极限纤维应变；σ'_s为上部钢筋的压应力；σ_s为下部钢筋的拉应力；x为受压区高度。

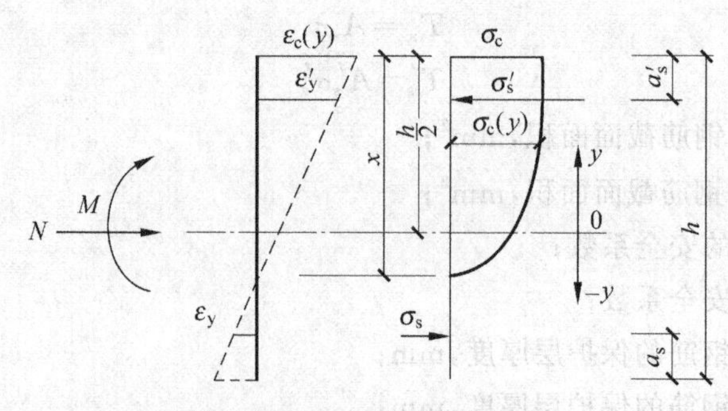

图 4-42　应力-应变分布状态

2. 允许应力设计方法

如果混凝土的最大压应力和钢筋的最大压应力小于它们的允许应力，那么在载荷作用下管片衬砌是安全的，见式(4-31)、式(4-32)。

$$\sigma_c \leqslant \sigma_{ca} = \frac{f_{ck}}{k_c} \tag{4-31}$$

$$\sigma_s \leqslant \sigma_{sa} = \frac{f_y}{k_s} \tag{4-32}$$

式中：σ_{ca}——混凝土允许压应力，MPa；

f_{ck}——混凝土轴心抗压强度标准值，MPa；

σ_{sa}——钢筋允许压应力，MPa；

其他参数意义同前。

采用允许应力设计方法时，对于混凝土管片，在弯矩和轴力作用下，其截面的应力计算是不同的。对于平板形管片设计，其主截面一般按照双筋矩形截面进行计算，如图 4-43 所示。

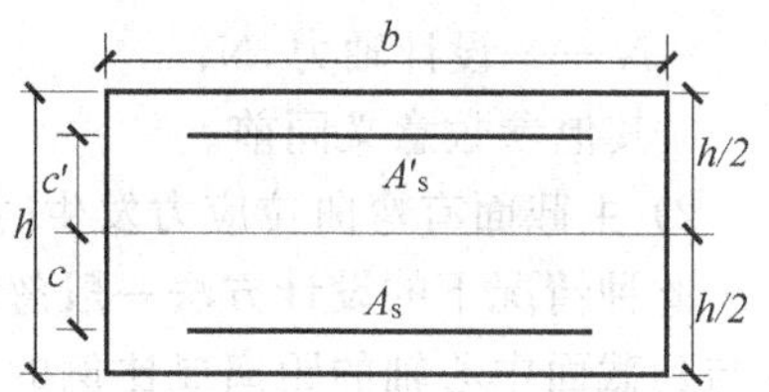

图 4-43　双筋矩形截面

c，c'——管片厚度中心到受拉、受压钢筋的距离，mm。

一般先根据截面的应力状态判断是全截面受压还是产生了弯曲拉应力(非全截面受压)。判断的方法是先由下式进行计算：

$$\begin{cases} k_i = \dfrac{I_i}{A_i(h-u)} \\ f = u - \left(\dfrac{h}{2} - e\right) \end{cases} \tag{4-33}$$

式中：A_i——换算等效截面面积，mm^2，$A_i = bh + n(A_s + A'_s)$；

n——钢筋与混凝土的弹性模量比，一般取 $n=15$；

u——轴力侧边缘到换算等效截面形心的距离，mm，$u=[bh^2/2+n(dA_s+d'A'_s)]/A_i$；

I_i——换算等效截面的截面惯性矩，mm^4，$I_i = b\,[u^3+(h-u)^3]/3+n[A_s(d-u)^2+A'_s(u-d')^2]$；

d，d'——受拉、受压钢筋的有效高度，mm；

f——换算等效截面的形心到轴力作用位置的距离，mm；

k_i——换算等效截面中靠近设计轴力 N 的核心距离，mm；

e——截面的中心轴到轴力重心位置的距离，mm，$e=M/N$；

其他参数意义同前。

如果 $k_i \geqslant f$，则按照全截面受压状态设计；如果 $k_i < f$，则按照发生了弯曲拉应力状态设计。

1) 主截面处于全截面受压状态时的设计(见图 4-44)

主截面上混凝土产生的最大受弯压应力 σ_c 和最小受弯压应力 σ'_c 应处于允许受弯应力以下，计算公式为

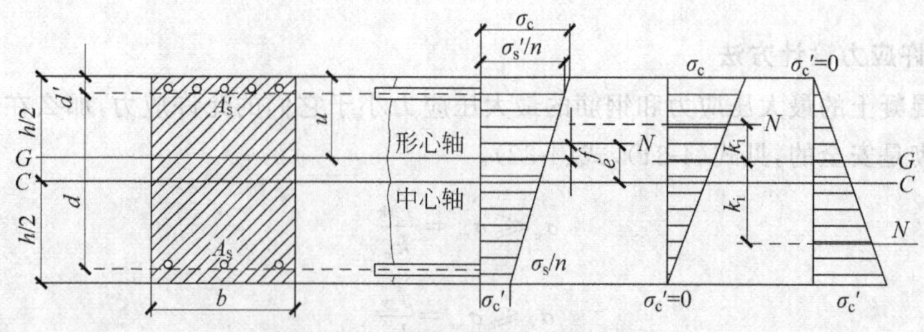

图 4-44 全截面受压状态($k_i \geqslant f$)

$$
\begin{cases}
\sigma_c = \dfrac{N}{A_i} + u\dfrac{M}{I_i} \leqslant \sigma_{ca} \\
\sigma'_c = \dfrac{N}{A_i} - (h-u)\dfrac{M}{I_i} \leqslant \sigma_{ca}
\end{cases}
\tag{4-34}
$$

式中：M——设计弯矩，N·mm；

N——设计轴力，N；

其他参数意义同前。

2) 主截面有弯曲拉应力发生时的设计(见图 4-45)

此种情况下的设计方法一般忽略受拉区混凝土的拉应力作用，采用式(4-35)并利用应变与到截面中心轴的距离成比例的关系来计算。计算所得到的钢筋混凝土的应力应处于允许应力之下。

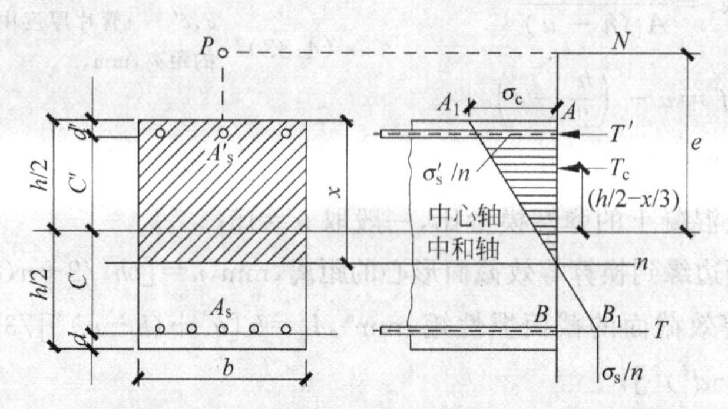

图 4-45 受弯拉应力发生状态($k_i < f$)

$$
\begin{cases}
x^3 - 3\left(\dfrac{h}{2} - e\right)x^2 + \dfrac{6n}{b}\left[A_s(e+C) + A'_s(e+C')\right]x - \\
\quad \dfrac{6n}{b}\left[A_s(e+C)\left(C+\dfrac{h}{2}\right) + A'_s(e+C')\left(\dfrac{h}{2}-C'\right)\right] = 0 \\
\sigma_c = \dfrac{M}{\left(\dfrac{bx}{2}\right)\left(\dfrac{h}{2}-\dfrac{x}{3}\right) + \left(\dfrac{nA_s}{x}\right)C\left(C+\dfrac{h}{2}-x\right) + \left(\dfrac{nA'_s}{x}\right)C'\left(C'-\dfrac{h}{2}+x\right)} \leqslant \sigma_{ca} \\
\sigma_s = \dfrac{n\sigma_c}{x}\left(C+\dfrac{h}{2}-x\right) \leqslant \sigma_{sa} \\
\sigma'_s = \dfrac{n\sigma_c}{x}\left(C'-\dfrac{h}{2}+x\right) \leqslant \sigma'_{sa}
\end{cases}
\tag{4-35}
$$

式中参数意义同前。

3）剪应力设计

剪应力设计依据有效高度及抗拉钢筋比进行修正，或使用最大剪应力发生位置的弯矩与轴力对容许剪应力进行提高。应满足

$$\tau=\frac{Q}{bd}\leqslant\tau_a \tag{4-36}$$

式中：Q——最大剪应力，N；

τ_a——混凝土的允许剪应力，MPa；

其他参数意义同前。

4）管片连接缝处主截面混凝土及螺栓设计（见图 4-46）

管片连接缝处的截面特性由管片主截面的抵抗弯矩决定。外径为 1.8～6m 的隧道连接缝处的容许弯矩大于管片主截面抵抗弯矩的 60%。管片主截面上的抵抗弯矩为

$$\begin{cases}x=-\dfrac{n(A_s+A'_s)}{b}+\sqrt{\left[\dfrac{n(A_s+A'_s)}{b}\right]^2+\dfrac{2n}{b}(dA_s+d'A'_s)}\\ M_{rc}=\left[\dfrac{bx}{2}\left(d-\dfrac{x}{3}\right)+\dfrac{nA'_s}{x}(d-d')(x-d')\right]\sigma_{ca}\\ M_{rs}=\left[\dfrac{\dfrac{bx}{2}\left(d-\dfrac{x}{3}\right)+\dfrac{nA_s(x-d')(d-d')}{x}}{n(d-x)}\right]\sigma_{sa}\end{cases} \tag{4-37}$$

式中：M_{rc}——混凝土达到允许应力时的抵抗弯矩，N·mm；

M_{rs}——抗拉钢筋达到允许应力时的抵抗弯矩，N·mm；

其他参数意义同前。

主截面的抵抗弯矩

$$M_r=\min(M_{rc},M_{rs})$$

5）管片连接缝处接头截面混凝土及螺栓设计（见图 4-47）

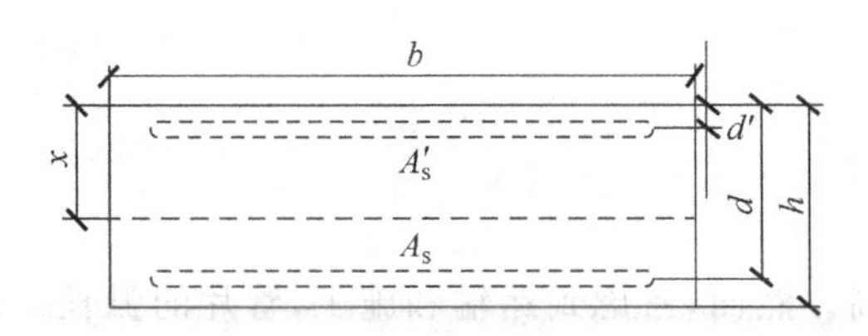

图 4-46　主截面

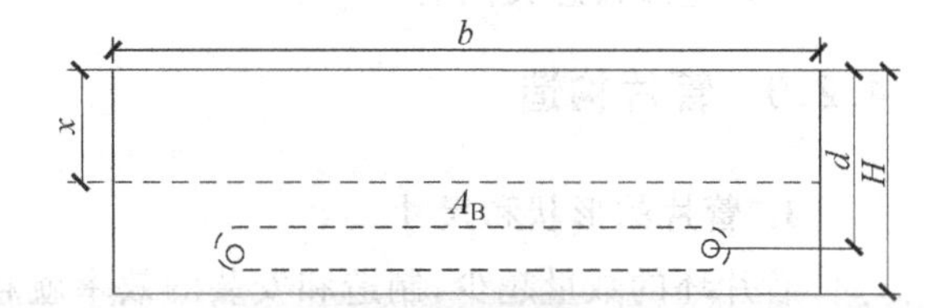

图 4-47　主截面

接头截面的抵抗弯矩由下式计算：

$$\begin{cases}x=\dfrac{nA_B}{b}\left(-1+\sqrt{1+\dfrac{2bd_B}{nA_B}}\right)\\ M_{jrc}=\dfrac{bx}{2}\left(d_B-\dfrac{x}{3}\right)\sigma_{ca}\\ M_{jrB}=A_B\left(d_b-\dfrac{x}{3}\right)\sigma_{Ba}\end{cases} \tag{4-38}$$

式中：M_{jrc}——混凝土达到允许应力时的抵抗弯矩，N·mm；

M_{jrB}——螺栓达到允许应力时的抵抗弯矩,N·mm;

A_B——螺栓的截面面积,mm^2;

d_B——螺栓的有效高度,mm;

σ_{Ba}——螺栓的允许应力,N/mm^2;

其他参数意义同前。

接头截面的抵抗弯矩 $M_{jr}=\min(M_{jrc},M_{jrB})$,且必须大于主截面抵抗弯矩的60%,即 $M_{jr}\geqslant 0.6M_r$。

4.2.7 连接缝构造计算

连接缝的螺栓和钢筋同样需要校核。连接缝的安全性应该与管片的安全性采用相同的方法进行校核,因为在管片安装前连接缝的位置是不确定的,所以应该对三个关键的部位进行设计计算,见4.2.6节。

如果螺栓仅仅用于管片直立,并且在管片直立后移开,那么连接缝应该传递一个穿过接缝被法向力限制的弯矩。管片中一个环传递到另一个环的力受几何的咬合力控制,由于盾构千斤顶推力的作用,管片中的微小裂隙也会扩展,它们将影响衬砌管片的寿命。在生产管片时,为了减少微小裂隙,应对管片混凝土抗拉强度进行校验。

4.2.8 衬砌安全性校核

由于制作与拼装时存在误差,衬砌管片环缝面往往是参差不齐的,当盾构千斤顶在环肋面上施加顶力时,特别在顶力存在着偏心时,管片极易发生开裂和破碎。抵抗盾构千斤顶推力的衬砌的安全性应该用下面的公式进行校核:

$$\frac{F_s}{A}\leqslant\frac{f_{ck}}{k_c} \tag{4-39}$$

式中:A——衬砌的截面面积,mm^2;

其他参数意义同前。

4.2.9 管片构造

1. 管片的形状和尺寸

管片环的数量越少,制造和安装的效率就越高。然而,考虑到运输和施工,管片的弧长和重量也不能太大。

2. 防渗漏措施

如果设计允许渗漏排放,就应在隧道内安装一个排水系统;如果设计不允许渗漏排放,则防渗漏措施就是必要的。防水密封要求由竣工后的隧道的使用要求和功能要求决定。浇注内衬砌和初始衬砌应该足够紧密,允许内衬有一定的位移(是否使用了防水材料层)而又不损害衬砌的性能。密封条的应用也是必要的,一旦管片衬砌位于潜水位以下时,就应该设置一个或两个垫片来密封隧道。如果仅用一个垫片,当隧道渗水严重时,按规定还应该设置封堵物(见图4-48)。

密封方法分为垫片密封和涂料密封两种,常采用前者。采用垫片密封时,将垫片塞进管片连接缝中。用来制造垫片的材料有丁基无硫橡胶、冷加工丁基橡胶、固体橡胶、特殊合成橡胶或吸水膨胀材料。吸水膨胀垫片是由水和天然橡胶反应生成的复合聚合物。如果隧道是在较高的地下水压力作用下开挖的,那么应该用两个垫片塞入管片的连接缝。在一些情况下,丁基橡胶不能有效地提供充分的密封。在较大的外部水压力作用的情况下,可在初期管片衬砌上使用密封条,也就是在初期衬砌上再做一层内部衬砌。

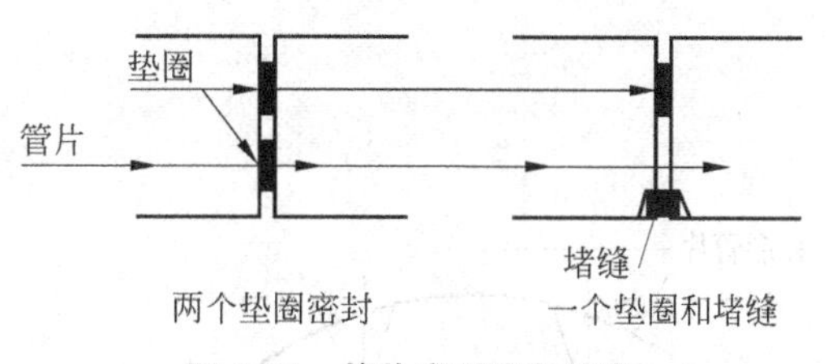

图 4-48　管片密封和封堵物

在封堵物密封法中,在管片内表面设计一个沟槽,并用封堵材料填实。用于封堵的主要化学物质有环氧合成树脂、聚硫橡胶和尿素合成树脂。封堵处理应该在管片固定、沟槽清理和底漆喷涂以后施工。

如果在垫片密封和封堵物密封处理以后还不能阻止渗漏,那么可以采用尿烷注浆。注浆方法为,通过在管片上预留的孔洞将尿烷注入。然后它将与地下水反应,从而发生膨胀,以防止水的入侵。

如果所选择的防水系统的质量没有通过明确的测试和施工记录验证,那么应在实验室里测试这个防水系统,而且要在预计的最大压力(用一个合适的安全系数)、连接缝几何拼装的最大允许值以及在接缝处管片允许位移之外的条件下进行。在隧道中,对于易被地下水入侵的衬砌组成部分或安装部分,应该采取更多的防水措施,这些措施包括使用防水混凝土或者使用外部防水管片,或者两者兼用(如地下水含有大量盐、氯化物或硫酸盐等对衬砌有侵蚀性的物质时)。

3. 处理管片与注浆的构造细节

当管片提升安装时,设备应该能够操纵和悬挂管片。最近开发的真空型提升机能够操纵管片,而不悬挂管片。如果对管片实施背部注浆,那么为了使灰浆能被连续注入,应该在每片管片上留有一个内径为 50mm 的孔洞。

4. K 形管片的连接角

K 形管片的类型分两种:沿径向插入的 K 形管片(K_r 形管片);沿周长方向插入的 K 形管片(K_l 形管片)。如果角度太大,由于管片在连接缝处受轴力作用,将会滑动(见图 4-49、图 4-50)。

K_l 形管片不受轴向力的影响,因为它在连接缝处的中心角的角度很小。在盾构中,K 形管片的设计应该考虑提升系统的几何学问题。

5. 锥形管片

锥形管片是用来曲线连接施工或盾构方向控制的 K 形管片,其最大宽度和最小宽度的差异系数可用下式计算:

$$\Delta=\frac{D\left(\dfrac{n_s}{n_\Delta}w_s+w'_s\right)}{R_c+0.5D} \tag{4-40}$$

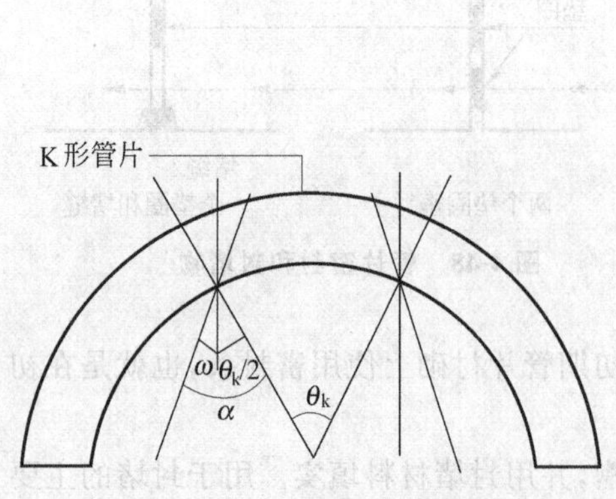

图 4-49 K形管片连接角

$\alpha=\theta_k/2+\omega$(两边锥形K形管片)；$\alpha=\theta_k+\omega$(一边锥形K形管片)；α—K形管片连接缝角；θ_k—K形管片的中心角；ω—安装锥形K形管片的备用角

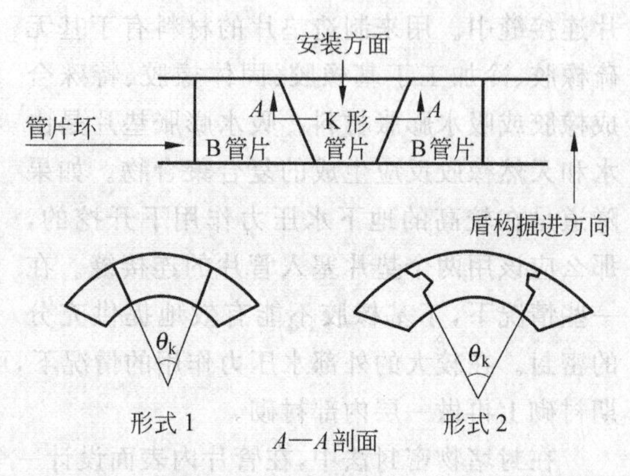

图 4-50 K形管片在盾构掘进方向上的安装连接

式中：Δ——锥形管片环最大宽度和最小宽度的差异系数；

w_s——标准管片环的宽度,mm；

w_s'——锥形管片环的最大宽度,mm；

n_s——曲线段标准管片环的数目；

n_Δ——曲线段锥形管片环的数目；

其他参数意义同前。

4.2.10 管片的生产

1. 允许误差大小

管片的误差应小于允许误差。这种误差应该减小到最低限度,从而防止渗漏且使得管片拼装更加容易和精确。

2. 检查与测试

要对管片质量进行控制,应该作以下检查及测试：①材料的检查；②外形的检查；③形状和尺寸的检查；④管片环临时拼装检查；⑤强度测试；⑥其他测试。

图4-51所示为管片的生产流程。

4.2.11 二次衬砌

1. 概述

二次衬砌是用混凝土现场浇注而成的,可划分成非结构部分和结构部分。前者用来加固管片,防止腐蚀和振动的影响,以提高衬砌的承载力并纠正误差；后者用作连接管片衬砌的结构部分。

二次衬砌结构的设计分为以下四种情况。

(1) 将一次衬砌作为隧道的主体结构,二次衬砌作为对此衬砌进行补强、防蚀、防渗、减

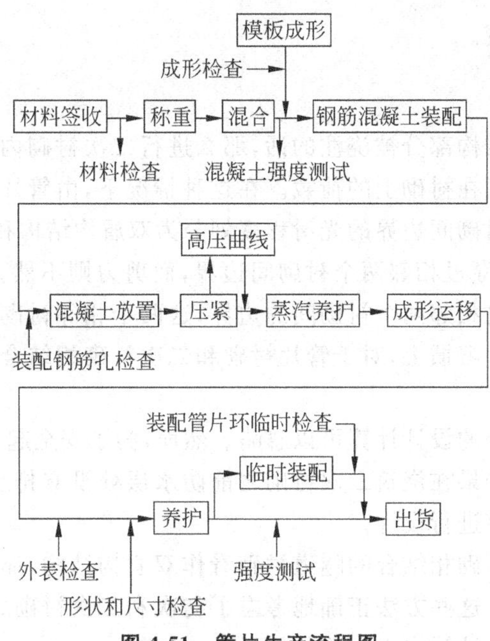

图4-51　管片生产流程图

糙、修正和校正中心线偏离所用的构件来考虑。

(2) 将二次衬砌作为主体结构，一次衬砌作为某一特定时间内使用的临时结构物考虑。

(3) 将二次衬砌和一次衬砌合在一起看作隧道的主体结构。

(4) 一次衬砌承受外荷载，二次衬砌承受内荷载。

在第(1)种情况下，从一次衬砌完工后到二次衬砌施工前有一段较长的时间，在该时间段内来自地层的外部荷载将达到极限值，这种情况下，对二次衬砌可以不考虑隧道的承载力，只考虑其自重。

在第(2)种情况下，一次衬砌只是在二次衬砌之前一段时间内的临时结构物。也就是说，一次衬砌只是在某一段有限时间内使用的构件，这种情况下，可以认为土压力之类的渐增荷载将减少部分极限荷载，也可以将一次衬砌作为临时结构物，按增加了容许应力来设计。但是，这种折减荷载的方法和增加容许应力的方法，对作为临时结构物使用的设计方法均不明确，因而难以将第(2)种情况应用于实际。

在第(3)种情况下，二次衬砌是继一次衬砌之后施工的，此时由于地层形状的原因，在二次衬砌施工前，作用于一次衬砌的荷载尚未达到极限荷载，当二次衬砌完成后，又会增加诸如内水压力等新荷载。因此，设计时可将一次衬砌和二次衬砌均视为隧道主体结构的一部分。从二次衬砌的承载能力在隧道主体承载机理中得到充分反映这一点看，可以说这是比较合理的盾构隧道衬砌设计。但是，计算二次衬砌荷载时，地层荷载与极限荷载是否有关系目前暂不明确，一次衬砌和二次衬砌联合作用机理与后期增加荷载的关系也不明确。

在第(4)种情况下，结构的受力情况比较明确。在工程措施方面，一般需要在一次衬砌与二次衬砌之间增设软垫层，以减小两层变形之间相互约束的影响，达到各自独立承受荷载，但按这种思想设计的盾构隧道工程量必然较大。

2. 厚度

二次衬砌作为非结构部分的厚度通常在15～30cm之间，而其作为结构部分的厚度则由设计计算的结构所决定。

3. 内力计算

如果二次衬砌作为结构部分被浇注的话,那么进行二次衬砌内力计算所使用的荷载就是在二次衬砌完成后作用在衬砌上的荷载。在这种情况下,由管片衬砌和二次衬砌组成的隧道衬砌根据相邻两个衬砌间边界的光滑程度划分为双盾构结构和复合结构。对于双盾构结构,只有轴向力的传递穿过相邻两个衬砌间边界,而剪力则不然。对于复合结构,轴向力和剪力的传递都必须通过相邻两个衬砌间的边界,这两个相邻衬砌是用销栓连接的或成为一个不平滑的边界表面。习惯上,对于管片衬砌和二次衬砌相结合的隧道衬砌应该看作双盾构结构。

二次衬砌非结构部分的设计计算可以忽略。然而,为了安全起见,也可能使用静荷载作为荷载条件进行验算。如果在浇筑二次衬砌之前防水层处没有排水系统,那么对二次衬砌应该用完全水压力最大值进行设计。

将管片衬砌和二次衬砌相结合的隧道衬砌看作双盾构结构,那么二次衬砌的内力计算可用任何一种传统方法。这些方法正确地考虑了初次和二次衬砌之间的相互影响,以及它们在设计上的相互兼容。计算内力方法的例子见4.3节。

1) 层状框架模型法

当用层状框架模型来计算二次衬砌的内力时,应该使用双环框架模型。在这个模型中,外环模拟成管片衬砌,内环模拟成二次衬砌。图4-52所示为层状框架模型。

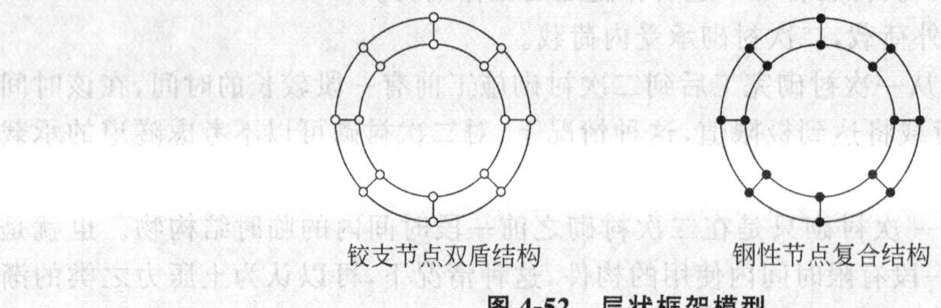

图 4-52　层状框架模型

2) 弹性方程法

这种方法假设作用在衬砌上的荷载是由管片衬砌和二次衬砌承担的,并与最大抗弯刚度大小成正比。可由式(4-41)计算二次衬砌所承担的荷载和总荷载的比值。二次衬砌的内力可按照表4-4中计算内力的方法计算,计算时将各种荷载乘以 μ 代替表中相应的荷载,用 $E_1I_1+E_2I_2$ 代替表中 EI 即可。

$$\mu=\frac{\dfrac{E_2I_2}{R_{c2}^4}}{\dfrac{E_1I_1}{R_{c1}^4}+\dfrac{E_2I_2}{R_{c2}^4}} \tag{4-41}$$

式中：I_1,I_2——第一次、第二次衬砌管片截面惯性矩,m^4/m;

E_1,E_2——第一次、第二次衬砌管片弹性模量,kPa;

E_1I_1,E_2I_2——第一次、第二次衬砌管片抗弯刚度,kN/m。

4. 校核截面安全性的方法

截面的安全性应该用极限状态设计方法或允许应力设计方法来校核，这些方法与前面介绍的校核管片衬砌的方法相同。

4.3　设计实例

例 4-1

1. 设计条件

1）隧道功能

隧道计划用于下水管道。

2）管片条件

管片类型：平面型；管片外直径：D=3350mm；管片形心半径：R_c=1612.5mm；管片宽度：B = 1000mm；管片厚度：t = 125mm；管片截面面积：A = 125 × 1000mm^2 = 1250cm^2；管片重度：γ_c=26kN/m^3；管片的弹性模量：E=3.30×10^7kPa；管片截面的惯性矩：I=1.6276×10^{-4} m^4/m；混凝土轴心抗压强度标准值：f_{ck}=42MPa；混凝土抗弯刚度有效系数：η=1.0；钢筋混凝土弹性模量比：$n=E_s/E_c$=15；混凝土弯矩增大率：ξ=0.0。构件的容许应力见表 4-6。

3）场地条件

土层条件：砂质土；土的重度：γ=18kN/m^3；土的浮重度：γ'=8kN/m^3；土的内摩擦角：φ=46°；土的黏聚力：c=0kPa；土的侧压力系数：K_0=0.5；超载：p_0=10kPa；上部土层厚度：H=15.0m；潜水位：地面水平线以下-2.0m，H_w=(15.0-2.0)m=13.0m；N 值：N=30；地基反作用系数：k=20MN/m^3；水的重度：γ_w=10kN/m^3。

表 4-6　构件的容许应力　MPa

应力＼构件	钢材 SM490A	混凝土	钢筋 SD345	螺栓 4.6 级	螺栓 6.8 级	螺栓 8.8 级	螺栓 10.9 级
压应力	190	15	200				
拉应力	190		200	120	180	240	300
剪应力				80	110	150	190

4）盾构千斤顶

盾构千斤顶轴推力：F_s=1000kN×10 片。一个盾构千斤顶的中心推力与衬砌管片中心偏心距：e=1cm；相邻两个千斤顶的距离：l_s=10cm；盾构千斤顶顶管片数量：N_j=10 片。在校核管片衬砌抵抗盾构千斤顶轴推力的安全性时，常将允许应力提高到上面所提到的应力的 165%。

5）设计方法

盾构隧道的设计主要根据设计规范，采用弹性方程法计算内力（见表 4-4），校核衬砌安全性采用允许应力设计法。不考虑自重对地基反作用力的影响。

2. 计算荷载(见图 4-53)

1) 计算隧道拱部简化土压力

因为土是砂质土,所以土压力和水压力按水土分离处理。在隧道拱部的垂直土压力(p_{e1})用太沙基公式(4-8)计算,由式(4-6)得

$$h_0=4.581\text{m}<2D=6.7\text{m}$$

土的松动区高度 h_0 小于管片外径的2倍,故取最小松动区高度等于外径的2倍,即6.7m。此时

$$p_{e1}=\max(\gamma' h_0, 2\gamma' D)=2\gamma' D=53.60\text{kPa}$$

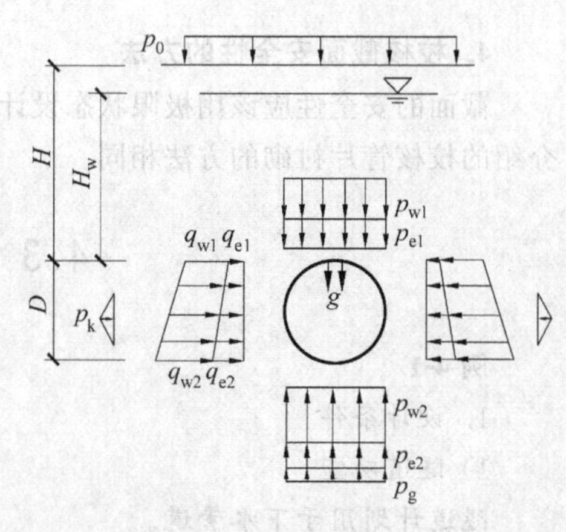

图 4-53 荷载条件

2) 荷载计算

静荷载:$g=\gamma_c t=3.25\text{kPa}$

静荷载底部反作用力:$p_g=\pi g\approx 10.21\text{kPa}$

隧道拱部的垂直压力:

土压力:$p_{e1}=h_0\gamma'=2\gamma' D=53.60\text{kPa}$

水压力:$p_{w1}=\gamma_w H_w=130.00\text{kPa}$

$$p_1=p_{e1}+p_{w1}=183.60\text{kPa}$$

隧道底部的垂直压力:

水压力:$p_{w2}=\gamma_w(D+H_w)=163.50\text{kPa}$

不考虑静荷载作用力的土压力:

$p_{e2}=p_{e1}+p_{w1}-p_{w2}=20.10\text{kPa}$

隧道拱部的侧压力(作用在隧道形心半径处):

土压力:$q_{e1}=K_0\gamma'\left(2D+\dfrac{t}{2}\right)=27.05\text{kPa}$

水压力:$q_{w1}=\gamma_w\left(H_w+\dfrac{t}{2}\right)=130.63\text{kPa}$

$$q=q_{e1}+q_{w1}=157.68\text{kPa}$$

隧道底部的侧压力(作用在隧道形心半径处):

土压力:$q_{e2}=K_0\gamma'\left(2D+D-\dfrac{t}{2}\right)=39.95\text{kPa}$

水压力:$q_{w2}=\gamma_w\left(H_w+D-\dfrac{t}{2}\right)=162.88\text{kPa}$

$$q'=q_{e2}+q_{w2}=202.83\text{kPa}$$

不考虑静荷载作用的地基反作用力位移:

$$\delta=\frac{(2p_1-q-q')R_c^4}{24(\eta EI+0.0454kR_c^4)}\approx 0.000\,163\,74\text{m}$$

地基反作用力:$p_k=k\delta=3.27\text{kPa}$

3. 计算内力

根据表4-4中的计算内力公式,计算出的衬砌管片的内力如表4-7所示。

表 4-7 例 4-1 衬砌管片的内力

$\theta/(°)$	R_c/m	δ/m	P/kPa	q/kPa	q'/kPa	$(q'-q)/\mathrm{kPa}$	$k\delta/\mathrm{kPa}$	g/kPa	$M/(\mathrm{kN\cdot m/m})$	$N/(\mathrm{kN/m})$	$Q/(\mathrm{kN/m})$
0	1.6125	0.000 163 74	183.6	157.68	202.83	45.15	3.27	3.25	6.5167	278.0014	0
10	1.6125	0.000 163 74	183.6	157.68	202.83	45.15	3.27	3.25	5.9546	279.0556	−3.9257
20	1.6125	0.000 163 74	183.6	157.68	202.83	45.15	3.27	3.25	4.3828	282.0219	−7.0534
30	1.6125	0.000 163 74	183.6	157.68	202.83	45.15	3.27	3.25	2.1188	286.3579	−8.7655
40	1.6125	0.000 163 74	183.6	157.68	202.83	45.15	3.27	3.25	−0.3881	291.3032	−8.7608
50	1.6125	0.000 163 74	183.6	157.68	202.83	45.15	3.27	3.25	−2.6560	296.0459	−7.1221
60	1.6125	0.000 163 74	183.6	157.68	202.83	45.15	3.27	3.25	−4.2893	299.8723	−4.3586
70	1.6125	0.000 163 74	183.6	157.68	202.83	45.15	3.27	3.25	−5.0692	302.4345	−1.1831
80	1.6125	0.000 163 74	183.6	157.68	202.83	45.15	3.27	3.25	−4.9838	303.7775	1.6791
90	1.6125	0.000 163 74	183.6	157.68	202.83	45.15	3.27	3.25	−4.2048	304.2828	3.6768
100	1.6125	0.000 163 74	183.6	157.68	202.83	45.15	3.27	3.25	−2.9989	304.2456	4.7560
110	1.6125	0.000 163 74	183.6	157.68	202.83	45.15	3.27	3.25	−1.6052	303.8795	5.0031
120	1.6125	0.000 163 74	183.6	157.68	202.83	45.15	3.27	3.25	−0.2537	303.5868	4.4861
130	1.6125	0.000 163 74	183.6	157.68	202.83	45.15	3.27	3.25	0.8732	303.6403	3.4600
140	1.6125	0.000 163 74	183.6	157.68	202.83	45.15	3.27	3.25	1.6783	304.1319	2.2569
150	1.6125	0.000 163 74	183.6	157.68	202.83	45.15	3.27	3.25	2.1544	305.0047	1.1667
160	1.6125	0.000 163 74	183.6	157.68	202.83	45.15	3.27	3.25	2.3693	305.9914	0.4270
170	1.6125	0.000 163 74	183.6	157.68	202.83	45.15	3.27	3.25	2.4332	306.7606	0.0856
180	1.6125	0.000 163 74	183.6	157.68	202.83	45.15	3.27	3.25	2.4421	307.0499	0.0000

4. 计算管片截面参数

平面形管片的主截面通常作为标准截面,即双筋矩形截面来计算。管片截面的钢筋布置形式如图4-54所示。管片截面上下布置两排钢筋,每排钢筋由4根Φ13(公称直径为12.7mm)和2根Φ16(公称直径为15.9mm)的钢筋组成,每排6根钢筋按照公称直径计算的截面面积为

$$A_s = A_s' = 904\text{mm}^2$$

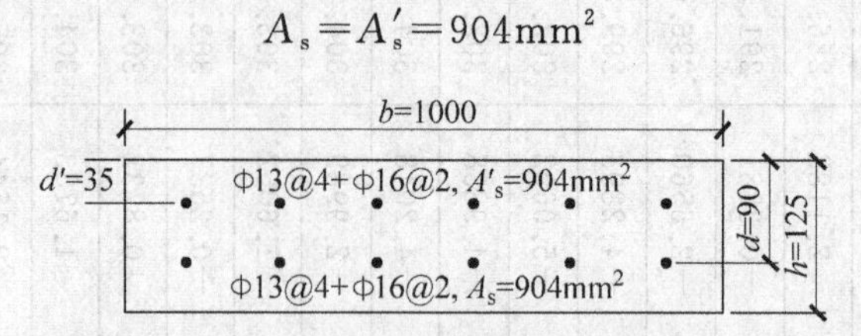

图4-54 管片截面和钢筋布置(长度单位:mm)

将图4-54中参数代入式(4-33),得 $A_i = 152\ 120\text{mm}^2$,$u = 62.50\text{mm}$,$I_i = 18\ 326.99\text{mm}^4$,$k_i = 19.28\text{mm}$。

5. 验算衬砌管片的安全性

验算截面A、截面B、连接部分和盾构千斤顶的推力,判断衬砌管片是否安全,如图4-55所示。

1) 验算截面A(最大正弯矩截面)

$$M = (1+\xi)M_{max} = 6.52\text{kN}\cdot\text{m/m}$$

$$N = 278.00\text{kN/m}$$

$$e = M/N \approx 23.45\text{mm}$$

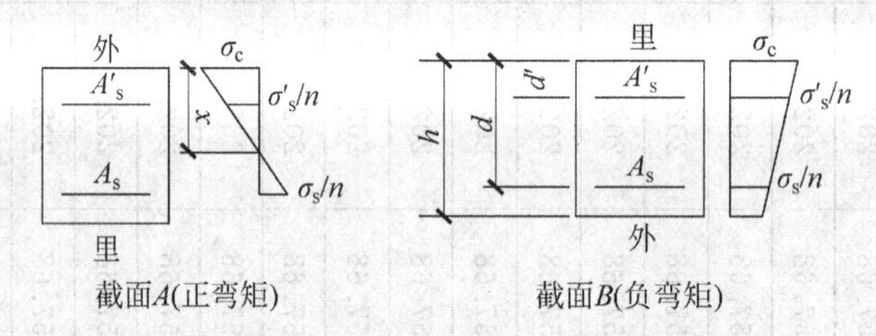

图4-55 管片衬砌临界截面应力分布

根据式(4-33),得

$$f = u - \left(\frac{h}{2} - e\right) = 23.45\text{mm} > k_i = 19.28\text{mm}$$

由此可知,管片主截面产生了受弯拉应力,按照受弯拉应力设计。根据图4-45和式(4-35),将 $C = C' = 55/2\text{mm} = 27.5\text{mm}$,$e = 23.45\text{mm}$ 及前面的其他参数代入式(4-35),解得 $x = 111.91\text{mm}$,同时得到

$$\sigma_c = 4.09\text{MPa} \leqslant \sigma_{ca} = 15.00\text{MPa}$$

$$\sigma_s = -12.02\text{MPa} \leqslant \sigma_{sa} = 200.00\text{MPa}$$

$$\sigma_s' = 42.19\text{MPa} \leqslant \sigma_{sa} = 200.00\text{MPa}$$

满足设计要求。

2) 验算截面 B(最小负弯矩截面)

$$M=-(1+\xi)M_{\min}=-5.07\text{kN}\cdot\text{m/m}$$

$$N=302.44\text{kN/m}$$

$$e=\frac{M}{N}=-1.676\text{mm}$$

根据式(4-33),得

$$f=u-\left(\frac{h}{2}-e\right)=16.76\text{mm}<k_{\text{i}}=19.28\text{mm}$$

全截面受压时,$x=h=125\text{mm}$,根据图4-44和式(4-34),将前面计算所得参数代入式(4-34)得

$$\sigma_{\text{c}}=3.72\text{MPa}\leqslant\sigma_{\text{ca}}=15.00\text{MPa}$$

$$\sigma'_{\text{c}}=0.26\text{MPa}\leqslant\sigma_{\text{ca}}=15.00\text{MPa}$$

$$\sigma_{\text{s}}=-18.42\text{MPa}\leqslant\sigma_{\text{sa}}=200.00\text{MPa}$$

$$\sigma'_{\text{s}}=41.23\text{MPa}\leqslant\sigma_{\text{sa}}=200.00\text{MPa}$$

满足设计要求。

混凝土管片的混凝土和钢筋应力均小于允许应力值,截面 A 和截面 B 都是安全的,计算结果见表4-8。

表4-8　检查断面 *A*、*B* 安全性的计算结果

项　目	截面 A	截面 B
$M/(\text{kN}\cdot\text{m/m})$	$(1+\xi)M_{\max}=6.52$	$-(1+\xi)M_{\min}=-5.07$
$N/(\text{kN/m})$	278.000	302.44
e/cm	2.345	−1.676
混凝土抗压强度 $\sigma_{\text{c}}/\text{MPa}$	4.09	3.72
混凝土抗拉强度 $\sigma'_{\text{c}}/\text{MPa}$	0	0.26
钢筋抗拉强度 $\sigma_{\text{s}}/\text{MPa}$	−12.02	−18.42
钢筋抗压强度 $\sigma'_{\text{s}}/\text{MPa}$	42.19	41.23

注:混凝土的应力,带“+”(或省略)为压应力;钢筋的应力,带“−”为拉应力,带“+”(或省略)为压应力。

3) 验算剪力(最大剪力截面)

根据式(4-36),将最大剪力 $Q=-8.77\text{kN/m}$,以及 $b=1000\text{mm}$,$d=90\text{mm}$ 代入,得

$$\tau=\frac{Q}{bd}=-0.097\text{MPa}\leqslant\tau_{\text{a}}=80\text{MPa}$$

剪力满足设计要求。

4) 验算连接缝处主截面混凝土及螺栓设计

根据图4-46和式(4-37),将前面的已知参数代入,得到连接缝处单块管片主截面上的受压区相对高度和抵抗弯矩分别为

$$x=37.11\text{mm}$$

$$M_{rc}=22.24\text{kN}\cdot\text{m/m}$$
$$M_{rs}=13.87\text{kN}\cdot\text{m/m}$$
$$M_{r}=\min(M_{rc},M_{rs})=13.87\text{kN}\cdot\text{m/m}$$

所以,连接缝处单块管片主截面上的抵抗弯矩取为 $M_r=13.87\text{kN}\cdot\text{m/m}$。

管片接头处的允许弯矩根据式(4-38)计算,见图4-56。将前面的已知参数代入,得到连接缝处接头截面混凝土及螺栓上的受压区相对高度和抵抗弯矩分别为

$$x=30.11\text{mm}$$
$$M_{jrc}=15.80\text{kN}\cdot\text{m/m}$$
$$M_{jrB}=10.18\text{kN}\cdot\text{m/m}$$
$$M_{jr}=\min(M_{jrc},M_{jrB})=10.18\text{kN}\cdot\text{m/m}$$

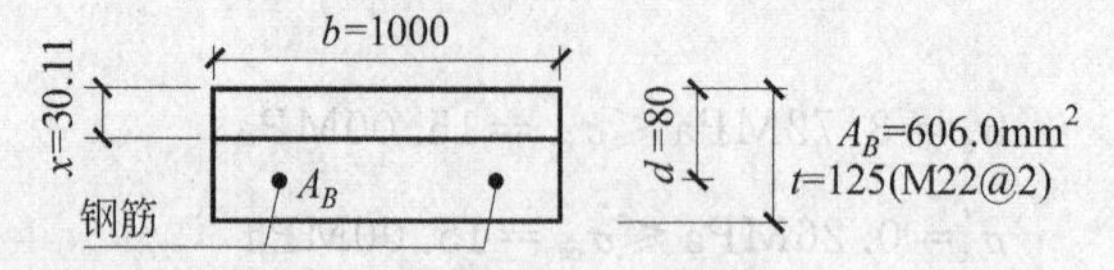

图4-56 管片连接截面(长度单位: mm)

因此,$\dfrac{M_{jr}}{M_r}=\dfrac{10.18}{13.87}\times100\%=73.3\%>60\%$,可行。

5) 验算盾构千斤顶的推力是否符合要求(见图4-57、图4-58)

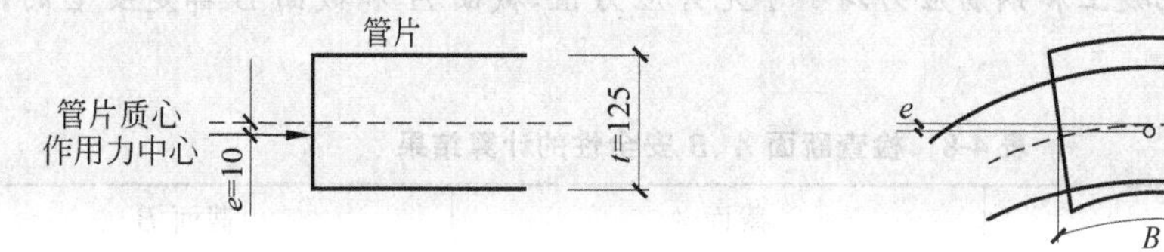

图4-57 管片和盾构千斤顶推力(长度单位: mm)

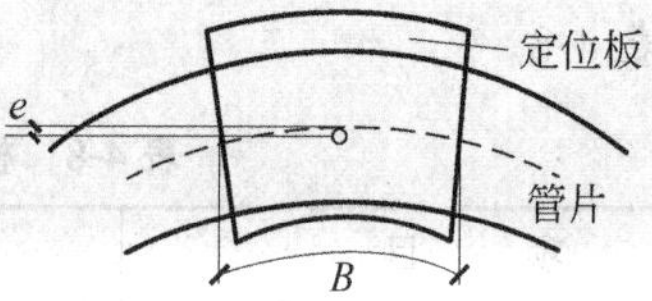

图4-58 管片千斤顶推力作用图

定位板中心弧长

$$B=\frac{2\pi R_c}{N_j}-l_s=\left(2\pi\times\frac{1.6125}{10}-0.1\right)\text{m}=0.9132\text{m}$$

作用在衬砌管片上一个千斤顶推力机的接触面积

$$A=Bt=0.1141\text{m}^2$$

定位板的截面惯性矩为

$$I=\frac{Bt^3}{12}=0.000\,148\,57\text{m}^4$$

混凝土的最大压应力为

$$\sigma_c=\frac{F_s}{A}+\frac{p_g\dfrac{h}{2}}{I}=13\text{MPa}<\sigma_{ca}=15\times1.65\text{MPa}=24.75\text{MPa}$$

千斤顶推力在混凝土管片上产生的最大压应力小于其允许应力强度,管片安全。

6. 结论

衬砌管片设计承载值相对设计负荷是安全的。

例 4-2

1. 设计条件

1) 隧道功能

该隧道计划用作地铁隧道。

2) 管片条件

管片类型：平面型；管片外直径：D=9500mm；管片形心半径：$R=R_c$=4550mm；管片宽度：B=1200mm；管片厚度：t=400mm；管片重度：γ_c=26.5kN/m³；管片的弹性模量：$E=3.90\times10^7$kPa；管片截面惯性矩：$I=6.40\times10^{-3}\text{m}^4$；半铰支正弯矩常数：$K_{OP}$=18 070kN·m/rad；半铰支负弯矩常数：K_{ON}=32 100kN·m/rad；接触面积：$A=B\times t=1.2\times0.4\text{m}^2=0.48\text{m}^2$；混凝土标准强度：$f_{ck}$=48MPa；混凝土允许抗压强度：$\sigma_{ca}$=17MPa；混凝土允许抗剪强度：$\tau_{ca}$=0.55MPa；钢筋(SD35)允许强度：$\sigma_{sa}$=200MPa；螺栓(材料8.8)允许抗拉强度：$\sigma_{Ba}$=240MPa；钢筋和混凝土的弹性模量之比：$n$=15。

3) 岩土条件

土层条件：砂质土；上部土层厚度：H=12.3m；潜水位：地面水平线+0.6m，H_w=(12.3+0.6)m=12.9m；N值：N=50；土的重度：γ=18kN/m³；土的浮重度：γ'=8kN/m³；土的内摩擦角：$\varphi=30°$；土的黏聚力：c=0kPa；土的侧压力系数：K_0=0.4；地基反作用系数：k=50MN/m³；附加荷载：p_0=39.7kPa。

4) 设计方法

盾构的计算内力采用层状框架模型；验算衬砌的安全性采用允许应力设计法。

2. 荷载条件(见图4-59)

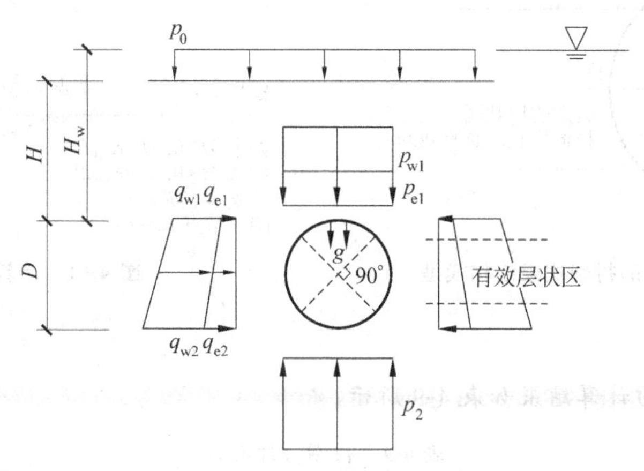

图 4-59　荷载条件

静荷载：$g=B\gamma_c t=1.2\times26.5\times0.4\text{kPa}=12.72\text{kPa}$

底部静荷载反作用力：$p_g=\pi g\approx39.96\text{kPa}$

隧道拱部的垂直压力：

整个覆盖层作用在隧道拱部的土压力：$p_{e1}=B(p_0+\gamma'H)=1.2\times138.1\text{kPa}\approx165.7\text{kPa}$

水压力：$p_{w1}=B\gamma_w H_w=B(\gamma-\gamma')H_w=1.2\times129.0\text{kPa}=154.8\text{kPa}$

$$p_1=p_{e1}+p_{w1}=320.5\text{kPa}$$

隧道底部的垂直压力：$p_2=p_1+p_g=(320.5+39.96)\text{kPa}=360.46\text{kPa}$

隧道拱部的侧压力：

土压力：$q_{e1}=BK_0\left[p_0+\gamma'\left(H+\dfrac{t}{2}\right)\right]=1.2\times55.88\text{kPa}\approx67.1\text{kPa}$

水压力：$q_{w1}=B\gamma_w\left(H_w+\dfrac{t}{2}\right)=1.2\times131.0\text{kPa}=157.2\text{kPa}$

$$q=q_{e1}+q_{w1}=224.3\text{kPa}$$

隧道底部的侧压力：

土压力：$q_{e2}=BK_0\left[p_0+\gamma'\left(H+D-\dfrac{t}{2}\right)\right]=1.2\times85.0\text{kPa}=102.0\text{kPa}$

水压力：$q_{w2}=B\gamma_w\left(H_w+D-\dfrac{t}{2}\right)=1.2\times222.0\text{kPa}=266.4\text{kPa}$

$$q'=q_{e2}+q_{w2}=368.4\text{kPa}$$

3. 计算内力

利用层状框架模型计算内力(见图4-60)。

1) 计算内力的模型

正多边形有60个节点用于计算内力。其中，节点16位于节点15和节点17中间，节点46位于节点45和节点47中间。

节点6、8、17、25、33、41、50和58位于管片衬砌连接缝。假定连接缝为半铰支连接，并且假定力矩M与转角θ成正比(见图4-61)。

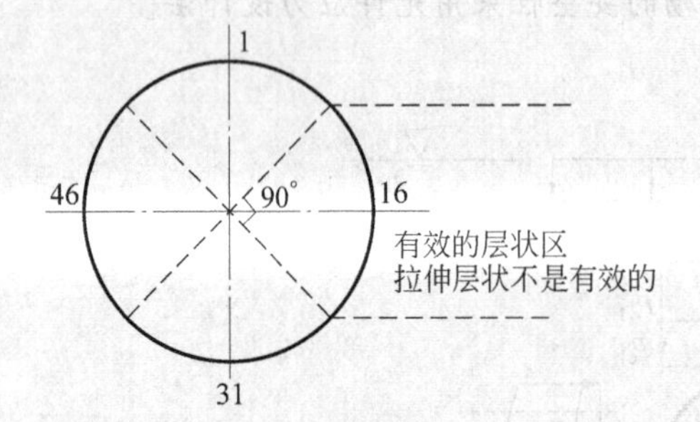

图4-60 计算内力的衬砌框架结构模型

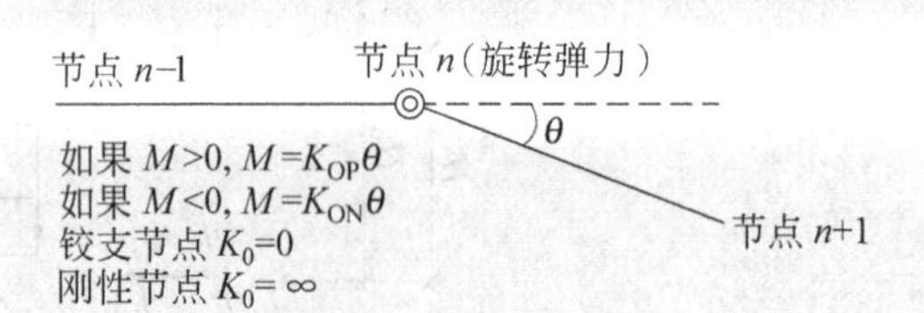

图4-61 半铰支连接

2) 计算结果

衬砌管片的内力计算结果如表4-9所示。

表4-9 衬砌管片内力

临界条件		节点	$M/(\text{kN}\cdot\text{m})$	N/kN
管片	正最大值	3	+205.83	1178.09
	负最大值	11	−169.05	1675.45
连接缝	正最大值	58	+20.10	1578.24
		3(@0.6)	+123.50	1178.09
	负最大值	50	−22.70	1448.58
		11(@0.6)	−101.43	1675.45
Q_{max}		31	$Q_{max}=178.70\text{kN}$	

假定连接缝的安全性满足要求，则各连接缝的最大弯矩值和管片最大力矩值的60%也是满足的。管片和连接缝（螺栓连接）的钢筋分布如图4-62所示。

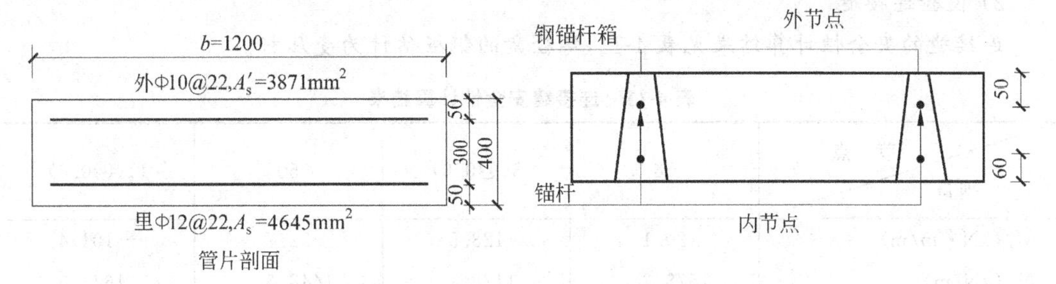

图4-62　管片截面和钢筋连接分布（长度单位：mm）

4. 校验衬砌管片的安全性

应校验由节点3、11确定的管片是否安全，也应校验节点50、58的安全性，其中节点3、11的弯矩值取每个节点弯矩能力的60%。

1）校验管片

（1）校验轴力和抵抗力矩

节点3、11的应力分布如图4-63所示。

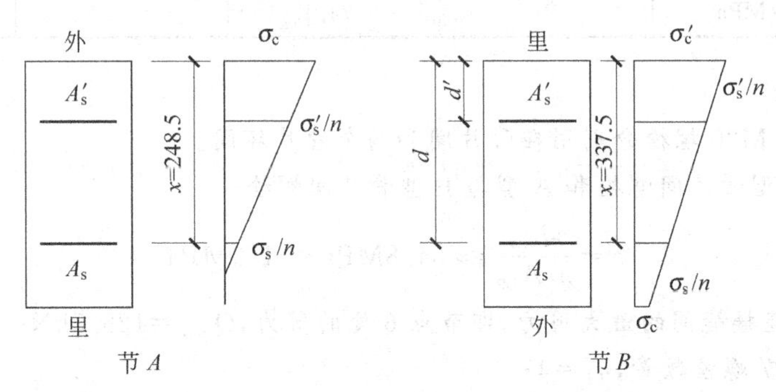

图4-63　节点3、11关键截面的压力分布（长度单位：mm）

管片节点3、11安全性计算结果如表4-10所示，可见节点3、11处截面是安全的。

表4-10　管片安全性计算结果

项　目	节点3	节点11	强度允许值
$M/(\mathrm{kN\cdot m/m})$	+205.83	−169.05	
$N/(\mathrm{kN/m})$	1178.09	1675.45	
混凝土抗压强度 σ_c/MPa	7.1	3.4	17
钢筋抗拉强度 σ_s/MPa	43.2	3.6	200
钢筋抗压强度 σ'_s/MPa	84.5	82.4	200

（2）校验抵抗剪力

$$Q_{\max}=178.7\mathrm{kN},\quad B=1.2\mathrm{m},\quad j=0.875,\quad d=0.35\mathrm{m}$$

$$\tau=\frac{Q_{\max}}{Bjd}\approx 0.486\text{MPa}<1.1\text{MPa}$$

2) 校验连接缝

连接缝的安全性计算结果见表4-11,螺栓盒的钢板估计为受压杆。

表4-11 连接缝安全性计算结果

项目 \ 节点	58	3(@0.6)	50	11(@0.6)
M/(kN·m/m)	20.1	123.5	−22.7	−101.4
N/(kN/m)	1578.2	1178.1	1448.6	1675.5
A_s/cm^2	11.45	11.45	11.45	11.45
A_s'/cm^2	32.00	32.00	120.00	120.00
d/cm	34	34	25	25
d'/cm	1	1	7	7
x/cm	全截面受压	31.00	31.00	35.10
混凝土抗压强度σ_c/MPa	3.3	5.1	3.4	5.8
钢筋抗拉强度σ_s/MPa	49.8	7.40	46.6	25.0
钢筋抗压强度σ_s'/MPa		74.1		69.5

3) 校验螺栓

M27螺栓和M30螺栓分别用在管片间和两个管片环间。

(1) 校验A型管片间螺栓和A型与B型管片间螺栓

$$\tau=\frac{Q_{\max}}{n_1A_{\text{BP}}}\approx 54.8\text{MPa}<150\text{MPa}$$

式中：$Q_{\max}$——连接缝间的最大剪力,即节点6处的剪力,$Q_{\max}=125.5\text{kN}$;

n_1——M27螺栓数量,$n_1=4$;

A_{BP}——M27螺栓的截面面积,$A_{\text{BP}}=5.726\text{cm}^2$。

(2) 校验B形与K形管片间的螺栓

$$Q_\alpha=N\sin\alpha+Q\cos\alpha-\mu N\approx 45.5\text{kN}$$

式中：Q_α——B形与K形管片间的剪力(考虑管片间连接的夹角和摩擦力);

N——节点6处轴力,$N=950.1\text{kN}$;

Q——节点6处剪力,$Q=125.5\text{kN}$;

α——B形与K形管片间连接的夹角,$\alpha=6.7°$;

μ——动能系数,$\mu=0.2$。

$$\tau=\frac{Q_\alpha}{n_1A_{\text{BP}}}\approx 19.9\text{MPa}<150\text{MPa}$$

(3) 校验K形管片掉落(见图4-64)

$$W_1=\max\left(p_b,\frac{p_1}{B}\right)=p_b=333.3\text{kPa}$$

式中：p_b——回填注浆压力/1.5,$p_b=333.3\text{kPa}$。

$$Q_B = 2\pi R_c \times W_1 \times B \times (\theta/360°) \approx 394.92\text{kN}$$

$$\tau = \frac{Q_B}{n_1 A_{BP} + n_2 A_{BR}} \approx 65.8\text{MPa} < 150\text{MPa}$$

式中：n_1——M27 螺栓数量，$n_1 = 8$；

n_2——M30 螺栓数量，$n_3 = 2$；

A_{BR}——M30 螺栓的截面面积，$A_{BR} = 7.069\text{cm}^2$。

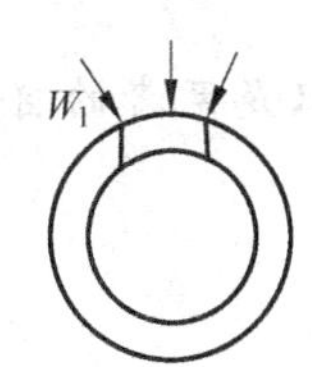

图 4-64　校验 K 形管片

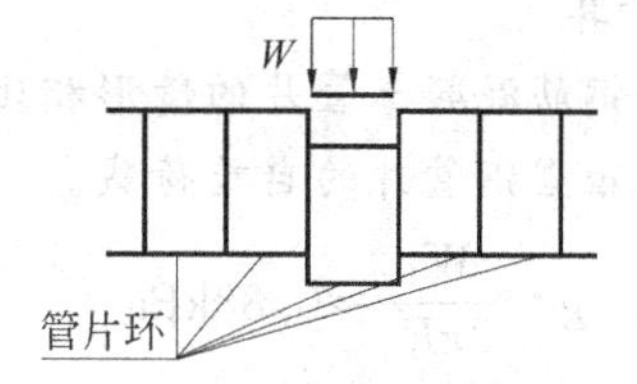

图 4-65　校验管片环掉落

(4) 校验管片环掉落(见图 4-65)

$$W = W_1 DB + 2\pi R_c g = (3799.62 + 363.65)\text{kN} = 4163.27\text{kN}$$

其中，$W_1 DB$ 为由于回填注浆压力作用在管片环上的力；$2\pi R_c g$ 为管片环的重量。

$$\tau = \frac{W}{2n_2 A_{BR}} \approx 101.5\text{MPa} < 150\text{MPa}$$

式中：n_2——M30 螺栓数量，$n_2 = 29$。

5. 结论

管片的设计满足要求。

例 4-3　箱型钢管片设计

1. 设计条件

1) 隧道功能

该隧道计划用作地铁隧道。

2) 管片条件

管片类型：箱型钢管片；管片弹性模量：$E = 2.1 \times 10^{11}\text{Pa}$；管片抗弯刚度有效率：$\eta = 1.0$；管片弯矩增大率：$\xi = 0.0$；管片截面面积：$A = 29.50\text{cm}^2$；管片截面惯性矩：$I = 481.76\text{cm}^4$；管片外侧断面系数：$Z_o = 86.43\text{cm}^3$；管片内侧断面系数：$Z_i = 66.67\text{cm}^3$；管片外侧形心距离：$y_o = 5.574\text{cm}$；管片内侧形心距离：$y_i = 7.226\text{cm}$；管片形心直径：$D_c = 3.239\text{m}$；管片泊松比：$\nu = 0.3$；管片厚度：$t = 0.30\text{cm}$；管片高度：$h = 1.25\text{cm}$；管片重量：$W_1 = 0.90 \times 10^4 \text{N/m}$；$p_j = 500 \times (1/1.5)\text{kPa} \approx 333.3\text{kPa} >$ 竖向荷载；管片宽度：$B = 1\text{m}$；管片外半径：$R_0 = 1.675\text{m}$；螺栓倾角：$\theta = 360°/30 = 12°$；管片连接螺栓：$8 \times \text{M20}(4.6)$，$A_b = 3.142\text{cm}^2$/根；螺栓屈服强度：$\sigma_y = 310\text{MPa}$；混凝土屈服强度：$\sigma_c = 190\text{MPa}$；地基反作用系数：$k = 20\text{MN/m}^3$。

3) 场地条件

场地条件同例 4-1。

4) 设计方法

设计方法同例 4-1。

2. 荷载条件

因该箱型钢管片与例4-1中平板型钢筋混凝土管片的设计条件相同,所以土压力和水压力与前者基本一致。

1) 土的松弛高度计算

计算结果与平板型钢筋混凝土管片相同,松弛高度为管片外径的2倍:

$$h_0=2D_0=6.7\text{m}$$

2) 荷载计算

与平板型钢筋混凝土管片的情形相比,各项荷载基本相同,只是两者的自重荷载不同,故这里只计算箱型钢管片的自重荷载。

自重荷载:$g=\dfrac{W_1}{2\pi R_c}\approx 0.88\text{kPa}$

自重反作用力:$p_g=\pi g\approx 2.76\text{kPa}$

3) 地基反作用力和位移

采用与平板型钢筋混凝土管片相同的计算方法求解,但因管环的刚度不同,故计算结果也与平板型钢筋混凝土管片不同。计算结果如下:

$$\delta=\frac{(2P-q-q')R_c^4}{24(EI+0.0454kR_c^4)}\approx 0.264\,57\text{mm}$$

地基反作用力:$p_k=k\delta\approx 5.29\text{kPa}$

4) 荷载分布

根据外荷载计算结果求得的荷载见表4-12(参见例4-1)。

表4-12 荷载计算结果

荷载名称			荷载强度/kPa	
竖向荷载强度/kPa	p_1	p_{w1}	130.00	183.6
		p_{e1}	53.60	
	p_2	p_{w2}	163.50	186.38
		p_{e2}	20.10	
		p_g	2.78	
水平荷载强度/kPa	q	q_{w1}	130.63	157.68
		q_{e1}	27.05	
	q'	q_{w2}	162.88	202.83
		q_{e2}	39.95	
自重荷载 g/kPa			0.88	
地基反作用力 $k\delta$/kPa			5.29	

3. 管环截面内力计算

计算相应于外荷载的管环的截面内力时,假定的管片形状如图4-66所示。采用弹性方程法计算外荷载在管环上产生的截面内力,结果如图4-67、表4-13、表4-14所示。

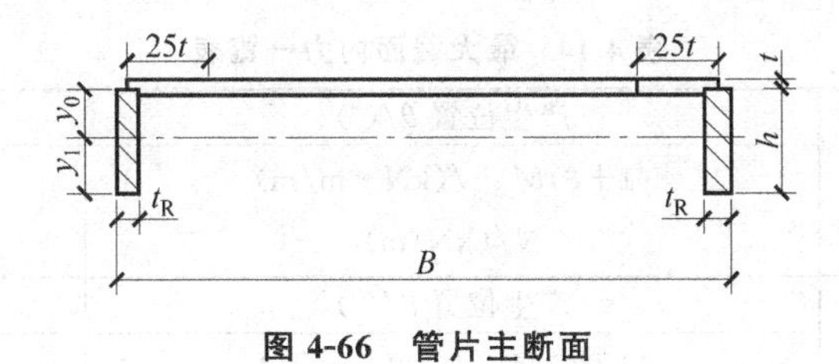

图 4-66 管片主断面

$B=1000\text{mm}$；$t_R=10.0\text{mm}$；$h=125\text{mm}$；$t=3.0\text{mm}$

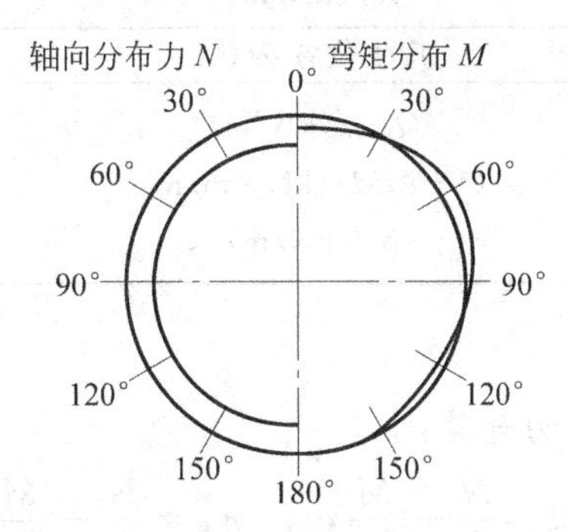

图 4-67 截面力图

$M_{max}=3.82\text{kN}\cdot\text{m/m}$；$-M_{max}=-3.14\text{kN}\cdot\text{m/m}$；$N=280.9\text{kN/m}$；$N=298.5\text{kN/m}(\theta=60°)$

表 4-13 截面内力计算结果

θ/(°)	M/(kN·m/m)	N/(kN/m)	Q/(kN/m)
0	3.82	280.9	0
10	3.39	281.82	−2.98
20	2.2	284.38	−5.23
30	0.56	282.16	−6.19
40	−1.15	295.87	−5.62
50	−2.49	298.50	−3.65
60	−3.14	299.82	−0.91
70	−3.00	299.99	1.82
80	−2.19	299.55	3.75
90	−1.01	299.09	4.35
100	0.16	299.00	3.8
110	1.08	299.52	2.57
120	1.58	299.99	0.94
130	1.61	300.75	−0.7
140	1.22	302.75	−1.95
150	0.56	304.76	−2.57
160	−0.16	306.85	−2.37
170	−0.70	308.36	−1.41
180	−0.91	308.91	0.000

表 4-14 最大截面内力一览表

弯矩（正弯矩）	产生位置 $\theta/(°)$	0
	$(1+\xi)M_{max}/(kN\cdot m/m)$	3.82
	$N/(kN/m)$	280.9
弯矩（负弯矩）	产生位置 $\theta/(°)$	60
	$(1+\xi)M_{min}/(kN\cdot m/m)$	−3.14
	$N/(kN/m)$	289.5
剪力	产生位置 $\theta/(°)$	30
	$Q_{max}/(kN/m)$	−6.19
	$(1+\xi)M/(kN\cdot m/m)$	0.56
	$N/(kN/m)$	288.07

4. 主截面应力

主截面应力按环的最大应力计算：

$$\sigma_{外}=\frac{N}{A}+\frac{M}{Z_{外}},\quad \sigma_{内}=\frac{N}{A}-\frac{M}{Z_{内}}$$

式中，压应力用“+”表示，拉应力用“−”表示。外缘最大压应力为139.4MPa，外缘最大拉应力为零；内缘最大压应力为148.3MPa，内缘最大拉应力为零。显然上述应力均小于允许应力190MPa。详细的应力计算结果如表4-15所示。

表 4-15 应力计算结果 MPa

$\theta/(°)$	N/A	$M/Z_{外}$	$M/Z_{内}$	$\sigma_{外}$	$\sigma_{内}$
0	95.2	44.2	57.3	139.4	37.9
10	95.5	39.2	50.9	134.8	44.7
20	96.4	25.4	33.1	121.9	63.3
30	97.7	6.7	8.3	104.1	89.3
40	99.0	−13.0	−17.2	85.7	116.3
50	100.3	−28.3	−37.3	71.5	137.6
60	101.2	−36.2	−47.1	64.9	148.3
70	101.6	−34.6	−45.0	66.9	146.6
80	101.7	−25.7	−32.8	76.4	134.5
90	101.5	−11.5	−15.1	89.9	116.7
100	101.4	1.4	2.4	103.3	98.9
110	101.4	12.4	16.2	113.8	85.2
120	101.5	18.5	23.7	119.8	77.8
130	101.9	18.9	24.1	120.6	77.8
140	102.6	14.6	18.3	116.7	84.2
150	103.3	6.3	8.5	109.8	94.9
160	104.0	−1.0	−2.3	102.2	106.3
170	104.5	−8.5	−10.6	96.4	115.1
180	104.7	−10.7	−13.6	94.2	118.4

5. 管片接头螺栓(见图 4-68)的计算

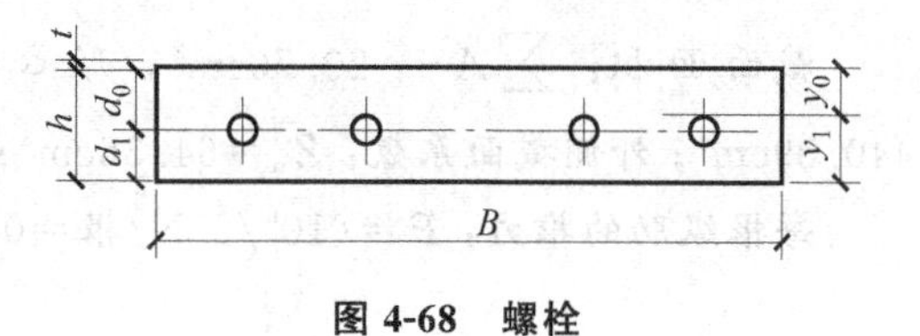

图 4-68　螺栓

$\theta=0°$时的弯矩及轴向力分别为

$M=3.8212\text{kN}\cdot\text{m}$，　$N=280.9\text{kN}$

每根螺栓的轴向拉力 P_B 可按下式计算：

$$P_B=\frac{1}{n}\times\frac{M-y_0N}{d_0}$$

式中：n——螺栓数；

d_0——螺栓中心和管片外缘间的距离，cm；

y_0——形心至管片外缘的距离，cm。

将题目给出的参数代入上式得

$$P_B=\frac{1}{4}\times\frac{3821.2-0.0574\times 280\,900}{0.078}\text{kN}\approx -39.43\text{kN}<0\text{kN}$$

故选用 4 根 M20(4.6)螺栓即可。

6. 面板计算

对两根主梁的钢管片而言，可将面板近似地看成梁，并可采用两平行边固定支承极限法，按下面的公式计算设计单位宽度的极限荷载 P_{UI}：

$$P_{UI}=1.10\times P_p\times\sqrt{F}$$

式中，$F=\dfrac{\sigma_y ts^2}{4EI/(1-\nu^2)}$；$P_p=4\left(\dfrac{t}{s}\right)^2\sigma_y$；$s$ 为纵肋间距(见图 4-69)。

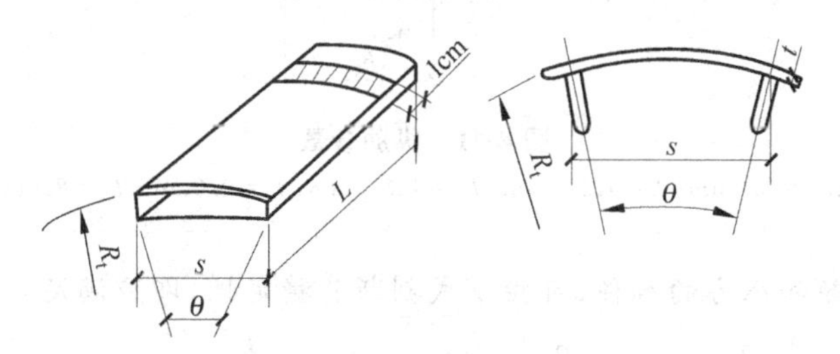

图 4-69　主梁钢管片

$R_t=167.5\text{cm}$；$\theta=12.00°$；$t=0.30\text{cm}$；$L=98\text{cm}$

$$s=2\times[(335.0/2-0.30/2)\sin(12.00°/2)]\text{cm}\approx 34.99\text{cm}$$

$$I=\frac{1\times t^3}{12}=\frac{1\times 0.30^3}{12}\text{cm}^4=0.002\,25\text{cm}^4$$

$$F=\frac{3.1\times 10^8\times 0.30\times 34.99^2}{4\times 2.1\times 10^{11}\times 0.002\,25/(1-0.3^2)}=54.81$$

$$P_p=\left[4\times\left(\frac{0.30}{34.99}\right)^2\times 3.1\times 10^8\right]\text{kPa}\approx 91\text{kPa}$$

$$P_{UI}=(1.10\times 0.91\times 10^5\times\sqrt{54.81})\text{kPa}\approx 741.07\text{kPa}$$

因 $\sigma_y=310\text{MPa}$，则取每米面板厚度 $t=3.0\text{mm}$ 的面积即能承受 741.07kPa 的极限荷载，故$t=3.0\text{mm}$可行。

7. 纵肋计算

假设定位板必须用 2 根以上的纵肋支撑(见图 4-70)。纵肋参数如图 4-71 所示。

截面面积：$\sum A=20.70\text{cm}^2$；形心位置：$y_0=6.84\text{cm}$；截面惯性矩：$\sum I=440.39\text{cm}^4$；外侧截面系数：$Z_o=64.36\text{cm}^3$；内侧截面系数：$Z_i=83.76\text{cm}^3$。

每根纵肋的推力：$P=(10^6/2)\text{N/根}=0.5\times10^6\text{N/根}$。

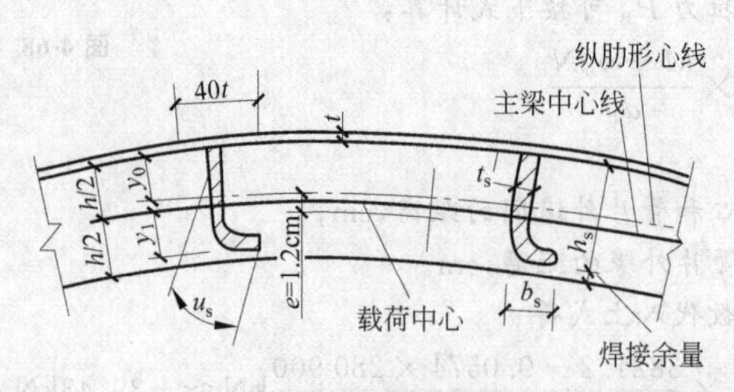

图 4-70 纵肋布置图

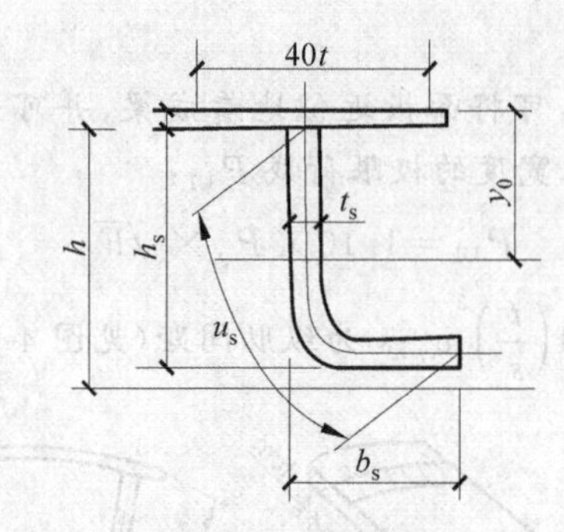

图 4-71 纵肋参数

$40t=120.0\text{mm}$；$t=3.0\text{mm}$；$h=125.0\text{mm}$；$h_s=118.0\text{mm}$；$t_s=9.0\text{mm}$；$b_s=89\text{mm}$；$u_s=190\text{mm}$

纵肋为承受弯矩和压力的构件，可按下式判断其稳定性，即应满足：

$$\frac{\sigma_c}{\sigma_{ca}}+\frac{\sigma_b}{\sigma_{ba}(1-\sigma_c/\sigma_{ca})}\leqslant 1.0,\quad \frac{h_s}{t_s}\leqslant 34.0$$

因本例$\dfrac{h_s}{t_s}=13.1<34.0$，所以纯压应力

$$\sigma_c=P/A=241.5\text{MPa}$$

纯容许应力σ_{ca}：

$$\lambda=l/\sqrt{I/A}\approx 21.2$$

$\lambda\leqslant15$ 时，

$$\sigma_{ca}=190\times1.65\text{MPa}=313.5\text{MPa}$$

$15<\lambda\leqslant80$ 时，

$$\sigma_{ca}=[190-13(\lambda-15)]\times1.65\text{MPa}\approx313.36\text{MPa}$$

允许弯曲压应力

$$\sigma_{ba}=190\times1.65\text{MPa}=313.5\text{MPa}$$

临界允许压屈应力

$$\sigma_{ea}=\frac{12\,000\,000}{\lambda^2}\approx26.6\text{kPa}$$

弯曲压应力：

由公式 $\sigma_b = \dfrac{e'P}{Z_t}$ 得

$$e' = \frac{Z_t \sigma_{ba}\left(1 - \dfrac{\sigma_c}{\sigma_{ca}}\right)\left(1 - \dfrac{\sigma_c}{\sigma_{ba}}\right)}{P} \text{cm} \approx 0.921\text{cm}$$

式中：e'——千斤顶中心至纵肋形心的偏心量。

$$e = \frac{h}{2} + t - y_0 - e' \approx -1.213\text{cm}$$

即从梁中心向主梁内缘侧的偏心量 $e = 1.2\text{cm}$，是安全的。

应注意的是，在实际施工中，若偏心量大于上述数值，则在推进时必须充分掌握偏心量。

8. 面板及纵肋作为 T 形梁时的外压计算(见图 4-72)

$$\begin{aligned} W &= f' \times (\theta/360) \times \pi \times D_0 \\ &= 186 \times 12.0/360 \times 3.1416 \times 3.35\text{kN/m} \\ &\approx 65.25\text{kN/m} \\ M &= \frac{Wl^2}{12} = 65.25 \times \frac{98.0^2}{12}\text{N} \cdot \text{m} \\ &\approx 5222.45\text{N} \cdot \text{m} \end{aligned}$$

式中：W——作用于纵肋间面板的外荷载；

M——作用于面板及纵肋的弯矩；

l——主梁间的纵肋长。

$$\sigma_{外} = \frac{M}{Z_0} = \frac{5222.45}{64.36 \times 10^{-6}}\text{Pa} \approx 81.14\text{MPa} < \sigma_{sa} = 190\text{MPa}$$

$$\sigma_{内} = \frac{M}{Z_1} = \frac{5222.45}{83.76 \times 10^{-6}}\text{Pa} \approx 62.35\text{MPa} < \sigma_{sa} = 190\text{MPa}$$

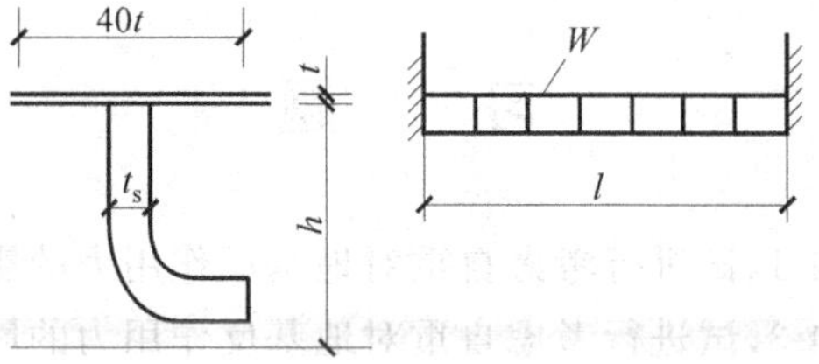

图 4-72 T 形梁

9. 环接螺栓的核算

管环连接螺栓的设计方法有两种：一是按管片接头来确定；二是通过核算剪应力来确定。这里介绍剪应力核算的方法。

1) 管片(双锥型)防塌核算

$$S_B = 2\pi p_j (R_0 - 0.075) B \cdot \frac{\theta}{360°}$$

式中：S_B——螺栓上产生的剪切力；

p_j——顶部竖直土压力和背后注浆压力(500kPa×1/1.5),取两者中的大者;

B——管片宽度(按1m计算);

R_0——管片外半径;

θ——螺栓倾角。

代入数据得

$$S_B = 2\pi \times 333.3 \times (1.675 - 0.075) \times 1 \times \frac{12^\circ}{360^\circ}\text{kN} \approx 111.7\text{kN}$$

所以每根螺栓的剪应力τ为

$$\tau = \frac{S_B}{\sum n \cdot A_b} = \frac{111.7}{12 \times 3.142 \times 10^{-4}}\text{kPa} \approx 29.6\text{MPa} < \tau_a = 80\text{MPa}$$

故K形管片不会塌落。

2) 管环防塌核算

可以认为作用于一节管环上的荷载(W)由所有的环接螺栓来承受。因竖直荷载$W_1 =$ 183.6kPa,管环自重$W_g = 9\text{kN/m}$,外半径$R_c = 1.675\text{m}$,故

$$W = 2W_1R_c + W_g = (2 \times 183.6 \times 1.675 + 9)\text{kN/m} \approx 624\text{kN/m}$$

选用螺栓M20(4.6),截面面积$A_b = 3.142\text{cm}^2$,故每根螺栓的剪应力为

$$\tau = \frac{W}{2 \times n \times A_b} = \frac{624}{2 \times 30 \times 3.142 \times 10^{-4}}\text{kPa} \approx 33.1\text{MPa} < \tau_a = 80\text{MPa}$$

故管环可以防塌。

复习思考题

4.1 简述盾构法隧道衬砌结构的设计步骤。

4.2 试推导利用弹性方程方法进行荷载计算的理论公式。

习　题

4.1 设计条件同例4-1,试进行考虑自重对地基反作用力的影响时的管片设计。

4.2 设计条件同例4-3,试进行考虑自重对地基反作用力的影响时的管片设计。

第5章

钻爆法隧道结构设计

5.1 引　　言

未来的很长时间内，在坚硬岩石中挖掘隧道、洞室或其他地下采矿坑道，修建地下建筑结构物仍将采用钻爆法。钻爆法经过了几百年的技术革新，被证明是一种非常灵活而有效的碎岩方法。在坚硬岩石中开挖地下空间时，围岩既是荷载源也是支护结构，所以，采用钻爆法在坚硬岩石中设计地下建筑结构，最重要的是确定被挖掘岩体的钻爆参数和保证围岩稳定的支护参数。基于这种思想，本章首先介绍钻爆法设计的基本理论，之后阐述在岩石内进行地下建筑结构支护的设计原理。

5.2 钻爆法掘进隧道

使用钻爆法，可采取多种方法来掘进隧道。对于小断面隧道，整个工作面可以采用一次爆破完成掘进，这种掘进方法称为全断面掘进法，如图5-1所示。

当岩体条件允许时，采用全断面掘进法可以掘进断面面积80～100m^2的大型隧道。当岩体条件较差，不宜采用全断面掘进法时，一般采用预裂爆破技术首先在顶部掘进导洞，进行支护后再开挖剩余的台阶，如图5-2所示。

隧道台阶掘进时，可以设计垂直眼或水平眼。台阶钻眼采用水平眼时(见图5-3)，一个循环中的钻眼、装药、爆破、出渣等必须在下一个循环的钻眼开始之前完成。台阶钻眼采用垂直眼时(见图5-4)，可以用不同类型的凿岩台车钻眼，这种情况下钻眼和装岩可以平行作业。

对于大断面隧道，可以采用导洞拓宽法，首先开挖中部的主导洞，再开挖侧壁导洞，如图5-5所示。需注意的是，主导洞开挖好以后，应进行锚喷支护，待拱顶围岩稳定之后再进行两侧的开拓。

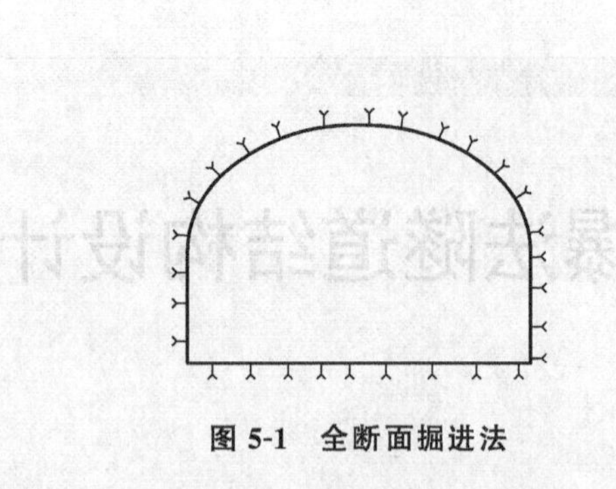

图 5-1 全断面掘进法

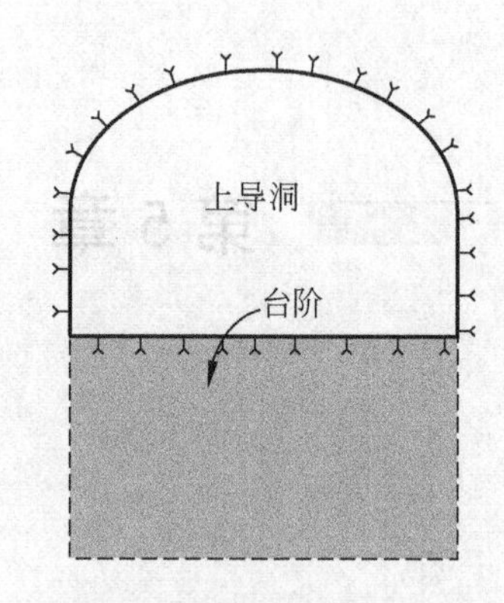

图 5-2 上导洞台阶开挖法

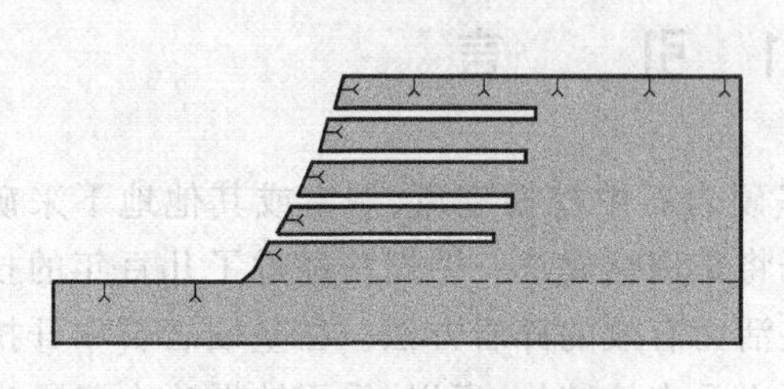

图 5-3 采用水平眼掘进台阶

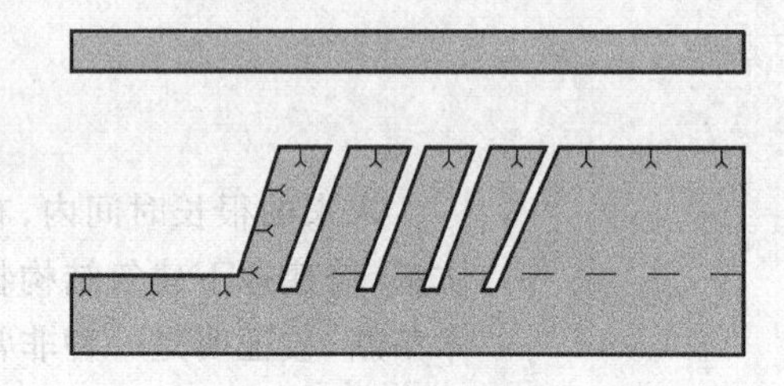

图 5-4 采用垂直眼掘进台阶

在岩体条件差的情况下,采用导洞拓宽法要比采用全断面开挖法经济。由于高效的岩石开挖要求炮眼和炸药相匹配,所以,在整个隧道掘进设计中,必须综合考虑钻眼、装药、爆破、通风、排水、装岩运输、测量、支护等。如果在钻眼爆破中增加一些费用,并采用光面爆破技术,那么就可以尽可能保持围岩稳定,减少支护并节约其他工序的费用,这是管理者需要了解、设计技术人员需要考虑的问题,然而这一问题往往容易被忽视。

目前,一个由计算机控制的全液压凿岩台车(图 5-6),在大约 1h 内可以完成一个断面为 5m×5m、钻眼深度为 3m 的全部凿岩工作,大大减少了地下工程掘进的劳动力。进行钻眼设计首先要明白钻眼的原理,目前主要采用冲击钻进法钻眼。

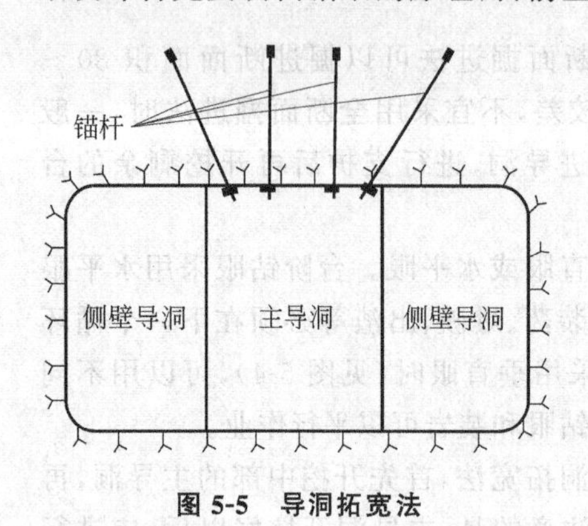

图 5-5 导洞拓宽法

图 5-6 现代计算机控制的机器人悬臂凿岩台车

5.2.1 冲击钻进法的原理

在硬岩隧道掘进中，钻眼由冲击回转钻进机械完成，如图 5-7 所示，冲击钻进机械集冲击、推进、回转、排粉四大功能于一体。

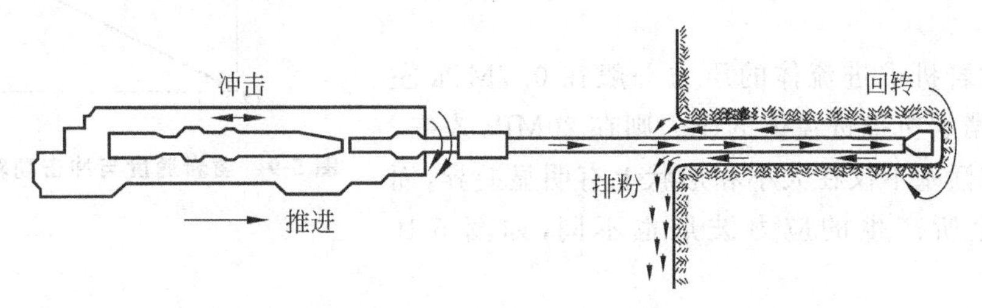

图 5-7　冲击钻进法原理示意图(Tamrock,1983)

由于冲击钻进凿岩的能量由液压油或压缩空气推动气缸中的活塞作加速往复运动产生，因而凿岩机械设备有液压凿岩机和风动凿岩机之分。当凿岩机的活塞向前移动并冲击钎尾时，其动能转换成短振幅周期的高能量包，并沿着钎杆传到钎头-岩石界面(见图 5-8)，然后这种能量迫使钎头切入岩石，岩粉通过空气或水冲洗介质排出。当活塞向后移到气缸的后面时，将开始下一次循环，此时炮眼中钎杆和钎头也将旋转到一个新的位置等待一次新的冲击。推进力可以使钎头与岩石面一直保持接触。虽然每一次冲击破岩、排粉相对较少，但是，这个过程可以达到每分钟 2000～3000 次，因此，凿岩速度非常快。

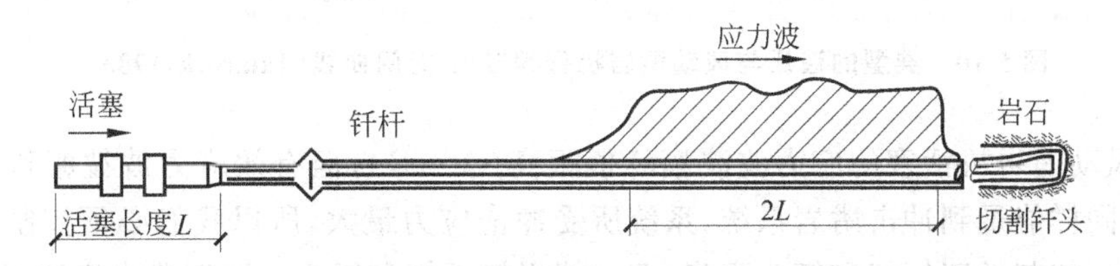

图 5-8　液压凿岩机应力波形状示意图(Atlas Copco,1990)

凿岩速度与凿岩机能量利用率、所钻炮眼断面大小有关(Hustrulid,Fairhurst,1972)，计算公式为

$$V_{\mathrm{p}}=\frac{E_{\mathrm{B}}V_{\mathrm{B}}\eta_{\mathrm{R}}}{A_{\mathrm{H}}E_{\mathrm{V}}} \tag{5-1}$$

式中：V_{p}——凿岩速度，m/min；

E_{B}——冲击能，N·m；

V_{B}——冲击次数，次/min；

η_{R}——能量利用率，取 0.8；

A_{H}——炮眼断面面积，m^2；

E_{V}——移动单位体积岩石所需要的能量，$(\mathrm{N\cdot m})/\mathrm{m}^3$。

凿岩速度(V_p)与凿岩机输出的冲击功($E_B V_B$)成正比,如图5-9所示。

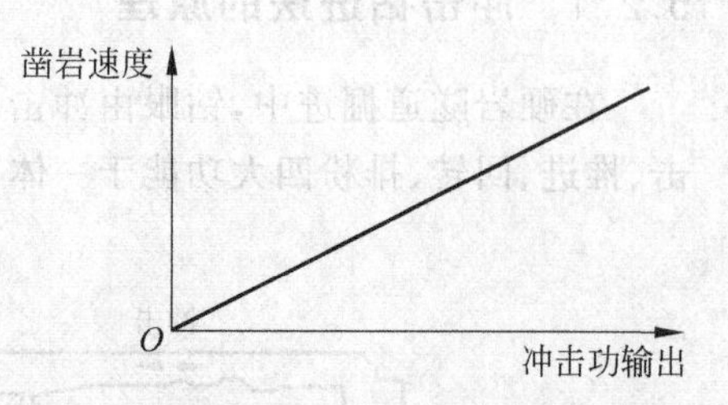

图 5-9 凿岩速度与冲击功输出的关系

凿岩速度与所钻炮眼断面面积成反比。对于一个循环中的凿岩工作,一个直径38mm的装药眼和一个102mm的空眼相比,大眼凿岩速度小于小眼凿岩速度。

风动凿岩机推进流体的压力一般在0.7MPa左右,而液压凿岩机推进流体的压力则在20MPa左右。二者使用的活塞不仅在大小和形状上有明显差异,而且在钎杆上所产生的应力波形也不同,如图5-10所示。

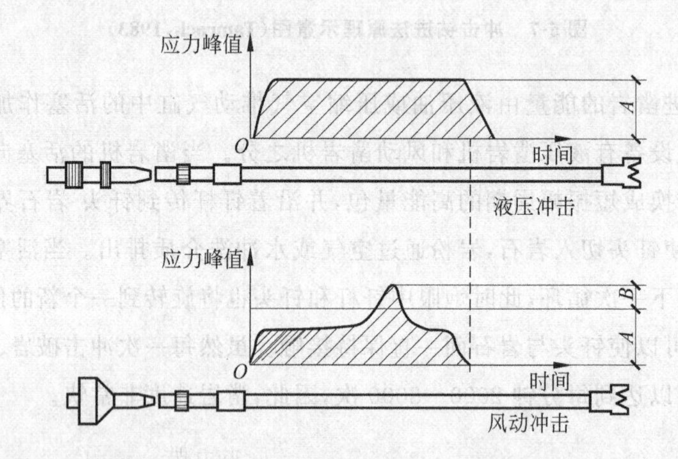

图 5-10 典型的液压与风动凿岩机行程应力-时间曲线(Tamrock,1983)

由于风动凿岩机活塞的应力波波幅峰值很高($A+B$),但有效应力波波幅作用时间却很短,传递同样能量到冲击凿岩系统,系统所受冲击应力最大,所以我们必须控制这个应力波波幅峰值,使其低于钎杆和钎头强度,否则将损坏钎杆和钎头。液压凿岩机使用了比风动凿岩机压力高几十倍的传能介质,因而可以把推动活塞的受压横截面设计得很小,使其活塞直径有可能减小至接近钎尾直径,从而使冲击应力波形(见图5-11)得到改善,进而提高能量传递效率和冲击凿岩系统的寿命。

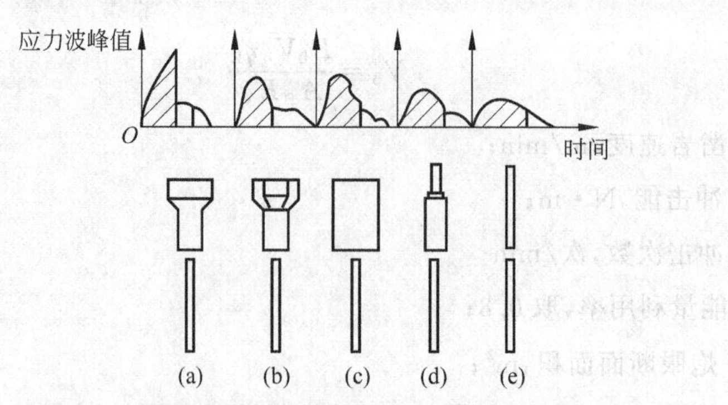

图 5-11 几种冲击形状的应力波形比较示意图

(a) 双圆柱实心活塞;(b) 双圆柱空心头部活塞;(c) 单圆柱活塞;(d) 细长形活塞;(e) 与钎杆等截面细长形活塞

在钎杆的允许峰值应力内，就单位时间内传递到钎杆的能量而言，液压冲击活塞（无高应力峰值）可以比风动冲击活塞多传递50%以上，这也是液压凿岩机比风动凿岩机凿岩速度快的原因。并且，风动凿岩机的废气会释放到隧道的大气中，产生很大的噪声，其工作面能见度有限，因此人们一般选择液压凿岩机。假设风动钻进与液压钻进方法中钎头直径均为45mm，凿岩速度均为21mm/s，由表5-1可知，液压凿岩机的效率是风动凿岩机的3～3.5倍。采用计算机全自动控制的液压凿岩系统可以避免使用风动凿岩机所带来的各种弊端。

表5-1　风动钻进与液压钻进方法比较（Kurt，1982）

项　　目	风动钻进	液压钻进
进口压力/kPa	690	18 600
钎头直径/mm	45	45
凿岩速度/(mm/s)	21	21
钻进损耗/(m^3/s)	21.24	0.001 38
回转损耗/(m^3/s)	0.0944	0.000 19
顶进损耗/(m^3/s)	0.0118	0.000 06
冷却损耗/(m^3/s)	—	0.000 19
钻进输入功率/kW	80	26
回转输入功率/kW	36	3.7
顶进输入功率/kW	4.5	1.1
冷却输入功率/kW	—	3.7
总输入功率/kW	121	35
钻进输出功率/kW	8.9	8.9
总效率/%	7.4	25
钻进效率/%	11	34

表5-1中的总效率和钻进效率可用式(5-2)和式(5-3)表示：

$$\eta_t = \frac{P_{d,out}}{P_{t,in}} \times 100\% \tag{5-2}$$

式中：η_t——总效率，%；

$P_{d,out}$——钻进输出功率，kW；

$P_{t,in}$——总输入功率，kW。

$$\eta_d = \frac{P_{d,out}}{P_{d,in}} \times 100\% \tag{5-3}$$

式中：η_d——钻进效率，%；

$P_{d,in}$——钻进输入功率，kW。

5.2.2　隧道凿岩台车选择

典型的液压凿岩台车如图5-12所示。使用液压凿岩台车出于多方面考虑，台车尺寸和钻臂数量由隧道的断面尺寸大小及形状、钻进完成允许时间决定。

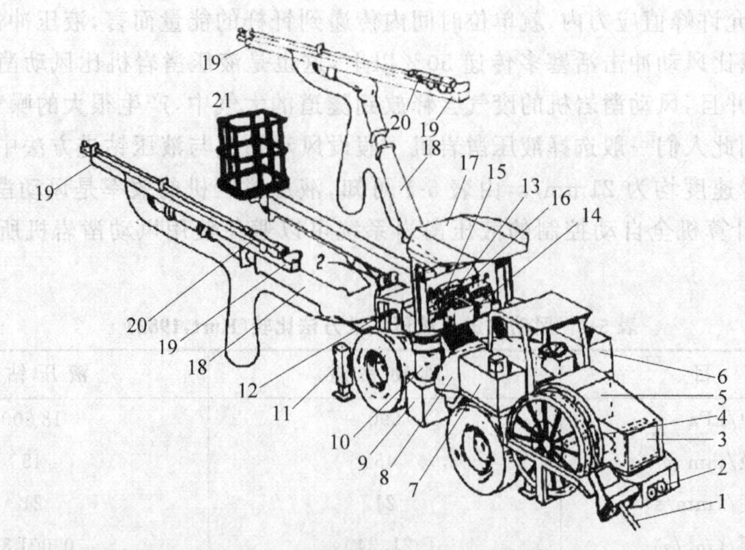

图 5-12 典型隧道液压凿岩台车简图

1—380～550V 电缆,电缆缠绕在一个液压驱动的转盘上,采用一个滑动收缩装置,并与台车相连接;2—照明灯,位于台车尾部和前部;3—凿岩系统的空压机;4—液压泵;5—液压液体存储器;6—压缩空气,用于吹干净和润滑炮眼内的液压凿岩台车上凿岩机的钎头;7—配电柜;8—主液压液体存储器;9—液压泵;10—电机;11—支撑千斤顶;12—岩石钻进时的喷雾润滑器;13—岩石钻进控制面板;14—燃料控制柜;15—液压台车控制杆;16—支撑千斤顶控制杆;17—保护顶板的液压可调节高度板;18—液压臂;19—自动钻进、停止、返回开关;20—液压凿岩机;21—钻臂工作平台

图 5-13 示出了一些典型隧道形状和采用液压凿岩台车所钻的钻眼模型,图中炮眼旁的数字表示炮眼起爆顺序。

对于一般隧道断面,一个单臂凿岩台车就能钻出预期的形状并满足进尺速度要求。大断面隧道掘进通常需采用两台以上的凿岩台车。在隧道工作面采用不同的单臂液压凿岩台车,可以达到的凿岩范围不同。图 5-14 所示为工作面上不同 Tamrock 隧道单臂液压凿岩台车的工作范围,例如 Tamrock 的 MR600U 可以用于 $28m^2$ 以内的隧道断面钻眼。

图 5-15 示出了采用两台液压凿岩台车在一个隧道工作面上的钻眼顺序。隧道断面面积为 $24m^2$,最大高度 5. 3m,最大宽度 5. 0m,钻进包括 58 个 ϕ45mm 的装药眼,两个 ϕ89mm 空眼;其中,左边的液压凿岩台车完成 31 个装药眼,右边的完成 27 个装药眼和 2 个空眼。左边的液压凿岩台车从左下角周边眼开始工作,右边的液压凿岩台车从掏槽眼开始工作。由于右边的液压凿岩台车还要钻 2 个 ϕ89mm 的空眼,所以二者的钻眼时间大致相同。

图 5-16 所示为采用一台四臂液压凿岩台车工作范围建议顺序,不同的线型所圈定的范围表示不同的钻臂工作范围。

台车钻进时所需的基本资料包括隧道断面高度、最大宽度、底板宽度和断面形状。本章只讨论平行眼掏槽隧道爆破,如图 5-17 所示,这也是目前隧道钻进中常采用的掏槽形式。

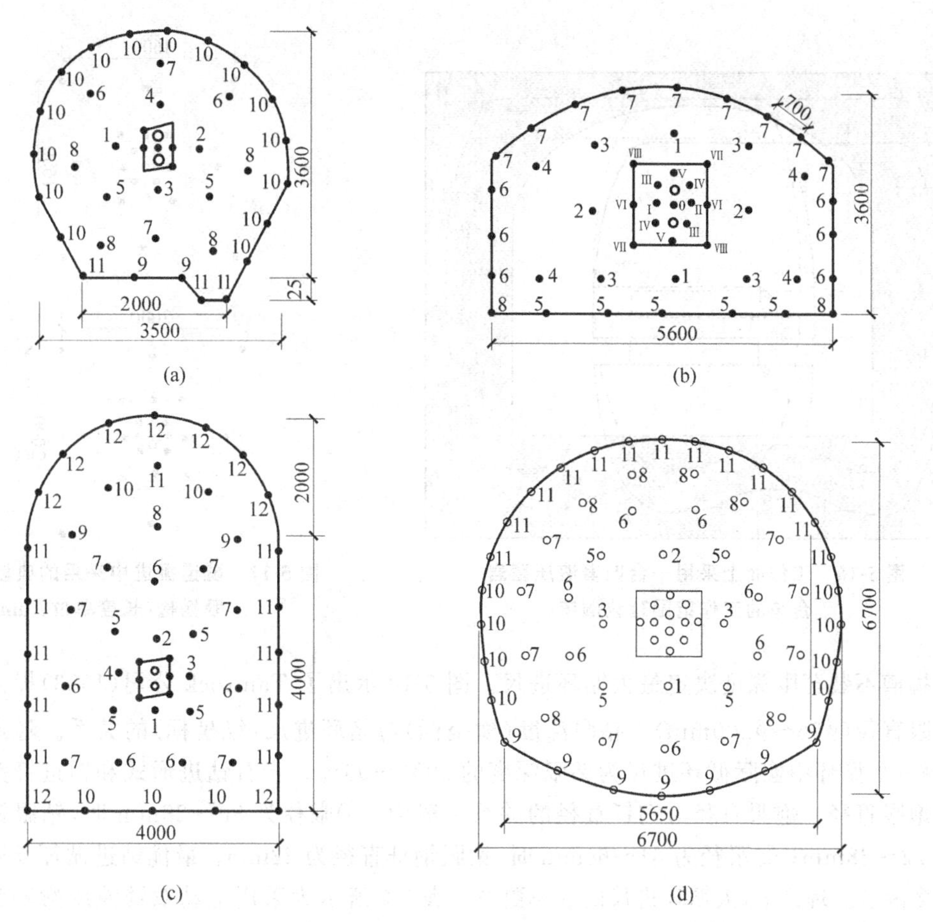

图 5-13　典型隧道形状和钻眼模型(长度单位：mm)

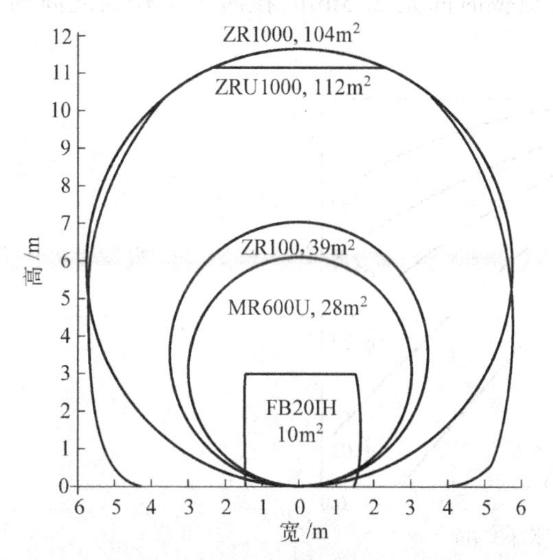

图 5-14　隧道工作面上不同 Tamrock 隧道单臂液压凿岩台车的工作范围(Tamrock,1986)

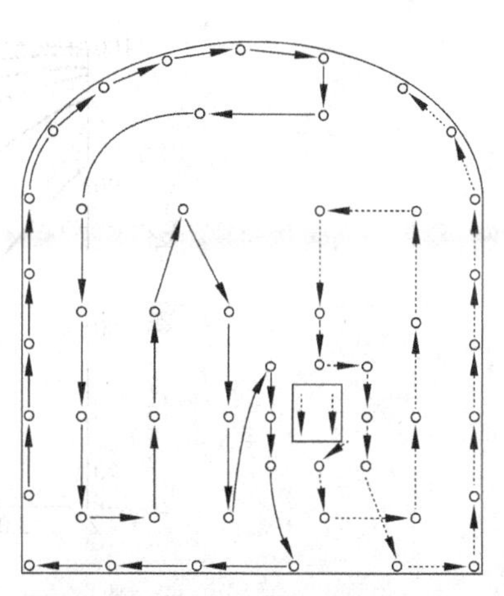

图 5-15　工作面上两台隧道液压凿岩台车的钻眼顺序(Tamrock,1986)

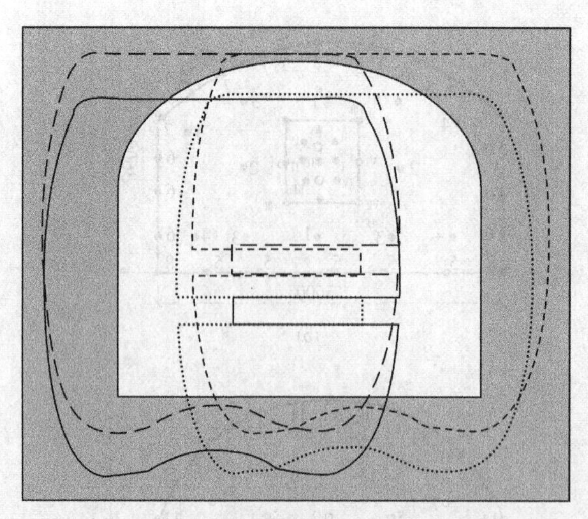

图 5-16 工作面上采用一台四臂液压凿岩台车的工作范围建议顺序

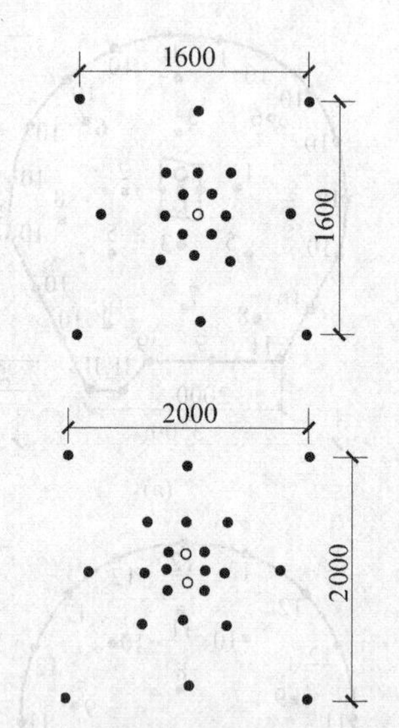

图 5-17 隧道掘进中采用的典型平行眼掏槽(长度单位: mm)

掏槽不装药眼深度决定最大循环进尺。图 5-18 示出了 Tamrock 公司(1983)提供的不同空眼直径(ϕ76～ϕ200mm)下钻眼深度(横坐标)与循环进尺(纵坐标)的关系。隧道掘进中,每一个循环中实际循环进尺为钻眼深度的 90%～95%。岩石钻进形式和钻进钎头尺寸决定炮眼直径。炮眼直径与钢钎直径的关系一般为: ①眼径为 30～28mm 时,钻眼钢钎直径为 22～28mm; ②眼径为 41～64mm 时,钻眼钢钎直径为 32mm。最优钻进循环长度取决于许多因素。理论上,大循环进尺的效率更高。表 5-2 所示为采用电动双臂液压凿岩台车钻 42 个直径为 51mm、炮眼深度为 3.7m、断面为 4.6m×4.6m 导坑的统计结果。其中,平均凿岩速度为 30mm/s,钎头的寿命是 100m,钎头更换时间是 2.5min,在两个工作面之间的移动距离是 122m。

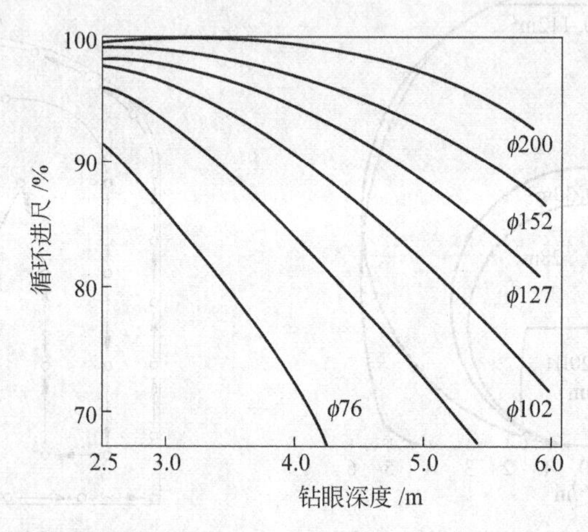

图 5-18 平行眼掏槽的掘进循环进尺、钻眼深度与空眼直径(单位: mm)的关系

表 5-2 钻进花费分析中的时间研究结果

操　作	每个循环时间/min
台车开到电源终端	2.42
连接电缆	0.75
台车开到工作面	1.82
调整水平	1.20
连接水管	0.50
测试电、水、液压循环、油压表等	4.00
观测顶板、工作面、移动观测	2.00
定位凿岩台车、推进、钻进	15.75
额外的推进和开眼	7.35
钻眼	42.00
清眼	3.15
收回钎杆	2.52
收回推进力	5.25
更换钎头	1.75
收回所有的推进力	0.50
从电源终端收缩台车	1.00
收缩支撑千斤顶	0.75
切断水源	0.25
台车开到电源终端	1.82
切断电源	0.50
台车开到临时存储室	2.42
每循环全部时间	97.70(1.63h)

将表5-2中的非钻进相关因素(机械启动、返回等)列于表5-3。

表 5-3 表 5-2 中的非钻进相关因素(机械启动、返回等)

操　作	每个循环时间/min
台车开到电源终端	2.42
连接电缆	0.75
台车开到工作面	1.82
调整水平	1.20
连接水管	0.50
测试电、水、液压循环、油压表等	4.00
观测顶板、工作面、移动观测	2.00
从电源终端收缩台车	1.00
收缩支撑千斤顶	0.75
切断水源	0.25
台车开到电源终端	1.82
切断电源	0.50
台车开到临时存储室	2.42
每循环全部时间	19.43

由表5-3可知,大约80%的时间((97.7－19.43)min＝78.27min,78.27÷97.9×100%＝80%)花费在钻进上,如果循环进尺能够增加到5m,则钻进相关时间如表5-4所示。

表5-4 掘进循环进尺为5m时,钻进相关时间

操 作	每个循环进尺时间/min
定位凿岩台车、推进、钻进	15.75
额外的推进和开眼	7.35
钻眼	58.38
清眼	3.15
收回钎杆	2.52
收回推进力	5.25
更换钎头	2.52
收回所有的推进力	0.50
每循环全部钻进时间	95.42
每循环总时间	114.84(1.91h)

从表5-4可以看出,循环进尺从3.7m变为5m时,增加了35%((5－3.7)/3.7×100%)的岩石钻进工作量,但是只增加了18%((114.85－97.7)/97.7×100%)的总体时间。当然,实际工作中还要考虑钻眼、爆破、通风、排水、装运、测量和支护等一系列工序的相互协调。循环进尺既要考虑总体掘进时间,又要考虑隧道断面大小对爆破夹制的影响,对于给定的隧道断面,循环进尺是有限的,有一个最优值。

不同隧道断面的炮眼数量可以由图5-19估计,图中虚线表示不同的隧道断面面积下的相应炮眼总数能够提供的较好的爆破效果,实线为二者的极限关系。

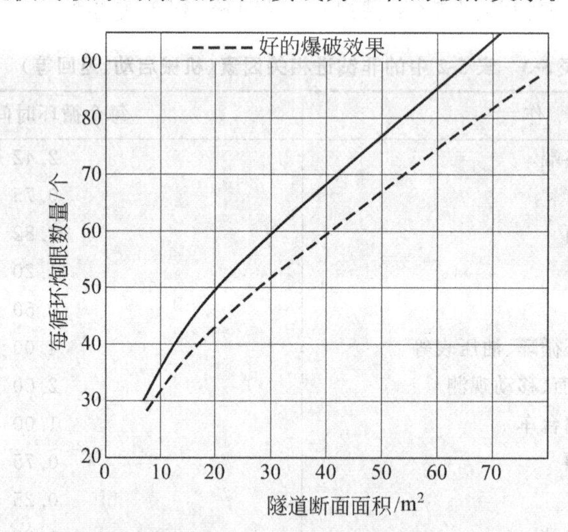

图5-19 隧道断面面积与每循环炮眼总数的关系(Tamrock,1986)

现代半自动和全自动凿岩台车可以控制凿岩机,允许一个钻工操作多台凿岩机。一个钻工能够操作的凿岩机数量可以用下面公式估计(Unger,1973):

$$N_d = \frac{Le}{V_P t_k} \tag{5-4}$$

式中：N_d——一个钻工最多能够操作的台车凿岩机数量，台；

L——炮眼深度，m；

e——钻工花费在布置凿岩机时的全部可用时间系数，一般取0.7；

V_P——凿岩速度，m/min；

t_k——收回、定位时间，一般取1.0～2.0min。

图5-20所示为不同数量的凿岩台车和钻工在一个断面为$8m^2$、眼深为3m，钻31个ϕ38mm的装药眼、1个ϕ102mm的掏槽眼，t_k取值2min的情况下，凿岩速度与间歇时间(可操作时间的百分比)的关系。

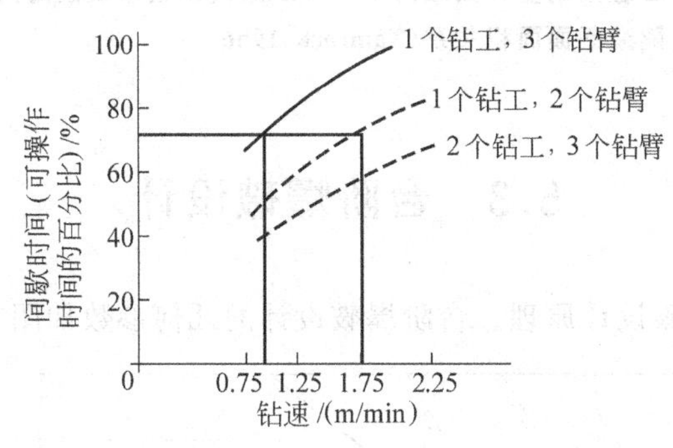

图5-20 相关操作台车钻工工作负荷与网络凿岩速度影响

可以肯定的是，一个钻工操作一台3臂凿岩台车，且以1m/min的凿岩速度掘进，台车已经达到了它的极限效率。由于钻工的时间是饱和的，所需完成循环钻进的时间一般不小于70min，钻工的工作负荷随着自动化的提高会明显下降。

一个台车的生产率可以用下面公式计算(Unger，1973)：

$$\eta_c = \frac{60LN_d r_f}{\frac{Lt_B}{L_S} + t_k + \frac{L}{V_P}} \tag{5-5}$$

式中：η_c——台车的生产力，m/h；

r_f——钻进时间与总循环时间之比；

t_B——更换钎头时间(一般取1.5～3.0min)；

L_S——更换钎头时炮眼深度，m；

其他参数意义同前。

在良好的操作条件下，在一个8h循环工作中，每个台车大约需要30min的维护时间。

在一些隧道掘进中，可以选择全断面或两个较小断面隧道进行平行掘进。由于后者钻眼和爆破可以平行作业，可以有各自的循环系统，因而有更高的生产率，这也是从长期实践中得出的结论。图5-21所示为隧道掘进每月进尺与断面上采用全断面掘进和两个小断面掘进系统对比图，由该图可知，对于一个断面为$20m^2$的隧道，当采用全断面和两个平行小断面掘进系统时，每月进尺前者比后者将近少100m。

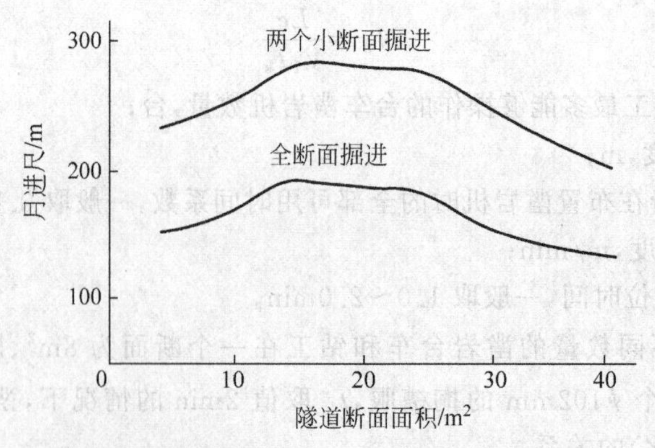

图 5-21 隧道采用全断面或两个平行小断面掘进系统的每月进尺与隧道断面面积关系(Tamrock,1986)

5.3 台阶爆破设计

本节将阐述台阶爆破设计原理。台阶爆破设计的几何参数如图 5-22 所示。

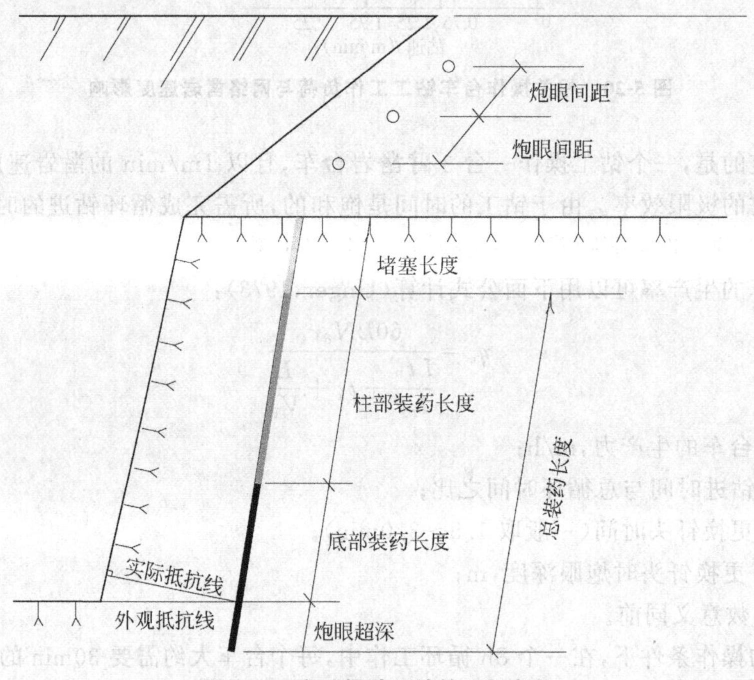

图 5-22 台阶爆破设计的几何参数

外观抵抗线为从炮眼到最近自由面的水平距离；实际抵抗线为从炮眼到最近自由面的垂直距离；炮眼间距为单排炮眼之间的距离；堵塞长度为炮眼上部不装药部分长度，通常用砂、黄泥做成的材料充填；炮眼超深为延伸到台阶根部以下的炮眼深度；总装药量为每个炮眼总装药量(炮眼底部装药量加上柱部装药量)；炮眼底部装药量为需要破碎台阶根部区域的炸药量；柱部装药量为需要破碎除台阶根部之外剩余炮眼长度岩石的炸药量。台阶设计过程中应确定混合炸药、岩石类型、炮眼直径等爆破参数。地下工程中岩石台阶设计计算方法没有实质性的突破，Langefors 和 Kihlstrom 在 1963 年提出的台阶设计计算方法是最经典的计算方法，下面将进行介绍。

1. 破碎概念

装药量 Q 与岩石破碎量的关系一般可表示为

$$Q = k_2V^2 + k_3V^3 + k_4V^4 \tag{5-6}$$

式中：Q——装药量，kg；

V——抵抗线，m；

k_2——相关新自由面面积的结构系数，为单位面积装药量，kg/m^2；

k_3——松动系数，为单位体积装药量，kg/m^3；

k_4——相关抛掷和膨胀系数，为 1m 单位岩石体积装药量，$(kg/m^3)/m$。

利用这些基本参数之间的关系，可以推导出爆破设计的基本公式，下面分五种情况进行阐述。

1) 底部集中装药

图 5-23 所示为垂直台阶与炮眼底部集中装药量(Q_0)之间的关系。采用干砂堵塞，台阶高度、抵抗线和眼间距都为 V。

参考式(5-6)得

$$Q_0 = a_2V^2 + a_3V^3 + a_4V^4 \tag{5-7}$$

式中：Q_0——底部集中装药量，kg；

a_i——相关炸药、岩石和台阶的几何常数，$i=2,3,4$，意义同式(5-6)，在瑞典花岗岩中采用 LFB 炸药测试的各 a_i 值为 $a_2=0.07kg/m^2$，$a_3=0.40kg/m^3$，$a_4=0.004kg/m^4$。

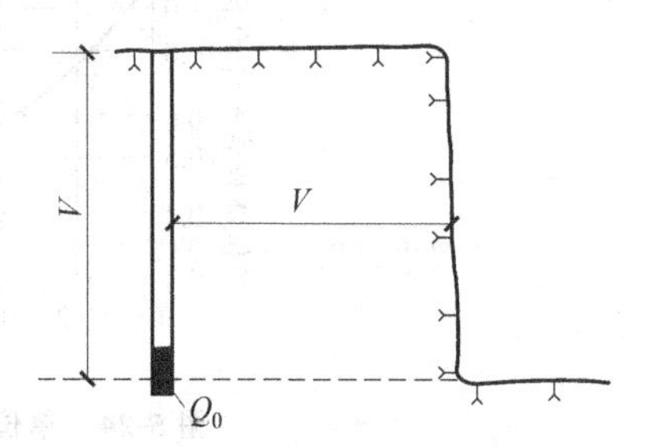

图 5-23　眼底集中装药的台阶爆破

将 a_i 的相关值代入式(5-7)得

$$Q_0 = 0.07V^2 + 0.40V^3 + 0.004V^4 \tag{5-8}$$

如果用 $\bar{c}$ 表示每单位体积岩石炸药消耗量，由式(5-7)得

$$\bar{c} = \frac{Q_0}{V^3} = \frac{a_2}{V} + a_3 + a_4V \tag{5-9}$$

同理，由式(5-8)得

$$\bar{c} = \frac{0.07}{V} + 0.40 + 0.004V \tag{5-10}$$

对于抵抗线 $V=1.0\sim15m$，单位体积岩石炸药消耗量 $\bar{c}$ 为

$$\bar{c} = (0.45 \pm 0.02)kg/m^3 \tag{5-11}$$

则式(5-8)变为

$$Q_0 = \bar{c}\,V^3 = 0.45V^3 \tag{5-12}$$

尽管上述公式是在瑞典花岗岩中用 LFB 炸药测试得到的结果，但是，它也适用于其他炸药和岩石类型。表 5-5 和图 5-24 示出了单位体积岩石炸药消耗量与抵抗线的关系。

表 5-5 V 与 $\bar{c}$ 之间的关系

V/m	$\bar{c}=\frac{0.07}{V}+0.40+0.004V$/(kg/m³)	$\bar{c}=\frac{Q_0}{V^3}$/(kg/m³)
0.01	7+0.40+0.000 04	7.4000
0.10	0.7+0.40+0.0004	1.1004
0.30	0.233+0.40+0.0012	0.6342
1.00	0.070+0.40+0.004	0.474
5	0.014+0.40+0.020	0.434
10	0.007+0.40+0.04	0.447
15	0.0047+0.40+0.06	0.4647
20	0.0035+0.40+0.08	0.4835
100	0.0007+0.40+0.40	0.8007
1000	0.000 07+0.40+4.00	4.4000

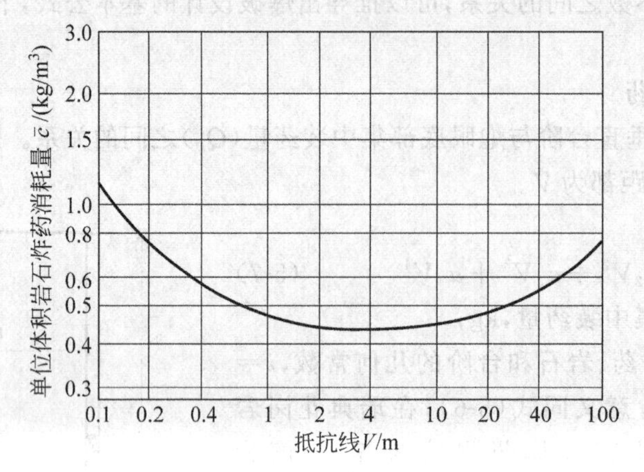

图 5-24 单位体积岩石炸药消耗量与抵抗线关系

2) 底部均布装药

通常情况下炸药沿炮眼某一高度(h_b)均布，而不是像第一种情况一样集中在底部装药。图 5-25 示出了底部集中与均布装药的根部破碎能力，它适用于不考虑膨胀项(V^4)的一定直径的炮眼装药量。图中，横坐标表示均布装药量，纵坐标 Q_0 表示与底部产生相同破碎力的相等集中装药量。底部集中装药与底部均布装药的破碎效果有明显的不同。例如，如果底部均布装药量长度 $h_b=1.0V$，单位长度装药集中度为 l_b(kg/m)，则 $Q=1.0l_bV$。就对底部的破碎能力而言，这相当于底部集中装药 $Q_0=0.6l_bV$ 的量，均布装药量的总爆破作用仅发挥了 0.6/1.0×100%=60%，即更大的均布装药高度实际上并不能增加底部松动爆破的效果。

从图 5-25 中可以看出，均布长度在 $0.3V$ 以内(总均布装药量为 $Q=0.3l_bV$)的均布装药量与同样重量的集中装药量($Q_0=0.3l_bV$)相比，对底部的破碎能力是一样的，也可以说均布装药量的总爆破作用发挥了 100%。均布装药长度大于 $0.3V$ 的装药高度时，其爆破作用将降低。

对于底部均布长度为 $1.3V$(底部以下超深为 $0.3V$)的底部均布装药量，其总装药量为

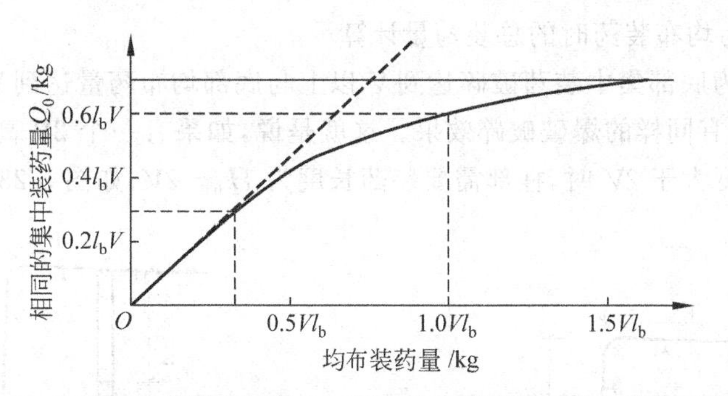

图 5-25 在相同的根部破碎能力下底部均布装药量与集中装药量的对比

$Q=1.3l_bV$，它相当于集中装药量 Q_0 的破碎能力为

$$Q_0=0.9l_bV \tag{5-13}$$

将式(5-7)代入式(5-13)得

$$l_b=1.1a_2V+1.1a_3V^2+1.1a_4V^3 \tag{5-14}$$

3) 柱部装药量

远离底部的柱部区域装药量可以减少，这种情况的 Langefors 原理如图 5-26 所示。在台阶自由面片层爆破时，若气体不从自由面片层炮眼底部逃逸，则不需要底部的装药量。此时柱部总装药量对于岩体而言可以表示为抵抗线的函数，即

$$Q_p=b_2V^2+b_3V^3+b_4V^4 \tag{5-15}$$

式(5-14)和式(5-15)中的系数 b_i 与 a_i 的关系为

$$b_i=0.4a_i,\quad i=2,3,4 \tag{5-16}$$

一般柱部装药量是底部装药量的 40%。

根据 Q_p 和 V 的关系，由式(5-15)得柱部装药集中度为

$$l_p=Q_p/V=b_2V+b_3V^2+b_4V^3 \tag{5-17}$$

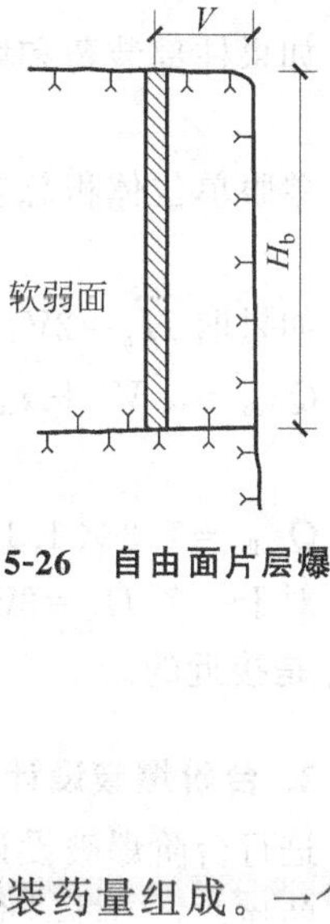

V
H_b
软弱面

图 5-26 自由面片层爆破

式中：Q_p——柱部总装药量，kg；

l_p——柱部装药量集中度，kg/m；

b_i——与 $a_i(i=2,3,4)$的意义相同。

4) 假设眼底为集中装药时的总装药量计算

对于高台阶(台阶高度 $H_b \geqslant 2V$)，总装药量由眼底装药量和柱部装药量组成。一个底部集中装药量能够破碎的底部范围达到抵抗线 V 高度，而柱部药量破碎剩余的岩石，如图 5-27 所示。Langefors 建议顶部堵塞长度在(0.5～1)V 之间。

若台阶高度为 H_b，抵抗线为 V，炮眼间距为 V，则所需的总装药量为

$$Q_{t,cb}=Q_0+l_p(H_b-V) \tag{5-18}$$

式中：$Q_{t,cb}$——眼底为集中装药时的总装药量，kg。

如果没有超深，堵塞长度为 V，则单眼单位体积岩石总装药量为

$$S_{cT}=Q_{t,cb}/(H_bV^2) \tag{5-19}$$

式中：S_{cT}——单眼单位体积岩石总装药量，kg/m^3；

H_b——台阶高度，m。

5) 假设眼底为均布装药时的总装药量计算

Langefors 认为底部集中装药破碎达到 V 以上与底部均布药量达到 V(总高度为 1.3V，其中超深 0.3V)具有同样的爆破破碎效果。这就是说，如果有一个 2V 高的台阶，柱部可以不装药，当台阶高度大于 2V 时，柱部需要装药长度为 H_b-2V，如图 5-28 所示。

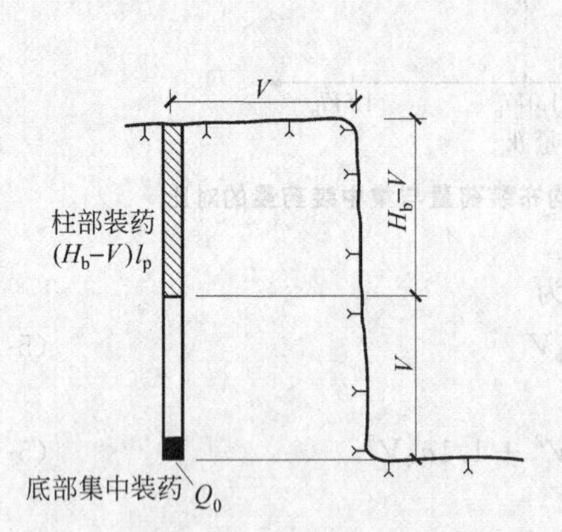

图 5-27 柱部均布和底部集中装药的炮眼

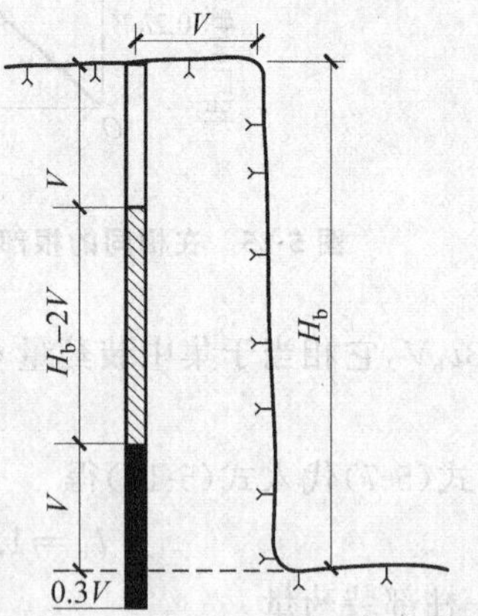

图 5-28 柱部和底部均布装药的炮眼

如果柱部装药和堵塞长度均为 V，则总装药量为

$$Q_{t,db}=1.3Vl_b+(H_b-2V)l_p \tag{5-20}$$

单眼单位体积总装药量为

$$S_{cT}=Q_{t,db}/(H_bV^2) \tag{5-21}$$

如果取 $H_b=2V$，则

$$Q_{t,cb}=a_2V^2+a_3V^3+a_4V^4+b_2V^2+b_3V^3+b_4V^4=1.4(a_2V^2+a_3V^3+a_4V^4) \tag{5-22a}$$

$$Q_{t,db}=1.3\times1.1\times(a_2V^2+a_3V^3+a_4V^4)=1.43(a_2V^2+a_3V^3+a_4V^4) \tag{5-22b}$$

对于一个 $H_b=2V$ 高的台阶所需的总装药量而言，底部集中装药 $Q_{t,cb}$ 和底部均布装药 $Q_{t,db}$ 是接近的。

2. 台阶爆破设计及其影响因素

进行台阶爆破设计时，假设：①台阶垂直和炮眼平行；②单眼装药；③确定 a_1 时，使用相同的炸药；④每一个延期爆破一个眼；⑤台阶面对破碎自由面；⑥岩石常数根据瑞典经验值确定。

1) 岩石类型的影响

岩石类型的影响可以通过原位测试得到。对于固定的装药量，直到破碎发生时，抵抗线才变化；对于固定的抵抗线，直到破碎发生时，装药量才变化。

在集中装药量测试情况下，a_3(即岩石常数 c)为

$$a_3=c=\frac{Q_0}{V^3} \tag{5-23}$$

其他两个常数 a_2 和 a_4 分别为 $a_2=0.07\mathrm{kg/m^2}$，$a_4=0.004\mathrm{kg/m^4}$，并且没有相对误差。

在自由面片层爆破测试中获得的系数 b_3 为

$$b_3 = \frac{l_p}{V^2} \tag{5-24}$$

另外，b_3 也可以由 $b_i = 0.4a_i$ 确定。

如果缺乏原位测试值，则可取 $c = 0.4\text{kg/m}^3$。

2）炸药类型的影响

在实践中，如果混合使用几种炸药，则

$$s = \frac{5}{6}\frac{QE}{QE_0} + \frac{1}{6}\frac{VE}{VE_0} \tag{5-25}$$

式中：s——相对 LFB 炸药的炸药重量威力；

QE_0——1kg LFB 炸药的爆热，kcal/kg①；

QE——1kg 炸药的爆热，kcal/kg；

VE_0——在标准温度和大气压下 LFB 炸药释放的气体，dm^3/kg；

VE——在标准温度和大气压下炸药释放的气体，dm^3/kg。

假设岩石常数（a_3）由炸药 A 的 QE_0、VE_0 确定，实际底部装药是炸药 B。单位体积岩石炸药 B 的重量也许不同于炸药 A 的重量。如果炸药 B 相对炸药 A 的相对重量威力 $s<1$，则需要更多的 B 炸药，反之亦然。式(5-20)可修改为

$$Q_t = \frac{1.3V}{s_b} l_b + (H_b - 2V) l_p$$

将式(5-14)代入上式得

$$Q_t = \frac{1.3}{s_b}(1.1a_2V^2 + 1.1a_3V^3 + 1.1a_4V^4) + (H_b - 2V) l_p \tag{5-26}$$

式中：s_b——相对于获得岩石常数炸药的眼底所装炸药的重量威力。

同样，在柱部装药的炸药也有一个不同的重量威力 s_p，将式(5-16)和式(5-17)代入式(5-26)得

$$Q_t = \frac{1.3}{s_b}(1.1a_2V + 1.1a_3V^2 + 1.1a_4V^3) + \frac{0.4(H_b - 2V)}{s_p}(a_2V + a_3V^2 + a_4V^3) \tag{5-27}$$

例 5-1 瑞典 LFB 炸药的 $QE_0 = 1160\text{kcal/kg}$，$VE_0 = 850\text{dm}^3/\text{kg}$，$\rho = 1.45\text{kg/dm}^3$，$\bar{c}_{\text{LFB}} = 0.45\text{kg/m}^3$，而 ANFO 炸药的 $QE = 900\text{kcal/kg}$，$VE = 973\text{dm}^3/\text{kg}$，$\rho = 0.82\text{kg/dm}^3$，当底部采用集中装药时，求 ANFO 炸药与 LFB 炸药的相对重量威力 s_{LFB} 和 s_{ANFO} 及 ANFO 炸药的 $\bar{c}_{\text{ANFO}}$。

解 由式(5-25)，ANFO 炸药相对 LFB 炸药的相对重量威力为

$$s_{\text{LFB}} = \frac{5}{6} \times \frac{900}{1160} + \frac{1}{6} \times \frac{973}{850} \approx 0.84$$

LFB 炸药相对 ANFO 炸药的相对重量威力为

$$s_{\text{ANFO}} = \frac{1}{s_{\text{LFB}}} = \frac{1}{0.84} \approx 1.19$$

以上两式说明，需要更多的 ANFO 炸药来达到与 LFB 炸药相同的岩石破碎度。

① 1cal=4.1868J。

$$\text{ANFO 炸药的}\bar{c}_{\text{ANFO}}=\frac{0.45}{0.84}\text{kg/m}^3\approx 0.54\text{kg/m}^3$$

3) 钻眼斜度的影响

为了克服台阶底部的夹制,需要在底部增加装药。如果台阶面从垂直变为倾斜,则这种夹制程度将减少。这种夹制程度用夹制系数 f(fixation factor)表示,它是实际抵抗线(V_1)与外观抵抗线(V_a)之比,详见图 5-29。

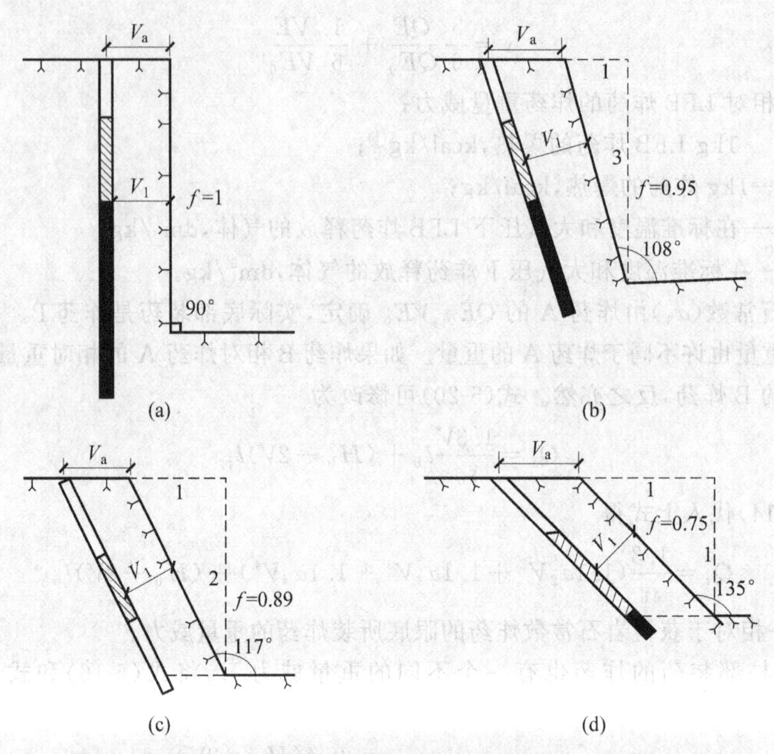

图 5-29 不同台阶面的抵抗线

(a) 台阶面为 90°且夹制系数为 1 的情况;(b) 台阶面为 108°(坡度为 3∶1)且夹制系数为 0.95 的情况;(c) 台阶面为 117°(坡度为 2∶1)且夹制系数为 0.89 的情况;(d) 台阶面为 135°(坡度为 1∶1)且夹制系数为 0.75 的情况

(1) 台阶垂直,底部装药,如图 5-29(a)所示,底部破碎角为 90°,此时 $f=\dfrac{V_1}{V_a}=1$。

(2) 台阶倾斜,倾斜度为 3∶1,底部装药,如图 5-29(b)所示,由于底部破碎角从 90°增加到 108°,夹制程度降低。由图可知,$V_1=V_a\cos(108°-90°)=0.95V_a$,此时 $f=\dfrac{V_1}{V_a}=0.95$。在这种情况下,甚至柱部区域所需装药集中度也是可以减少的。

(3) 台阶倾斜,倾斜度为 2∶1,底部装药,如图 5-29(c)所示,由于底部破碎角从 90°增加到 117°,夹制程度降低。由图可知,$V_1=V_a\cos(117°-90°)=0.89V_a$,此时 $f=\dfrac{V_1}{V_a}=0.89$。如果底部没有夹制,f 还可以降到 0.75,如图 5-29(d)所示。

根据以上讨论,考虑夹制程度对爆破装药量的影响,将式(5-27)修改为

$$Q_t = f\left[\frac{1.3}{s_b}(1.1a_2V + 1.1a_3V^2 + 1.1a_4V^3) + \frac{0.4(H_b - 2V)}{s_p}(a_2V + a_3V^2 + a_4V^3)\right] \tag{5-28}$$

4）抵抗线与炮眼间距的关系

如果考虑炮眼间距 E 与 V 对 Q_t 的影响，则将式(5-28)修改为

$$Q_t = \left(\frac{E}{V}\right) f\left[\frac{1.3}{s_b}(1.1a_2V + 1.1a_3V^2 + 1.1a_4V^3) + \frac{0.4(H_b - 2V)}{s_p}(a_2V + a_3V^2 + a_4V^3)\right] \tag{5-29}$$

通常取 $E/V = 1.25$。

5）协同炮眼影响

假设全部药包同时起爆，由于炮眼间存在相互作用，所以，随着炮眼数量的增加，每个炮眼的装药量可以减少。对于四个或更多的相同延期炮眼爆破，装药量 Q_t（见式(5-27)）可以减少到 $0.8Q_t$。

6）实际应用中的一般设计等式总结

在实际应用中，将 E/V 作为一个参数考虑，总装药量计算式(5-29)可分为两个部分考虑：单眼延期起爆和几个眼同时延期起爆。

（1）单眼延期起爆

底部装药

$$Q_b = 1.3Vl_b \tag{5-30a}$$

其中

$$l_b = 1.1\left(\frac{E}{V}\right)\left(\frac{f}{s_b}\right)(a_2V + a_3V^2 + a_4V^3) \tag{5-30b}$$

柱部装药

$$Q_p = (H_b - V)l_p \tag{5-30c}$$

其中

$$l_p = 0.4\left(\frac{E}{V}\right)\left(\frac{f}{s_p}\right)(a_2V + a_3V^2 + a_4V^3) \tag{5-30d}$$

（2）几个眼同时延期起爆

$$l_b = 0.88\left(\frac{E}{V}\right)\left(\frac{f}{s_b}\right)(a_2V + a_3V^2 + a_4V^3) \tag{5-31a}$$

$$l_p = 0.32\left(\frac{E}{V}\right)\left(\frac{f}{s_p}\right)(a_2V + a_3V^2 + a_4V^3) \tag{5-31b}$$

在隧道掘进中，对于正常抵抗线 $V(V=1.5\sim15\text{m})$，一般有

$$\bar{c} = \frac{a_2}{V} + a_3 + a_4V = \frac{a_2}{V} + c + a_4V$$

并且可以简化为

$$\bar{c} = \frac{a_2}{V} + c \tag{5-32}$$

对于单眼延期起爆，将式(5-32)代入式(5-30b)和式(5-30d)得

$$l_b = 1.1 \frac{E}{V} \frac{f}{s_b} \bar{c} V^2 \tag{5-33a}$$

$$l_p = 0.4 \frac{E}{V} \frac{f}{s_p} \bar{c} V^2 \tag{5-33b}$$

对于几个眼同时延期起爆,将式(5-32)代入式(5-31a)得

$$l_b = 0.88 \frac{E}{V} \frac{f}{s_b} \bar{c} V^2 \tag{5-34a}$$

再将得到的 l_b 代入式(5-31b)得

$$l_p = 0.32 \frac{E}{V} \frac{f}{s_p} \bar{c} V^2 \tag{5-34b}$$

最大抵抗线由破碎底部的可用装药量确定。

对于单眼,由式(5-33a)得

$$V_{max} = \sqrt{\frac{l_b s_b}{1.1 \frac{E}{V} \bar{c} f}} \tag{5-35a}$$

对于多眼,由式(5-34a)得

$$V_{max} = \sqrt{\frac{l_b s_b}{0.88 \frac{E}{V} \bar{c} f}} \tag{5-35b}$$

在式(5-35a)和式(5-35b)中,每米长度装药量(l_b)由眼径(d)和炸药装填密度 ρ_p(p 为 packing 的缩写)确定,它们之间的关系为

$$l_b = \frac{\pi d^2}{4} \rho_p \tag{5-36}$$

式中:l_b——每米长度装药量,kg/m;

d——炮眼直径,m;

ρ_p——炸药装填密度,kg/m^3。

将式(5-36)代入式(5-35a)和式(5-35b)分别得到单眼、多眼的最大抵抗线

$$V_{max} = \sqrt{\frac{\pi \rho_p d^2 s_b}{4 \times 1.1 \frac{E}{V} \bar{c} f}} = 0.84d \sqrt{\frac{\rho_p s_b}{\frac{E}{V} \bar{c} f}} \tag{5-37}$$

$$V_{max} = \sqrt{\frac{\pi \rho_p d^2 s_b}{4 \times 0.88 \frac{E}{V} \bar{c} f}} = 0.94d \sqrt{\frac{\rho_p s_b}{\frac{E}{V} \bar{c} f}} \tag{5-38}$$

7) 实际抵抗线(V_1)

由于实际钻眼有偏差,则 V_1 小于理论最大抵抗线 V,这样

$$V_1 = V_{max} - (\alpha H_b + \beta) \tag{5-39}$$

式中:V_1——实际抵抗线,m;

β——开眼偏差,m;

α——钻眼方向偏差,mm/m。

偏差 α、β 可以通过精确而仔细的工作减少。钻眼方向偏差受钻眼设备、钻工技术、岩石

条件和眼深的影响。

在式(5-39)中，当炮眼直径小于或等于100mm时，开眼偏差β不应超过0.1m，钻眼方向偏差α应该保持在0.03m/m(3%或1.7°)以内，由此可得

$$V_1 = V_{max} - (0.03H_b + 0.10) \tag{5-40}$$

式(5-40)也可以简化为

$$V_1 = V_{max} - 0.05H_b \tag{5-41}$$

8) 建议的台阶高度与眼径关系

建议的台阶高度与炮眼直径的关系见表5-6。

表5-6 建议的台阶高度与炮眼直径关系

炮眼直径/mm	台阶高度/m	炮眼直径/mm	台阶高度/m
35	<5	102	10～25
51	4～10	127	10～25
76	6～20		

9) 实际抵抗线与眼径关系

图5-30所示为实际抵抗线与炮眼直径的函数关系，它的适用条件为：①法向眼间距$E=1.25V$；②$2V<H_b<20$m。

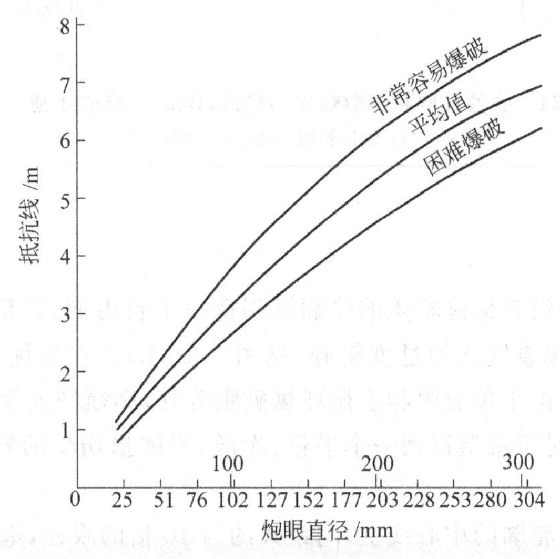

图5-30 实际抵抗线与炮眼直径的函数关系(Atlas Copco，1978)

5.4 轮廓爆破

轮廓爆破可以在台阶爆破和隧道爆破中形成光面，包括线性钻眼爆破、预裂爆破和光面爆破三种。

5.4.1 线性钻眼爆破

线性钻眼是沿着爆破最终希望的位置钻一排密集炮眼，这些炮眼并不装药，但具有两个

作用：①反射来自装药眼的炸药爆轰波；②阻止来自爆轰气体的放射性粉碎。线性钻眼直径一般为38～75mm，炮眼中心间距为2～4倍的眼径。第一排装药眼在距离线性钻眼位置的(0.57～0.75)V处，其炮眼炸药装填密度大约是主炮眼的50%，见图5-31(a)。线性钻眼的缺点是钻眼率高和花费较多。

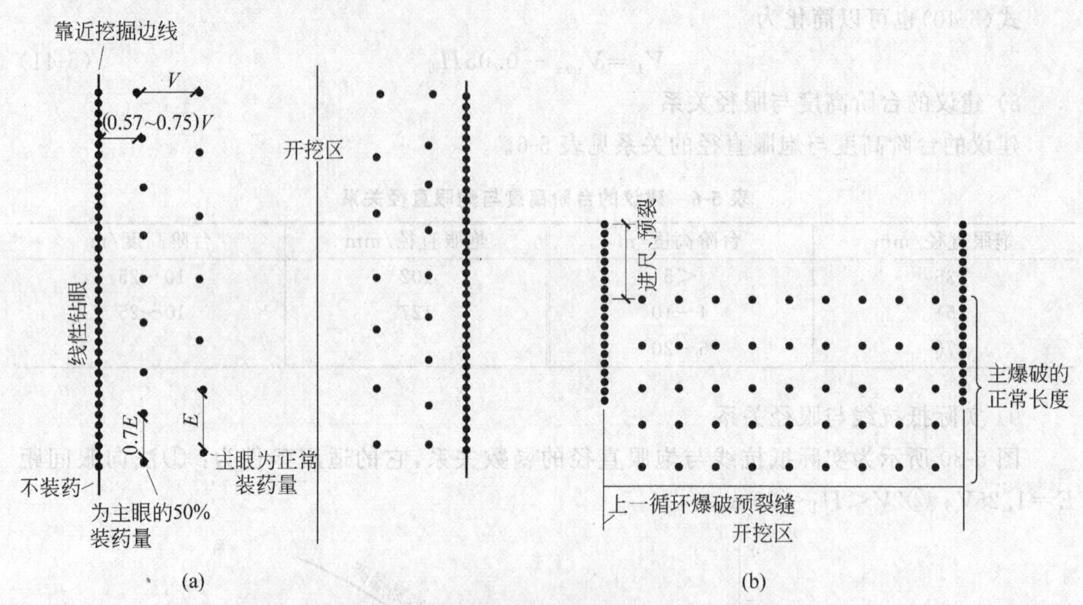

图5-31 线性钻眼和预裂爆破的挖掘(Dupont爆破手册,1980)

(a) 线性钻眼；(b) 预裂爆破

5.4.2 预裂爆破

预裂爆破的目的是沿着最终希望的轮廓线创造一个自由面，以反射来自装药眼的炸药爆轰波，并且阻止来自爆轰气体的过度粉碎，见图5-31(b)。它的优点是钻眼花费不高，不需要线性钻眼。缺点是由于预裂眼和主循环爆破眼分开，必须增加额外的时间和劳动力，当然，这些增加的工作量对于希望得到一个平整、光滑、岩体损伤少的岩石面的情况是完全可以接受的。

预裂爆破炮眼钻在轮廓的中心线上，间距大约为10倍的眼径，炮眼尽可能少装药，起爆尽可能瞬发，在主爆破起爆前起爆，炮眼为线性钻眼的1/3。详细设计参数见表5-7。

表5-7 预裂爆破设计参数

钻眼直径/mm	集中装药量/(kg/m)	炮眼间距/mm
25～35	0.06～0.1	200～300
40	0.16	350～500
51	0.25	400～500
64	0.37	600～800

预裂爆破的起爆有两种情况：①预裂眼的钻眼和爆破都在主爆破眼起爆前完成；②预裂眼的钻眼与主爆破眼同步，但预裂眼先爆。

5.4.3　光面爆破

在光面爆破中,周边眼(也称光面眼)与其他循环眼一起起爆,但是周边眼最后、并采用同段起爆。炮眼间距 E 是炮眼直径 d 的线性函数,并且 $E=(15\sim16)d$,炮眼每米集中装药量 $l=90d^2$,$E/V=0.8$,详见表 5-8。

表 5-8　光面爆破设计参数

炮眼直径 d/mm	集中装药量 l/(kg/m)	光面爆破参数	
		E/m	V/m
30		0.5	0.7
37	0.12	0.6	0.9
44	0.17	0.6	0.9
50	0.25	0.8	1.1
62	0.35	1.0	1.3
75	0.5	1.2	1.6
87	0.7	1.4	1.9
100	0.9	1.6	2.1

例 5-2　隧道采用导洞和台阶开挖,垂直台阶高度为 $H_b=5\text{m}$,宽度为 $W_b=7.5\text{m}$,夹制系数 $f=1.0$。垂直眼直径 $d=38\text{mm}$,$E/V=1.25$,台阶抵抗线 $V=2\text{m}$。钻眼开眼误差小于 100mm,钻眼方向偏差小于 3°。炸药为 AN-dynamite(35%NGI),装药密度 $\rho_p=1250\text{kg/m}^3$,各个炮眼采用相同的炸药,$s_b=1.0$。由制造商提供的数据可知,炸药的 $QE=1160\text{kcal/kg}$,$VE=850\text{dm}^3/\text{kg}$,岩石常数 $c=0.4\text{kg/m}^3$。试根据 Langefors 原理设计台阶爆破参数。

解　假设炮眼同时起爆,由式(5-38)得理论抵抗线

$$V_{\max}=0.94d\sqrt{\frac{\rho_p s_b}{\frac{E}{V}\bar{c}f}}$$

由式(5-32)得

$$\bar{c}=\frac{0.07}{V}+0.40=0.435\text{kg/m}^3$$

将相关数据代入得

$$V_{\max}=0.94d\sqrt{\frac{\rho_p s_b}{\frac{E}{V}\bar{c}f}}=0.94\times0.038\times\sqrt{\frac{1250\times1.0}{1.25\times0.435\times1.0}}\text{m}\approx1.71\text{m}$$

由式(5-41)得炮眼实际抵抗线

$$V_1=V_{\max}-0.05H_b=(1.71-0.05\times5)\text{m}=1.46\text{m}$$

则炮眼实际间距为

$$E_1=1.25V_1=1.25\times1.46\text{m}=1.83\text{m}$$

根据上述参数,选择的炮眼实际参数为 $V_1=1.5\text{m}$,$E_1=1.9\text{m}$。

每排炮眼数量为

$$n=\frac{W_b}{E_1}+1=\frac{7.5}{1.9}+1\approx5(\text{取整})$$

炮眼超深量为

$$J=0.3V_{\max}=0.3\times1.71\mathrm{m}\approx0.5\mathrm{m}$$

炮眼深度为

$$H=H_b+J=(5+0.5)\mathrm{m}=5.5\mathrm{m}$$

炮眼底部装药高度为

$$h_b=1.3V_{\max}=1.3\times1.71\mathrm{m}\approx2.2\mathrm{m}$$

炮眼底部装药集中度为

$$l_b=\frac{\pi}{4}d^2\rho_p=\frac{\pi}{4}\times0.038^2\times1250\mathrm{kg/m}\approx1.42\mathrm{kg/m}$$

因此,眼底总装药量为

$$Q_b=h_bl_b=2.2\times1.42\mathrm{kg}\approx3.124\mathrm{kg}$$

炮眼柱部装药量高度和集中度为

$$h_p=H_b-2V_{\max}=(5-2\times1.71)\mathrm{m}=1.58\mathrm{m}$$

$$l_p=0.4l_b=0.4\times1.422\mathrm{kg/m}\approx0.57\mathrm{kg/m}$$

假设药卷直径为 d_p。因为 $l_p=\frac{\pi d_p^2}{4}\rho_p$,所以装药卷的直径为 $d_p=\sqrt{\frac{4l_p}{\pi\rho_p}}\approx24\mathrm{mm}$。

柱部总装药量为

$$Q_p=l_ph_p=0.57\times1.58\mathrm{kg}\approx0.90\mathrm{kg}$$

总装药量为

$$Q_t=Q_b+Q_p=(3.12+0.90)\mathrm{kg}=4.02\mathrm{kg}$$

每个炮眼单位体积岩石装药量为

$$s_c=\frac{Q_t}{V_1E_1H_b}=\frac{4.02}{1.5\times1.9\times5}\mathrm{kg/m^3}\approx0.28\mathrm{kg/m^3}$$

单排炮眼单位体积岩石总装药量为

$$s_c=n\frac{Q_t}{V_1H_bW_b}=5\times\frac{4.02}{1.5\times5\times7.5}\mathrm{kg/m^3}\approx0.36\mathrm{kg/m^3}$$

这里的不装药长度为 V,即1.71m。通常炮眼不装药长度取炮眼直径的15~20倍。

5.5 隧道爆破设计

Holmberg于1982年提出一个经济的、优化的隧道爆破设计草图,其原理基于早期的Langefors和Kihlstrom(1963)、Holmberg(1982)提出的理论。隧道爆破比台阶爆破更复杂,原因如下:第一,唯一能够采用的破碎自由面是隧道工作面;由于断面夹制程度高,需要多装药。隧道断面面积与炸药消耗的关系见图5-32。第二,工作环境影响对炸药的选择。应尽量避免采用释放高浓度有毒气体的炸药。第三,小抵抗线掏槽时需要知道炸药殉爆距离的影响。第四,底眼内的抛掷炸药要求防水。第五,要求周边眼柱部装药应该对围岩造成的损伤最小。为了讨论方便,我们将隧道分成A、B、C、D、E五个区域,其中,A为掏槽区,B为水平或向上破碎的辅助眼区,C为向下破碎的辅助眼区,D为周边眼区,E为底眼区。如图5-33所示。在计算时,对每一区块将进行特别处理。

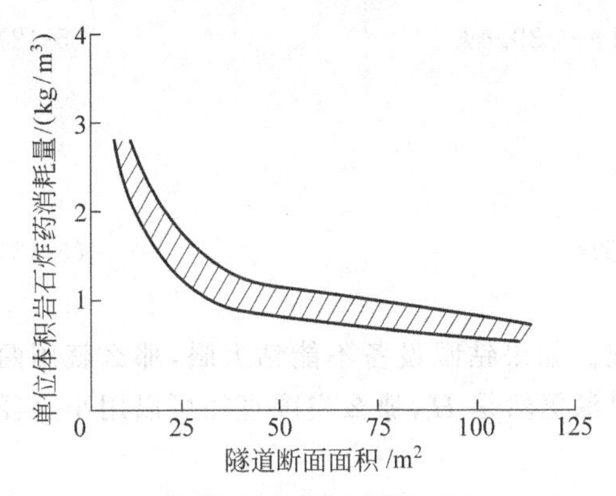

图5-32 隧道断面面积与炸药消耗的关系

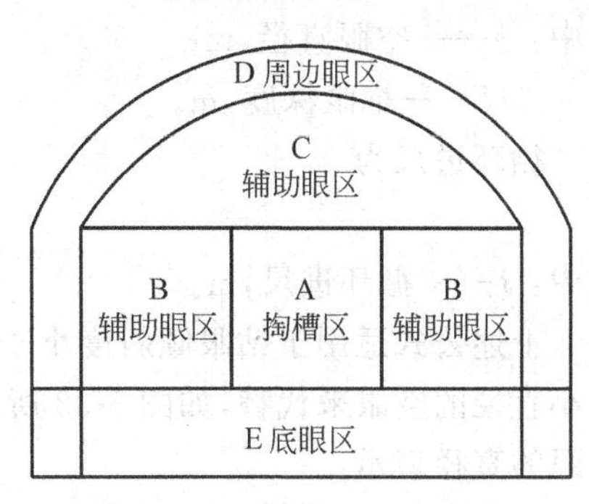

图5-33 不同类型炮眼分布区域

5.5.1 掏槽区炮眼设计(A区)

在爆破工艺中,最重要的工作是在工作面上创造一个自由面,以便其他炮眼爆破松动下来的岩石有一个能够移动的空间。如果掏槽区爆破失败,整个循环爆破就将彻底失败。掏槽区的炮眼布置顺序是,掏槽眼首先起爆,其爆破起爆延期顺序要有利于逐渐形成更大的掏槽空间,直到掏槽眼全部起爆完为止。掏槽有V字形掏槽(见图5-34)、扇形掏槽(见图5-35)和中心空眼的直眼正方形掏槽(见图5-36)等形式。

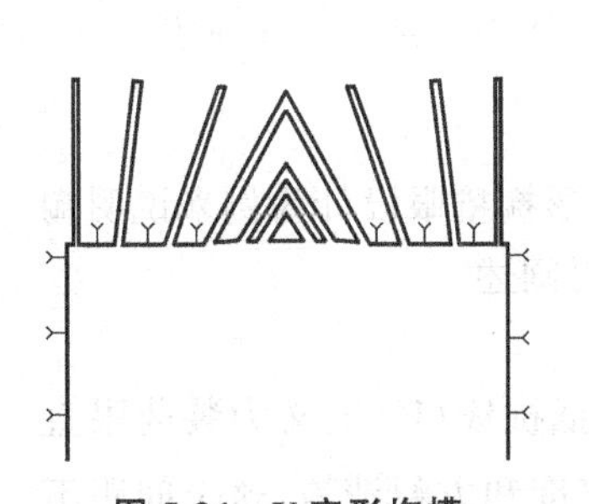

图5-34 V字形掏槽

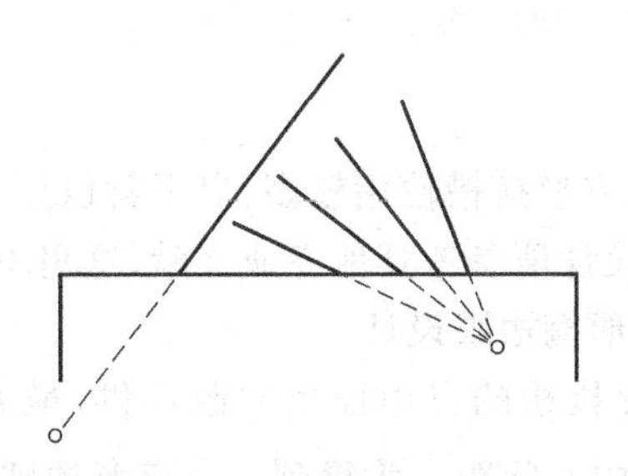

图5-35 扇形掏槽

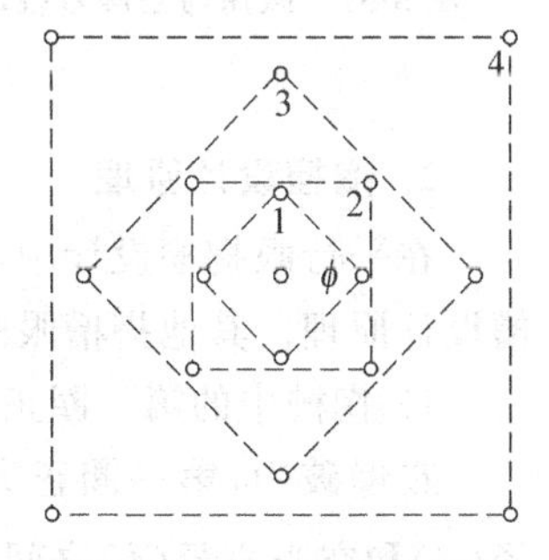

图5-36 四个正方形掏槽

掏槽眼与钻眼设备相关,当隧道断面宽时,可以采用楔形(V字形)掏槽、扇形掏槽;当隧道断面窄时,目前一般采用具有一个或两个以上大空眼(ϕ65～175mm)的平行眼掏槽,以大空眼作为小炮眼的自由面,爆破时小炮眼破碎的岩石膨胀到大空眼中,大空眼逐渐增大,直至掏槽眼全部起爆完毕,形成更大的掏槽空间,之后辅助眼开始起爆。

1. 循环进尺

掘进循环进尺受空眼和邻近小直径掏槽眼倾斜度的影响。经济的进尺是空眼深度全部爆破完,不留残眼,如果进尺小于眼深的95%,那么掘进时的花费将非常大。

图5-37示出了当进尺等于眼深的95%时,有一个空眼的正方形掏槽情况中眼深与空眼直径的关系。

假设炮眼深度为 H,空眼直径为 ϕ,则

$$H=0.15+34.1\phi-39.4\phi^2 \tag{5-42}$$

式中：ϕ——空眼直径,m；

H——炮眼深度,m。

循环进尺为

$$I=0.95H \tag{5-43}$$

式中：I——循环进尺,m。

上述公式适用于钻眼倾斜度小于2%的情况。如果钻眼设备不能钻大眼,那么就用两个小直径的空眼来代替,如图5-38所示。如果眼深仍然是 H,那么空眼直径可以用小直径空眼的直径表示：

$$\phi=\sqrt{2}d_0 \tag{5-44}$$

式中：d_0——小直径空眼的直径,m。

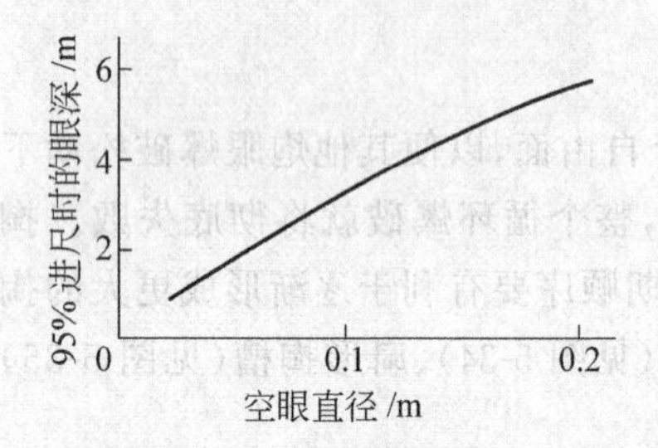

图5-37　眼深与空眼直径的关系

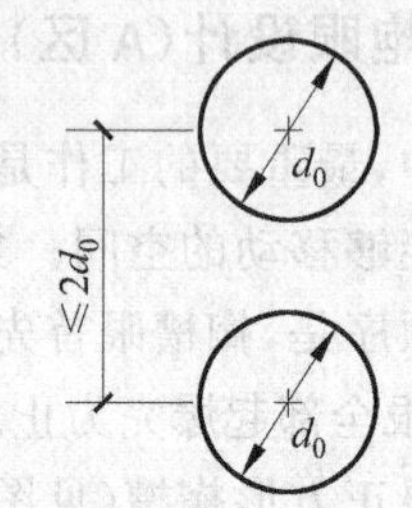

图5-38　两个小直径空眼代替一个大空眼的掏槽情况

2. 掏槽设计原理

在平行眼掏槽设计中,正方形掏槽使用较多,以下就以正方形掏槽眼设计为例来说明掏槽设计原理。其他掏槽眼的设计请参考其他专业文献,这里不再阐述。

1) 掏槽中的第一圈正方形掏槽眼设计

在爆破中,第一圈正方形掏槽的自由面由空眼提供,最大抵抗线(V)定义为装药眼直径(d)和空眼直径(ϕ)之间的中心间距。为得到一个满意的破碎度和方便清渣,这个间距不应大于 1.7ϕ。爆破破碎的结果与炸药的形式、岩石结构、装药眼和空眼之间的距离等有关。由图5-39可知,当抵抗线大于 2ϕ 时,由于缝隙角太小而导致多装药,爆破只能产生塑性变形。如果抵抗线过小或炮眼相遇,岩石将相互撞击和烧结,并阻止岩石所需的膨胀,过大的装药集中度将产生一个错误的掏槽功能。

由于钻眼存在偏差,隧道面上炮眼真正的中心间距一般小于 V,这个距离称作实际抵抗线 V_1。如果钻眼偏差可接受的最大值在0.5%～1.0%之间,则实际抵抗线 V_1 对于掏槽拓展眼必须小于最大抵抗线 V_{max}($V_{max}=1.7\phi$),建议取

$$V_1=1.5\phi \tag{5-45}$$

式中：V_1——实际抵抗线,m；

其他参数意义同前。

如果钻眼偏差超过1.0%,V_1 应采用下式：

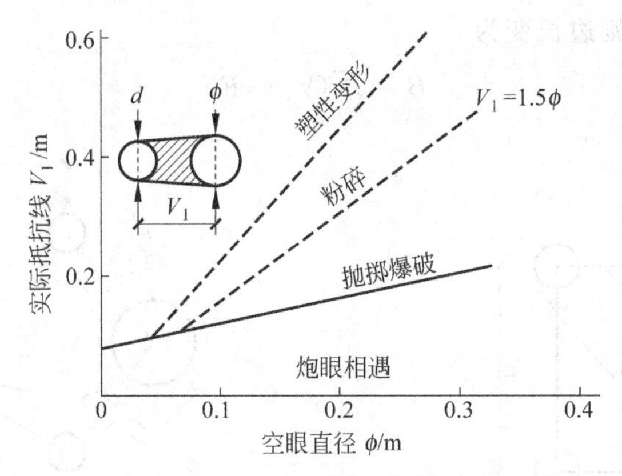

图 5-39 实际抵抗线与空眼间不同相关性下的爆破结果(钻眼偏差小于1%)

$$V_1 = 1.7\phi - F \tag{5-46a}$$

$$F = \alpha H + \beta \tag{5-46b}$$

式中：F——最大钻眼偏差，m；

α——钻眼方向偏差，m/m；

β——开眼偏差，m；

其他参数意义同前。

通常，实际钻眼精度足够高，完全可以使用式(5-45)。当确定了抵抗线后(考虑断面几何学因素)，计算装药眼和空眼间破碎岩石所需的炸药量是必要的。对于试验条件下的瑞典花岗岩($c=0.40$)，当采用 $\phi=32$mm 的 LFB 炸药药卷时，Langefors 和 Kihlstrom(1963)获得了装药集中度、装药眼最大抵抗线和空眼直径之间的关系(见图 5-39)：

$$l = 1.5\left(\frac{V_{\max}}{\phi}\right)^{1.5}\left(V_{\max} - \frac{\phi}{2}\right) \tag{5-47}$$

式中：l——装药集中度，kg/m。

对于一般的岩石和炸药种类，如果普通炮眼直径为 d，则装药集中度为

$$l = 55d\left(\frac{V_{\max}}{\phi}\right)^{1.5}\left(V_{\max} - \frac{\phi}{2}\right)\frac{\frac{c}{0.4}}{s_{\mathrm{ANFO}}} \tag{5-48}$$

式中：s_{ANFO}——相关 ANFO 的炸药重量威力；

c——岩石常量，kg/m³；

d——炮眼直径，m。

通常可以从炸药制造商处得到 l 的值，这样就可以由式(5-48)来计算炮眼抵抗线。如果第一圈正方形掏槽的炮眼钻眼没有偏差，则爆破起爆后的掏槽几何形状应该如图 5-40 所示。

如果第一圈正方形边长为 B'，则

$$B' = \sqrt{2}V_1 \tag{5-49a}$$

如果钻眼向外有偏差，见图 5-41，则边长变为

$$B'' = \sqrt{2}(V_1 + F) \tag{5-49b}$$

如果钻眼向里有偏差,则边长变为

$$B=\sqrt{2}(V_1-F) \tag{5-49c}$$

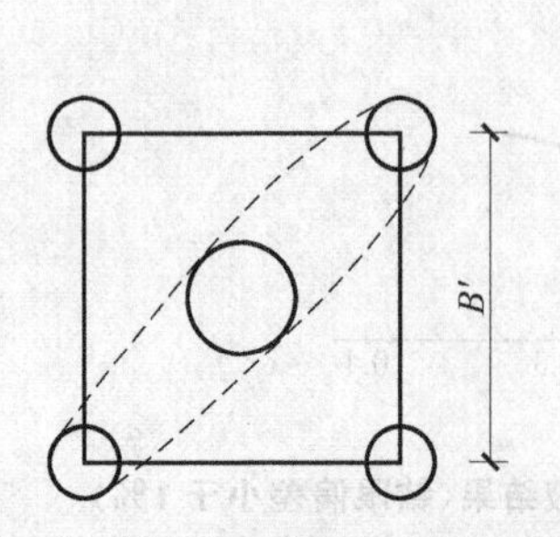

图 5-40　第一圈正方形掏槽眼

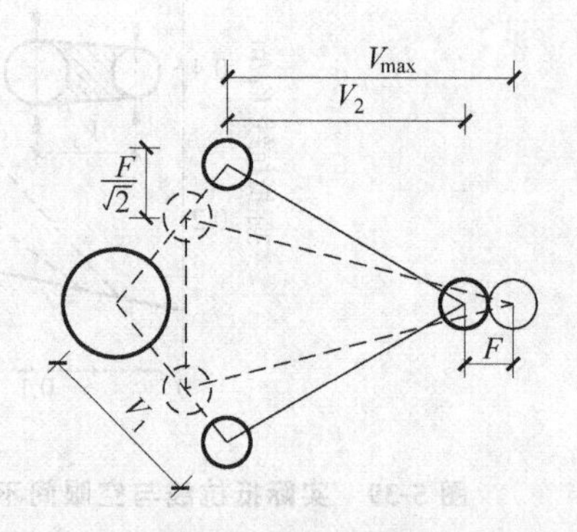

图 5-41　钻眼偏差的影响

2) 掏槽中的第二圈正方形掏槽眼设计

在掏槽第一圈正方形炮眼设计完成之后,将解决第二圈掏槽正方形炮眼设计的几何学问题。由于较高的夹制和有效应力波的反射很少,爆炸沿曲面比直面需要更高的装药集中度。对于宽度为 B、最大抵抗线为 V 的矩形开挖面(图 5-42),装药集中度变为

$$l=\frac{32.3dcV_{\max}}{s_{\mathrm{ANFO}}\left[\sin\left(\arctan\dfrac{B}{2V_{\max}}\right)\right]^{1.5}} \tag{5-50}$$

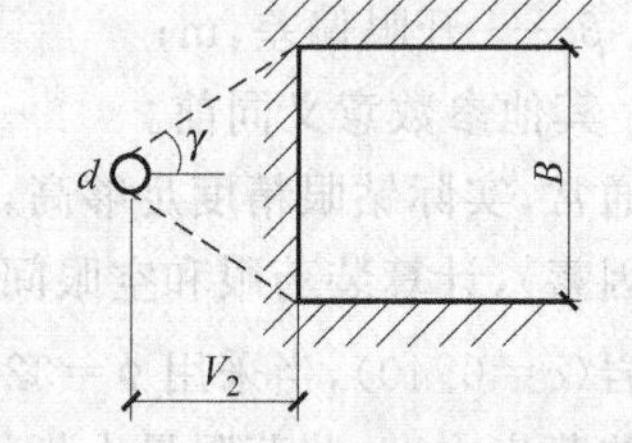

图 5-42　爆破沿着直面的几何图

如果实际炸药的装药集中度和矩形开挖面的宽度已知,则最大抵抗线 V 可以直接由 B 和 l 表示:

$$V_{\max}=8.8\times10^{-2}\sqrt{\frac{Bls_{\mathrm{ANFO}}}{dc}} \tag{5-51}$$

将自由面高度 $B=\sqrt{2}(V_1-F)$ 代入式(5-51),得

$$V_{\max}=10.5\times10^{-2}\sqrt{\frac{(V_1-F)ls_{\mathrm{ANFO}}}{dc}} \tag{5-52}$$

由于存在钻眼偏差,实际抵抗线 V_2 为

$$V_2=V_{\max}-F \tag{5-53}$$

并且要求

$$V_2\leqslant 2B \tag{5-54}$$

如果没有塑性变形或者条件无法满足,则装药集中度(式(5-50))应为

$$l=\frac{32.3\times2dcB}{s_{\mathrm{ANFO}}\left[\sin\left(\arctan\dfrac{1}{4}\right)\right]^{1.5}} \tag{5-55}$$

或者

$$l=\frac{540dcB}{s_{\mathrm{ANFO}}} \tag{5-56}$$

如果塑性变形的限制仍然不能满足,则最好选用一种低重量威力的炸药来优化岩石破

碎，轮廓角(2γ)应小于1.6rad(约90°)，这意味着

$$V_2 > 0.5B \tag{5-57}$$

$B = 2V_2$(见图5-42)时，掏槽为正方形，如果$V_2 \leqslant 0.5B$，掏槽则不是正方形。Gustafsson(1973)建议每个正方形的抵抗线应该为$V_{\max} = 0.7B$。

3) 掏槽的附加正方形掏槽眼设计

同样，第二个正方形掏槽设计的步骤也适用于成形掏槽的正方形设计。

掏槽中正方形数量的限制条件是最后一个正方形的边长B不小于进尺的平方根，即

$$B \geqslant \sqrt{I} \tag{5-58a}$$

式中：B——正方形掏槽的边长，m；

其他参数意义同前。

正方形中的炮眼应该装药，其不装药长度与眼径的关系为

$$h = 10d \tag{5-58b}$$

式中：h——正方形掏槽眼中不装药长度，m；

其他参数意义同前。

5.5.2 底眼设计(E区)

隧道断面上底眼的抵抗线计算方法与台阶爆破的计算公式类似。将台阶高度(H_b)用进尺(I)代替，并考虑重力的影响和炮眼间较大的起爆时间间隔，采用一个较大的夹制系数(f)即可，如图5-43所示。

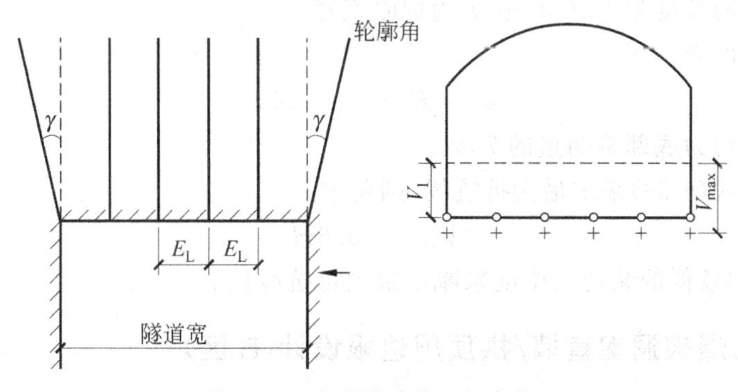

图5-43 底眼爆破的几何参数

最大抵抗线可以通过下式确定：

$$V_{\max} = 0.9\sqrt{\frac{ls_{\text{ANFO}}}{\bar{c}f\left(\frac{E}{V}\right)}} \tag{5-59}$$

式中：f——夹制系数，对于底眼取1.45；

$\frac{E}{V}$——炮眼间距和最大抵抗线的关系，对于底眼取1；

$\bar{c}$——修正的岩石常数，其值由下式确定：

$$\begin{cases}\bar{c}=c+0.05, & V_{max}\geqslant 1.4\text{m}\\ \bar{c}=c+\dfrac{0.07}{V}, & V_{max}<1.4\text{m}\end{cases} \tag{5-60}$$

当确定底眼时,应该考虑轮廓角 γ。γ 的大小取决于有效的钻眼设备和眼深,对于一个进尺 3m,轮廓角(γ)为 3°(相应 5cm/m)的空间对于下一个循环就足够了。

底眼眼距一般应该等于 V_{max},但随着隧道宽度变化也可取不同值。

底眼的数量 N 应由下式取整得到:

$$N=\left(\frac{T_w+2H\sin\gamma}{V_{max}}\right)+2 \tag{5-61}$$

式中:T_w——隧道宽度,m。

除了拱部及直墙周边眼,底部周边眼间距为

$$E_L=\frac{T_w+2H\sin\gamma}{N-1} \tag{5-62}$$

底部周边眼与角眼的实际间距为

$$E_{L'}=E_L-H\sin\gamma \tag{5-63}$$

实际抵抗线 V_1 会因为底部轮廓角和钻眼偏差的存在而减小,表示为

$$V_1=V_{max}-H\sin\gamma-F \tag{5-64}$$

底部装药长度 h_b 要求能够松弛隧道底部,表示为

$$h_b=1.25V_1 \tag{5-65}$$

底眼不装药的长度为 $10d$,其中 d 为炮眼直径。

柱部装药长度为

$$h_c=H-h_b-10d \tag{5-66}$$

柱部装药量约为底部装药量的 70%。

如果仍使用式(5-59)来求最大抵抗线,则要求

$$V_{max}\leqslant 0.6H \tag{5-67}$$

否则,将通过采用较低的装药集中度来减小最大抵抗线值。

5.5.3 非光面爆破洞室直墙/拱顶周边眼设计(B区)

如果没有必要采用光面爆破,那么,周边眼的抵抗线和炮眼间距可以根据底眼的计算公式计算出来,但在以下情况下除外:①夹制系数 $f=1.2$;②$E/V=1.25$;③柱部装药集中度是底部的 50%。

5.5.4 光面爆破洞室直墙/拱顶周边眼设计(B区)

炮眼中炸药爆炸所产生的应力波传入岩体会使得岩石破碎,对于弹性材料,炸药爆炸所产生的应力与岩石密度、质点速度以及波的传播速度成比例。靠近装药部分的岩石应变达到一定的量级后,将产生永久损坏。这个损坏是否对隧道成形造成重大影响,取决于损坏的特征、爆炸时间、地下水影响、节理面方向以及静载等因素。

岩体结构的破坏准则建立在接近于爆破点的质点峰值速度之上。瑞典爆轰研究基金会采用相同的破坏准则对岩体的损伤进行了评估(Persson,et al.,1977;Holmberg,et al.,

1978；Holmberg，1978），他们认为质点峰值速度是传爆距离、装药长度、炮眼每米装药集中度的函数，质点峰值速度为

$$v_e = 700\frac{Q^{0.7}}{R^{1.5}} \tag{5-68}$$

式中：v_e——质点峰值速度，mm/s；

Q——装药量，kg；

R——传爆距离，m。

图5-44所示为对于一个3m长的装药炮眼，在不同装药密度下，质点峰值速度与传爆距离的关系。

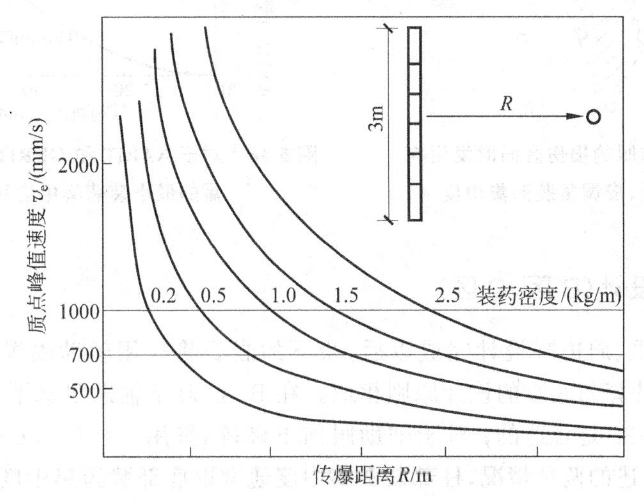

图5-44 不同装药密度下质点峰值速度与传爆距离的关系

当 v_e 超过700～1000mm/s区域时，将导致岩体开裂或者使花岗岩岩体膨胀。在围绕装药炮眼直径的1.0～1.4m范围内，对于1kg/m的装药集中度，岩体将产生损伤区。一个3m长的炮眼装有1.5kg/m ANFO可能产生一个半径大约1.5m的损伤区。

根据靠近隧道轮廓的测量显示，靠近轮廓的那排炮眼经常产生较高的质点峰值速度，就围岩体损伤而言，它会比光面爆破炮眼产生更大的损伤，如果希望获得光面爆破的效果，则在靠近光面爆破炮眼的那排炮眼必须减少装药集中度。由图5-45可知，对于一个好的设计循环，炮眼中的装药集中度在接近轮廓线时应该进行调整，以便使每个炮眼的损伤区一致。图5-46给出了一个导则来评估装药集中度。

在周边眼中，一个0.2kg/m装药集中度会产生0.3m的损伤区。当 $V=0.8$m时，如果想使损伤区不超过0.3m，则内圈的炮眼装药集中度应限制在1kg/m以内。

对于光面爆破，Persson（1973）提出的炮眼间距经验公式为

$$E = kd \tag{5-69}$$

式中：E——炮眼间距，m；

k——常数，一般取15～16；

其他参数意义同前。

对于一个直径 $d=41$mm的炮眼，可以取 $E=0.6$m，$V=0.8$m。

炮眼中每米装药集中度 l 与炮眼直径 d 的关系为

$$l=90d^2 \tag{5-70}$$

光面爆破所需的最小装药集中度和建议的实际眼径如图5-46所示，靠近轮廓的每一个炮眼装药集中度应调整为一致，随着采用光面爆破，损伤也将减少到最低限度。

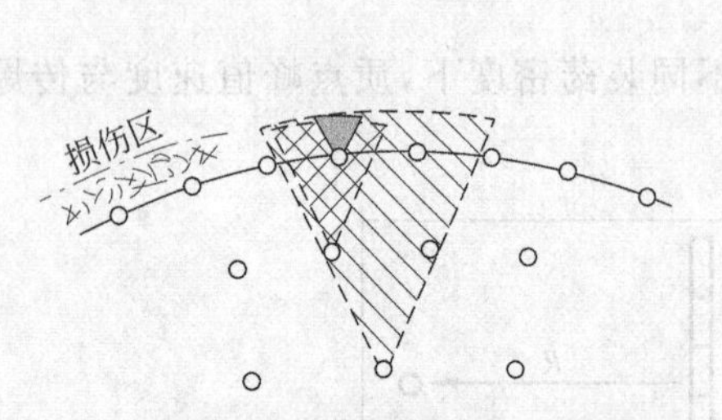

图5-45 为使每个炮眼的损伤区同时发生在轮廓线附近，应调整装药集中度

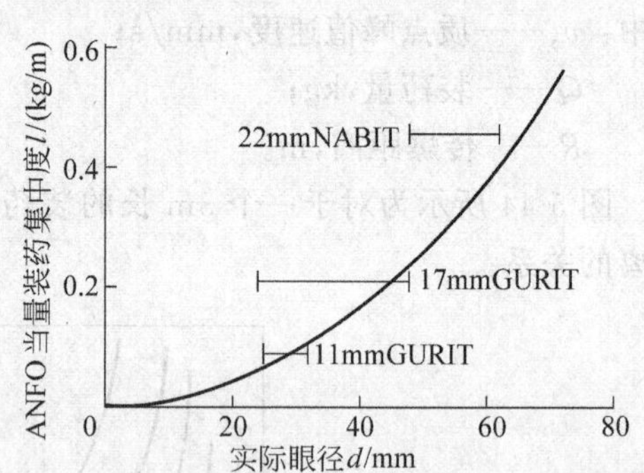

图5-46 对于NABIT和GURIT装药的光面爆破所需的最小装药集中度和建议的实际眼径

5.5.5 辅助眼设计(B区、C区)

在掏槽眼、底眼、周边眼设计完成以后，余下的岩石将采用辅助眼爆破。图5-33中B区、C区辅助眼的计算与底眼的设计原则相似。在B区，对于辅助眼水平和向上破碎，采用 $f=1.45, E/V=1.25$ 是合适的；对于辅助眼向下破碎，采用 $f=1.2, E/V=1.25$ 是合适的。对于辅助眼上述的两种情况，柱部装药集中度通常取底部装药集中度的50%。靠近轮廓处辅助眼必须小心设计，以控制它的损伤区。如果超过了周边眼产生的损伤区，那么装药密度必须降低，以适应抵抗线和炮眼间距。

5.6 爆破损伤及控制

前文我们已经论述了隧道的爆破设计，那是理论上最优的设计。本节讨论采用爆破技术开挖隧道对隧道围岩造成的损伤及对其稳定性的影响。爆破损伤对岩体结构稳定性的影响还未被广泛认知，本节的目的是探究爆破损伤的原因并提出控制措施。

1. 爆破损伤

从实际出发，认识到由爆破引起的动压力和由爆炸引起的气体膨胀在破碎过程中起到重要作用似乎是合理的。通常认为，气体压力在岩石破碎过程中只起到辅助作用，所以很少有人对这个损伤的量值大小作进一步探索。

对裂隙岩体强度的研究表明，这个强度受到层理和裂隙这类不连续体分开的各岩块之间互锁角度的影响。从实践角度出发，这些不连续体的拉伸强度可视为零，且少量的张裂或剪切位移将造成各岩块的互锁显著下降。我们可以很容易地理解爆炸产生的高压膨胀气体是怎样进入到这些不连续体并引起这种重要的岩石互锁崩溃的。显然，岩石损伤大小或强度高低将随炸药控制的远近以及岩石发生松散前被高压气体克服原岩应力所产生的现场压力而变化。

爆破导致损伤的另一个原因是由荷载释放引起的破裂(Hagan,1982)。这种机制的最好解释就是将其类比为一个重钢板掉到一堆橡皮垫上。这些橡皮垫将被压缩直到下落钢板的动量耗尽。然后高压缩的橡皮垫将反向加速钢板,并使其垂直向上弹起,彼此分开。这种相邻层的分开可以解释采石场常见的张力破裂现象以及剥离矿石的现象,在那些地方,不好的爆破操作造成了采场岩壁的不稳定。McIntyre 和 Hagan(1976)报道了平行于新开挖的露天采矿断面且延伸到其后 55m 处的垂直裂缝,断面是通过大型的多排爆破得到的。

不论是否同意荷载破碎释放的假说,裂隙是由很远的炸药爆炸点引发这一事实都是一个必须要认真考虑的因素。显然,不论这些破裂是什么原因造成的,都将影响到岩体的完整性,而这反过来会导致岩体整体稳定性的下降。

Hoek(1975)强调,爆破不会影响大型采石场边坡深处的稳定性。这是因为在一个很大的边坡中,重大破坏面位于表面以下几百米深处,而且这些破坏面通常不会像爆破引起的破裂那样同方向排列。因此,除非边坡已经非常接近破坏点,且采用爆破是最后的破坏手段,否则爆破通常不会导致主要的深部不稳定性。另一方面,岩体近表面的损伤将大大降低组成边坡和运输通道各台阶的稳定性。结果,在一个爆破效果不太好的边坡中,边坡整体可能还相当稳定,但表面可能像一个碎石堆。

在隧道或其他大型地下开挖情况下,问题就很不一样了。在这种情况下,地下结构的稳定性很大程度上取决于开挖直接接触的围岩完整性。特殊情况下,顶部塌落的趋势与直接接触的顶层岩块互锁有关。由于爆破损伤很容易延伸到爆破不好的岩石中几米深处,松散的岩石圈将在地下开采的围岩中造成严重的不稳定问题。

2. 控制爆破破坏

控制爆破破坏的最终方法是机械开挖。任何进入过地下铁矿并查看过天井的人都会对岩石所受扰动之小以及开挖的稳定性有深刻的印象。甚至当天井周围岩石的压力足够高以至于引起岩壁破碎的情况下,破坏也通常会被限制在小于半米深度处,且几乎不会危及天井的整体稳定性。全断面巷道掘进机使用越来越普遍,尤其在土木工程隧道掘进中。这些机械已发展到掘进速度和整体费用基本可与最好的钻爆法开挖相当或更优。无岩石扰动和支护需求量的减少是使用隧道机械的主要优势。

由于机械开挖技术还没有被广泛地应用于地下挖掘中,因此,必须考虑怎样控制正常钻爆法中岩石的损伤。

普遍被误认为唯一能控制爆破损伤的方法是采用预裂或光面爆破技术。这些爆破方法采用一排间距小、装药量少、同步起爆的炮眼,能在被爆的和剩下的岩体间创造一个平整的分离面。当操作正确时,采用这些爆破方法能创造出非常平整的、破碎和扰动最小的断面。然而,控制爆破损伤的问题比预裂爆破或光面爆破出现早得多。

前面已经指出,一个设计不合理的爆破诱发的裂隙将延伸到最后一排爆破眼后几米深处。显然,如果已经在岩石上造成了这样的损伤,再想用光面爆破去修整开挖的最后几米来补救这种就已经太迟了。另一方面,如果这个爆破已经被正确地设计和执行,则采用光面爆破法对修整最终开挖面是非常有利的。

图 5-47 所示为在节理片麻岩中,正常的爆破结果和由预裂爆破得到的工作面的比较。尽管在工作面上可以看见相当大的地质构造,但我们已通过预裂法得到了一个相当平整的

工作面。同样,我们不难想象,预裂面比没有特别考虑最终岩壁情况的正常爆破部分更稳定。

图 5-47　在片麻岩中进行的表面开挖爆破对比

左侧为预裂爆破,右侧为普通爆破。

正确的爆破设计是由第一个爆破眼开始的。按照前面的爆破设计理论,在隧道爆破中,除去掏槽眼,其他平行炮眼间采用 0.5s 延期瞬发雷管起爆,能够保证每个连续的爆破眼破碎的岩石有足够的时间从周围岩石上分离下来并抛到隧道中,留出下一个爆破破碎岩石所必需的空间。最后一步是采用光面爆破,通过同时起爆装药量较少的周边炮眼来剥离余下的岩石,留下一个平整的开挖面。

一个这种类型的隧道爆破实例详见图 5-48 和表 5-9。掏槽眼起爆顺序的发展过程见图 5-49,起爆顺序和爆破围岩的破碎见图 5-50,得到的结果如图 5-51 所示。在这个特殊工程中,通过图 5-48 的爆破设计,隧道的支护量显著减少。

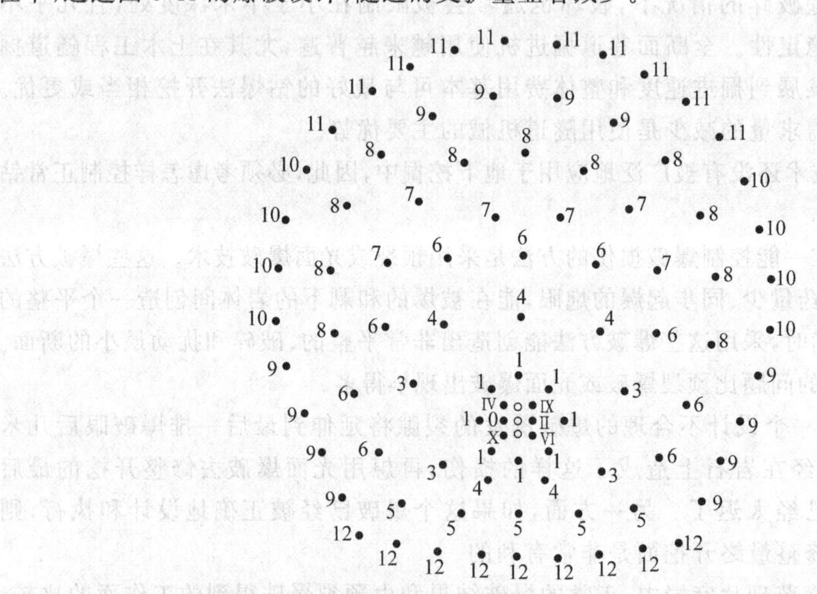

图 5-48　斯里兰卡维多利亚水电工程中洞室断面的炮眼布置图

罗马数字代表掏槽眼的毫秒延期起爆顺序,阿拉伯数字代表剩余岩石半秒延期爆破。

表 5-9　炮眼参数表

炮　眼	总数	直径/mm	炸　药	总质量/kg	延期时间量级
掏槽眼	13	45	Gelamex 80,18 节/眼	57	毫秒
底部水平炮眼	13	45	Gelamex 80,16 节/眼	33	半秒
周边眼	26	45	Gurit,7 节/眼和 Gelamex 80,1 节/眼	26	半秒
辅助眼	44	45	Gelamex 80,13 节/眼	130	半秒
空眼	3	75	不装药		
总计	96			246	

地下开挖爆破中预裂爆破并不常用,台阶爆破情况例外。预裂爆破中,密集布置的平行炮眼(与图 5-48 中的 9、10 和 11 等炮眼类似)在主爆破之前而不是之后起爆。由于在预裂爆破中那些应该从一个眼整齐地延伸到下一个眼的裂缝通常会转向一些预先存在于软弱岩体里的节理、层理,导致爆破效率下降。基于这个原因,在隧道掘进操作中,光面爆破要优于预裂爆破。

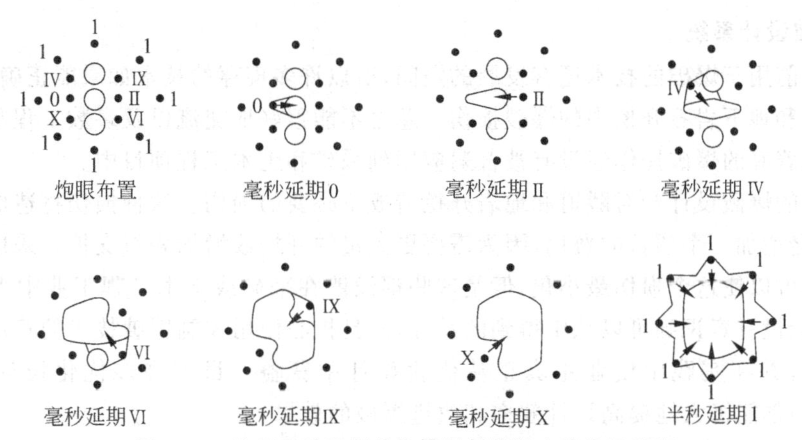

图 5-49　使用毫秒延期的掏槽眼起爆顺序的发展过程

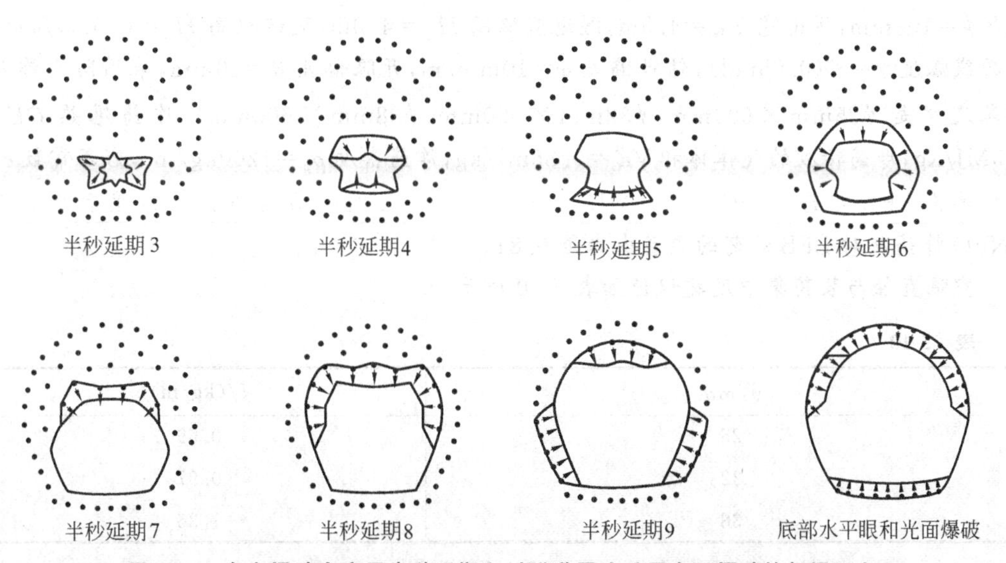

图 5-50　在主爆破中应用半秒延期和对隧道周边采用光面爆破的起爆顺序

图 5-51 在斯里兰卡维多利亚水电工程的片麻岩中,采用合理的设计和谨慎的控制爆破得到的 $\phi5.79$m 隧道

3. 爆破设计系统

由于目前用于爆破的技术还有发展的空间,所以许多现存的技术如果能正确运用,就可以减少地表和地下岩石开挖中的爆破损伤。总之不能很好地交流以及多数工程师不愿参与进去都意味着好的爆破操作还没有被普遍应用到采矿和土木工程项目中。

不合理的爆破设计会对隧道和地表开挖造成不必要的损伤。这种损伤将造成稳定性下降,因而又会增加一个项目的费用,因为需要更大量的开挖或增加岩石支护。采用一些设计软件和技术可以使这个损伤最小化,但是这些都没能在采矿或土木工程工业中得到广泛应用,因为人们没有意识到可以从中得到的益处,而且担心使用控制爆破技术的费用。这需要与业主沟通,并在实践中使业主真正从优化设计中获益。目前许多优化设计软件(如,JKSimBlast)都能极大地提高设计效率和改进爆破的效果。

例 5-3 隧道爆破设计范例。隧道顶部采用光面爆破,已知炮眼直径 $d=45$mm,空眼直径$\phi=102$mm,隧道宽 $T_W=4.5$m,隧道直墙高 $H_T=4.0$m,隧道拱高 $H_a=0.5$m,周边眼轮廓线弧度 $\gamma=3°(0.05$rad),钻眼偏差 $\alpha=10$mm/m,开眼偏差 $\beta=20$mm,采用防水炸药,药卷尺寸是 $\phi25$mm×600mm,$\phi32$mm×600mm,$\phi38$mm×600mm。炸药爆热 $QE=4.5$MJ/kg,炸药释放的气体体积 $VE=0.85\text{m}^3/\text{kg}$,炸药密度 $\rho_p=1200\text{kg/m}^3$,岩石常数 $c=0.4$,瑞典 LFB 炸药的 $QE_0=5.0$MJ/kg,$VE_0=0.85\text{m}^3/\text{kg}$,在标准大气温度和压力下,ANFO 炸药相对 LFB 炸药的重量威力是 0.84。

空眼直径与装药集中度建议值如表 5-10 所示。

表 5-10

ϕ/mm	l/(kg/m)
25	0.59
32	0.97
38	1.36

解 相对LFB炸药的重量威力为

$$s_{LFB}=\frac{5}{6}\frac{QE}{QE_0}+\frac{1}{6}\frac{VE}{VE_0}=\frac{5}{6}\times\frac{4.5}{5.0}+\frac{1}{6}\times\frac{0.85}{0.85}=0.92$$

本炸药相对ANFO炸药的重量威力为

$$s_{ANFO}=\frac{0.92}{0.84}=1.09$$

(1) 循环进尺

采用一个空眼，其直径 $\phi=0.102$m，根据式(5-42)得炮眼深度

$$H=0.15+34.1\phi-39.4\phi^2=(0.15+34.1\times0.102-39.4\times0.102^2)\text{m}\approx3.20\text{m}$$

实际取 $I=3.00$m。

(2) 第一圈正方形掏槽眼设计

最大抵抗线

$$V_{max}=1.7\phi=1.7\times0.102\text{m}\approx0.17\text{m}$$

由式(5-46)计算实际抵抗线：

$$\begin{aligned}V_1&=1.7\phi-F=1.7\phi-(\alpha H+\beta)\\&=[1.7\times0.102-(0.01\times3.20+0.02)]\text{m}\approx0.12\text{m}\end{aligned}$$

由式(5-48)计算装药集中度：

$$\begin{aligned}l&=55d\left(\frac{V}{\phi}\right)^{1.5}\left(V-\frac{\phi}{2}\right)\frac{\left(\frac{c}{0.4}\right)}{s_{ANFO}}\\&=[55\times0.045\times(0.17/0.102)^{1.5}\times(0.17-0.102/2)\times(0.4/0.4)/1.09]\text{kg/m}\\&\approx0.58\text{kg/m}\end{aligned}$$

由已知条件可知，装药集中度 l 对于 $\phi=25$mm 的最小装药量是0.59kg/m，这对于清理爆破和导坑爆破是足够的，所以 l 取0.59kg/m。

由式(5-58b)可知，炮眼不装药长度 $h=10d=0.45$m。

炮眼装药长度 $=H-h=(3.2-0.45)$m ≈2.75m。

ϕ25mm×600mm 的药卷数量

$$n=(H-h)/0.6=2.75/0.6\text{节}\approx4.6\text{节}$$

由式(5-49a)，炮眼中到中距离 $B_1'=\sqrt{2}V_1=\sqrt{2}\times0.12\text{m}\approx0.17\text{m}$，如图5-52所示。

(3) 第二圈正方形掏槽眼设计

考虑钻眼向里有偏差，由式(5-49c)得

$$B=\sqrt{2}(V_1-F)=\sqrt{2}\times(0.12-0.05)\text{m}\approx0.10\text{m}$$

对于 $\phi=25$mm 的药卷：

由式(5-51)计算最大抵抗线

$$V_{max}=8.8\times10^{-2}\sqrt{\frac{Bls_{ANFO}}{dc}}=8.8\times10^{-2}\sqrt{\frac{0.10\times0.59\times1.09}{0.045\times0.4}}\text{m}\approx0.17\text{m}$$

由式(5-53)计算实际抵抗线

$$V_2=V_{max}-F=(0.17-0.05)\text{m}\approx0.12\text{m}$$

同理,对于 $\phi=32\text{mm}$ 的药卷:

最大抵抗线

$$V_{\max}=0.21\text{m}$$

实际抵抗线

$$V_2=0.16\text{m}$$

对于 $\phi=38\text{mm}$ 的药卷:

最大抵抗线

$$V_{\max}=0.25\text{m}$$

实际抵抗线

$$V_2=0.20\text{m}$$

由式(5-54)可知,要求 $V_2\leqslant 2B=2\times0.1=0.2(\text{m})$,这说明 $\phi32\text{mm}\times600\text{mm}$ 的药卷最适合这个正方形掏槽眼。采用 $\phi38\text{mm}\times600\text{mm}$ 的药卷也可以。

不装药眼长度 $h=10d=0.45\text{m}$。

$\phi32\text{mm}\times600\text{mm}$ 的药卷数量

$$n=(3.2-0.45)/0.6\text{ 节}\approx4.5\text{ 节}$$

炮眼中到中距离 $B_2'=\sqrt{2}\left(V_2+\dfrac{B_1'}{2}\right)=\sqrt{2}(0.16+0.17/2)\text{m}\approx0.35\text{m}$,如图5-52所示。

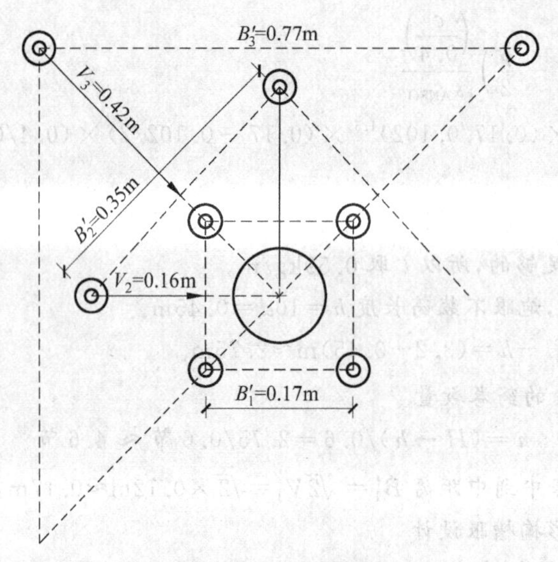

图5-52 第二圈正方形掏槽眼中到中距离设计图

(4) 第三圈正方形掏槽眼设计

$$B=\sqrt{2}(V_2+B_1'/2-F)=\sqrt{2}\times(0.16+0.17/2-0.05)\text{m}\approx0.28\text{m}$$

采用 $\phi38\text{mm}\times600\text{mm}$ 的药卷,炮眼底部装药集中度为 $l=1.36\text{kg/m}$。

最大抵抗线

$$V_{\max}=8.8\times10^{-2}\sqrt{\frac{Bls_{\text{ANFO}}}{dc}}=0.088\sqrt{\frac{0.28\times1.36\times1.09}{0.045\times0.4}}\text{m}\approx0.42\text{m}$$

实际抵抗线

$$V_3=V_{max}-F=(0.42-0.05)\text{m}=0.37\text{m}$$

炮眼不装药长度

$$h=10d=0.45\text{m}$$

ϕ38mm×600mm 的药卷数量 $n\approx4.5$ 节。

炮眼中到中距离

$$B'_3=\sqrt{2}\left(V_3+\frac{B'_2}{2}\right)=\sqrt{2}\times(0.37+0.35/2)\text{m}\approx0.77\text{m}$$

(5) 第四圈正方形掏槽眼设计

$$B=\sqrt{2}\left(V_3+\frac{B'_2}{2}-F\right)=\sqrt{2}\times(0.37+0.35/2-0.05)\text{m}\approx0.70\text{m}$$

采用 ϕ38mm×600mm 的药卷,炮眼底部装药集中度为 $l=1.36$kg/m。

最大抵抗线

$$V_{max}=0.088\sqrt{\frac{0.70\times1.36\times1.09}{0.045\times0.4}}\text{m}\approx0.67\text{m}$$

实际抵抗线

$$V_4=V_{max}-0.05=(0.67-0.05)\text{m}=0.62\text{m}$$

炮眼不装药长度 $h=10d=0.45$m。

ϕ38mm×600mm 的药卷数量

$$n=\frac{3.2-0.45}{0.6}\text{节}\approx4.5\text{节}$$

炮眼中到中距离

$$B'_4=\sqrt{2}\left(V_4+\frac{B'_3}{2}\right)=\sqrt{2}(0.62+0.77/2)\text{m}\approx1.42\text{m}$$

(6) 第五圈正方形掏槽眼设计

$$B=\sqrt{2}\left(V_4+\frac{B'_3}{2}-F\right)=\sqrt{2}(0.62+0.77/2-0.05)\text{m}\approx1.35\text{m}$$

采用 ϕ38mm×600mm 的药卷,炮眼底部装药集中度为 $l=1.36$kg/m。

最大抵抗线

$$V_{max}=0.088\sqrt{\frac{1.35\times1.36\times1.09}{0.045\times0.4}}\text{m}\approx0.93\text{m}$$

实际抵抗线

$$V_5=V_{max}-0.05=(0.93-0.05)\text{m}=0.88\text{m}$$

炮眼不装药眼长度 $h=10d=0.45$m。

ϕ38mm×600mm 的药卷数量

$$n=\frac{3.2-0.45}{0.6}\text{节}\approx4.5\text{节}$$

炮眼中到中距离

$$B'_5=\sqrt{2}\left(V_5+\frac{B'_4}{2}\right)=\sqrt{2}(0.88+1.42/2)\text{m}\approx2.25\text{m}$$

第五圈正方形掏槽眼设计得到的正方形边长为2.25m,第四圈正方形掏槽眼设计得到的正方形边长为1.42m,根据式(5-58)可知,尽管第四圈正方形掏槽眼设计得到的正方形边长较小,但是更接近要求,第五圈正方形掏槽眼设计得到的正方形边长较大,没有必要采用。所以掏槽眼仅设计四圈即可。

(7) 底眼

底眼取$\phi 38\text{mm}\times 600\text{mm}$的药卷,其炮眼底部装药集中度为$l=1.36\text{kg/m}$。

由式(5-59)得最大抵抗线

$$V_{\max}=0.9\sqrt{\frac{l s_{\text{ANFO}}}{\bar{c} f \dfrac{E}{V}}}=0.9\sqrt{\frac{1.36\times 1.09}{(0.4+0.05)\times 1.45\times 1}}\text{m}\approx 1.36\text{m}$$

由式(5-61)得底眼数量

$$N=\frac{T_{\text{w}}+2H\sin\gamma}{V}+2=\frac{4.5+2\times 3.2\sin 3^{\circ}}{1.36}+2\approx 5(\text{取整})$$

由式(5-62)得底部周边眼间距

$$E_{\text{L}}=\frac{T_{\text{w}}+2H\sin\gamma}{N-1}=\frac{4.5+2\times 3.2\sin 3^{\circ}}{5-1}\text{m}\approx 1.21\text{m}$$

由式(5-63)得底部周边眼与角眼间距

$$E_{\text{L}'}=E_{\text{L}}-H\sin\gamma=(1.21-3.2\sin 3^{\circ})\text{m}\approx 1.04\text{m}$$

由式(5-65)得底部装药长度

$$\begin{aligned}h_{\text{b}}&=1.25V_{\text{L}}=1.25(V_{\max}-H\sin\gamma-F)\\&=1.25\times(1.36-3.2\sin 3^{\circ}-0.05)\text{m}\approx 1.43\text{m}\end{aligned}$$

由式(5-66)得柱部装药长度

$$h_{\text{c}}=H-h_{\text{b}}-10d=(3.2-1.43-10\times 0.045)\text{m}=1.32\text{m}$$

柱部装药集中度应为底部装药集中度的70%,即$0.70\times 1.32\text{kg/m}=0.924\text{kg/m}$。

柱部装药药卷数量$=\dfrac{H-h-h_{\text{b}}}{0.6}=\dfrac{3.2-0.45-1.43}{0.6}$节$\approx 2.2$节。

最后柱部装药实际采用2.5节$\phi 38\text{mm}\times 600\text{mm}$的药卷。

(8) 拱部周边眼

拱部周边眼采用$\phi 25\text{mm}\times 600\text{mm}$的药卷进行光面爆破。

由式(5-69)得光面眼间距

$$E=dk=0.045\times 15\text{m}\approx 0.68\text{m}$$

抵抗线

$$V=E/0.8=(0.68/0.8)\text{m}=0.85\text{m}$$

由于钻眼存在偏差,实际抵抗线

$$V_{\text{R}}=(0.85-3.2\sin 3^{\circ}-0.05)\text{m}\approx 0.63\text{m}$$

由式(5-70)得光面爆破的最小装药集中度

$$l=90d^{2}=90\times 0.045^{2}\text{kg/m}\approx 0.18\text{kg/m}$$

根据表5-10可知,现有的药卷中,只有$\phi 25\text{mm}\times 600\text{mm}$的药卷装药集中度最小(0.59kg/m),但并不能满足设计要求,应另选其他炸药。由图5-46可知,可以采用$\phi 17\text{mm}$

的 GURIT 药卷，其数量为 3.2/0.6≈5 节。

由于拱部是圆弧，可以计算出整个顶板的弧形长度。

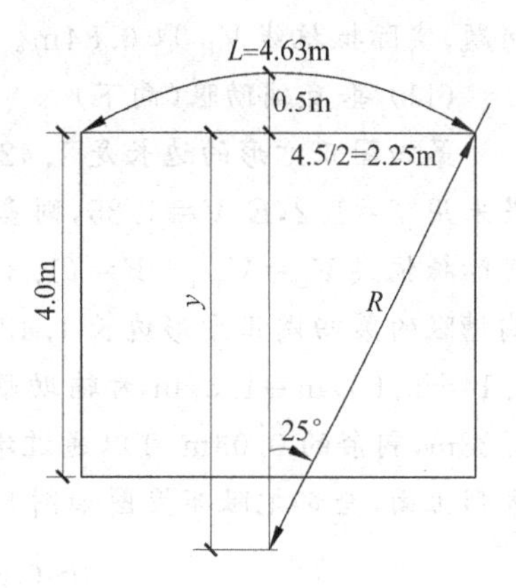

图 5-53 拱长计算

由图 5-53 可知

$$R^2 = 2.25^2 + y^2$$

$$y = R - 0.5$$

得

$$R = 5.31\text{m}$$

$$\theta = \arcsin(2.25/R) \approx 25°$$

$$L = 2\pi R(50°/360°) \approx 4.63\text{m}$$

炮眼数量

$$n = 4.63/0.68 + 2 \approx 8(\text{取整})$$

(9) 直墙周边眼

直墙高是 4m，由计算可知，实际底眼的抵抗线

$$V = \frac{T_w}{N-1} + \frac{d}{2} = \left(\frac{4.5}{4} + \frac{0.045}{2}\right)\text{m} \approx 1.14\text{m}$$

$$\text{实际拱部周边眼的抵抗线} = \frac{L}{8} + d = \left(\frac{4.63}{8} + 0.045\right)\text{m} \approx 0.62\text{m}$$

这意味着直墙还有(4.0−1.14−0.62)m=2.24m 的剩余高度。

如果采用 $f=1.2, E/V=1.25$，由式(5-59)可知

$$V_{max} = 0.9\sqrt{\frac{ls_{ANFO}}{\bar{c}f\dfrac{E}{V}}} = 0.9\sqrt{\frac{1.36 \times 1.09}{(0.4+0.05) \times 1.2 \times 1.25}}\text{m} \approx 1.33\text{m}$$

由式(5-64)得实际抵抗线

$$V_w = V_{max} - H\sin 3° - F = (1.33 - 3.2\sin 3° - 0.05)\text{m} \approx 1.12\text{m}$$

炮眼数取整为

$$N = 2.24/(1.33 \times 1.25) + 2 \approx 3$$

炮眼间距

$$E_L = 2.24/(n-1) = (2.24/2)\text{m} = 1.12\text{m}$$

炮眼底部装药长度

$$h_b = 1.25V_L = 1.25(V_{max} - H\sin 3° - F) = 1.25(1.33 - 3.2\sin 3° - 0.05)\text{m} \approx 1.39\text{m}$$

炮眼柱部装药长度

$$h_c = H - h_b - 10d = (3.2 - 1.39 - 0.5)\text{m} \approx 1.31\text{m}$$

根据 h_b 和 h_c，柱部装药采用 2 节 ϕ32mm×600mm，底部装药采用 2.5 节 ϕ38mm×600mm 的药卷。

(10) 水平辅助眼

第四圈正方形的边长是 1.42m，直墙眼实际抵抗线 V_W=1.12m，隧道的宽度是 4.5m，所以，沿隧道宽度方向，还有(4.5−1.42−2×1.12)m=0.84m 的空间用于布置水平辅助眼。如果采用 $f=1.2, E/V=1.25$，水平辅助眼的最大抵抗线 V_{max} 与底眼的间距是一样的，V_{max}=1.21m，实际抵抗线 $V_H = V_{max} - F = (1.21-0.05)\text{m} = 1.16\text{m}$，由于隧道断面几何尺寸

问题,实际抵抗线 V_H 取 0.84m。

(11) 垂直辅助眼(向下)

第四圈正方形的边长是1.42m,这将决定两个眼的间距是1.42m,对于向下辅助眼,如果采用 $f=1.2, E/V=1.25$,则垂直辅助眼与直墙周边眼最大抵抗线一致,$V_{max}=1.33$m,实际抵抗线 $V_D=V_{max}-F=(1.33-0.05)m=1.28$m,由于隧道的最大高度是4.5m,减去掏槽眼的第四圈正方形边长1.42m、底眼抵抗线1.14m和顶眼0.63m,剩余(4.5−1.42−1.14−0.63)m=1.31m为辅助眼。这比实际抵抗线多一些,如果辅助眼放在掏槽眼上面1.28m,剩余的0.03m可以通过增加药量获得爆破效果。有3个眼安排在第四圈掏槽眼正方形上面,全部炮眼布置图如图5-54所示。

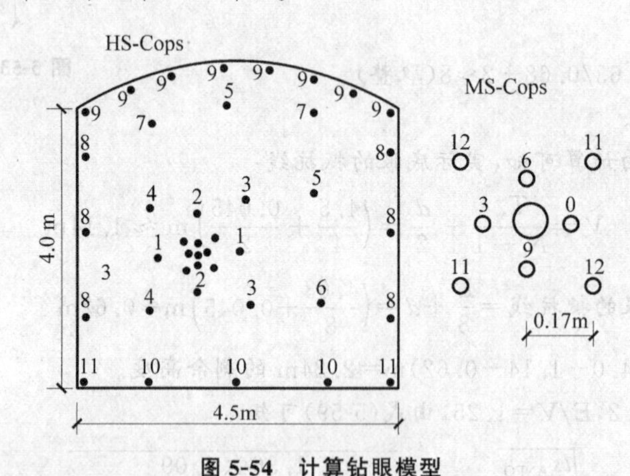

图 5-54 计算钻眼模型

MS代表毫秒级雷管(第4个=100ms),HS代表半秒级雷管(第1个=0.5s)。

(12) 炸药消耗量

炸药消耗量如表5-11所示。

表 5-11 炸药消耗量

炮眼类型	炮眼总数量	药卷数量/节			每个炮眼装药量/kg	总装药量/kg
		ϕ25mm	ϕ32mm	ϕ38mm		
掏槽眼第一圈正方形	4	4.5			4.5×0.6×0.59=1.59	6.36
掏槽眼第二圈正方形	4		4.5		4.5×0.6×0.97=2.62	10.48
掏槽眼第三、四圈正方形	8			4.5	4.5×0.6×1.36=3.67	29.36
底眼	5		2.0	2.5	2.0×0.97×0.6+ 2.5×0.6×1.36=3.20	16.00
拱部周边眼	8	5.0			5×0.6×0.59=1.77	14.16
直墙周边眼	6		2.0	2.5	2.0×0.97×0.6+ 2.5×0.6×1.36=3.20	19.20
辅助眼	5		2.0	2.5	2.0×0.97×0.6+ 2.5×0.6×1.36=3.20	16.00
合计	40	9.5	10.5	12		111.6

隧道断面积 $S_T=19.5\mathrm{m}^2$；进尺 $I=3.0\mathrm{m}$；装药密度 $l=1.9\mathrm{kg/m}^3$；炮眼深度 $H=3.2\mathrm{m}$；单位体积岩石掘进量$=2.2\mathrm{m/m}^3$。

5.7 隧道支护结构设计

5.7.1 支护结构概述

支护结构的基本作用就是保持隧道断面的使用净空，防止岩体质量的进一步恶化，同围岩一起组成一个有足够安全度的隧道结构体系，承受可能出现的各种荷载，如水压力、土压力以及一些特殊使用要求的外荷载。此外，支护结构必须能够提供一个能满足使用要求的工作环境，保持隧道内部的干燥和清洁。因此，任何一种类型的支护结构都应具有与上述作用相适应的构造、力学特性和施工可能性。这两个要求是密切关联的。许多地下结构形成灾害和破损的主要原因是衬砌的漏水，特别是在饱和含水软土地层中采用装配式管片结构时，尤其以衬砌防水这个矛盾最为突出，事关工程成败，必须予以足够的重视。

按支护作用机理，目前采用的支护结构大致可以归纳为以下三类。

1. 刚性支护结构

这类支护结构通常具有足够大的刚性和断面尺寸，一般用来承受强大的松动地压。但只要可能，就应避免松动压力的发生。刚性支护只有很小的柔性而且几乎总是完全支护，这类支护通常采用现浇混凝土，也可采用石砌块或混凝土砌块。从构造上看，它有贴壁式结构和离壁式结构两种。贴壁式结构使用泵送混凝土，可以和围岩保持紧密接触，但其防水和防潮效果较差。离壁式结构的围岩不直接接触和保护到承载结构，一般容易出现事故。

立模板灌注混凝土支护有人工灌注和混凝土泵灌注两种。泵灌混凝土支护因取消了回填层，故能和围岩大面积牢固接触，是当前比较常用的一种支护形式。因工艺和防水要求，立模板灌注混凝土需要有一定的硬化时间(不少于 8h)，不能立即承受荷载，故这种支护结构通常都用作二次支护，在早期支护的变形基本稳定后再灌注或围岩稳定无须早期支护的场合下使用。

2. 柔性支护结构

柔性支护结构是根据现代支护原理提出来的，它既能及时地进行支护限制围岩过大变形而出现松动，又允许围岩出现一定的变形，同时还能根据围岩的变化情况及时调整参数。所以，它是适应现代支护原理的支护形式。锚喷支护是一种主要的柔性支护类型，其他如预制的薄型混凝土支护、硬塑性材料支护及钢支撑等均属于柔性支护。

锚喷支护是指锚杆支护、喷射混凝土支护以及它们与其他支护结构的组合。

国内广泛应用的锚喷支护类型有如下六种：①锚杆支护；②喷射混凝土支护；③锚杆喷射混凝土支护；④钢筋网喷射混凝土支护；⑤锚杆钢支撑喷射混凝土支护；⑥锚杆钢筋网喷射混凝土支护。

锚喷支护自 20 世纪 50 年代问世以来，随着现代支护结构原理尤其是新奥地利隧道施工方法的发展,已在世界各国矿山、建筑、铁道、水工及军工等部门得到广泛应用。我国矿山井巷工程采用锚喷支护每年累计有千余千米,铁路隧道、公路隧道、地铁隧道、水工隧洞、民用与军用洞库等其他地下工程中,锚喷支护的应用也日益增多。

锚喷支护可以应用在不同岩类、不同跨度、不同用途的地下工程中,在承受静载或动载时作为临时支护、永久支护以及进行结构补强及冒落修复时使用。此外,还能与其他结构形式结合组成复合式支护。

锚喷支护能充分发挥围岩的自承能力和支护材料的承载能力,适应现代支护结构原理对支护的要求。

锚喷支护能够及时、迅速地阻止围岩出现松动塌落,从主动加固围岩的观点出发,在防止围岩出现有害松动方面比模筑混凝土好得多。另外,它更容易调节围岩变形,发挥围岩自承能力。同时也能充分发挥支护材料的承载能力。

3. 复合式支护结构

复合式支护结构是柔性支护与刚性支护的组合支护结构,最终支护是刚性支护。复合式支护结构是根据支护结构原理中需要先柔后刚的思想,通常初期支护采用锚喷支护,让围岩释放掉大部分变形和应力,然后再施加二次衬砌,一般采用现浇混凝土支护或高强钢架,承受余下的围岩变形和地压以维持围岩稳定。可见,复合式支护结构中的初期支护和最终支护一般都是承载结构。

复合式支护结构的种类较多,但都是上述基本支护结构的某种组合。

根据复合式衬砌层与层之间的传力性能又可以分为单层衬砌和双层衬砌。

双层衬砌由初期支护、二次衬砌以及二层衬砌之间的防水层组成。设置二次衬砌的时间有两种情况。一种是待初期支护的变形基本稳定之后再设置二次衬砌。此时,二次衬砌承受后续荷载,包括水压力、围岩和衬砌的流变荷载,由于锚杆等支护的失效而产生的围岩压力等。另一种是根据需要较早地设置二次衬砌,特别是超浅埋隧道,对地表沉降有严格控制的情况下,此时二次衬砌和初期支护共同承受围岩压力。此外,在塑性流变地层中,围岩的变形和地压都很大,而且作用持续时间很长,通常需要在开挖之前采取辅助施工措施对围岩进行预加固,同时采取能吸收较大变形的钢支撑(如可缩性钢拱架),允许混凝土和钢支撑发生变形和位移,当变形和位移基本得到控制后,再施作二次衬砌。

由于防水层的设置,双层衬砌之间只能传递径向应力,不能传递切向应力。因此,双层衬砌之间不能形成一个整体承载。近年来,复合式支护结构常用于一些重要工程或内部需要装饰的工程,以提高支护结构的安全性或改善美观程度。支护结构类型的选择应根据客观需要和实际可行性相结合的原则,客观需要是指围岩和地下水的状况应与围岩的等级相适应,实际可行性是指支护结构本身的能力、适应性、经济性以及施工的可能性。

5.7.2 常用支护类型及其受力特点

1. 喷射混凝土支护

喷射混凝土为永久性支护结构的一部分,是现代隧道建造中支护结构的主要形式。喷射混凝土支护主要用作早期支护,对通风阻力要求不高的隧道也可用作后期支护。

喷射混凝土支护能迅速与围岩紧密结合形成一个共同的受力结构,并具有足够的柔性,可以吸收围岩变形，调节围岩中的应力。喷射混凝土可使裸露在岩面上的局部凹陷很快填平，可减少局部应力集中，加强岩体表面强度，防止围岩发生风化。同时，通过喷射混凝土层把外力传给锚杆、网架等，使支护结构受力均匀分担；对岩体条件和隧道形状具有很好的适应性，而且这种支护可以根据它的变形情况随时补喷加强。因此喷射混凝土的作用在于形成以围岩自承为主的围岩-喷射混凝土结构体系。

喷射混凝土通常有以下三种类型。

(1) 普通喷射混凝土。普通喷射混凝土由水泥、砂、石和水按一定比例混合而成，具有强度高、黏聚力强、密度大及抗渗性好等特点。因为素喷混凝土的抗拉伸和弯曲的能力较低，抗裂性和延性较差，因此通常配合金属网一起使用。

(2) 水泥裹砂石造壳喷射混凝土。该种喷射混凝土的特点是采用一定的施工工艺，使砂、石表面裹一层低水灰比(0.15～0.35)的水泥浆壳，形成造壳混凝土。这种混凝土可克服普通喷射混凝土回弹量大、粉尘大、原材料混合不均匀及质量不够稳定的缺点。

(3) 钢纤维喷射混凝土。钢纤维喷射混凝土是在混凝土中加入占其总体积的 1%～2%、直径为 0.25～0.40mm、长度为 20～30mm、端部带钩或断面形状奇特的钢丝纤维的一种新型混凝土。它的抗拉、抗弯及韧性比素喷混凝土高 30%～120%，故可取消内部的金属网，这对提高喷射混凝土支护的密实度大有好处，因为金属网后面不易喷到。钢纤维喷射混凝土具有较高的耐磨性。这种混凝土适用于塑性流变岩体及受动荷载影响的巷道或受高速水流冲刷的隧洞。

2. 锚杆

锚杆是一种特殊的支护类型，它主要起加固岩体的作用，只有预应力锚杆力能形成主动的支护抗力。锚杆安装迅速并可以立即起作用，故被广泛地用作早期支护，尤其适用于多变的地质条件、块裂岩体以及形状复杂的地下洞室。锚杆不占用作业空间，隧道的开挖断面比使用其他类型支护结构时小。锚杆与围岩之间虽然不是大面积接触，但其分布均匀，从加固岩体的角度来看，它能使岩体的强度普遍提高。

一般来说，锚杆所提供的支护抗力比较小，尤其不能防止小块塌落，所以和金属网喷射混凝土联合使用效果更佳。

锚杆的支护作用机理因隧道地质条件、锚杆配置方式、锚杆打设时机和隧道掘进方法的不同而不同。也就是说，锚杆的作用机理受这些综合因素的制约。对于某一特定条件下的某一支锚杆来讲，往往是同时起着几种不同作用。坚硬岩石隧道围岩中锚杆所起的支护作用和在松软岩石中不同；单支零星配置的锚杆和系统配置的锚杆的支护机理也不同；隧道开挖后打设的锚杆和预支护锚杆的支护机理更是完全不同；采用人工开挖、机械开挖或钻爆法开挖时，由于引起围岩中的动力特性不同，所采用的预支护锚杆的支护作用也各不相同。

一般认为，隧道开挖后打设锚杆，由于锚杆具有抗剪能力从而提高了围岩锚固区的 c、ϕ 值，尤其在节理发育的岩体中，加固作用更加明显。此外，锚杆可以加固不稳定岩块，从而起到悬吊作用(见图 5-55)；在层状岩体中系统配置锚杆起到组合梁作用，形成锚杆加固范围内的承载环及内压作用(限制围岩向洞室的变形)等。对于锚杆的作用，不应该割裂开来看待，而应当看作是这些的复合作用。由于地质条件、锚杆配置方式、锚杆类型不同，其中的某一作用可能是主要的,其他的则是次要的。采用新奥法构筑的隧道,锚杆所起的作用主要是成拱作用和内压作用。

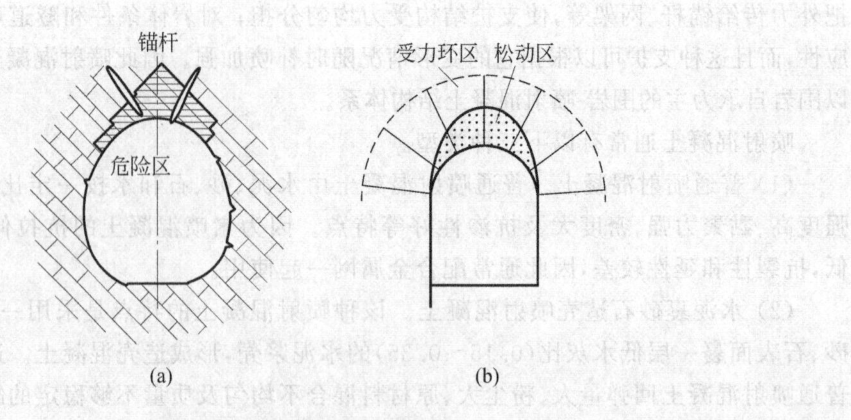

图 5-55　锚杆加固不稳定块体

岩质条件较好时,只使用喷射混凝土和锚杆就可以达到使围岩稳定的目的。岩质条件较差时,为了对围岩施加更大的约束压应力,常常采用在锚喷支护中配置金属网或立钢拱架等辅助支护方式。采用金属网和钢拱架加强支护虽然也会增大支护结构的刚度,但比起加大喷射混凝土层的厚度来,其所起的作用则小得多。

3. 金属网

金属网有以下三种形式。

(1) 金属网板。金属网板由薄钢板经冷冲压或热冲压制成,网眼呈菱形或方形。金属网板主要用在第一次喷射混凝土层中,其作用是改善喷射混凝土层与岩面的黏结条件,防止喷射混凝土层剥落,加强喷射混凝土层的效果。

(2) 焊接金属网。焊接金属网是由 $\phi6\sim8\text{mm}$ 的钢筋焊接而成的,它是加强喷射混凝土层最常用的材料。在软弱围岩、土砂质围岩、断层破碎带处都使用这种金属网来加强喷射混凝土层。

(3) 编织金属网。编织金属网主要用于加固围岩缺陷部分和防止围岩剥落以保证施工安全,一般不用来加强喷射混凝土层。

在受力的效果方面,单纯的金属网不能与钢筋混凝土中的钢筋相比,这是由于钢筋网不能承受很大的弯曲拉应力。因此,钢筋网只能视为防止喷射混凝土因塌落、收缩、振动和位移而导致裂缝,以及作为改善喷射混凝土受力性能的构造钢筋。当支护结构由钢拱架、钢筋网和喷射混凝土构成时,可将钢筋网的部分视为受力钢筋。

4. 钢拱架

钢拱架一般有两种形式:一种是用型钢做成的钢拱,另一种是用钢筋焊成的格栅拱,其形状与开挖断面吻合。它们都可以迅速架设,并能提供足够的支护抗力。钢拱架与围岩的接触条件取决于楔块的数目和楔块张紧的程度。钢拱架现在主要用来作为早期支护,但在大多数情况下,都是将它灌入混凝土作为永久支护结构的一部分。

需要采用钢拱架作为辅助支护的隧道,在构筑喷射混凝土层后的数小时内,喷层还不能提供足够的强度，这时主要由钢拱架承受由喷层传递的围岩荷载，以保证隧道稳定，减缓内空变位速度。随着喷射混凝土层凝结硬化时间和强度逐渐增加，围岩荷载就由喷射混凝土、钢拱架和锚杆共同承担，因此，钢拱架又可以防止锚杆出现超负荷现象。钢拱架常因承受荷载而发生较大的变形，因而制造钢拱架的钢材要有较好的韧性；为了便于进行冷加工，钢材的延伸率要大；为了便于拱架焊接，钢拱架要有良好的焊接性能；为了防止钢拱架过早地发生绕 y 轴方向的压屈破坏，制造钢拱架的型钢截面几何图形对 x 轴和 y 轴的截面系数比不能大于3，即 $W_x/W_y\leqslant 3$。

目前经常应用的钢拱架有下列两种。

(1) 普通钢拱架。用于地下工程的普通钢拱架具有固定节点，这种钢拱架的型钢截面为H形。工字钢和旧轨条可用来制造钢拱架，虽然它们对两个对称轴的截面系数比相差较大，较易发生绕长轴方向的压屈，但由于旧轨条的价格比较低，故常用来加工钢拱架。

普通钢拱架可以在隧道全断面范围内使用，也可以只在分台开挖方式的上半断面使用。但不论是在全断面还是在上半断面使用，钢拱架都是永久支护结构的一个组成部分。一般情况下，喷射混凝土层的厚度都大于钢拱架型钢截面的高度，所以钢拱架都能很好地埋在喷射混凝土层之中。如喷射混凝土层的厚度小于型钢截面的高度，在喷射混凝土施工时，应把钢拱架处的喷射混凝土层局部加厚，这样处理可以防止发生喷射混凝土层剥落。在使用钢拱架时，应特别注意喷射混凝土层与岩面间不能出现悬空现象。

(2) 可缩性钢拱架。可缩性钢拱架是有滑动节点的钢拱架。在膨胀性地层中构筑隧道，围岩发生较大的内空变位时，为保持支护结构的柔性，常常使用可缩性钢架。这种拱架有两个或数个滑动节点，施工中在岩压作用下，当拱架的轴向压力达到一定数值时，滑动节点可以滑动，使拱架在承受荷载时与隧道的内空变位相适应，此拱架的型钢是专门生产的。施工中欲使用可缩性钢拱架时，在构筑喷射混凝土层时应在全断面上留出变形带，变形带的数量及宽度应根据滑动节点及节点滑动量来定，变形带处的喷射混凝土层待隧道内空变位稳定后再补充施作。

5.7.3 支护结构抗力设计计算

1. 混凝土或喷射混凝土结构抗力设计计算

(1) 当喷层厚度 $t\leqslant 0.04r_0$ 时，可采用薄壁圆筒(见图5-56)计算公式，即

$$K_c=\frac{E_c t}{r_0(1-\mu_c^2)} \tag{5-71}$$

可提供的最大支护抗力 $p_{con,max}$ 为

$$p_{con,max}=\frac{tf_c}{r_0} \tag{5-72}$$

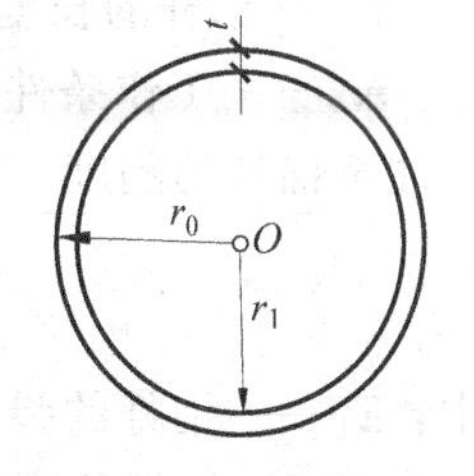

图5-56 封闭圆环衬砌

式中：E_c,μ_c,f_c——混凝土或喷射混凝土的弹性模量、泊松比和轴心抗压强度，E_c 和 f_c 的单位为MPa。

(2) 当 $t>0.04r_0$ 时，应按厚壁圆筒公式计算，即

$$K_c=\frac{E_c(r_0^2-r_1^2)}{(1+\mu_c)[(1-2\mu_c)r_0^2+r_1^2]} \tag{5-73}$$

$$p_{\mathrm{con,max}}=\frac{\sigma_z r_0 K_c(1+\mu_c)}{E+r_0 K_c(1+\mu_c)} \tag{5-74}$$

(3) 对于圆形衬砌和超挖量不大的巷道,可按霍克-布朗公式计算,即

$$K_c=\frac{E_c[r_0^2-(r_0-t)^2]}{(1+\mu_c)[(1-2\mu)r_0^2+(r_0-t)^2]} \tag{5-75}$$

衬砌上所产生的最大支护抗力

$$p_{\mathrm{con,max}}=\frac{f_c}{2}\left[1-\frac{(r_0-t)^2}{r_0^2}\right] \tag{5-76}$$

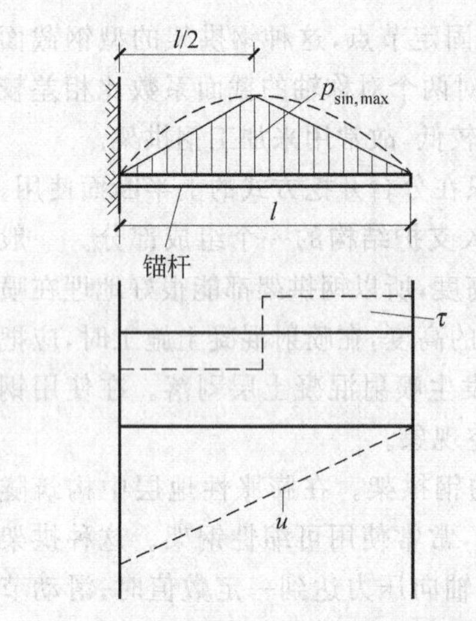

图 5-57 注浆锚杆轴力、剪应力及位移分布

2. 注浆锚杆支护设计

注浆锚杆的支护特性是比较复杂的,它对围岩变形的约束是通过锚杆与胶结材料之间的剪应力来传递的。所以,围岩在向隧道内变形的过程中,锚杆始终受拉(见图 5-57)。同时,锚杆所能提供的约束力必然与注浆的质量有关。因此,目前评价锚杆力学特征需通过拉拔试验得到的拉拔荷载与位移的关系来进行。这种关系常常表现为非线性的,它表明拉拔荷载与锚杆本身的强度、直径、长度以及使围岩与锚杆胶结在一起的材料(砂浆或树脂)的强度等有关。在无试验情况下,可以采用图 3-23 表示的物理概念表达注浆锚杆的支护刚度。假定锚杆的黏聚力是沿隧道周边非均匀分布的(见图 5-57),且其破坏形式是胶结材料与孔壁脱离,则其最大支护抗力的计算式如下:

$$p_{\mathrm{sin,max}}=\pi d_c \tau l m_y \tag{5-77}$$

式中:τ——胶结材料与孔壁围岩的单位黏聚力,其值与围岩强度、胶结材料的性质、施工质量等有关,一般情况下,砂浆与石灰岩的黏聚力为 1.5～2.0MPa,砂浆与页岩的胶结力为 1.0～1.2MPa;

d_c——锚杆孔直径,m;

l——锚杆的长度,m;

m_y——工作条件系数,取 0.75～0.90。

注浆锚杆的刚度

$$K_b=\frac{p_{\mathrm{sin,max}}}{u_{r_0,\mathrm{max}}}=\frac{E_b\pi d_b^2}{2l}\frac{r_0}{S_v S_l}m_y \tag{5-78}$$

式中:E_b——锚杆的弹性模量,MPa;

d_b——锚杆的直径,m;

S_v——沿巷道周边的锚杆间距,m;

S_l——沿巷道纵向的锚杆间距,m。

由式(5-78)可见,在锚杆直径一定的情况下,锚杆长度增加时,锚杆的刚度 K_b 和锚杆所提供的支护抗力反而减小,这是不合理的。

不同类型锚杆的支护刚度的表达式不同,不同破坏形态时锚杆的最大承载力也不同。

总的来说，由计算得出锚杆所提供的支护抗力较小，而支护实践却表明锚杆支护具有良好效果，因此，对这个问题尚需进行进一步研究。

3. 不注浆锚杆的有效支护设计计算

不注浆的机械式锚杆或化学锚固式锚杆的有效支护取决于锚头、垫板和锚杆端部的变形特性。

由于岩体的变形会使锚杆承受荷载，因此，对安装后的锚杆所施加的预拉力不要过大，否则锚杆承受岩体载荷的剩余能力就会太小。

对于不注浆的机械式锚杆，如果荷载超过杆体强度，就会突然发生破坏。通常，杆体发生破坏部位不在锚头螺栓端，就在垫板螺纹端。如果锚杆破坏源于锚头滑动，则破坏过程一般是逐渐发展起来的。

不注浆的机械式锚杆或化学锚固式锚杆的刚度可由下式确定：

$$\frac{1}{K_{\mathrm{b}}}=\frac{S_{\mathrm{v}}S_{1}}{r_{0}}\left(\frac{4l}{\pi d_{\mathrm{b}}^{2}E_{\mathrm{b}}}+Q_{1}\right) \tag{5-79}$$

式中：Q_1——与锚头、垫板和锚杆端部的荷载-变形特性有关的量，见表 5-12。

因岩体变形在锚杆中可能产生的最大支护压力可由下式确定：

$$p_{\mathrm{sout,max}}=\frac{T_{\mathrm{bf}}}{S_{\mathrm{v}}S_{1}} \tag{5-80}$$

式中：T_{bf}——锚杆系统的最终强度，其值由在使用锚杆支护的同类岩体中进行拔出试验而定，MN。

表 5-12 中列出了几种机械式锚杆和化学锚固式锚杆的典型 Q_1 值和拔出强度值。

表 5-12　几种机械式锚杆和化学锚固式锚杆的典型 Q_1 值和拔出强度值

锚杆直径/mm	锚杆长度/m	锚头类型	岩石种类	T_{bf}/MN	Q_1/(m/MN)
16.0	1.83	胀壳式	页岩	0.058	0.241
25.4	1.83	树脂锚固	页岩	0.160	0.020
22.0	3.00	胀壳式	片麻岩	0.214	0.32
22.0	3.00	胀壳式	砂岩	0.196	0.042
22.0	3.00	胀壳式	砂质页岩	0.127	0.069
25.4	6.00	胀壳式	块状片麻岩	0.323	0.051
25.4	1.83	胀壳式	花岗岩	0.254	0.143
25.4	1.83	树脂锚固	花岗岩	0.285	0.018

4. 加背板钢支架的有效支护设计计算

加背板钢支架的刚度可由下式确定：

$$\frac{1}{K_{\mathrm{s}}}=\frac{S_{1}r_{0}}{E_{\mathrm{s}}A_{\mathrm{s}}}-\frac{S_{1}r_{0}^{3}}{E_{\mathrm{s}}I_{\mathrm{s}}}\left[\frac{\theta(\theta+\sin\theta\cos\theta)}{2\sin^{2}\theta}-1\right]-\frac{2S_{1}\theta t_{\mathrm{B}}}{E_{\mathrm{B}}W_{\mathrm{b}}^{2}} \tag{5-81}$$

式中：S_1——沿巷道长度的支架间距，m；

θ——背板塞紧点之间的圆心角之半(rad)，见图 5-58；

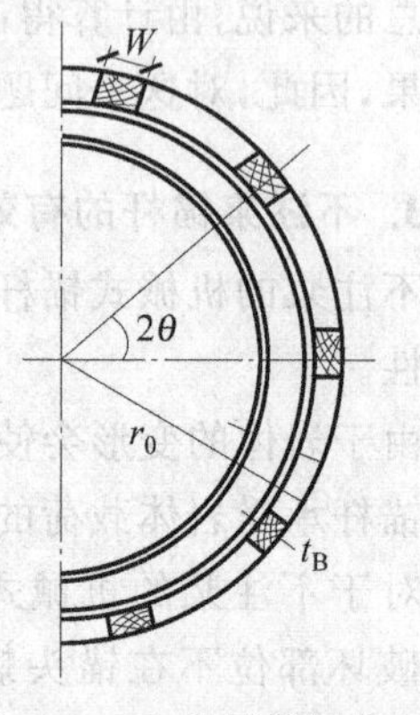

图 5-58 加背板的钢支架

W_b——支架翼缘宽度,m;

A_s——钢支架横截面面积,m^2;

I_s——钢支架的截面惯性矩,m^4;

E_s——钢支架的弹性模量,MPa;

t_B——背板厚度,m;

E_B——背板材料的弹性模量,MPa。

假设背板断面为矩形,且边长等于W,则支架能承受的最大支护压力为

$$p_{ss,max}=\frac{3A_sI_sf_y}{2S_1r_0\theta\{3I_s+h_xA_s[r_0-(t_B+0.5h_x)](1-\cos\theta)\}} \tag{5-82}$$

式中:f_y——钢筋的屈服强度,MPa;

h_x——型钢的高度,m。

5.7.4 组合支护体系的特性

当两种支护体系(例如锚杆和喷射混凝土)联合成为一个支护体系且同时架设时,可假定组合支护体系的刚度K'等于每个组成部分刚度之和,即

$$K'=K_1+K_2 \tag{5-83}$$

式中:K_1——第一系统的刚度;

K_2——第二系统的刚度。

此时,组合支护所提供的支护抗力也是两者之和。对于非同时架设情况有另外的计算公式,详见相关专著。

在已知支护结构的刚度后,根据式(3-71)即可画出支护结构提供的支护抗力和它的径向位移u_{r_0}/r_0的关系曲线。

5.8 注浆结构设计

5.8.1 概述

1. 注浆的概念

注浆(injection grout),又称灌浆(grouting),是指将可泵送的材料利用压力注入土体或岩层,以改变其物理力学特征的一种方法,它被用于辅助地下建筑结构施工已有一百多年的历史。为了解决软土地层隧道施工中出现的问题,对注浆法进行了许多革新,出现了水泥浆注浆(slurry grouting)、化学注浆和压密注浆技术。20世纪60年代后又出现了高压射流注浆法(jet grouting)。这些注浆方法中的每一种都采用了不同的设计理念、不同的设备,并用于不同的目的。所有这些注浆法都被当作一种有效的施工方法去解决一些复杂的地基基础、隧道掘进问题,并为危险地段提供加固作用。

水泥浆注浆和化学渗透注浆(chemical permeation grouting)主要采用水泥浆或化学固结物填充土体颗粒间的空隙；压密注浆(compaction grouting)主要通过向松散土体中注入极稠的浆液，压密周围土体，起到加固地层的作用；高压射流注浆主要利用高压将流动的浆液注入要开挖的土体中，使被挖掘的土体与水泥浆形成新的混合体，以置换原土体。一般来说，不同的场地条件可以使用一种或多种注浆技术。注浆既可以表现为主动行为，如加固隧道掘进通过的土体，也可表现为一种被动行为，如加固承受重要建筑结构的土体。每一种注浆法都会不同程度地影响土的强度、黏聚力、渗透性和刚度。

采用化学注浆、射流注浆、压密注浆以及劈裂注浆，可以解决隧道开挖前预期的或隧道开挖过程中的沉降问题，其中包括在隧道开挖前利用注浆法改善岩土体物理力学性质以便控制沉降。利用注浆法可以对隧道开挖过程中未曾预料到的复杂地层进行处理。在设计阶段，注浆法也可用于加固松软地层，防止在重要建筑物下面或当隧道通过危险复杂地段时出现拱顶坍塌以及围岩松动。该方法也被指定用于浅层地基上有隧道通过现有建筑结构时的支护，以及减少由于隧道开挖对松散的、敏感性高的软土地基的扰动而引起的地基沉降。在一些工程中，注浆法也可用于减少由于土体降水而引起的地基沉降，或者防止土体中细砂的流失。在实际隧道施工中，水泥浆注浆能解决细砂土体在干燥状态时的流砂以及软砂土体在饱和状态时的不稳定问题。

注浆技术在地基处理、隧道掘进方面得到了很好的应用，所取得的许多经验促进了注浆法在设计、技术、设备以及注浆材料等方面的进步，这极大地鼓舞了设计工程师以及承包商使用注浆法的信心。

2. 注浆的目的

(1) 防渗。降低岩土体的渗透性，消除或减少地下水的渗流量，提高岩土体的抵抗渗透变形能力，如水电工程坝基、坝肩和坝体的注浆防渗处理。

(2) 堵水。截断水流，改善工程施工、运行条件，如井壁等地下工程漏水的封堵。

(3) 固结。改善岩土体或结构的力学性能，恢复其整体性。

(4) 防止滑坡。提高边坡岩土体的抗滑能力。

(5) 降低地表下沉。降低或均化岩土体的压缩性，提高其变形模量。

(6) 提高地基承载力。提高岩土体的力学强度。

(7) 回填。充填岩土体或结构的孔洞、缝隙，防止塌陷，改善结构的力学条件。

(8) 加固。恢复结构的整体性和力学性能。

此外，减小挡土墙上土压力、防止岩土体的冲刷、消除砂土液化、纠正建筑物偏斜等都可采用注浆法实现。工程实践中，注浆的目的并不是单一的，在达到某种目的的同时往往会收到其他几个方面的效果。

3. 注浆法分类

注浆的实质是为了减少物体的渗透性以及提高物体的力学强度和抗变形能力。根据注浆基本机理，可分为渗透注浆(包括渗透-水泥浆注浆和渗透-化学注浆)、压密注浆、劈裂注浆和射流注浆四类，见表 5-13。

表 5-13 按注浆机理分类的注浆法

工法	渗透注浆		压密注浆	劈裂注浆	射流注浆
	渗透-水泥浆	渗透-化学浆			
压力	低压		低压～中压	中压～高压	高压～极高压
浆体流动方式	渗流为主		射流、渗流	射流为主	高压喷射流
	(稀浆)		混合(浓浆)	渗流为辅	(稀浆)
浆体占位机理	适应性←——→强制性				极端强制性
	充填、渗透		渗透、置换、劈裂	劈裂、置换	切割土体
加固体形态	充填胶结孔隙的块体		浆泡、浆支、浆团	浆泡、浆支、浆脉	桩柱体
改良机理	充填胶结,挤密为辅		挤密为主,胶结为辅	胶结为主,挤密为辅	桩土复合地基
加固对象	岩石、硬土层、砂、砾性土		松软岩土	各种岩土	各种岩土

4. 注浆法的应用范围

注浆法在土木工程的各个领域中,特别是在水电工程、地下工程中得到了广泛的应用,已成为不可缺少的施工方法。它的应用主要有以下几个方面:

(1) 建筑物地基的加固——提高地基承载力,提高桩基承载力;

(2) 土质边坡稳定性加固——提高土体抗滑能力;

(3) 挡土墙后土体的加固——增加土体的抗剪能力,减少土压力;

(4) 已有建筑混凝土裂缝缺陷的修补——混凝土构筑物补强;

(5) 坝基的加固及防渗——提高岩土体密实度,改善其力学性能,减少透水性,增强抗渗能力;

(6) 地下构筑物的止水及加固——增强土体的抗剪能力,减少透水性;

(7) 井巷工程中的加固及止水——改善巷道围岩的物理力学特性;

(8) 裂隙岩体的止水和破碎岩体的补强——提高岩体整体性;

(9) 动力基础的抗震加固——提高地基岩土体抗震能力。

5.8.2 注浆设计方法

注浆设计的基本步骤包括以下内容:

第一,注浆设计方法要勘察岩土体的特性,确定岩土体的注浆范围。

第二,确定岩土体的渗透性、注浆部位、深度和注浆孔排数。

第三,确定注浆试验的具体要求并检测试验效果。

最后,根据试验效果,对具体注浆参数进行优化设计,确定注浆材料、注浆压力等。

1. 注浆工程勘察

在进行注浆设计之前,要进行工程地质和岩土工程性质的勘察。勘察的范围就是地层需要处理的范围。

工程地质和岩土工程性质勘察的目的是为了解决以下三个问题:

(1) 地层能否采用注浆法处理;

(2) 地层注浆处理时,需要何种浆液材料、采用多大注浆压力、注多少浆液;

(3) 预计地层注浆处理后，强度增加或渗透性减小的程度。

工程地质和岩土工程性质勘察的内容包括以下几点：

(1) 注浆区的地质构造及浆液可能流失的通道和空穴；

(2) 地质分层及需要注浆处理地层的土质或岩性特征；

(3) 勘察需要处理地层的强度或渗透程度；

(4) 勘察构筑物的损害程度和注浆将对周围构筑物的影响；

(5) 勘察注浆过程中，废浆排放对环境的影响和注浆后地下水位的变化对邻近居民饮水及灌溉的影响。

在砂砾沉积层中注浆时，一般采用渗透注浆，因而要获得每一层的渗透系数、孔隙率、孔隙的大小，以及地下水位及流速、流向和水的化学性质等资料。土的颗粒大小是选择浆液类型和可注性的衡量指标。地层的孔隙率决定着浆液的消耗量。渗透系数的大小影响浆液的注入速率。

对黏性土注浆加固时，多采用劈裂注浆，土体的力学特性对注浆较为重要。对于裂隙岩体注浆，要了解注浆部位属于断层破碎带还是软弱层，查明其产状及分布范围；要了解结构面的渗透几何参数等。

勘察中的试验内容分为室内土工试验和现场试验，试验内容见表5-14。

表5-14　注浆勘察的试验内容

室内土工试验	现场试验
土颗粒分析；孔隙率；透水系数；土的含水量；土的密度与土颗粒比重；有机质含量；土的力学性质试验	地基强度方面：动力触探、静力触探、旁压试验。水力学性质方面：抽水、压水试验。水流、水质方面：地下水流向、流速、水的pH值和离子含量。节理裂隙统计：节理的组数、产状、密度、宽度、粗糙度等。岩体力学性质：裂隙的水力劈裂、断裂指数

2. 注浆试验

1) 注浆试验的目的及内容

注浆试验的目的及内容见表5-15。

表5-15　注浆试验的目的及内容

研究注浆管的入土方式	振动入土法；射水入土法；旋转入土法	
注浆材料的选择	注浆材料的性质试验；注浆模拟试验	
研究注浆工艺	水泥浆注浆，化学注浆，射流注浆，压密注浆，劈裂注浆	
研究注浆效果	降低渗透性	现场抗渗试验；取样抗渗试验
	强度提高值	标准贯入试验；静力触探；荷载试验；取样强度试验；弹性波探测
研究注浆对周围环境的影响	周围地层的变形；周围建筑物的变形；地下水质变化	

2) 注浆试验孔的布置

注浆试验时，根据试验孔的布置数目分为单孔注浆和群孔注浆两种方式。单孔试验用于检查设备能力是否满足试验要求，可获得注浆的难易程度、注浆量和注浆压力等参数。群孔试验主要用于检验各种试验效果。注浆试验孔的布置如图5-59所示。

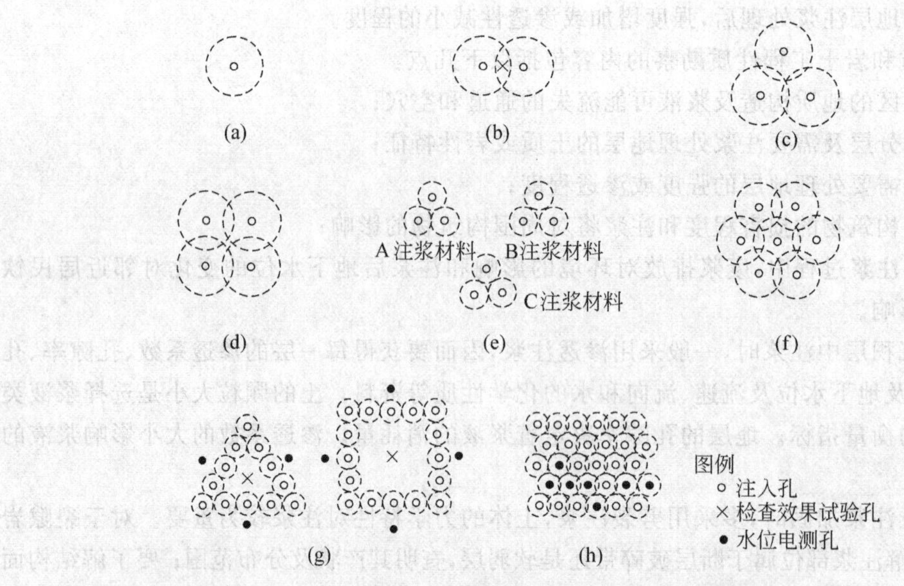

图 5-59 各种注浆孔的布置方式

(a) 单孔注浆试验;(b) 两个注浆孔的试验;(c) 正三角形顶点注浆试验;(d) 正方形顶点上注浆试验;(e) 各种注浆材料的比较试验;(f) 各种效果的检查;(g) 检查隔水墙注浆的效果;(h) 大规模的注浆试验

3. 注浆范围的确定

不同的注浆工程注浆的范围是不一样的,根据隧道类型,分为土质隧道和岩质隧道注浆。土质隧道根据情况又分拱顶部注浆和环形注浆。

1) 土质隧道拱顶部的注浆

隧道开挖后,拱顶部的松动范围由式(4-6)确定。在拱顶松动区范围内注浆,注浆范围要达到式(4-6)所要求的 h_0 高度,拱顶松动土压力由式(4-7)、式(4-8)或式(4-10)确定。

由上述三式可知,注浆后,松动范围内的 c 值增加,松动压力 p_{e1} 减小。

2) 均匀土质隧道环形超前注浆

如图 5-60 所示,应力表达式为

$$\begin{cases} \sigma_r = p_0 \dfrac{a^2 - \alpha^2}{a^2 - 1} + p_i \dfrac{\alpha^2 - 1}{a^2 - 1} \\ \sigma_\theta = p_0 \dfrac{a^2 + \alpha^2}{a^2 - 1} - p_i \dfrac{\alpha^2 - 1}{a^2 - 1} \\ a = \dfrac{r_0}{r_i} \\ \alpha = \dfrac{r_0}{r} \end{cases} \tag{5-84}$$

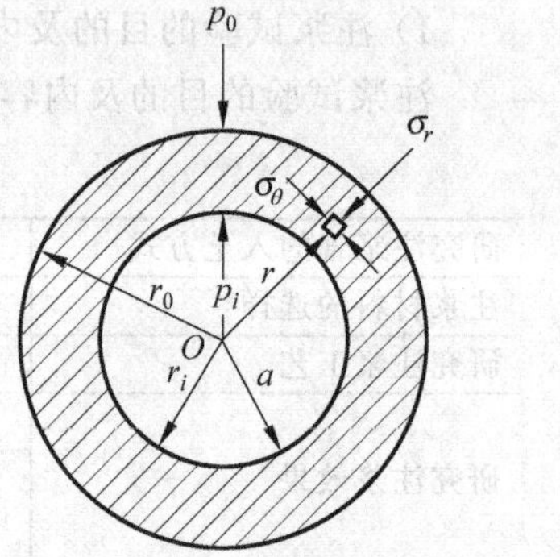

图 5-60 隧道应力图

式中:σ_r——法向应力,MPa;

σ_θ——切向应力,MPa;

p_0——注浆范围外侧的土压力,MPa;

p_i——半径 r_i 处的假定土压力,MPa;

r_i——隧洞半径,m;

r_0——拟定注浆范围外侧半径,m;

r——计算应力点的半径,m。

注浆宽度为

$$w_j = r_0 - r_i = r_i\left(\sqrt{\frac{\sigma_c}{\sigma_c - 2p_0}} - 1\right) \tag{5-85}$$

式中:w_j——注浆宽度,m;

σ_c——注浆后土体的抗压强度,MPa。

3) 岩质隧道裂隙岩体围岩注浆

围岩注浆厚度可根据围岩松动圈厚度确定。围岩松动圈的厚度可以通过多点位移计测得,也可用声波测试仪测得。在没有上述两种资料的情况下,可根据围岩的物理力学性质,按式(3-63)进行围岩松动圈厚度的计算。

在松动圈内注浆,可形成外壳支护层,它具有较大的承载能力,支护层与岩体共同作用。加固圈的半径可取使加固岩石环的承载力等于或大于作用于加固壳的压力时的值,即

$$R_G = \sqrt{\frac{r_i^2 \sigma_G}{\sigma_G - 2q_G}} \tag{5-86}$$

式中:R_G——注浆加固边界的半径,m;

σ_G——注浆加固岩石的强度,MPa;

q_G——加固岩石环的承载力,MPa。

据水电部门统计,围岩固结注浆深度在0.5~2.0倍隧洞半径间变化,建议按1.3倍隧洞半径计算。苏联在巷道注浆加固中,加固带的厚度取3~5m,我国矿山巷道注浆加固厚度为2~3m。日本青函隧道则采用了如下的经验数据:一般地质条件时,注浆半径是隧洞半径的2~4倍;地质条件不好时,注浆半径是隧洞半径的3~6倍;地质条件特别差时,注浆半径是隧洞半径的8倍。

由于工程的多样性和复杂性,其他基础工程的防渗、加固注浆范围应根据工程的具体情况具体确定。

上文所述是注浆法设计中的共性问题。不同的注浆方法其设计参数不尽相同,下面分别阐述不同注浆法的设计方法。

5.8.3 渗透-水泥浆注浆

1. 水泥浆注浆的概念

水泥浆注浆(cement grouting),也叫泥浆注浆(slurry grouting),是利用压力把具有流动性的微粒浆液侵入土体或岩体张开的裂缝、空洞和可张开的裂隙中的一种注浆方法。

采用这种方法时,注浆压力以不改变岩土体原有结构为上限,以不低于埋藏深度自重应力为下限,其核心是改善被注浆体的均匀性。在地下工程中,该法称为回填注浆法,在两种介质层面上又称为接触注浆法。

水泥浆注浆是历史最悠久的一种注浆技术,开始于19世纪70年代注浆泵送设备的发

展，当时主要用于降低大坝岩石台阶的渗透性和加固地下结构，包括隧道。水泥浆注浆是应用最广泛的一种注浆方法。

这项注浆技术历史悠久，或许正因为如此，使得其长期以来在工程领域引起了相当大的争议。其中最主要的争论点是怎样配制合适的黏性浆液水灰比。水分含量过高时则要求注入更多的灰浆，但这样浆液会有很大的收缩潜能，从而导致较差的质量。

也有不少关于回转钻孔和冲击钻孔优缺点对比的争论，回旋钻机价格是冲击钻机价格的2倍，然而，由于钻杆可以更加密切地配合，通过回旋钻进能够取得很高的钻进效率，而且在钻进过程中不会使土层产生裂缝，也不会损害钻杆。

对冲击钻进而言，尽管冲击钻机的价格相对便宜，但其生产率低，也会导致成孔的偏差，尤其钻进深度超过23m时，偏差更严重。当然冲击钻进也有一定的优点。冲击钻进是通过间歇性的冲击切碎岩石，而非回转钻进的研磨过程，因此，它可以预先封堵裂缝并防止浆液的侵入。

目前在美国，水泥浆注浆的极限注浆压力为3.2Pa/m。

2. 水泥浆注浆的应用范围

水泥浆注浆技术可以应用在以下几种情况中(见图5-61)：①大坝岩石基础处理；②岩石隔离帷幕；③注浆压力锚杆；④砾砂和岩石爆破后的稳定。

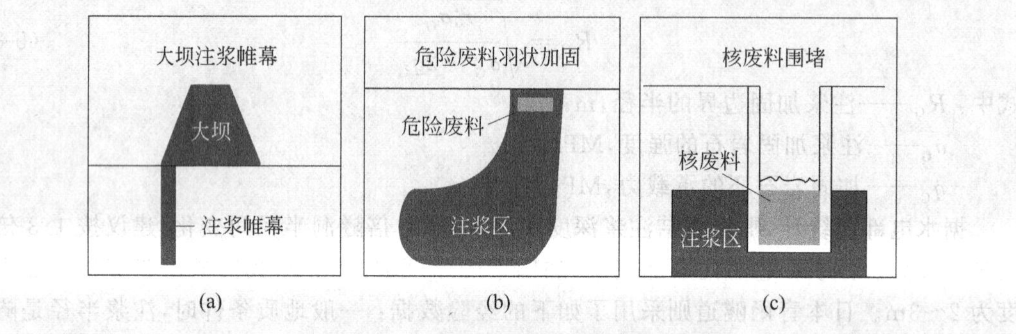

图5-61　水泥浆注浆法应用范围

(a) 注浆帷幕；(b) 危险废料封固；(c) 核废料封固

3. 水泥浆注浆材料

水泥浆注浆材料包括：①水泥；②黏土；③砂；④添加剂；⑤超精细颗粒水泥；⑥石灰；⑦水。

4. 水泥浆注浆的优点

①可保持稳定的压力；②水或水泥浆的比例可变；③注浆软管系统可循环使用；④可采用微计算机监测质量和压力；⑤装备便携泥浆注浆质量控制仪(包括常规流程控制、电子监控和微计算机监控和分析)。

5. 水泥浆注浆设计

1) 确定岩体或被注浆土体的可注浆性

水泥浆注浆最主要的是确定岩体或被注浆土体的开裂度，即注浆浆液颗粒尺寸与岩体裂缝开裂的宽度或被注土体的颗粒大小的比较。可注浆比是具有一定特征的土体颗粒尺寸与一定特征的特殊水泥颗粒尺寸之比。Mitchell(1981)提出了岩体或土体的可注浆性比公式。

对于土体：

$$N = D_{15,s}/D_{85,g} \tag{5-87}$$

式中：$D_{15,s}$——土体的颗粒直径，小于该粒径的土体的质量占土体总质量的15%；

$D_{85,g}$——浆液的颗粒直径，小于该粒径的浆液的质量占浆液总质量的85%。

当 $N>24$ 时适合注浆；$N<11$ 时不适合注浆；N 在11～24之间时，注浆也许是可以的，但需要做野外测试试验，再决定地层的可注浆性。也可用式(5-88)确定土体是否可注浆：

$$N_c = D_{10,s}/D_{95,g} \tag{5-88}$$

式中：$D_{10,s}$——土的颗粒直径，小于该粒径的土的质量占土总质量的10%；

$D_{95,g}$——浆液的颗粒直径，小于该粒径的浆液的质量占浆液总质量的95%。

当 $N_c>11$ 时适合注浆；$N_c<6$ 时不适合注浆；N_c 在6～11之间时，注浆也许是可以的，但需要做野外测试试验，再决定地层的可注浆性。

对于岩体：

$$N_R = D_f/D_{95,g} \tag{5-89}$$

式中：D_f——岩体的裂隙宽度；

$D_{95,g}$——浆液的颗粒直径，小于该粒径的浆液的质量占浆液总质量的95%。

当 $N_R>5$ 时适合注浆；$N_R<2$ 时不适合注浆；N_R 在2～5之间时，注浆也许是可以的，但需要做野外测试试验，再决定地层的可注浆性。

对于大多数液化土体的颗粒尺寸分布，原波特兰水泥浆和超精细水泥浆的可注浆比示于表5-16。

表 5-16　对于大多数液化土体的可注浆比

水泥的形式	N	N_c
原波特兰水泥浆	1～9	1～5
超精细水泥浆	15～113	8～71

根据可注浆比可知，原波特兰水泥浆不能够渗透到大多数液化砂层中，但超精细水泥浆则能够被注入这些地层。

我们不能改变土体或岩体的特性，但可以控制浆液中的颗粒大小。微粒水泥浆注浆法是将精细的土与熔渣或波特兰水泥、分散剂和大量的水混合形成的浆液渗透到开裂的岩体中的一种注浆方法。采用新的颗粒研磨技术制成的超精细水泥浆液有更好的浆液渗透率(Clarke,1984)。图5-62给出了传统的波特兰水泥和超精细研磨水泥的比例曲线。

2) 水泥浆注浆的注浆量计算

常用的渗透-水泥浆注浆的注浆量计算公式为

$$Q = \pi r^2 h_t n \alpha_1 (1 + \beta_1) \tag{5-90}$$

式中：r——渗透半径，m；

h_t——注浆厚度，m；

n——土体的孔隙率，%；

α_1——有效注浆系数；

β_1——损失系数，可取0.1～1.0。

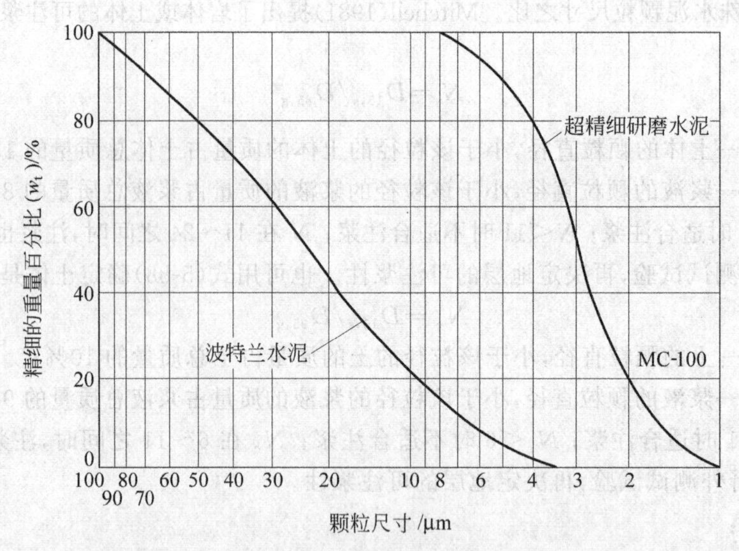

图 5-62 常规波特兰水泥和超精细研磨水泥的比例曲线

MC 即 microfine cement

常见的渗透-水泥浆注浆地层有砂层和砂砾层，各地层的孔隙率 n 见表 5-17，注浆系数见表 5-18，注浆充填率见表 5-19。

表 5-17 地层的孔隙率 n

土 体	n	土 体	n
松散的均匀砂层	0.46	致密的均匀砂层	0.37
松散的砂砾层	0.40	致密的砂砾层	0.30

表 5-18 注浆系数 α_1 与浆液黏度、土体的关系

土体类型	浆液黏度/(MPa·s)		
	1～2	2～4	≥4
粗 砂	1.0	1.0	0.9
细 砂	1.0	0.9	0.7
砂质土	0.9	0.7	0.6

表 5-19 不同土体的注浆充填率

土体类型	N 值	孔隙率 n/%	$\alpha_1(1+\beta_1)$/%	$n\alpha_1(1+\beta_1)$/%
松散砂质土	0～10	50	50～80	25～40
中等密实砂质土	10～30	40	50～70	20～30
密实砂质土	30以上	30	50～65	15～20
湿陷性黄土		30～60	50～80	15～48

注：N 为标准贯入试验锤击数。

针对地层为裂隙岩体情况，Houlsby(1982)建议根据裂隙的平均宽度选择初始水灰比，选取方法为：裂缝平均宽度 $\delta<1$mm，水灰比取 3∶1；$\delta=1$mm，水灰比取 2∶1；$\delta>1$mm，水灰比取 1∶1。还可根据相同压力条件下的钻孔压水试验资料，按照表 5-20 选择浆液的起始浓度。

水泥浆的注浆量与水灰比有很大的关系，故常将注浆量折算成注灰量或单位注灰量(每米段长的耗灰量)，这样注浆量就与水灰比无关。

表 5-20 注浆浆液的起始浓度

单位钻孔吸水量/(L/(min·m))	浆液的起始浓度	
	水泥浆(水∶灰，质量比)	水玻璃∶水泥浆(体积比)
1.5	3∶1	
3.0	2∶1	
5.0	2∶1～1.5∶1	
7.0	1.5∶1～1.25∶1	
8.0	1.2∶1	0.6∶1
9.0	1∶1	0.85∶1
11.0	0.85∶1	1∶1
13.0	0.75∶1	
>15.0	0.6∶1	

Deere 于 1976 年提出单位耗浆量的分级(见表 5-21)，并指出任何小于 10kg/m 的耗浆量完全是浪费时间和金钱。

表 5-21 单位耗浆量的分级

单位耗浆量/(kg/m)	分 级	单位耗浆量/(kg/m)	分 级
>400	非常高	50～25	中等低
400～200	高	25～12.5	低
200～100	中等高	<12.5	非常低
100～50	中等		

3) 注浆压力

(1) 根据注浆试验曲线确定

注浆试验过程中，逐步提高注浆压力，可求得压力与注浆量关系曲线(见图 5-63)。当压力升至某一数值(p_f)，注浆量突然增大时，表明地层已产生劈裂，因而把这一压力值定义为最大允许注浆压力。

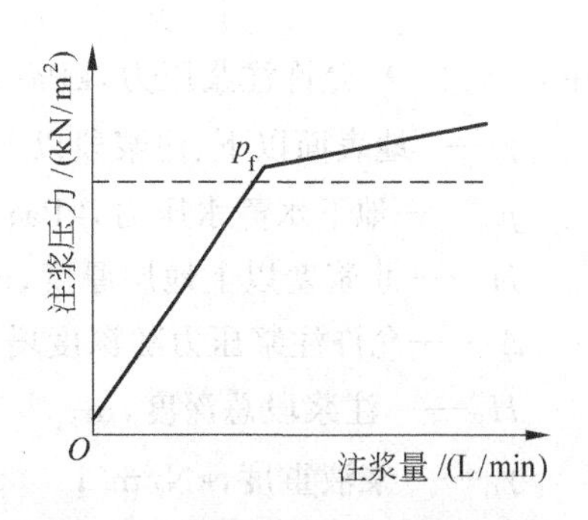

图 5-63 注浆压力和注浆量的关系

(2) 根据经验公式确定

砂砾地基注浆压力为

$$[p_e]=C_k(0.75H_b+K_g\rho h_j)$$

或

$$[p_e]=\beta\gamma H_b+C_kK_g\rho h_j \tag{5-91}$$

式中：$[p_e]$——允许注浆压力，kPa；

h_j——地面至注浆段的深度，m；

C_k——与注浆次序有关的系数：次序1孔$C_k=1$，次序2孔$C_k=1.25$，次序3孔$C_k=1.5$；

β——损失系数，在1～3之间变化；

H_b——地基覆盖层厚度，m；

K_g——与注浆方式有关的系数，自下而上取$K_g=0.6$，自上而下取$K_g=0.8$；

ρ——注浆率，%，它与地层性质有关，结构疏松、渗透性强的地层取低值0.5，结构紧密、渗透性弱的地层取高值1.0。

(3) 根据经验值确定

最大允许注浆压力等于1～2倍覆盖层土压力加上上部结构的荷载。如果是裂隙岩体，则注浆压力可以用下面的方法确定。

① 考虑注浆段深度和地质条件的经验曲线

图5-64所示为最大允许注浆压力的经验曲线，该曲线未考虑允许压力的上限，高压力将导致地层水力劈裂，这在帷幕注浆中是不希望发生的。

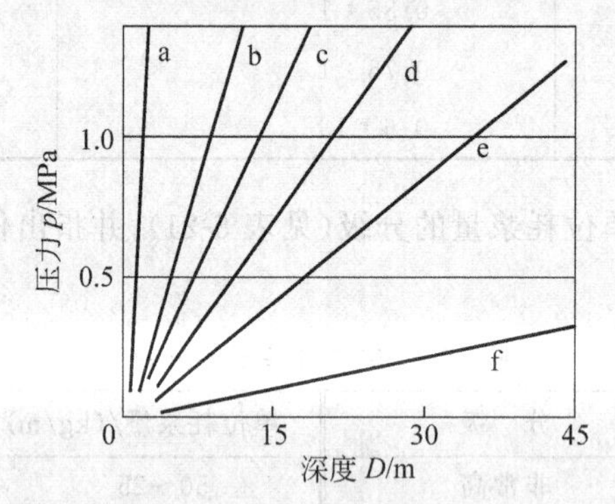

图5-64　覆盖层厚度与允许注浆压力的经验曲线(Houbby,1991)

a—坚固岩石；b—欧洲的经验法则，0.1MPa/m；c—中等坚固岩石；d—软弱岩石；e—美国的经验法则，0.022MPa/m；f—很不稳定的岩石

② 考虑地质条件、注浆方法以及浆液浓度的经验公式

$$[p_e]=p_w+\gamma H+\Delta(H_T-H)-(H_T\gamma_G-H_j\gamma_w) \tag{5-92}$$

式中：$[p_e]$——允许注浆压力，kPa；

γ——地表面以下、注浆段以上覆盖层岩(土)体的平均重度，kN/m^3；

p_w——地下水静水压力，kPa；

H——止浆塞以上地层厚度，m；

Δ——允许注浆压力随深度增量，$10^2kPa/m$，不同条件下的Δ值见表5-22；

H_T——注浆段总深度，m；

γ_G——浆液重度，kN/m^3；

H_j——注浆段至地下静水位的高度，m。

表 5-22 不同条件下的 Δ 值 10^2kPa/m

岩石类别	自下而上注浆		自上而下注浆	
	稀浆	稠浆	稀浆	稠浆
第一类	0.18	0.20	0.20	0.22
第二类	0.20	0.22	0.22	0.24
第三类	0.23	0.24	0.24	0.26

4) 注浆孔距

浆液的扩散半径与浆液的流变特性、胶凝时间、注浆压力、注浆时间等因素有关。在注浆范围和注浆半径确定后，就可以确定注浆孔距。确定注浆孔距时，既要考虑最大限度地发挥每个注浆孔的作用，减小工程造价，又要考虑孔与孔之间的相互搭接，达到均匀受浆。

对于加固注浆，一般采用等距布孔、梅花形布置方式。注浆孔距一般为 0.8R(R 指扩散半径)，注浆排间距为注浆孔距的 0.87 倍。在砂性土层，渗透注浆孔距取 0.8～1.2m；在黏性土层，劈裂注浆孔距取 1.0～2.0m。

裂隙岩体的帷幕化学注浆，大都是在已做水泥注浆的基础上，以化学注浆弥补水泥注浆的不足。设计时将化学注浆与水泥注浆一起考虑，水泥注浆孔和化学注浆孔间隔各一排；或者两排水泥注浆孔中间插一排化学注浆孔。化学注浆孔距为 1.0～1.5m。

例 5-4 赫尔姆斯抽水蓄能工程水泥浆注浆工程。

赫尔姆斯抽水蓄能工程位于美国加利福尼亚州的内华达山脉，出于环保的目的，复杂的电力厂房建筑群被建在地下。施工期间，在花岗岩中遇到了原先不明的、在垂直方向上厚 10.7m 的剪切带，而靠近电站厂房附近的几条隧道正好要穿过这个剪切带。施工初期，曾试图用水泥浆注浆法加固这个剪切带，不过，在初期电力隧道运营中，这个剪切带却成了一个高压隧道水(约 5.64MPa)导流洞，允许高压水离开电力隧道而进入邻近干燥的通道隧道中，由此引起了通道隧道部分坍塌，导致工程推迟一年竣工。之后选择从一个 8.2m 直径的隧道，利用超细水泥浆注浆控制地下水中的花岗岩剪切带，注浆加固了剪切带，见图 5-65(a)。

施工分四个阶段，沿隧道周长对 12.2m 厚的岩层进行了注浆，注浆孔直径为 50.8mm，每一圈 8 个孔，沿隧道中心向四周呈放射状分布，注浆圈之间为 3m。

起初由于岩层含水且有一定的黏性，也打算采用化学注浆来控制地下水，但是，在低电运营时，当比较低的湖水泵到高的湖水中时，隧道不能承受超过 5.5MPa 的高压。在每一个注浆孔的每一个注浆阶段都要测试孔中的水压。根据该段注浆孔岩层的渗透性，使水灰比由 3∶1 降到 0.8∶1，并且采用了再研磨 3 号波特兰水泥，布莱茵纯度(Blaine fineness)为 5733cm^2/g，或者采用布莱茵纯度为 8880cm^2/g 的超细水泥。图 5-65(b)显示了注浆的过程，打孔总长 4360m，14 300 个注浆孔。注浆结果显示，被测试的注浆区域的下游水压下降了 20%。剪切带外的岩体以及注浆带的下游地段显示最大压力为 2.3MPa，都低于目标区的最大压力 3.4MPa，注浆区下游通过岩石的渗流大约减少 40%。

例 5-5 广东省北江大堤堤身加固工程。

北江大堤位于北江下游左岸，全长 63.346km。堤身填土复杂，许多堤段存在砖头瓦砾、砂土夹层等，填土松散，而且存在鼠、蚁孔洞，历年防洪堤身渗漏严重。北江大堤堤身黏土注浆从 20 世纪 50 年代开始，4～5 年进行 1 次充填注浆，之后每 3 年充填注浆 1 次。

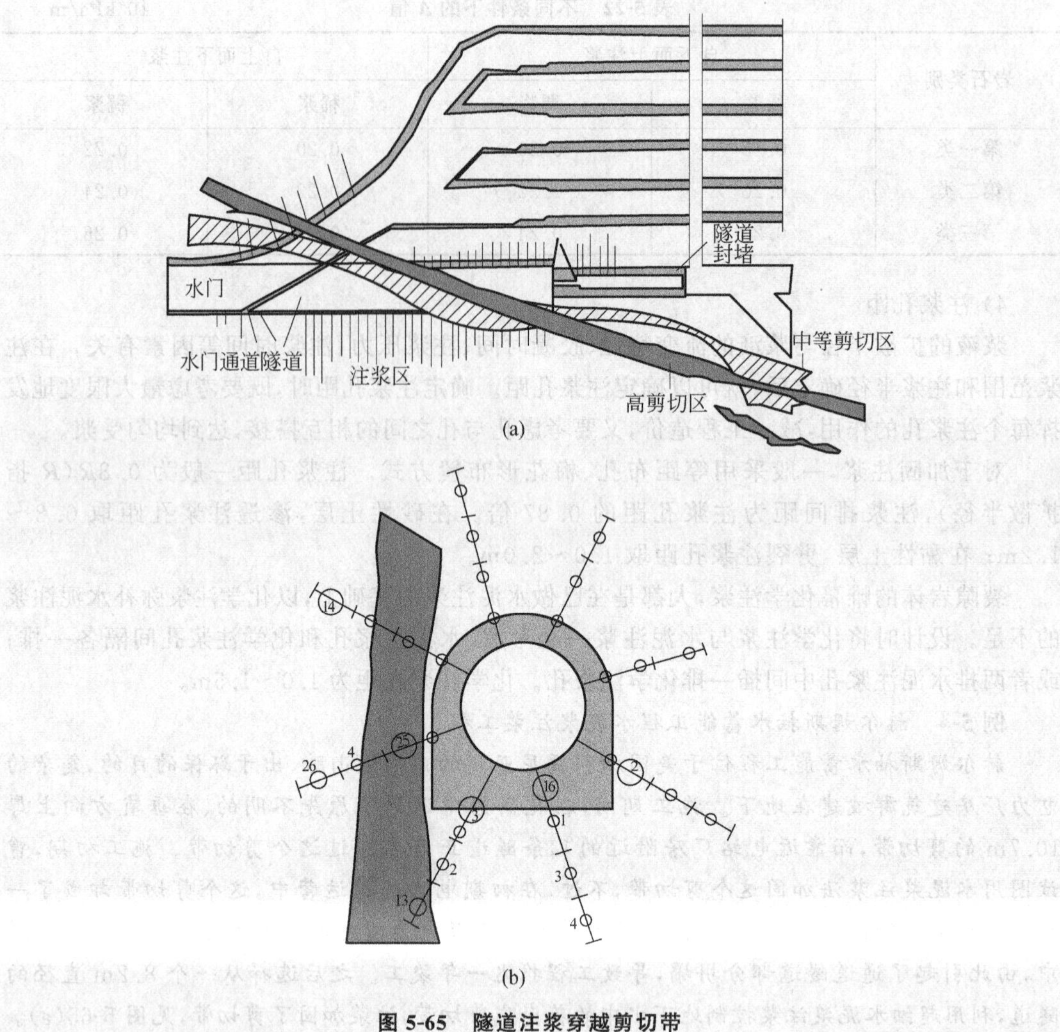

图 5-65　隧道注浆穿越剪切带

(1) 充填注浆布置及钻孔　按北江大堤的堤身高度,孔深为 6.0～8.0m,孔距为 5.0m,梅花形布置,每千米堤长布孔 800 个。注浆孔布置见图 5-66。采用人工击入尖嘴花管的方法打入注浆管注浆。

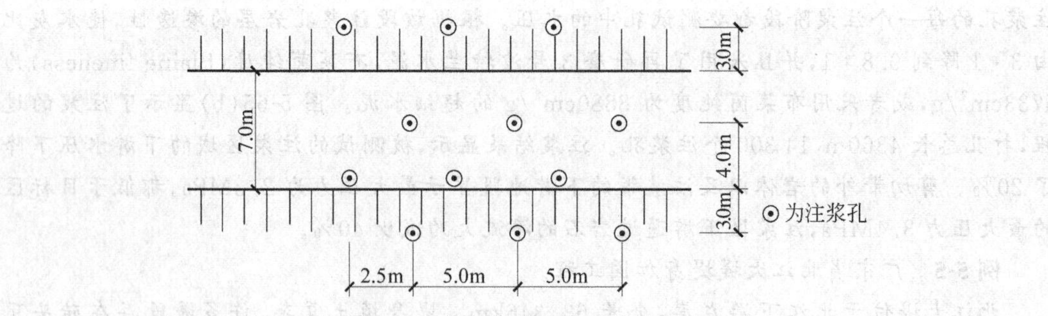

图 5-66　北江大堤充填注浆孔布设

(2) 制浆 充填浆材采用石角的粉质黏土,见表5-23。

表5-23 北江大堤充填浆材的选择

地段	砂粒含量/%	黏粒含量/%	典型土名	备 注
石角	27.5	37.5	粉质黏土	1.5%为砾石
黄塘	23.0	23.0	黏土	
西南	57.5	15.0	重壤土	

浆液的密度控制为1.3～1.5g/cm^3,由专人定时检测,采用比重秤测定。

(3) 注浆

① 压力控制 单孔实注时间为30～45min,孔口实测压力控制在0.1MPa以下,依靠在注浆机内回浆来控制孔口压力。

② 注浆结束标准 根据北江大堤多年的堤身充填注浆实践,施工执行如下注浆结束标准:堤身出现冒浆无法堵塞;出现堤坡面隆起现象;堤面劈裂缝宽大于1.0cm。在出现上述情况之一时,即可结束一次注浆,3d后再从原管进行复注,直至完成该孔注浆过程。

5.8.4 渗透-化学注浆

1. 化学注浆的概念

化学注浆:任何可注性材料必须是一种纯溶液,溶液里无悬浮颗粒。采用这种溶液的注浆方法称为化学注浆。化学注浆分为结构化学注浆和水控制化学注浆。

结构化学注浆(structural chemical grouting)是砂子伴随流体注入形成砂石块体而承受荷载的渗透过程。

水控制化学注浆(water control chemical grouting)是砂子伴随流体注入完全充填空洞从而控制水流的注浆方法。

2. 化学注浆的应用范围

化学注浆的应用范围如图5-67所示。

3. 化学注浆的适用范围

图5-68所示为土的粒度与可注浆分布范围,图中示出了可化学注浆的土体的适用范围。1982年Barker在《设计和实施化学注浆》一文中阐述了在土体中进行化学注浆的可行性。他指出,当土体的渗透率为10^{-2}～10^{-1}cm/s时,都很容易注浆;当土体的渗透率为10^{-4}～10^{-3}cm/s时,为中等适合注浆;当土体的渗透率为10^{-5}～10^{-4}cm/s时,为不适合或者不能注浆。

4. 化学注浆设备

化学注浆的施工过程包括安装注浆管和控制注浆量,如图5-69所示为化学注浆常用的一种SPGP(sleeve-port grout pipe)管(国内也称袖阀管)注浆剖面。SPGP管是一个直径为3～6cm的PVC管,外面包着橡胶套管,沿着橡胶套管所包着的PVC管段等间距分布着注浆小孔。橡胶套管起控制阀的作用,只允许浆液流出PVC管,而不允许浆液回流到注浆管。

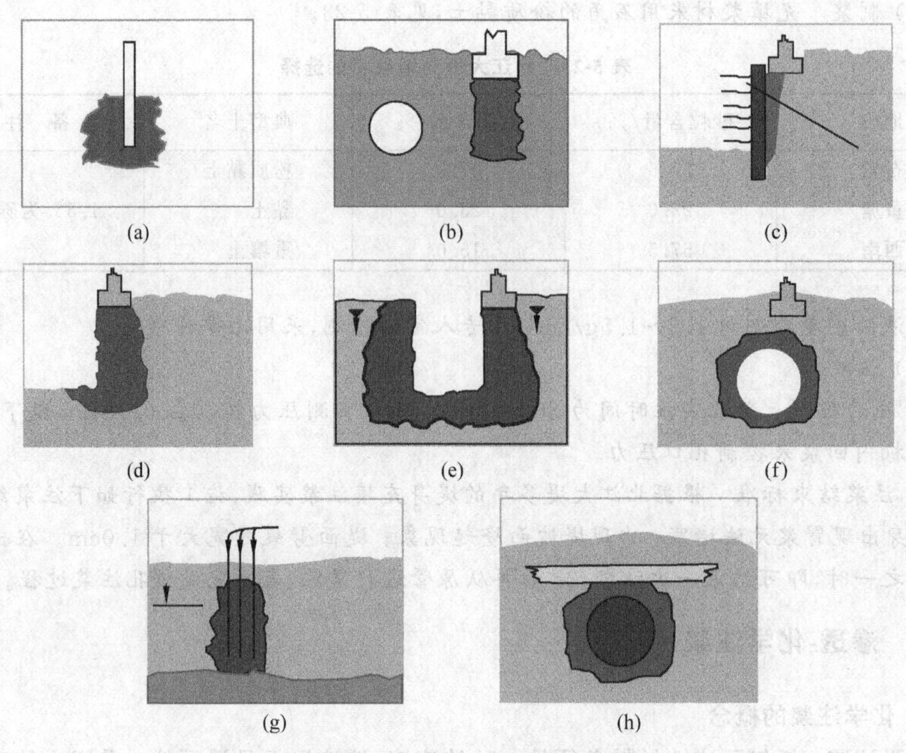

图 5-67　化学注浆的应用范围

(a) 渗透；(b) 隧道旁结构支护；(c) 基础下面的桩土间充填；(d) 独立支护；(e) 基坑支护；(f) 注浆隧道支护；(g) 地下隔离墙；(h) 隧道上部地下管线支护

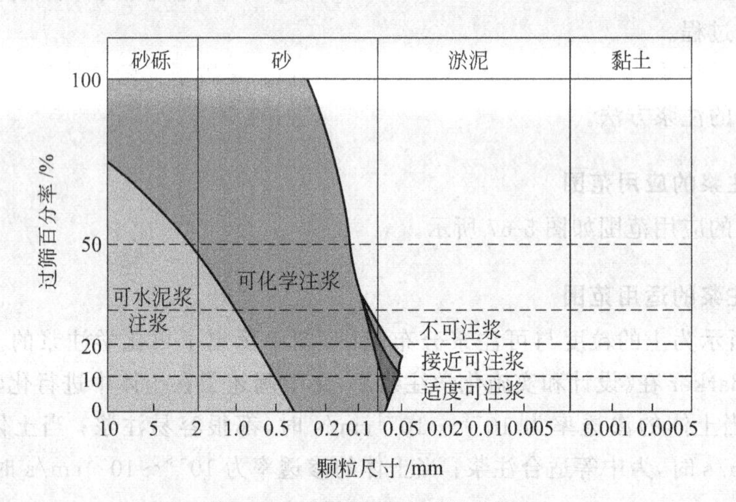

图 5-68　化学注浆的适用范围

在浆液管安装完毕后，在PVC管和钻孔壁之间的环状空间用易碎的水泥-火山岩泥浆(通常由水泥、膨润土以及粉煤灰组成)密封，理想的材料是低强度并呈脆性。在注浆管内部，由一个叫作内部管段的装置隔离本注浆孔与直接邻近的注浆孔。

当内部管段的两个末端橡胶密封垫膨胀的时候，内部管段产生一个紧贴管子内壁的密封，在橡胶套管密封段内部产生一个密封空间，在注浆期间，注浆压力穿过注浆孔并撑开覆

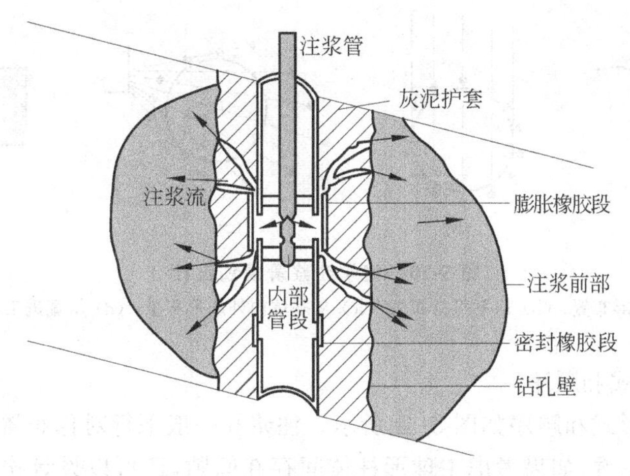

图 5-69 化学注浆的注浆孔剖面

盖注浆孔的橡胶套管,使 PVC 外的泥浆密封套产生裂缝,从而注浆浆液会流入土体中。在浆液从被限制的内部管段泵出时,橡胶密封垫膨胀且内部管段是被压紧的,如果该段注浆完毕,可以收缩橡胶密封垫,到达下一个橡胶套管处,开始下一段的注浆。

这个系统的优点是:①在同样的地点可以再注浆,这样可以消减额外的管段安装花费;②由于浆液可在每个孔的特定深度进行注浆,这就增加了目标区域注浆饱和的可能性;③每个孔口的橡胶套管可以有效防止浆液回流进注浆管而引起注浆后浆液凝结硬化,这样每个孔口的橡胶套管可重复使用;④孔口的橡胶套管被完全封闭在钻孔中,减少了浆液沿着钻孔壁与套管之间的空隙从目标区域渗出的可能性。其缺点是为了破碎 PVC 管外面的水泥-火山岩泥浆密封体,在最初的几分钟内的注浆峰值压力是很高的。因为在注浆时注浆压力必须保持打开橡胶管段,而注浆浆液又不断向前运动,因此,确切的注浆压力是不明确的。

SPGP 管能够更好地控制化学注浆过程,允许在一个区域进行一级、二级、三级注浆。通常一级注浆可以完成总注浆孔的 70%,其余孔为二级、三级注浆。

在特殊目标注浆区施工,注浆管的布置受土体渗透性、注浆类型、场地条件以及复杂地质环境的影响,需要考虑进行第二级甚至第三级注浆。一般情况下,土体的渗透性越低,在给定注浆管道间距的情况下,注浆速率就越慢;注浆压力越高,在注浆过程中出现土体碎裂意外的可能性就越大,在给定的泵送压力下,每种土体都有一个最佳的注浆速率。如果注浆过慢,将会导致工程不经济,对于化学注浆,注浆速率通常为$(0.3\sim3.8)\times10^{-4}\,m^3/s$,为使浆液完全渗透,在注浆过程末期必须考虑控制土体碎裂。在钻孔困难地段或商业区,为解决土体问题要平行安装或以某个角度安装注浆管。在钻进土体相对困难的区域,应该安装水平注浆管,这样才能够使浆液到达目标区域。

5. 化学注浆设计

1) 注浆管规划

一般的化学注浆管布置如图 5-70 所示。在桩基础下、基坑和隧道工作面均采用扇形布置,而在无结构区则采用平行布置。

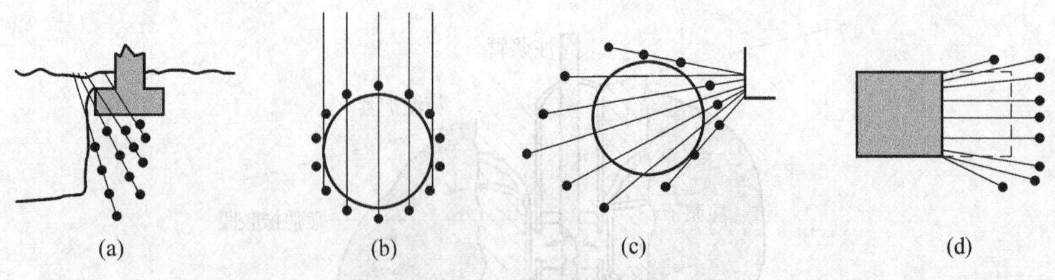

图 5-70 化学注浆管规划设计

(a) 在桩基下扇形布置；(b) 地下平行布置；(c) 从基坑向外扇形布置；(d) 从掘进工作面扇形布置

2) 注浆布置形式和顺序

化学注浆布置形式和顺序如图 5-71 所示。注浆孔一般平行对称布置，设计主管间距要求形成的柱体刚好重叠，如果考虑主球形柱体间存在间隙，还可以设计次管，使次球形柱体能够充填这个空隙，达到对注浆区完全注浆密实的效果。

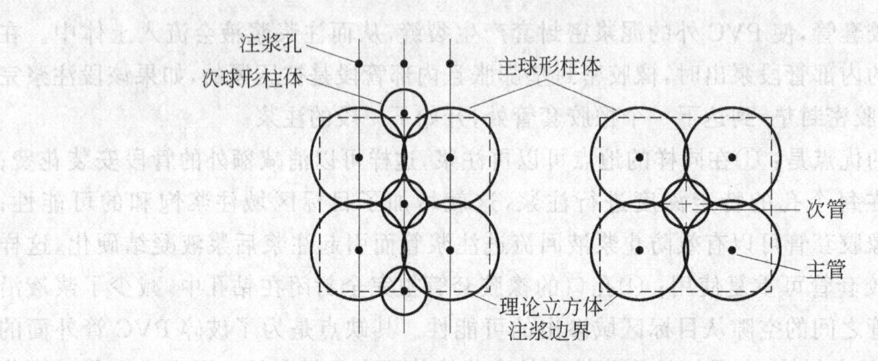

图 5-71 注浆布置形式和顺序

化学注浆的注浆量、注浆压力、注浆孔距的计算可以参考 5.8.3 节渗透-水泥浆注浆的内容。

3) 注浆过程监测

化学注浆过程监测的内容包括：①记录在每一次注浆点的全部注浆量；②注浆流动速度与时间关系；③注浆压力与时间关系；④执行注浆后评估测试工作。

例 5-6 宾夕法尼亚州匹兹堡市伍德街车站柱基础化学注浆工程。

宾夕法尼亚州匹兹堡市伍德街车站采用明挖法建在六幢高建筑物中间，如图 5-72 所示。两侧建筑物下面的砂子渗透率为 $10^{-4}\sim10^{-1}$ cm/s，3%～7%的砂子可通过 200 目筛子。1989 年，开始对匹兹堡市轻轨铁路运输系统的伍德街车站两侧的建筑物柱基础进行加固，它是美国历史上使用化学注浆量最大的工程，整个工程使用超过 3800m^3 浆液加固轻轨两旁的高大建筑，化学注浆的目的是使建筑物柱基础下部的土颗粒黏结在一起，从而将高层建筑物柱基础荷载转移到伍德街车站 3m 以下。

化学注浆工程采用 SPGP 管法，将超过 50%的水玻璃浆液及其反应物一同注入地下，把砂土层变成了砂岩层，其无侧限抗压强度可超过 0.6MPa。

注浆时，在不同的地点设置了可追踪浆液渗透的传感器，采用声发射监测和监听浆液在土壤中的渗透过程，同时通过连接的计算机显示出来。该工程的化学注浆是十分成功的，车

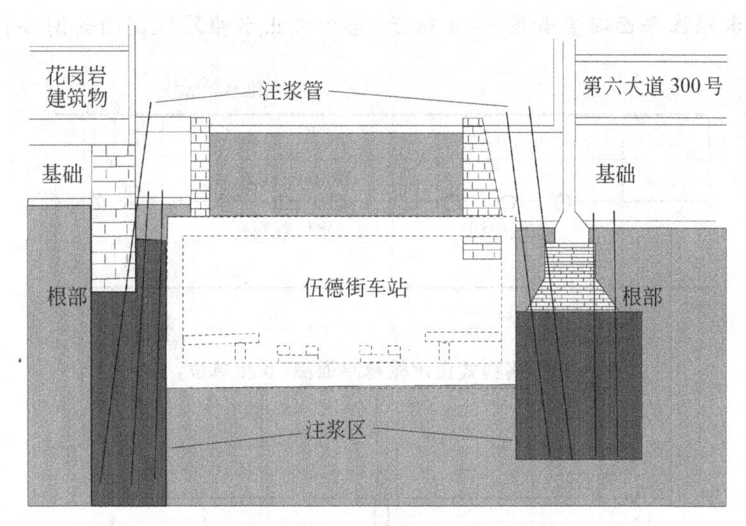

图5-72　匹兹堡市伍德街车站化学注浆工程

站开挖过程支护墙体的平均位移约为3mm，最大不超过8.4mm。

例5-7　深圳地铁渗透化学注浆工程。

深圳地铁香蜜湖-车公庙区间隧道全长1101.348m，其中有680m洞身、洞顶为浅埋富水砂层。设计线间距13.2m，为两条平行的马蹄形断面隧道。

地铁区间上覆地层为人工堆积层素填土、冲积黏土、粉质黏土、砾砂、残积层砾质黏性土，下伏地层为燕山期花岗岩。地表下1～3m管线密集，地下水埋深1.3～9.8m，水位变幅1～2m。区间隧道主要含水层为地下水丰富的砂层，具中等到强透水性，渗透系数高达15m/d。

为保证施工安全，在680m的浅埋富水砂层隧道施工前采取渗透注浆。沿线路方向施作数个连续长约30m、宽约28m、厚约1.5m的矩形方格构造止水墙，即格构式止水帷幕，使经注浆改良后的砂层渗透系数降低到10^{-5}cm/s以下，并在其内进行井点降水，保证隧道在干燥无水状态下开挖。渗透化学注浆的施工技术工艺如下。

(1) 格构式止水帷幕设计　渗透注浆格构式止水帷幕采用注水泥-水玻璃浆形成，注浆厚度1.5m，注浆布孔模式如图5-73所示。帷幕内缘距结构外缘2.72m，沿线路方向约30m设一横向隔断，竖向范围为地表下1m至隧道结构底，然后在格构内布置2～3口直径ϕ=700mm的降水井进行井点降水。

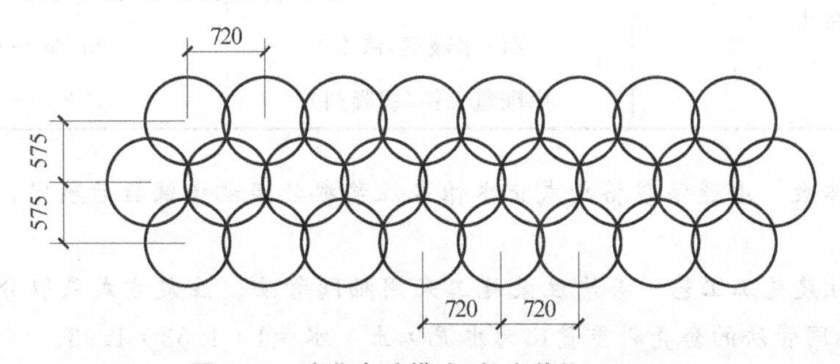

图5-73　注浆布孔模式(长度单位：mm)

格构式止水帷幕平面布置如图5-74所示,格构式止水帷幕纵剖面如图5-75所示。

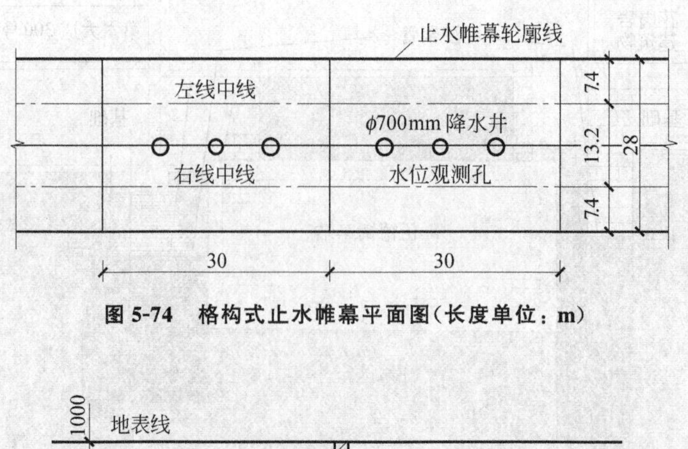

图5-74 格构式止水帷幕平面图(长度单位:m)

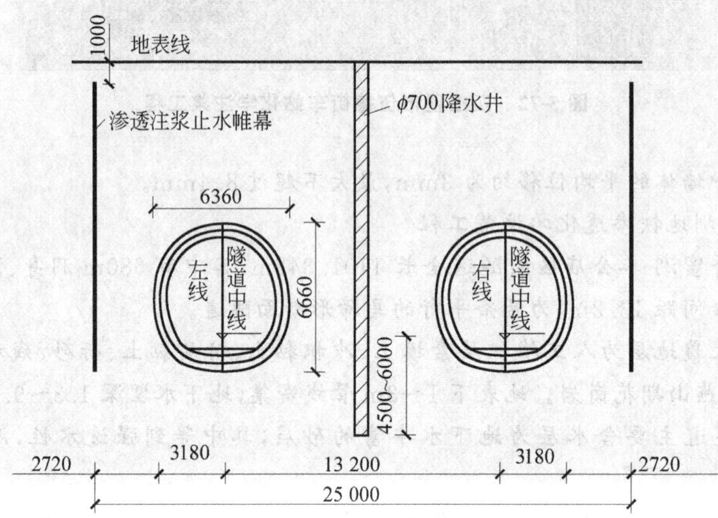

图5-75 格构式止水帷幕纵剖面图(长度单位:mm)

(2) 注浆材料 注浆材料如表5-24所示。

表5-24 渗透注浆材料表

原材料		参数值
配合比	W∶C	1.3∶1~1.5∶1
	C∶XP	1∶1~1∶0.8
	XP(水玻璃)浓度	25°Be′~35°Be′
	磷酸氢二钠(缓凝剂)	2%~3%

(3) 注浆参数 渗透注浆格构式止水帷幕注浆参数经现场试验后确定,现场注浆参数如表5-25所示。

(4) 渗透注浆施工工艺 渗透注浆施工采用袖阀管法。注浆方式采取分段上行式(后退式)注浆。袖阀管法的套壳料重量比为水泥∶土∶水=1∶1.53∶1.93。

表 5-25 渗透注浆参数表

序号	参数名称及单位	参数值
1	扩散半径/m	0.4
2	注浆速度/(L/min)	20～30
3	胶凝时间/s	50～605
4	注浆终压/MPa	1～1.2
5	注浆分段长/m	0.3～0.5
6	单孔分段注浆量/m^3	0.15

5.8.5 劈裂注浆

1. 劈裂注浆的概念

劈裂注浆(hydrofracture grouting)也称补偿注浆，它是将浆液注入且液压劈裂被加固的地下土体中。浆液被迫进入裂隙，由此在注浆点产生膨胀并控制地下土体的隆起，这将抵抗沉降，多点注浆和多点隆起创造了一个强度补偿增强区，如图5-76所示。

2. 劈裂注浆适用的土体类型

因为劈裂注浆过程只需要劈裂土体，所以它可以应用在大多数渗透性土体中，范围从黏土到软岩，如图5-77所示。

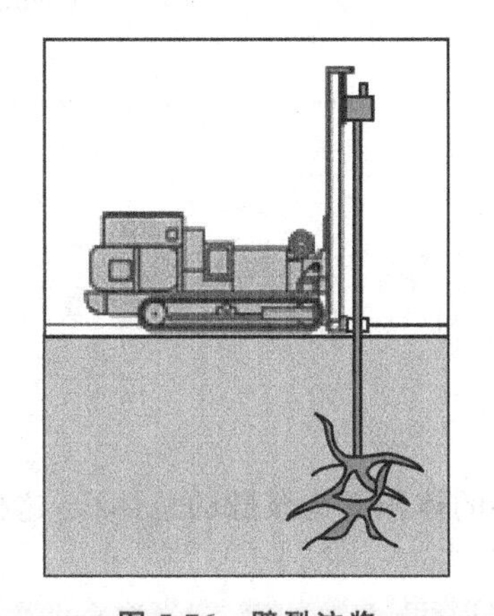

图 5-76 劈裂注浆

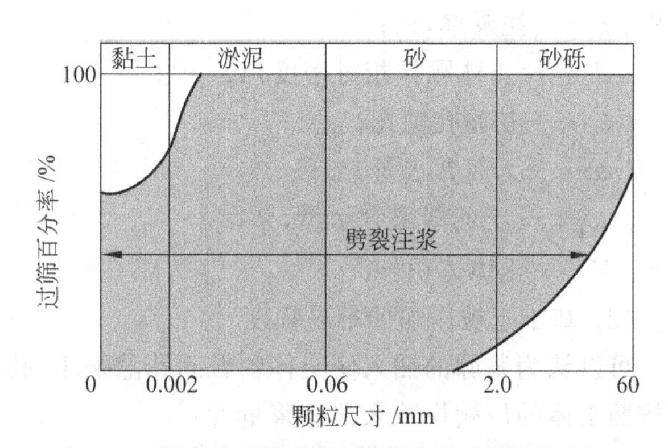

图 5-77 劈裂注浆适用的土体范围

3. 劈裂注浆的优点及应用范围

劈裂注浆的优点：①可实现从建筑物外控制沉降，居住者不必离开建筑物；②如果需要，过程能够重复，允许连续沉降控制；③在变化总量内能够选择控制量的高程变化。

典型的劈裂注浆的应用范围包括以下几种情况(见图5-78)：①还原不同的差异沉降；②还原全部沉降；③预防如隧道掘进导致的建筑物沉降。

4. 劈裂注浆设计

劈裂注浆的设计内容包括选择监视系统位置、确定注浆管位置、选择初始注浆条件和控

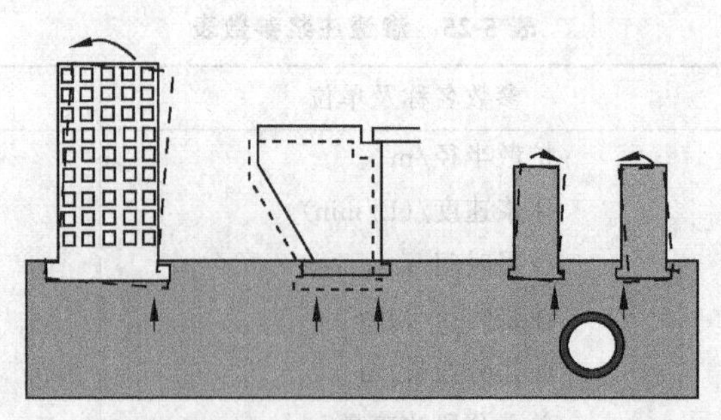

图 5-78　劈裂注浆的应用范围

制施工期间的注浆沉降。劈裂注浆过程中要将注浆管安装到预定位置，通过精确的高程测量和专用的沉降监测系统按需注浆，浆液注入套管后小心控制过程，以引导补偿浆液移动。

1）劈裂注浆的注浆量计算

对于脉状劈裂注浆，只考虑孔隙率为主体的注浆率是不能确定注浆量的。以下从三个方面来计算注浆量。

(1) 基于土的含水率

对于软塑性土，注浆时浆脉可以使土体发生压缩脱水，使天然含水量降低到塑限 w_p 以下，土体变为硬塑状，加之脉状浆体成网状分布于土体，使土体稳定性增加，这种注浆通常称为软土固结注浆。注浆量 Q 为

$$Q=V\rho=V\frac{d_g}{1+e_0}(w-w_p) \tag{5-93}$$

式中：ρ——注浆率，%；

d_g——土体颗粒相对密度，kg/m^3；

e_0——初始孔隙比；

w——天然含水量，%；

w_p——土的塑限含水量，%；

V——土体体积，m^3。

(2) 基于土被压缩的难易程度

可以认为浆脉的插入使土体颗粒间孔隙缩小，孔隙缩小的体积即为浆脉的总体积，这样可按照土体的压缩指数来求注浆量 Q：

$$Q=V\frac{C_c}{1+e_1}f\lg\frac{p_j}{\sigma_0} \tag{5-94}$$

式中：σ_0——压缩屈服荷载，kPa；

p_j——注浆压力，kPa；

e_1——注浆后的孔隙比；

C_c——土体的压缩系数；

f——加压系数；

其他参数意义同前。

(3) 经验法

仍按渗透注浆公式 $Q=V\rho$ 计算，其中 $\rho=n\alpha(1+\beta)$，黏性土的 ρ 值见表 5-26。

工程实践经验表明，注浆量约为土体体积的 10%或更大些效果较好。比较合理的方法是在现场通过观测到的注浆压力的变化来决定注浆量。

表 5-26 黏性土的 ρ 值

黏性土土质	N 值	孔隙率 n/%	$\alpha(1+\beta)$/%	$n\alpha(1+\beta)$/%
松散	0～4	60～75	30～40	18～30
中等	4～8	50～60	20～30	10～18

2) 注浆压力计算

最大允许注浆压力

$$p_{\max}=\gamma g h_j+\sigma_t \tag{5-95}$$

式中：σ_t——土的抗拉强度，kPa；

g——重力加速度，m/s^2；

其他参数意义同前。

一般软土地基中注浆压力在 0.3～0.5MPa 之间，而在隧道内突泥或塌方内劈裂注浆时，如在封闭情况下可以提高终压。

劈裂注浆的注浆孔距可以参考 5.8.3 节渗透-水泥浆注浆的相关内容。

3) 劈裂注浆的质量控制

劈裂注浆的质量控制包括：①精确的高程测量；②监控从注浆管安装到开始注浆的所有状态；③小心设计和监控浆液混合过程，以及注浆压力、容量和泵速；④实时监控结构移动；⑤记录每一种状态的资料。

例 5-8 山西翼城小河口水库土坝劈裂注浆工程。

山西翼城小河口水库大坝在加高培厚前，其高度为 41m，坝顶高程为 677.4m，坝顶长 740m，顶宽 5.5m。大坝分两期建成，第一期工程为 28m 高的水中倒土坝。第二期工程对水库进行改建，土坝加高培厚 13m。坝体结构上硬下软，坝体内形成了局部范围的强渗透带，造成后坝坡局部浸湿。为解决坝体质量问题，防止加坝后因坝坡浸湿抬高浸润线，在坝顶标高 0+80m～0+150m+300m～0+405m+550m～0+660m 处进行坝顶劈裂注浆。

(1) 注浆孔布置

因坝体强渗透带主要在 622.4m 处，设计注浆孔底高程 659.4m，超强渗带 3m 以上，注浆孔深 18m 以上(659.4～677.4m)，沿现坝顶轴线布置单排孔，孔间距 5m，分三序孔施工。

(2) 注浆施工

注浆方法采用“孔底注浆、全孔灌注”。套管超深应大于 5m，注浆管下探距孔底 0.5～1m，注浆管一次提升高度 1m 左右。

输浆管采用直径 40mm 的钢管。注浆泵为 HB80/10 型。

一序孔总进浆量 60～90m^3，每小时进浆 4～7m^3；二序孔总进浆量 10～30m^3，每小时进浆 2～4m^3；三序孔总进浆量 10～15m^3，每小时进浆 1～2.5m^3。

(3) 终注标准和封孔

当启动注浆泵后，几分钟时间坝顶表面冒浆，说明裂缝里的泥浆从下到上已注满，这时应对各孔进行复注，少注多复，注浆孔内的浆液基本上不下降时表明已注饱，即可停注。

采用稠泥浆封孔，泥浆重度大于 1.5g/cm^3，一般需封孔 3～5 次。

5.8.6 压密注浆

1. 压密注浆的概念

压密注浆是指采用坍落度小于25mm的浆液进行注浆。它是浆液被注入土体后,在土体中置换并挤密浆液周围土体,从而增强土体的内摩擦的一种注浆法。浆液一般不会进入土体的孔隙,而是保持为一种同质块体,通过控制这种同质块体置换原土体,进而压密浆液周围松散的土体和/或抬升建筑结构。

压密注浆本质上是将一种非常黏(低流动性、小坍落度)的浆液泵送到一定地点,使浆液聚集体形成的浆液球置换和压密周围的原土体,从而改善土质条件。

2. 压密注浆的优点和应用范围

压密注浆具有下列优点:①可进行靶区处理;②施工速度快;③应用范围广,在多种土体条件下均有效;④可应用于非常窄小的通道和高空条件下;⑤非危险地区;⑥非废物灾害处理;⑦不需要连接到根部和柱部;⑧无损害和可适应存在的基础;⑨经济的移动、置换和打桩;⑩能够达到其他方法难以达到的深度;⑪最小程度地接触地面。

压密注浆的应用范围包括(见图5-79):①喀斯特空洞充填;②建筑弃料碎石充填;③劣质土充填;④松土前处理;⑤松土后处理;⑥液化土;⑦易塌陷土;⑧在隧道掘进期间压密松土等。

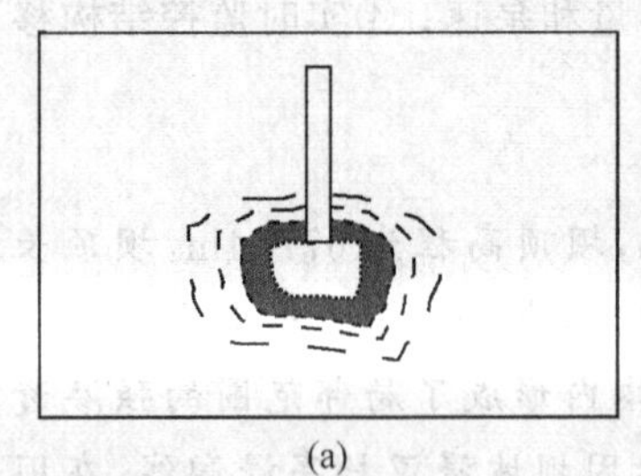
(a)

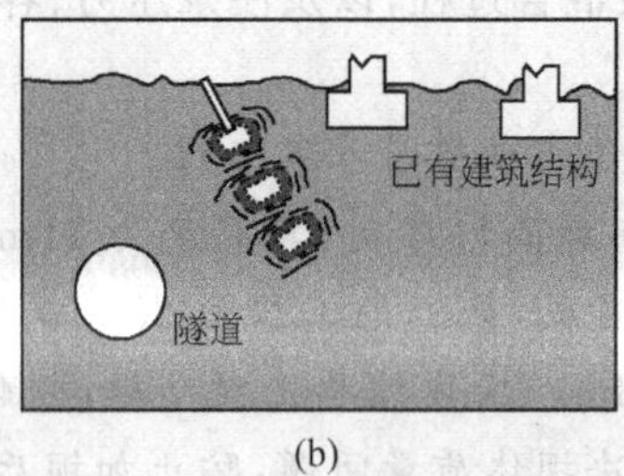

(b)

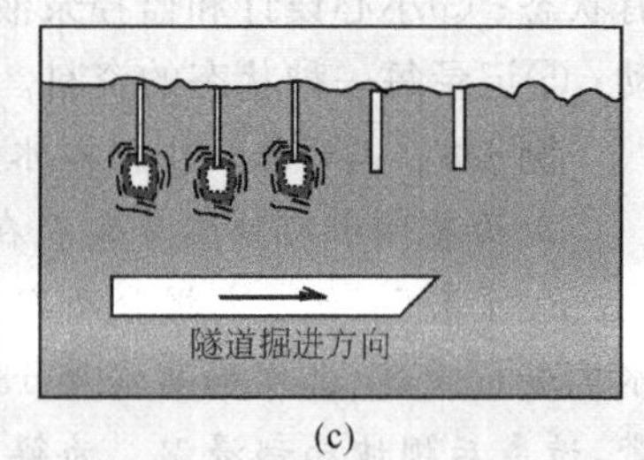

(c)

图5-79 压密注浆的应用范围

(a) 置换土体;(b) 隧道旁建筑结构支护;(c) 沉降控制

3. 压密注浆可改善土体的范围

压密注浆必须具备以下几个条件才能够产生最好的结果:①被处理的地层必须具备足够的垂直自重应力,以便浆液水平置换土体;②如果发生无约束的地面隆起,应减小浆液的稠度;③注入浆液的速度要足够慢,以便孔隙压力消散,应该在钻孔间距和施工顺序方面考虑孔隙水的压力消散;④施工顺序是重要的,如果土没有接近饱和,则对大多数粉砂岩和泥岩,压密注浆通常是有效的,如图5-80所示。

在进行压密注浆时,应该避免在较弱土层发生较大的置换。挖掘出的注浆球证实,压密注浆集中改善了最需要改善的地方。压密注浆通常能够有效地处理钻进中坍塌的土。对于层状土、颗粒小的层状土有可能导致注浆困难或减少改善土体的可能性。压密注浆也可用于隧道掘进中,通过补偿注浆改善掘进方法,从而提高隧道进尺。

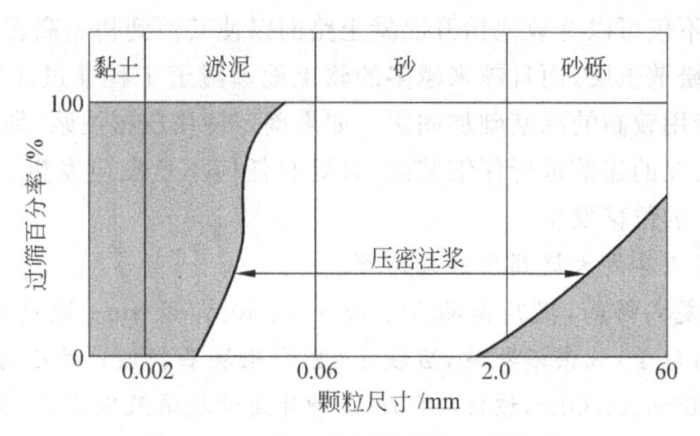

图 5-80　压密注浆可改善的土体范围

4. 压密注浆工艺

压密注浆的工艺流程如图 5-81 所示。

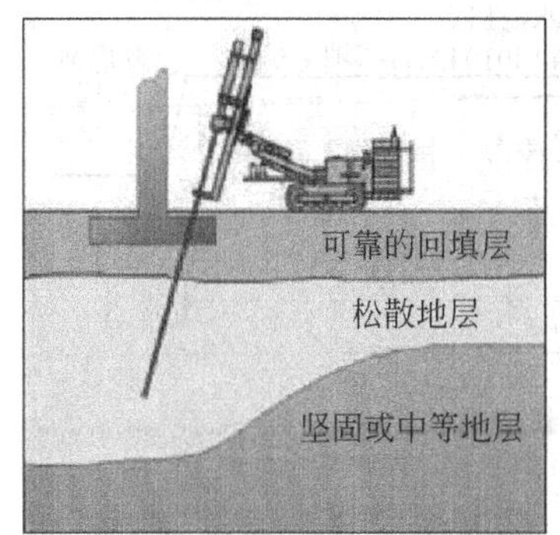

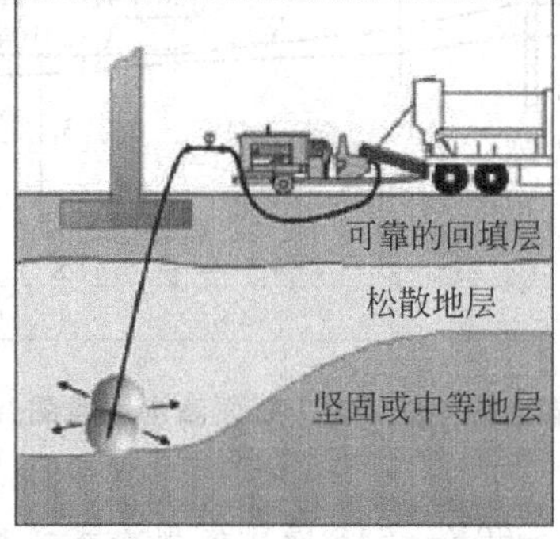

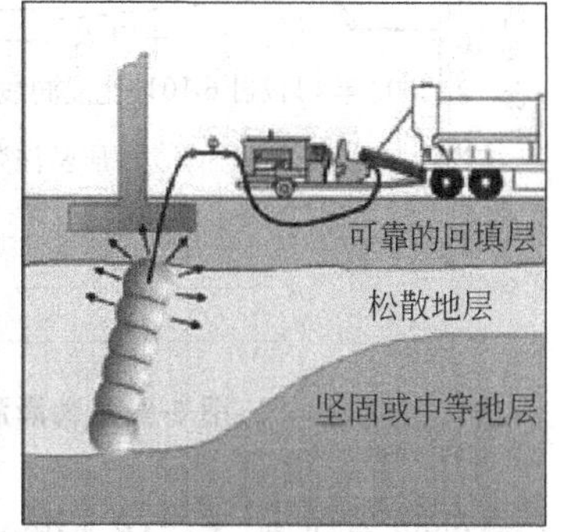

图 5-81　压密注浆的工艺流程

(1) 安装注浆管。首先选定注浆路线,确定平面布置图、注浆的顺序,这是非常重要的,然后钻眼或者打入注浆管,同时从注浆管装入起,开始记录地面的资料。

(2) 开始注浆。典型的顺序是从钻孔底到钻孔顶,但也有从钻孔顶到钻孔底注浆的。浆液要具有低流动性,限制注浆的压力和体积,注浆要慢且均匀,以控制隆起。

5. 设计和控制

压密注浆设计的关键是确定浆液混合物的配比,调整浆液坍落度在 25mm 以内。压密注浆的优点是:由于设计者和施工者使用了低坍落度的浆液,从而能更好地控制注浆过程。在压密注浆中,由于注入的低坍落度浆液会与注浆管壁产生摩擦,要求注浆管直径最小为 50.8mm,实际上通用直径为 76.2mm。尽管许多人提出在注浆阶段从上往下分段施工可以向下压密地面结构附近的松散土层,但从经济学角度看,一般应该在最大深度处插入注浆管,然后在控制压力的情况下,从下往上注射低坍落度浆液。通过已建立的超前监测系统可以监测注浆管升降、注浆压力和注浆量的极限标准,但是这取决于每个工程的实际要求。注浆管间距取决于预期结果,通常最小的中心距为 1.5m,对一些重要工程,初级注浆管中心距是 7.6m,如果有必要,注浆管中心距可以减为 3.8m。

采用压密注浆不仅可以有效地抬升混凝土路面以使其回到初始高程，提升建筑物，压密高耸建筑下附近的松散土层，而且越来越多的软土地基隧道工程通过压密注浆保护了邻近建筑结构，取代了费用较高的深基础加固法。如果确定使用压密注浆，那么注浆管可以事先埋置，从而对需要关注的建筑进行仔细监测，只要有任何不良反应发生，就可立即加固松散的土层，防止进一步的位移发生。

例 5-9 江苏省洪泽湖大堤压密注浆工程。

洪泽湖大堤为复式断面，堤顶高程 19.00～19.50m，宽 8m；堤前为高程 14.50m、宽 50m 的防浪林台，前坡 1∶3 条石护坡，后坡 1∶2 灌砌块石护坡；堤后为 3 级平台，顶高程分别为 17.00m、14.00m、11.00m，坡比 1∶3；堤脚外为青坎地及顺堤河(见图 5-82)。洪泽湖大堤是Ⅰ级水工建筑物，设计水位 16.00m，校核水位 17.00m。洪泽湖正常蓄水位 13.00m。

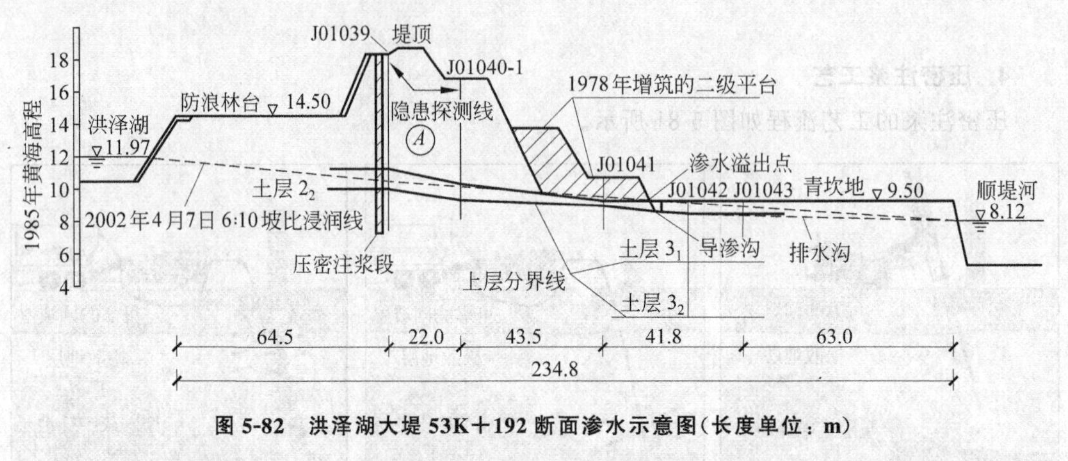

图 5-82 洪泽湖大堤 53K+192 断面渗水示意图(长度单位：m)

2003 年汛期，在 34K+900～60K+646 堤段发现渗水之后对堤身采用压密注浆加固。

(1) 注浆材料

采用水泥黏土浆。黏土选用粉质和重粉质黏土。其物理性能指标为：黏粒含量 25%～35%；粉粒含量 30%～50%；砂粒含量 20%～30%；塑性指标 10%左右。土的有机质含量要小于 2%，可溶盐含量要小于 8%。浆液的配合比为水泥∶黏土=3∶1。浆液的密度控制在 1.3～1.6g/cm^3。

(2) 压密注浆施工

成孔设备为 CB30 型锤击钻机。最大成孔深度 30m，成孔直径 50mm；注浆设备为 WJG80-1 注浆机，最远送浆距离 150m。注浆孔采用梅花形，布置两排孔，孔距 2.5m，排距 1m，孔径 50mm，如图 5-83 所示。阻浆塞位置见图 5-84。

应分排单独注浆，即一排一排地注，不得同时注两排。先注上游侧，后注下游侧。

注浆压力控制在 50～200kPa(孔口未被泥块堵塞的情况下)之间，如发现孔口附近(不是孔口)冒浆，即可终孔。当发生孔口冒浆，且注浆压力又低于 50kPa 时，必须重新移位(左右移位)打注浆孔；当孔口未发生冒浆，又未见压力表有明显下落和回升，且注浆达 8h 以上时，应在 200kPa 的注浆压力下连续注浆 3 次，方可终孔。

注浆的起始时段，活塞泵的工作频率控制为 45～50 次/min，注浆时间达 30min 以后，可将浆泵的频率调整至 90 次/min。

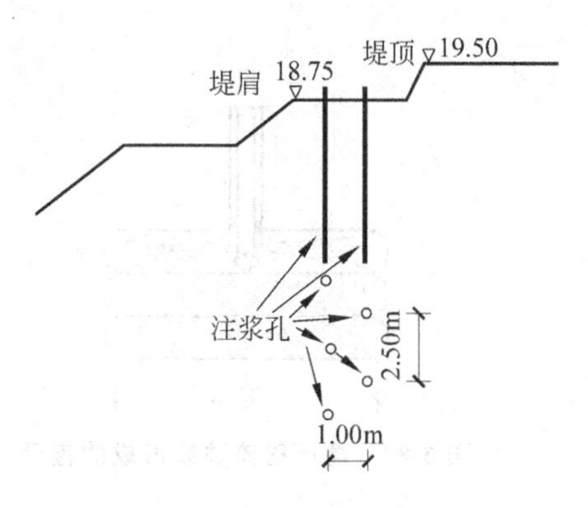

图 5-83　洪泽湖大堤压密注浆孔布置图

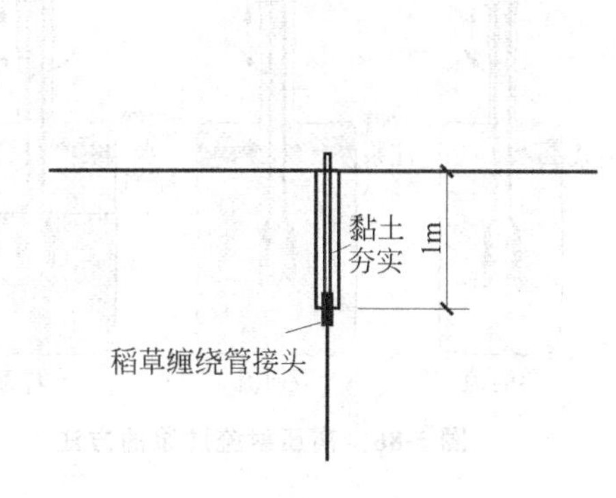

图 5-84　阻浆塞位置图

一般注浆结束后 3～4h，可以将注浆管取出，对施工留下的孔洞可用 1.5～1.6g/cm^3 的水泥浆封孔(浆液可手工调配)，但若邻近孔正在注浆时，注浆管不得取出，以免串浆而无法封堵。

5.8.7　高压射流注浆

1. 高压射流注浆的概念

高压射流注浆是对预先确定形状、尺寸和深度的，被加固的原土体结构进行特性设计(如强度、渗透性或和易性)的一种注浆方法。通过射流注浆作用，原土体结构变成了新的土-混凝土结构，原处的土体与浆液最后混合形成土混凝土。

20 世纪 70 年代初，日本发明的高压射流注浆(压力达到 20～70MPa)已用于处理软土地基，以及进行地下水的控制和隧道开挖支护。图 5-85 所示为高压射流注浆的分类。

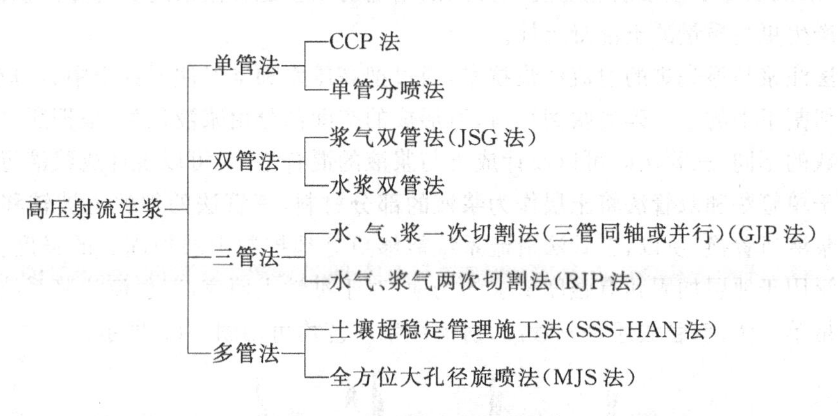

图 5-85　高压射流注浆的分类

2. 高压射流注浆系统

高压射流注浆主要有四种基本方法：单管法、双管法、三管法以及多管法。它们各有特点，应根据工程要求与地层条件选用，具体如图 5-86 和图 5-87 所示。高压射流注浆系统几乎能应用于各种地层土体中，但需进行正确的设计和使用合适的操作工艺。

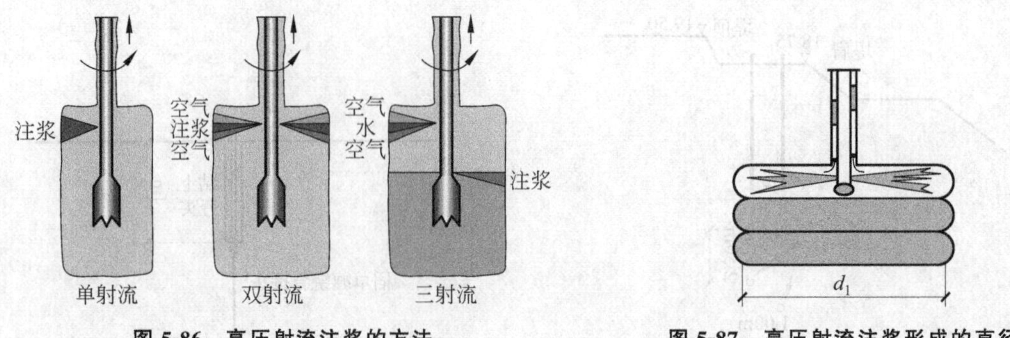

图 5-86　高压射流注浆的方法　　图 5-87　高压射流注浆形成的直径

1) 单射流注浆(土混凝土 S)

浆液以高速(大约 200m/s)被泵送到具有水平喷嘴的管中,射流产生的能量既切割、破碎土层,又与原土形成新的混合物——土混凝土,用土混凝土置换原土体。单射流注浆对于无黏结性土是最有效的方法。

2) 双射流注浆(土混凝土 D)

一个两相内流系统分别提供浆液和空气,浆液和空气通过两个水平射流出口最后在喷嘴处会合。此种方法形成的浆液与单射流注浆的浆液具有同样的效果。用空气流覆盖浆液射流能够增加侵蚀效果,从而形成更大直径的注浆柱。双射流注浆系统在中等到密实的土中能够形成约 0.9m 的土混凝土柱,在松散土中能够形成约 1.8m 的土混凝土柱。对于黏性土,双射流注浆比单射流注浆更有效。

3) 三射流注浆(土混凝土 T)

采用这种方法,浆液、空气和水通过不同的管路被泵送到目的地。同轴空气和水流形成侵蚀环境,浆液以低于侵蚀射流速度从分离的喷嘴射出。这种注浆过程的分离侵蚀工艺,理论上可以产生更高质量的土混凝土柱。

三管法注浆是最先进的射流注浆技术,通过把高压水和空气注射到土中,形成的高压空气能够把切割下来的土层碎屑吹到孔口,所形成的空间部分由浆液代替,根据所选择的吹气和射流参数的不同,三管法既可以设计成土与浆液的混合型,又可以设计成浆液置换土型。

不同于单管法和双管法将土层作为浆液的部分材料,三管法的细粒土被转移并且由预先配制的浆液所置换,所以,三管法射流系统能够更好地控制土层加固后的强度。因此,三管法被广泛用于地层加固和有强度要求的场地,对于黏性土而言,三射流注浆系统是最有效的。无论是单管法、双管法还是三管法,射流注浆工艺均可用图 5-88 展示。

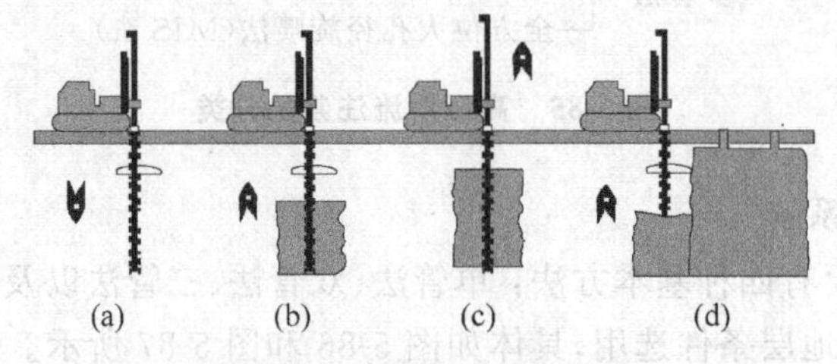

图 5-88　高压射流注浆工艺

(a) 向下钻孔;(b) 从底到顶向上注浆;(c) 即将完成从底到顶向上注浆;

(d) 完成并开始下一个孔的连续高压射流注浆

4）超级射流注浆

浆液、空气和钻进流体是通过分离腔被泵送的。当达到设计钻进深度时，停止泵送钻进流体，带着高速浆液的注浆射流与同轴空气一起开始侵蚀土，形成土混凝土柱。通过非常慢的旋转和提升，土混凝土柱直径能够达到 3～5m，对于要求块体稳定的应用需要，这是最有效的系统。其射流注浆工艺如图 5-89 所示。

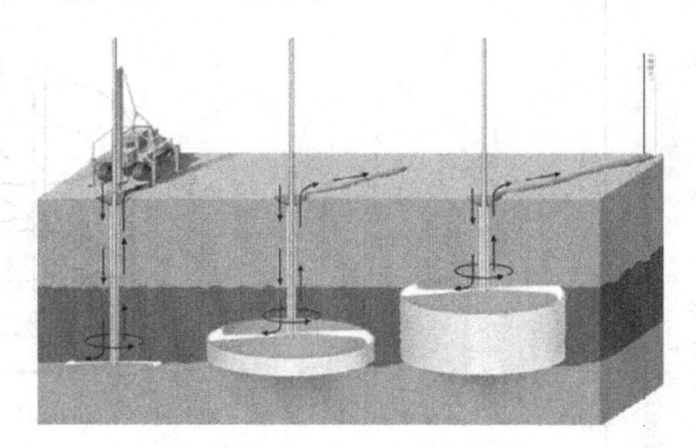

图 5-89 超级射流注浆工艺

3. 高压射流注浆的适用范围

高压射流注浆是非常有效的，能够覆盖的土的类型包括黏土、淤泥、砂及粉砂岩，如图 5-90 所示。

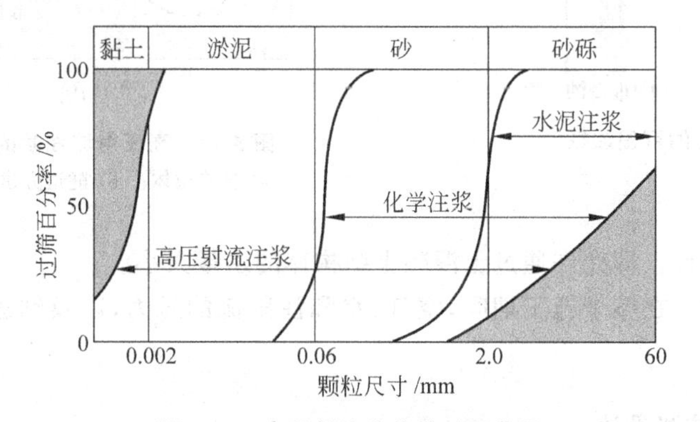

图 5-90 高压射流注浆的适用范围

4. 土的可侵蚀性

因为高压射流注浆系统是一个基于侵蚀的系统，因此土壤的可侵蚀性是一个重要的指标。对于可预知的几何形状而言，无黏性土比黏性土更易被侵蚀。可预测的、不同土体的可侵蚀性等级如图 5-91 所示。

5. 高压射流注浆的应用范围

相对常规注浆、化学注浆、特殊支护系统或隧道冻结技术而言，高压射流注浆提供了一种选择，如图 5-92 所示。高压射流注浆可以用于控制地下流体、不稳定土体挖掘、抗水等方面。使用时需要考虑如下内容。

（1）支护设计。注浆体承载系统的能力、对侧土压力和超载以及强度是否足够。

(2) 挖掘支护。什么样的深度、土混凝土剪切强度和几何形状的浆体能够阻止超载以及挖掘后施加的土压和水压；是否需要土锚和内支护。

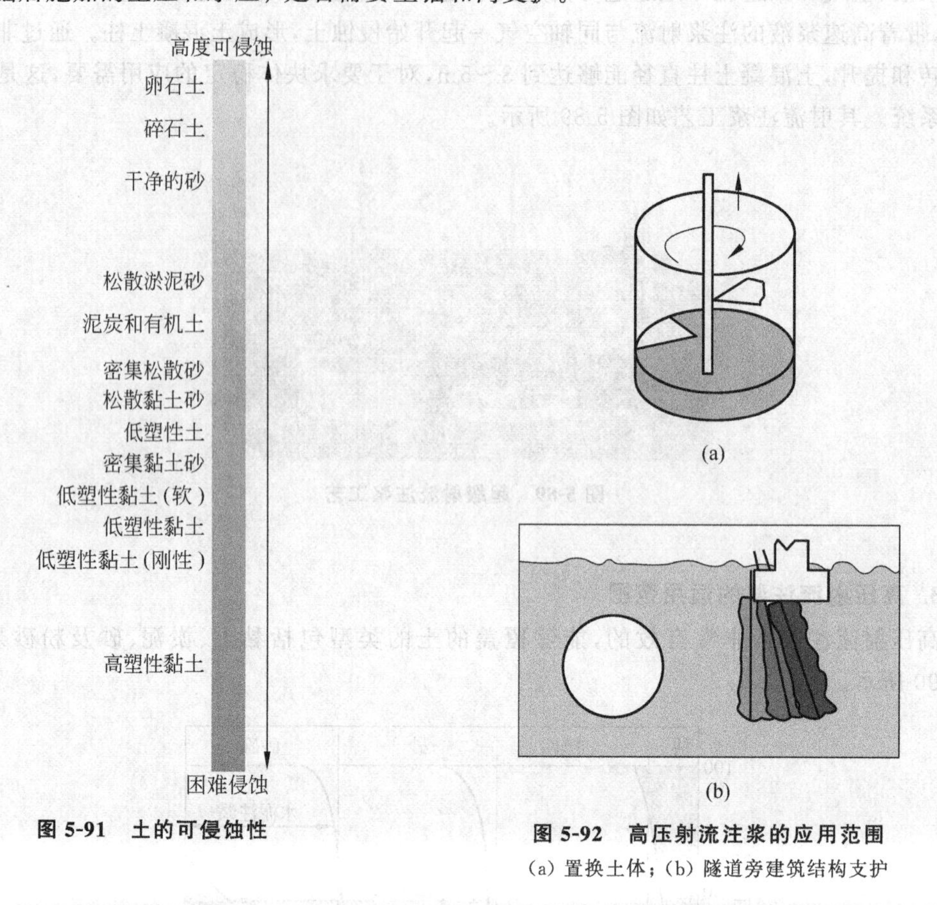

图 5-91　土的可侵蚀性

图 5-92　高压射流注浆的应用范围

(a) 置换土体；(b) 隧道旁建筑结构支护

(3) 地下水设计。即允许通过土混凝土结构体的水量大小。

(4) 施工参数。在整个施工期间，空气、水和注浆流的压力，以及钻进和收回速度是否能自动控制。

6. 高压射流注浆设计

1) 高压射流注浆深度

理论上，高压射流注浆可以达到的深度是无限的，然而实际上高压射流注浆很少应用在大于 50m 的深度。

高压射流注浆也能处理一些特殊的地层，在设计阶段就可以设计土混凝土块体的尺寸，如宽度或注浆柱的直径。注浆后形成的土混凝土强度如图 5-93 所示，如果需要，也可以测试出土混凝土的剪切和抗拉强度。

2) 土混凝土的几何形状

高压射流注浆在土中形成的土混凝土平面几何形状如图 5-94 所示。根据不同的工程应用需求，可以设计成圆柱形、半圆柱形、扇形柱、单面板墙、双面板墙、板状封闭系统和面板桩密封系统等。高压射流注浆可以在几乎所有类型的土体中进行，土混凝土可以形成任何几何形状的剖面，是大多数结构和设施直接支护的有效方法，是支护建筑最安全的方法，能够围绕掩蔽活动设施施工，能够在有限的空间中开展工作，具有明确的原位置换可能，可以处理地下特殊位置，可设计其强度和渗透性，具有无损伤性振动。与其他可选的方法比较，它不需保养且施工速度非常快。

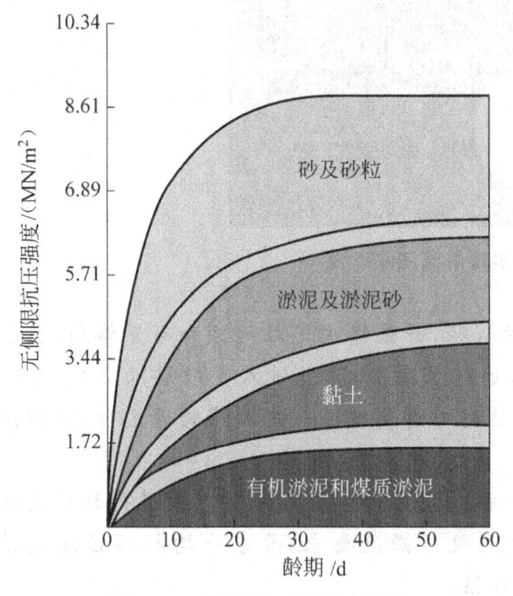

图 5-93 典型的土混凝土强度

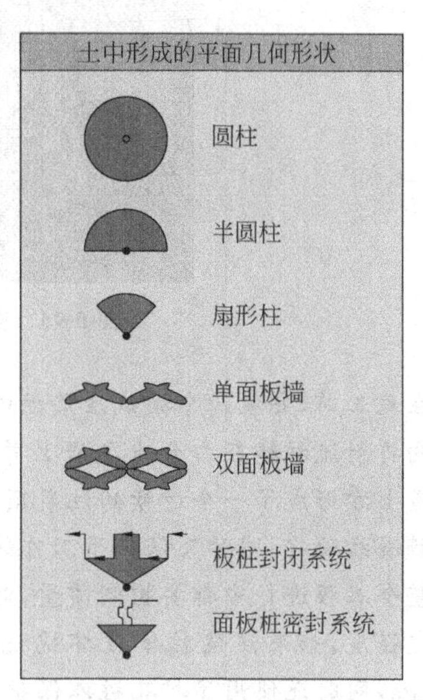

图 5-94 射流在土中形成的土混凝土几何形状

3）质量控制

像对待任何工程技术一样，必须明确高压射流注浆操作的目的，并且客观、全面地分析每一种高压射流注浆系统的优点和限制条件。一份详细的工程场地条件评价报告对于高压射流注浆施工与设计极为重要，注浆区域的直径和几何形状都要通过考虑场地条件才能做出决定。空气、水、浆液流动、压力以及监视钻进和提升速度都取决于设计的要求，而设计这些参数，又需通过现场试验最终确定。

在施工阶段，将切割土体碎屑提升到地表面的过程至关重要，这将便于控制射流和提升压力。所产生的废弃物应该在指定的地点加以处置，一般来说，废弃物应被运输到场外用于场地填充。因为这种技术注射的是惰性化合物，只需要考虑与体积量相关的因素。

高压射流注浆法不但能很好地适用于各种土层，而且还能提供高的抗压强度和低渗透性，施工过程中不会有破坏性振动，可以对任意断面进行注浆，还可以在有限的工作空间和要求重量轻的注浆设备中使用。

例 5-10 亚拉巴马州伯明翰市皮策加特下水道工程高压射流注浆工程。

亚拉巴马州的皮策加特下水道隧道设计直径为 1.524m，在硬岩中开挖而成，如图 5-95 所示。在隧道接近查克威尔大道处，隧道拱部遭遇了软黏土地层，从而引起了地面沉降。

由于是软黏土，为保持地面上的正常交通，因此专业注浆承包商采用了三管法高压射流注浆修复、加固和稳定地层。该项注浆技术为隧道提供了足够的抗压强度材料，同时将地面交通的荷载转移到邻近能承受压力的岩石上。

此外，与其他常用的置换技术不同的是，高压射流注浆还能保持交通运输的持续性。

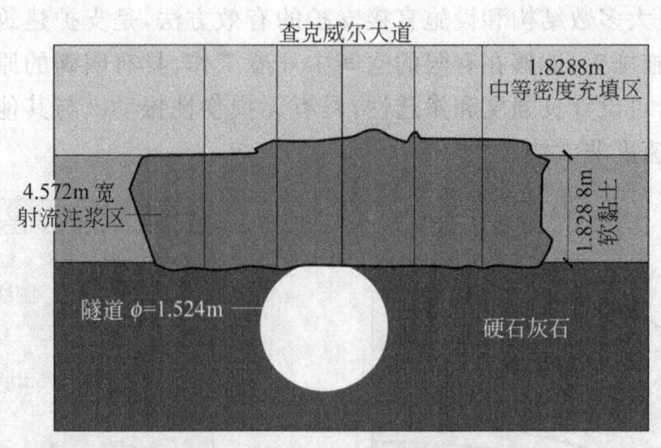

图 5-95 皮策加特下水道射流注浆工程

在施工前,安装两个测试注浆柱以验证柱的直径,并最终决定柱间距和布置格局,在垂直方向将射流柱建在白云质灰岩上并连接起来通过了黏土层,并进入了砂层以上 0.15m,在隧道上方形成了一个连续的注浆顶板。注浆柱施工需要按照一定顺序错开进行,以利注浆材料凝结硬化,同时又保证了工作的连续性。

整个工程进行中都要控制质量,对来自每一根注浆柱体的样品于第二天进行抗压测试以确定强度,如果注浆柱体破坏就说明没有达到抗压强度要求,要求平均抗压强度超过3.4MPa,同时还使用了扩孔桩以保护注浆的连续性。

这个工程成功地完成了相关的规范要求,没有影响交通的正常运行,隧道很快就排除了坍塌的威胁。

例 5-11 内昆线(内江—昆明)曾家坪1号大跨车站隧道联合支护工程。

车站隧道进口段 90m 位于岩堆体地层中,其成分以块石为主,砂黏土充填。隧道长269m,开挖宽度 20.68m,高度 13.83m。隧道的主要支护参数包括以下几项。拱部小导管注浆:ϕ42mm 小导管,$L=3.5$m,纵向间距 2m,环向间距 0.4m;格栅钢架:主格栅 25cm×20cm,内壁格栅 20cm×15cm,格栅间距均为 0.5m;系统锚杆:WTD25 锚杆,间距 1.0m×1.0m,$L=3.0$m;锁脚锚杆:ϕ42mm 钢花管,$L=3.5$m,注浆加固;喷射混凝土:C30。

为确定合适的施工方法,对隧道的开挖方式进行了数值分析,计算结果见图 5-96。由该图可知,底脚和侧壁应力集中,松弛范围较大,在Ⅳ级围岩条件下,采用台阶法则侧壁出现塑性破坏;设置仰拱后,塑性范围变小。双侧壁导坑法支护系统有较大的安全储备,因此实际工程采用双侧壁导坑法施工,见图 5-97。

曾家坪隧道施工初期收敛变形较大,最大值达 137mm,随后采取一系列改进措施,如将内壁喷射混凝土由 25cm 加厚到 30cm,外壁由 30cm 加厚到 35cm。厚横撑上增加一道木支撑,并将原水平钢支撑(H18 工字钢)纵向连接,形成桁梁。严格控制开挖进尺,每进尺 6m 即施作仰拱,灌注底部混凝土,及时封闭初期支护。通过采取以上措施,有效地抑制了净空位移,使最大水平收敛值由 137mm 降至 48mm(见图 5-98),边墙外围岩压力由 0.8MPa 降为 0.3MPa。

此外,根据对二次衬砌的测量结果,二次衬砌与初期支护的接触应力为 0.09MPa,初期支护的最大围岩应力为 0.2MPa,钢架最大轴力为 96kN,这说明二次衬砌只承受较小部分的围岩压力。

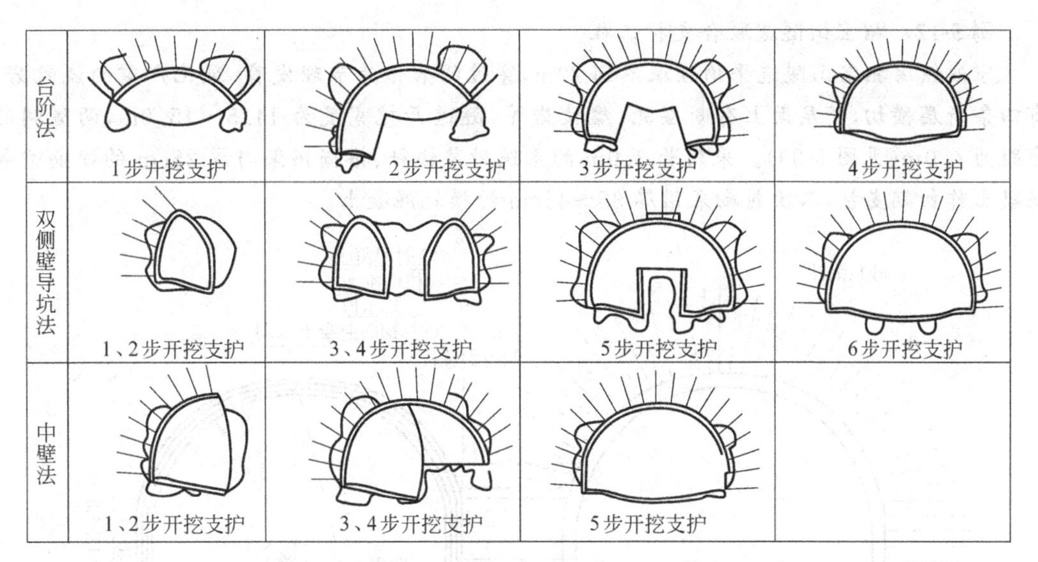

图 5-96　大跨度隧道不同开挖方法的围岩塑性区分布

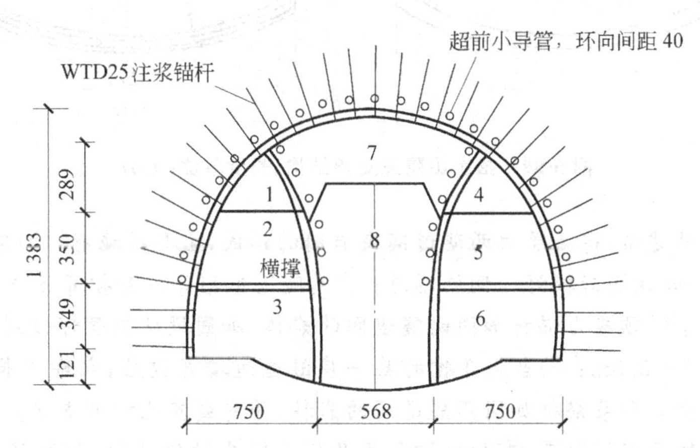

图 5-97　双侧壁导坑法施工工序(长度单位：cm)

1,2,3,…表示施工顺序。

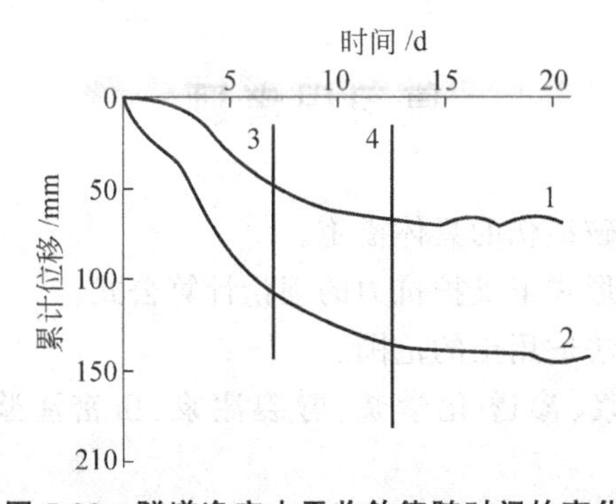

图 5-98　隧道净空水平收敛值随时间的变化

1—采取措施后；2—采用措施前；3—左、右导坑下部开挖；4—仰拱施作及浇注底部混凝土后

例 5-12 招宝山隧道联合支护工程。

宁波镇海招宝山隧道平均埋深不到20m,穿过的岩体为节理发育、风化严重的流纹岩,有四条断层横切,断层面上有断层泥、糜棱岩等,隧道开挖宽度为14.5～15.0m,两隧洞的净距为4.0m(见图5-99)。采用长3.0m的系统砂浆锚杆、格栅拱架与厚25cm的配筋喷射混凝土作初期支护,二次衬砌采用厚35～45cm的模筑混凝土。

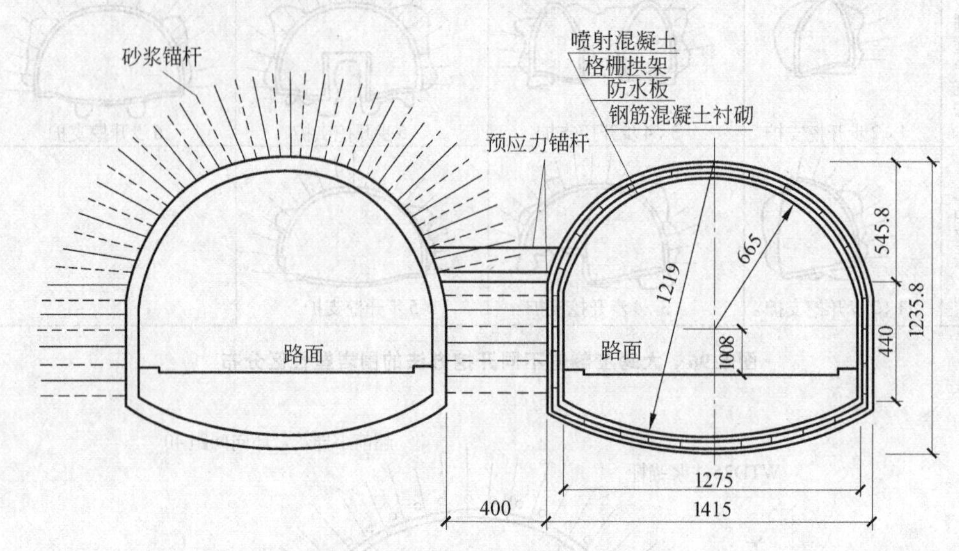

图 5-99 招宝山隧道支护结构(长度单位: cm)

该隧道的成功建造,得益于对两隧道间夹岩墙的锚固,主要措施有: ①先开挖围岩较软弱一侧的隧道,再开挖围岩较好一侧的隧道; ②两隧道弧形导坑开挖并施作初期支护后,用穿通两隧道的水平低预应力锚杆加固两隧道间的岩体,加固段从拱腰部位到拱脚,这些部位的锚杆长度为4.5～6.5m; ③当先开挖的第一座隧道边墙开挖后,立即用长达第二座隧道开挖轮廓的水平全长砂浆锚杆加固两隧道间的岩柱,并完成其他初期支护。

招宝山并行隧道经锚固后,有效地增加了两隧道间岩柱的抗拉、抗剪强度,有利于限制隧道围岩塑性区和变形的发展,保证了隧道的稳定性。测量资料表明,隧道的位移在安全范围内。

复习思考题

5.1 简述减少隧道爆破损伤的具体措施。

5.2 试推导不同支护形式下支护抗力的理论计算公式。

5.3 试比较不同注浆法适用土的范围。

5.4 简述渗透-水泥浆、渗透-化学浆、劈裂注浆、压密注浆和射流注浆的概念及异同点。

5.5 什么是锚喷支护?它与传统的模筑混凝土衬砌相比有哪些优点?

5.6 锚杆支护结构中,锚杆主要起到什么作用?

习 题

5.1 有一台阶爆破，炮眼直径 $d=75\text{mm}$，炸药装填密度 $\rho_p=1.27\text{kg/dm}^3$，试计算其最大抵抗线和炮眼间距。

5.2 条件同上题，但：①采用较低的炸药装填密度 $\rho_p=1.0\text{kg/dm}^3$；②采用 $\rho_p=1.5\text{kg/dm}^3$（用风动装药器），试比较二者的 V、E 值。

5.3 当台阶高度 $H_b=10\text{m}$，平均钻眼偏差为台阶高度的5%时，试确定习题5.1和习题5.2中的三种情况下应该采用的实际抵抗线，并计算 V_1、E_1 值。

5.4 掘进一断面尺寸3m×3m、深度4.8m的正方形孔洞，使用了 $d=50\text{mm}$ 的辅助炮眼。如果钻眼偏差小于0.06m/m，试确定最大抵抗线和实际抵抗线。

5.5 一低台阶爆破，采用LFB炸药，台阶高度 $H_b=0.7\text{m}$，$d=39\text{mm}$，炮眼斜度为2∶1，外观抵抗线 V_a 为0.4m。试求应该采用的实际抵抗线 V_1、实际炮眼间距 E_1 和装药量。

5.6 一低台阶爆破，采用LFB炸药，$H_b=0.6\text{m}$，$d=50\text{mm}$，炮眼斜度为2∶1，外观抵抗线 V_a 为0.4m。试求实际抵抗线 V_1、装药高度和装药集中度。

5.7 隧道采用导洞和台阶开挖，垂直台阶高度为 $H_b=8\text{m}$，宽度为 $T_W=8.5\text{m}$，夹制系数 $f=1.1$。垂直眼直径 $d=38\text{mm}$，$E/V=1.25$，台阶抵抗线 $V=2\text{m}$。钻眼开眼误差小于100mm，钻眼方向偏差小于3°。炸药为2号岩石炸药，装药密度 $\rho_p=1250\text{kg/m}^3$，各个炮眼采用相同炸药，$s_b=1.0$。由制造商处可知，炸药的 $QE=1160\text{kcal/kg}$，$VE=850\text{dm}^3/\text{kg}$，岩石常数 $c=0.4\text{kg/m}^3$。试根据Langefors原理设计台阶爆破参数。

5.8 隧道顶部采用光面爆破，已知炮眼直径 $d=38\text{mm}$，采用两个 $d_0=50\text{mm}$ 的小眼做空眼。隧道宽 $T_W=5\text{m}$，隧道直墙高 $H_T=5.5\text{m}$，隧道拱高 $H_a=1.0\text{m}$，周边眼轮廓线弧度 $\gamma=3°(0.05\text{rad})$，钻眼偏差 $\alpha=10\text{mm/m}$，开眼偏差 $\beta=20\text{mm}$，采用防水炸药，药卷尺寸是 $\phi25\text{mm}\times600\text{mm}$，$\phi32\text{mm}\times600\text{mm}$，$\phi38\text{mm}\times600\text{mm}$，炸药比热容 $Q_c=4.5\text{MJ/kg}$，矿用4号炸药的 $QE_0=5.0\text{MJ/kg}$，$VE_0=0.85\text{m}^3/\text{kg}$，在标准大气温度和压力下，炸药释放的气体体积 $V_{STP}=0.85\text{m}^3/\text{kg}$，炸药密度 $\rho_p=1200\text{kg/m}^3$，岩石常数 $c=0.4$，ANFO炸药相对矿用4号炸药的重量威力是0.9。空眼直径与装药集中度建议值如下：$\phi=25$ 时，$l=0.59\text{kg/m}$；$\phi=32$ 时，$l=0.97\text{kg/m}$；$\phi=38$ 时，$l=1.36\text{kg/m}$。试设计隧道爆破参数。

5.9 某土质圆形隧道，埋深30m，毛洞跨度6.6m，土体重度 $\gamma=18\text{kN/m}^3$，平均黏聚力 $c=100\text{kPa}$，内摩擦角 $\varphi=30°$，土体塑性区平均弹性模量 $E=100\text{MPa}$，泊松比 $\mu=0.35$。支护后洞壁的位移 $u=1.65\text{cm}$。试求隧道周边的塑性区厚度、松动区半径。如果采用注浆锚杆支护，试设计其参数。

第6章

非开挖顶管结构设计

6.1 概 述

目前，城市地下管网的发展规模，以及管线铺设、维修和更换过程中对城市交通、环境的影响及对人们生活、工作的干扰已成为衡量一个城市基础设施完善程度和城市管理水平的重要标志。传统的挖槽埋管地下管线施工技术由于对地面交通影响较大，使本来就拥挤的城市交通雪上加霜，给市民工作、生活带来许多不便，特别在人口稠密的城市和交通拥挤的地区以及不允许开挖的地段，这个矛盾就更加突出。基于这种现状，非开挖技术应运而生。

1. 非开挖技术的概念

非开挖技术(trenchless technology)是近33年来国际上流行的一种对环境无公害的地下管线施工技术，指利用岩土钻掘技术在地表不开挖的情况下，铺设、修复和更换地下管线(见图6-1)。

图6-1 非开挖技术示意图

2. 顶管技术的概念

顶管技术(pipe jacking)也称液压顶管技术，它不仅是一种具体的非开挖管道铺设方法，还是以顶管施工原理为基础的一些非开挖铺管技术的总称。施工方法的实质是，所要顶进的管道在主顶进工作站(有时需要中继站辅助)，由始发井始发，顶进至目标井。具体的顶管技术是指首先采用顶管掘进机成孔，然后将可容纳人进入尺寸大小的管道从顶进工作井顶入，以形成连续衬砌的管道非开挖铺设技术。采用顶管法施工可显著减小对邻近建筑物、管线和道路交通的影响，因此该技术具有广阔的应用前景(见图6-2)。

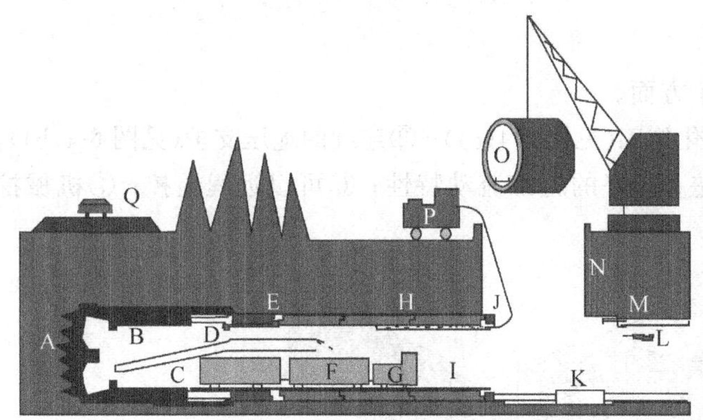

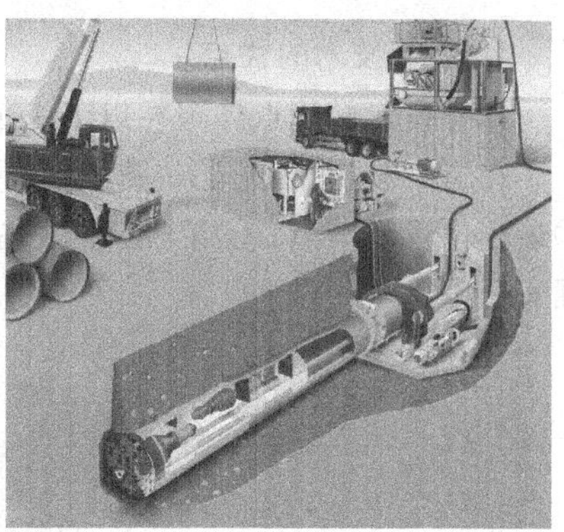

图6-2 顶管法施工技术

A—顶管机；B—顶进头；C—皮带传送机；D—顶管；E—钢顶管凸轮；F—泥浆车；G—电机车；H—泥浆润滑；I—轨道；J—钢顶管环；K—液压顶(2～6个)；L—激光定位；M—注浆；N—顶进井；O—轨道段；P—泥浆润滑混合器；Q—公路

3. 微型隧道技术

微型隧道技术(microtunnelling)是小直径的顶管技术，如图6-3所示。微型隧道所适用的管道内直径小于900mm。这一管道直径通常被认为无法保障人在里面安全地工作。但是，这一直径上限并不是绝对的，日本人认为800mm的管道内径就已经足够容纳人在里面工作了，而欧洲人则把这一上限提高到1000mm，特别是在长距离顶管施工中。无论其精确的管道直径是多大，微型隧道的施工精度要求都比较高，通常采用地表遥控的方法来设置事先确定了方位和水平高度的管道，施工中工作面的掘进、泥沙的排运和掘进机的导向等全部采用远程控制。

图6-3 微型隧道技术

因此，顶管技术和微型隧道技术的主要区别是管道直径的大小，而不是是否采用了远程控制系统。因为，同一个设备制造商的同一规格的远程控制掘进机的直径系列可能从500mm到1500mm甚至更大，而远程控制设备也趋于用铺设直径为2000mm的较大管道。

微型隧道的主要应用领域是铺设重力排水管道，其他形式的管道也可以采用此法，但应用比例还不大；在某些施工条件下，该方法可能是在交叉路口铺设排污管道的有效方法。

在研究用于新管道铺设的远程控制微型隧道掘进机的同时，人们还开发了用于旧的污水管道在线更换的微型隧道掘进机，使得旧管道的破碎、挖掘和更换铺设可以在同一施工过程中一次完成。

4. 顶管技术的优点

顶管技术的优点体现在以下3个方面。

在施工效益方面：①快速的结构化施工(见图6-4(a))；②连续的地压支护(见图6-4(b))；③最小化管线节点；④柔性密封衬垫；⑤好的施工流动特性；⑥可以远程遥控；⑦机械挖掘安全可靠。

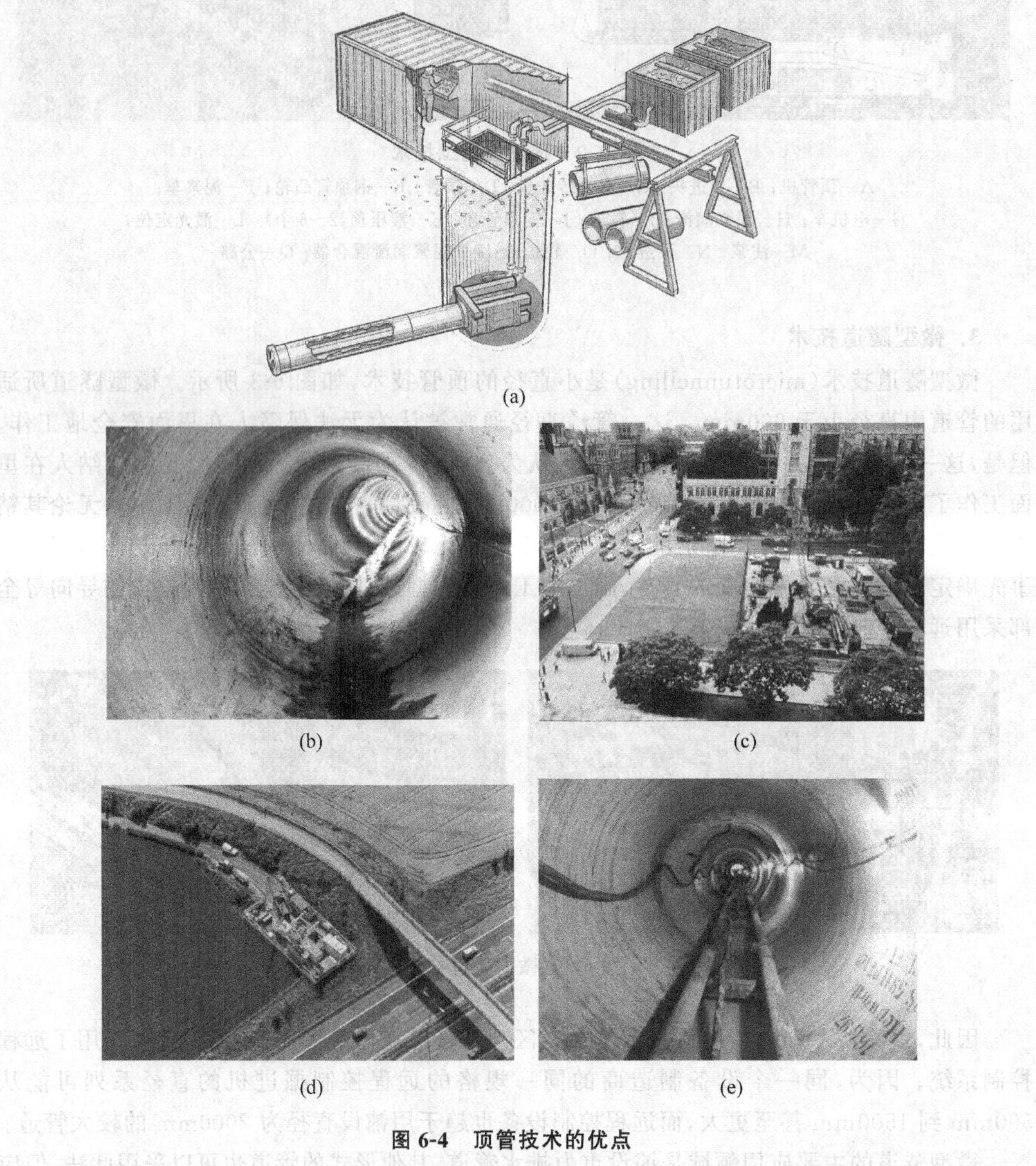

(a)

(b)　(c)

(d)　(e)

图6-4　顶管技术的优点

在环境效益方面：①减少混乱状况(见图6-4(c))；②减少环境损伤再修；③保护高速公路、铁路(见图6-4(d))；④减少对车辆行驶的影响达90%；⑤很少需要凿岩。

在工程费用方面：①成本花费低(见表6-1)；②不用二次衬砌(见图6-4(e))；③对于深工作井挖掘是经济的；④社会的可接受性好。

表6-1　不同直径的下水道采用露天挖沟和顶管施工的比较

项　目	直径600mm,深4m,长100m		直径1200mm,深4m,长100m	
	露天挖沟施工	顶管施工	露天挖沟施工	顶管施工
影响方面	露天挖沟	非开挖	露天挖沟	非开挖
挖掘宽度/mm	沟槽宽1400	顶管公称直径760	沟槽宽2350	顶管公称直径1450
恢复宽度/mm	1700	无	2650	无
每米管线挖掘体积/m^3	6.1	0.5	10.28	1.65
每米管线充填石料/t	11.9	无	18.27	无
每100m管线20t卡车清淤和填石运载次数	136	8	220	21

5. 顶管技术的应用范围

顶管技术用于特殊地质条件下的管道工程，包括：①穿越江河、湖泊、港湾水体下的供水、输气、输油管道工程(见图6-5)；②穿越城市建筑群、繁华街道地下的上下水、煤气管道工程(见图6-6)；③穿越重要公路、铁路路基下的通信、电力电缆管道工程(见图6-7)；④水库坝体涵管重建工程(见图6-8)；⑤箱型断面通道(见图6-9)；⑥顶管锚固等(见图6-10)。

随着现代科学技术的发展，先后出现了中继接力顶进技术、触变泥浆减阻顶进技术、自动测斜纠偏技术、泥水平衡技术、土压平衡技术、气压保护技术和曲线顶管技术等，大大地推进了顶管技术的发展。

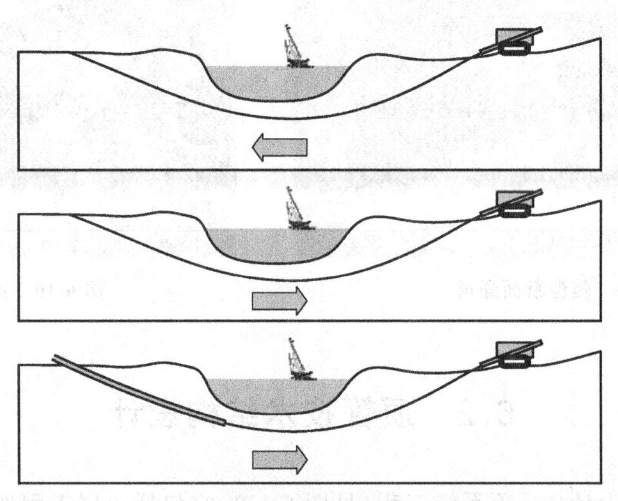

图6-5　顶管穿越江河湖泊

图 6-6 顶管穿越市内街道

图 6-7 顶管穿越重要铁路

图 6-8 水库坝体涵管重建

图 6-9 箱型断面通道

图 6-10 顶管锚固

6.2 顶管技术结构设计

顶管技术结构设计是一项系统工程(见图 6-11),它包括土层工程地质勘察、工作井开挖和支护设计、顶管顶进、顶管荷载分析计算、盾构挖掘和工程管理等设计。

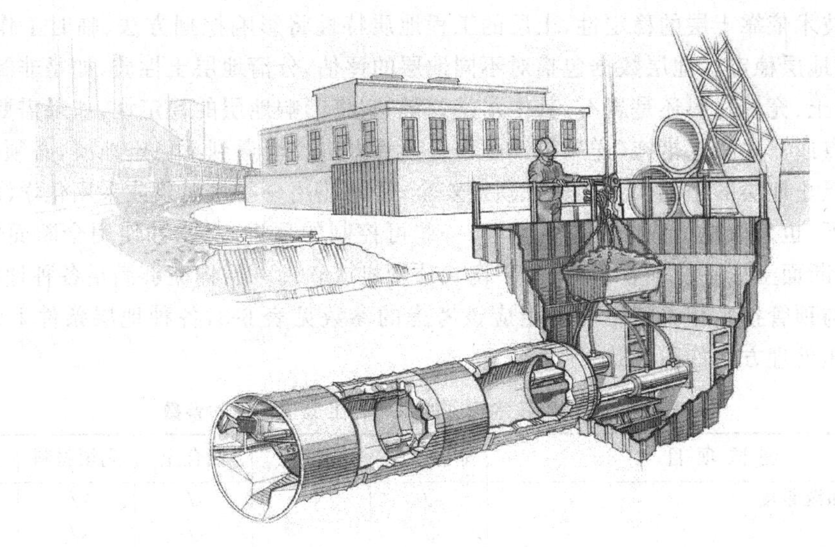

图 6-11　顶管技术系统简图

6.2.1　土层工程地质勘察

若决定采用顶管法来铺设一条管线，为了拟订最优设计方案，首先要确定顶管线路。顶管线路的工程地质勘察（见图 6-12）不仅是顶管工程设计不可缺少的程序，也是指导设计和施工的重要技术资料，其勘察要点和主要技术方法见表 6-2。

(a)

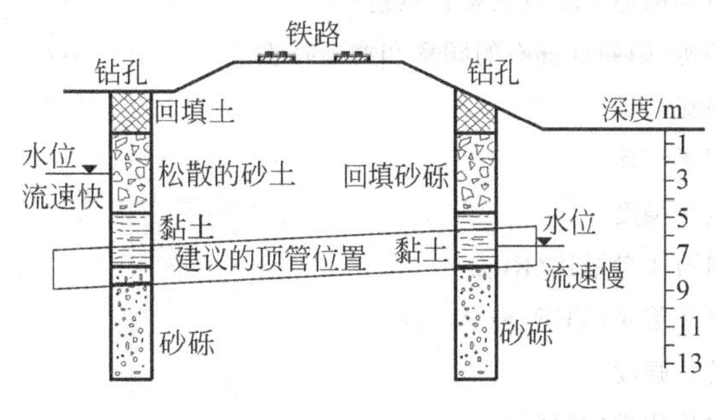

(b)

图 6-12　土层工程地质勘察

(a) 钻孔；(b) 设计和顶进所需土层的典型资料

表 6-2　工程地质勘察要点和主要技术方法

勘 察 要 点	主要技术方法	勘 察 要 点	主要技术方法
土层类别、埋深	钻探、井探	地下管线	调查、工程物探
各土层土体的物理、力学性质	土工试验	地下洞室	调查、工程物探
地下水位、压力	钻探	邻近建筑物基础	调查
地下水和土的腐蚀性	土、水分析	地面动载	调查、计算
土层冻结深度	调查		

顶管技术依靠土层的稳定性,土层的工程地质特性将影响挖掘方法、临时工作、顶进长度、顶管和地层稳定。地层数据包括对不同地层的评估,分清地层土性质,如是非黏性土、黏性土、混合土、充填材料还是岩石,其中水是关键,它将影响地层的稳定性,如果需要降水,就要采取井点或深井降水措施(详见第10章)。顶管掘进也会遇到不稳定地层,必须控制顶管工作面以阻止地层的松弛。为了保证顶进安全,常常使用一些水泥浆或采用化学注浆法,在极端情况下,也采取地下冻结技术。目前,一些可控制的顶进方法,如使用全断面气压平衡顶管机、全断面土压平衡顶管机、泥水平衡式顶管机或软地基盾构能够满足各种地层顶管施工要求。与顶管技术相关的每一种土应该考虑的参数见表6-3,各种地层条件下的工作面支护和地压处理方法如图6-13所示。

表6-3　与顶管技术相关的每一种土应该考虑的参数

测试项目	非黏性土	黏性土	混合土	充填材料	岩石
单位重量和湿重度	√	√	√	√	√
摩擦角	√		√	√	
颗粒尺寸分布	√		√	√	
磨损性	√	√	√	√	√
黏度		√	√	√	
矿物质的形式和性质	√	√	√	√	√
标准渗透测试	√	√	√	√	
地下水流动的渗透性和自然特性(季节、潮头的变化)	√		√	√	√
有毒的地下水及灾害性构造	√	√	√	√	√
圆砾、圆卵或燧石的频率和物理特性	√	√	√	√	√
泵流测试	√		√	√	√
现场气体				√	√
抗压强度					√
岩石质量描述(RQD)					√
岩芯编录(TCR,SCR,FI)					√
抗拉强度					√
单位能量(挖掘力)					√
风化					√
地质描述	√		√		√
塑性显示(SL,PL,PI)		√	√		

6.2.2　顶管工作井设计

在顶管施工中,虽然不需要开挖地面,但必须在顶进管道的两端开挖若干个工作井。工作井又可分为顶进工作井和接收井。顶进工作井(见图6-14)是安放所有顶进设备的场所,也是顶管掘进机或工具管的始发地,同时又是承受主顶油缸反作用力的构筑物。接收井则是接收顶管掘进机或工具管的场所。顶进井一般要比接收井坚固、可靠,尺寸也较大。

工作井形状一般有矩形、圆形、腰圆形、多边形等几种,其中矩形工作井最为常见。在直线顶管或两段交角接近180°的折线顶管施工中,多采用矩形工作井。矩形工作井的短边与

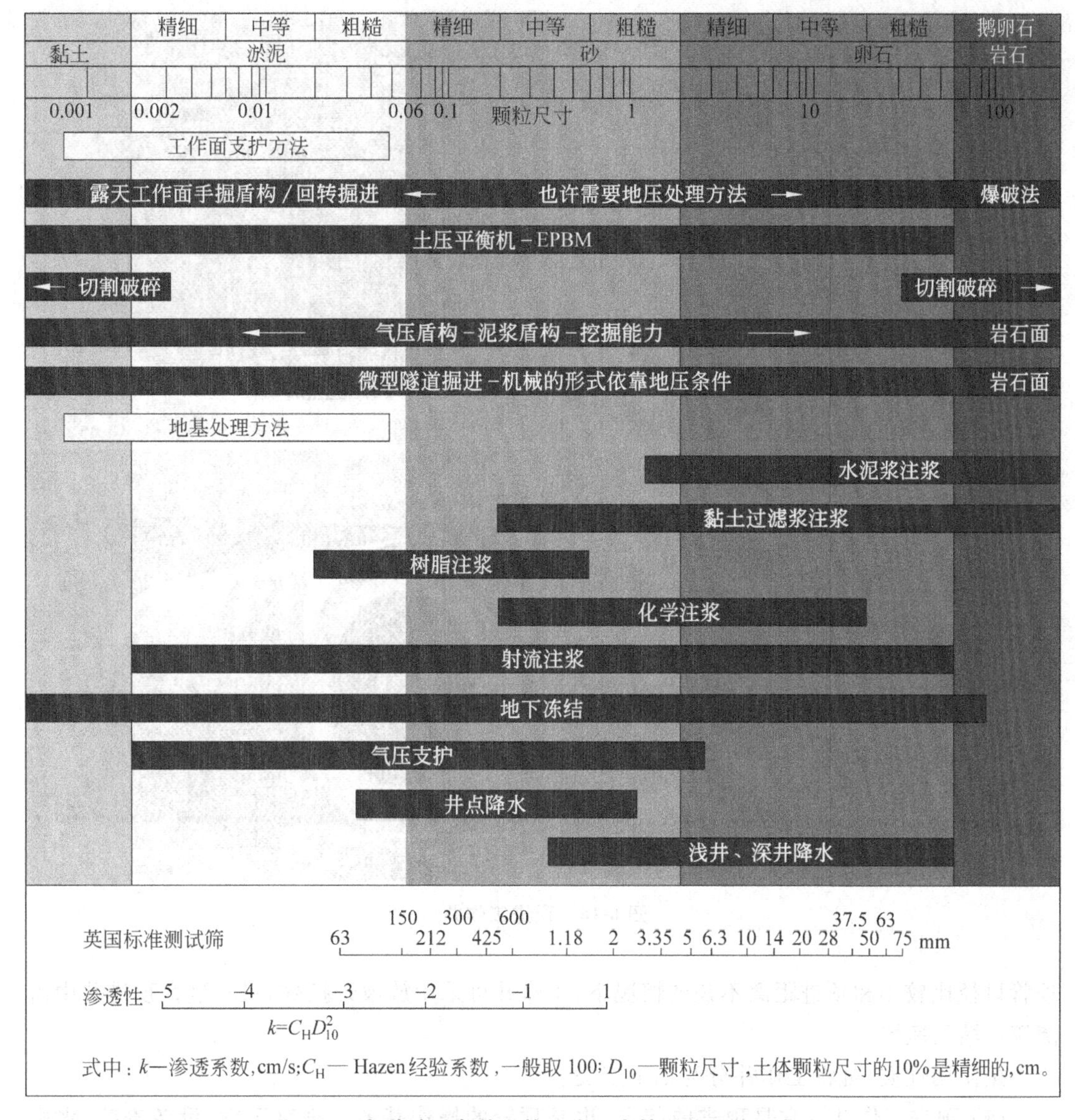

图 6-13 各种地层条件下的工作面支护和地压处理方法

长边之比通常为 2∶3。这种工作井的优点是后座墙布置方便，井内空间能充分利用，覆土深浅均可。如果两段交角比较小或在一个工作井中需要向几个不同方向顶进时，则往往采用圆形工作井；另外，较深的工作井一般采用圆形，且常采用沉井法施工。这种圆形工作井的优点是占地面积小，但需另筑后座墙。沉井材料采用钢筋混凝土，工程竣工后沉井则成为管道的附属构筑物。腰圆形工作井的两端各为半圆形状，而其两边则为直线。这种工作井多用成品的钢板构筑而成，大多用于小口径顶管中。多边形工作井的使用基本上和圆形工作井类似。

接收井大致也有上述几种形式，不过由于它的功能只限于接收掘进机和工具管，通常选用矩形或圆形。

工作井按其结构不同可分为钢筋混凝土井、钢板桩井、瓦楞钢板井等。在土质条件好、

图 6-14 顶进工作井

顶管口径比较小和顶进距离不长的情况下,工作井可采用放坡开挖式,只不过在顶进井中需浇筑一堵后座墙。

按使用性质,可将工作井分为如下三类。

(1) 顶进工作井。它是顶进的起点,也是顶管的操作基地。垂直运输、设备安装、水电供应、工作人员出入都要通过此井。其结构较复杂,修建工程量较大,一般所说的工作井多指此类。

(2) 终点工作井。它是顶进管道的终点。掘进机或者工具管由此井出土,标志着顶进工作结束。由此井内将工具管或掘进机及有关设备运出。

(3) 中间工作井。在调头顶进中,它既是此段的终点,又是新顶管段的起点,兼起上述两种工作井的作用。顶进过程中遇到障碍,或发现误差过大不能再继续顶进时,要在顶进中断地点挖新工作井重新顶进。此种工作井也叫中间工作井。

1. 工作井的设计原则

应仔细选择顶管工作井的数量、位置和地压支护方法。

(1) 尽可能减少工作井的数量。顶进过程中要力求长距离顶进,少挖工作井。直线顶管工作井最好设在管道附属构筑物处，竣工后在工作井地点修建永久性管道附属构筑物。长距离直线管道顶进时，在检查井处设工作井，在工作井内可以调头顶进。在管道拐弯处或转向检查井处，应尽量双向顶进，以提高工作井的利用率。多排顶进或多向顶进时，应尽可能利用一个工作井。

(2) 在地下水位以下顶进时，工作井要设在管线下游，逆管道坡度方向顶进，这样有利于管道排水。

(3) 工作井的选址应尽量避开房屋、地下管线、池塘、架空电线等不利于顶管施工的场所。尤其是顶进工作井，井内布置有大量设备，地面上又要堆放管道、注浆材料和泥浆分离及渣土的运输设备等，如果工作井和接收井太靠近房屋和地下管线，可能会给施工带来麻烦。有时，为了确保房屋或地下管线的安全，不得不采用一些特殊的施工方法或保护措施，这样则会增加施工成本、延误工期。

工作井设在河塘边会给施工造成威胁，同时会减小工作井后座墙承受主顶油缸反力的能力，使顶管施工的难度增大；并且会增加中继站的数量，使顶管施工成本上升。

在架空线下作业时，尤其是在高压架空线下作业时，经常发生触电事故或停电事故，施工很不安全。

(4) 在覆土较薄时，工作井后座墙的被动土抗力也比较小，一次顶进长度受到限制，不然后座墙就有可能遭到破坏。在设计顶距时，可把第一顶设计得短些，第二顶就在第一顶的接收井中顶进；还可以利用已顶好的管子作为后座墙，以增加一次顶进的距离。

(5) 在土质比较软，且地下水又比较丰富的条件下，应优先选用沉井法施工工作井。在渗透系数约为 10^{-6}m/s 的砂性土中，可以选择沉井法施工工作井，也可以选钢板桩井作为工作井。在选用钢板桩工作井时，应有井点降水的辅助措施加以配合。在土质条件比较好、地下水少的条件下，应选用钢板桩工作井。在覆土较厚的条件下，可采用多次浇筑和多次下沉的沉井工作井或地下连续墙工作井。

(6) 在一些特殊条件下，如离房屋很近，则应采用特殊方法施工工作井。

表6-4、表6-5给出了不同地层条件下工作井设计应考虑的地压处理方法。此外应注意：工作井能够转为永久工作井；施工类型不要教条地受地压处理方法的限制，它应该是施工法的辅助方法之一，也许有更好的其他方法；在岩石中，工作井设计将依靠岩体材料的特性；在规划整个区域和进行深度设计时，大多数施工方法都需要额外的混凝土井口梁；对于每一种水下深掘进，克服地压时都应该考虑可用设备的压力限制。

表6-4　在干地层的工作井设计(适用于黏性干土、非黏性干土、混合干土和回填干土地层)

类　型	尺寸和形状	深　度	地压处理方法	注　释
管片衬砌	≥2.4m	不限	不需要	依赖于顶管法直径、深度等
板桩	任何	一般达到15m	不需要	依赖于顶管法直径、深度等；尺寸与形状依赖于顶管法及设备
密排桩	任何	一般达到20m	不需要	依赖于顶管法直径、深度等；尺寸与形状依赖于顶管法及设备

续表

类　型	尺寸和形状	深　度	地压处理方法	注　释
挖沟护壁板	任何	达到6m	不需要	依赖于顶管法直径、深度等；尺寸与形状依赖于顶管法及设备
前置沉井环	ϕ2.4～ϕ4m	一般达到15m	不需要	适合微型隧道
破碎挖掘	任何	浅埋	如果超过土的安息角，需要	只适用于浅埋工作井
地锚	任何	地表	不需要	应用在穿越河堤、铁路之处

表 6-5　在湿地层的工作井设计(适用于黏性湿土、非黏性湿土、混合湿土和回填湿土地层)

类　型	尺寸和形状	深　度	地压处理方法	注　释
管片衬砌	≥2.4m	受地压处理方法限制	湿沉井法	水下抓斗挖掘，一般50m
			井点降水	达到7m深
			深井降水；黏土过滤浆注浆；化学加固注浆；冻结地层	深度依赖地压条件和水位
板桩	任何	一般达到15m	井点降水	达到7m深
			深井降水	深度依赖水位下降程度和桩插入深度
密排桩	任何	一般达到20m	也许需要基本的稳定处理	需要大的工作区
挖沟护壁板		一般达到15m		无建议
前置沉井环	ϕ2.4～ϕ4m		也许需要基本的稳定处理	适合微型隧道
破碎挖掘		地表		没有可应用的
地锚	任何	地表	地压处理或用桩提供顶管反力	应用于穿越河堤、铁路之处

2. 顶进形式

从实际需要和降低施工成本等方面考虑，顶管和微型隧道施工的顶进形式可以有很多种。

1) 按施工中的顶进方向区分

(1) 单向顶进。施工中只朝一个方向顶进管道，这种顶进形式的工作井利用率低，只适用于穿越障碍物，如图6-15(a)所示。

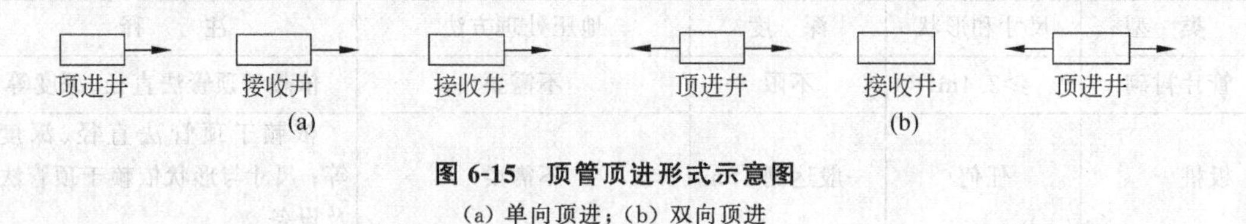

图 6-15　顶管顶进形式示意图

(a) 单向顶进；(b) 双向顶进

(2) 双向对接顶进。分别从两个工作井出发，从两个相对方向向中间顶进，先顶一头，再顶另一头，在地下对口相接，如图6-15(b)所示。这种顶进形式适合顶进距离长或一端顶进出现过大误差时使用。但工作井利用率最低，一般情况下不宜采用。

(3) 调头顶进。在一个方向管道顶进完成以后，调过头来利用顶入管道作为后座墙再顶进另一方向的管道。这种顶进形式的工作井利用率高，适用于长距离直线顶进。

(4) 多向顶进。在一个工作井内向二至三个方向顶进，这种顶进形式的工作井利用率较高，一般用于管道拐弯处或支线连接处管道的顶进。

2) 按施工中顶进管道的排数区分

(1) 单排顶进。在同一方向只顶一排管道。这是一般管道的顶进形式。

(2) 双排顶进。在同一施工方向顶进两排管道。这种顶进形式多用于过水涵洞、引水管道和双排管道。

(3) 多排顶进。在同一施工方向顶进多于两排的管道。这种顶进形式常用于多排管道、过水涵管。

3. 工作井设计

工作井实质上是方形或圆形的小基坑，其支护形式与普通基坑类似。与一般基坑不同是因其平面尺寸较小，支护经常采用钢筋混凝土沉井和钢板桩。

有的工作井既是前一管段顶进的接收井，又是后一管段顶进的顶进井。当上下游管线的夹角大于 170°时，一般采用矩形工作井实行直线顶进，常规的矩形工作井平面尺寸可根据表 6-6 选用；当上下游管线的夹角小于 170°时，一般采用圆形工作井，实行曲线顶进。

表 6-6　矩形工作井平面尺寸选用表

顶管内径/mm	顶进井尺寸(宽×长)/(m×m)	接收井尺寸(宽×长)/(m×m)
800～1200	3.5×7.5	3.5×(4.0～5.0)
1350～1650	4.0×8.0	4.0×(4.0～5.0)
1800～2000	4.5×8.0	4.5×(5.0～6.0)
2200～2400	5.0×9.0	5.0×(5.0～6.0)

注：采用泥水平衡顶管施工时，顶进井的宽度应在其一侧增加 1m 以布置泥水旁通装置。

表 6-7 和表 6-8 所示为英国顶管协会推荐的顶管和微型隧道施工中通常采用的顶进井和接收井的尺寸，所采用的顶进井通常为矩形或带有半圆形端部的矩形；接收井尺寸较小，一般采用方形和圆形两种。

表 6-7　常用顶进井的形状和尺寸

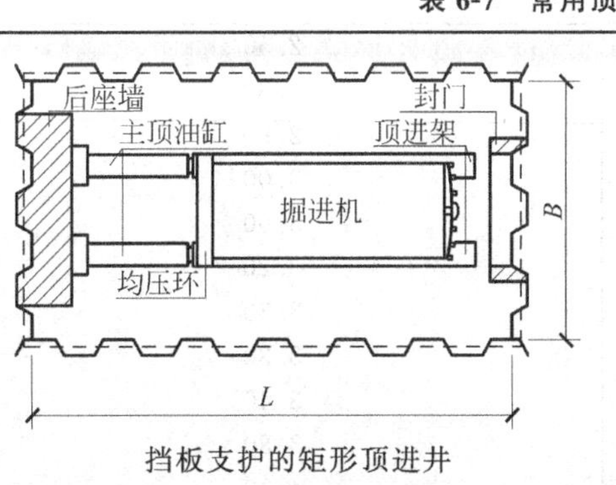

挡板支护的矩形顶进井

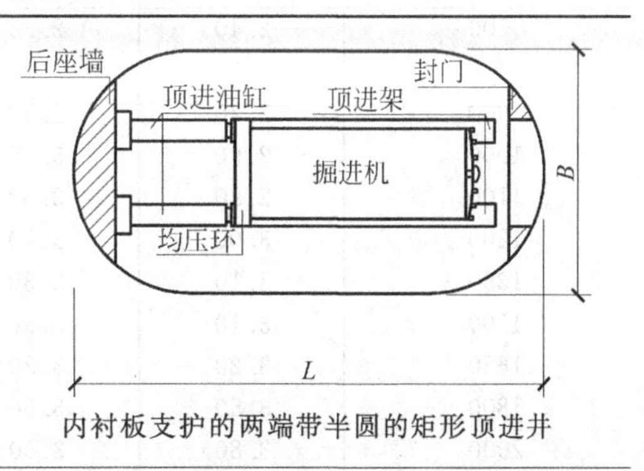

内衬板支护的两端带半圆的矩形顶进井

续表

顶进管道公称直径 DN/mm	挡板支护的矩形顶进井长度 L/m	内衬板支护的两端带半圆的矩形顶进井长度 L/m	顶进井的宽度 B/m
700	5.30	5.50	2.50
800	5.60	5.90	2.80
900	5.60	5.90	2.80
1000	5.90	6.25	3.00
1100	6.10	6.40	3.00
1200	6.30	6.60	3.20
1350	6.70	7.00	3.30
1500	6.80	7.10	3.30
1650	6.80	7.10	3.30
1800	7.20	7.50	3.80
2000	7.50	7.80	4.00
2200	7.60	7.90	4.20

表 6-8 常用接收井的形状和尺寸

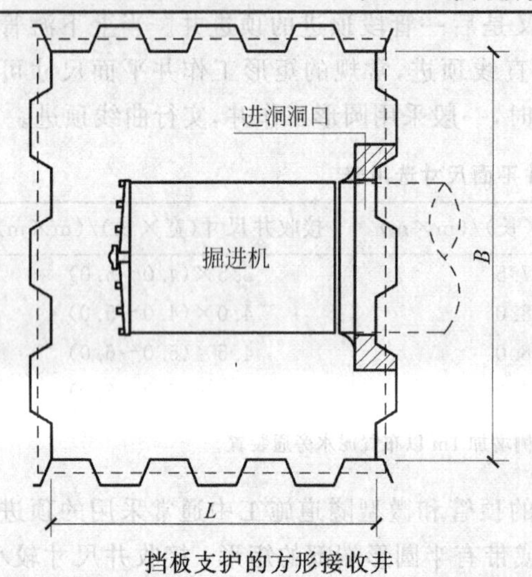

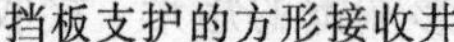
挡板支护的方形接收井

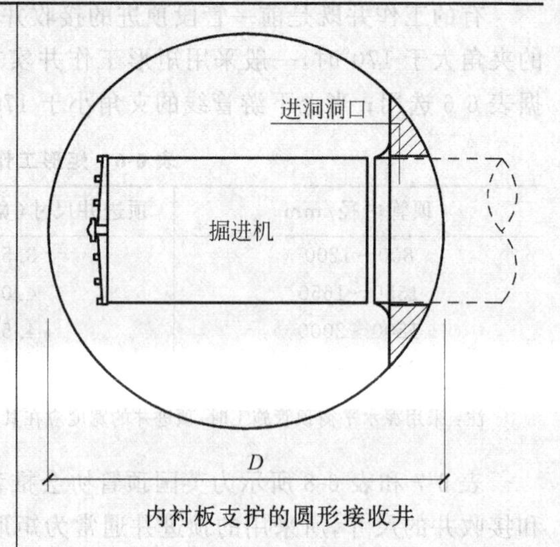

内衬板支护的圆形接收井

顶进管道公称直径 DN/mm	工作井长度 L/m	工作井宽度 B/m	圆形工作井直径 D/m
700	2.40	2.50	2.50
800	2.70	2.80	2.80
900	2.70	2.80	2.80
1000	2.90	3.00	3.00
1100	2.90	3.00	3.00
1200	3.00	3.20	3.20
1350	3.10	3.30	3.30
1500	3.10	3.30	3.30
1650	3.20	3.30	3.40
1800	3.50	3.50	3.80
2000	3.80	3.50	4.10
2200	3.90	3.50	4.20

从经济、技术合理的角度考虑，工作井在施工结束后，一部分将改为阀门井、检查井。因此，在设计工作井时要兼顾一井多用的原则。工作井的平面布置应尽量避让地下管线，以减小施工的扰动影响，工作井与周围建筑物及地下管线的最小平面距离应根据现场地质条件及工作井的施工方法确定。

(1) 矩形工作井底部尺寸设计计算

$$B = D_1 + W_1 \tag{6-1}$$

$$L = L_1 + L_2 + L_3 + L_4 + L_5 \tag{6-2}$$

式中：B——矩形工作井的底部宽度，m；

D_1——管道外径，m；

W_1——操作宽度，可取 2.4～3.2，m；

L——矩形工作井的底部长度，m；

L_1——工作管长度，m；

L_2——管节长度，m；

L_3——输土工作间长度，m；

L_4——千斤顶长度，m；

L_5——后座墙的厚度，m。

(2) 顶管工作井的深度如图 6-16 所示，其计算公式如下。

顶进井：

$$H_1 = h_1 + h_2 + h_3 \tag{6-3}$$

式中：H_1——顶进井的深度，m；

h_1——地表至导轨顶的高度，根据管道设计标高确定，m；

h_2——导轨高度，m；

h_3——基础厚度(包括垫层)，m。

接收井：

$$H_2 = h_1 + h_3 + h_4 \tag{6-4}$$

式中：H_2——接收井的深度，m；

h_4——支承垫厚度，m；

其他参数意义同前。

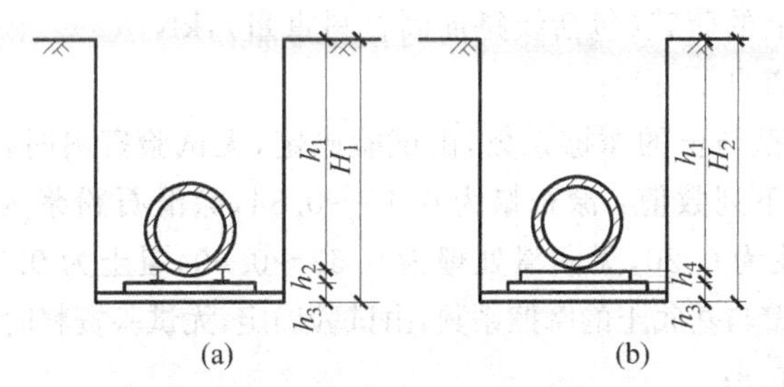

图 6-16　顶管工作井深度示意图

(a) 顶进井；(b) 接收井

工作井的洞口应进行防水处理，设置挡水圈和封门板，进出井的一段距离内应进行井点降水或地基加固处理，以防土体流失，保持土体和附近建筑物的稳定。工作井的顶标高应满足防汛要求,坑内应设置集水井,在雨季施工时为防止地下水流入工作井,应事先在工作井周围设置挡水围堰。

6.2.3　顶进力的分析计算

微型隧道和顶管技术中的顶进力(jacking loads)是在施工中推进整个管道系统和相关机械设备向前运动的力,需要克服顶进中的各种阻力(摩擦阻力、工具管前端的迎面阻力或称贯入阻力等),同时在顶进过程中还不断受到各种外界因素(纠偏、后背的位移等)的影响。所以,在顶管工程实施之前,准确地计算所需的顶进力不仅有利于合理设计顶进工作站和中继站,而且对于后背墙的设计也是至关重要的。因此,准确计算顶进力对于实施顶管和开展微型隧道工程建设具有十分重要的意义。

在顶管和微型隧道施工中,一旦施工的顶进长度确定以后,就可以据此来确定顶进力;然后根据所确定的顶进力的大小分别进行顶进管道、顶进设备和后座墙等的选择和设计。影响顶进力的因素可以分为两大类:一是施工设计和现场施工条件;二是施工工艺因素。

施工设计和现场施工条件对顶进力的影响主要包括:①顶进管道的尺寸、形状、自重和外表面的性质;②施工管线的长度;③土层类型及其在施工过程中的变化情况;④地下水位高度;⑤土体的稳定性;⑥覆土厚度以及上部地层的重度;⑦地表的荷载情况。

施工工艺对顶进力的影响主要包括:①施工中的超挖量;②施工中所采用的润滑措施;③管接头处的台阶和/或管接头变形;④曲线段的顶进;⑤管道的错位;⑥中继站的采用;⑦管道的顶进速度;⑧施工停顿的频率和时间长短。

上述大部分影响是针对摩擦阻力的,其中只有少数针对迎面阻力,只有顶管顶力克服顶管管壁与土层之间的摩擦阻力及前刃脚切土时的阻力时,才能把管道顶推入土体中。作为设计承压壁和选用顶进设备的依据,需要预先估算出顶管顶力。顶管顶力可按下式进行计算:

$$P_j = K_j[N_1 f_1 + (N_1 + N_2) f_2 + 2q_e f_3 + RA] \tag{6-5}$$

式中:P_j——顶管的最大顶力,kN;

A——钢刃脚正面面积,m^2;

q_e——顶管的侧土压力,kN;

K_j——安全系数,一般采用1.2;

N_1——管顶以上的荷载(包括线路加固材料重量),kN;

N_2——全部管道自重,kN;

f_1——管顶、管壁与土的摩擦系数,由试验确定,无试验资料时,可视顶上润滑处理情况,采用下列数值:涂石蜡为0.17~0.34,涂滑石粉浆为0.30,涂机油调制的滑石粉浆为0.20,无润滑处理为0.52~0.69,覆土为0.7~0.8;

f_2——管底、管壁与基底土的摩擦系数,由试验确定,无试验资料时,视基底土的性质可采用0.7~0.8;

f_3——顶管、管壁与管侧土的摩擦系数,由试验确定,无试验资料时,视基底土的性质可采用0.7~0.8;

R——土对钢刃脚正面的单位面积阻力,kPa,由试验确定,无试验资料时,视刃脚构造、挖土方法、土的性质确定,对细粒土为500~550kPa,对粗粒土为1500~1700kPa。

6.2.4 后座墙设计

后座墙(reaction wall)是顶进管道时为千斤顶提供反作用力的一种结构,有时也称为后座、后背或者后背墙等,如图6-17所示。在施工中,要求后座墙必须保持稳定,一旦后座墙遭到破坏,顶进工程就要停顿。后座墙的最低强度应保证在设计顶进力的作用下不被破坏,要求其本身的压缩回弹量为最小,以利于充分发挥主顶工作站的顶进效率。

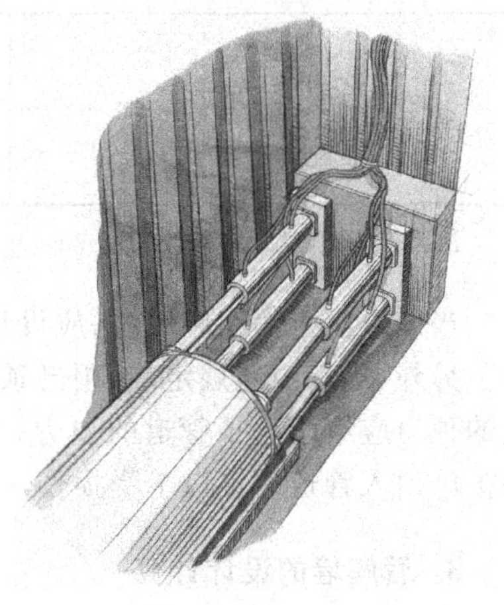

图6-17 后座墙设计

1. 后座墙的强度及其影响因素

后座墙的强度取决于千斤顶在顶进过程中施加给后座墙的最大后座力,后座力的大小与最大顶力相等。顶管时要求后座墙具有足够的刚度,以避免往复回弹,消耗能量。要保证受最大顶力时不变形或只有少量残余变形,后座墙应尽量采用弹性小的材料。影响后座墙强度的因素包括以下几种。

1) 顶进误差

在顶进过程中,由于土质、设备和操作等原因,导致管子的方向或高程出现偏差,这种偏差称为顶进误差,简称误差。这种误差将导致顶力增加。

2) 中途停工

顶进作业一开始,中途就不能停顿。如果停止一段时间后再顶进,其起始顶力要大大超过停工前的顶力。这主要是由于停工时间过长,使管顶土层坍落的缘故。在地下水位以下顶进时,因停顶而使液化的细砂将管周围包裹起来,顶力也会大大增加。如果顶力增加至后座墙的设计强度,此时就不能再顶进,必须对后座墙进行加固后方可再顶进。

3) 挖土方法

在工作面上挖土时,顶部应超挖或管前先挖成土洞后再顶进,这样可以减小施工中的顶进力。但只有在一定的土质条件下才允许这样操作。如先顶入管节后再挖土顶进,将增加迎面阻力,顶力也将比先挖土后顶进管节的方法增加很多。

另外,在顶进过程中是否采用注浆润滑措施对顶力的影响甚大。如采用注浆润滑,施工中的顶进阻力将减小很多。

2. 后座墙的形式和类别

按使用条件分,后座墙形式有以下三种:①覆土较薄或穿过高填方路基的顶管,无土抗力可利用时修建的人工后座墙;②覆土较厚时可以充分利用土抗力的天然后座墙;③在混凝土或钢筋混凝土竖井内建筑的现浇钢筋混凝土后座墙。

我国对装配式后座墙作出了如下规定:①装配式后座墙宜采用方木、型钢或钢板等组装,组装后的后座墙应有足够的强度和刚度;②后座墙土体壁面应平整,并与管道顶进方向垂直;③装配式后座墙的底端宜在工作坑底以下(不宜小于50cm);④后座墙土体壁面应与后座墙贴紧,有间隙时应采用砂石料填塞密实;⑤组装后座墙的构件在同层内的规格应一致,各层之间的接触应紧贴,并层层固定。

顶管工作井及装配式后座墙的墙面应与管道轴线垂直,其施工允许偏差应符合表6-9中的规定。

表 6-9 工作井及装配式后座墙的施工允许偏差

项目		允许偏差
工作井每侧	宽度	不小于施工设计规定
	长度	
装配式后座墙	垂直度	0.1%H
	水平扭转度	0.1%L

注:H 为装配式后座墙的高度,mm;L 为装配式后座墙的长度,mm。

当无原状土作后座墙时,应设计结构简单、稳定可靠、可就地取材、拆除方便的人工后座墙。另外,规范中还规定,利用已顶进完毕的管道作后座墙时,应符合以下规定:①待顶管道的顶力应小于已顶管道的顶力;②后座墙钢板与管口之间应衬垫缓冲材料;③采取措施保护已顶入管道的接口不受损伤。

3. 后座墙的设计计算

在一般情况下,顶管工作井后座墙能承受的最大顶力取决于所顶管道所能承受的最大顶力,在最大顶力确定之后,即可据此进行后座墙的结构设计。后座墙的尺寸主要取决于管径大小和后座土体的被动土压力,即土抗力。计算土抗力的目的是在最大顶力条件下保证后座土体不被破坏,以期在顶进过程中充分利用天然的后座土体。

由于最大顶力一般在顶进段接近完成时出现,所以在设计后座墙时应充分利用土抗力,而且在工程进行中应严密监测后背土的压缩变形值,将残余变形值控制在20mm左右。当发现变形过大时,应考虑采取辅助措施,必要时可对后背土进行加固,以提高土抗力。

顶管工作井普遍采用沉井或钢板桩支护结构,对这两种形式的工作井都应首先验算支护结构的强度。此外,由于顶管工作井承压壁后靠土体的滑动会引起周围土体的位移,影响周围环境并影响到顶管的正常施工,所以在工作井设置前还必须验算顶管承压壁后靠土体的稳定性,以确保顶管工作井的安全和稳定。

1) 沉井支护工作井壁后土体稳定验算

采用沉井结构作为顶管工作井时,可按图6-18所示的顶管顶进时的荷载计算图,验算沉井结构的强度和沉井承压壁后靠土体的稳定性。沉井承压壁后靠土体在顶管顶力超过其承受能力后会产生滑动,由图6-18可知,沉井承压壁后靠土体的极限平衡条件为水平方向的合力$\sum F=0$,即

$$P_j = 2F_1 + F_2 + P_p - P_a \tag{6-6}$$

式中:P_j——顶管最大计算顶力,kN。

F_1——沉井一侧的侧面摩擦阻力,kN,

$$F_1 = \frac{1}{2} p_a H B_1 \mu$$

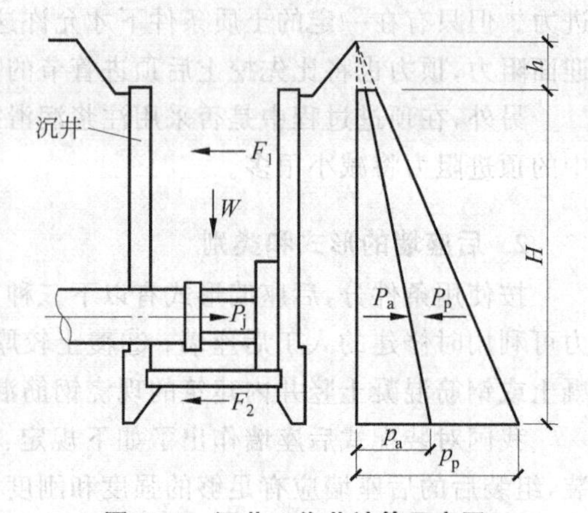

图 6-18 沉井工作井计算示意图

其中，p_a 为沉井一侧井壁底端的主动土压力强度；H 为沉井的高度，m；B_1 为沉井一侧(除顶向和承压井壁外)的侧壁长度，m；μ 为混凝土与土体的摩擦系数，视土体而定。

F_2——沉井底面摩擦阻力，kN，$F_2=W\mu$，其中，W 为沉井底面的总竖向压力，kN。

P_p——沉井承压井壁的总被动土压力，kN，

$$P_p=B\left[\frac{1}{2}\gamma H^2\tan^2\left(45°+\frac{\varphi}{2}\right)+2cH\tan\left(45°+\frac{\varphi}{2}\right)+\gamma hH\tan^2\left(45°+\frac{\varphi}{2}\right)\right]$$

P_a——沉井顶向井壁的总主动土压力，kN，

$$P_a=B\left[\frac{1}{2}\gamma H^2\tan^2\left(45°-\frac{\varphi}{2}\right)-2cH\tan\left(45°-\frac{\varphi}{2}\right)+\frac{2c^2}{\gamma}+\gamma hH\tan^2\left(45°-\frac{\varphi}{2}\right)\right]$$

其中，h 为沉井顶面距地表的距离，m；γ 为土体重度，kN/m^3；φ 为内摩擦角(°)；c 为黏聚力，kPa，取各层土的加权平均值；其他符号意义同前。

需要强调的是，在中压缩性至低压缩性黏性土层或孔隙比 $e\leqslant 1$ 的砂性土层中，若沉井侧面井壁与土体的空隙经密实填充且顶管顶力作用中心基本不变，可在承压壁后靠土体稳定验算时考虑 F_1 及 F_2。实际工程中，在无绝对把握的前提下，对式(6-6)中的 F_1 及 F_2 均不予考虑。若不考虑 F_1 及 F_2，一般采用下式进行沉井承压壁后靠土体的稳定性验算：

$$P_j\leqslant\frac{P_p-P_a}{K_s} \tag{6-7}$$

式中：K_s——沉井稳定系数，一般取 $K_s=1.0\sim1.2$。土质越差，K_s 的取值越大。

2) 钢板桩支护工作井壁后土体稳定验算

顶管顶力 P_j 通过承压壁传至板桩后的后靠土体，为了计算出后靠土体所承受的单位面积压力 p_m，首先可以假定不存在板桩。于是根据图 6-19(a)可得出

$$p_m=P_j/A \tag{6-8}$$

式中：P_j——承压壁承受的顶力，kN；

A——承压壁面积，m^2，$A=bh_2$，其中，b 为承压壁宽度，m；

p_m——承压壁承受顶力 P_j 后的平均压力，kPa。

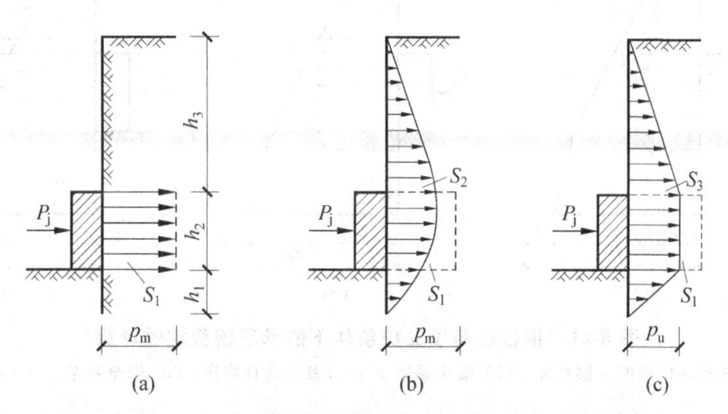

图 6-19 承压壁在单段支护条件下对土体的作用

(a) 没有板桩墙的协同作用；(b) 在板桩墙的协同作用下(荷载曲线类似于弹性曲线)；
(c) 在板桩墙的协同作用下(荷载曲线近似于梯形)

由于板桩的协同作用,便出现了一条类似于板桩弹性曲线的荷载曲线(见图 6-19(b))。因板桩自身刚度较小,承压壁后面的土压力一般假设为均匀分布,而板桩两端的土压力为零,则总的土体抗力呈梯形分布(见图 6-19(c),$S_3=S_1$),由板桩静力平衡条件($\sum F=0$)得

$$p_{\mathrm{u}}\left(h_2+\frac{1}{2}h_1+\frac{1}{2}h_3\right)=p_{\mathrm{m}}h_2 \quad (6\text{-}9)$$

式中:p_{u}——承压壁后靠土体的单位面积反力,kPa。

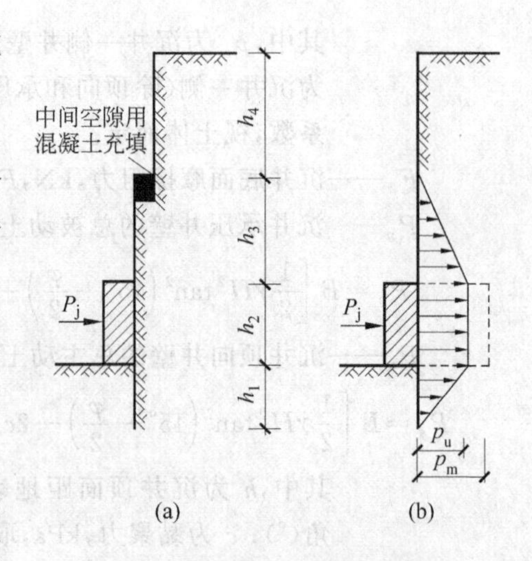

图 6-20 承压壁在两段支护条件下对土体的作用

(a) 支护系统;(b) 在第二段板桩墙的协同作用下(荷载曲线近似于梯形)

当顶进管道的敷设深度较大时,顶管工作井的支护通常采用如图 6-20(a)所示的两段形式。在两段支护的情况下,只有下面的一段参与承受和传递来自承压壁的作用力,因而仍可用上述公式计算。至于 h_4,则可不必考虑。下面一段完全参与起作用的前提是用混凝土将下段板桩与上段板桩之间的空隙填充起来,以构成封闭的传力系统。否则,需将 h_3 缩短到上段板桩的下沿。

图 6-21、图 6-22 分别为钢板桩单段、两段支护条件下的顶管工作井承压壁稳定性计算示意图。

由图 6-21、图 6-22 可见,当 A 点在后靠土体被动土压力线上或在其左侧(即承压壁后靠土体反力等于或小于承压壁上的被动土压力)时,则后靠土体是稳定的,由此推导得后靠土体的稳定条件如下。

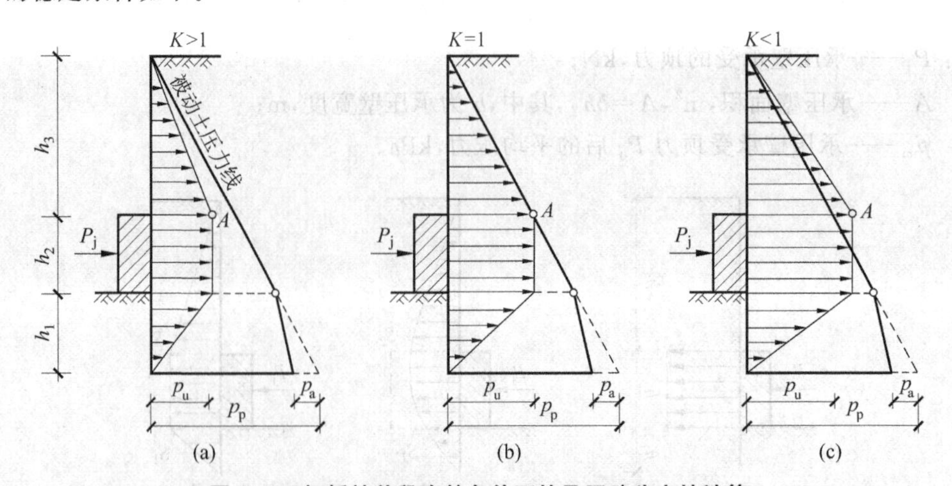

图 6-21 钢板桩单段支护条件下的承压壁稳定性计算

(a) 安全系数 $K>1$,表明足够稳定;(b) 安全系数 $K=1$,表明尚且稳定;(c) 安全系数 $K<1$,表明不稳定

单段支护:

$$\gamma K_{\mathrm{p}}h_3 \geqslant K\frac{2P_{\mathrm{j}}}{b(h_1+2h_2+h_3)} \quad (6\text{-}10)$$

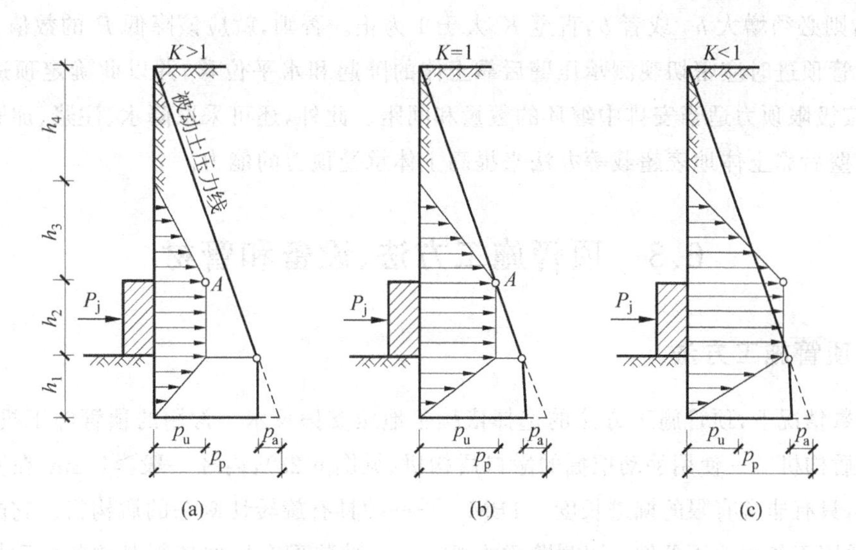

图 6-22 钢板桩两段支护条件下的承压壁稳定性计算

(a) 安全系数 $K>1$，表明足够稳定；(b) 安全系数 $K=1$，表明尚且稳定；(c) 安全系数 $K<1$，表明不稳定

两段支护：

$$\gamma K_p(h_3+h_4) \geqslant K\frac{2P_j}{b(h_1+2h_2+h_3)} \tag{6-11}$$

式中：K_p——被动土压力系数，$K_p=\tan^2\left(45°+\frac{\varphi}{2}\right)$；

γ——土的重度，kN/m^3；

K——安全系数，一般取 $K=1.0\sim1.2$，后靠土体土质条件越差，K 取值越大。

上述推导是基于单向顶进的情况，若是双向顶进，即后靠板上留有通过管道的孔口时，则平均压力应修改为

$$p_m=\frac{P_j}{bh_2-\frac{1}{4}\pi D^2} \tag{6-12}$$

式中：D——管道外径，m。

同理，后靠土体的工作稳定条件如下。

单段支护：

$$\gamma K_p h_3 \geqslant K\left(\frac{2P_j}{h_1+2h_2+h_3}\frac{h_2}{bh_2-\frac{1}{4}\pi D^2}\right) \tag{6-13}$$

两段支护：

$$\gamma K_p(h_3+h_4) \geqslant K\left(\frac{2P_j}{h_1+2h_2+h_3}\frac{h_2}{bh_2-\frac{1}{4}\pi D^2}\right) \tag{6-14}$$

为了计算承压壁后靠土体的稳定性，首先必须估算承压壁的尺寸。如果第一次计算得

出 $K<1$,则必须增大 h_2 或者 b,直至 K 大于1为止。否则,就应该降低 P 的数值。

在顶管顶进时应密切观测承压壁后靠土体的隆起和水平位移,并以此确定顶进时的极限顶力,按极限顶力适当安排中继环的数量和间距。此外,还可采取降水、注浆、加固地基以及使承压壁后靠土体地表超载等办法来提高土体承受顶力的能力。

6.3 顶管施工方法、设备和管材

6.3.1 顶管施工方法

大多数情况下,顶管施工方法的选择依赖于地压支护技术。常用的顶管施工机械包括:敞口手掘盾构机——使用手动挖掘的敞口盾构机(见图6-23),内径一般≥1.2m,在安全的地层中工作,只有非常有限的掘进长度。TBM——一种具有旋转切割头的盾构机。它配有多种切割头,适用于各种地压条件。切割臂盾构机——一种装配有挖掘切割臂的敞口盾构机。回掘盾构机——一种装配有机械回挖机的敞口盾构顶管机。压力泥浆机——一种全断面隧道掘进机,挖掘下来的材料经工作面运出。它也配有多种切割头,适用于各种地压条件,而且如果开启内部的粉碎机,还可以处理卵石和小圆石,泥浆的压力用于平衡工作面水压。土压平衡盾构机(EPBM)——一种全断面隧道掘进机,挖掘下来的材料经由一个螺旋状的螺凿钻或螺旋转运带运出。它也配有多种切割头,适用于各种地压条件,工作面由挖掘下来的、聚集在切割头后面和前舱室前部的压力料来支护。压力通过平衡螺旋状的螺凿钻或螺旋转运带上的挖掘材料的速度控制。微型隧道机——来自地面远程控制的全自动掘进机,其内径≤1m,人不能进去。这种微型隧道顶管机有压力泥浆和螺旋钻机两种形式,这两种挖掘机对工作面都有支护能力。压力泥浆微型隧道挖掘机像带有压力泥浆的TBM一样,挖掘下来的材料经悬吊在泥水里的工作面运出。螺旋钻微型隧道掘进机的挖掘材料从工作面到掘进坑经由一个封包的螺凿钻运出。目前的顶管挖掘机和微型隧道挖掘机可用于大多数地层,如图6-24、图6-25所示。

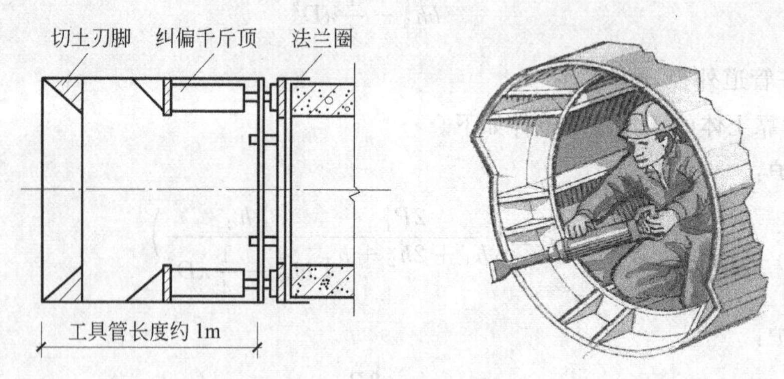

图6-23 手掘式敞口盾构机

表6-10、表6-11示出了一些挖掘技术和在干、湿地层中的顶管挖掘方法。

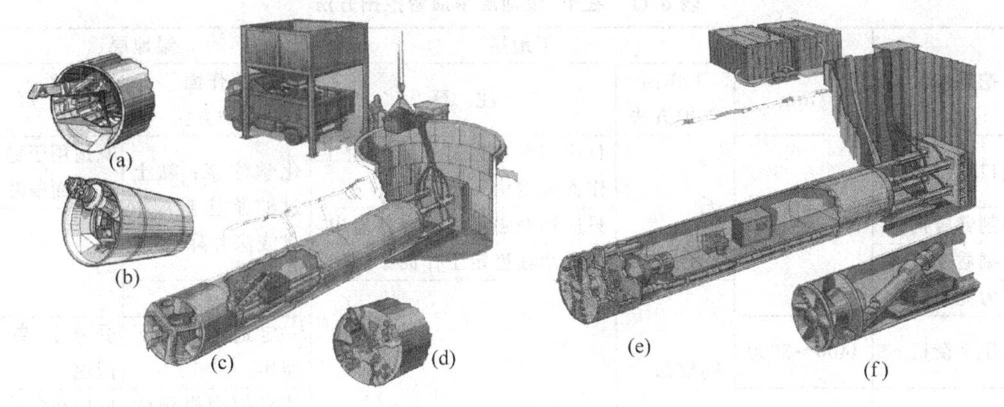

图 6-24　顶管挖掘机

(a) 回挖机，同时具有开口切割臂功能；(b) 开口切割臂；(c) 具备回挖机、开口切割臂和 TBM 功能的顶管机；(d) 闭式 TBM；(e) 压力泥浆顶管机；(f) 土压平衡盾构顶管机

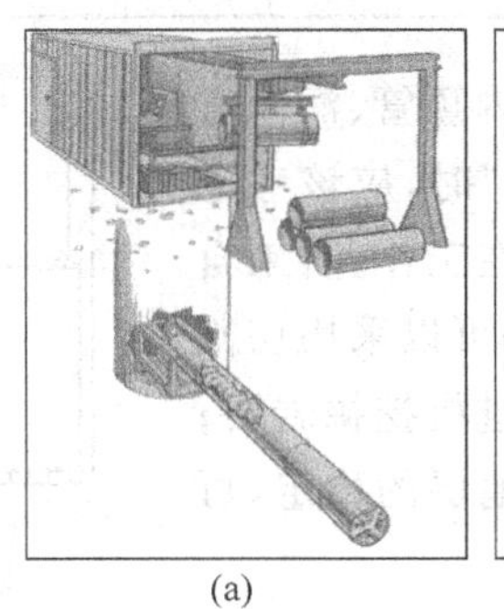
(a)

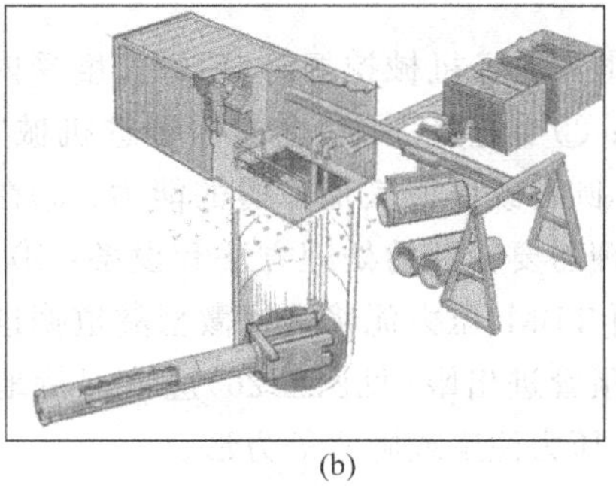
(b)

图 6-25　微型隧道挖掘机

(a) 螺旋钻机；(b) 压力泥浆机

表 6-10　在两个工作井间直接顶进长度和通过管线内径顶进的最大数量

<table>
<tr><th>挖掘技术</th><th>＜0.9m</th><th>0.9m</th><th>1.0m</th><th>1.2m</th><th>1.35m</th><th>1.5m</th><th>1.8m</th><th>＞1.8m</th></tr>
<tr><td rowspan="2">顶管机：从地表远程操作</td><td colspan="3">受顶管系统能力限制的顶进长度</td><td colspan="2" rowspan="2">250m</td><td rowspan="2">400m</td><td colspan="2" rowspan="2">＞500m</td></tr>
<tr><td colspan="2">人进入是不可以接受的</td><td>人进入是无效的</td></tr>
<tr><td>顶管机：从地下操作控制</td><td colspan="3">不可以接受的</td><td>125m</td><td>200m</td><td>300m</td><td>500m</td><td>＞500m</td></tr>
<tr><td rowspan="3">手掘顶管</td><td colspan="3" rowspan="3">不可以接受的</td><td>25m</td><td>50m</td><td>75m</td><td colspan="2">100m</td></tr>
<tr><td colspan="3" rowspan="2">两个顶进长度</td><td colspan="2">一个顶进长度</td></tr>
<tr><td colspan="2">如果＞2.1m，使用最小的顶管机</td></tr>
</table>

表 6-11　在干、湿地层中顶管挖掘方法

挖掘方法	顶管内径/mm	干地层		湿地层	
		工作面支护方法	注　释	工作面支护方法	注　释
敞口 TBM	1200～3000	无	只应用在包括岩石的稳定工作面地层中	化学注浆；黏土过滤浆注浆；井点或深井降水	只适用于稳定工作面条件
切割臂盾构机			只应用在强黏性土和软岩中		
回掘盾构机			只应用在稳定工作面条件中		
压力泥浆机		内建法		内建法	
土压平衡机	1400～3000			一定地压条件下使用	受水位高度限制
微型隧道掘进	150～1000			依靠使用机械的形式	应用在穿越河堤、铁路之处
敞口手掘	1200～3000	考虑工作面板和土的沉积	受安全条件限制	化学注浆；黏土过滤浆注浆；井点或深井降水	受安全条件件限制

此外注意：①当选择机械挖掘时，顶进长度受内顶管、润滑方法和经济的影响；②当选择一个“全断面掘进机械”时，应该考虑机械处理卵石、小圆石或任何其他障碍的能力；③在工作井，来自泥浆机的破坏处理需要特别的处理方法和设备；④可以采用切割臂盾构机、全断面 TBM、压力泥浆机或微型隧道掘进机挖掘岩石；⑤在工作井中的顶管进出眼(见图 6-26)应该保持地层的稳定，可以采取封盖设备、压力注浆或降水等方法。

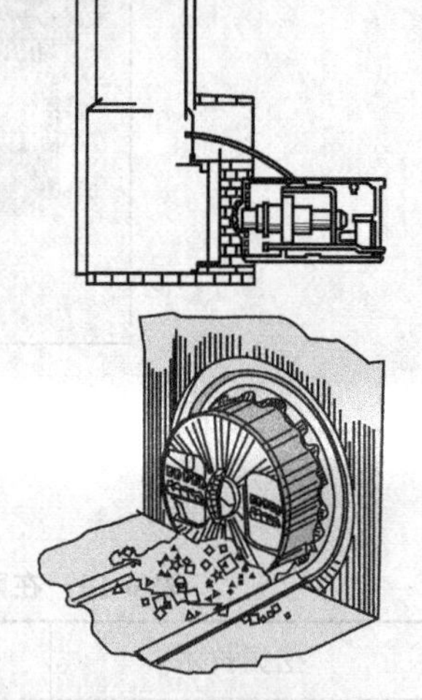

图 6-26　顶管进出眼

6.3.2　中继环结构及原理

1. 中继接力原理

在长距离的顶管工程中，当顶进阻力(即顶管掘进迎面阻力和管壁外周摩擦阻力之和)超过主千斤顶的容许总顶力、管节容许的极限压力或工作井承压壁后靠土体极限反推力三者之一，无法一次达到顶进距离要求时，应采用中继接力顶进技术，实施分段顶进，使顶入每段管道的顶力降低到允许顶力范围内。

采用中继接力技术时，将管道分成数段，在段与段之间设置中继环，见图 6-27。中继环将管道分成前后两个部分，中继油缸工作时，后面的管段成为承压后座，前面管段被推向前方。中继环按先后次序逐个启动，实现管道分段顶进，以此达到减小顶力的目的。采用中继接力技术以后，管道的顶进长度不再受承压壁后靠土体极限反推力大小的限制，只要增加中继环的数量，就可增加管道顶进的长度。中继接力是长距离顶管不可缺少的技术措施。

中继环安装的位置应通过顶力计算得出，第 1 组中继环主要考虑顶管机的迎面阻力和管壁摩擦阻力，并应有较大的安全系数。其他中继环则考虑克服管壁的摩擦阻力，可留有适当的安全系数。

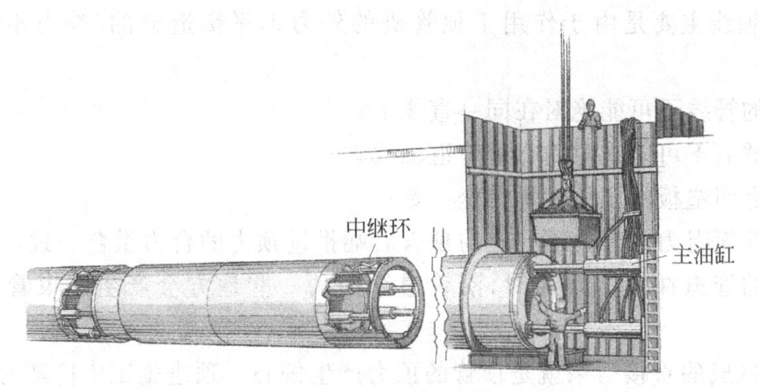

图 6-27　中继环示意图

2. 中继环构造

中继环必须具备足够的强度、刚度及良好的水密封性，并且要加工精确、安装方便。其主体结构由以下几个部分组成：①短冲程千斤顶组（冲程为 150～300mm，规格、性能要求一致）；②液压、电器与操纵系统；③壳体和千斤顶紧固件、止水密封圈；④承压法兰片。

液压操纵系统应按现场环境条件布置，可采用管内分别控制或管外集中控制。中继环的壳体应和管道外径相同，并使壳体在管节上的移动有较好的水密封性和润滑性，滑动的一端应与管道采用特殊管节相接。

用于钢管管道的中继环构造如图 6-28 所示，其前后管段均设置环形梁，前环形梁上均布中继油缸，两环形梁间设置替顶环，供中继油缸拆除时使用。前后管段间是套接的，其间有橡胶密封圈以防止泥水渗漏。前后环形梁在顶进结束后割除。

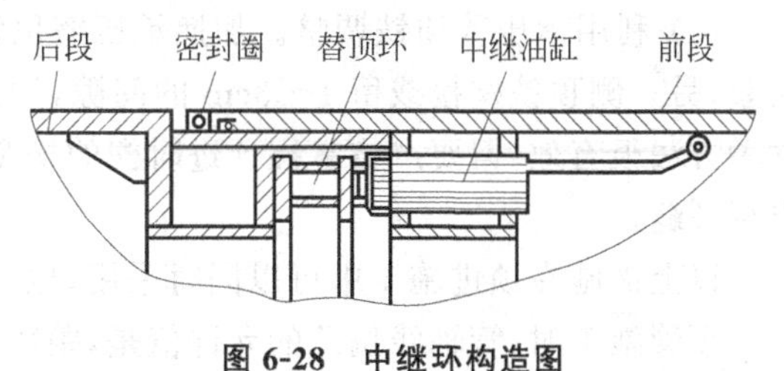

图 6-28　中继环构造图

3. 中继环自动控制

中继环从顶管机向工作井依次按 1[#]、2[#]、……编号。工作时，首次启动 1[#] 中继环工作，其后面的管段即成为其顶推后座，等该中继环顶推行程达到允许行程后停止 1[#] 中继环，启动 2[#] 中继环工作，直到最后启动工作井主千斤顶，使整个管道向前顶进一定长度。

中继环是根据控制的指令启动或停止操作的，它严格按照预定的程序动作。当置于管道中的中继环数量超过 3 只时，假如有 5 只，则 1[#] 环的第二循环可与 4[#] 环的第一循环同步进行，2[#] 环的第二循环与 5[#] 环的第一循环同步进行，依次类推。因此，只有前三只中继环的工作周期占用实际的顶进时间，其余中继环的动作不再影响顶管速度。应用中继环自动控制程序，可解决长距离顶管的中继环施工的工效问题。

6.3.3　顶管顶进方向控制

在顶管顶进过程中要严格控制方向，要求一方面能校正在直线上、曲线上、坡道上的管道偏差，另一方面能保证曲线、坡道上所要求的方向变更。

在顶进过程中，应经常对管道的轴线进行观测，发现偏差时须及时采取措施纠正。

管道偏离轴线主要是由于作用于顶管机的外力不平衡造成的,外力不平衡的主要原因有:

(1) 推进的管线不可能绝对在同一直线上;

(2) 管道截面不可能绝对垂直于管道轴线;

(3) 管节之间垫板的压缩性不完全一致;

(4) 顶管迎面阻力的合力不一定与顶管后端推进顶力的合力重合一致;

(5) 推进的管道在发生挠曲时,沿管道纵向的一些地方会产生约束管道挠曲的附加抗力。

上述原因造成的直接后果就是顶管的顶力产生偏心。顶进施工中应随时监测顶进中管节接缝上的不均匀压缩情况,从而推算接头端面上的应力分布状况及顶推合力的偏心度,并据此调整纠偏幅度,防止因偏心度过大而使管节接头压损或管节中部出现环向裂缝。

顶进中的方向控制可采用以下几种措施实现。

(1) 严格控制挖土,两侧均匀挖土,左右侧切土钢刃角要保持吃土10cm,正常情况下不允许超挖。

(2) 发生偏差时,可采用调整纠偏千斤顶的编组操作进行纠正。应逐渐纠正,不可急于求成,否则会造成忽左忽右的现象。

(3) 利用挖土纠偏。多挖土一侧阻力小,少挖土一侧阻力大,可利用土本身的阻力纠偏。

(4) 利用承压壁顶铁调整。加换承压壁顶铁时,可根据偏差的大小和方向,将一侧顶铁楔紧,另一侧顶铁楔松或留1~3cm的间隙,顶进开始后,则楔紧一侧先走,楔松一侧不动。这种方法很有效,但要严格掌握顶进时楔的松紧程度,掌握不好容易使管道由于受力不均而出现裂缝。

以上措施在顶进施工中可以同时采用,也可单独使用,应根据具体情况而定。

顶管施工时,管轴线偏差的允许值是,距离设计轴线75mm范围内为线性,距离设计轴线50mm范围内为水平,如图6-29所示。

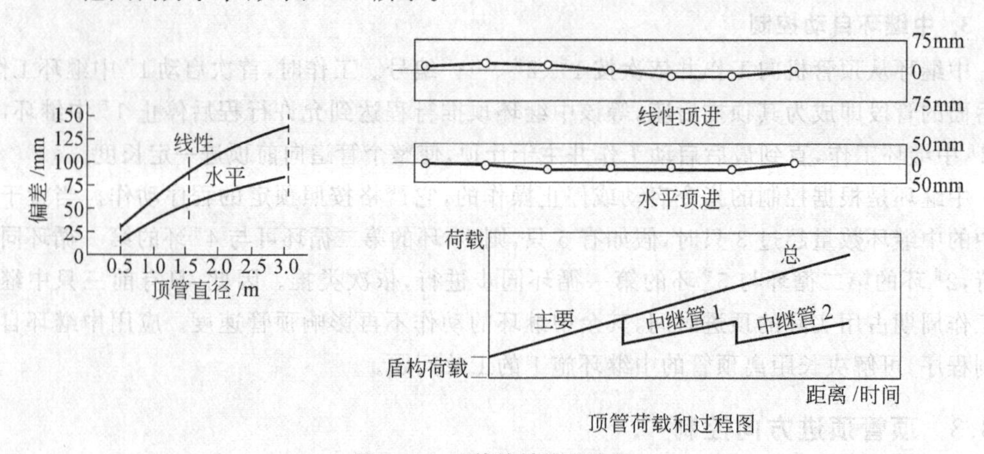

图6-29　顶管管轴线允许值

处理好管线的连接点偏差是很重要的,如果偏角在角度的偏差允许范围内,虽然管线的轴线在线性或水平偏差范围外,但是连接点的偏差是好的,见图6-30(a);如果偏角在角度的偏差允许范围之外，虽然管线的轴线在线性或水平偏差范围内，但是连接点的偏差是不好的，见图6-30(b)。这两种情况都应该避免，解决的方法是不要强行立即再寻找原来的设计轴线，可以将轴线放长一点另辟新线，然后经过一定距离就可以再恢复到原有的轴线上，这样可以大大减少上述两种情况中为了立即寻找原轨迹而出现的偏差问题。

如果顶管前方遇有不稳定地层，则必须在管段到达前，在前面加上盾构(见图6-31)，以免造成事故。通过实时线性和水平顶进监测，对于一般工程都能保质保量完成任务。

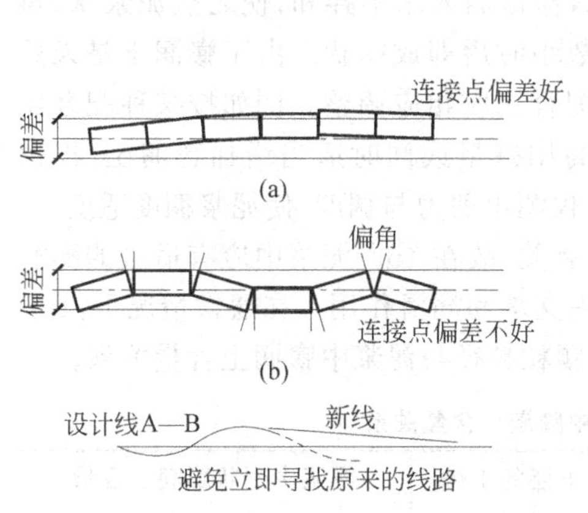

图6-30　顶管偏差的解决方法

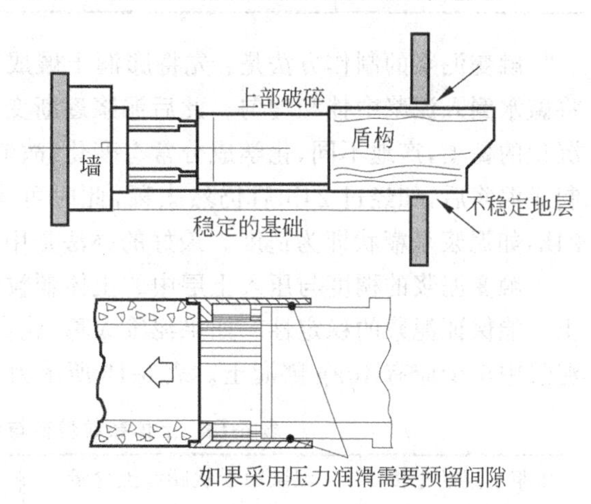

图6-31　不稳定地层顶管施工法

6.3.4　减少顶进阻力的措施

顶管的顶进阻力主要由迎面阻力和管壁外周摩擦阻力两部分组成。为了充分发挥顶力的作用，尽可能延长顶进距离，除了在管道中间设置若干个中继环外，更为重要的是尽可能降低顶进中的管壁外周摩擦阻力。目前常用的顶管减阻措施为触变泥浆减阻，如图6-32所示。

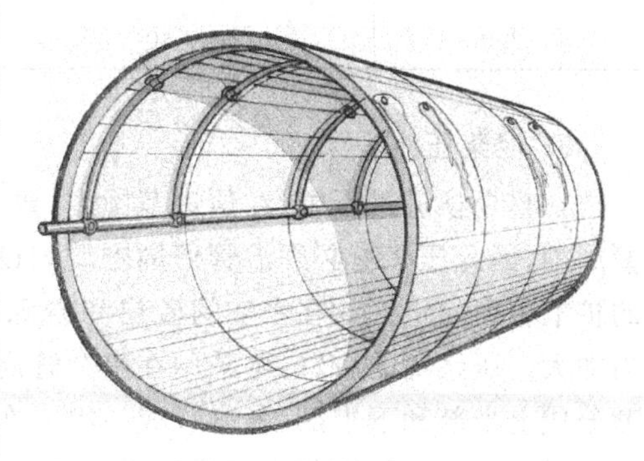

图6-32　触变泥浆减阻

1. 原理及适用条件

将按一定配合比制成的膨润土泥浆压入已顶进土层中的管节外壁，并填满管节外壁与周围土体间的空隙。此时管壁周围形成一个充满泥浆的外环，在外环和圆管之间，通过膨润土泥浆使土压力间接传递到圆管上。由于圆管整体均为膨润土悬浮液所包围，必然受到浮力，故在顶进中，只要克服管壁与膨润土泥浆间的摩擦阻力即可。由于膨润土泥浆的触变性及其润滑作用是相当突出的，在未压注泥浆的情况下，管壁表面摩擦阻力为10～15kPa，而采用泥浆压注后总阻力仅为一般顶进法的1/6～1/4。

2. 性能及制作

触变泥浆是将膨润土、苛性钠(NaOH)或碳酸钠(Na_2CO_3)及水按一定的配合比混合制成的。加碱的作用是使泥浆形成胶体，保持良好的稠度及和易性，土颗粒不易沉淀。触变泥浆配合比见表6-12。

表6-12 触变泥浆配合比

配方号	干膨润土重量比/%	水重量比/%	碱重占土重量的百分比/%
1	20	80	4
2	25	75	4
3	14	86	2

触变泥浆的制作方法是：先将膨润土碾成粉末，徐徐洒入水中拌和，使之呈泥浆状，再将碱水倒入泥浆中拌和均匀。此后泥浆逐渐变稠，数小时后即成糊状。由于膨润土是天然沉积的黏土，产地不同，化学成分常有变化，故制浆配合比应相应调整。例如按某种配合比制成泥浆后，如经过24h后仍然太稀，此时可先提高用碱量或同时适当增加膨润土，再过24h，如泥浆呈糊状即为适度。最好的办法是用剪力仪测出剪力与稠度，使泥浆稠度适度。

触变泥浆的稠度与压入土层中的土体颗粒粒径有关，故在1m³泥浆中应有适量的膨润土才能保证泥浆的稳定性。如果泥浆太稀，就会失去支承和润滑作用。在通常情况下，1m³泥浆中至少应有40kg膨润土。表6-13所示为土体颗粒粒径与泥浆中膨润土含量关系。

表6-13 土体颗粒粒径与泥浆中膨润土含量关系

压浆土层的土体平均粒径/mm	泥浆中干状膨润土含量/(kg/m³)	压浆土层的土体平均粒径/mm	泥浆中干状膨润土含量/(kg/m³)
50.0	100	1.0	34
30.0	82	0.3	24
10.0	60	0.2	21
3.0	45	0.1	18
2.0	40		

3. 泥浆压注

在整个顶进过程中，在顶进范围内，要不断地压注膨润土泥浆，并使其均匀地分布于管壁周围，因此压浆嘴必须沿管壁周围均匀设置。压浆嘴的间距及其数量，应视泥浆在土壤中的扩散程度而定。如在密实的砂层和砂砾层中，间距要小；在松散的砾石层中间距则可适当加大。压浆嘴的布置，可采用在整个管周上用一根环形管与各压浆嘴相连接，也可将压浆嘴分成上半部和下半部，各自联成一组。在顶进中由圆管下半部压浆嘴压浆易于扩散，而在静止时则由上半部压浆嘴压浆易于扩散。为避免泥浆流入工作面，通常在切削环后部第二节圆管处开始压浆。由于顶进中泥浆是随着圆管向前移动的，常常会使后部形成空隙，故每隔一定距离应设置压浆孔进行中间补浆。

为使压浆产生良好的效果，施工时应做到：①对工点进行调查研究，摸清土层情况，分析出大颗粒含量及颗粒级配；②根据土层颗粒粒径，确定膨润土泥浆的稠度；③计算出土层压力，据以求出膨润土悬浮液注入的压力；④注意做到连续压浆，使其饱满、均匀。

6.3.5 各类管道及其接口

各国对各类管道及其接口的规范要求不完全相同，英国健康和安全行政部门、顶管协会和英国隧道掘进协会为设计者提供了顶管和微型隧道内径小于 3m 的导则。对于黏性土和类混凝土地层，首选的顶管尺寸见表 6-14。顶管挖掘技术与微型隧道衬砌公称内径间的关系见表 6-15 和表 6-16。顶管的连接方式如图 6-33 所示。

表 6-14　首选的顶管尺寸

材　　料	公称内径/mm	实际内径或直径/mm
黏土	150	149
黏土	200	200
黏土	225	229
黏土	250	253
黏土	300	305
黏土	400	406
黏土	450	450
类混凝土	450	450
黏土	500	504
黏土	600	609
类混凝土	600	585
类混凝土	675	670
黏土	700	704
类混凝土	900	904
类混凝土	1000	980
类混凝土	1200	1180～1200
类混凝土	1500	1470～1500
类混凝土	1600	1600
类混凝土	1800	1800～1830
类混凝土	1950	1950～1980
类混凝土	2400	2375～2425
类混凝土	2100	2080
类混凝土	2400	2425
类混凝土	2500	2500

表 6-15　顶管和微型隧道衬砌公称内径

<table>
<tr><th>挖 掘 技 术</th><th><0.9m</th><th>0.9m</th><th>1.0m</th><th>1.2m</th><th>1.35m</th><th>1.5m</th><th>1.8m</th><th>>1.8m</th></tr>
<tr><td>顶管机(从地表远程操作)</td><td colspan="8">可以接受的</td></tr>
<tr><td>顶管机(从地下操作控制)</td><td colspan="3">不可以接受的</td><td colspan="5">可以接受的</td></tr>
<tr><td>手掘顶管</td><td colspan="3">不可以接受的</td><td colspan="5">无效的</td></tr>
<tr><td>隧道机操作可控＋机械盾构</td><td colspan="5">不可以接受的</td><td colspan="2">无效的</td><td>可以接受的</td></tr>
<tr><td>隧道＋手掘＋机械盾构</td><td colspan="5">不可以接受的</td><td colspan="3">无效的</td></tr>
<tr><td>木材盾构导洞-手掘</td><td colspan="3">不可以接受的</td><td colspan="5">无效的</td></tr>
</table>

注：可以接受的——设计者可以选择该尺寸下的挖掘技术。

无效的——设计者不能选择该尺寸下的挖掘技术。

不可以接受的——设计者不应该专门使用这个尺寸的顶管或隧道掘进及施工方法，应该寻求另一种可选择的设计方法。

表 6-16　直接顶进长度(两个井间)和最大顶进数量

<table>
<tr><th>挖掘技术</th><th><0.9m</th><th>0.9m</th><th>1.0m</th><th>1.2m</th><th>1.35m</th><th>1.5m</th><th>1.8m</th><th>>1.8m</th></tr>
<tr><td rowspan="2">顶管机(从地表远程操作)</td><td colspan="3">掘进长度有限,与掘进系统的能力相关</td><td colspan="2" rowspan="2">250m</td><td rowspan="2">400m</td><td rowspan="2">>500m②</td><td rowspan="2">>500m②</td></tr>
<tr><td>人进入不可以接受</td><td colspan="2">人不能进入</td></tr>
<tr><td>顶管机(从地下操作控制)</td><td colspan="3">不可以接受的</td><td>125m</td><td>200m</td><td>300m</td><td>500m</td><td>>500m②</td></tr>
<tr><td>手掘顶管①</td><td colspan="3">不可以接受的</td><td>*25m—2个顶进长</td><td>*50m—2个顶进长</td><td>*75m—2个顶进长</td><td colspan="2">*100m—1个顶进长,如果超过2.1m,计划用最小的掘进机</td></tr>
<tr><td>隧道机操作可控+机械盾构</td><td colspan="5">不可以接受的</td><td>*250m</td><td>*500m</td><td>>500②</td></tr>
<tr><td>隧道+手掘+机械盾构①</td><td colspan="5">不可以接受的</td><td>*50m—1个顶进长</td><td colspan="2">*100m—1个顶进长,如果超过2.1m,计划用最小的掘进机</td></tr>
<tr><td>木材盾构导洞-手掘①</td><td colspan="3">不可以接受的</td><td colspan="5">*25m—2个,最小的内断面为1.2m(高)×1.0m(宽)</td></tr>
</table>

注:① 在表6-16中,标记*的长度都是直接顶进长度,所有手掘中标有“不可以接受的”或“无效的”都已经是“无效的”;

② 顶进长度超过1000m是不可以接受的,除非顶管或隧道断面足够大,并允许承包商再挖掘一个包括通风、排尘的0.9m(宽)×2.0m(高)的服务性隧道。

表6-16中的顶进长度是直接的顶进长度,没有标记 *、超出直接顶进长度25%以内是“可以接受的”;如果超出直接顶进长度达25%以上是“无效的”,超出直接顶进长度达到75%以上是“不可以接受的”。

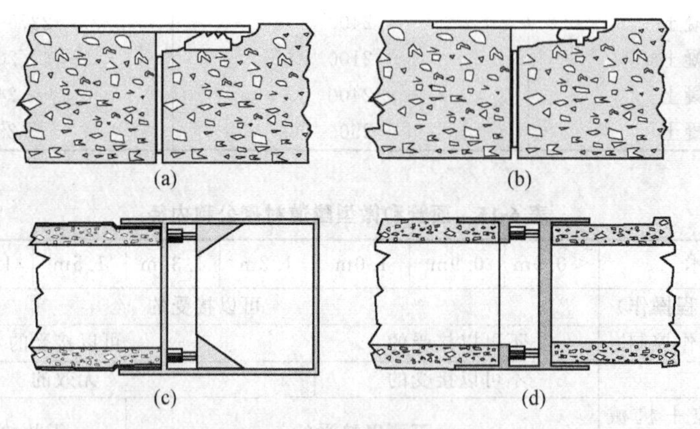

图 6-33　顶管的连接方式

(a)、(b) 典型的柔性连接-邻接连接管口;(c) 缩口连通管;(d) 内顶管连接

国内顶管所用管道按其材质来分,分为钢筋混凝土管和钢管两类。钢管接口一般采用承插、法兰、螺纹或焊接,钢筋混凝土管的接口有表6-17所列的三种形式。

表 6-17 钢筋混凝土管的接口

接口形式	管内径/mm	每节管长/m	连接方式	止水材料
平口式	800,1000,1200	3.0	I型钢套环	齿形橡胶圈2个
企口式	1350,1500,1650,1800,2000,2200,2400	2.0	钢板连接	Q形橡胶圈1个
承插式	2200,2400,2700,3000	2.0	F型钢套环	齿形橡胶圈1个

排水管道采用的预制钢筋混凝土管道的接口形式如表 6-18 所示。

表 6-18 排水管道接口形式

编 号	管内径/mm	接 口 形 式
1	300	承插式、砂浆接缝
2	400	承插式、柔性接缝
3	600	企口式、砂浆接缝(有筋或无筋)
4	800	企口式、柔性接缝
5	1000～1200	平口式、砂浆接缝
6	1350～1500	平口式、有筋砂浆接缝
7	1650～1800	平口式、柔性接缝
8	800～2000	平口钢套环柔性接缝
9	1350～2400	钢板插口柔性接缝
10	2200～3000	新型企口带柔性接缝

顶管施工普遍采用表中编号 8、9、10 三种接口形式,接口构造详图见图 6-34。

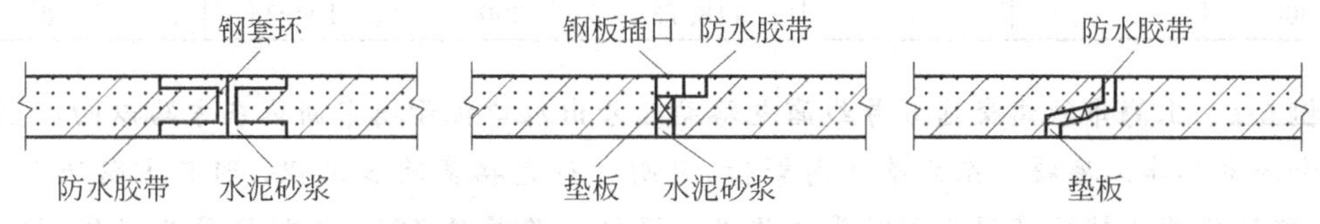

图 6-34 预制钢筋混凝土排水管道接口详图

煤气管道一般采用铸铁管和钢管,钢管的主要类型见表 6-19。

上水管道普遍采用的钢筋混凝土管及钢管类型见表 6-20。

表 6-19 煤气管道类型

管内径/mm	钢管壁厚/mm	成型方式	接头形式
73	4	螺旋缝电焊或直缝电焊。 电焊又分单面焊接及双面焊。 如果焊钢管,管壁允许应力取该钢种所规定的抗拉强度的 80%,单面焊取 40%	一般为焊接,异形管采用法兰
100	4～5		
150	5～6		
200	6～8		
250	6～8		
300	6～8		
400	6～8		
500	8～10		
600	8～10		
700	8～10		
800	8～12		
900	10～12		
1000	10～12		
1200	10～12		

表 6-20 上水管道类型

钢筋混凝土管				钢管		
管内径/mm	管节长度/m	承插接头接口间隙/mm	每100只接头允许渗水量/L	管内径/mm	管壁厚度/mm	每100只焊接接头允许渗水量/L(水压＜$7kg/cm^2$)
75				75	4.5	
100	3.00	10	5.94	100	5.0	1.76
150	3.00	15	8.91	150	4.5～6	2.63
200	3.00	15	11.87	200	6～8	3.51
300	4.00	17	17.81	300	6～8	5.27
400	4.98	20	23.75	400	6～8	7.02
500	4.98	20	29.68	500	6～8	8.70
600	4.98	20	35.62	600	8～10	10.54
700	4.98	20	41.56	700	8～10	12.29
800	4.98	20	47.49	800	8～12	14.05
900	4.98	20	53.43	900	10～12	15.80
1000	4.98	20	59.37	1000	10～12	17.56
1200	4.98	20	71.24	1200	10～12	21.07
1500			89.05	1500	10～12	26.34
1600			106.86	1600	10～14	31.61
2000			118.73	2000	10～14	35.12

例 6-1 上海市轨道交通6号线浦电路站3号出入口位于浦东新区东方路以西,下穿东方路和浦电路车站连接。东方路交通繁忙,且刚进行完拓宽改造工程;因东方路地下管线众多,经过经济比较后采用矩形顶管法施工。设计线路长度42m,线路平面为直线,纵坡单向下坡坡度为3‰。顶管管顶与控制管线(ϕ1200mm 污水管)的距离最近处仅为1m。顶管顶部覆土厚度在5.7～6.9m之间,顶管穿越的土层为淤泥质黏质粉土、夹粉质黏土、淤泥质黏土。

①顶管机采用TH625PMX-1型土压平衡式矩形隧道掘进机。②管节外形尺寸为6.24m×4.36m,壁厚为500mm,管节长度为1.5m。管节混凝土强度等级为C40,抗渗等级为0.8MPa,钢筋采用HRB335级钢。预制矩形管节钢筋骨架焊接成型。管节接口全部采用F形承插式,接缝防水装置由锯齿形橡胶止水圈和双组分聚硫密封膏两道组成。③顶管始发井净尺寸为11m×9m,深度为13.7m,设于车站主体侧。顶管始发井的基坑采用地下连续墙。地下连续墙厚600mm,内衬墙壁厚为400mm。井内基坑底以下3m进行搅拌桩加固,顶管出洞口用ϕ850mm搅拌桩加固。工作井内结构混凝土强度等级为C30,抗渗等级为0.8MPa。④顶管接收井净尺寸为9.5m×6m,深度为11.8m,设于东方路对面。基坑支护结构采用ϕ850mmSMW工法围护,内墙壁厚为800mm。施工时,采用地面沉降监控和预留注浆管进行跟踪注浆来控制管线沉降等措施保护管线安全。本工程已于2006年5月13日顺利推进完成,如图6-35所示,地面最终沉降控制在-1.2cm,各管线监测指标均满足要求。

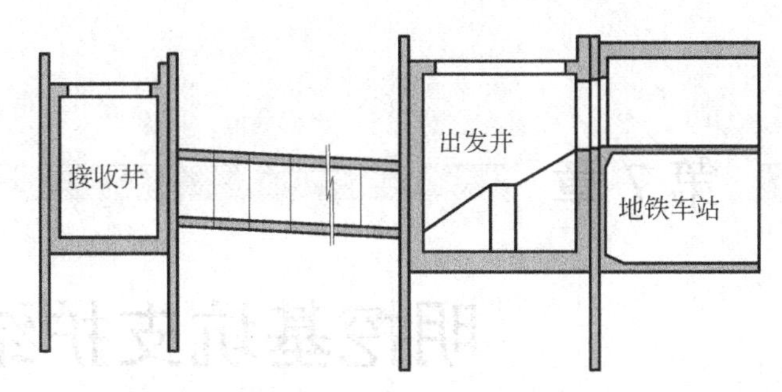

图 6-35 顶管线路纵剖面

复习思考题

6.1 举例说明非开挖技术在地下工程中的应用。

6.2 非开挖技术、顶管技术、微型隧道技术各有何特点？

6.3 简述各种地层条件下的顶管工作面支护和地压处理方法。

6.4 顶管工程勘察中，对不同性质的土所考虑的参数有哪些？

6.5 试推导顶管承压壁后靠土体的稳定验算的理论计算公式。

6.6 顶管管轴线线性和水平偏差允许值分别是多少？如何解决顶管的偏差？

第7章

明挖基坑支护结构设计

基坑是为了修筑建筑物的基础或地下室、埋设市政工程的管道以及开发地下空间(如地铁车站、地下商场)等所开挖的位于地面以下的坑。

基坑支护工程是指在基坑开挖时,为了保证坑壁不致坍塌,保护主体地下结构施工时的安全以及使周围环境不受损害所采取的工程措施的总称。

在基坑施工时,有的有支护措施,称为有支护基坑工程;有的则没有支护措施,称为无支护基坑工程。无支护基坑工程一般在场地空旷、基坑开挖深度较浅、环境要求不高的情况下使用,如放坡开挖,这时主要应考虑边坡稳定和排水问题。但随着城市的发展,建筑物基础深度加大,建筑物及地下管线等越来越密集,可施工的空间越来越狭小,而且周围环境要求提高,相应地对基坑支护工程也提出了越来越高的要求。基坑工程是一个复杂的系统工程,构成的要素较多,本章主要介绍有支护基坑工程的支护结构设计。

7.1 支护结构类型

支护结构是指基坑支护工程中采用的支护墙体(包括防渗帷幕)以及内支护系统(或土层锚杆)等的总称。

支护墙体是指承受基坑内外水、土侧压力以及内支护反力或锚杆拉力的墙体,是保证基坑壁稳定的一种临时挡墙结构。防渗帷幕的作用是防止基坑外的水渗流进入基坑内,并控制由于基坑内外水头差造成的流砂及管涌等现象(见图7-1)。

内支护系统是由围梁、支护杆件以及立柱等组成的结构体系,其作用是与基坑底被动区土体共同承担支护墙体外的主动区压力(包括土压力、水压力及地面荷载引起的侧压力)。围梁是一道或几道沿着支护墙体内侧设置,把支护墙体所受的力相对均匀地传递给内支护杆件的水平方向梁。支护杆件承受围梁传来的轴力和弯矩。立柱的作用是一方面承受支护及施工荷载的重量,另一方面增加对支护杆件的约束(见图7-1)。

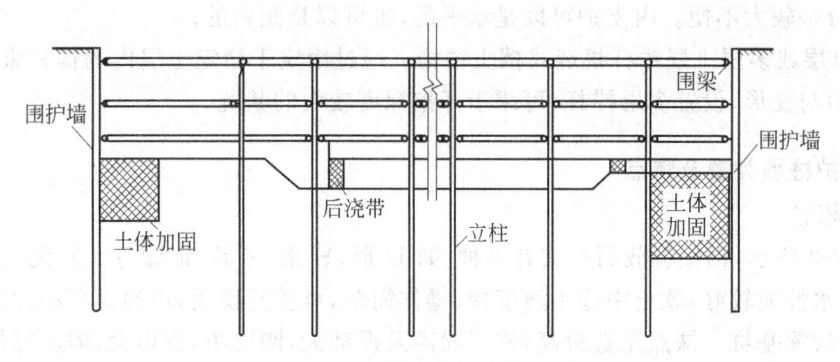

图 7-1 支护结构与地基加固

支护结构的主要类型包括重力式挡土墙、排桩与地下连续墙式挡土结构以及土钉支护结构等。

7.1.1 重力式挡土墙

重力式挡土墙是一种常用的挡土结构(见图 7-2),它依靠挡土墙本身的自重来平衡基坑内外土压力差。墙身材料通常采用水泥土搅拌桩、旋喷桩等,由于墙体抗拉、抗剪强度较小,因此墙身需做成厚而重的刚性墙以确保其强度及稳定性。

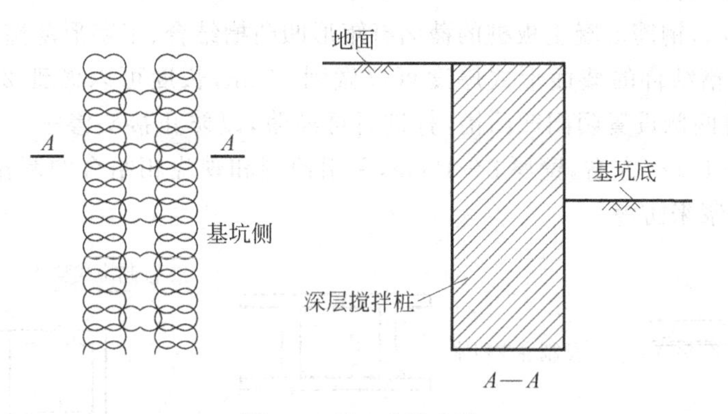

图 7-2 重力式挡土墙

重力式挡土墙具有结构简单、施工方便、施工噪声低、振动小、速度快、止水效果好、造价低等优点。缺点是宽度大,需占用地基红线内一定区域,而且墙身位移较大。重力式挡土墙主要适用于软土地区、环境要求不高、开挖深度小于或等于 7m 的情况。

7.1.2 排桩与地下连续墙式挡土结构

排桩与地下连续墙式挡土结构的材料一般为型钢或钢筋混凝土,它们能承受较大的内力,根据有无支护以及支护设置的位置可分为以下三种类型。

(1) 悬臂桩墙式挡土结构。此种类型不用设置内支护或土层锚杆等,基坑内施工方便。由于墙身刚度小,所以内力和变形均较大,当环境要求较高时,不宜用于开挖较深的基坑。

(2) 单层或多层内支护桩墙式挡土结构。设置的内支护可有效地减少支护墙体的内力和变形,通过设置多道支护可开挖很深的基坑。但设置的内支护对土方的开挖以及地下结构的施工带来较大不便。内支护可以是水平的,也可以是倾斜的。

(3) 单层或多层土层锚杆桩墙式挡土结构。通过固定于稳定土层内的锚杆来减少支护墙体的内力与变形,设置多层锚杆,可用于开挖深度较大的基坑。

1. 支护桩墙类型及特点

1) 钢板桩

如图7-3所示,钢板桩截面形式有多种,如U形、H形、Z形、钢管等。其优点是材料质量可靠,防水性能较好,软土中施工速度快、操作简单,可重复使用,占地面积小,结合多道支护,可用于较深基坑。缺点是造价高,施工噪声及振动大,刚度小,变形大,需注意接头防水,拔桩时容易引起土体移动导致周围环境发生较大沉降。有些钢板桩(如H形钢板桩、钢管桩)需另设咬合装置以实现自防水,否则还需采取防渗措施。

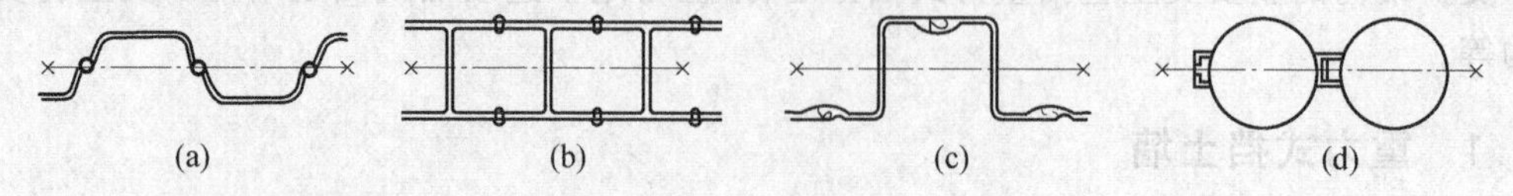

图7-3 钢板桩

(a) U形钢板桩; (b) H形钢板桩; (c) Z形钢板柱; (d) 钢管桩

2) 钢筋混凝土板桩

如图7-4所示,钢筋混凝土板桩的截面有矩形凹凸槽结合、工字形薄壁和方形薄壁三种形式。矩形凹凸槽结合的截面形式厚度可以做到50cm,长度可以做到20m,宽度一般为40~70cm。板桩两侧设置阴阳凹凸槽,打桩后可灌浆,以防止接头渗漏。工字形及方形薄壁截面在50cm×50cm左右,壁厚8~12cm,采用预制和现浇相结合的制作方式,此外在板桩中间需结合注浆来防渗。

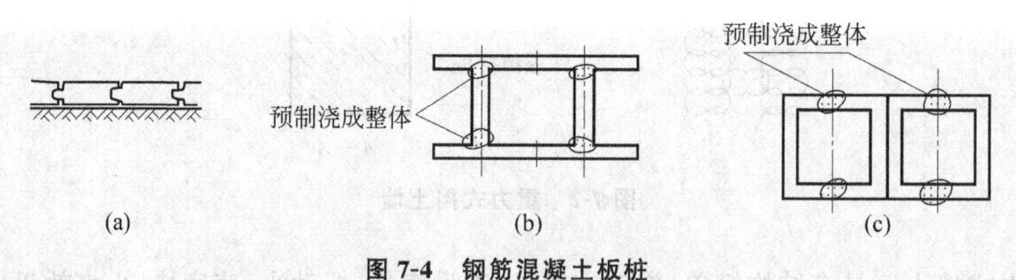

图7-4 钢筋混凝土板桩

(a) 矩形凹凸槽结合; (b) 工字形薄壁; (c) 方形薄壁

钢筋混凝土板桩的优点是比钢板桩造价低。缺点是施工不便,工期长,施工噪声大,振动及挤土大,接头防水性能较差。它不宜在建筑密集的市区内使用,也不适于在硬土层中施工。

3) 钻孔灌注桩

钻孔灌注桩作为支护桩的几种平面布置如图7-5所示,桩径一般在600~1200mm。当地下水位较低时,包括间隔排列在内都无须采取防水措施。当地下水位较高时,相切搭接排列往往因施工中桩的垂直度不能保证以及桩体缩颈等原因达不到自防水效果,因此常采用间隔排列与防水措施相结合的形式,可以采用深层搅拌桩、旋喷桩或注浆等作为防水措施。

钻孔灌注桩的优点是施工噪声低,振动小,对环境影响小,自身刚度和强度较大。缺点

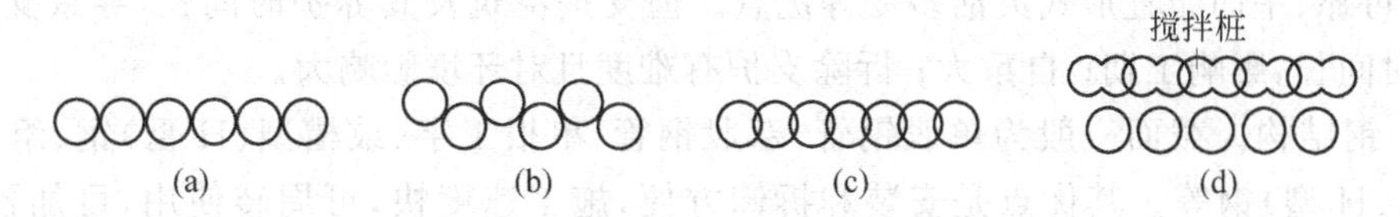

图 7-5　钻孔灌注桩的平面布置

(a) 一字形相切排列；(b) 交错相切排列；(c) 一字形搭接排列；(d) 间隔排列及防水措施

是施工速度慢，质量难控制，需处理泥浆，自防水差，需结合防水措施，整体刚度较差。它适用于软土地层，开挖深度可在 5～12m，甚至更深；在砂砾层和卵石中施工慎用。

其他如树根桩、挖孔灌注桩等与钻孔灌注桩相似。

4）SMW 工法

在水泥土搅拌桩内插入 H 型钢或其他种类的受拉材料形成一种同时具有受力和防渗两种功能的复合结构形式，即劲性水泥土搅拌桩法，日本称为 SMW 工法。其平面布置形式有多种，如图 7-6 所示。SMW 工法的优点是施工噪声低，对环境影响小，止水效果好，墙身强度高。缺点是应用经验不足，H 型钢不易回收且造价较高。凡适合应用水泥土搅拌桩的场合均可采用 SMW 工法，开挖深度可较大。其应用前景较好。

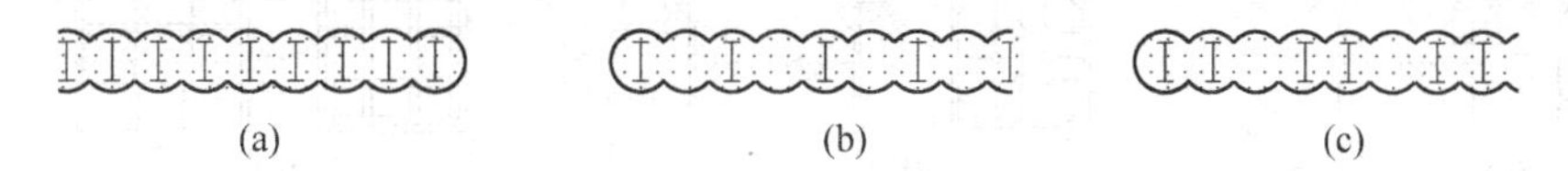

图 7-6　SMW 工法

(a) 全孔设置；(b) 隔孔设置；(c) 组合式

5）地下连续墙

在基坑工程中，地下连续墙平面布置的几种形式如图 7-7 所示。连续墙壁厚通常为 60cm、80cm 及 100cm，深度可达数十米。地下连续墙的优点是施工噪声低、振动小、整体刚度大、能自防渗、占地少、强度大。缺点是施工工艺复杂、造价高，需处理泥浆。它适用于软弱地层，在建筑密集的市区可施工，常用于开挖 10m 以上深度的基坑，还可同时作为主体结构的组成部分。

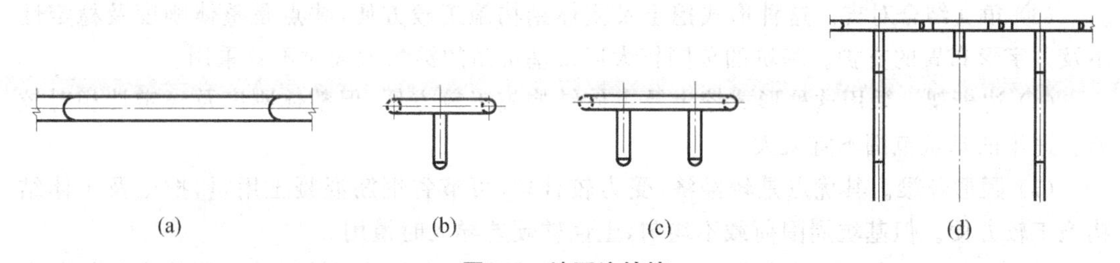

图 7-7　地下连续墙

(a) 壁板式；(b) T 型；(c) Π 型；(d) 格型

2. 内支护结构类型及特点

1）按材料分类

(1) 现浇钢筋混凝土。截面一般为矩形，具有刚度大、强度易保证、施工方便、整体性好、节点可靠、平面布置形式灵活多变等优点。但支护浇筑及其养护时间长,导致支护结构暴露的时间长,影响工期;自重大;拆除支护有难度且对环境影响大。

(2) 钢结构。截面一般为单股钢管、双股钢管、单根工字(或槽型、H型)钢、组合工字(或槽形、H型)钢等。其优点是安装和拆卸方便,施工速度快,可周转使用,可加预应力,自重小。缺点是施工工艺要求较高,构造及安装相对较复杂,节点质量不易保证,整体性较差。

此外,有的基坑支护采用钢支护及钢筋混凝土支护相结合的形式,可综合二者的优点。

2) 按布置形式分类

布置方式有多种,如图7-8所示。

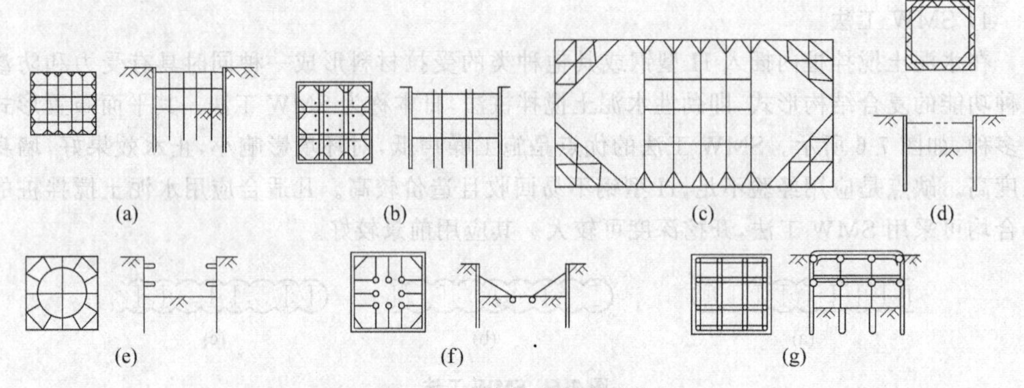

图7-8 内支护的布置形式

(a) 纵横对支构成的井字形;(b) 井字形集中式;(c) 角支结合对支;(d) 边桁架;(e) 圆形环梁;(f) 竖直向斜支;(g) 逆筑法

(1) 纵横对支构成的井字形。这种布置形式安全稳定,整体刚度大。缺点是土方开挖及主体结构施工困难,拆除困难,造价高。此种形式往往在环境要求很高、基坑范围较大时采用。

(2) 井字形集中式布置。这种形式挖土及主体结构施工相对较容易,缺点是整体刚度及稳定性不及井字形布置。

(3) 角支结合对支。这种形式挖土及主体结构施工较方便,缺点是整体刚度及稳定性不及井字形布置的支护。基坑的范围较大以及基坑角的钝角太大时不宜采用。

(4) 边桁架。采用这种形式挖土及主体结构施工较方便,但整体刚度及稳定性相对较差。适用的基坑范围不宜太大。

(5) 圆形环梁。其优点是较经济,受力较合理,可节省钢筋混凝土用量,挖土及主体结构施工较方便。但基坑周围荷载不均匀,土性软硬差异大时慎用。

(6) 竖直向斜支。其优点是节省立柱及支护材料;缺点是不易保持基坑稳定及控制变形,与底板及地下结构外墙连接处结构难处理。它适用于开挖面积大而挖深小的基坑。

(7) 逆筑法。其优点是节省材料,基坑变形较小;缺点是对土方开挖及地下整个工程施工组织提出较高的技术要求。在施工场地受限制或地下结构上方为重要交通道路时采用。

3. 土层锚杆类型及特点

如图7-9所示，土层锚杆体系由围梁、托架及锚杆三部分组成。围梁可采用工字钢、槽钢或钢筋混凝土结构，托架材料为钢材或钢筋混凝土，锚杆由锚杆头部、拉杆及锚固体三部分组成，锚杆头部将拉杆与支护墙牢固地连接起来，使支护结构承受的土侧向压力可靠地传递到拉杆上并将其传递到锚固体，锚固体将来自拉杆的力通过摩擦阻力传递到地基稳固的地层中去。

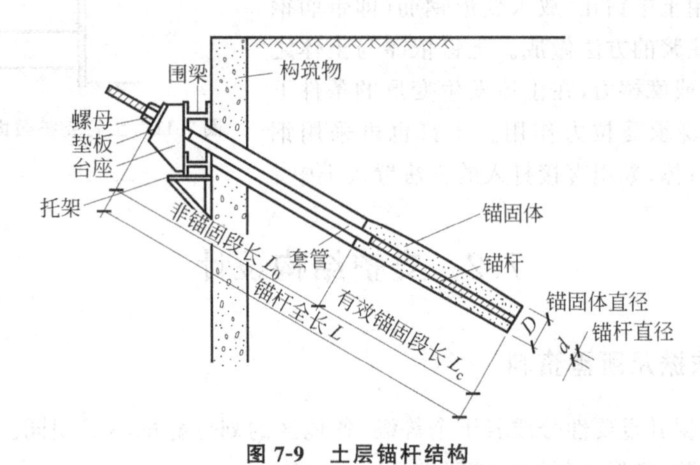

图7-9 土层锚杆结构

土层锚杆的优点是基坑开敞，坑内挖土及地下主体结构施工方便，造价经济。适用于基坑周围有较好土层(以利于锚杆锚固)，锚杆施工范围内无障碍物，周围环境允许打设锚杆等场合。其缺点是稳定性及变形依赖于锚固的效果。

7.1.3 逆作拱墙挡土结构

逆作拱墙这种支护结构的截面构造如图7-10所示，拱墙截面宜为Z字形(见图7-10(a))，拱壁的上下端加的是肋梁；当基坑较深，一道Z字形拱墙的高度不够时，可由数道拱墙叠合组成(见图7-10(b)、(c))，沿拱墙高度方向应设置数道肋梁；当基坑边可施工的场地狭窄时，可不加肋，但应加厚拱壁(见图7-10(d))。拱墙的壁厚一般小于50cm，厚壁拱的壁厚一般小于70cm。拱墙材料为强度等级不低于C25的钢筋混凝土结构。

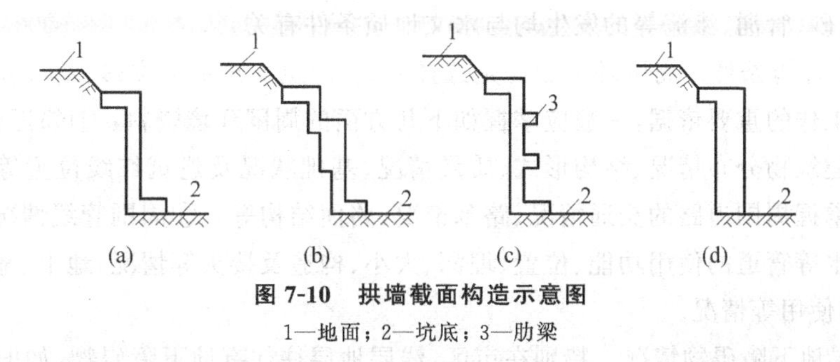

图7-10 拱墙截面构造示意图

1—地面；2—坑底；3—肋梁

逆作拱墙可由全封闭的拱墙(闭合拱墙)或局部拱墙与其他支护结构组合(非闭合拱墙)。逆作拱墙适用于基坑开挖面以上无地下水、开挖深度小于10m的基坑。

7.1.4 土钉支护结构

土钉支护是以土钉作为主要受力构件的边坡支护技术,它由密集的土钉群、被加固的原位土体、喷射混凝土面层和必要的防水系统组成,如图7-11所示。

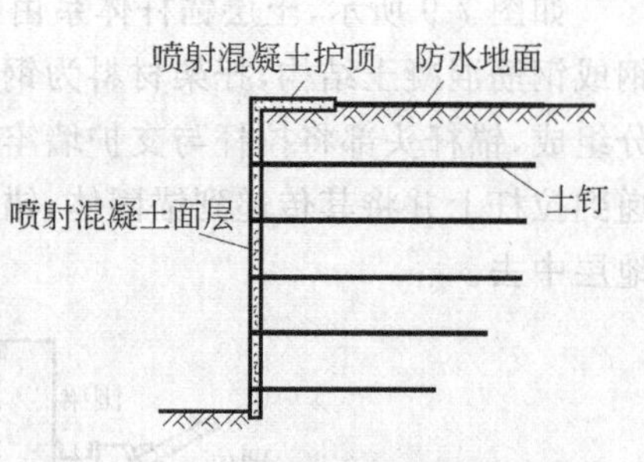

图7-11 土钉支护截面构造示意图

土钉是用来加固或同时锚固现场原位土体的细长杆件,通常采用土中钻孔、放入变形钢筋(即带肋钢筋)并沿孔全长注浆的方法做成。土钉依靠与土体之间的界面黏聚力或摩擦力,在土体发生变形的条件下被动受力,并主要承受拉力作用。土钉也可采用钢管、角钢等作为钉体,采用直接打入的方法置入土中。

7.2 支护结构设计

7.2.1 设计依据及所需资料

基坑工程根据其重要性分成若干个等级,各地区的划分标准不尽相同。不同等级的基坑设计其安全系数、变形控制标准等要求是不一样的。

我国目前已有正式颁布的中华人民共和国行业标准《建筑基坑支护技术规程》(JGJ 120—2012)等有关基坑支护工程的规程,部分地区也已有各自的地区规程,这些基坑工程的设计规程是设计时的重要依据之一。此外,还有如钻孔灌注桩、深层搅拌桩、地下连续墙和土钉墙等设计施工技术规程/规范以及钢结构、钢筋混凝土结构以及地基基础设计规范等,这些规程/规范也是进行基坑支护工程设计的重要依据。

设计所需资料包括:

(1) 工程地质资料。场地土层分布情况、层厚、土层描述、地质剖面以及土层物理力学性质指标等是进行基坑方案选择和进行基坑稳定性、内力变形计算时不可缺少的依据。表7-1列出了进行基坑支护工程设计时所需的各项土的物理力学性质指标。

(2) 水文地质资料。在设计前应查清场地地层中地下水文条件,如地下水位、承压水等情况,因为流砂、管涌、渗流等的发生均与水文地质条件有关。

(3) 工程环境条件。周围环境条件是选择方案,确定支护结构位移、基坑稳定安全系数控制标准等工作的重要依据,一般应掌握如下几方面的周围环境资料:①邻近构筑物情况。应掌握邻近建筑物分布情况、结构形式、质量情况、基础状况及建筑红线位置等。②周围道路情况。应掌握周围道路的交通情况、路基情况、路面结构等。③周围管线情况。应掌握煤气、上水、下水等管道的使用功能、位置、埋深、大小、构造及接头等情况;地上、地下电缆的埋设、架设及其使用等情况。

(4) 浅层地下障碍物情况。特别在市区,浅层地层往往有地下障碍物,如旧建筑物的桩或基础、废弃人防工程、地下室、工业或建筑垃圾等,这些障碍物分布复杂,应充分掌握,以免造成停工、修改设计及产生事故隐患等。

表 7-1　土的物理力学性质指标与基坑设计的关系

指　标	测试参数	符　号	设计计算应用
物理性指标	孔隙比	e	流砂、管涌分析计算
	含水量	ω	支护墙侧水、土压力计算
	密度(重度)	$\rho(\gamma)$	
	不均匀系数	C_u	流砂、管涌分析计算
压缩性指标	压缩模量	$E_{S0.1\sim0.2}$	支护墙体、周围土体变形及随时间关系计算；坑底回弹量计算
	压缩系数	$a_{0.1\sim0.2}$	
	固结系数	C_v	
	回弹指数	C_e	
渗透性指标	渗透系数	k_v, k_h	抗渗、降水、固结计算
强度指标	固结快剪黏聚力、内摩擦角	c_{cq}, φ_{cq}	支护墙侧土压力；基坑坑底土抗隆起；整体圆弧滑动、支护墙抗倾覆、抗滑等计算
	固结不排水黏聚力、内摩擦角	c_{cu}, φ_{cu}	
	有效黏聚力、内摩擦角	c', φ'	
	无侧限抗压强度	q_u	
	十字板剪切强度	τ_f	

(5) 主体结构设计资料。用地红线图、建筑平面图、剖立面图、地下结构图以及桩位布置图等是确定支护结构类型,进行平面布置、支护结构布置、立柱定位等必不可少的资料。

(6) 场地施工条件。在考虑基坑支护方案、确定控制标准时,应充分注意到场地的施工条件,如场地为施工提供的空间,施工允许的工期,环境对施工的噪声、振动、污染等的允许程度以及当地施工所具有的施工设备、技术等条件。

7.2.2　混凝土重力式挡墙设计

1. 设计内容

(1) 墙体宽度和深度。墙体宽度和深度的确定与基坑开挖深度、范围、地质条件、周围环境、地面荷载以及基坑等级等有关。初步设计时可按经验确定,一般墙宽可取为开挖深度的0.6～0.8倍,坑底以下插入深度可取为开挖深度的0.8～1.2倍。初步确定墙体宽度和深度后,要进行整体圆弧滑动、抗滑、基坑倾覆、墙体结构强度以及抗渗验算,以验证是否满足要求。

(2) 宽度方向布桩形式。最简单的布置形式就是不留空当,打成实体,但这样做较浪费,为节约工程量,常做成格栅式。

(3) 墙体强度。一般采用42.5MPa普通硅酸盐水泥,水泥土支护体的强度要求龄期一个月的无侧限抗压强度不小于0.8MPa。掺入外掺剂具有改善土性、提高强度、节约水泥、促进早强、缓凝或减水等作用,外掺剂的使用与水泥品种、水灰比、气候条件等有关,选用时应有一定经验或事先进行室内试块试验。粉煤灰是具有较高活性和明显的水硬性的工业废料,可明显提高水泥土强度及早期增长速度；三乙醇胺为早强剂,用量一般为0.05%～0.20%；

木质素磺酸钙为减水剂,起减水作用,可以增加水泥浆稠度,利于泵送,用量一般为0.2%~0.5%。

(4) 其他加强措施。①坑底加固。有的场地基坑边与建筑红线之间距离有限,不能满足正常的搅拌桩宽度的要求,这时可考虑减小坑底以上搅拌桩宽度,加宽坑底以下搅拌桩宽度,因为这部分搅拌桩可设置于底板以下,从而增强了稳定性,同时能提高被动区抗力。②墙身插毛竹或钢筋。插毛竹时,毛竹的小头直径宜不小于5cm,长度宜不小于开挖深度。插毛竹能减少墙体位移和增强墙体整体性。插钢筋时,钢筋长度一般为1~2m。由于钢筋与水泥土接触面积小,所能提供的握裹力有限,但施工方便。③墙顶现浇混凝土路面。厚度不小于150mm,内配双向钢筋网片,不但便于施工现场运输,也利于加强墙体整体性,防止雨水从墙顶渗入挡墙格栅而损坏墙体。

2. 土压力计算

作用于重力式水泥土挡墙上的侧压力可按朗肯土压力理论计算,即假设墙面竖直光滑、墙后土面水平、土体处于极限平衡状态。地下水位以下的土体侧压力有两个计算原则,即水土分算和水土合算。

1) 水土分算原则

水土分算原则是分别计算土压力和水压力,两者之和即为总的侧压力。这一原则适用于土的渗透性较好的土层,如砂土、粉土和粉质黏土。

按水土分算原则计算土压力时,采用有效重度。从理论上讲采用有效抗剪强度指标c'、φ'是正确的,但当前工程地质勘察报告中极少提供有效抗剪强度指标。通过一些工程的实测,可以近似地采用三轴的固结不排水或固结快剪试验峰值指标来计算土压力。计算水压力时应按支护墙体的隔水条件和土层的渗流条件,先对地下水的渗流条件作出判断,区分地下水处于静止无渗流状态还是地下水发生绕防渗帷幕底的稳定渗流状态,不同的状态采用不同的水压力分布模式。

2) 水土合算原则

水土合算原则适用于不透水的黏土层,并采用天然重度。水土分算得到的墙上作用力比水土合算的大,因此设计的墙体结构费用高,而对有些土层一时难以确定其透水性时,则需从安全使用和投资费用两方面作出判断。对于地基土成层、墙后有无穷分布或局部超载、墙后土面倾斜等情况下的土压力计算可参阅有关文献,此处不再详述。

3. 基本验算

在初步确定了墙体的宽度、深度、平面布置及材料之后,应进行下列计算,以验算设计的挡土墙是否满足变形、强度及稳定性等要求。

重力式水泥土挡墙的验算主要包括以下内容:抗倾覆验算;抗滑验算;抗渗验算;整体圆弧滑动稳定验算;墙体结构强度验算。

计算简图见图7-12。

1) 抗倾覆验算

抗倾覆验算常以绕墙趾A点的转动来分析,计算公式为

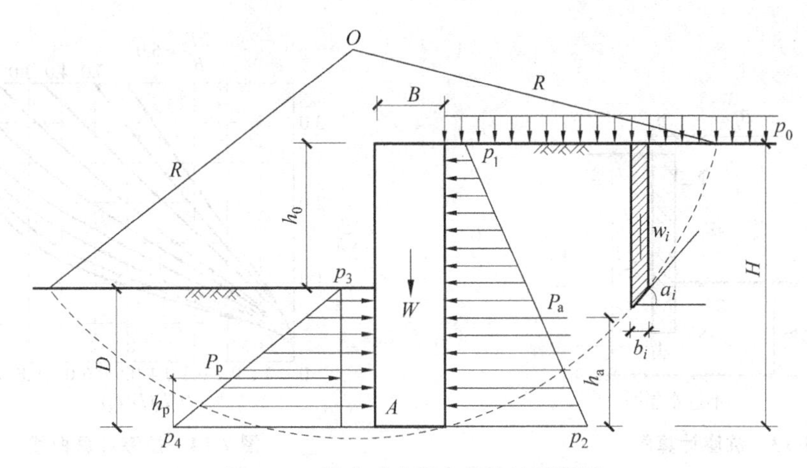

图 7-12　重力式水泥土挡墙计算简图

$$K_q = \frac{P_p h_p + \frac{1}{2}BW}{P_a h_a} \tag{7-1}$$

式中：K_q——抗倾覆安全系数，一般要求不小于 1.2；

B——支护墙的宽度，m；

W——支护墙自重，kN；

P_a，P_p——主、被动土压力的合力，kPa；

h_a，h_p——主、被动土压力合力作用线到墙底的距离，m。

2）抗滑验算

抗滑验算指墙体沿支护墙底面的抗滑动验算，其验算公式为

$$K_{HL} = \frac{W\tan\varphi + cB + P_p}{P_a} \tag{7-2}$$

式中：K_{HL}——墙底抗滑安全系数，一般要求不小于 1.2；

c，φ——墙底土层的黏聚力(kPa)、内摩擦角(°)。

注意不宜采用以下公式计算抗滑安全系数：

$$K_{HL} = \frac{W\tan\varphi + cB}{P_a - P_p} \tag{7-3}$$

因为当搅拌桩插入深度大时，P_p 常接近于 P_a，这样计算得到的安全系数偏大，不经济。

3）抗渗验算

由于基坑开挖时要求坑内无积水，坑内外将存在水头差。当坑底下为砂土时，需验算墙角渗流向上溢出处的渗流坡降，防止出现流砂现象；当坑底为黏性土层而其下有砂土透水层时，也需进行渗流验算。抗渗验算可采用大卫登可夫(Davidenkoff)和弗兰克(Franke)的分段法，以平面渗流为出发点，具体可参见《土工原理与计算》(中国水利电力出版社，1982年)。

不透水层深度取无明显夹砂层的黏土或粉质黏土层深度，见图 7-13，当 $H > 0.9T_1$ 时，取 $H = 0.9T_1$；当 $D > 0.9T_2$ 时，取 $D = 0.9T_2$。

(1) 对于一般地下基坑开挖工程，可按平面渗流考虑，见图 7-14。

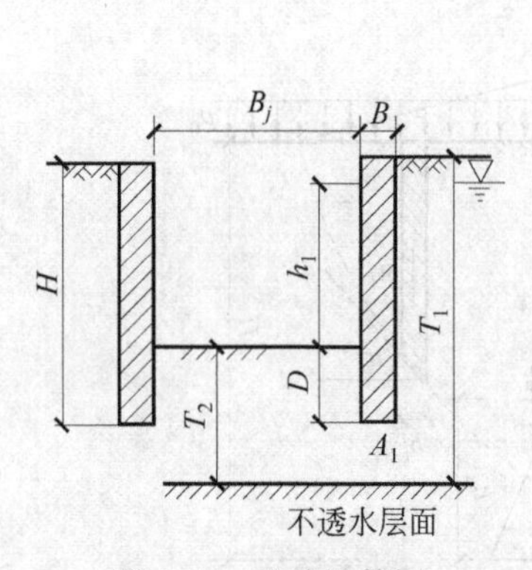

图 7-13　抗渗计算图

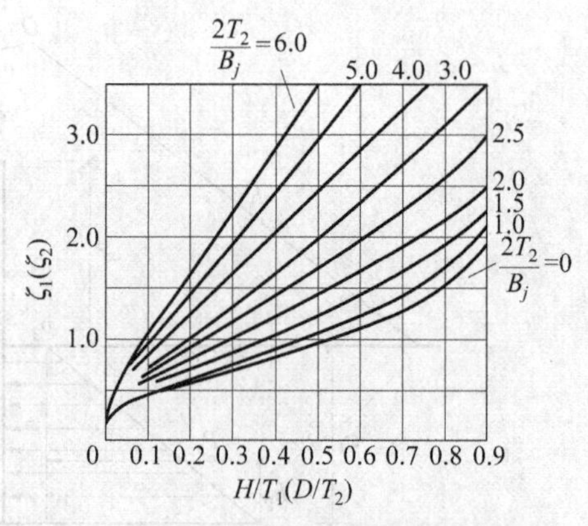

图 7-14　抗渗计算曲线

由 H/T_1 及 $2T_2/B_j=0$，可查得阻力系数 ζ_1，再由 D/T_2 和 $2T_2/B_j$ 查得阻力系数 ζ_2，然后按下式计算渗入基坑的单宽流量：

$$q_0=k_v h_1\frac{1}{\zeta_1+\zeta_2} \tag{7-4}$$

式中：q_0——支护墙体单位宽度的渗流量，m^3/d；

k_v——土竖直向渗透系数，m/d；

h_1——基坑外地下水位至基坑底的距离，m。

出口处 A_1 点的水头

$$h_F=\frac{h_1\zeta_2}{\zeta_1+\zeta_2} \tag{7-5}$$

出口段平均渗透坡降，应满足抗渗安全要求：

$$J_F=h_F/(D+B)\leqslant J_c/K_s \tag{7-6}$$

式中：J_F——出口段平均渗透坡降；

K_s——抗渗安全系数，当墙底为砂土、砂质粉土或有明显的砂性土夹层时取 3.0，其他土层取 2.0；

J_c——临界坡降，取 1.0。

(2) 对于圆形基坑，渗入基坑的单宽渗流量 q_0 和墙底出口处溢出水头 h_F 的计算式为

$$q_0=0.8k_v h_1\frac{1}{\zeta_1+\zeta_2} \tag{7-7}$$

$$h_F=\frac{1.3h_1\zeta_2}{\zeta_1+\zeta_2} \tag{7-8}$$

(3) 对于方形基坑，每边中点墙体渗入基坑的单宽渗流量 q_0 和溢出水头 h_F 的计算式为

$$q_0=0.75k_v h_1\frac{1}{\zeta_1+\zeta_2} \tag{7-9}$$

$$h_F=\frac{1.3h_1\zeta_2}{\zeta_1+\zeta_2} \tag{7-10}$$

基坑角点墙体溢出水头 h_F 的计算式为

$$h_F = \frac{1.7h_1\zeta_2}{\zeta_1 + \zeta_2} \tag{7-11}$$

(4) 对于长方形基坑,可按方形基坑计算。当长宽比接近或大于 2 时,长边中点的溢出水头可按平面渗流考虑。

(5) 对于多边形基坑,可近似按圆形基坑计算。当支护墙体各排桩的长度不同时,可采用最长一排的桩长进行抗渗验算。

4) 整体圆弧滑动稳定验算

水泥土挡墙常用于软土地基,整体稳定验算是一项重要的验算内容。可以采用瑞典条分法,按圆弧滑动面考虑并采用等代重度法考虑渗流力的作用,土体抗剪强度可采用总应力法计算。计算公式如下:

$$K_z = \frac{\sum_{i=1}^{n} c_i l_i + \sum_{i=1}^{n} (p_i b_i + w_i)\cos\alpha_i \tan\varphi_i}{\sum_{i=1}^{n} (p_i b_i + w_i)\sin\alpha_i} \tag{7-12}$$

式中:K_z——圆弧滑动稳定安全系数,应根据经验确定,无经验时可取 1.3;

c_i,φ_i——第 i 土条圆弧面经过的土的黏聚力和内摩擦角;

α_i——第 i 土条滑弧中点的切线和水平线的夹角,(°);

l_i——第 i 土条沿圆弧面的弧长,$l_i = b_i/\cos\alpha_i$,m;

p_i——第 i 土条处的地面荷载,kPa;

b_i——第 i 土条宽度,m;

w_i——第 i 土条重量。当不计渗流力时,基坑底地下水位以上取天然重度,基坑底地下水位以下取浮重度;当计入渗流力作用时,基坑底地下水位至墙后地下水位范围内的土体重度在计算分母的 w_i 时取饱和重度,在计算分子的 w_i 时取浮重度。

一般最危险滑动面取在墙底以下 0.5~1.0m,滑动圆心位置一般在墙上方,靠近基坑内侧。按式(7-12)通过试算找出安全系数最小的最危险滑动面,相应的安全系数即为整体圆弧滑动稳定安全系数。

验算挡墙滑弧安全系数时,可取墙体强度指标 $\varphi=0$,$c=(1/15\sim1/10)q_u$。当水泥土无侧限抗压强度 $q_u>1\text{MPa}$ 时,可不计算挡墙滑弧安全系数。上述计算可通过编制程序来实现。

5) 墙体结构强度验算

$$\begin{cases} \sigma_1 = \gamma_m h_0 - 6M/B^2 > 0 \\ \sigma_2 = \gamma_m h_0 + p_0 + 6M/(\eta B^2) \leqslant 0.5q_u/K_j \end{cases} \tag{7-13}$$

式中:K_j——安全系数,通常取 2.0;

σ_1——计算截面最外侧正应力,kPa;

σ_2——计算截面最内侧正应力,kPa;

γ_m——墙体平均重度,一般为 18~19kN/m³;

M——计算截面以上墙侧压力在计算截面处引起的弯矩,kN·m;

η——墙体截面水泥土置换率,为水泥土加固体和墙体截面积之比,%;

q_u——搅拌桩体的无侧限抗压强度,kPa;

p_0——地面超载,kPa。

例 7-1 某深基坑工程开挖深度 5.7m,地质情况如图 7-15 所示,地面超载为均布荷载 20kPa,采用 9 排 ϕ700 水泥搅拌桩,桩间搭接 200mm,格栅状布置,宽 4.7m,挡墙深 11m,桩顶在地面下 1.0m。水泥土平均重度 18.5kN/m^3,无侧限抗压强度 1.2MPa,抗拉强度 150~250kPa。试验算所设计的水泥搅拌桩重力式挡土墙挡土是否满足稳定性安全的要求。

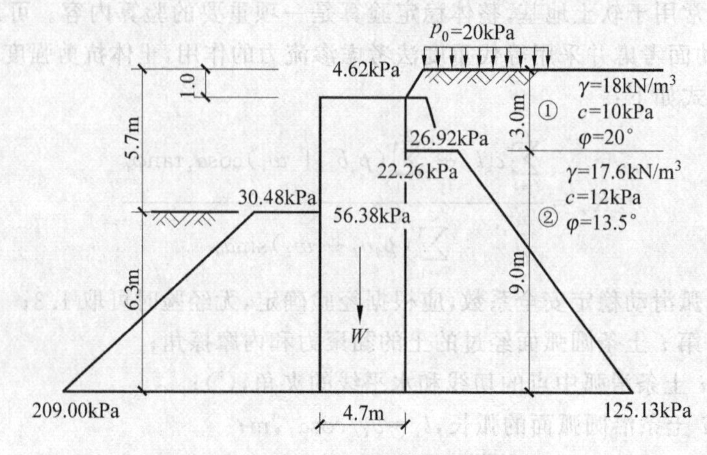

图 7-15 水泥搅拌桩计算图

解 (1) 土压力系数 K_a、K_p 值计算

$$K_a=\tan^2(45°-\varphi/2),\quad K_p=\tan^2(45°+\varphi/2)$$

故每层土的土压力系数为

$$K_{a1}=\tan^2(45°-20°/2)\approx 0.49,\quad \sqrt{K_{a1}}=0.70$$

$$K_{a2}=\tan^2(45°-13.5°/2)\approx 0.62,\quad \sqrt{K_{a2}}\approx 0.79$$

$$K_{p2}=\tan^2(45°+13.5°/2)\approx 1.61,\quad \sqrt{K_{p2}}\approx 1.27$$

(2) 土压力计算

$$E_{an}=\left(p_0+\sum_{i=1}^{n}\gamma h_i\right)K_{an}-2c\sqrt{K_{an}}$$

$$E_{pn}=\left(\sum_{i=1}^{n}h_i\gamma_i\right)K_{pn}+2c\sqrt{K_{pn}}$$

则

$$E_{a1上}=[(20+18\times 1)\times 0.49-2\times 10\times 0.70]\text{kPa}=4.62\text{kPa}$$

$$E_{a1下}=[(20+18\times 3)\times 0.49-2\times 10\times 0.70]\text{kPa}=22.26\text{kPa}$$

$$E_{a2上}=[(20+18\times 3)\times 0.62-2\times 12\times 0.79]\text{kPa}=26.92\text{kPa}$$

$$E_{a2下}=[(20+18\times 3+17.6\times 9)\times 0.62-2\times 12\times 0.79]\text{kPa}=125.13\text{kPa}$$

$$E_{p上}=2\times 12\times 1.27\text{kPa}=30.48\text{kPa}$$

$$E_{p下}=(17.6\times 6.3\times 1.61+2\times 12\times 1.27)\text{kPa}\approx 209.00\text{kPa}$$

$$E_{a坑底}=[(20+18\times 3+17.6\times 2.7)\times 0.62-2\times 12\times 0.79]\text{kPa}\approx 56.38\text{kPa}$$

(3) 抗滑稳定性验算

挡墙自重：$W=11\times4.7\times18.5\text{kN/m}=956.45\text{kN/m}$

滑动力：$E_a=[(4.62+22.26)\times1/2\times2+(26.9+125.13)\times9.0\times1/2]\text{kN/m}$
$=711.02\text{kN/m}$

抗滑力：$F=[(30.48+209.00)\times6.3\times1/2+956.45\times\tan13.5+4.7\times12]\text{kN/m}$
$=(754.36+229.62+56.4)\text{kN/m}\approx1040.38\text{kN/m}$

抗滑安全系数：$K_c=F/E_a=1040.38/711.02\approx1.46>1.2$，安全。

(4) 抗倾覆稳定性验算

倾覆力矩：$M_D=[4.62\times2\times(1+9)+(22.26-4.62)\times1/2\times2(2/3+9)+26.92\times9\times4.5+(125.13-26.92)\times9.0\times1/2\times9.0/3]\text{kN}\cdot\text{m/m}$
$=2679.012\text{kN}\cdot\text{m/m}$

抗倾覆力矩：$M_R=[30.48\times6.3\times6.3/2+(209-30.48)\times6.3/2\times6.3/3+956.45\times4.7/2]\text{kN}\cdot\text{m/m}$
$\approx4033.44\text{kN}\cdot\text{m/m}$

抗倾覆安全系数：$K_D=M_R/M_D=4033.44/2679.01\approx1.51>1.5$

(5) 地基稳定性验算

挡墙的地基稳定性按《建筑地基基础设计规范》(GB 50007—2011)，采用圆弧滑动面法验算。本工程挡墙为深达6.3m的深埋基础，根据经验，深埋的挡墙基础若满足抗滑动和抗倾覆的安全系数(分别为1.3和1.5)，一般都能满足地基稳定性安全系数1.2的要求。计算从略。

(6) 墙身应力稳定性验算(取基坑坑底部位)

水泥土挡墙自重：$W=18.5\times4.7\times4.7\text{kN/m}\approx408.67\text{kN/m}$

主动土压力对基坑底处的力矩：

$$M'_a=[4.62\times2.0\times(1+2.7)+(22.26-4.62)\times1/2\times2.0\times(2/3+2.7)+26.92\times2.7\times2.7/2+(56.38-26.92)\times2.7/2\times2.7/3]\text{kN}\cdot\text{m/m}\approx227.42\text{kN}\cdot\text{m/m}$$

边缘应力：$\sigma=\dfrac{W}{B}\pm\dfrac{6M'_a}{B^2}=\left(\dfrac{408.67}{4.7}\pm\dfrac{6\times227.42}{4.7^2}\right)\text{kPa}\approx\begin{cases}148.72\text{kPa}<1.2\text{MPa}\\25.18\text{kPa}<150\text{kPa}\end{cases}$，安全。

根据以上验算可知，基坑采用9排4.7m宽、11m高的格栅状布置的水泥搅拌桩挡土墙能够满足安全要求。

7.2.3 排桩与地下连续墙式支护结构设计

以下利用构成排桩或地下连续墙式支护结构的支护桩墙介绍这种支护结构的设计计算。

此类支护结构的支护桩墙种类很多，但受力变形有一些共同的特点，所以有着相同的基本计算内容(不同的计算内容将在后面的设计内容中阐述)。基本计算内容有：基坑底土抗隆起稳定验算；防渗帷幕抗渗验算；基坑底土抗承压水稳定性验算；支护桩墙及支护内力变形计算。

1. 基本计算

1) 基坑底土抗隆起稳定验算

以支护桩墙底的平面作为地基极限承载力验算的基准面,参照普朗德尔(Prandtle)和太沙基(Terzaghi)求地基极限承载力的公式,滑移线形状如图7-16所示。该法未考虑墙底以上土体的抗剪强度对抗隆起的影响,也未考虑滑动土体体积力对抗隆起的影响。计算公式为

$$K_{wz}=\frac{\gamma_2 H_d N_q + cN_c}{\gamma_1(h_0+H_d)+p_0} \tag{7-14}$$

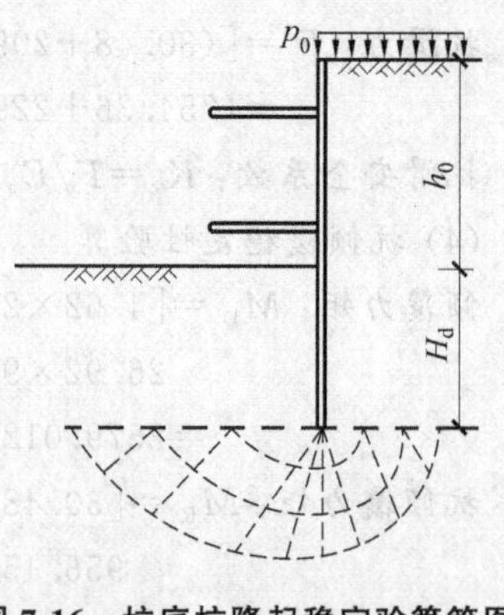

图 7-16 坑底抗隆起稳定验算简图

式中:K_{wz}——抗隆起稳定安全系数,一般要求在1.7~2.5之间;

γ_1——基坑外地表至支护墙底,各土层天然重度的加权平均值,kN/m^3;

γ_2——基坑内开挖面至支护墙底,各土层天然重度的加权平均值,kN/m^3;

h_0——基坑开挖深度,m;

H_d——支护墙在基坑开挖面以下的插入深度,m;

p_0——基坑外地面超载,kPa;

N_q,N_c——地基土的承载力系数,可用下面两种方法计算。

Prandtle-Reissner 公式:

$$N_q = e^{\pi\tan\varphi}\tan^2(45+\varphi/2)$$
$$N_c=(N_q-1)/\tan\varphi$$

Terzaghi 公式:

$$N_q=\frac{1}{2}\left[\frac{e^{\left(\frac{3}{4}\pi-\frac{\varphi}{2}\right)\tan\varphi}}{\cos\left(\frac{\pi}{4}+\frac{\varphi}{2}\right)}\right]^2$$
$$N_c=(N_q-1)/\tan\varphi$$

其中,c、φ 分别为支护墙底以下滑移线场影响范围内地基土黏聚力、内摩擦角的峰值。

2) 防渗帷幕抗渗验算(见图7-17)

当支护墙体外设防渗帷幕墙时,抗渗验算应计算至防渗帷幕墙底;当采用支护墙自防水时,抗渗验算则应计算至支护墙底。由于防渗轮廓线形状比较简单,为便于计算又能满足工程要求,可采用以下方法:

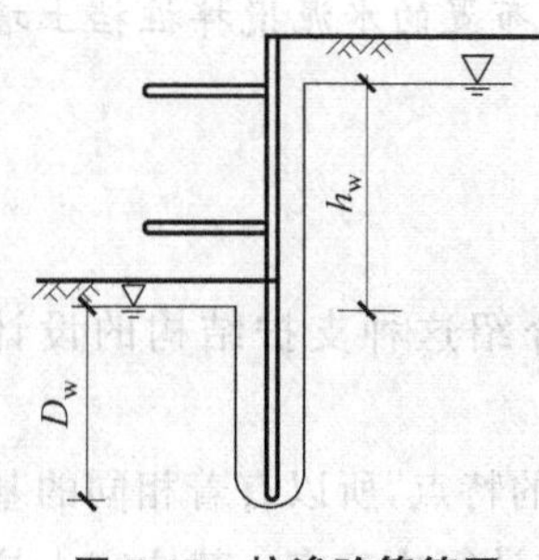

图 7-17 抗渗验算简图

$$\begin{cases} K_s=\dfrac{i_c}{i} \\ i_c=(\gamma_s-1)/(1+e) \\ i=h_w/L_{sr} \end{cases} \tag{7-15}$$

式中:K_s——抗渗流稳定安全系数,一般不小于1.5~2.0,基坑底土透水性大时取大值。

i_c——基坑底土体的临界水头坡度。

e——基坑底土的天然孔隙比。

γ_s——基坑底土的土粒重度，kN/m^3。

i——基坑底土的渗流水力坡度。

h_w——基坑内外土体的渗流水头，取坑内外地下水位差，m。

L_{sr}——最短渗径流线总长度，m。当各层土的渗透性相差不大时，$L_{sr}=h_w+2D_w$；但当有渗透性较大土层时，如砂土、松散填土或多裂隙土，计算 L_{sr} 时应扣除这些土层厚度。

3）基坑底抗承压水头稳定性验算

基坑开挖面以下有承压水层时，应按式(7-16)验算基坑底土抗承压水的稳定性，如图7-18所示。为安全起见，验算公式中未考虑上覆土层与支护桩墙之间的摩擦力影响。

$$K_y=\frac{P_{cz}}{P_{wy}} \tag{7-16}$$

式中：K_y——基坑底土抗承压水头稳定安全系数，一般不小于1.05；

P_{cz}——基坑开挖面以下至承压水层顶板间覆盖土的总自重压力，kPa；

P_{wy}——承压水层的水头压力，kPa。

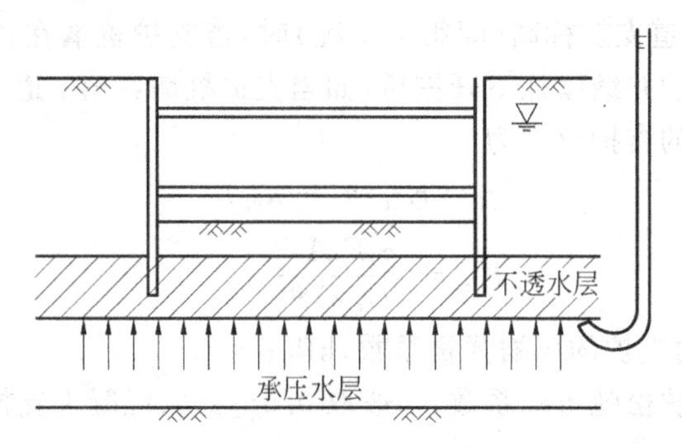

图7-18 抗承压水验算简图

4）内力变形计算

桩墙结构可按平面问题来简化计算，排桩计算宽度应取排桩的中心距，地下连续墙计算宽度可取单位宽度。对于悬臂式及支点刚度较小的桩墙支护结构，由于水平变形大，可按图7-19(a)所示的被动侧极限应力法计算；当支点刚度较大，桩墙水平位移较小时，应按图7-19(b)所示的竖向弹性地基梁法计算。

被动侧极限应力法假定作用于支护桩墙上的侧压力均达到极限状态，因此，这种计算方法无法考虑支护桩墙的变形，同时也不能考虑开挖及地下结构施工过程的不同工况对内力的影响。属于这种类型的计算方法有等值梁法、太沙基塑性铰法、等弯矩法及等轴力法等。其中，等值梁法支护结构的最大弯矩发生在剪力 $V=0$ 处。其值大小由 $V=0$ 处以上各种力的力矩和 $\sum M_D$ 求得，即 $M_{max}=\sum M_D$。另外，等值梁法的反弯点位置为土压力为零处。

竖向弹性地基梁法假定作用于桩墙后的侧压力在基坑底以上按朗肯主动土压力来考虑，开挖面以下按矩形分布，大小等于开挖面处的朗肯主动土压力。作用于桩墙前开挖面以下的侧压力通常按“m”法来考虑，m 的取值参见表7-2。基坑内开挖面以上的支护点，以弹

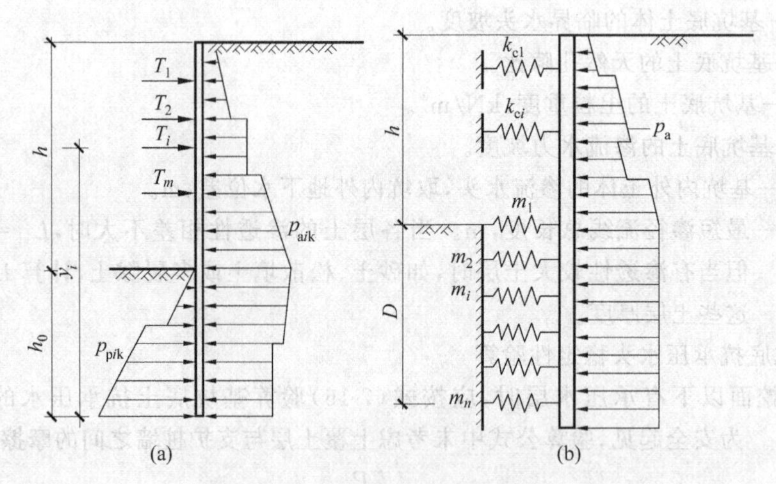

图 7-19　支护桩墙内力变形计算图式

(a) 被动侧极限应力法；(b) 竖向弹性地基梁法

性支座来模拟。该法可以根据开挖及地下结构施工过程的不同工况进行内力与变形计算，考虑开挖工况影响，第 i 道支护的支护反力的计算方法如下。

当土方开挖到第 i 道支护标高(即第 i 工况)时，若支护桩墙在该标高处的水平位移为 u_{0i}，则设置了第 i 道支护并继续往下开挖后，如当支护桩墙在第 i 道支护标高的总水平位移变为 u_i，则第 i 道支护的支护反力为

$$q_i = K_{ci}(u_i - u_{0i}) \tag{7-17}$$

$$K_{ci} = \frac{\alpha_i E_i A_i}{(l_i/2)S_i} \tag{7-18}$$

式中：K_{ci}——第 i 道内支护的压缩弹簧系数，kPa；

α_i——第 i 道支护松弛折减系数，一般取 0.5～1.0，混凝土支护或钢支护施加预压力时，取 1.0；

E_i，A_i——第 i 道支护杆件的弹性模量(kPa)、截面积(m^2)；

S_i，l_i——第 i 道支护构件的水平间距、计算长度，m。

表 7-2 中所列仅供参考，实测 m 值时，可在基坑支护桩中选择若干有代表性桩，埋设测斜仪和土压力盒，随着开挖的进行，用实测土压力 p 和水平位移 u 求得 $k=p/u$ 值，k 值沿深度的斜率即 $m=\Delta k/\Delta z$。合理的分析计算应考虑地基土的成层性，不同土层采用不同 m 值。

表 7-2　地基土水平抗力系数的比例系数 m 值

地基土分类		$m/(kN/m^4)$
流塑的黏性土		1000～2000
软塑的黏性土、松散的粉砂性土和砂土		2000～4000
可塑的黏性土、稍密到中密的粉性土和砂土		4000～6000
坚硬的黏性土、密实的粉性土、砂土		6000～10000
水泥土搅拌桩加固，置换率＞25％	水泥掺量＜8％	2000～4000
	水泥掺量＞12％	4000～6000

上述内力变形计算过程可采用杆系有限元法编制计算程序来实现。

2. 设计内容

排桩或地下连续墙式支护结构的支护桩墙种类很多,以下分别介绍它们各自有关的设计内容。

1) 钢板桩、钢筋混凝土板桩

选择截面形式及大小。钢板桩常用的截面形式有U型、Z型、直腹板式及H型、槽钢、半圆形等;钢筋混凝土板桩的截面确定还应考虑起吊时的自重弯矩。钢筋混凝土板桩的厚度尚应结合其长度确定,可参考表7-3。选择何种形式及型号要根据强度变形计算及施工条件等综合确定。

表7-3 钢筋混凝土板桩厚度与长度关系参考表

桩长/m	10	15	20
桩的厚度/cm	16	35	50

(1) 内力计算。确定U形钢板桩构件的惯性矩和弹性抵抗矩时,应根据锁口状态,分别乘以折减系数α和β。当桩顶设有整体圈梁及支护点或锚头设有整体围梁时,取$\alpha=\beta=1.0$;桩顶不设圈梁或围梁分段设置时,取$\alpha=0.6$,$\beta=0.7$。

(2) 入土深度的确定。该值要根据前述基本计算的坑底土抗隆起、抗渗、抗倾覆及内力变形计算等综合确定。初步设计时,可取基坑深度。之后再根据是否满足各种稳定性再增减入土深度。

(3) 防渗措施。对于钢板桩,当采用墙体自防渗时,抗渗等级不宜小于S6级,并在板桩接缝处设置可靠的防渗止水构造;当采用锁口式防水结构时,沉桩前应在锁口内嵌填黄油、沥青或其他密封止水材料,必要时可在沉桩后坑外锁口处注浆防渗。对于预制钢筋混凝土板桩,当采用墙体自防渗时,混凝土的设计强度等级不宜低于C30,钢筋混凝土板桩在接缝处的凹凸槽有专门构造,在凹凸槽孔内注浆防渗,注浆材料的强度等级不应低于M15。

2) 钻孔灌注桩

(1) 内力计算。按上述内力变形计算方法可计算得到平面上每延米支护墙的内力M_w,若桩间净距为t,桩径为D,则可进一步换算得到单桩内力为$M_p=(D+t)M_w$。

(2) 入土深度的确定。同1)钢板桩、钢筋混凝土板桩的设计方法。

(3) 构造要求。钢筋笼的箍筋宜采用$\phi 6\sim\phi 8$mm的螺旋箍筋,间距200~300mm;加强箍筋应焊接封闭,间距宜取2m,直径采用$\phi 12\sim\phi 14$mm。桩身混凝土设计强度等级不应小于C20,水泥通常为42.5MPa或52.5MPa的普通硅酸盐水泥,主筋保护层厚度不小于50mm。

(4) 确定平面布置及截面。平面布置的几种形式见图7-5。桩径不宜小于600mm,常用的桩径为$\phi 600\sim\phi 1200$mm,具体大小要根据内力变形计算等确定。

(5) 截面配筋。当钻孔灌注桩纵向钢筋要求沿截面周边均匀布置,且不少于6根时(见图7-20),截面抗弯承载力可按下面的偏心受压公式计算:

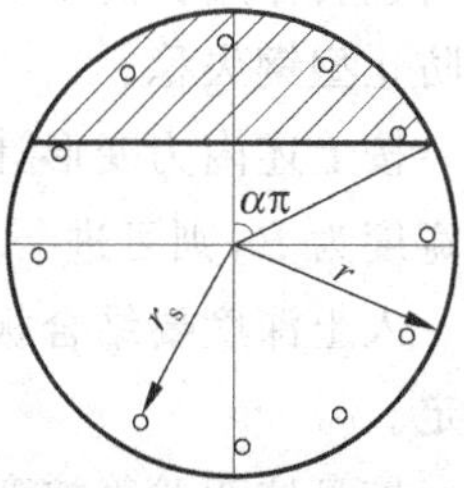

图7-20 截面配筋图

$$M_c=\frac{2}{3}f_{cm}r^3\sin^3\pi\alpha+f_yA_sr_s\frac{\sin\pi\alpha+\sin\pi\alpha_t}{\pi} \tag{7-19}$$

为简化计算,取

$$\alpha=1+0.75\frac{f_yA_s}{f_cA_d}-\sqrt{\left(1+0.75\frac{f_yA_s}{f_cA_d}\right)^2-0.5-0.625\frac{f_yA_s}{f_cA_d}}$$

$$\alpha_t=1.25-2\alpha$$

式中:A_d——钻孔灌注桩截面面积,m^2;

A_s——全部纵向钢筋的截面面积,m^2;

r——圆形桩截面半径,m;

r_s——纵向钢筋所在圆周的半径,m;

α——对应于受压区混凝土截面面积的圆心角与 2π 的比值;

α_t——纵向受拉钢筋截面面积与全部纵向钢筋截面面积的比值,当 $\alpha>0.625$ 时,取 $\alpha_t=0$;

f_c——混凝土弯曲抗压强度设计值,MPa;

f_y——普通钢筋的抗拉强度设计值,MPa。

(6) 防渗设计。防渗帷幕的深度由抗渗验算确定,并应贴近钻孔灌注桩,其底部宜进入不透水土层。防渗常采用以下几种形式(见图 7-21)。注浆帷幕:与灌注桩之间的净距不宜大于 15cm;桩间高压旋喷:应使旋喷桩体紧贴灌注桩;深层搅拌桩:通常相互搭接 20cm,与灌注桩之间的净距不宜大于 15cm。帷幕顶宜设置厚 15cm 的混凝土面层,并与灌注桩桩顶圈梁浇成一体,防止地表水渗入。

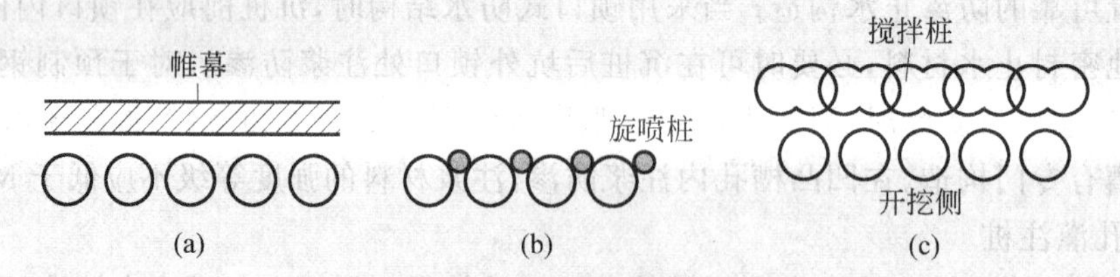

图 7-21 钻孔桩的几种防渗形式

(a) 注浆帷幕;(b) 桩间高压旋喷;(c) 深层搅拌桩

3) SMW 工法(劲性水泥土搅拌桩)

通常认为水土侧压力全部由型钢承担,而水泥土桩的作用在于抗渗止水。水泥土对型钢的包裹作用提高了型钢的刚度,可起到减少位移的作用。此外,水泥土起到套箍作用,可以防止型钢失稳。

按上述内力变形计算可得到平面上每延米支护墙的内力矩 M_w,若型桩间净距为 t,桩的宽度为 B,则可进一步换算得到单根型钢内力矩为 $M_p=(B+t)M_w$。

入土深度要结合板式支护墙的基坑底土抗隆起、抗倾覆、抗渗以及内力变形计算等综合确定。

桩身抗弯验算按弯矩全部由型钢承担考虑,则型钢应力应满足式

$$\sigma=\frac{M}{W}\leqslant[\sigma] \tag{7-20}$$

式中：W——型钢抵抗矩，cm^3，可参考有关钢结构教材；

M——计算截面弯矩，kN·m；

$[\sigma]$——型钢允许拉应力，kPa。

型钢抗剪验算应满足式

$$\tau = \frac{QS_x}{I\delta_t} \leqslant [\tau] \tag{7-21}$$

式中：S_x——型钢面积矩，mm^3；

I——计算惯性矩，m^4/m；

Q——计算截面剪力，kN；

δ_t——所验算点处的钢板厚度，mm；

$[\tau]$——型钢允许剪应力，kPa。

4）地下连续墙

内力计算按前述的竖向弹性地基梁法进行。

地下连续墙单元槽的平面形状见图7-7。单元槽段的平面形状和成槽长度，根据墙段的结构受力特性、槽壁稳定性、环境条件和施工条件等因素计算确定。

入土深度要结合板式支护墙的坑底土抗隆起、抗倾覆、抗渗以及内力变形计算等综合确定。

混凝土的设计强度等级不应低于C20；纵向受力钢筋应采用HRB335钢筋，直径不小于16mm；水平筋可采用16～18mm及以上的圆筋或螺纹筋，最大间距在300mm以下，在主要受力部位间距小些；构造钢筋可采用HPB235钢筋，直径不应小于12mm；主筋保护层厚度不小于70mm；单元槽段的钢筋笼应制成一整体，必须分段时，宜采用焊接或机械连接，接头位置宜选在受力较小处并相互错开。当采用搭接接头时，接头的最小搭接长度不宜小于45倍的主筋直径，且不小于1.50m；钢筋笼两侧的端部与接头管或相邻墙段混凝土接头面之间应留有大于150mm的间隙，钢筋笼下端500mm长度范围内宜按1∶10锥度收成闭合状，且钢筋笼的下端与槽底之间宜留有不小于500mm的间隙。

墙体混凝土的抗渗等级不宜低于S6级。在墙段接头处设止水带或刚性防渗接头，止水带接头有钢板或橡胶两种形式，刚性接头有穿孔钢板接头和搭接钢筋接头两类，一般使用效果均较好。当墙段之间的接缝不设止水带时，应选用锁口圆弧形、槽形或V形等可靠的防渗止水接头，其接头面必须严格清刷，不得有夹泥或沉渣。在正常施工条件下，严格按施工规程操作，一般均可达到防渗止水要求，在环境要求较高时，常在墙段接头处的坑外进行注浆防渗作为加强措施。

5）地面荷载传至n层土层底面时的垂直荷载q_s计算

地面满布均匀荷载p_0时，在任何土层底面处，有

$$q_s = p_0 \tag{7-22}$$

当与挡土结构平行的宽度为b的地面条形荷载p_0离开挡土墙结构距离为a时，在任何土层底面处，有

$$q_s = 0, \quad \sum_{i=1}^{n} h_i \leqslant a \tag{7-23}$$

$$q_s=\frac{b}{b+a+\sum_{i=1}^{n}h_i}p_0,\quad \sum_{i=1}^{n}h_i>a \tag{7-24}$$

作用在面积为 $b_1\cdot b_2$(b_2 与挡土结构平行)的地面条形荷载 p_0 离开挡土墙结构距离为 a 时,在任何土层底面处,有

$$q_s=0,\quad \sum_{i=1}^{n}h_i\leqslant a \tag{7-25}$$

$$q_s=\frac{b_1b_2}{\left(b_1+a+\sum_{i=1}^{n}h_i\right)\left(b_2+2\sum_{i=1}^{n}h_i\right)}p_0,\quad \sum_{i=1}^{n}h_i>a \tag{7-26}$$

在式(7-24)和式(7-25)中不考虑内摩擦角的影响,均按 45°扩散至 n 层土底面的平均压应力值确定 q_s。

7.2.4 土层锚杆(索)设计

土层锚杆由锚头、自由段及锚固段三部分组成,见图 7-9。土层锚杆的倾角根据地层分布、环境要求及施工工艺确定,一般以 15°～25°为宜,锚固段宜设置于黏性土、粉性土及砂土地层中,对于淤泥质土层应通过试验确定。

1. 锚杆(索)材料

锚杆(索)杆体宜选用钢绞线、高强钢丝或精轧螺纹钢筋等作为预应力筋,当锚杆设计轴力较小时,可采用 HRB335 或 HRB400 钢筋。水泥浆或水泥砂浆的水泥宜使用普通硅酸盐水泥,标号不宜低于 42.5MPa,细骨料应使用粒径小于 2mm 的中细砂。砂中含泥量不得大于 3%。

2. 锚杆(索)截面确定

土层锚杆或锚索的截面面积按下式确定:

$$A_b=\frac{K_{mj}N_t}{f_{pt}} \tag{7-27}$$

式中:A_b——锚杆或锚索的截面面积,m^2;

N_t——锚杆或锚索的轴向拉力设计值,kN;

f_{pt}——锚杆或锚索的设计强度,kPa;

K_{mj}——安全系数,一般不小于 1.3。

3. 锚杆(索)总长度

锚杆(索)的总长度按式(7-28)确定:

$$L_m=L_a+L_f \tag{7-28}$$

$$L_a=\frac{K_{ml}N_t}{\pi d_m\tau} \tag{7-29}$$

式中:L_m——锚杆(索)的总长度,m。

L_a——锚固段长度,m。

L_f——自由段长度,应超过滑移面 0.5～1.0m。

d_m——锚固段直径，m，取钻头直径的1.2倍。

K_{ml}——锚固安全系数，一般不小于1.5。

τ——锚固体与土层之间的剪切强度，kPa，$\tau=c+\sigma\tan\delta$。其中c为土层的黏聚力，σ为锚固段中点的上覆压力，δ为锚固段与土体之间的摩擦角，通常取$(1/3\sim1/2)\varphi$。当采用两次注浆工艺时，$\delta=\varphi$，φ为土的固结快剪内摩擦角峰值；当锚固段穿过两层或两层以上土层时，取加权平均值。

4. 土层锚杆(索)深层滑移稳定性验算

(1) 单层锚杆(索)支护墙按图7-22验算深层滑移的稳定性。通过锚固段中点c与支护墙的假想支承点b连一直线，再过c点作竖直线交地面于d点，从而确定土体稳定性验算的范围；用图7-22(b)所示的力多边形对$abcd$土体作静力平衡分析，得到锚杆(索)拉力$R_{t,max}$，按下式计算深层滑移稳定性安全系数：

$$K_{ms}=\frac{R_{t,max}}{N_t} \tag{7-30}$$

式中：N_t——土层锚杆(索)设计轴向拉力，kN；

K_{ms}——深层滑移稳定性安全系数，一般不小于1.2～1.5。

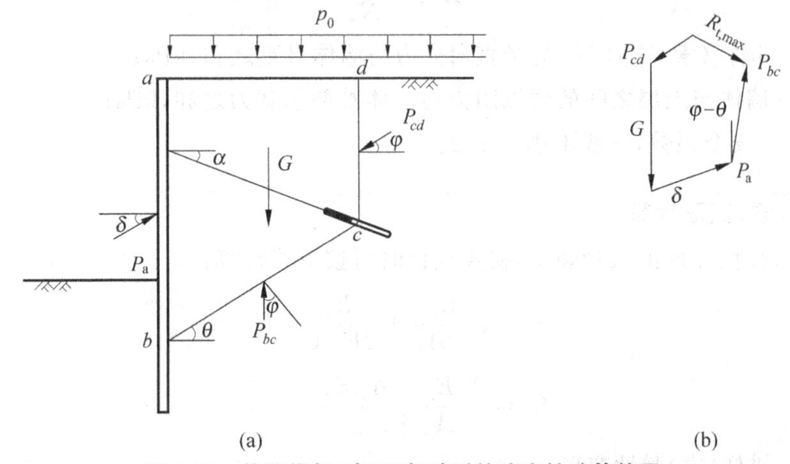

图7-22　单层锚杆(索)深部破裂的稳定性验算简图

G—滑动土体的重力(包括地面超载)，kPa；P_a—作用于支护墙上主动土压力的合力，kPa；P_{cd}—作用于cd面上主动土压力的合力，kPa；P_{bc}—作用于bc面上反力的合力，kPa；φ—土体的内摩擦角，(°)；δ—支护墙与土体之间的摩擦角，(°)；θ—深部滑移面与水平面之间的夹角，(°)；α—锚杆(索)倾角，(°)

(2) 两层及两层以上土层锚杆(索)支护墙深层滑移稳定性验算见图7-23，其分析方法同单层锚杆(索)体系。在单元体内存在bc、be及bec三个可能的滑动面，分别利用力多边形求出锚杆(索)所需的最大拉力$R_{t(bc)max}$、$R_{t(be)max}$及$R_{t(bec)max}$，从而得到相应的安全系数，一般不小于1.2～1.5。

(3) 当锚固段的中点低于基坑开挖面时，可不必进行深层滑移稳定性验算。

5. 土层锚杆(索)竖向稳定性验算

当土层锚杆(索)的倾角大于30°或者支护结构为钢筋混凝土板桩、地下连续墙，且插入

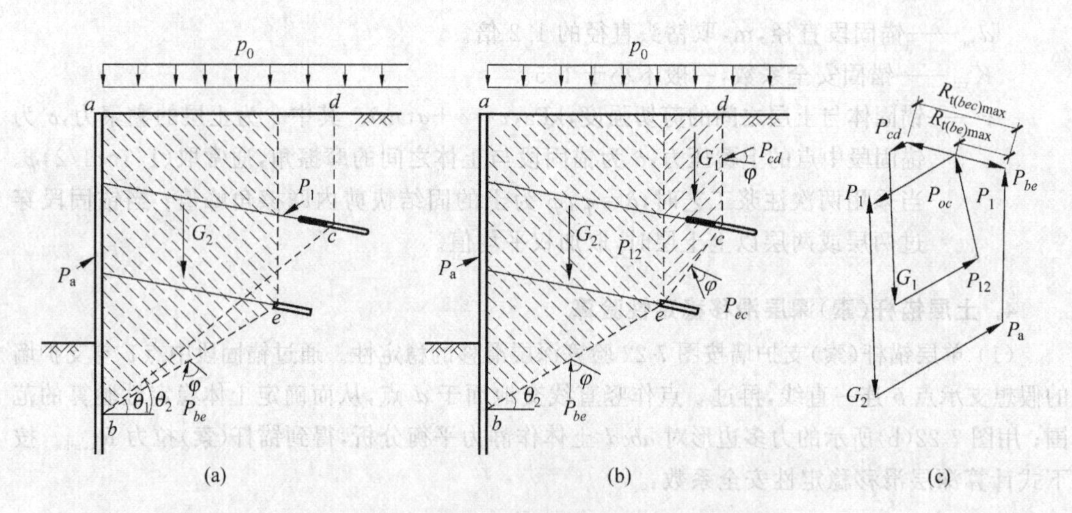

图 7-23 双层锚杆(索)深部破裂的稳定性验算

深度较小,下卧层非常软弱时,其稳定性应按下式验算:

$$K_{mv}=\frac{Q_s}{N_v} \tag{7-31}$$

式中:N_v——锚杆(索)拉力 N_t 的竖直向分力与墙体自重之和,kPa;

Q_s——墙体与土层之间的摩擦阻力与墙体端部承载力之和,kPa;

K_{mv}——安全系数,一般不小于1.2。

6. 锚杆(索)变形计算

锚杆(索)弹性变形由试验确定,初步设计时可按下式计算:

$$S_e=\left(\frac{L_f}{E_sA_b}+\frac{L_a}{3E_cA_c}\right)T \tag{7-32}$$

$$E_c=\frac{A_bE_s+A_mE_m}{A_b+A_m} \tag{7-33}$$

式中:S_e——锚杆(索)弹性变形,m;

T——锚杆(索)轴向拉力值,kN;

E_s——杆(索)体弹性模量,kPa;

A_b——杆(索)体截面面积,m^2;

E_c——锚固体组合模量,kPa;

A_m——锚固体中浆体截面面积,m^2;

A_c——锚固体截面面积,m^2;

E_m——锚固体中浆体弹性模量,kPa。

在用竖向弹性地基梁法分析支护结构时,锚杆(索)的水平刚度系数为

$$K_T=\frac{3A_bE_sE_cA_c}{(3l_fE_cA_c+E_sA_bl_a)\cos\theta} \tag{7-34}$$

式中:θ——锚杆(索)水平倾角,(°)。

例 7-2 排桩加双层锚杆支护计算实例。

上海某基坑挖土深度 7.8m(从自然地面算起),地质情况如图 7-24 所示,采用 ϕ650@800mm 钻孔灌注桩加双层锚杆支护。支护桩顶冠梁在自然地面下 1m,第一排锚杆设在地面下 2m 处,水平中距 1600mm;第二排锚杆设在地面下 5m 处,水平中距 1600mm,与第一排锚杆上下错开。地面超载为条形荷载 20kPa,宽 4m,距支护桩外侧 2m。

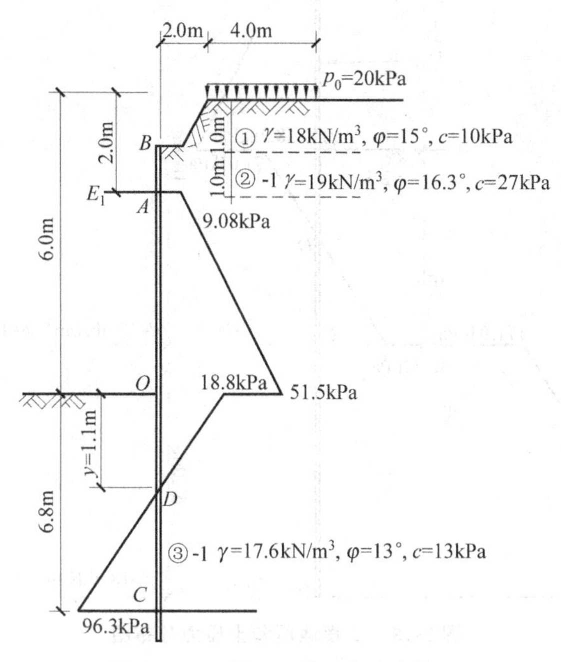

图 7-24 开挖 6m 土压力分布简图

解 挖土和锚杆施工程序为:第一阶段挖土深 2.5m→第一排锚杆施工→第二阶段挖土深 6m→第三阶段挖土至基坑底→做垫层。

计算分三步进行:第一步,挖土深 6m 时,计算第一排锚杆拉力和支护桩最大弯矩;第二步,挖土至基坑底深度时,计算第二排锚杆拉力和支护桩最大弯矩及桩长;第三步,计算每排锚杆长度。

1) 挖土深 6m 时,第一排锚杆拉力和支护桩最大弯矩计算

此时土压力计算见表 7-4,土压力分布见图 7-25。

表 7-4 挖土 6m 时土压力计算表

点	所属土层	γ /(kN/m³)	c /kPa	φ /(°)	主动土压力				被动土压力			(E_p-E_a) /(kN/m)
					计算土层厚/m	q_s /kPa	K_a	E_a /(kN/m)	计算土层厚/m	K_p	E_p /(kN/m)	
$A_{下}$	③-1	17.6	13	13	2.0	10.00	0.633	9.08				
$O_{上}$	③-1	17.6	13	13	6.0	6.67	0.633	51.50				
$O_{下}$	③-1	17.6	13	13	6.0	6.67	0.633	51.50	0	1.58	32.70	−18.80
$C_{上}$	③-1	17.6	13	13	12.8	4.25	0.633	125.60	6.8	1.58	221.90	96.30

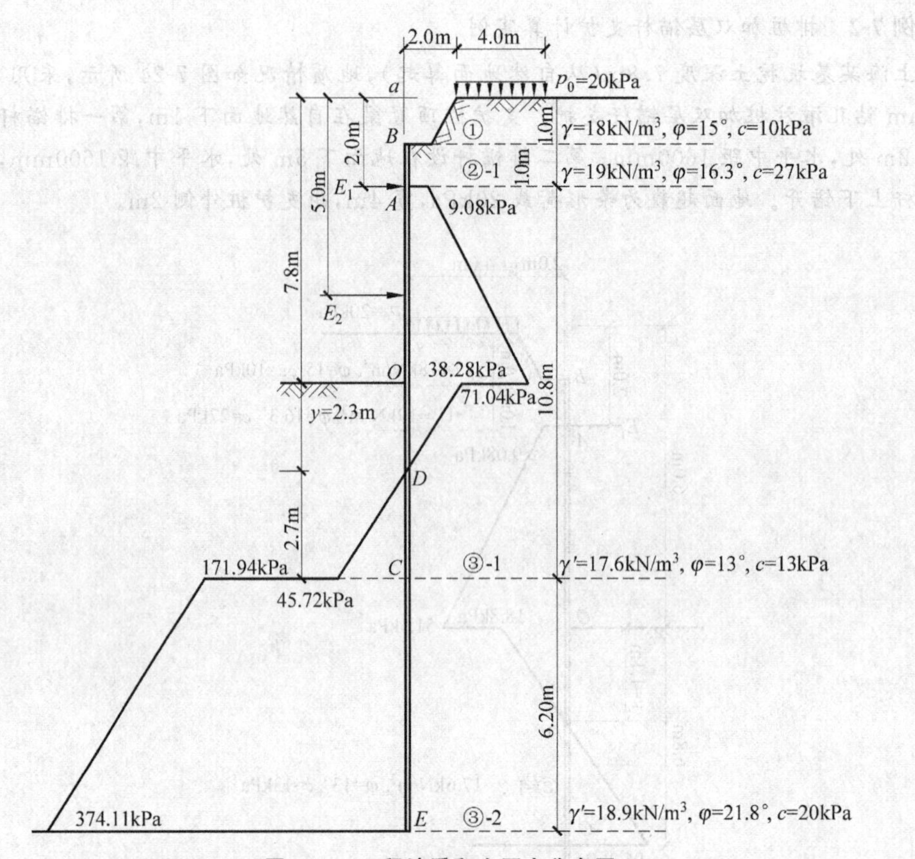

图 7-25　工程地质和土压力分布图

(1) 第一排锚杆受力 E_1

设土压力为零点 D 在坑底以下深度为 y,则在图 7-24 中,有

$$\frac{y}{6.8-y}=\frac{18.8}{96.3}$$

解得

$$y\approx 1.1\text{m}$$

D 点以上主动土压力对 D 点的力矩

$$\begin{aligned}M_D=&\{9.08\times(6-2)\times[(6-2)/2+1.1]+\\&(51.5-9.08)\times(6-2)/2\times[(6-2)/3+1.1]+\\&18.8\times1.1/2\times2/3\times1.1\}\text{kN}\cdot\text{m/m}\\\approx&\ 326.62\text{kN}\cdot\text{m/m}\end{aligned}$$

第一排锚杆反力

$$E_1=\frac{M_\text{D}}{(6-2)+1.1}=\frac{326.62}{5.1}\text{kN/m}\approx 64\text{kN/m}$$

(2) 求弯矩最大点及最大弯矩 $M_{\max}$

弯矩最大点剪力为零,设该点在 A 点以下 x 处,则

$$64=9.08x+\frac{51.5-9.08}{6-2}\times x\times\frac{x}{2}$$

即

$$5.3x^2+9.08x-64=0$$

$$x\approx 2.72\text{m}$$

该处的弯矩为

$$M_{\max}=\left(64\times 2.72-9.08\times\frac{2.72^2}{2}-\frac{42.42}{4}\times 2.72\times\frac{2.72^2}{2\times 3}\right)\text{kN}\cdot\text{m/m}$$

$$\approx 104.93\text{kN}\cdot\text{m/m}$$

2) 挖土深7.8m时第二层锚杆拉力和排桩最大弯矩与桩长计算

此时土压力计算见表7-5,土压力分布见图7-25。

表7-5　挖土7.8m时土压力计算表

点	所属土层	γ /(kN/m³)	c /kPa	φ /(°)	主动土压力				被动土压力			(E_p-E_a) /(kN/m)
					计算土层厚/m	q_s /(kN/m)	K_a	E_a /(kN/m)	计算土层厚/m	K_p	E_p /(kN/m)	
$A_下$	③-1	17.6	13	13.0	2.0	10.00	0.633	9.08				
$O_上$	③-1	17.6	13	13.0	7.8	5.80	0.633	71.04				
$O_下$	③-1	17.6	13	13.0	7.8	5.80	0.633	71.04	0	1.58	32.76	−38.28
$C_上$	③-1	17.6	13	13.0	12.8	4.25	0.633	126.10	5.0	1.58	171.94	45.72
$C_下$	③-2	18.9	20	21.8	12.8	4.25	0.458	79.10	5.0	2.18	251.00	171.00
$E_上$	③-2	18.9	20	21.8	19.0	3.20	0.458	132.00	11.2	2.18	506.20	374.10

(1) 第二排锚杆受力

设土压力零点D在坑底下深度y处,则在图7-25中,有

$$\frac{y}{5-y}=\frac{38.28}{45.72}$$

解得

$$y\approx 2.3\text{m}$$

D点以上土压力对D点的力矩

$$M_D=\left[9.08\times 5.8\times\left(\frac{5.8}{2}+2.3\right)+(71.04-9.08)\times\frac{5.8}{2}\times\left(\frac{5.8}{3}+2.3\right)+38.28\times\frac{2.3}{2}\times\frac{2\times 2.3}{3}\right]\text{kN}\cdot\text{m/m}\approx 1102.0\text{kN}\cdot\text{m/m}$$

第一排锚杆到D点距离$a_1=(7.8+2.3-2)\text{m}=8.1\text{m}$,其反力取第二阶段挖土时的$E_1=64\text{kN/m}$;

第二排锚杆到D点距离$a_2=(7.8+2.3-5)\text{m}=5.1\text{m}$,其反力$E_2=\frac{M_D-E_1a_1}{a_2}=\frac{1102.0-64\times 8.1}{5.1}\text{kN/m}\approx 114.43\text{kN/m}$。

(2) 计算桩长

支护桩在D点以上土压力的合力

$$E_a=(9.08\times5.8+61.96\times5.8/2+38.28\times2.3/2)\text{kN/m}\approx276.4\text{kN/m}$$

设 BD 为一简支梁，则在支点 D 的反力

$$E_D=(276.4-64-114.43)\text{kN/m}=97.97\text{kN/m}$$

设支护桩深入 C 点以下 x 处，根据 D 点以下土压力对桩底的力矩平衡条件得

$$97.97\times(2.7+x)=45.72\times\frac{2.7}{2}\times\left(\frac{2.7}{2}+x\right)+\left(\frac{374.11-171.94}{6.2}\right)\times\frac{x^3}{3\times2}+171.94\times\frac{x^2}{2}$$

化简得

$$5.44x^3+85.97x^2-36.25x-181.19=0$$

解得

$$x\approx1.58\text{m}$$

支护桩长度为

$$l=[7.8-1+2.3+(2.7+1.58)\times1.2]\text{m}=14.23\text{m}$$

(3) 计算支护桩最大弯矩

支护桩剪力为零点位置，在 A 点以下 x_m 处，有

$$64+114.43=9.08x_m+\frac{61.96}{5.8}\times\frac{x_m^2}{2}$$

解得

$$x_m\approx4.95\text{m}$$

则

$$M_{max}=\left(64\times4.95+114.43\times1.95-\frac{61.96}{5.8}\times\frac{4.95^3}{6}-\frac{9.08\times4.95^2}{2}\right)\text{kN}\cdot\text{m/m}$$
$$\approx212.78\text{kN}\cdot\text{m/m}$$

3) 锚杆计算

(1) 锚杆布置见图 7-26。每排锚杆需承受拉力为

$$T_i=\frac{1.2SE_i}{\cos\alpha}$$

式中：S——锚杆水平间距，即 1.6m；

α——锚杆倾角，$\alpha=30°$。

第一排锚杆需承受拉力

$$T_1=(1.2\times1.6\times64/\cos30°)\text{kN/根}\approx142\text{kN/根}$$

第二排锚杆承受拉力

$$T_2=(1.2\times1.6\times114.43/\cos30°)\text{kN/根}\approx253.67\text{kN/根}$$

(2) 锚杆自由段长度计算

$$l_1=(h+d-a)\frac{\sin(45°-\varphi/2)}{\sin(45°+\varphi/2+\alpha)}$$

式中：h——基坑深，取 7.8m；

d——土压力为零的点在基坑底下的深度，取 2.3m；

a——锚杆头部在地面下深度，第一、第二排锚杆的 a 值分别为 2.0m 和 5.0m；

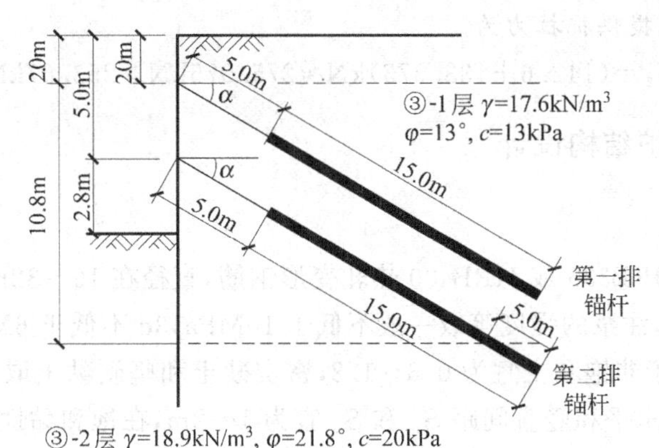

图 7-26　锚杆布置

φ——锚杆所在土层的内摩擦角，取13°。

由上式得第一、第二排锚杆的自由段长度为5.1m和3.2m。两排锚杆自由段长度均取5.0m。

(3) 按图7-26取锚杆锚固长度为15m，根据《上海地区深基础施工指南》，每根锚杆能承受的拉力为

$$N_a=\pi D(\gamma h\tan\varphi+c)l_m/K$$

式中：h——锚固段平均埋深，m；

l_m——锚杆锚固段长度，m；

K——安全系数，取1.5；

D——二次压力灌浆后锚杆直径，取0.2m。

由于锚杆倾角为30°，故土体垂直作用于锚杆的压力可折减为$\gamma h\cos\alpha$；其次，土体重对锚杆的压力主要在锚杆的上下面作用，可不计土的侧压力，取土压力只对锚杆周长之半产生作用，则上式成为

$$N_u=\frac{\pi Dl_m}{K}\left(\frac{\gamma h\cos30°}{2}\tan\varphi+c\right)$$

第一排锚杆锚固段全部在③-1土层内，取$h=8$m，γ取平均值18kN/m³，$\varphi=13°$，$c=13$kPa，得

$$N_1=\frac{3.14\times0.2\times15}{1.5}\times\left(\frac{8\times18}{2}\cos30°\tan13°+13\right)\text{kN}$$
$$\approx172\text{kN}>142\text{kN}$$

第二排锚杆锚固段在③-1层内长11m，平均埋深10m；在③-2层内5m，平均埋深14m，则：

③-1层能产生抗拉力为

$$N_{21}=\frac{0.628\times11}{1.5}\times\left(\frac{10\times18}{2}\cos30°\tan13°+13\right)\text{kN}\approx142.6\text{kN}$$

③-2层能产生抗拉力($\varphi=21.8°$，$c=20$kPa)

$$N_{22}=\frac{0.628\times5}{1.5}\times\left(\frac{14\times18}{2}\cos30°\tan21.8°+20\right)\text{kN}\approx133.375\text{kN}$$

第二排锚杆共能提供抗拉力为

$$N_2=(142.6+133.375)\text{kN}\approx 275.975\text{kN}>253.67\text{kN}$$

7.2.5 土钉墙支护结构设计

1. 一般规定

土钉钢筋采用 HRB335 或 HRB400 热轧变形钢筋，直径在 16～32mm 范围。土钉孔径在 70～120mm 之间，注浆的强度等级一般不低于 10MPa，3d 不低于 6MPa。土钉长度 l 与基坑深度 H 之比对于非饱和土宜为 0.6～1.2，密实砂土和坚硬黏土取低值，软塑黏性土不应小于 1.0。土钉的水平和竖直间距 S_h 和 S_v 宜为 1～2m，在饱和黏性土中可小到 1m；在干硬黏性土中可超过 2m。此外，沿面层布置的土钉密度不应低于每 6m^2 一根。土钉钻孔的向下倾角在 5°～20°之间。

喷射混凝土面层的厚度在 50～150mm 范围内，混凝土强度等级不低于 C20，3d 强度不低于 10MPa，面层内设置钢筋网，钢筋直径为 $\phi 6$～$\phi 10$mm，间距为 150～300mm，当面层厚度大于 120mm 时，宜设置两层钢筋网。土钉支护的喷射混凝土面层宜插入基坑底部以下，插入深度不少于 0.2m，在基坑顶部也宜设置宽度为 1～2m 的喷射混凝土护顶。

2. 基本计算

1) 内部整体滑动稳定性验算

土钉支护的内部整体稳定性验算是为了检验边坡土体中可能出现的破坏面是否发生在支护内部并穿过全部或部分土钉。假定破坏面上的土钉只承受拉力且达到极限抗拉承载力 R，按圆弧破坏面采用简单条分法对土钉支护做内部整体稳定性验算，如图 7-27 所示，安全系数为

$$K_{si}=\frac{\sum_{i=1}^{n}[(W_i+p_i)\cos\alpha_i\tan\varphi_i+(R_k/S_{hk})\sin\beta_k\tan\varphi_i+c_i(b_i/\cos\alpha_i)+(R_k/S_{hk})\cos\beta_k]}{\sum_{i=1}^{N}[(W_i+p_i)\sin\alpha_i]} \tag{7-35}$$

式中：W_i，p_i——作用于 i 土条的自重和地面、地下荷载，kPa；

α_i——第 i 土条圆弧滑动面切线的水平倾角，(°)；

b_i——第 i 土条宽度，m；

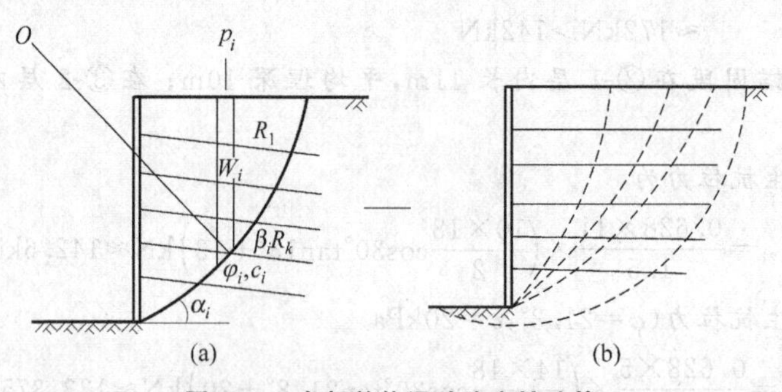

图 7-27 内部整体滑动稳定性验算

c_i,φ_i——第 i 土条圆弧滑动面所处第 i 土层土的黏聚力(kPa)、内摩擦角(°)；

R_k——滑动面上第 k 排土钉的最大抗力,kN；

β_k——第 k 排土钉轴线与该破坏面切线之间的夹角,(°)；

S_{hk}——第 k 排土钉的水平间距,m；

K_{si}——内部整体滑动稳定安全系数,一般不应小于1.3。

当有地下水时,式(7-35)中尚应计入地下水压力的作用及其对土体强度的影响。

2) 外部整体稳定性验算

土钉支护的外部整体稳定性验算与重力式挡土墙的稳定性分析相同,可将土钉加固的整个土体视作重力式挡土墙(见图7-28)分别验算以下几项:①整个土钉支护沿底面水平滑动(见图7-28(a));②整个土钉支护绕基坑底角倾覆,并验算此时支护底面的地基承载力(见图7-28(b));③整个土钉支护连同外部土体沿深部的圆弧破坏面失稳(见图7-28(c)),可按式(7-30)进行验算,但此时可能破坏面在土钉设置范围之外,用计算式(7-35)时,土钉抗力为零。①、②两项可参照《建筑地基基础设计规范》(GB 50007—2011)中的计算公式,墙背的土压力为水平作用的朗肯主动土压力,取墙体宽度等于底部土钉的水平投影长度。

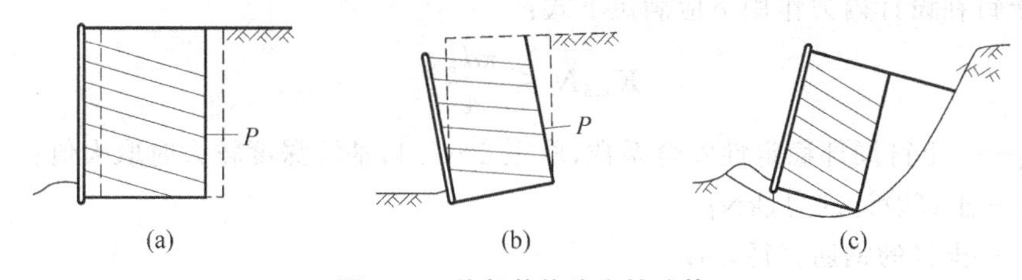

图7-28 外部整体稳定性验算

3) 土钉设计计算

(1) 土钉的拉力计算

在土体自重和地表均布荷载作用下,每一土钉中所受的最大拉力或设计内力 N 可按图7-29所示的侧压力分布图形用下式求出:

$$\begin{cases} N = pS_vS_h/\cos\theta \\ p = p_1 + p_q \end{cases} \tag{7-36}$$

式中:θ——土钉的倾角,(°)；

p——土钉长度中点所处深度位置上的侧压力,kPa；

p_1——土钉长度中点所处深度位置上由支护土体自重引起的侧压力,kPa；

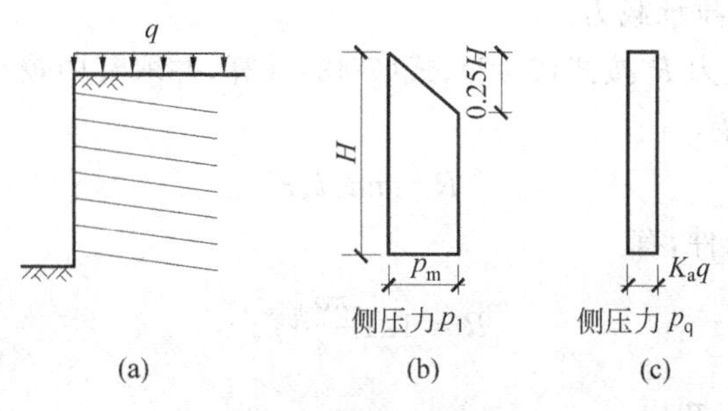

图7-29 侧压力的分布

p_q——地表均布荷载引起的侧压力,kPa;

S_v——土钉的垂直间距,m;

S_h——土钉的水平间距,m。

图7-29中自重引起的侧压力峰压 p_m,对于 $\frac{c}{\gamma H} \leqslant 0.05$ 的砂土和粉土为

$$p_m = 0.55 K_a \gamma H \tag{7-37}$$

对于 $\frac{c}{\gamma H} > 0.05$ 的一般黏性土为

$$p_m = K_a \left(1 - \frac{2c}{\gamma H \sqrt{K_a}}\right) \gamma H \leqslant 0.55 K_a \gamma H \tag{7-38}$$

黏性土 p_m 的取值应不小于 $0.2\gamma H$。

地表均布荷载引起的侧压力取为

$$p_q = K_a q \tag{7-39}$$

(2) 土钉的设计内力

各层土钉在设计内力作用下应满足下式:

$$K_{s,d} N \leqslant \frac{\pi d_b^2}{4} f_y \tag{7-40}$$

式中: $K_{s,d}$——土钉局部稳定性安全系数,取1.2~1.4,基坑深度较大时取大值;

N——土钉设计内力,kN;

d_b——土钉的钢筋直径,m;

f_y——钢筋抗拉强度,kPa。

(3) 土钉长度的确定

各层土钉的长度应满足式(7-41)的要求:

$$l \geqslant l_1 + \frac{K_{s,d} N}{\pi d_0 \tau} \tag{7-41}$$

式中: l_1——土钉轴线与图7-30所示倾角等于($45° + \varphi/2$)斜线的交点至土钉外端点的距离,m。对于分层土体,φ 值根据各层土的 $\tan\varphi$ 值按其层厚加权的平均值算出。

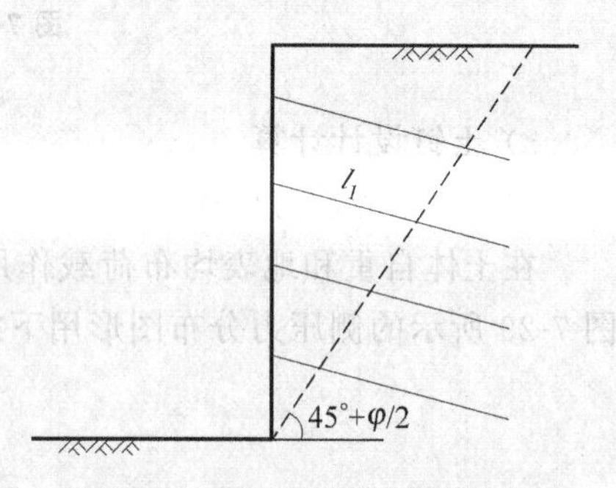

图7-30 确定土钉长度的简图

d_0——土钉孔径,m。

τ——土钉与土体之间的界面黏结强度,kPa。

(4) 土钉的极限抗拉承载力

土钉极限抗拉承载力 R 按式(7-42)、式(7-43)计算,并取其中较小者。

按土钉抗拔条件,有

$$R = \pi d_0 l_a \tau \tag{7-42}$$

按土钉受拉屈服条件,有

$$R = 1.1 \frac{\pi d_b^2}{4} f_y \tag{7-43}$$

式中: d_0——土钉孔径,m;

l_a——土钉在破坏面一侧伸入稳定土体中的长度，m；

τ——土钉与土体之间的界面黏结强度，kPa；

其他参数意义同前。

例 7-3 某工程坡高 6m，采用土钉墙支护(见图 7-31)，已知侧压系数 $K=0.25$，土平均重度 $\gamma=20\text{kN/m}^3$，土钉孔直径 $d_0=100\text{mm}$，$\tau=65\text{kPa}$。试设计土钉墙支护。

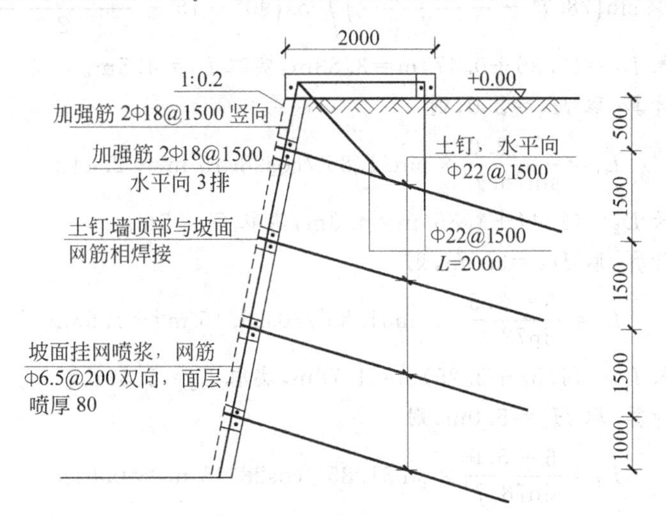

图 7-31 土钉墙计算图(长度单位：mm)

解 (1) 土钉顶部侧土压力计算

$$p_{a1}=0.25\times0.5\times20\text{kPa}=2.5\text{kPa}$$

$$p_{a2}=0.25\times2\times20\text{kPa}=10\text{kPa}$$

$$p_{a3}=0.25\times3.5\times20\text{kPa}=17.5\text{kPa}$$

$$p_{a4}=0.25\times5\times20\text{kPa}=25\text{kPa}$$

(2) 土钉荷载计算

取 $S_v=S_h=1.5\text{m}$，土钉倾角 $\alpha=15°$，土钉直径 $d=100\text{mm}$，土钉墙水平倾角 $\theta=78.7°$ (1∶0.2)。单根土钉受拉荷载标准值为(取 $\xi=1.0$)

$$N_1=\xi pS_vS_h/\cos\theta=2.5\times1.5\times1.5/\cos15°\text{kN}\approx5.83\text{kN}$$

$$N_2=10\times1.5\times1.5/\cos15°\text{kN}\approx23.3\text{kN}$$

$$N_3=17.5\times1.5\times1.5/\cos15°\text{kN}\approx40.78\text{kN}$$

$$N_4=25\times1.5\times1.5/\cos15°\text{kN}\approx58.25\text{kN}$$

(3) 土钉设计计算

$$K_{s,d}N_1=1.25\times5.83\text{kN}\approx7.29\text{kN}$$

$$K_{s,d}N_2=1.25\times23.3\text{kN}\approx29.13\text{kN}$$

$$K_{s,d}N_3=1.25\times40.78\text{kN}\approx50.98\text{kN}$$

$$K_{s,d}N_4=1.25\times58.25\text{kN}\approx72.81\text{kN}$$

考虑抗拔安全系数 $\gamma_s=1.3$，则得 $R=\dfrac{\pi d_0 l_a\tau}{\gamma_s}$，于是有

$$l_{1a}=7.29\times1.3/(3.14\times0.1\times65)\text{m}\approx0.47\text{m}$$

$$l_{2a}=29.13\times1.3/(3.14\times0.1\times65)\text{m}\approx1.86\text{m}$$

$$l_{3a}=50.98\times1.3/(3.14\times0.1\times65)\text{m}\approx3.25\text{m}$$

$$l_{4a}=72.8\times1.3/(3.14\times0.1\times65)\text{m}\approx4.64\text{m}$$

第一排土钉计算,取 $H_1=0.5\text{m}$,则

$$L_f=\frac{6-0.5}{\sin78.7°}\times\sin\left(78.7°-\frac{78.7°+15°}{2}\right)\Big/\cos\left(90°-15°-\frac{78.7°+15°}{2}\right)\text{m}\approx3.36\text{m}$$

第一排土钉长 $L_1=(3.36+0.47)\text{m}=3.83\text{m}$,实取 $L_1=4.5\text{m}$。

第二排土钉计算,取 $H_2=2.0$,则

$$L_f=\frac{6-2.0}{\sin78.7°}\times\sin31.85°/\cos28.15°\text{m}\approx2.44\text{m}$$

第二排土钉长 $L_2=(2.44+1.86)\text{m}=4.3\text{m}$,实取 $L_2=5\text{m}$。

第三排土钉计算,取 $H_3=3.5\text{m}$,则

$$L_f=\frac{6-3.5}{\sin78.7°}\times\sin31.85°/\cos28.15°\text{m}\approx1.53\text{m}$$

第三排土钉长 $L_3=(1.53+3.25)\text{m}=4.78\text{m}$,实取 $L_3=5.5\text{m}$。

第四排土钉计算,取 $H_4=5.0\text{m}$,则

$$L_f=\frac{6-5.0}{\sin78.7°}\times\sin31.85°/\cos28.15°\text{m}\approx0.61\text{m}$$

第四排土钉长 $L_4=(0.61+4.64)\text{m}=5.25\text{m}$,实取 $L_4=6\text{m}$。

配筋

$$A_s=72\,810\times1.3/310\text{mm}^2\approx305\text{mm}^2\text{,钢筋取}\phi22$$

复习思考题

7.1 简述明挖深基坑支护结构的类型。

7.2 试推导排桩或地下连续墙式支护结构设计中稳定验算的理论计算公式。

7.3 试推导土钉墙设计中稳定验算的理论计算公式。

7.4 土钉锚杆与土钉墙的主要区别在哪些方面?

7.5 简述SMW工法的设计要点。

7.6 简述逆作拱墙的设计要点。

习　题

7.1 某工程深基坑支护结构及桩墙加土层锚杆结构土质情况同例7-1(见图7-15),支撑桩长19m,入土深度4m。三层锚杆着力点处水平力分别为 $T_1=191.88\text{kN/m}$,$T_2=219.86\text{kN/m}$,$T_3=247.04\text{kN/m}$,锚杆直径为130mm,$\alpha=15°$,锚杆水平间距为2.0m。试进行锚杆设计。

7.2 某深基坑工程开挖深度6m,$c=25\text{kPa}$,$\varphi=30°$,$\gamma=18\text{kN/m}^3$,试设计深层搅拌桩挡土结构。

7.3 某基坑工程开挖深度9m,$c=5\text{kPa}$,$\varphi=22°$,$\gamma=19.6\text{kN/m}^3$,试进行土钉墙支护设计。

第8章

沉井结构设计

8.1 沉井概述

沉井基础(sunk well foundation)是以沉井法施工的地下结构物和深基础的一种形式。其施工方法是将位于地下一定深度的建筑物或建筑物基础,先在地表制作成一个井筒状的结构物(沉井),然后在井壁的围护下,通过从井内不断挖土使沉井在自重作用下逐渐下沉,达到预定设计标高后,再进行封底,构筑内部结构。

沉井基础广泛应用于桥梁、烟囱、水塔等的基础工作以及水泵房、地下油库、水池竖井等深井构筑物和盾构或顶管的工作井等。

采用沉井法施工,不需要板桩围护,技术上安全可靠,施工操作简便,比敞口明挖占地面积小,挖土量少,对邻近建筑物的影响较小。同时,由于沉井基础埋置较深,稳定性好,能支承较大的荷载。近年来,沉井的施工技术和施工机械有了很大改进,可使地表产生很小的沉降和位移。

8.1.1 沉井分类

沉井的分类如下:

(1) 按下沉环境可分为陆地沉井(包括在浅水中先筑捣制作的沉井)和浮式沉井(用于在水中的沉井);

(2) 按沉井构造形式可分为独立沉井(多用于独立深基础或独立深井构筑物)和连续沉井(多用于隧道工程);

(3) 按沉井平面形式可分为圆形、圆端形、正方形、矩形和多边形等,也可分为单孔沉井和多孔沉井(见图8-1);

(4) 按沉井制作材料可分为混凝土、钢筋混凝土、钢、砖、石以及组合式沉井等。

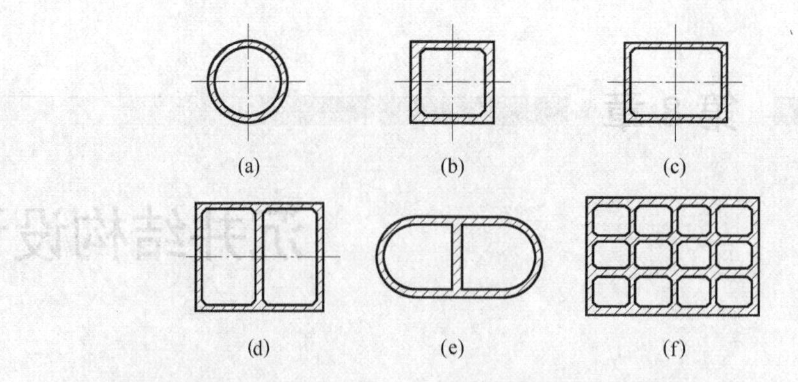

图 8-1 沉井按平面形式分类

(a) 圆形单孔沉井；(b) 正方形单孔沉井；(c) 矩形单孔沉井；
(d) 矩形双孔沉井；(e) 圆端形双孔沉井；(f) 矩形多孔沉井

8.1.2 沉井的设计原则

沉井平面尺寸及其形状与高度,应根据墩台的底面尺寸、地基承载力及施工要求确定。应力求结构简单对称,受力合理,施工方便。具体要求如下。

(1) 沉井棱角处宜做成圆角或钝角,可使沉井在平面框架受力状态下减少应力集中,减少井壁摩擦面积和便于吸泥(不至于形成死角)。沉井顶面襟边的宽度不应小于沉井全高的1/50,且不得小于200mm。浮式沉井的宽度大于400mm。

(2) 沉井的长短边之比越小越好,以保证下沉时的稳定性。

(3) 为便于沉井制作和井内挖土出土,一般沉井应分节制作,每节高度不宜大于5m,且不宜小于3m。沉井底节高度应满足拆除支承时沉井的纵向抗弯要求,在松软土层中下沉的沉井,底节高度不宜大于0.8b(b为沉井宽度)。如沉井高度小于8m,地基土质情况和施工条件都允许时,沉井也可一次浇成。

8.1.3 沉井的施工步骤

图8-2所示为沉井的施工步骤,具体如下:

(1) 场地平整(或筑捣)、铺垫木,制作底节沉井(见图8-2(a));

(2) 拆模,刃脚下一边填塞砂,一边对称抽拔出垫木(见图8-2(b));

(3) 均匀开挖下沉沉井,底节沉井下沉完毕(见图8-2(c));

(4) 建筑第二节沉井,继续开挖下沉并接着建筑下一节井壁;

(5) 下沉至设计标高,清基(见图8-2(d));

(6) 沉井封底处理;

(7) 施工井内设计和封顶等。

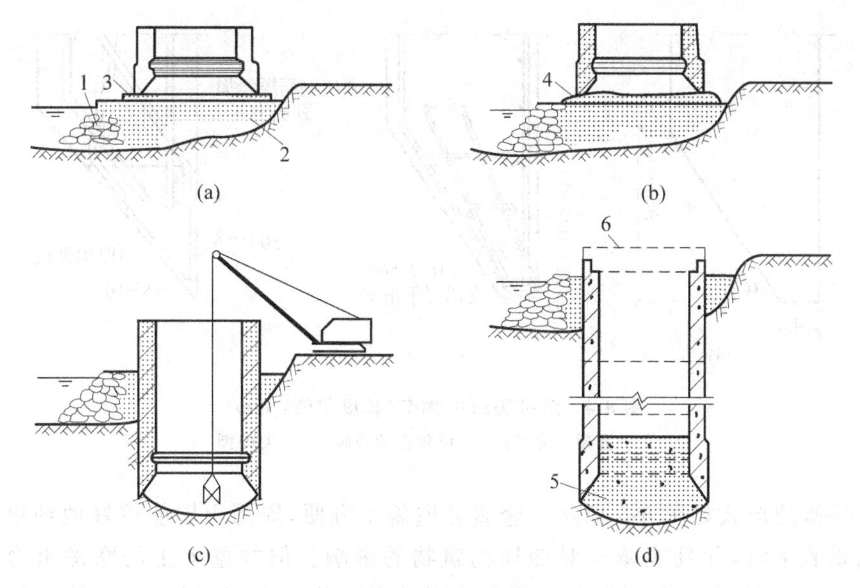

图 8-2 沉井施工步骤示意图

(a) 筑捣、铺垫木制作沉井底节；(b) 抽除支承垫木；(c) 挖土下沉井；(d) 清基及封底

1—袋装黏土筑捣护壁；2—填土；3—铺设垫木；4—边对称抽除垫木，边回填砂土；5—封底混凝土；6—沉井顶板

8.2 沉井的构造

沉井主要由刃脚、井壁、内隔墙、取土井、凹槽、封底、顶板等部分组成，如图 8-3 所示。

1. 刃脚

一般刃脚为井壁下端做成刀刃开头的部分，如图 8-4(a)所示。其作用是减小沉井的下沉阻力，使之能在自重作用下切土下沉。一般采用不低于 C20 的钢筋混凝土制成。当沉井下沉较深且土质较坚硬时，刃脚面常以型钢(角钢或槽钢)加强(见图 8-4(b))，刃脚的底面宽度可为 100～200mm，如为软土地基可适当放宽，在坚硬地基上也可做成尖角(见图 8-4(c))。刃脚斜面与水平面的交角一般应不小于 45°。刃脚的高度应视井壁的厚度确定，并应考虑便于抽拔垫木和挖土。

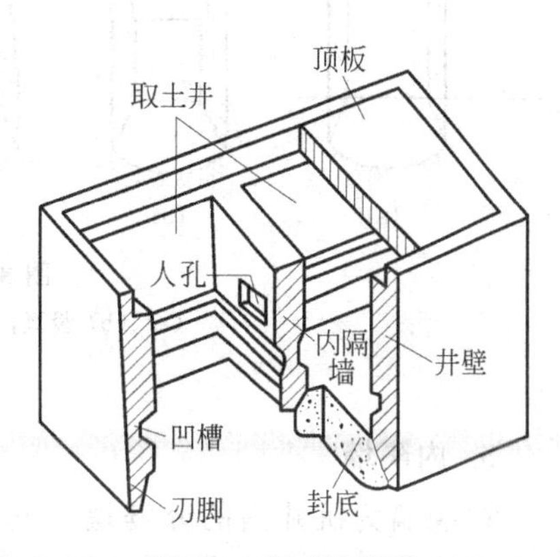

图 8-3 沉井的构造

2. 井壁

井壁即沉井的外壁，是沉井承担其自重及井外水、土压力的主要部分。井壁厚度应根据结构强度、施工下沉需要的重力，以及便于取土和清基等因素而定。设计时通常先假定井壁厚度再进行承载力验算，井壁厚度一般为 0.8～1.5m。但钢筋混凝土薄壁沉井及钢模薄壁浮式沉井的壁厚不受此限。

钢筋混凝土井壁一般配置两层竖向钢筋及水平钢筋，并且还要有靠自重作用能下沉的足够重量。

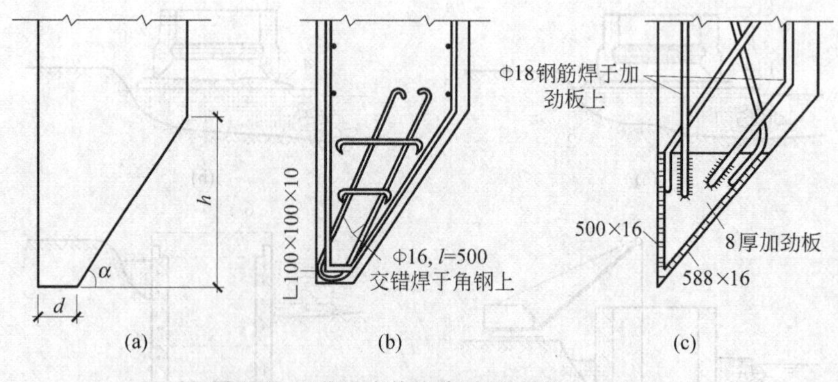

图 8-4 沉井刃脚的构造(长度单位：mm)

(a) 混凝土刃脚；(b) 设角钢的刃脚；(c) 尖刃脚

井壁外侧的形式如图 8-5 所示。竖直井壁施工方便,周围土层能较好地约束井壁,较容易控制垂直下沉,并且能减少对四周构筑物的影响。但井壁上土的摩擦阻力较大,一般在沉井入土深度不大时或松软土层中采用。当沉井入土深度较大,土体又较密实时,可在沉井分节处做成台阶形,台阶宽度一般为 100～200mm；也可把外壁做成锥形。在软土地区施工沉井,如果沉井自重较大或软弱地基承载力极小,沉井下沉速度可能过快,易造成偏位或超沉等情况,可将沉井外壁做成倒锥形,其斜率根据下沉条件系数验算和施工经验确定。井壁内根据需要还常埋设射水管、探测管、泥浆管和风管等。

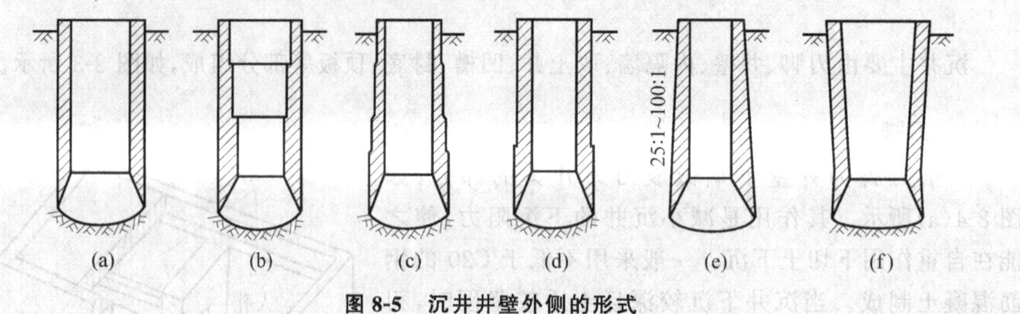

图 8-5 沉井井壁外侧的形式

(a)、(b) 竖直；(c)、(d) 台阶形；(e) 锥形；(f) 倒锥形

3. 内隔墙

内隔墙为沉井内的分隔墙。其作用是加强沉井刚度、缩小外壁计算跨度,同时又将沉井分成多个取土井,便于掌握挖土位置以控制下沉的方向。内隔墙的间距一般不大于 5～6m,厚度一般为 0.5～1.0m。考虑到内隔墙既要对刃脚悬臂起支撑作用,又不宜受到土的支承,妨碍沉井下沉,因此一般要求内隔墙底面高出刃脚底面 0.5～1.0m。但当沉井穿越极软弱的土层时,为防止沉井"突沉",也可将内隔墙底面做成与刃脚底面平齐。

4. 取土井

取土井在平面上应沿沉井的中轴线对称布置,以利于沉井均匀下沉,并便于校正倾斜和偏移。取土井大小由取土方法而定,采用挖土斗取土时,应能保证挖土斗的自由升降,其最小边长不宜小于 2.5m。在沉井下沉完毕并封底后，如作基础用，则取土井可用素混凝土、片石混凝土或片石填砌；在无冰冻地区也可以采用粗砂或砂砾填料；当作用在墩台上的外力不大时，亦可采用空心沉井。但在砂砾填心和空心沉井的顶面均须设置钢筋混凝土盖板，盖板厚度应由计算确定。

5. 凹槽

沉井内设凹槽是为了使封底混凝土嵌入井壁，形成整体，将传至沉井壁上的力更好地传递至封底混凝土底面。同时，当遇到意外困难时，还可在凹槽处浇筑钢筋混凝土盖板，将沉井改为沉箱。凹槽水平方向深 0.15～0.25m，高约 1.0m，其底面距刃脚底面一般大于 1.5m。

6. 射水管组、探测管、气管和压浆管

1）射水管组

当沉井下沉较深并估计土的摩擦阻力较大，下沉会有困难时，可在沉井壁中埋设射水管，管口设在刃脚下端和井壁外侧。射水管应均匀布置在井壁横向四周，并将其连成沿沉井平面中轴线对称的互相独立的 4 组。这样通过每组水管的水压力大小和水量可调整沉井的下沉方向和下沉速率。高压水水压一般不小于 0.6MPa，每一射水管的排水量不小 200L/min，下沉中必要时则利用射水管压入高压水把井壁四周和刃脚下端的土冲松，以减少摩擦阻力和端部阻力。

2）探测管

在平面尺寸较大，且不排水下沉较深的沉井中可设置探测管。一般采用 ϕ200～ϕ500mm 的钢管或在井壁中预制管道。其作用是探测刃脚和内隔墙底面下的泥面标高，清基射水或破坏沉井正面土层以利下沉；沉井水下封底后，可用作刃脚和内隔墙下封底混凝土的质量检查孔。

3）气管

当采用空气幕下沉沉井时，可沿井壁外缘埋设内径 25mm 的硬塑料管作为气管。空气幕的原理是预先在埋设于井壁四周的气管中压入高压空气，此高压空气由设在井壁上的喷气孔喷出，并沿井壁外表面上升溢出地面，从而在井壁周围形成一层松动的含有气体与水的液化土层，此含气土层如同幕帐一般围绕着沉井，故称之为空气幕。

4）压浆管

当采用泥浆套技术下沉沉井时，压浆管的布置可采用外管法或内管法。外管法是在井壁内侧或外侧布置 ϕ38～ϕ50mm 的压浆管，间距为 3～4m，一般用于薄壁沉井；内管法是在井壁内预制孔道，其间距为 3～4m，一般用于厚壁沉井。采用内管法或井内外管法时，压浆管道的射口宜设在沉井底节台阶顶部处，射口方向与井壁周边须成 45°斜角；在射口处应设置射口围圈，以防止压浆时直接冲射上壁和减少压浆出口处的填塞，射口围圈一般可用短角钢制作。

7. 封底

沉井下沉到设计标高，基底经校验满足设计要求后，当井中的水可以被排干，即渗水量上升速度小于或等于 6mm/min 时，排干水后用 C15 或 C20 普通混凝土浇筑；当井中的渗水量上升速度大于6mm/min时,宜采用导管法浇注C20水下混凝土封底。封底混凝土的厚度按其承载力条件计算确定,一般其顶面应高出凹槽顶面0.5m。

8. 顶板

以混凝土填心的沉井可用素混凝土顶板;空心或以其他松散料填心的沉井需用钢筋混凝土顶板,其厚度一般为1.0～2.0m,配筋由承载力计算和构造要求确定。排水下沉的沉井,其顶面在地面或水位以下时,应在井壁的顶部设置挡土防水墙。

8.3 沉井结构设计计算

在设计施工过程中,沉井的计算包括以下内容。

8.3.1 下沉系数计算

沉井下沉是靠在井孔内不断取土,使沉井自身重力克服四周井壁与土的摩擦阻力和刃脚下土的正面阻力而实现的,所以为使沉井能顺利稳定下沉,当全部尺寸初步拟定后,应验算沉井自重是否能克服下沉时土的摩擦阻力。可用下沉系数k进行验算,表示为

$$k=\frac{G_s}{F_R}\geqslant 1.15\sim 1.25 \tag{8-1}$$

式中:G_s——沉井自重,kN;

F_R——沉井井壁侧面与土体间的总摩擦阻力,kN,

$$F_R=\sum_{i=1}^{n}h_i u_i F_i$$

式中:h_i、u_i、F_i——沉井穿过的第i层土的厚度(m)、该段沉井的外周长(m)和第i层土对井壁单位面积的摩擦阻力(kPa)。

摩擦阻力F_i值与土的种类及其物理力学性能、井壁材料及其表面的粗糙程度等有关,可根据实践经验、实测资料来确定。如无资料,对下沉深度在20m以内或放宽至最深不超过30m的沉井,可参考表8-1的数值选用。

表8-1 沉井井壁与土体之间的摩擦阻力F_i

土的种类	黏性土	砂性土	砂卵石	砂砾石	软　土	泥浆套
F_i/kPa	25～50	12～25	18～30	15～20	10～12	3～5

8.3.2 沉井底节验算

沉井底节即为沉井的第一节。沉井底节自抽除垫木开始,刃脚下的支承位置就在不断变化。

(1) 在排水或无水情况下下沉沉井,由于可以直接看到挖土的情况,沉井的支承点比较容易控制在使井体受力最为有利的位置上。对于圆端形或矩形沉井,当其长边大于1.5倍短边时,支承点可设在长边上,两支点的间距等于0.7倍长边(见图8-6中的1点),以使支

承处产生的弯矩与长边中点处产生的弯矩大致相等，并按照此条件验算沉井自重所引起的井壁顶部混凝土的拉应力。若验算混凝土的拉应力超过容许值，可加大底节沉井的高度或按需要增设钢筋。

(2) 对于不排水下沉的沉井，由于不能直接看到挖土的情况，刃脚下土的支承位置很难控制，可将底节沉井作为梁并按下列假定的不利支承情况进行验算。

① 假定底节沉井仅支承于长边的中点(见图8-7中的3点)，两端悬空，验算由于沉井自重在长边中点附近最小竖截面上所产生的井壁顶部混凝土拉应力。

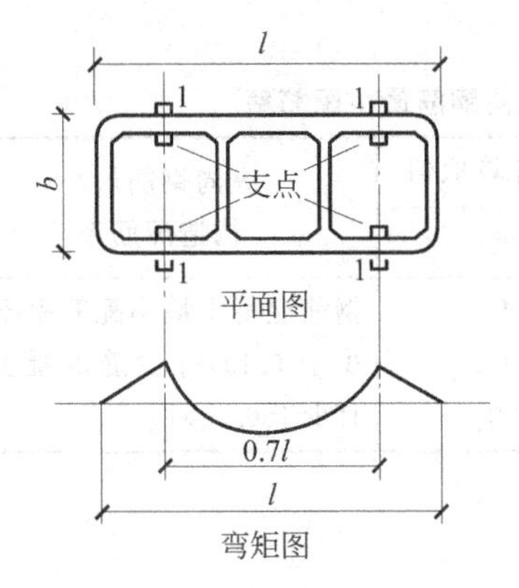

图8-6 支承在1点上的沉井

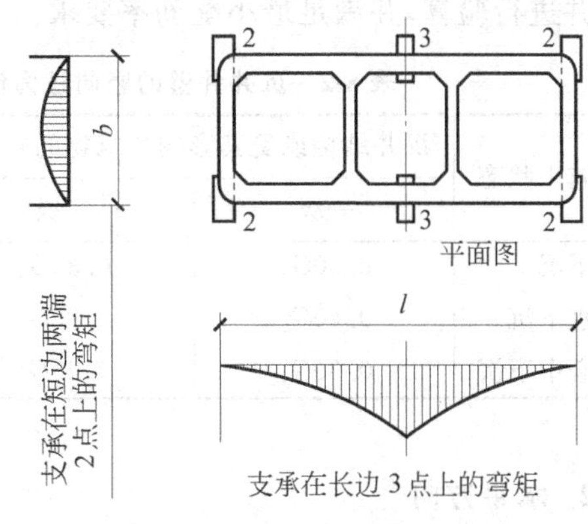

图8-7 支承在2点、3点上的沉井

② 假定底节沉井支承于短边的两端点(见图8-7中的2点)，验算由于沉井自重在短边处引起的刃脚底面混凝土的拉应力。

(3) 沉井底节的最小配筋率，钢筋混凝土不宜少于0.1%，少筋混凝土不宜少于0.05%。沉井底节的水平构造钢筋不宜在井壁转角处有接头。因为沉井下沉过程中井孔内的土体未被挖出，增加了沉井的下沉阻力，使井壁产生拉力；为防止转角处拉力过大，钢筋布置要求较为严格。

8.3.3 沉井井壁计算

混凝土厚壁沉井井壁的厚度较大，除刃脚外可不进行验算；但对混凝土薄壁沉井的井壁应根据实际情况进行验算。

沉井井壁应进行竖直和水平两个方向的内力计算。

1. 竖直方向

在沉井下沉的过程中，当沉井被四周土体钳固着而刃脚下的土已被掏空时，应验算井壁接缝处的竖向拉应力。假定接缝处混凝土不承受拉应力而由接缝处的钢筋承受，此时钢筋的抗拉安全系数可采用1.25，同时必须验算钢筋的锚固长度。

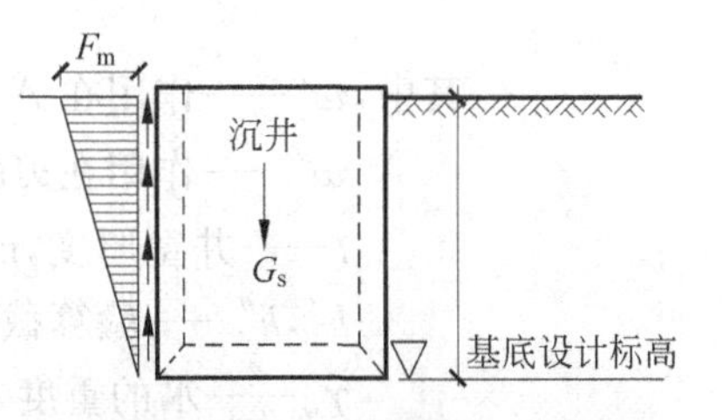

图8-8 沉井外侧直立时的井壁摩擦阻力分布图

从井壁受竖向拉应力的最不利条件考虑，井壁摩擦阻力 F_m 可假定沿沉井全高按倒三角形分布，即在刃角底面处为零，在地面处为最大(见图8-8)。

此时最危险的截面在沉井入土深度的1/2处,按《公路桥涵地基与基础设计规范》(JTG D63—2007),此处井壁所承受的最大竖向拉力 $p_{\max}$ 为此时沉井自重 G_s 的1/4,即

$$p_{\max}=\frac{G_s}{4} \tag{8-2}$$

实际工程中,沉井被卡住的情况较为常见,也出现过被拉裂的沉井,这与各土层的情况和施工方法等多种因素有关,并且被卡住沉井的外力分布也不可能如前面所假定的那么理想。因此,建议沉井井壁的竖向拉力按沉井结构和影响范围内的建筑物安全等级参考表8-2取值并进行验算,并满足最小配筋率要求。

表8-2 沉井井壁的竖向拉力计算取值及其纵向钢筋最小配筋率

沉井施工状态	沉井结构或受其影响建筑物的安全等级与拉力计算取值			纵向钢筋最小构造配筋率
	一级	二级	三级	
排水下沉	$0.50G_s$	$0.30G_s$	$0.25G_s$	钢筋混凝土最小配筋率不宜少于0.10%;少筋混凝土不宜少于0.05%
不排水下沉	$0.40G_s$	$0.25G_s$	$0.20G_s$	
泥浆套中下沉	$0.30G_s$	$0.25G_s$	$0.20G_s$	

2. 水平方向

根据排水或不排水的情况,沉井井壁在水压力和土压力等水平荷载作用下,须按沉井下沉至设计标高,刃脚下的土已被掏空,井壁受最大水平外力的最不利情况,将井壁作为水平框架验算其水平方向的挠曲。

(1) 验算刃脚根部以上其高度等于该处井壁厚度 t 的一段井壁,依此设置该段的水平钢筋。因这段井壁 t 是刃脚悬臂梁的固定端,施工阶段作用于该段的水平荷载,除本身所受的水平荷载外,还有由刃脚悬臂传来的水平剪力 Q'(见图8-9)。作用在该段井壁上的荷载 q_t 为

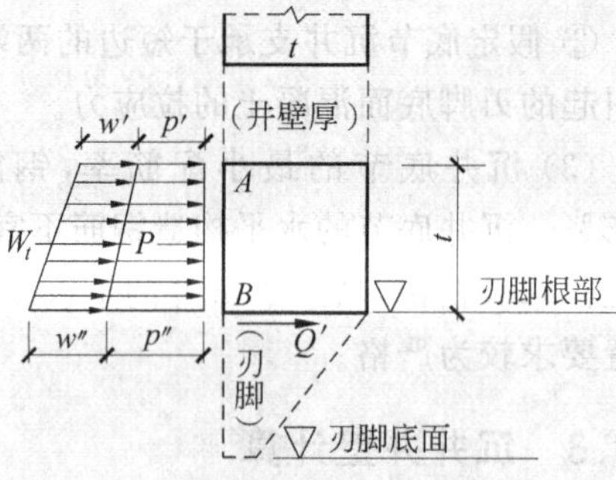

$$q_t=W_t+P+Q' \tag{8-3}$$

图8-9 刃脚底部以上等井壁厚一段井壁的荷载分布

式中: q_t——作用在井壁 t(框架)段上的荷载,kPa。

W_t——作用在井壁 t 段上的水压力,kPa,

$$W_t=\frac{w'+w''}{2}t$$

其中,w'——作用在 A 截面处的水压力强度,kPa,$w'=\lambda h'\gamma_w$。

w''——作用在刃脚部 B 截面处的水压力强度,kPa,$w''=\lambda h''\gamma_w$。

t——井壁厚度,m。

h',h''——验算截面 A 和 B 与水面的距离,m。

γ_w——水的重度,可取 $\gamma_w=10\text{kN/m}^3$。

λ——折减系数。如排水开挖下沉,则作用在井内壁的水压力为零;作用在井外壁的水压力按土的性质来确定,砂性土取 $\lambda=1.0$,黏性土取 $\lambda=$

0.7；如不排水开挖下沉，则井外壁水压力取$\lambda=1.0$，而井内壁水压力根据施工期间的水位差按最不利情况进行计算，一般可取$\lambda=0.5$。

P——作用在井壁t段上的土压力，kN/m，

$$P=\frac{p'+p''}{2}t$$

其中，p'——作用在A截面处的土压力强度，kPa。

p''——作用在刃脚根部B截面处的土压力强度，kPa。

Q'——由刃脚传来的剪力，其值等于求算刃脚竖直外力时分配于悬臂梁上的水平力，kN/m。

W_t的作用点与刃脚根部的距离为$\frac{w'+2w''}{w'+w''}\frac{t}{3}$，$P$的作用点与刃脚根部的距离为$\frac{p'+2p''}{p'+p''}\frac{t}{3}$。

根据以上公式计算出来的q_t值，即可按框架分析求刃脚根部以上t高度范围内的最大弯矩M、轴向压力N和剪力Q，并设计该段井壁中的水平钢筋。

(2) 对其余各段井壁，可按井壁断面的变化，将井壁分成数段，取每一段中控制设计的井壁(位于每一段最下端的单位高度)进行计算。作用在框架上的荷载$q_t=W_t+P$。然后用同样的计算方法，求得水平框架的最大弯矩M、轴向压力N、剪力Q，并据此设计水平钢筋，将水平钢筋布置于全段上。

采用泥浆润滑套下沉的沉井，应将沉井外侧泥浆压力按100%计算，因为泥浆压力一定要大于水压力及土压力的总和，才能保证泥浆套不被破坏。

采用空气幕下沉的沉井，由于压气时气压对井壁的作用不明显，可以略去不计，故其井壁压力与普通沉井的计算相同。

8.3.4 沉井刃脚验算

在计算沉井刃脚竖直方向的挠曲强度时，将刃脚作为悬臂梁计算，可求得刃脚内外侧竖向钢筋数量。此时可以认为刃脚根部与井壁嵌固，刃脚高度作为悬臂长度，并可根据以下两种不利情况分别计算。

(1) 在沉井下沉过程中，刃脚内侧已切入土中深约1m，当沉井顶部露出水面较高时，刃脚因受井孔内土体的横向压力而在刃脚根部水平断面上产生最大的向外弯矩，这是设计刃脚内侧竖向钢筋的主要依据(见图8-10)。

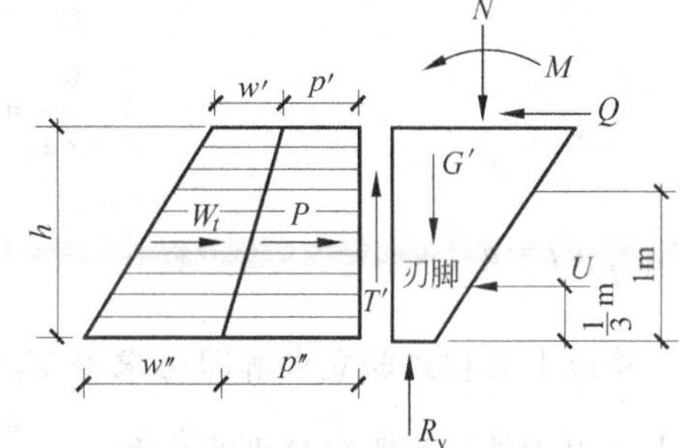

图8-10 在刃脚上的外力

① 沿井壁的水平方向取一个单位宽度，计算作用在刃脚外壁上的土压力P和水压力W_t。

② 作用在刃脚外壁单位宽度上的摩擦阻力T'(kN/m)按以下两式计算，取较小值：

$$T'=\nu P=P\tan\varphi\approx0.5P \tag{8-4}$$

$$T'=F_iA \tag{8-5}$$

式中：ν——土与刃脚外壁之间的摩擦系数，$\nu=\tan\varphi$；

φ——土体与刃脚外壁的外摩擦角，一般土在水中的外摩擦角可采用 26.5°，$\tan 26.5° \approx 0.5$；

F_i——土与刃脚外壁之间的单位摩擦阻力，kPa，按表 8-1 选用；

A——刃脚外壁与土接触的单位宽度上的面积，m^2，$A = 1 \times h = h$(h 为刃脚高度)；

P——作用在刃脚外壁上的单位宽度的土压力，kN/m；

G'——沿沉井外壁单位周长(单位宽度)上的沉井自重，kN/m，其值等于该高度沉井的总重除以沉井的周长，在不排水挖土下沉时，应在沉井总重中扣除淹没在水中部分受到的浮力；

T'——沿井壁周边单位宽度上土对外井壁的摩擦阻力，kN/m。

③ 刃脚底面单位宽度上土的垂直反力 R_v(见图 8-11)可按下式计算：

$$R_v = G' - T' \tag{8-6}$$

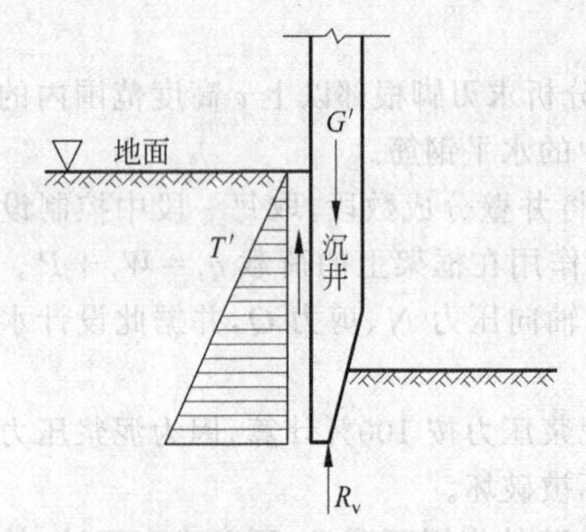

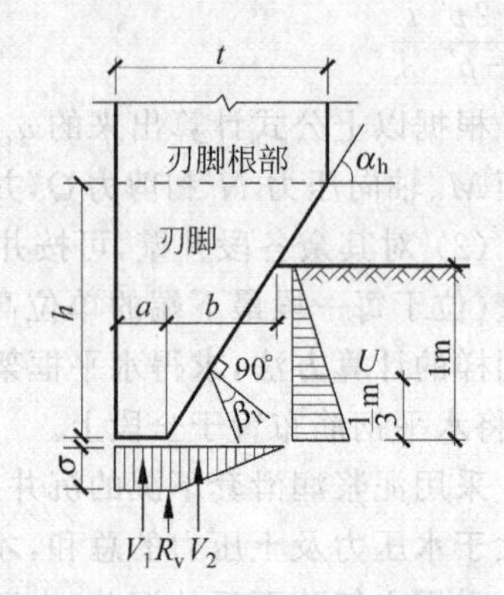

图 8-11　井壁摩擦阻力 T' 及刃脚下土的反力 R_v　　**图 8-12　刃脚下 R_v 的作用点计算**

R_v 的作用点参见图 8-12，假定作用在刃脚斜面上的土体反力的方向与斜面上的法线成 β_1 角，β_1 为土体与刃脚斜面之间的外摩擦角(一般取 30°)。作用在刃脚斜面上的土体反力可分解成水平力 U 与垂直力 V_2，刃脚底面上的垂直反力为 V_1，则

$$R_v = V_1 + V_2 \tag{8-7}$$

$$\frac{V_1}{V_2} = \frac{\sigma a}{\sigma \cdot \frac{1}{2} b} = \frac{2a}{b} \tag{8-8}$$

其中，$b = \frac{t-a}{h}$。

将以上方程式联立求解即可求得 V_1 和 V_2。假定 V_2 为三角形分布，则 V_1 和 V_2 的作用点与刃脚外壁的距离分别为 $\frac{a}{2}$ 和 $a + \frac{b}{3} = a + \frac{t-a}{3h}$。这样即可求得 V_1 和 V_2 的合力 R_v 的作用点。

④ 作用在刃脚斜面上的水平反力 U 可按下式计算：

$$U = V_2 \tan(\alpha_h - \beta_1) \tag{8-9}$$

式中：α_h——刃脚斜面与水平面所成的夹角，(°)；

其他参数意义同前。

假定 U 为三角形分布，则 U 的作用点在距刃脚底面 1/3 高度处。

⑤ 刃脚单位宽度的自重 G' 按下式计算：

$$G' = \gamma_c h \frac{t+a}{2} \tag{8-10}$$

式中：γ_c——混凝土重度，kN/m^3，若不排水下沉，则应扣除水的浮重度；

其他参数意义同前。

⑥ 求得作用在刃脚上的所有外力的大小、方向和作用点之后，即可求算刃脚根部处截面上单位周长（单位宽度）内的轴向压力 N、水平剪力 Q 及对截面重心轴的弯矩 M，并据此计算在刃脚内侧需布设的竖向钢筋数量。此钢筋应伸至刃脚根部以上 $0.5L_1$（L_1 为沉井外壁的最大计算跨径）。

（2）当沉井已沉到设计标高，刃脚下的土已被掏空时，会出现刃脚在外力作用下向内挠曲的不利情况，如图 8-13 所示。可按此情况确定刃脚外侧竖向配筋。

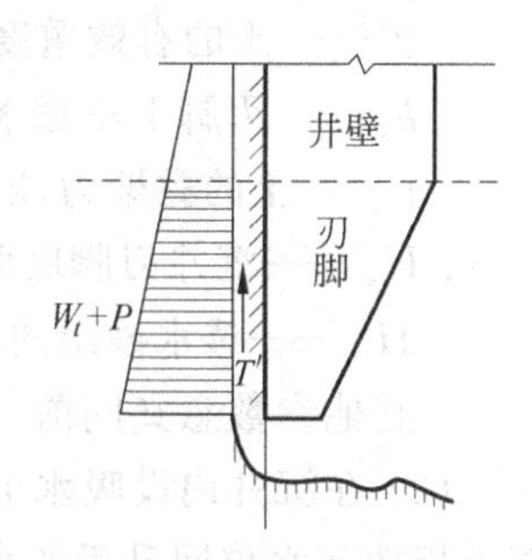

图 8-13　刃脚向内挠曲

作用在刃脚上的外力，可沿沉井周边取一单位宽度来计算，计算步骤和上述（1）的情况相似。

① 计算刃脚外侧的土压力和水压力。土压力与上述（1）的情况相同。水压力可按下列情况计算。

当不排水下沉时，刃脚外侧水压力值按 100%（$\lambda=1.0$）计算，内侧水压力按 50%（$\lambda=0.5$）计算，但也可按施工中可能出现的水头差计算。

当排水下沉时，在不透水的土层中，可按静水压力的 70%（$\gamma=0.7$）计算；在透水的土层中，可按静水压力的 100%（$\gamma=1.0$）计算。

② 由于刃脚下的土已被掏空，故刃脚下的垂直反力 R_v 和刃脚斜面水平反力 U 均等于零。

③ 作用在刃脚外侧的摩擦阻力 T' 与（1）中计算方法相同。

④ 刃脚单位宽度的自重 G' 与（1）中的计算方法相同。

⑤ 根据以上计算的所有外力，可以算出刃脚根部处截面上单位周长（单位宽度）内的轴向压力 N、水平剪力 Q 及对截面重心轴的弯矩 M，并可据此计算在刃脚外侧需布设的竖向钢筋数量。此钢筋应伸至刃脚根部以上 $0.5L_1$。

8.3.5　沉井封底计算

沉井下沉至设计标高时，应进行基底检验和沉降观测，满足设计要求后，即可进行封底。封底混凝土的反力分布很复杂，为计算简便，一般简单地将其当作支承于刃脚斜面及内隔墙上的周边支承板考虑，至于各边的支承情况（简支或嵌固）和计算强度，在设计中应视具体情况而定。

1. 沉井封底混凝土计算

（1）在施工抽水时，封底混凝土应承受基底水和土的向上反力，此时因混凝土的龄期不足，应降低容许应力。

（2）沉井井孔用混凝土填实时，封底混凝土应承受基础设计的最大基底反力，并计入井孔内填充物的重力。

(3) 封底混凝土的厚度,一般建议不宜小于 1.5D(D 为井孔直径或短边边长)。

2. 干封底及有关计算

(1) 如果沉井刃脚停留在不透水黏土层中(见图 8-14(a)),则可采用干封底方法施工。但必须注意,若不透水黏土层的厚度不足,可能会被底层含水砂层中的地下水压力顶破。因此,必须满足下列计算条件才能采用干封底法:

$$A_{bo}\gamma' h_n + cU_p h_n > A_{bo}\gamma_w H_w \tag{8-11}$$

式中: A_{bo}——沉井底部面积,m^2;

γ'——土的有效重度,即浮重度,kN/m^3;

h_n——刃脚下不透水黏土层厚度,m;

c——土的黏聚力,kPa;

U_p——沉井刃脚底面内壁周长,m;

H_w——透水砂层的水头高度,m;

其他参数意义同前。

(2) 在沉井内设吸水坑并有良好滤层的情况下进行降水,一直降到钢筋混凝土底板能够承担地下水位回升后的水土压力,方可拆除并封闭降水管(见图 8-14(b))。在这种情况下,亦可采用干封底。

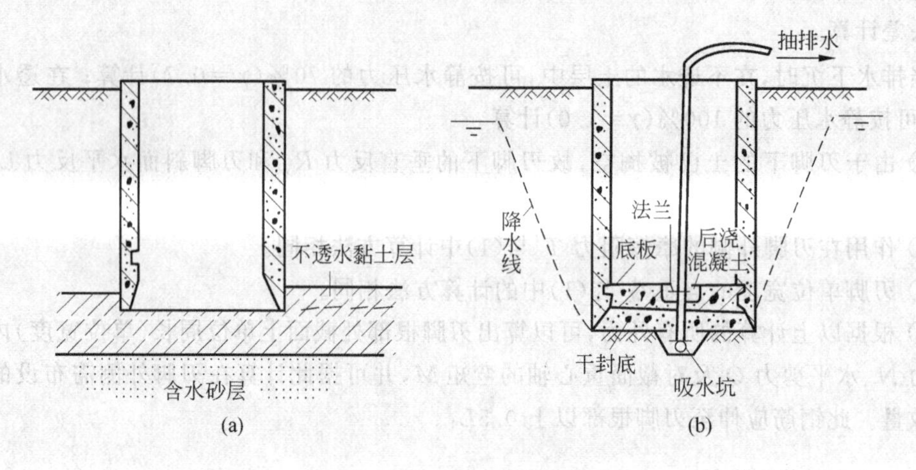

图 8-14　沉井可干封底的情况

3. 水下封底混凝土的厚度计算

在沉井内渗水量上升速度大于 6mm/min 或出现流砂的情况下,宜采用水下混凝土封底,其封底的厚度除应满足沉井抗浮要求外,还应考虑沉井封底后井内抽水时井外水土压力不致将该封底混凝土顶破。水下封底混凝土按素混凝土的强度进行计算。封底要求如下。

(1) 按施工过程中最不利的情况计算水下混凝土厚度。即在沉井封底后,将井内水排干,在钢筋混凝土底板尚未施工前,封底混凝土可能受到最大水压力作用,以其向上作用的荷载(即地下水压力减去封底混凝土重量)为计算值;在沉井内设吸水坑降水的情况下干封底,在钢筋混凝土底板未施工前便停止降水,使地下水位回升,其计算也同上述情况。

(2) 由于水下封底混凝土不便直观检查，且当井内渗水量的上升速度较大时，其浇筑质量不易保证，所以最好不要出现拉应力。因为底面的地基反力是通过封底混凝土沿与竖向成45°的分配线传至井壁和内隔墙上的，若两条45°的分配线在封底混凝土内或板底面上相交，如图8-15(a)所示，封底混凝土内应不会出现拉应力；若两条45°分配线在封底混凝土板底面以上不相交，如图8-15(b)所示，则应按简支支承的双向板、单向板或圆板计算。而板的计算跨度 L，即为图8-15(b)中所示 A、B 两点间的距离。

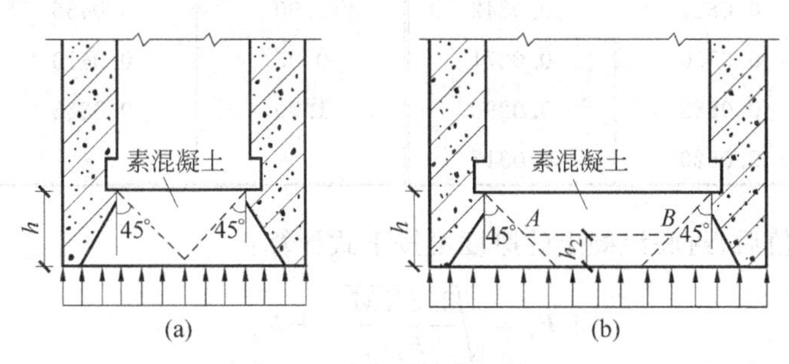

图 8-15　水下封底混凝土

(a) 底板不出现拉应力；(b) 按简支板计算

当沉井的刃脚较短时，则应尽量将中央坑底挖深些，如图8-16所示，这样可形成倒拱。水下混凝土封底一般均按简支板计算，当井内有隔墙或底梁时，可分格计算。

① 周边简支支承的圆板在承受均匀荷载时，可按下式计算板中心的最大弯矩值：

$$M_{\max}=\frac{p_{\mathrm{w}}r^2}{16}(3+\mu_{\mathrm{c}})\approx 0.2p_{\mathrm{w}}r^2 \tag{8-12}$$

式中：p_{w}——静水压力形成的每米板宽计算荷载，kN/m；

r——圆板的计算半径，m；

μ_{c}——混凝土的泊松比，一般取1/6～1/5。

② 周边简支支承的双向板在承受均布荷载时(见图8-17)，可按式(8-13)、式(8-14)计算跨中弯矩 M_x 和 M_y：

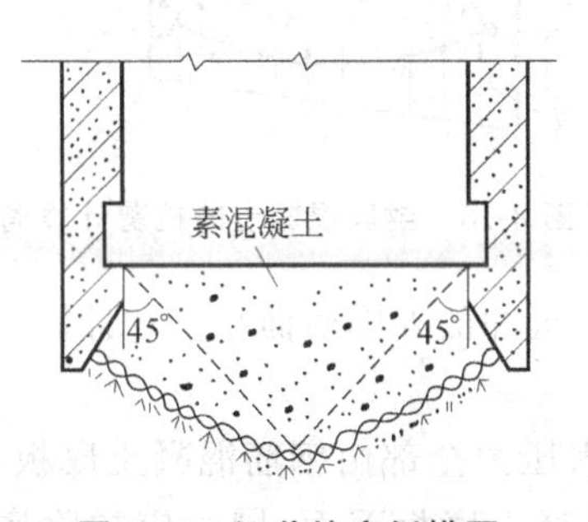

图 8-16　沉井坑底倒拱图

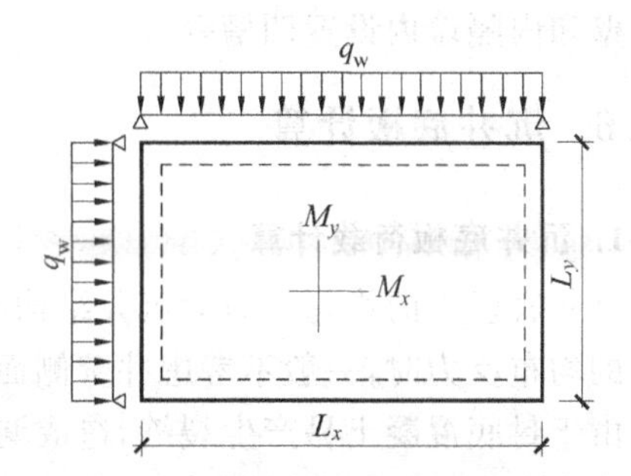

图 8-17　简支支承双向板计算简图

$$M_x=a_xq_{\mathrm{w}}L^2 \tag{8-13}$$

$$M_y=a_yq_{\mathrm{w}}L^2 \tag{8-14}$$

式中：a_x，a_y——M_x 和 M_y 的弯矩系数，按表8-3选用；

q_{w}——静水压力形成的每米板宽计算荷载，kN/m；

L——矩形板计算跨度 L_x、L_y 中较小者,m。

表 8-3 简支支承双向板弯矩系数表

L_x/L_y	a_x	a_y	L_x/L_y	a_x	a_y
0.50	0.0965	0.0174	0.80	0.0561	0.0334
0.55	0.0890	0.0210	0.85	0.0506	0.0348
0.60	0.0820	0.0242	0.90	0.0456	0.0358
0.65	0.0750	0.0271	0.95	0.0410	0.0364
0.70	0.0683	0.0296	1.00	0.0368	0.0368
0.75	0.0620	0.0317			

③ 求出弯矩值后,封底混凝土的厚度可按下式计算:

$$h_t = \sqrt{\frac{3.5KM_m}{b_c f_t}} + h_u \tag{8-15}$$

式中:h_t——封底混凝土的厚度,m;

M_m——封底混凝土在最大均布反力作用下的最大计算弯矩,kN·m;

K——设计安全系数,一般取 1.75;

f_t——混凝土抗拉强度设计值,kPa;

b_c——计算宽度,一般取 1m;

h_u——考虑封底混凝土因与井底泥土的掺混而需要增加的厚度,宜取 0.3～0.5m,若基底采取铺块石或碎石灌浆抹平处理后再封底,可不考虑此增加值。

④ 封底混凝土的剪应力计算如图 8-18 所示。封底混凝土在基底向上反力 q 的作用下,在沉井内侧面迎面上产生最大剪应力,若该剪应力超过混凝土的容许纯剪应力(一般不考虑封底混凝土与井壁间的黏聚力),则应加大封底混凝土的抗剪面积。如在井壁和内隔墙内设置凹槽等。

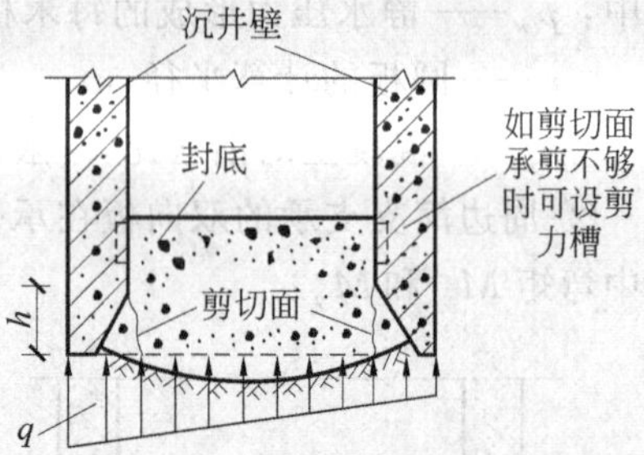

图 8-18 封底混凝土的抗剪计算简图

8.3.6 沉井底板计算

1. 沉井底板荷载计算

沉井底板下的均匀反力为沉井结构的最大自重除以沉井的外围底面积。在计算沉井底板下的均布反力时,一般不考虑井壁侧面摩擦阻力。

由于封底混凝土易产生裂缝,造成漏(渗)水,通常水压力全部由钢筋混凝土底板承受。计算水头高度应从沉井外最高地下水位面算到钢筋混凝土底板下面,同时应扣除底板的自重。

沉井钢筋混凝土底板下的均布计算反力应取上述土反力和水压力中数值较大者进行结构的内力计算。

2. 沉井底板内力计算

沉井钢筋混凝土底板的内力可按单跨或多跨板计算。沉井底板的边界支承条件,应根据沉井井壁与底梁的预留凹槽和水平插筋的具体情况确定。在底板周边具有牢固连接的情况下，可视为嵌固支承；否则可视为简支。对于矩阵及圆形沉井，底板的内力可按《建筑结构静力计算手册》进行计算。

8.3.7 沉井抗浮稳定验算

沉井的抗浮稳定应按各个时期实际可能出现的最高地下水位进行验算。在沉井下沉至设计标高，浇筑封底混凝土或底板后，以及沉井使用期间，均应进行抗浮稳定验算。一般的沉井依靠自重获得抗浮稳定。在不计井壁摩擦阻力的情况下，抗浮稳定验算公式为

$$K_f = \frac{G_s}{F_2} \geqslant 1.05 \tag{8-16}$$

式中：K_f——抗浮安全系数；

F_2——按施工阶段的最高水位计算的浮力，kN；

其他参数意义同前。

例 8-1 福建省某综合业务大楼地下室沉井结构。

该沉井结构采用地下室外墙和围护墙合二为一的设计与施工方案。

(1) 场地土物理力学指标如图 8-19 所示。淤泥埋藏较浅，厚度一般达 5～15m，水平方向变化不大。土的物理力学指标较差，内摩擦角 $\varphi=8°\sim10°$，含水量 $w=34\%\sim84\%$，土的重度 $\gamma=14.8\sim18.4\text{kN/m}^3$，孔隙比 $e=1.7\sim2.4$，软塑状态，渗透系数 $k=(1\sim5)\times10^{-7}\text{cm/s}$。

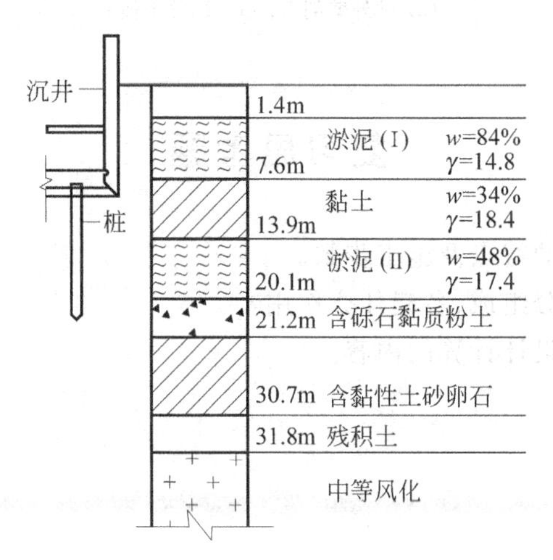

图 8-19 地质剖面图

(2) 该大楼由主楼和裙房组成，建筑面积为 15 000m^2，主楼 21 层，高 77m，地下室两层(－9m)。主楼采用框筒结构，基础采用 400mm×400mm 预制钢筋混凝土方桩，桩长 12.5m，地下室外壁采用沉井，沉井搁置在桩台上。

(3) 该沉井东、西端为半圆形，中间为方形，总长 40.3m，宽 21m，井高 10.5m，实际下沉深度 9.5m。井壁下端墙厚 650mm，上端墙厚 500mm，内分隔墙厚 300mm，混凝土采用 C30，如图 8-20 所示。

(4) 采用沉井外壁做围护结构墙，由于弧形外壁和内隔墙可以充分发挥混凝土承压强

度高的特点,因此克服了由于淤泥φ值小、水平推力大的不利因素;而沉井下沉到设计标高后,沉井外壁就是地下室的外墙,内分隔墙(或框架)可作为永久性结构的一部分。这样将地下室外壁与支护结构合二为一,大量节约了钢筋混凝土,并降低了工程造价。

(5) 在沉井南面5m有一道通长的围墙,如图8-20所示。从沉井下沉开始到结束,围墙内没有发现倾斜及裂缝,两围墙之间的水泥路面也没有开裂。

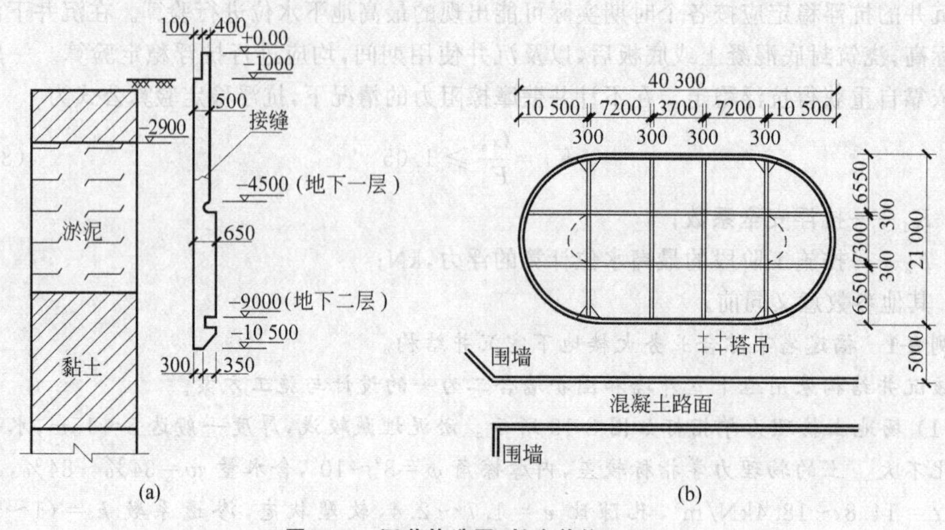

图8-20 沉井构造图(长度单位:mm)

(a) 井外壁剖面;(b) 沉井平面

复习思考题

8.1 简述沉井基础的特点及施工步骤。

8.2 沉井由哪些部分组成,各起什么作用?

8.3 简述沉井结构设计计算的内容。

第9章 沉管结构设计

9.1 沉管结构概述

水底隧道的施工方法主要有围堤明挖法、矿山法、气压沉箱法、盾构法以及沉管法。其中沉管法是20世纪50年代以来应用最为普遍的施工方法，目前世界各国的水底道路隧道建设中，几乎都采用经济合理的沉管方法。

世界上第一条沉管铁路隧道建于1910年，穿越美国密歇根州和加拿大安大略省之间的底特律(Detroit)河，如今共有100多条沉管隧道(含在建)。由于20世纪50年代解决了两项关键技术——水力压接法和基础处理，沉管法已经成为水底隧道最主要的施工方法，尤其在荷兰，除了一座公路隧道和一座铁路隧道外，已建的隧道均采用了沉管法。

我国现有6条沉管法隧道，其中一条为上海金山供水隧道，另外5条分别在宁波(宁波甬江水底隧道)、广州(广州珠江水底隧道)、香港(香港西区沉管隧道和香港东区沉管隧道)和台湾。上海外环越江隧道全长2880m，为双向8车道，是亚洲最大的水底公路隧道，其中沉管段长736m，而一节沉管的管段横断面外部尺寸为9.55m×43m，长为108m。

武汉拟采用沉管法修建长江隧道(含地铁)，全长3609m，其中沉管段全长1380m。

沉管法亦称预制管段沉放法，具体方法为先在隧址以外的预制场制作隧道管段(多数在100m左右，最长可达300m)，两端用临时封墙密封，制成以后再用拖轮拖运到隧址指定位置上。预先在设计位置处挖好水底沟槽，待管段定位就绪后，往管段中注水加载，使之下沉，然后将沉设完毕的管段在水下连接起来，覆土回填完成隧道，此谓“沉管隧道”。

沉管隧道的施工质量容易保证。另外，随着接缝工艺的改进，已能够使接缝做到“滴水不漏”，建筑单价和工程总价均较低。

沉管隧道有圆形和矩形两类，其设计、施工及所用材料有所不同。

(1) 圆形沉管隧道。这类沉管内边均为圆形,外边则为圆形、八角形或花篮形(见图 9-1),多半用钢壳作为防水层。由于圆形断面受力性能好,所以水深较大时可以节省材料,水底基础也容易处理;但圆形断面的空间是从盾构隧道演化而来,只能安置两个车道,故净空利用率较低,而且钢壳制作时防水质量、长期的耐久性处理均不能令人满意,所以现在使用较少。

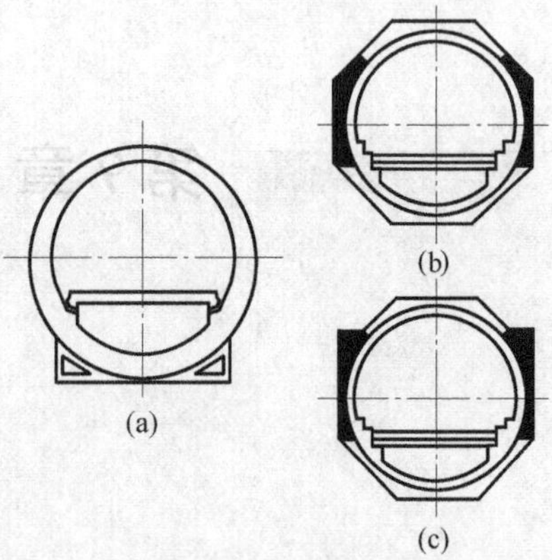

(2) 矩形沉管隧道。荷兰的玛斯隧道(1942 年)首次使用矩形沉管(见图 9-2)。断面内可以同时容纳 2～8 个车道,矩形断面的空间利用率较高,又不需钢壳,即可以节省钢材,因而目前大多采用矩形断面沉管。

(a)　(b)　(c)

图 9-1　圆形沉管

(a) 圆形; (b) 八角形; (c) 花篮形

沉管隧道结构施工的一般步骤如图 9-3 所示。

图 9-2　矩形沉管

(a) 六车道的矩形沉管; (b) 八车道的矩形沉管

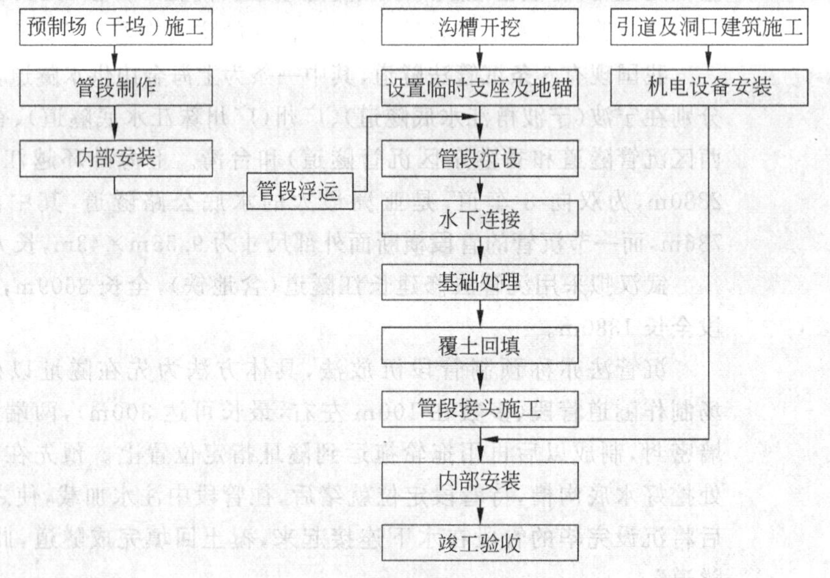

图 9-3　沉管隧道结构施工步骤图

9.2 沉管结构设计方法

沉管式水底隧道的设计包括几何设计、通风设计、照明设计、结构设计、内装设计、给排水设计、供电设计、运营安全设计等。

沉管隧道的设计方法一般分为容许应力法和极限状态法两种。

近年来,沉管隧道的设计倾向于采用极限状态法进行分析。极限状态可分为承载能力极限状态和正常使用极限状态两种。承载能力极限状态为结构或结构构件达到最大承载力、出现疲劳破坏或不适于继续承载的变形;而正常使用极限状态则为结构或结构构件达到正常使用或耐久性能的某项规定值。当沉管隧道采用极限状态法设计时,应根据结构或结构构件的性能要求进行设计和性能验算。结构和构件的要求性能可采用数值分析、现场结构试验和模型试验等方法来确定。

对于承载能力极限状态,结构构件采用下列极限状态设计表达式进行设计:

$$\gamma_0 S \leqslant R \tag{9-1}$$

式中:γ_0——结构重要性能系数;

S——承载能力极限状态荷载效应的设计值,kPa;

R——结构构件的承载能力设计值,kPa。

对于正常使用极限状态,结构构件采用下列极限状态设计表达式进行设计:

$$S \leqslant C \tag{9-2}$$

式中:S——正常使用极限状态的荷载效应组合值;

C——结构构件达到正常使用要求所规定的变形、裂缝宽度和应力等限值。

9.2.1 沉管结构所受荷载

作用在沉管结构上的荷载有结构自重、水压力、土压力、浮力、施工荷载、波浪压力、水流压力、沉降摩擦力、车辆活荷载、沉船荷载以及地基反力、温度应力、不均匀沉降和地震等所产生的附加应力。

上述荷载中,作用在沉管上的水压力是主要荷载。尤其当覆土高度较小时,水压力常是最大荷载。水压力非定值,常受高低潮位的影响,还要考虑台风时和特大洪峰时的水位压力。

作用在沉管上的垂直向土压力,一般为河床底到沉管顶面间的土体重量。在河床不稳定地区,还要考虑水位变迁的影响。作用在沉管侧面上的水平土压力并非常量,在隧道建成初期,土的侧压力较大,以后随着土的固结发展而减小。设计时按照不利组合分别取用。

施工荷载指压载、端封墙、定位塔等施工设施的重量。在计算浮运阶段的纵向弯矩时这些荷载是主要荷载,通过调整压载水箱的位置可以改变弯矩的分布。

波浪压力和水流压力对结构设计影响很小,但对于水流压力必须进行水工模型试验予以确定,据此设计沉设工艺及设备。

沉降摩擦力则是由于回填后,沉管沉降和沉管侧沉降并不同步造成的,由于管侧沉降大于沉管沉降,因此在沉管侧壁外承受向下的摩擦力(见图9-4)。为了降低摩擦力,常在侧壁外喷涂软沥青。

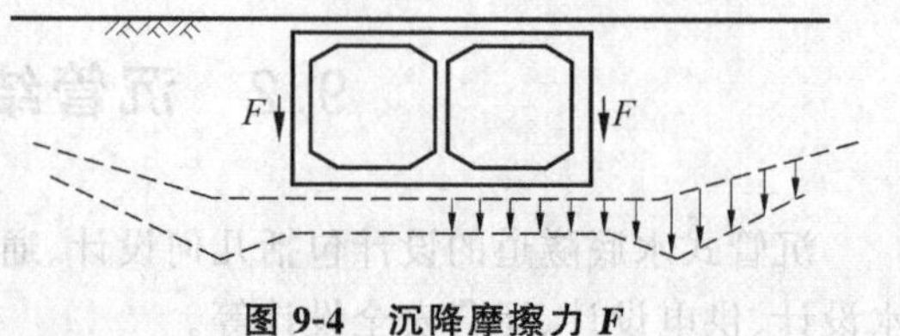

图 9-4　沉降摩擦力 F

在水底隧道中,车辆交通荷载往往可以忽略。沉船荷载产生的几率太小,对此项荷载是否计算,计算采用荷载值的大小仍在探讨之中。

对于地基反力的分布规律,有各种不同的假定:

(1) 直线分布;

(2) 反力强度和各点沉降量成正比,即 Winkler 假定,又可以分为单一系数和多种地基系数两种;

(3) 地基为半无限弹性体,按弹性理论计算反力。

沉管内外壁之间存在温差,外壁温度基本上与周围土体一致,可以视作恒温,而内壁的温度与外界一致,随季节变化。一般冬季温度外高内低,夏天温度外低内高,温差将产生温度应力。由于内外壁之间的温度递变需要一个过程,因此一般设计需要考虑持续5~7天的最高温度和最低温度的温差。

9.2.2　浮力设计

沉管结构设计中必须考虑浮力设计,内容包括干舷的选定和抗浮安全系数的验算。浮力设计后,可以确定沉管结构的高度与轮廓尺寸。

1. 干舷

管段在浮运时,为了保持稳定,必须使管顶面露出水面,其露出高度称为干舷。具有一定干舷的管段,遇风浪后会产生反向力矩,以保持平衡(见图9-5)。

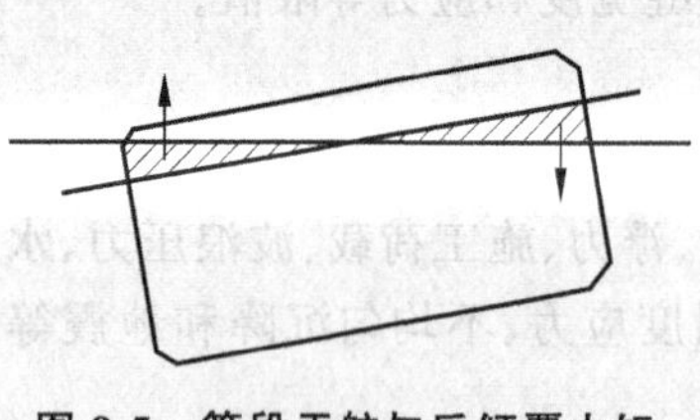

图 9-5　管段干舷与反倾覆力矩

一般矩形断面管段,干舷为10~15cm,而圆形和八角形断面的管段则多为40~50cm。干舷的高度应适中,过小其稳定性差,过大则沉没困难。

有些情况下,由于沉管的结构厚度较大,无法自浮,可以设置浮筒、钢或木围堰助浮。另外,管段制作时,混凝土重度和模壳尺寸常有一定幅度的变动,而河水重度也有一定的变化幅度,进行浮力设计时,按照最大混凝土重度、最大混凝土体积和最小河水的重度来计算干舷。

2. 抗浮安全系数

在管段沉设施工阶段,抗浮安全系数应采用1.05~1.1。管段沉设完毕后,回填土时,周围河水与砂、土相混,其重度大于原来河水重度,浮力亦相应增加。因此施工阶段的抗浮安全系数须大于1.05,以防止“复浮”。

在覆土完毕以后的使用阶段,抗浮安全系数应采用1.2~1.5,计算时可以考虑两侧填土所产生的负摩擦阻力。

设计时需要按照最小混凝土重度、最小混凝土体积和最大河水的重度来计算抗浮安全系数。

3. 沉管结构的外廓尺寸

在沉管式水底隧道中，进行总体几何设计只能确定隧道的内净宽度以及车道净空高度。沉管结构的外廓尺寸必须通过浮力设计才能确定。在浮力设计中，既要保持一定的干舷，又要保证一定的抗浮安全系数。所以沉管结构的外廓高度往往超过车道净空高度与顶底板厚度之和。

9.2.3 结构分析与配筋

1. 断面结构分析

沉管的断面结构形式绝大多数是多孔箱形钢构。这种多孔箱形钢构与其他高次超静定结构一样，其结构内力分析须经过“假定截面尺寸—分析内力—修正尺度—复算内力”的几次循环，工作量较大。为了避免采用剪力钢筋，改善结构性能，减少裂缝出现，在水底隧道的沉管结构中，常采用变截面或折拱形结构(见图9-6)。即使在同一管段(100m左右)内，因隧道纵坡和河底标高的变化，各处断面所受水压力、土压力不同，特别是在接近岸边时荷载变化尤其急剧，不能只以一个断面的结构分析结果和河中段全长的横断面配筋计算来代表整节管段，所以目前一般采用计算机数值分析来解决不同段截面的设计问题。

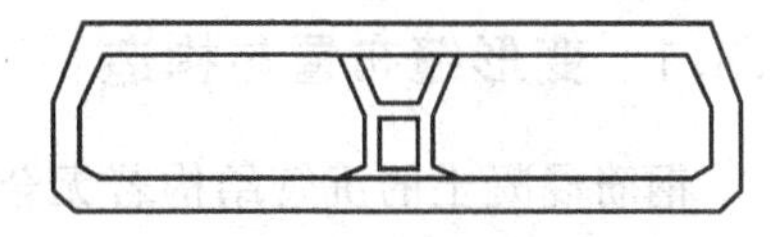

图9-6 沉管折拱形结构

2. 纵向结构分析

施工阶段的沉管纵向受力分析主要是计算浮运、沉设时，施工荷载、波浪压力所引起的内力。使用阶段的沉管纵向受力分析，一般按照弹性地基梁理论进行计算。

3. 配筋

沉管结构的混凝土强度等级，宜采用C30～C40。由于沉管结构对贯通裂缝非常敏感，非贯通裂缝宜控制在0.15～0.20mm以下，因此采用钢筋等级不宜过高，不宜采用HRB400及以上的钢筋。

4. 预应力的作用

一般情况下，沉管隧道采用普通混凝土结构而不用预应力混凝土结构。沉管的结构厚度并非由强度决定，而是由抗浮安全系数决定。由抗浮安全系数决定的厚度对于强度而言常常有余而非不足。施加预应力结构虽有提高抗渗性的好处，但若只为防水而采用预应力混凝土结构并不经济。

当隧道跨度较大，达三车道以上或者水压力、土压力也较大时，沉管结构的顶板、底板受到的剪力相当大。为此，有的工程中在河道最深的部分管段中采用预应力混凝土结构，其余各节仍采用普通混凝土的管段结构，这样可以更经济地发挥预应力的优点。

世界上第一条采用预应力混凝土结构的水底道路隧道为古巴哈瓦那市的Almendares隧道(1953)，采用预应力直索；以后随着跨度的增加，加拿大的Lafontaine沉管隧道(1967)进一步采用预应力弯索(见图9-7)。

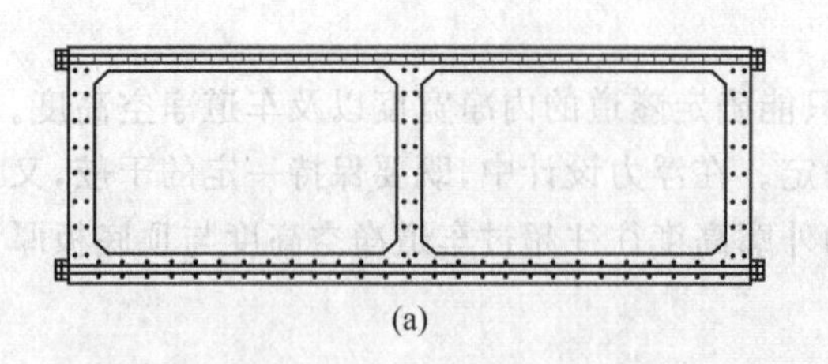
(a)

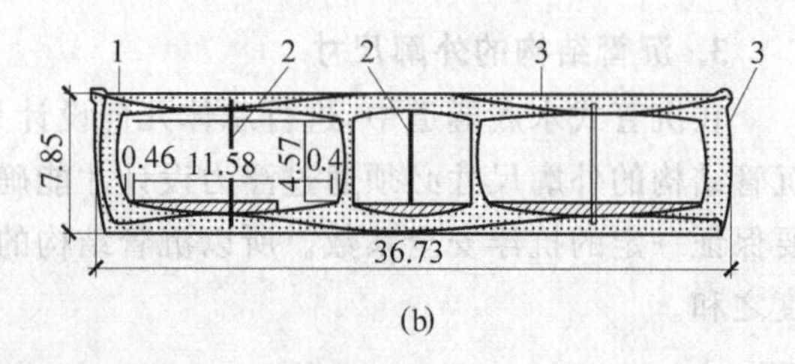

(b)

图 9-7 预应力沉管结构(长度单位：m)

(a) 古巴 Almendares 隧道；(b) 加拿大 Lafontaine 隧道

1—预应力索；2—临时拉索；3—防水层

9.3 接缝管段处理与防水措施

9.3.1 变形缝布置与构造

钢筋混凝土的沉管结构若无合适处理措施,则容易因隧道的纵向变形而导致开裂。例如,管段在干坞中预制时,一般都是先浇筑底板,隔若干时日后再浇筑外壁、内壁及顶板。两次浇筑的混凝土龄期、弹性模量、剩余收缩率均不相同,后浇的混凝土不能自由收缩,而产生偏心受拉内力的作用,因而容易发生如图 9-8 所示的收缩裂缝。此外,不均匀沉降等影响也易导致管段开裂。这类纵向变形引起的裂缝是通透性的,对管段防水极为不利,因此在设计中必须采取适当措施加以防止。

最有效的措施是设置垂直于隧道轴线方向的变形缝,将每节管段分割成若干节段。根据实践经验,节段的长度不宜过大,一般为 15～20m,如图 9-9 所示。

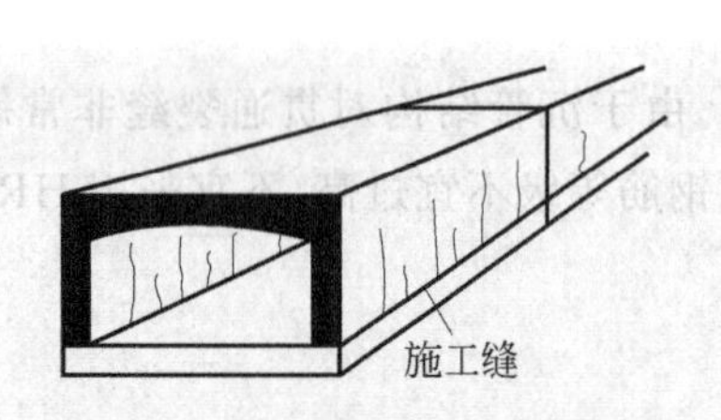

图 9-8 管段侧壁的收缩裂缝

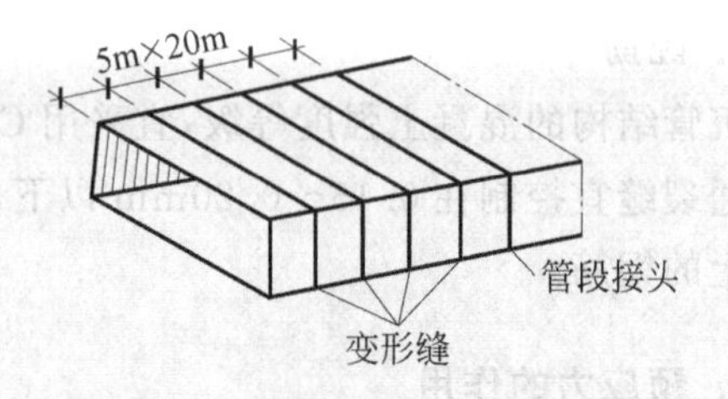

图 9-9 管段的节段与变形缝

节段间的变形缝构造,需满足以下四点要求。

(1) 能适应一定幅度的线变形与角变形。变形缝前后相邻节段的端面之间须留一小段间隙,以便张、合活动,间隙中以防水材料充填。间隙宽度应按变温幅度与角度适应量来确定。

(2) 在浮运、沉设时能传递纵向弯矩。可将管段侧壁、顶板和底板中的纵向钢筋于变形缝处在构造上采取适当的处理。即外排纵向钢筋全部切断；而内排纵向钢筋则暂时不予切断,任其跨越变形缝,连贯于管段全长以承受浮运、沉设时的纵向弯矩。待沉设完毕后再将内排纵向钢筋切断,因此需在浮运之前安设临时的纵向预应力索(或筋),待沉设完毕后再撤去。

(3) 在任何情况下能传递剪力。为传递横向剪力,可采用图 9-10 所示的台阶形变形缝。

(4) 变形前后均能防水。一般于变形缝处设置一、二道止水缝道。

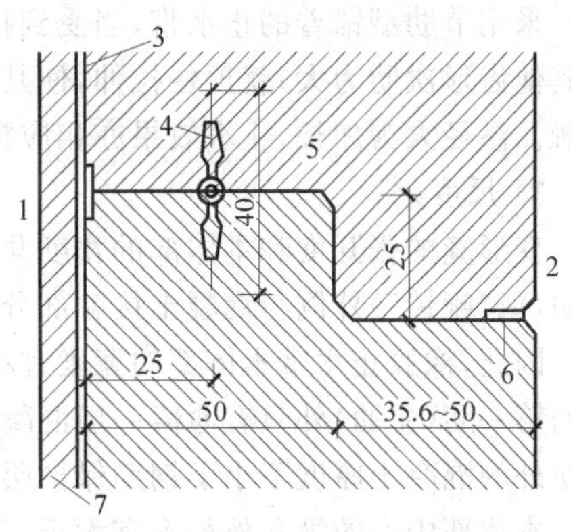

图 9-10 台阶形变形缝(长度单位: mm)

1—沉管外侧; 2—沉管内侧; 3—卷材防水层; 4—钢边橡胶止水带; 5—沥青防水; 6—沥青填料; 7—钢筋混凝土保护层

9.3.2 止水缝带

变形缝中所用止水缝带(简称止水带)种类与形式很多,例如铜片止水带、塑料(聚氯乙烯)止水带等,使用较普遍的是橡胶止水带和钢边橡胶止水带。

1. 橡胶止水带

1) 材料

橡胶止水带可用天然橡胶(含胶率 70%)制成,亦可用合成橡胶(如氯丁橡胶等)制成。

橡胶止水带的寿命是人们所关心的问题。橡胶制品应用于水底隧道中,其环境条件(潮湿、无日照及温度较低)是较为理想的。虽然橡胶止水带在 20 世纪 50 年代才开始应用于水底隧道中,其止水性能保持多长时间,迄今尚未有实际记录,但无疑比用于其他工程中要耐久得多。人们曾发现 60 年以前埋置的橡胶制品,尚未明显老化,说明地下工程中的橡胶止水带的耐用寿命应在 60 年以上。经老化加速试验亦可验证其安全年限超过 100 年。

2) 形式

橡胶止水带的(断面)构造形式多样,各有特点。但所有的橡胶止水带均由本体部与锚着部两部分组成,如图 9-11 所示。

止水带的本体部位于带中段,有平板式的、带管孔的和带曲槽的之分。其中带管孔的较好,其优点是具有充分的柔度,在变形缝变形时,止水带可以随之伸缩; 在结构受剪,变形缝发生横向错动时,管孔可随之变形以减少作用在带体上的剪力。例如内径为 19mm、外径为 38mm 管孔的橡胶止水带,经剪切试验,错动达 12.5cm 时,胶带亦能变形自如(见图 9-12)。

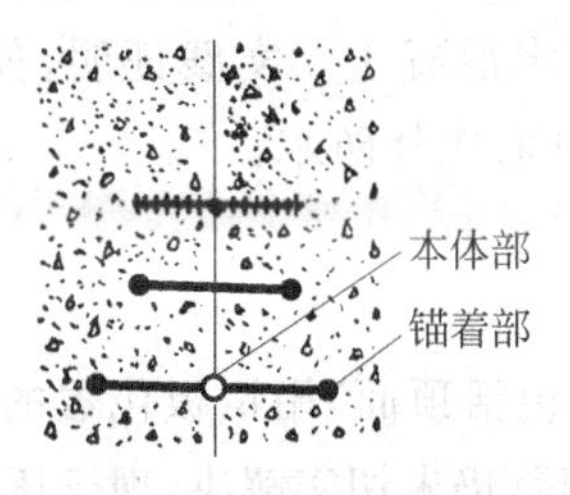

图 9-11 橡胶止水带

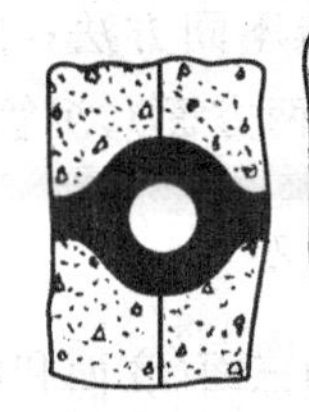

图 9-12 管孔的变形

止水带的两端为锚着部。锚着部类型亦很多,有节肋型、哑铃型等(见图 9-11)。由于橡胶与混凝土之间的黏聚力很小,变形缝受到拉伸后,止水带本体部的橡胶立即缩扁而与混凝土脱离接触。此时完全依赖锚着部承担锚定与止水双重任务。

采用哑铃型锚着止水带,拉伸变形时,仅两端"哑铃"的部分圆弧面(小于 1/2 圆周)与混凝土保持接触,范围有限,故水压较大时不适合选用哑铃型止水带。

采用节肋型锚着的止水带,当受到拉伸变形时,最靠近本体部的第一肋(即主肋,一般应比其他齿形次肋为大)就顶住拉伸,使其他锚着部带体(包括齿形次肋在内)仍与混凝土保持接触。渗径大为加长,止水效果亦相应提高。

3) 尺度

变形缝的张开度和本体部的宽度共同决定止水带所能承受的拉力。拉力越大,锚着部主肋(或"哑铃")外侧与混凝土接触部分所受压强就越大,止水效果也就相应增大。

因此,橡胶止水带本体部的宽度宜小不宜大。但止水带的本体部亦不能过狭,否则锚着部的第一肋(主肋)外只有薄薄一层混凝土,势必抵抗不住接触压力的作用。一般应保证第一肋外的混凝土厚度不小于钢筋保护层厚度。

本体部中心的管孔外径不宜大于变形缝宽度过多。管孔内径不宜过小,一般在20mm较合适(最小可达15mm,最大可达46mm)。

本体部的厚度,一般以6~8mm较适宜。管孔部分的管壁厚度可略小于管孔两侧平板部分的厚度,最多等厚。

用于沉管工程中的止水带宽度一般为230~300mm。

2. 钢边橡胶止水带

钢边橡胶止水带是在橡胶止水带两侧锚着部中加镶一段薄钢板,其厚度仅0.7mm左右。这种止水带(见图9-13)自20世纪50年代初于荷兰的Velsen(1957)水底道路隧道试用成功后,现已在各国广泛应用。

钢边橡胶止水带可以充分利用钢片与混凝土之间良好的黏聚力,使变形前后的止水效果都较一般橡胶止水带为好,也可增加止水带的刚度,并节约橡胶。

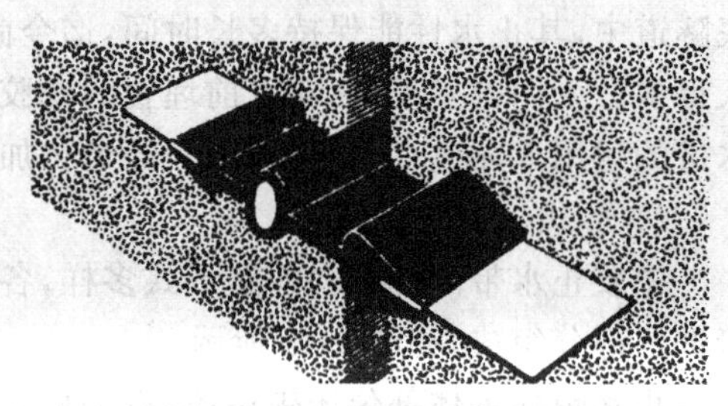

图9-13 钢边橡胶止水带

9.3.3 管段外壁防水措施

沉管的外壁防水措施有沉管外防水和沉管自防水两类。外防水包括钢壳防水、钢板防水、卷材防水、涂料防水等不同方法;自防水主要采用防水混凝土。实践证明,如采取适当的措施(包括设计与施工两方面),沉管自身防水完全可以取代外防水。

9.3.4 钢壳与钢板防水

钢壳防水指在沉管的三面(底面和两侧面)甚至四面(包括顶面)用钢板包覆的防水办法。由于此种方法耗钢量大,焊缝防水可靠性不高,钢材防锈问题仍未切实解决,现已逐渐淘汰。

例如钢的锈蚀速率一般估计为:海水中0.1mm/年;淡水中0.05mm/年;平均0.075mm/年。如果设计年限为50年,设计利用厚度为8mm,则实际钢板厚度为$t=(8+0.075\times50)\text{mm}=11.75\text{mm}\approx12\text{mm}$,耗钢量惊人。

9.3.5 卷材防水

卷材防水层是用胶料黏结多层沥青类卷材或合成橡胶类卷材而成的粘贴式(亦称外贴

式)防水层。沥青类卷材一般均用浇油摊铺法粘贴,卷材粘贴完毕后需在外边加设保护层。保护层构成视部位不同而异。管段底板下用卷材防水层时,可在干坞底面上先铺设一层混凝土砖(30mm),后铺50～60mm厚的素混凝土作为保护层,再在混凝土保护层上摊铺3～6层卷材。

卷材防水的主要缺点是施工工艺较烦琐,而且在施工操作工程中稍有不慎就会造成“起壳”而返工,耗时、耗力。若在管段沉设过程中发现防水层“起壳”,根本无法补救。

9.4 管段沉没与水下连接

9.4.1 沉没方法与设备

在沉管隧道施工中,需根据自然条件、航道条件、管段规模以及设备条件等因素,因地制宜地选用最经济的沉没方案。目前的沉没方法有以下几种。

1. 分吊法

分吊法就是在沉没作业时用2～4艘起重船或浮箱提着各个吊点,一般均在管段上预埋3或4个吊点,逐渐将管段沉没到规定位置上。早期的双车道钢壳圆形管段几乎都是用3～4艘100～150t的起重船分吊沉没。20世纪60年代荷兰人Coen(1966)首创了以大型浮筒代替起重船的分吊沉没法。比利时的Schelde(1969)隧道采用浮箱代替浮筒。图9-14～图9-16分别示出了采用起重船、浮筒及浮箱的分吊法。

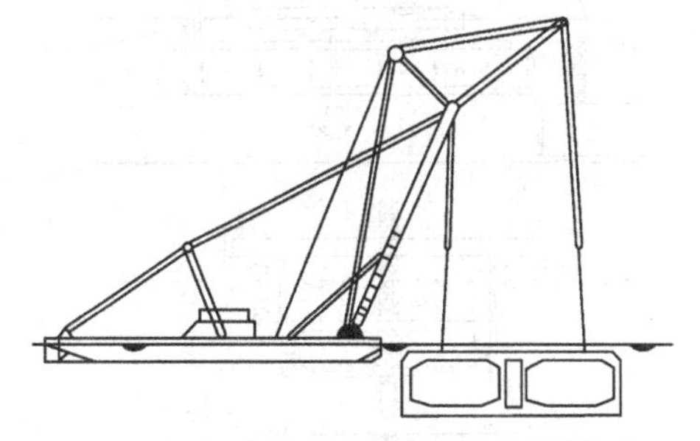

图9-14　起重船分吊法

荷兰Botled隧道,1980年

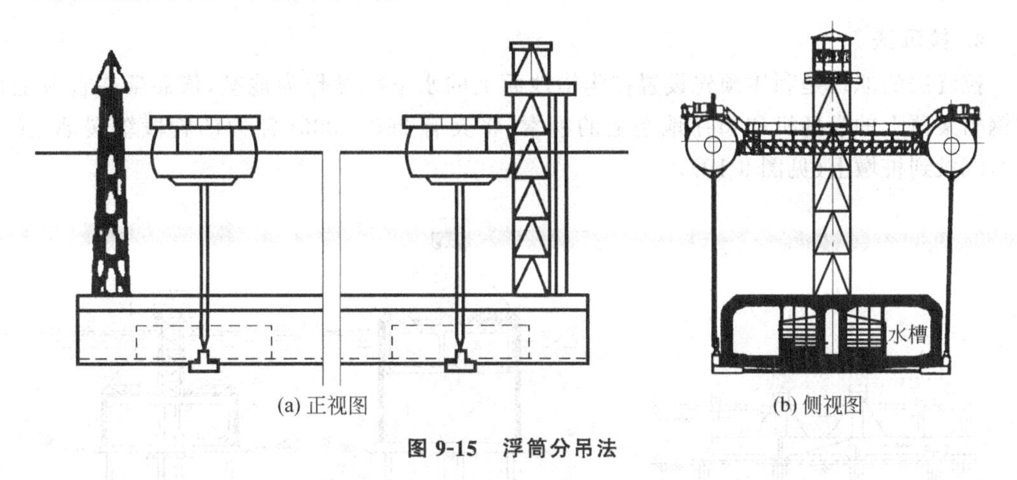

图9-15　浮筒分吊法

2. 杠吊法

杠吊法亦称方驳杠沉法(见图9-17),其基本理念就是“二副杠棒”。这种方驳杠沉法中最主要的大型工具就是四艘小型方驳,设备制造费用很少。

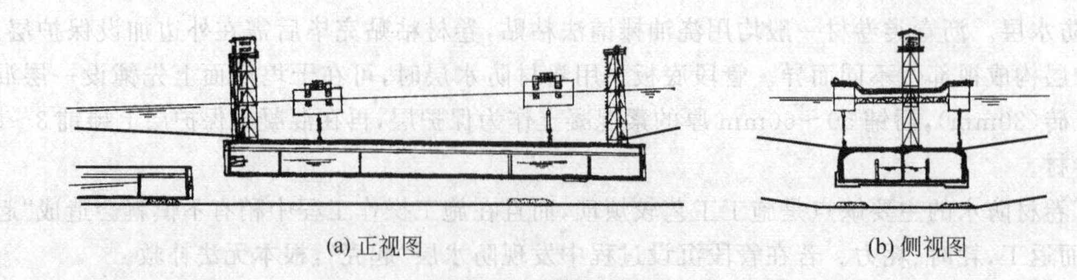

图 9-16 浮箱分吊法

3. 骑吊法

骑吊法系用水上作业平台“骑”于管段上方，将其慢慢地吊放沉没，如图 9-18 所示。国外常简称 SEP(self-elevating platform)，其平台部分实际为一个浮箱，通过反复调整浮箱内水压进行定位。

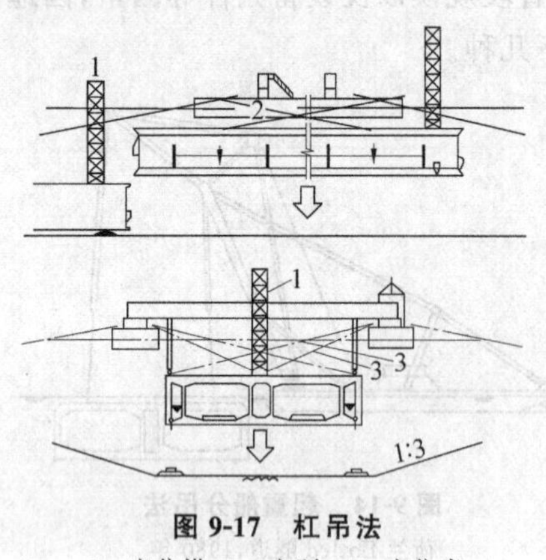

图 9-17 杠吊法

1—定位塔；2—方驳；3—定位索

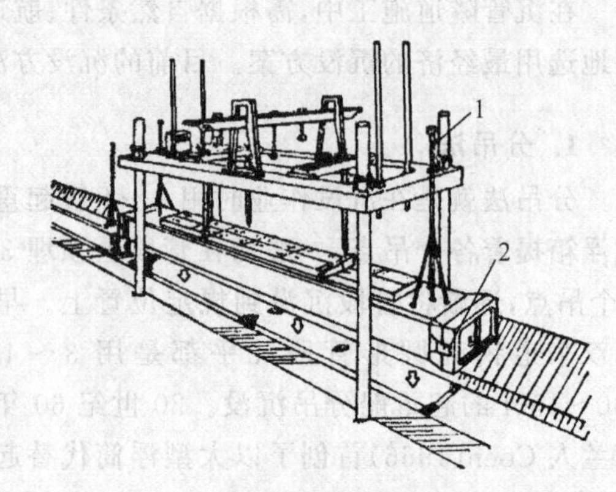

图 9-18 骑吊法

1—定位杆；2—拉合千斤顶

4. 拉沉法

拉沉法的原理是利用预先设置在沟槽地面上的水下桩墩作为地垄，依靠架在管段上面的钢桁架顶上的卷扬机和扣在地垄上的钢索，将具有 200～300t 浮力的管段缓缓地“拉下水”，沉没到桩墩上(见图 9-19)。

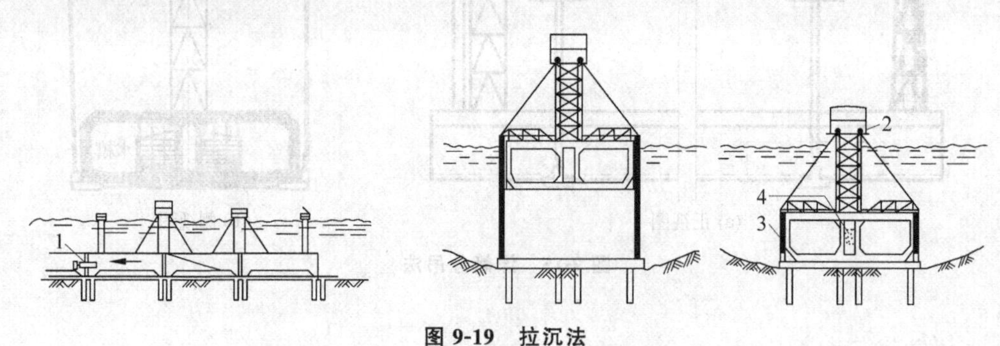

图 9-19 拉沉法

1—拉合千斤顶；2—拉沉卷扬机；3—拉沉索；4—压载水

9.4.2 水下连接

20世纪50年代以前，对钢壳制作的管段，曾采用水下灌筑混凝土的方法进行水下连接。对钢筋混凝土制作的矩形管段，现在普遍采用水力压接法进行连接。

水力压接法是20世纪50年代末期在加拿大隧道实践中成功应用的，也称温哥华法，它利用作用于管段后端封墙上的巨大水压力，使安装在管段前端周边上的一圈尖肋型胶垫产生压缩变形，形成一个水密性良好的止水接头。施工中在每节管段下沉着地时，结合管段的连接，进行符合精度要求的对位，然后使用预设在管段内隔墙上的两台拉合千斤顶(或定位卷扬机)，将刚沉放的管段拉向前一节管段，使胶垫的尖肋略微变形，起初步止水作用。完成拉合后，即可将前后两节管段封墙之间被胶垫封闭的水经前节管段封墙下部的排水阀排出，同时利用封墙顶部的进气阀放入空气。排水完毕后，作用在整个胶垫上更为巨大的水压力将其再次压缩，达到完全止水。完成水力压接后，便可拆除封墙(一般用钢筋混凝土筑成)，使已沉放的管段连通岸上，并可开始铺设路面等内部装修工作。

用水力压接法进行水下连接的主要工序是：对位—拉合—压接—拆除端封墙(见图9-20)。

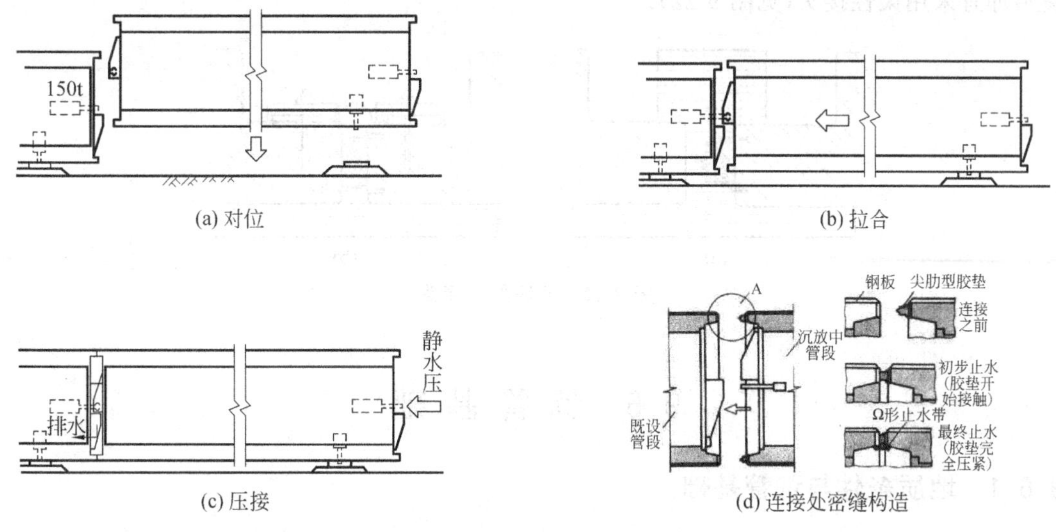

图9-20 水力压接法

9.5 管段接头

管段在水下连接完毕后，无论连接时采用水下混凝土连接法还是水力压接法，均需在水下混凝土或胶垫的止水掩护下，在其内侧构筑永久性的管段接头以使前后两节管段连成一体。管段接头主要有刚性接头和柔性接头两种。

9.5.1 刚性接头

刚性接头是在水下连接完毕后，在相邻两节管段端面之间沿隧道外壁(两侧与顶、底板)以一圈钢筋混凝土连接起来形成的永久性接头。刚性接头应具有抵抗轴力、剪切力和弯矩的必要强度,一般要不低于管段本体结构的强度。刚性接头的最大缺点为水密性不可靠,往往在隧道通车后不久即因沉降不匀而开裂渗漏。

自水力压接法出现后,许多隧道仍采用刚性接头,但其构造与以前的刚性接头迥异。水力压接时所用的胶垫留在外圈作为接头的永久性防水线。刚性接头处于胶垫底防护之下不再有渗漏,这种刚性接头可称为"先柔后刚"式接头(见图9-21)。其刚性部分一般在沉降基本结束之后,再以钢筋混凝土浇筑。

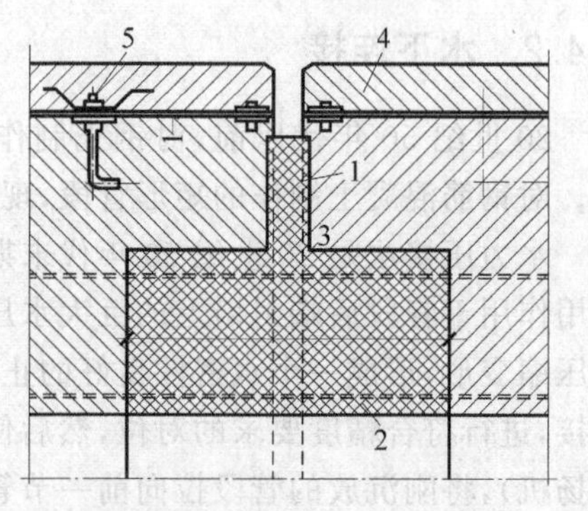

图9-21 "先柔后刚"式接头(长度单位:mm)

1—胶垫;2—后封混凝土;3—钢膜;4—钢筋混凝土保护层;5—锚栓

9.5.2 柔性接头

水力压接法出现后,柔性接头就问世了。这种接头主要利用水力压接时所用的胶垫吸收变温伸缩与地基不均匀沉降,以消除或减小管段所受变温或沉降应力。在地震区的沉管隧道亦宜采用柔性接头(见图9-22)。

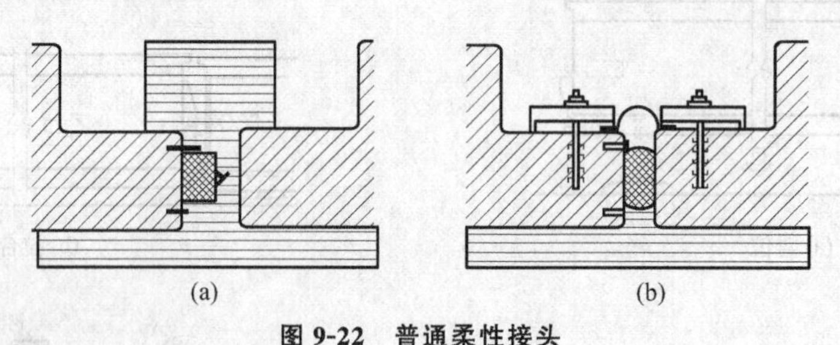

图9-22 普通柔性接头

9.6 沉管基础

9.6.1 地质条件与沉管基础

在一般地面建筑工程中,如地基土质较差,必须建造适当的基础,不然就会发生有害沉降,甚至有坍塌的危险。如遇有流砂,施工时还必须采取疏干或其他特殊措施,否则就会产生困难甚至发生意外。在水底沉管隧道中,作用在沟槽底面的荷载不会因为设置沉管而有所增加,相反,还会有所减小,如图9-23所示。由图可知,沉管空腔平均重度小于沉管前土层的重度,因而地基反力减小。沉管隧道对各种地质条件的适应性远比其他方法强,不会产生由于土体剪切或压缩而引起的沉降。沉管施工几乎可以适用于任何复杂的地质条件。因此,一般水底沉管工程施工前,不必像其他施工方法那样必须进行大量的水上勘察工作。

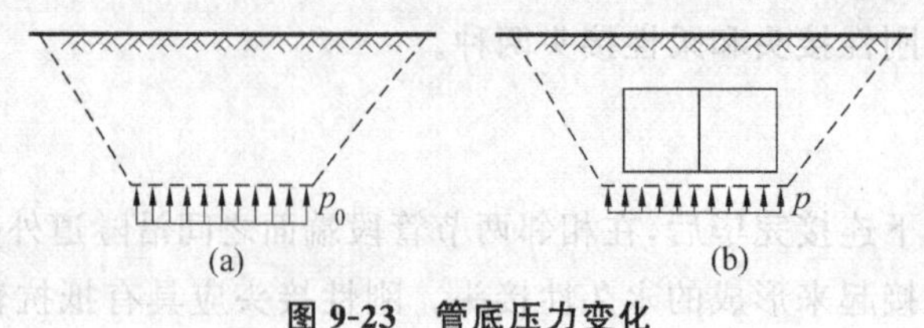

图9-23 管底压力变化

9.6.2　基础处理

沉管隧道对各种地质条件的适应性强,一般不需构筑人工基础,但施工时仍需进行基础处理。其目的不是为了解决地基土的固结沉降,而是为了解决开槽作业所造成的槽底不平整问题。槽底不平将使地基土受力不均匀而形成局部破坏,引起不均匀沉降,使管段结构受到较高的局部应力导致开裂,所以基础处理亦可以称为基础垫平。

沉管隧道的基础处理方法,大体上分为先铺法和后填法两大类。先铺法有刮砂法、刮石法等;后填法有灌砂法、喷砂法、灌囊法、压浆法、压砂法等。

1. 先铺法

先铺法实际上是利用刮铺机(见图 9-24)将铺垫材料(砂或石)设置成平整的垫层。刮砂和刮石两者操作工艺基本相同。

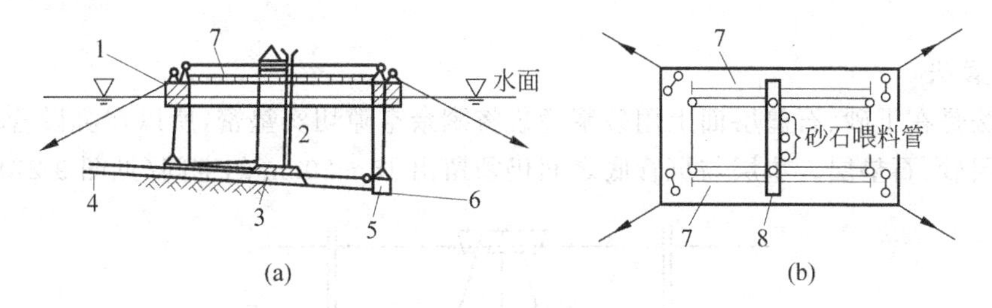

图 9-24　刮铺机

1—方环形浮箱;2—砂石喂料管;3—刮板;4—砂石垫层(0.6～0.9m);5—锚块;6—沟槽底面;7—钢轨;8—移动钢梁

铺垫材料可为粗砂,亦可为最大粒径不超过 100mm 的碎石。在地震区应避免用砂料铺垫。每次投料铺垫的范围,宽度可比沉管底宽多 1.5～2m,长度则与管段一节长度相同。由于刮铺垫层的表面不完全平整,还不能使沉管底面和垫层密贴,故常在管段沉设后加一道"压密"工序。可以采用灌满压载水、加砂石料的方法,使之发生超荷而使垫层压紧密贴。

2. 后填法

采用后填法时,应安设水底临时支座,临时支座大多数是在道砟堆上设置钢筋混凝土支承板,也可以采用简易墩(见图 9-25)。

后填法有多种工艺,其基本工序是:在挖沟槽时,先超挖 100cm 左右;在沟槽底面上安设临时支座;管段沉设完毕,于临时支座上搁妥后,往管底空间回填垫料。

1) 灌砂法

在管段沉设完毕后,从水面上通过导管沿着管段侧面向管段底下灌填粗砂,构成两条纵向的垫层。

2) 喷砂法

在管段宽度较大时,从水面上用砂泵将砂、水混合料通过伸入隧管底面下的喷管向管段下喷注以填满其空隙。喷砂法所构成的垫层厚度一般为 1m(见图 9-26)。

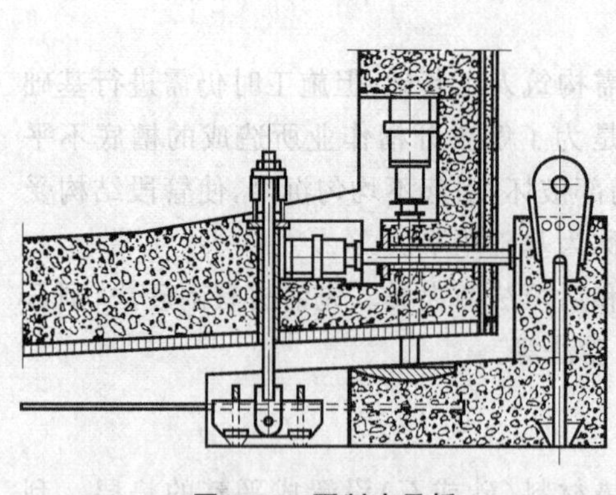

图 9-25 预制支承板

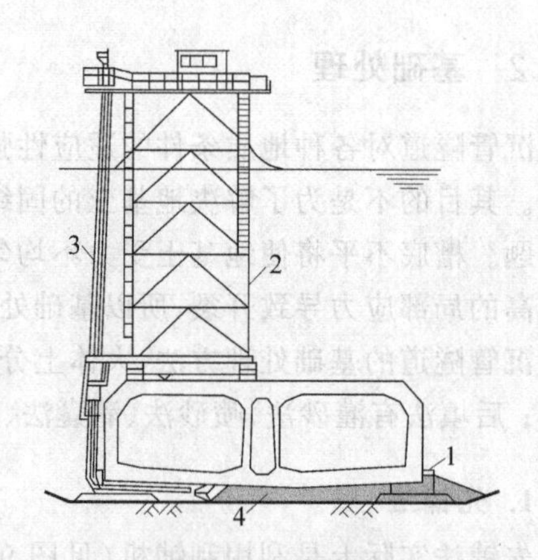

图 9-26 喷砂法

1—预制支承板；2—喷砂台架；3—喷砂管；4—喷入砂垫层

3）灌囊法

灌囊法是在干砂、石垫层面上用砂浆囊袋将剩余空隙切实垫密，所以在沉设管段之前仍需铺设一层砂、石垫层。垫层与沉管底之间仍须留出 15～20cm 的空间(见图 9-27)。

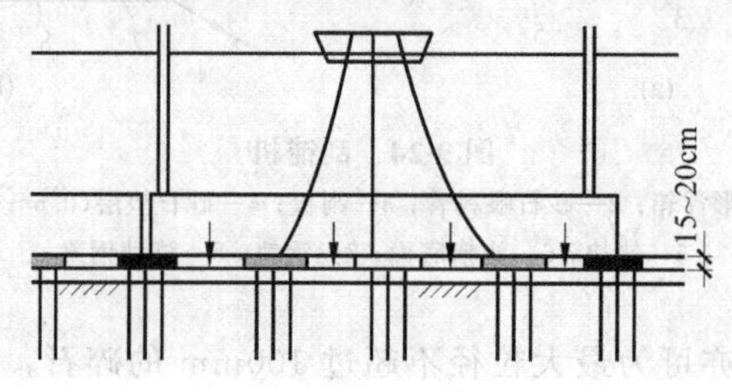

图 9-27 灌囊法

4）压浆法

采用压浆法时，沉管沟槽也需先超挖 1m 左右，然后摊铺一层碎石(厚 40～50cm)，但不必刮平，再堆设临时支座所需碎石堆，完成后即可沉设管段。管段沉设结束后，沿着管段两侧边及后端底边抛堆砂、石混合料以封闭管周边(见图 9-28)。

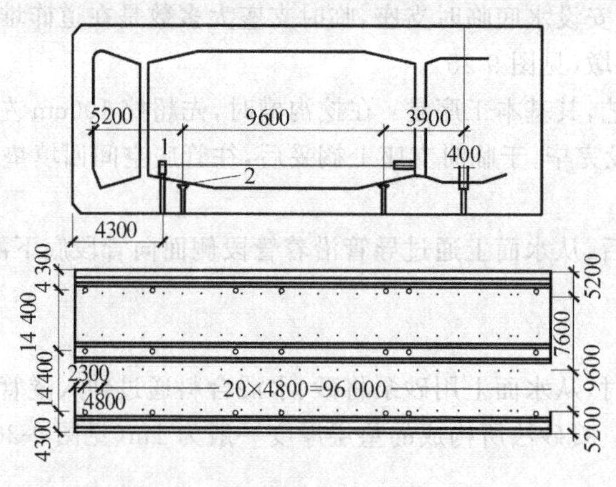

图 9-28 压浆法(长度单位：mm)

最后从隧道内部用通常的压浆设备，经预埋在管段底板上带单向阀的压浆孔，向管底空隙压注混合砂浆。

5) 压砂法

压砂法(见图 9-29、图 9-30)与压浆法大体相似，不同点是压注物料为砂水混合料。

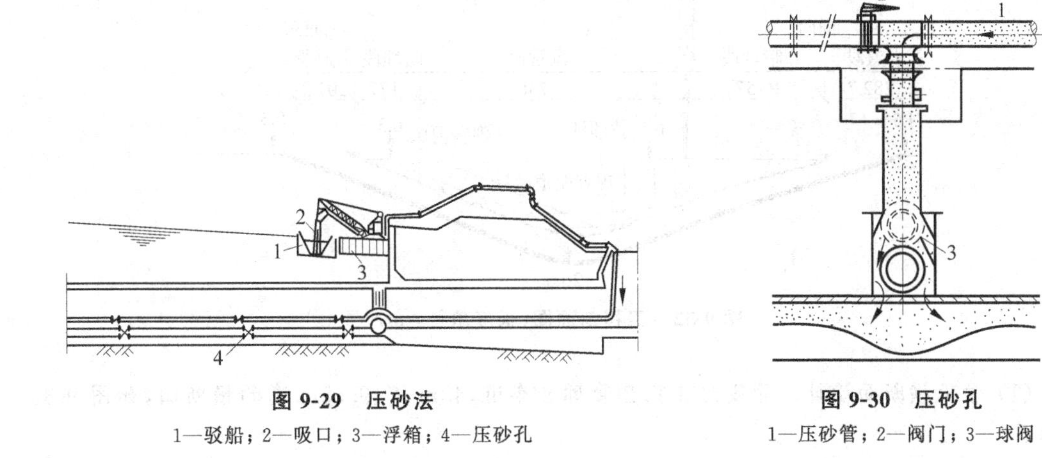

图 9-29 压砂法

1—驳船；2—吸口；3—浮箱；4—压砂孔

图 9-30 压砂孔

1—压砂管；2—阀门；3—球阀

9.6.3 软弱土层上的沉管基础

若沉管隧道下的地基土过于软弱，则仅靠“垫平处理”是不够的。遇到这种情况，一般的解决办法有：①以粗砂置换软弱土层；②打砂桩并加荷预压；③减轻沉管重量；④采用桩基。这些方法中，方法①②会增加工程费用，且在地震区增加砂土液化的危险可能性，方法③对沉管抗浮安全系数有较大影响，故常用方法④。

在沉管隧道中，会遇到与地面建筑不同的情况。群桩的桩顶标高在实际施工中不可能达到绝对的齐平，管段又是预制的，管段沉设完毕后，无法保证所有各桩均与管底接触，所以必须采取一些措施以使各桩能均匀受力。主要措施有：①水下混凝土传力法；②灌囊传力法；③活动桩顶法(见图 9-31)。

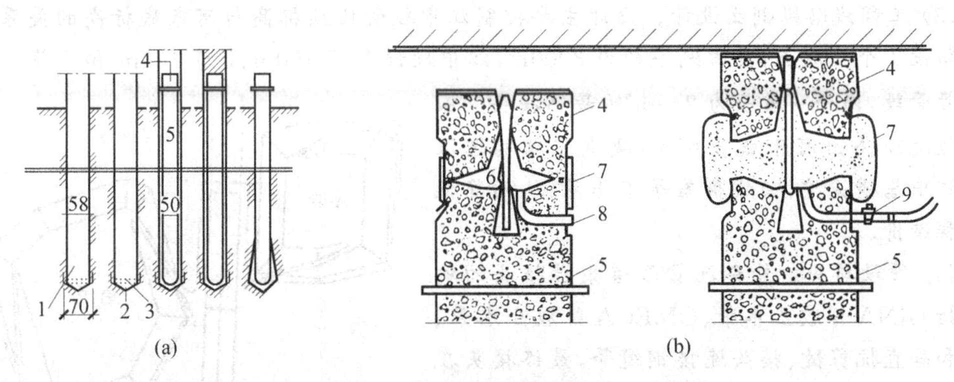

图 9-31 活动桩顶法(长度单位：mm)

1—钢管桩；2—桩靴；3—水泥浆；4—活动桩顶；5—预制混凝土桩；6—导向管；7—尼龙布囊；8—压浆管；9—控制阀

例 9-1 上海外环线沉管隧道。

上海外环线越江沉管隧道工程位于吴淞公园附近，为双向八车道公路沉管隧道。越江地点江面宽度为780m，全长2882.82m，如图9-32所示。工程于1999年12月开工，2003年6月竣工。

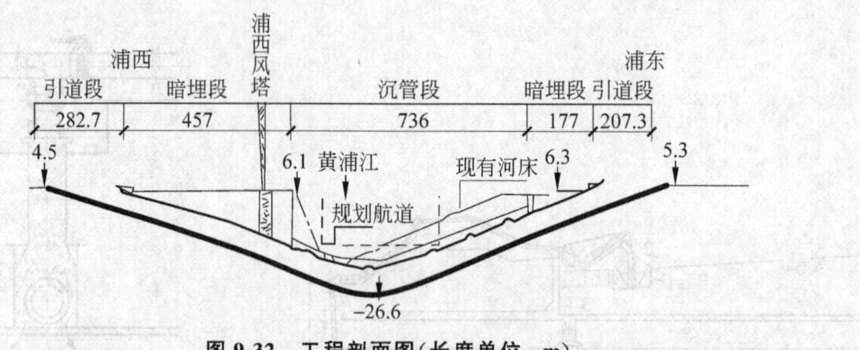

图 9-32 工程剖面图(长度单位: m)

(1) 管段横断面设计。管段为3孔2管廊8车道，43m宽、9.55m高的横断面，如图9-33所示。

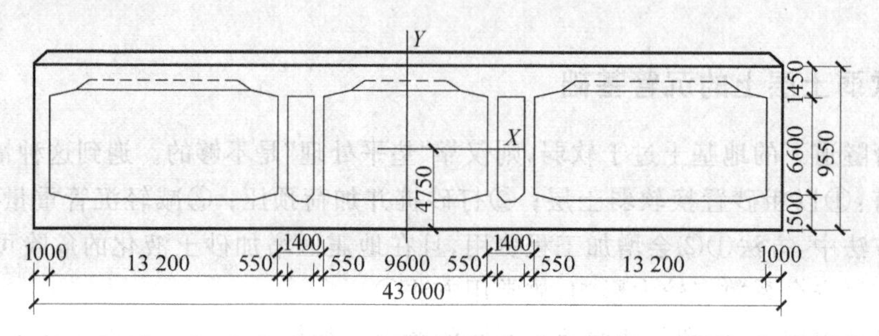

图 9-33 沉管管段横断面图(长度单位: mm)

(2) 工程线路平面设计。工程线路设两个曲线段，半径分别为1200m及10 000m，江中沉管部分在R=1200m的曲线上，避开了河床深潭中的最深部位，从而减小了隧道埋深。

(3) 工程线路纵剖面设计。设计主要控制江中段管段顶标高与河床底标高的关系，江中线路设1个变坡点，竖曲线半径为3000m，江中段设2节100m、1节104m和4节108m的沉管管段，内含一段长为2.5m的最终接头。深潭处隧道顶高出河床底3.61m，减少了结构埋深以及江中基槽浚挖、回填覆盖等工作量，从而降低了工程造价。

(4) 管段接头。外环沉管隧道柔性接头的构造包括GINA橡胶止水带、OMEGA橡胶止水带、水平和垂直抗剪键、接头连接钢缆等，最终接头在江中采用防水板方式完成。

(5) 干坞。干坞选址在浦东三岔港边的黄浦江滩地处，如图9-34所示。干坞分为A坞和B坞，

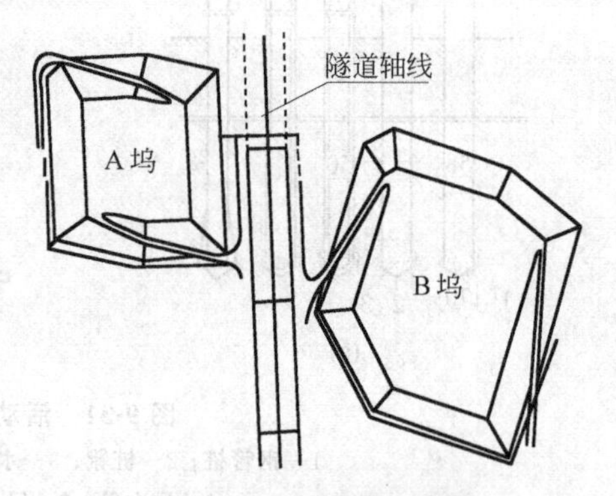

图 9-34 干坞方案示意图

其中A坞可一次性制作E7、E6节管段，B坞可一次性制作E1～E5节管段，两个干坞总占地面积$1.2\times10^5m^2$，总开挖土方量近$1.2\times10^6m^3$。

例9-2 荷兰第二条Benelux沉管隧道。

为解决鹿特丹西部的交通堵塞问题，荷兰政府在1988年作出决定，要把连接鹿特丹西部两个交通枢纽的高速公路由2×2车道扩展成2×4车道。它是在原Benelux沉管隧道旁再建一条沉管隧道。

隧道包括引道段和沉管段两部分，如图9-35所示，北引道由14段构成，总长约300m；沉管部分由6节管段组成，总长约850m；南引道由12段构成，总长约275m。

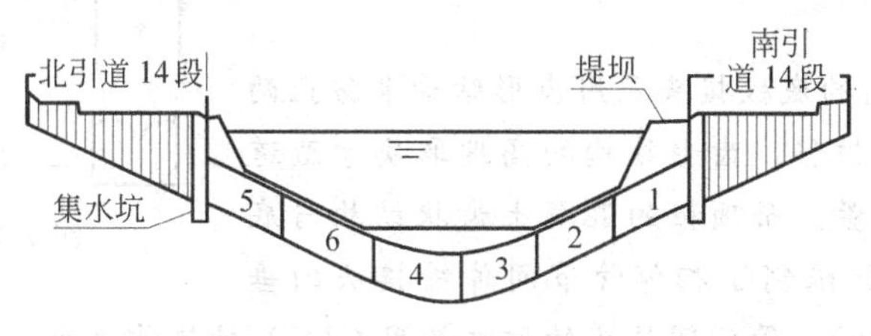

图9-35 隧道管段纵断面

(1) 地质概况。引道段的地质纵断面具有荷兰西部地区的地质特征。从地面到标高－18m N. A. P(荷兰参考标高：新阿姆斯特丹水平面)之间由全新纪土层构成。从沉管部分的地质纵断面看，引道下面大部分的更新纪砂层已由全新纪沉积物取代。

(2) 沉管隧道总体设计如图9-36所示。隧道由6个管道和1个附带有应急通道的管廊组成。

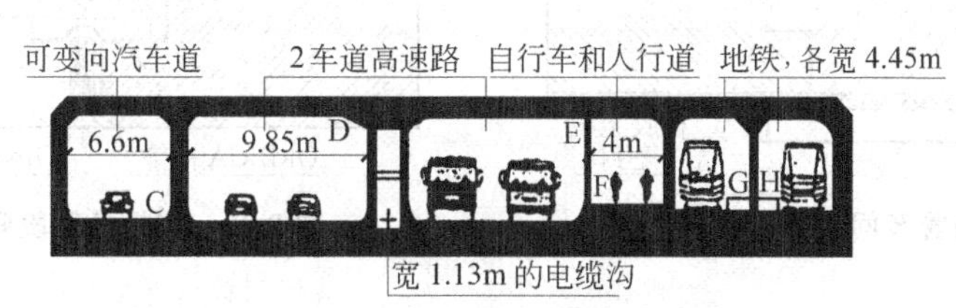

图9-36 第二条Benelux隧道横截面

管段尺寸：外侧宽度45.25m，外侧高度8.485m；管段共6节，每节管段长140m，由7段长度为20m的管节构成；每节管段排水量达到$5\times10^4m^3$。

沉管隧道纵断面情况：沉放部分从南北两岸标高(指隧道顶部)－2.616m开始；隧道顶部最深处位于－18m；道路交通最大坡度4.5%；地铁交通最大坡度4.0%；自行车和人行道最大坡度3.5%。

(3) 沉管隧道基础。隧道管段建在砂垫层基础上。最小基础压力5kPa，最大基础压力20kPa，比在基槽开挖和管段沉设前同一标高处的初始垂直地压(100kPa)小得多。

岸上基础标高处发现有泥炭层，施工时将泥炭层挖除，用硬岩石代替，硬岩石层的最大厚度3m。隧道管段底部的砂垫层厚度设计约为0.5m，并要求采用粒径在170～230μm范围内的中砂。

(4) 预制管段混凝土浇筑。

① 一般要求。混凝土标号为C35；管顶水深最大值为21.75m；考虑到水的含盐度，河

水的精确重度最大达到 10.2kN/m³。

在预制场中,两条生产线同时进行管段生产,总计42节管节。每节管节分3次浇筑:第一次浇筑底板(1300m³);第二次浇筑内墙(300m³);第三次浇筑外墙和顶板(1200m³)。混凝土浇筑前进行结构配筋,最大配筋量约 175kg/m³,总共用于管段的钢筋需 19 000t。

② 冷却系统。浇筑外墙和顶板时,要把混凝土浇筑在已经硬化的结构上。混凝土冷却采用外置冷却管的方法,如图 9-37 所示。

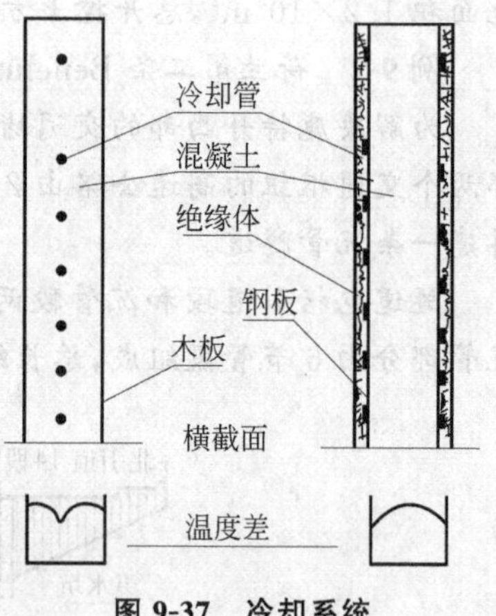

图 9-37 冷却系统

③ 接头。管节间的底板接头采用齿形结构来防止两个相邻管节间的垂直位移。齿形结构的高度取决于隧道管段所用压舱混凝土量。而顶板的混凝土齿状结构与底板处的方向相反,这就限制了相邻管节间伸缩接头的垂直方向错动(见图 9-38)。管段间接头的防水是用 GINA 衬垫作为第一道密封,用 OMEGA 衬垫作为第二道密封(见图 9-39)。隧道的最终接头采用防水板方式施工。

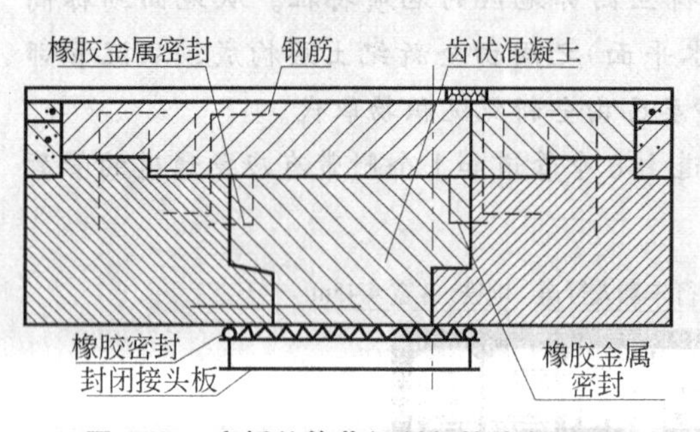

图 9-38 底板处管节间封闭接头断面图

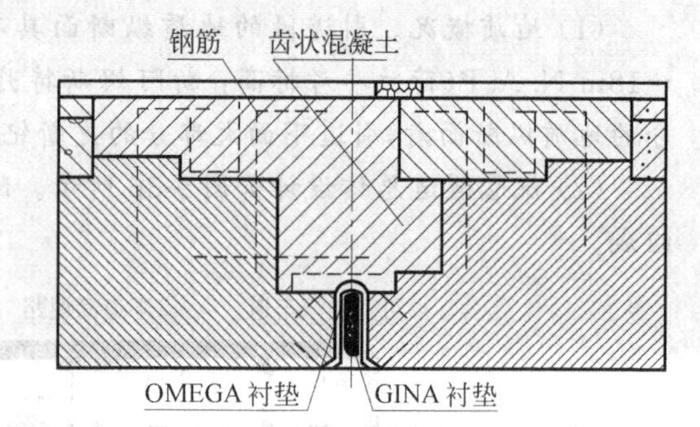

图 9-39 底板处管段间接头横截面

④ 预应力。必须对由浮运管段组成的各个管节施加定向预应力。每孔钢索由 19 根直径为 15.7mm 的预应力束构成,钢索的数量随管段沉放深度不同而不同。顶板上钢索数量为 3~9 根,底板上为 10~14 根。

复习思考题

9.1 简述沉管运输中干舷设计的意义。

9.2 简述沉管管段之间连接处理的方法。

9.3 简述沉管基础的处理措施。

第10章

地下建筑工程降水与防水设计

地下建筑是在含水的岩土环境中修建的结构物，在其设计、施工和使用过程中，必须考虑水的影响。如在盾构隧道、明挖深基坑、沉井和顶管施工中，地下水的水位太高，将造成施工十分困难，因此必须进行降水处理。同时由于地下水的渗透和侵蚀作用，会使工程产生病害，轻者影响使用，严重者会使工程报废，造成巨大的经济损失和严重的社会影响。因此，在地下建筑的设计、施工阶段，甚至维护阶段，必须做好地下建筑物施工的降水、防水和施工工作。

10.1 地下水的类型及性质

10.1.1 地下水的基本类型

1. 上层滞水

上层滞水一般存在于近地表岩土层的包气带中，如透水性不大的夹层、聚集起来的大气降水和凝结水，如图10-1(a)所示；地表的低洼地区，由于降水很难从其中流走，也可以形成上层滞水。上层滞水型的地下水距地表一般较浅，分布范围有限，补给区与分布区一致，水量极不稳定，通常在雨季出现，旱季消失。因此，旱季勘测时往往很难发现。另外，在居民区和工业区上下水管的渗漏，也有可能出现上层滞水；人工填土层也会出现上层滞水。

2. 潜水

潜水是埋藏在地表以下第一个隔水层以上的地下水。当开挖到潜水层时，即出现自由水面或称潜水面。在地下工程中通常把这个自由水面标高称为地下水位。潜水主要由大气降水、地表水和凝结水补给，变化幅度比较大。潜水是重力水，在重力作用下由高水位流向低水位。当河水水位低于潜水位时，潜水补给河水；当河水水位高于潜水水位时，河水补给潜水(见图10-1(b))。因此，当地下工程采取自流排水的办法防水时，必须准确掌握地表水体(江河、湖泊、水渠、水库等)的常年水位变化情况，对于近地表水体构筑的地下工程，要特别注意防止洪水倒灌。

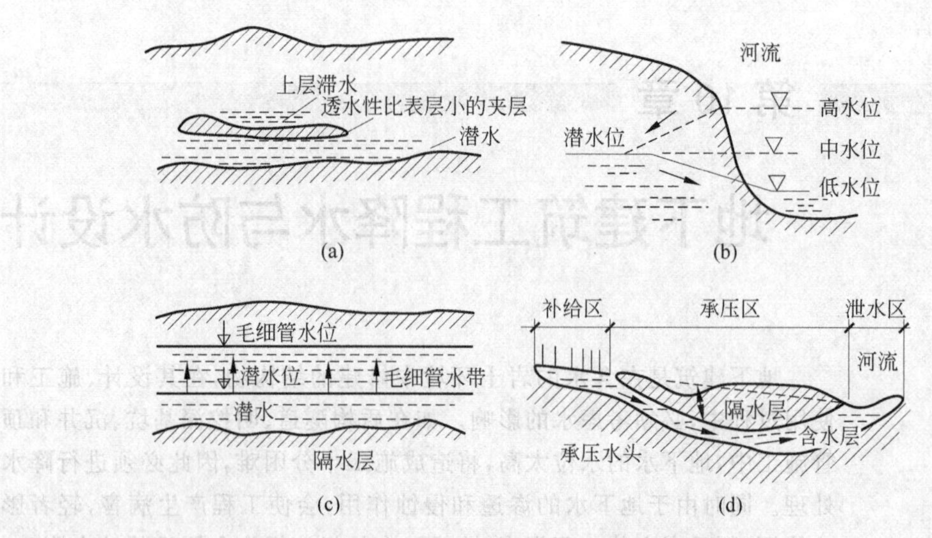

图 10-1　地下建筑工程常遇的地下水

(a) 上层滞水；(b) 潜水与河水补给关系；(c) 毛细管水；(d) 层间水

3. 毛细管水

通常毛细管水可以部分或全部充满离潜水面一定高度的土壤孔隙，如图 10-1(c)所示。毛细管现象是由于土粒和水接触时受到表面张力的作用，水沿着土粒间的连通孔隙上升而引起的。土壤的孔隙所构成的毛细管系统很复杂，所形成的沟管通向各个方向，沟管的粗细变化也很大，而薄膜水的存在又妨碍了毛细管水的运动。因此，土中毛细管水的上升高度不可能用简单的数学公式来计算，它与土壤的种类、孔隙和颗粒大小及土壤湿润程度有关。一般粗砂和大块碎石类土中毛细管水的上升高度不超过几厘米，而黄土可超过 2m，黏土的上升高度则更大。水的毛细管上升引力作用与毛细管的直径成反比。当温度为 15℃时，直径为 1mm 的毛细管里的水上升高度为 0.29cm；直径为 0.1mm 则可上升 29cm；直径为 0.01mm 则可上升 200cm。实验证明，小碎石粒径为 0.1～0.5mm 时，毛细管水可上升 1.31cm；土粒径为 0.1～0.2mm 时，毛细管水可上升 4.82cm；土粒径为 0.01～0.05mm 时，毛细管水可上升 10.5cm。土壤中的毛细管水上升，也可传播到与地下水和土壤的毛细管水相接触的地下工程。在地下工程防水设计时，毛细管水带区取潜水位以上 1m，毛细管水带以上部分可设防潮层。

4. 层间水

埋藏在两个隔水层之间的地下水称为层间水。在层间水未充满透水层时为无压水；如水充满了两个隔水层之间的含水层，打井至该层时，水便在井中上升甚至自动喷出，这种层间水称为承压水或自流水。承压水的特征是上下都有隔水层，具有明显的补给区、承压区和泄水区，如图 10-1(d)所示。补给区和泄水区相距很远；由于具有隔水层顶板，受地表水文、气候因素影响较小，水质好，水温变化小。它是很好的给水水源，但是当地下工程穿过该层时，由于层间水压力较大，因此要采取可靠的防压力水渗透措施，否则将造成严重后果。

10.1.2　地下水的基本性质

地下水在土中的流动称为渗流。两点间的水头差与渗透长度之比称为水力坡度，以 i 表示，$i=(H_1-H_2)/L$。水力坡度 $i=1$ 时的渗透速度称为土的渗透系数 k，单位常用 m/d 或 m/s 表示。土的渗透系数 k 的大小影响降水方法的选用，k 是计算涌水量的重要参数。

水在土中渗流时，对单位土体产生的压力即为动水压力 F：

$$F=-\gamma_w i \tag{10-1}$$

式中：γ_w——水的重度，$\gamma_w=10\text{kN/m}^3$。

当动水压力 F 等于或大于土的有效重度时，土颗粒处于悬浮状态，土的抗剪强度等于零，土颗粒将随着渗流的水一起流动，即所谓"流砂"现象。降低地下水位，不仅可以保持基坑底干燥，便于施工，而且消除了动水压力，是防止产生流砂现象的重要措施。采取打钢板桩、设置地下连续墙等措施亦可有效制止流砂现象的产生。

10.2　地下建筑工程降水设计

10.2.1　地下建筑工程降水方法

地下水处理方法可以归纳为两种：一种是降水；另一种是止水——止水帷幕。

降水的方法有集水井降水和井点降水两类。集水井降水是在沿基坑底周围开挖排水沟，将地下水引入基坑底的集水井后用水泵抽出基坑外。该方法在基坑开挖大、地下水位高而土质又不好时，容易引起流砂、管涌和边坡失稳情况下使用。

井点降水法有轻型井点、喷射井点、电渗井点、管井井点等。各种井点降水法的选择视含水地层、土的渗透系数、降水深度、施工条件等而定，见表10-1。井点降水设计流程如图10-2所示。

表10-1　降水技术方法适用范围

降水技术方法	适合地层	渗透系数/(m/d)	降水深度/m
明排井	黏性土、砂土	<0.5	<2
真空井点	黏性土、粉质黏土、砂土	0.1～20.0	单级<6，多级<20
喷射井点	黏性土、粉质黏土、砂土	0.1～20.0	<20
电渗井点	黏性土	<0.1	按井类型确定
引渗井	黏性土、砂土	0.1～20.0	由下伏含水层的埋藏和水头条件确定
管井	砂土、碎石土	1.0～200.0	>5
大口井	砂土、碎石土	1.0～200.0	<20
辐射井	黏性土、砂土、砾砂	0.1～20.0	<20
潜埋井	黏性土、砂土、砾砂	0.1～20.0	<2

轻型井点系统由井点管、连接管、集水总管及抽水设备等组成，如图10-3所示。钻孔孔径常用ϕ250～300mm，间距1.2～2.0m，冲孔深度应超过过滤管管底0.5m。井点管采用直

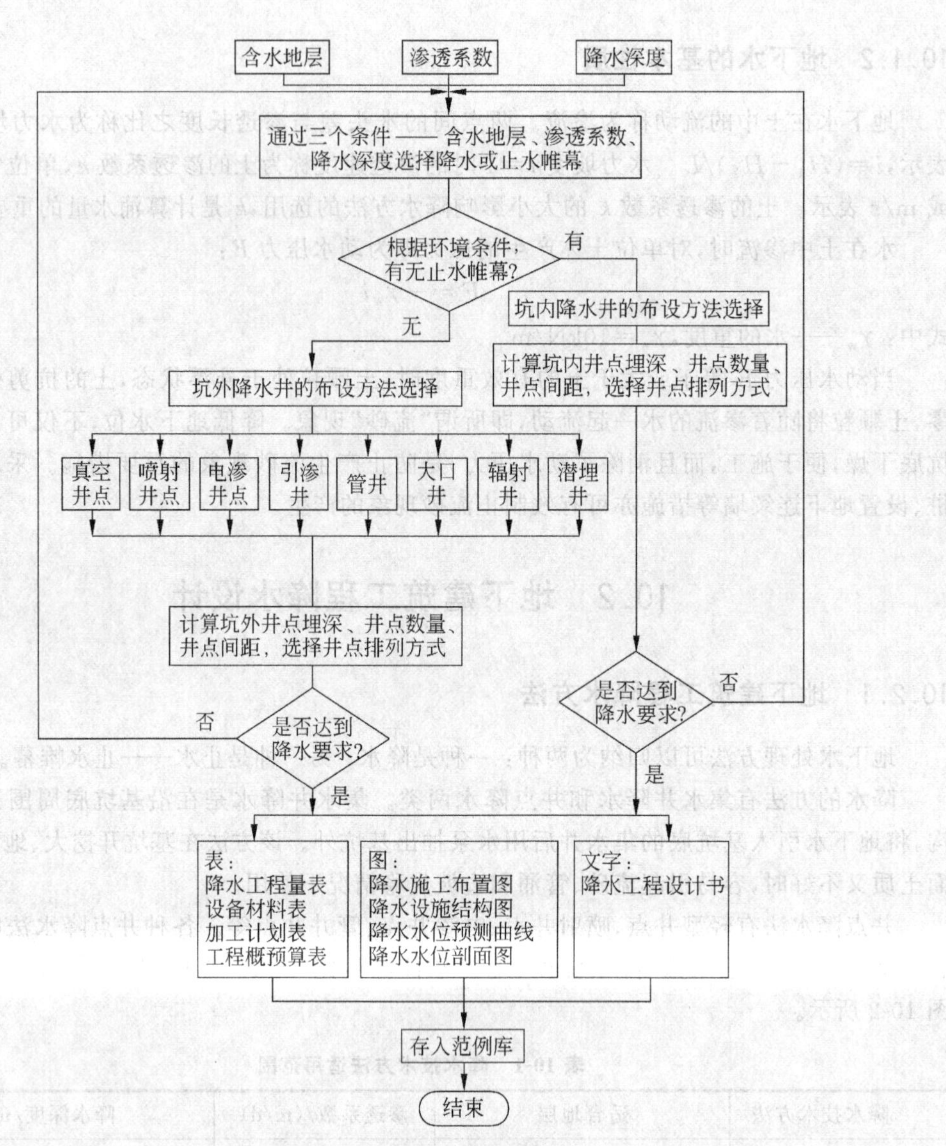

图 10-2 井点降水设计流程图

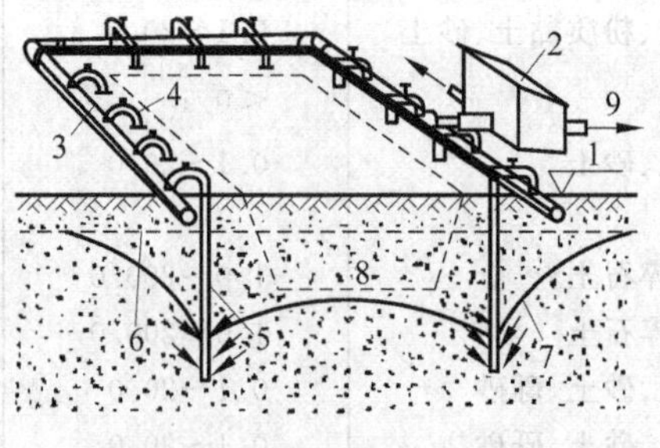

图 10-3 轻型井点降低地下水位全貌图

1—地面；2—水泵房；3—总管；4—弯联管；5—井点管；6—原有地下水位线；7—降低后的地下水位线；8—基坑；9—将水排放于河道或沉淀池

径 38～55mm 的钢管，长度一般为 5～7m，井点管下部过滤管长度为 1.0～1.7m。集水总管每节长 4m，一般每隔 0.8～1.6m 设一个连接井点管的接头。轻型井点的降水井深度可按下式计算：

$$\begin{cases} H \geqslant H_{1w} + H_{2w} + H_{3w} + H_{4w} + H_{5w} + H_{6w} \\ H_{3w} = ir_0 \end{cases} \tag{10-2}$$

式中：H_{1w}——基坑深度，m；

H_{2w}——降水水位距离基坑底要求的深度，m；

i——水力坡度，在降水井分布范围内宜为$\frac{1}{15}$～$\frac{1}{10}$，降水开始时取 1；

r_0——降水井分布范围的等效半径或降水井排间距的$\frac{1}{2}$，m；

H_{4w}——降水期间的地下水位变幅，m；

H_{5w}——降水井过滤器工作长度，m；

H_{6w}——沉砂管长度，m。

喷射井点系统由喷射井点、高压水泵和管路组成，以压力水为工作源，如图 10-4 所示。当基坑宽度小于 10m 时，井点可采用单排布置；当基坑宽度大于 10m 时，井点可采用双排布置；如基坑面积更大时，井点宜采用环形布置。喷射井点间距 2～3m，成孔的孔径常用 ϕ400～600mm，间距 3.0～6.0m，冲孔深度应超过过滤管管底 1.0m。

管井井点系统由井壁管、过滤器、水泵组成，如图 10-5 所示。在坑外每隔一定距离设置一个管井，每个管井单独用一台水泵不断地抽水来降低地下水位。其井点间距为 14～18m，泵吸水口宜高于井底 1.0m 以上。

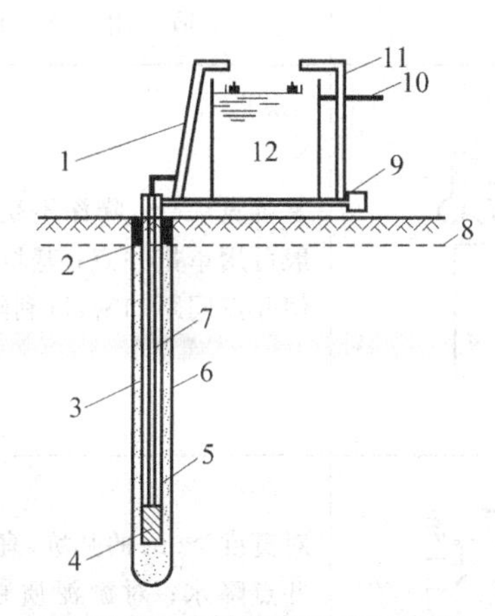

图 10-4　喷射井点工作示意图

1—排水总管；2—黏土封口；3—填砂；4—过滤器；5—喷射器；6—井点管；7—给水总管；8—地下水位线；9—水泵；10—溢流管；11—调压管；12—水箱

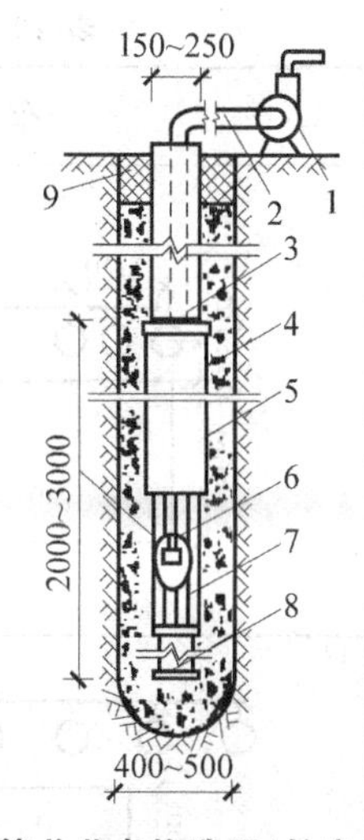

图 10-5　管井井点构造图(长度单位：mm)

1—水泵；2—吸水管；3—管身；4—小嵌石；5—滤网；6—吸水管；7—钢筋焊接骨架；8—沉砂管；9—黏土

电渗井点是以井点管井身作阴极,以钢管作阳极,阴、阳极用电线连接成通路,使孔隙水向阴极方向集中产生电渗现象,如图10-6所示。阴、阳极两者距离：当采用轻型井点系统时,宜为0.8～1.0m；当采用喷射井点系统时,宜为1.2～1.5m。电压梯度可采用0.5V/cm,工作电压不宜大于60V,土中通电时的电流密度宜为0.5～1.0A/m^2。

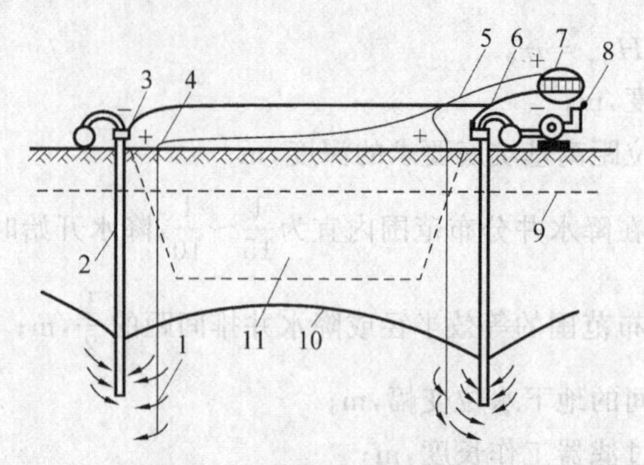

图10-6 电渗井点布置示意图

1—阳极；2—阴极；3—用扁钢、螺栓或电线将阴极连接；4—用钢筋或电线将阳极连通；5—阳极与电机连接电线；6—阴极与发电机连接电线；7—直流发电机(或直流电焊机)；8—水泵；9—原有地下水位线；10—降水后的水位线；11—基坑

10.2.2 降水工程的平面布置

1. 坑外降水井布置

如果环境要求不高,无止水帷幕,可采用坑外降水井点布置,见表10-2。

表10-2 由基坑形状及宽度确定的布井方法

类　型	布 置 简 图	适 用 条 件
单排线状加密井点	L/20　L　L/20 0.2~1m <6m	基坑宽＜6m,降深不超过6m,一般可用单排井点；基坑两端部宜使井点间距加密,以利降水
双排线状井点	1~1.5m >6m	对宽度＞6m的基坑,宜采用双排井点降水；对淤泥质粉质黏土,有时基坑宽＜6m亦采用双排井点降水

续表

类　型	布 置 简 图	适 用 条 件
环形井点系统	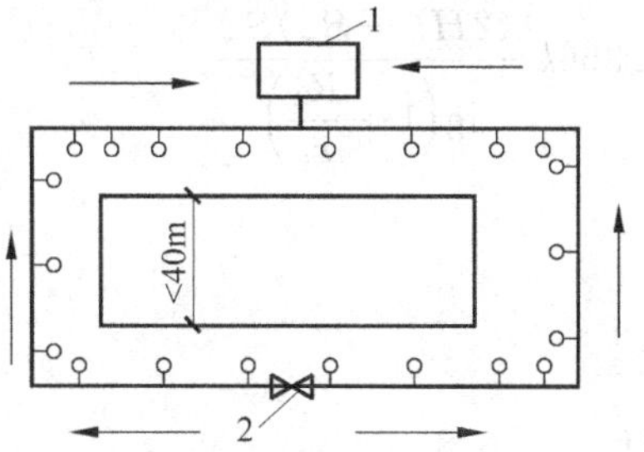 1—泵设备；2—控制阀	当基坑宽度＜40m 时，可用单环形井点系统。对环形井点应在泵的对面安置一阀，使集水管内水流入泵设备，以避免紊流；或将总管在泵对面断开；或在环形总长的 1/5 距离，将井点在四角附近加密，以加强降水
多环形井点系统	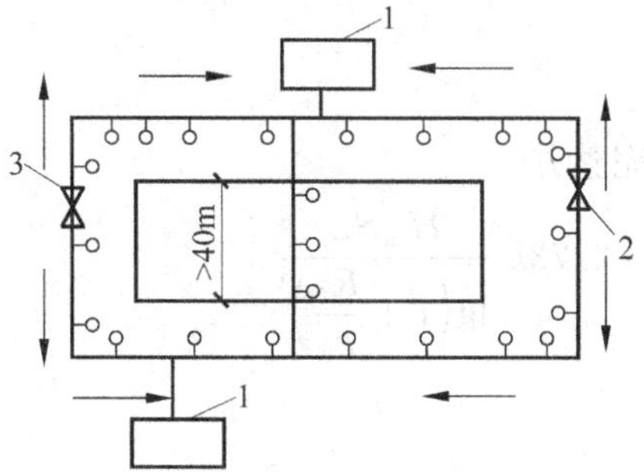 1—泵设备；2，3—控制阀	当基坑宽度＞40m 时，考虑地质条件，可用多环形井点系统，在中央加一排或多排井点，并布置相应的水流总管和井点泵系统
八角形环圈井点系统	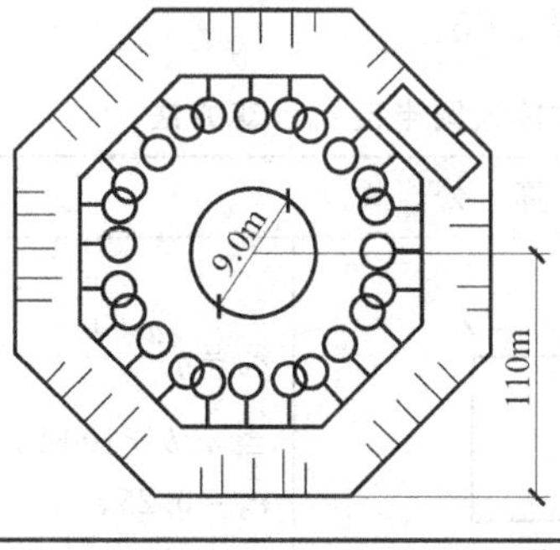	适用于圆形沉井施工，可布设八角形集水管，由 45°弯管接头连接井点。图示表明配合上部大开挖，在明挖降低地面高程后，安装井点泵和总管，从而加深降水深度

2. 坑内布置

环境要求高，有止水帷幕(或连续墙)时，采用坑内降水，一般用管井(深井)井点效果好。管井(深井)按棋盘点状布置，井距可以通过计算得到，一般为 10～20m。

3. 降水井的深度

降水井的深度按照式(10-2)计算即可。

10.2.3　基坑总涌水量计算

根据基坑的形状将其分为两类，当基坑的长度与宽度之比大于 10 时，称为条状基坑；当长宽之比小于 10 时，称为面状基坑。

1. 对于均质含水层的面状基坑涌水量计算

(1) 对于远离基坑边界的潜水完整井

$$Q_T = 1.366k\frac{(2H_0 - S_w)S_w}{\lg\left(1+\frac{R_0}{r_0}\right)} \tag{10-3}$$

式中：Q_T——基坑总出水量，m^3/d；

k——土层垂直渗透系数，m/d；

H_0——潜水含水层厚度，m；

S_w——基坑设计水位降深值，m；

R_0——降水影响半径，m，对于潜水含水层：$R_0 = 2S_w\sqrt{H_0 k}$；对于承压含水层：$R_0 = 10S_w\sqrt{k}$；

r_0——基坑等代圆半径。

(2) 对于远离基坑边界的承压水完整井

$$Q_T = 2.73k\frac{H_m S_w}{\lg\left(1+\frac{R_0}{r_0}\right)} \tag{10-4}$$

式中：H_m——承压含水层厚度，m；

其他参数意义同前。

如果是多层含水层，则分层计算后相加即可。基坑等代圆半径 r_0 计算方法见表 10-3。r_0 的计算公式中其参数取值见表 10-4、表 10-5。

表 10-3　基坑等代圆半径 r_0 计算方法

井群平面布置图形	计算公式		说　明
矩形	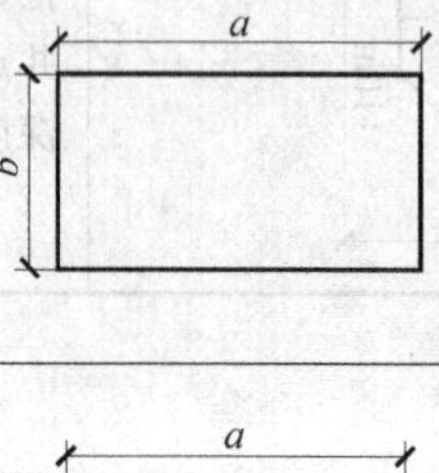 (图：边长 a、b 的矩形)	$r_0 = \eta\frac{a+b}{4}$ 当 $a/b \geqslant 10$ 时，$r_0 = 0.25a$	a、b 为基坑的长和宽，η 为系数，查表 10-4 确定
正方形	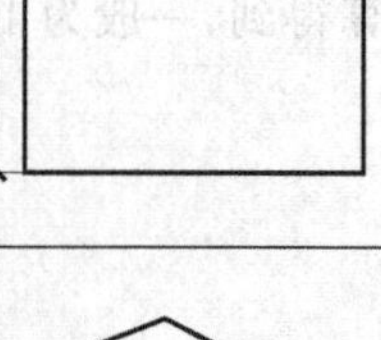 (图：边长 a 的正方形)	$r_0 = 0.59a$	a 为基坑的边长
菱形	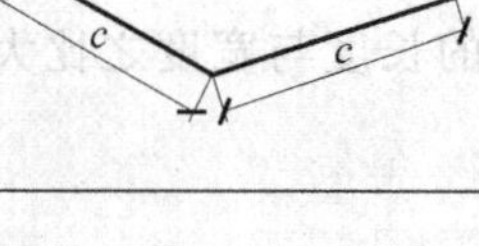 (图：边长 c 的菱形)	$r_0 = \eta'\frac{c}{2}$	c 为菱形边长，η' 为系数，查表 10-5 确定

续表

井群平面布置图形	计 算 公 式		说 明
椭圆形		$r_0=\eta\dfrac{d_1+d_2}{4}$	d_1、d_2 分别为椭圆长轴和短轴长度
不规则的圆形		$r_0=0.565\sqrt{S}$	S 为基坑面积
不规则的多边形		$r_0=\dfrac{\rho}{2\pi}$	ρ 为多边形周长

表 10-4　系数 η 与 $\dfrac{b}{a}$ 的关系

b/a	0	0.1	0.2	0.3	0.4	0.6	0.8	1.0
η	1.0	1.0	1.1	1.12	1.14	1.16	1.18	1.18

表 10-5　系数 η' 与菱形内角的关系

菱形内角	0°	18°	36°	54°	72°	90°
η'	1.0	1.06	1.11	1.15	1.17	1.18

2. 对于均质含水层的条状基坑的涌水量计算

(1) 对于远离基坑边界的潜水完整井

$$Q_T=kL\frac{H_0^2-H_w^2}{R_0} \tag{10-5}$$

$$H_w=H_0-S_w \tag{10-6}$$

式中：L——条状基坑的长度，m；

H_w——抽水前与抽水时含水层厚度的平均值，即基坑动水位至含水层底板深度，m。

(2) 对于远离基坑边界的承压水完整井

$$Q_T=\frac{2kLH_mS_w}{R_0} \tag{10-7}$$

10.2.4 单井最大出水量计算

单井最大出水量的计算方法依据降水方法的不同而不同,其中真空井点的出水量按1.5～2.5m³/h选择,喷射井点的出水量按4.22～30m³/h选择,管井降水的出水量可按下式计算:

$$q_1=60\pi dl'\sqrt[3]{k} \tag{10-8a}$$

当含水层为软弱土层时,单井可能抽出的抽水量计算公式为

$$q_1=2.50irkH_0 \tag{10-8b}$$

式中:d——过滤器外径,m;

l'——过滤器淹没段长度,m;

r——井半径,m;

q_1——单井最大出水量,m³/d。

由于过滤器加工及成井工艺等人为因素影响,实际工作中也可在现场做抽水试验求得单井涌水量。

布设井点的数量是根据基坑总出水量与单井出水量进行试算而确定的。一般根据基坑总出水量及设计出水量确定初步布设井数:

$$n=1.1\frac{Q_{\mathrm{T}}}{q_1} \tag{10-9}$$

式中:n——初步布设井数,计算结果取整且取大值;

其他参数意义同前。

10.2.5 井点间距计算

井点间距的计算公式为

$$L_{\mathrm{r}}=\frac{L_{\mathrm{t}}}{n} \tag{10-10}$$

式中:L_{r}——井点间距,m;

L_{t}——沿基坑周边布置降水井的总长度,m。

根据基坑的形状和以上求出的布设井点的数量和井点的间距画出降水施工布置图。

10.2.6 降深与降水预测

井点数量、井点间距及排列方式确定后要计算基坑的水位降深,主要计算基坑内抽水影响最小处的水位降深值。对于稳定流干扰井群主要验算基坑中心部位的水位降深值。

1. 面状基坑的水位降深

1) 潜水完整井

(1) 非稳定流

$$S_{\mathrm{r,t}}=H_0-\sqrt{H_0^2-\frac{Q_{\mathrm{T}}\ln\dfrac{2.25a_{\mathrm{w}}t}{(r_1^2r_2^2r_3^2\cdots r_n^2)^{\frac{1}{n}}}}{2\pi k}} \tag{10-11}$$

(2) 当 $\frac{r_i^2}{4a_w t} \leqslant 0.1$ 时，采用稳定流

$$S_r = H_0 - \sqrt{H_0^2 - \frac{Q_T}{1.366k}\left[\lg R_0 - \frac{1}{n}\lg(r_1 r_2 r_3 \cdots r_n)\right]} \tag{10-12}$$

2) 承压水完整井

(1) 非稳定流

$$S_{r,t} = \frac{Q_T \ln \frac{2.25a_w t}{(r_1^2 r_2^2 r_3^2 \cdots r_n^2)^{\frac{1}{n}}}}{4\pi k H_m} \tag{10-13}$$

(2) 当 $\frac{r_i^2}{4a_w t} \leqslant 0.1$ 时，采用稳定流

$$S_r = \frac{0.366Q_T}{H_m k}\left[\lg R_0 - \frac{1}{n}\lg(r_1 r_2 r_3 \cdots r_n)\right] \tag{10-14}$$

式中：a_w——含水层导压系数，m^2/d；

t——抽水时间，d；

其他参数意义同前。

2. 条状基坑的水位降深

1) 潜水完整井

$$S_x = H - \sqrt{h_{1w}^2 + \frac{X}{R}(H^2 - h_{1w}^2)} \tag{10-15}$$

2) 承压水完整井

$$S_x = H_p - \left(h_{2w} + \frac{H_p - h_{2w}}{R}X\right) \tag{10-16}$$

式中：H_p——承压含水层水头值，m；

h_{1w}——降水井的含水层厚度，m；

h_{2w}——降水井的承压水水头值，m；

X——任意计算点到井排的距离，m。

经过计算，如果达不到设计水位降深的要求（过大或过小），则必须调整井点数与井距，重新计算。根据上面的公式，在选择了合适的降水方法后，选定一处（即 $r_1, r_2, \cdots, r_n$ 一定）可以作出水位降深与时间的 S-t 曲线，见图 10-7。

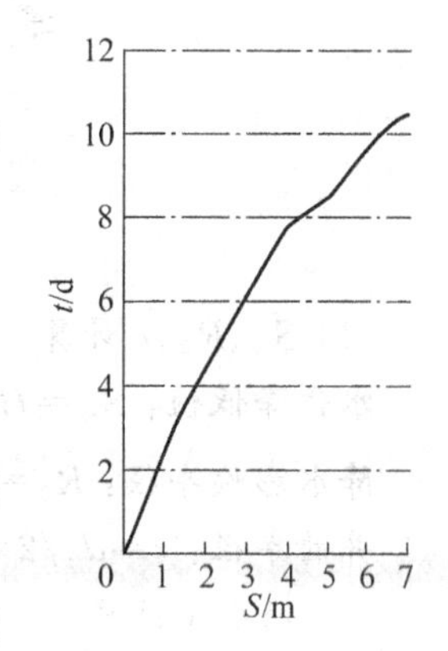

图 10-7　S-t 曲线图

10.2.7　降水观测

降水过程中的观测非常重要，通常有以下几个观测措施。

1. 流量观测

采用流量表来观测，发现流量过大而水位降低缓慢甚至降不下去时应考虑改用流量较大的离心泵；反之，则可改用小泵以免离心泵无水发热并节约电能。

2. 地下水位观测

可用井点管作观测井,在开始抽水时,每隔4~8h测一次,以观测整个系统的降水能力;3d后或降水达到预定标高前,每天观测1~2次;地下水位降到预期标高后,可数日或一周测一次,但若遇下雨,特别是暴雨时须加强观测。

10.2.8 井点管拔除

拔除井点管后的孔洞,应立即用砂土填实,对于穿过不透水层进入承压含水层的井管,拔除后应用黏土球填塞封死,杜绝井管位置发生管涌。

当坑底承压水头较高时,井点井管宜保留至底板做完后再拔除。

例10-1 某基坑降水工程,基坑长41m,宽17m,深5m,静止水位0.9m,渗透系数k为10m/d,均质潜水含水层厚10.1m,试进行降水工程设计。

解 根据已知条件知$a=41\text{m}$,$b=17\text{m}$,$H_0=10.1\text{m}$,$H_1=5\text{m}$,如图10-8所示。降水后的地下水位与基坑底的距离h一般要求为0.5~1m,这里取$h=1\text{m}$。根据水文地质条件,选用管井井点降水,设计管井为完整井。取过滤器直径$d=450\text{mm}$,过滤器长度$l'=1\text{m}$,填砾厚度75mm,井径$d_1=600\text{mm}$,井点距坑壁1.0m,井管埋深$H_g=9.15\text{m}$。

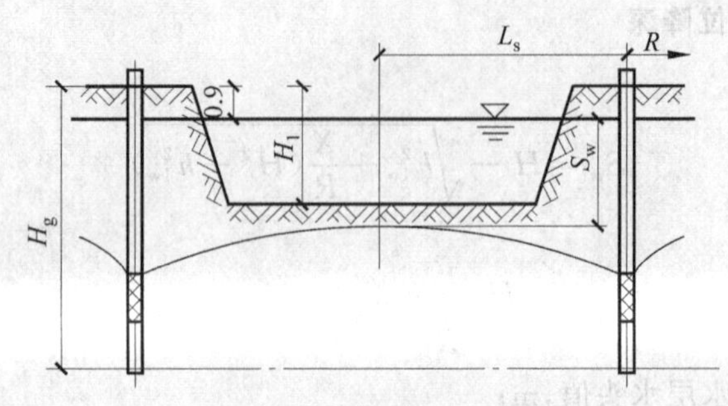

图10-8 基坑降水剖面图

(1) S_w、R_0、r计算

水位降低值:$S_w=H_1-0.9+1=(5-0.9+1)\text{m}=5.1\text{m}$

降水影响半径:$R_0=2S_w\sqrt{kH_0}=2\times5.1\times\sqrt{10\times10.1}\text{ m}\approx102.5\text{m}$

井的半径:$r=d_1/2=300\text{mm}$

(2) 涌水量计算

基坑等代圆半径:$r_0=1.14\times(a+b)/4=0.285\times(41+17)\text{m}=16.53\text{m}$

基坑排水量

$$Q_T=1.366k\frac{(2H_0-S_w)S_w}{\lg\left(1+\dfrac{R_0}{r_0}\right)}=1.366\times10\times\frac{(2\times10.1-5.1)\times5.1}{\lg\left(1+\dfrac{102.5}{16.53}\right)}\text{m}^3/\text{d}$$

$$\approx1226.89\text{m}^3/\text{d}$$

(3) 单井抽水量计算

$$q_1=2.5ikH_0d_1/2=2.50\times1\times10\times10.1\times\frac{0.6}{2}\text{m}^3/\text{d}=75.75\text{m}^3/\text{d}$$

(4) 井点数量计算

$$n \geqslant 1.1Q_T/q_1 = 1.1 \times 1226.94/75.75 \approx 17.82$$

取井点数 $n=18$。

(5) 井点间距计算

井点绕基坑环状布置，18 个井点间距为

$$L_r = [(17+2)\times 2 + (41+2)\times 2]/18\text{m} \approx 6.9\text{m}$$

例 10-2　轻型井点法降水开挖流砂基坑。

某大桥位于陕西北部毛乌素沙漠，大桥和黄河支流正交，旱季水深在 2～4m，雨季最大水深 6m，河水流量大致为 $200\text{m}^3/\text{s}$。桥基为钻孔桩基础，桩基施工时采取筑岛方案，筑岛平面高于水位线 1.2m，基坑平面尺寸为 8.5m×10m，井点环状布置，离基坑边坡顶 1.0m。基坑底宽 3.5m，长 5m，自筑岛平面，承台基坑开挖深度为 5m。基坑底部位于水位线以下 3.8m。含水层厚度为 6.8m。根据地质勘察资料，自筑岛平面的地面下 1.2m 为填筑黄土，此层下 6.8m 范围为细砂层，土的渗透系数为 $k=5\text{m/d}$。

为了防止发生"流砂"现象，决定采用 PVC 管简易轻型井点降水法施工，机械开挖土方，坡面采用 3mm 铁丝 20cm×20cm 挂网，5cm 砂浆抹面防护，取得了工程施工的成功。

1) 基坑总涌水量计算

降水深度：$S_w = (5-1.2+0.5)\text{m} = 4.3\text{m}$

基坑等代圆半径：

$$b/a = 8.5/10 = 0.85, \eta = 1.18$$

$$r_0 = \frac{(a+b)\eta}{4} = \frac{8.5+10}{4} \times 1.18\text{m} = 5.4575\text{m}$$

降水影响半径：$R_0 = 2S_w\sqrt{H_0 \times k} \approx 50.15\text{m}$

基坑总涌水量按潜水完整井计算：

$$\begin{aligned} Q_T &= [1.366k(2H_0 - S_w)S_w]/\lg\left(1+\frac{R_0}{r_0}\right) \\ &= [1.366 \times 5 \times (2 \times 6.8 - 4.3) \times 4.3]/\lg\left(1+\frac{50.15}{5.4575}\right)\text{m}^3/\text{d} \\ &\approx 270.93\text{m}^3/\text{d} \end{aligned}$$

2) 单井点数量及间距

单井出水量：$q_1 = 2.5ikH_0d_1/2 = 2.5\times 1\times 5\times 6.8\times 0.45/2\text{m}^3/\text{d} = 19.125\text{m}^3/\text{d}$

井点数量：$n \geqslant 1.1\dfrac{Q_T}{q_1} = 1.1\times 270.93/19.125 \approx 15.58$，取整为 16 口

井点间距：$L_r = 2\times(8.5+10+4)/16\text{m} \approx 2.8\text{m}$

3) 设备选择及施工

(1) 水泵规格及数量。排水可直接引入河道，对扬程不作要求。选用流量 $20\text{m}^3/\text{h}$、功率 4.5kW、扬程 22m 的水泵，每个基坑需要水泵台数：$n = \dfrac{16\times 19.125}{20\times 12}\times 0.8 = 1.02$，选 1 台。同时配备内径 0.03m 硬质 PVC 管若干米，自制射水机具一套，0.3mm 滤网若干。

(2) 井点管制作。采用硬质 PVC 管。底部熔成尖嘴状，从底部开始 1.0m 范围制成

滤管,打5mm小孔若干,间距2cm。然后包裹两层宽0.3mm滤网,最后用尼龙线紧密缠绕。

(3) 井管埋设。井管埋设如图10-9所示。冲管沿基坑四周冲孔,在压力水作用下冲管带着井管徐徐下沉至7m时冲管上提,井管留在预定位置。

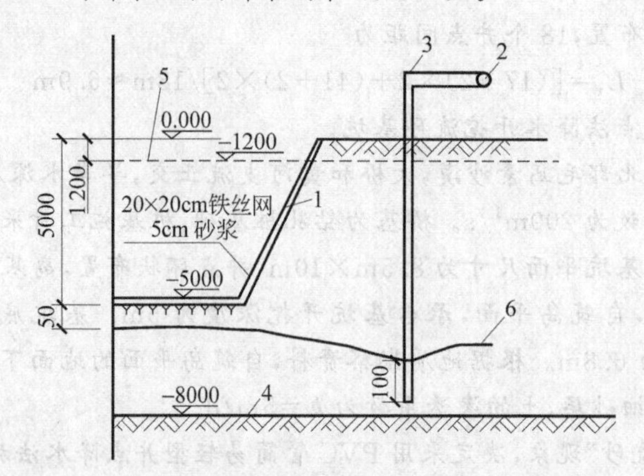

图10-9 基坑剖面示意图(长度单位:mm)

1—基坑;2—总管;3—3cmPVC管;4—不透水层位置;5—地下水位线;6—降水后地下水位线

(4) 抽水。沿四周2.8m间距埋设井管后,井管连接要防止漏气。接好后往手动压水机内灌水,边灌边压,排出管内空气,直至各井点管内全部充满水为止,然后开动水泵。此时观察水泵出水孔水流,刚开始时,水流往往不稳,过一段时间后,则出水正常。

(5) 基坑开挖。降水达到要求就开挖基坑。按1∶0.5放坡开挖,基底每侧留1m工作面。挖掘机开挖,挂网砂浆抹面防护,经过实践,在河漫滩内的基坑成功开挖。

10.3 地下建筑工程防水设计

10.3.1 设计原则

《地下工程防水技术规范》(GB 50108—2008)规定:地下工程防水的设计与施工应遵循“防、排、截、堵相结合,因地制宜,综合治理”的原则。

“防”即要求隧道衬砌结构具有一定的防水能力,能防止地下水渗入,如采用防水混凝土或塑料防水板等。

“排”即隧道应有排水设施并充分利用,以减少渗水压力和渗水量;但必须注意大量排水后引起的后果,如围岩颗粒流失,降低围岩稳定性或造成当地农田灌溉和生活用水困难等。要求设计时应事先了解当地环境要求,以“限量排放”为原则,结合注浆堵水制订设计方案与措施,妥善处理排水问题。

“截”即隧道顶部如有地表水易于渗漏处或有坑洼积水,应设置截、排水沟和采取消除积水的措施。

“堵”即在隧道施工过程中有渗漏水时,可采用注浆、喷涂等方法堵住;运营后渗漏水地段也可采用注浆、喷涂或用嵌填材料、防水抹面等方法堵水。

隧道防排水工作应结合水文地质条件、施工技术水平、工程防水等级、材料来源和成本等，因地制宜选择合适的方法，以达到防水可靠、排水通畅、线路基床底部无积水、经济合理的目的，最终保障结构物和设备的正常使用及行车安全。

地下工程一般属大型构筑物，长期处于地下，时刻受地下水的渗透作用，防水问题能否有效地解决不仅影响工程本身的坚固性和耐久性，而且直接影响工程的正常使用。防排结合的提法仅限隧道处于少水稳定的地层，围岩渗透系数小、可允许限排、因结构排水不致对周围环境造成不良影响的情况；反之，当围岩渗透系数大，使用机械排除工程内部渗漏水需要耗费大量能源和费用，且大量的排水还可能引起地面和地面建筑物不均匀沉降和破坏时，这种情况则不允许排。“刚柔结合，多道防线”，其出发点是从材料角度要求在地下工程中将刚性防水材料和柔性防水材料结合使用。多道设防是针对地下工程的特点与要求，通过防水材料和构造措施，在各道设防中发挥各自的作用，达到优势互补、综合设防的要求，以确保地下工程防水和防腐的可靠性，从而提高结构的使用寿命。实际上，目前地下工程结构主体不仅采用了防水混凝土，同时也使用了柔性防水材料。“因地制宜，综合治理”，是指勘察、设计、施工、管理和维护保养各个环节都要考虑防水要求，应根据工程及水文地质条件、隧道衬砌的形式、施工技术水平、工程防水等级、材料来源和价格等因素，因地制宜地选择相适应的防水措施。

总之，地下工程因其种类、使用功能、所处的区域和环境保护要求等的不同，防水设计原则有所不同。

10.3.2 设计要求

地下建筑工程防水设计要求如下。

(1) 防水设计应定级准确、方案可靠、施工简便、经济合理。

(2) 地下工程的防水必须从工程规划、结构设计、材料选择、施工工艺等方面统筹考虑。

(3) 地下工程的钢筋混凝土结构应采用防水钢筋混凝土结构。

(4) 地下工程的变形缝、施工缝、诱导缝、后浇带、穿墙管(盒)、预埋件、预留通道接头、桩头等细部构造应加强防水措施。

(5) 地下工程的排水管沟、地漏、出入口、窗井、风井等，应有防倒灌措施，寒冷及严寒地区的排水沟应有防冻措施。

(6) 地下工程防水设计，应根据工程的特点和需要搜集下列资料：

① 最高地下水位的高程及出现的年代，近几年的实际水位高程和随季节变化情况；

② 地下水类型、补给来源、水质、流量、流向、压力；

③ 工程地质构造，包括岩层走向、倾角、节理及裂隙，含水地层的特性、分布情况和渗透系数，溶洞及陷穴，填土区、湿陷性土和膨胀土层等情况；

④ 历年气温变化情况、降水量、地层冻结深度；

⑤ 区域地形、地貌、天然水流、水库、废弃坑井及地表水、洪水和给水排水系统资料；

⑥ 工程所在区域的地震烈度、地热，含瓦斯等有害物质的资料；

⑦ 施工技术水平和材料来源。

(7) 地下工程防水设计应包括以下五方面内容:

① 防水等级和设防要求;

② 防水混凝土的抗渗等级和其他技术指标、质量保证措施;

③ 柔性防水层选用的材料及其技术指标、质量保证措施;

④ 工程细部构造的防水措施,选用的材料及其技术指标、质量保证措施;

⑤ 工程的防排水系统,地面挡水、截水系统及工程各种洞口的防倒灌措施。

10.3.3 地下工程防水等级与设防要求

1. 地下工程的防水等级

《地下工程防水技术规范》规定:地下工程的防水等级分为四级,各级的标准应符合表10-6的规定。各类地下工程的防水等级,应根据工程的重要性和使用中对防水的要求按表10-7选定。

表10-6 地下工程防水等级标准

防水等级	标准
一级	不允许渗水,结构表面无湿渍
二级	不允许漏水,结构表面可有少量湿渍。 工业与民用建筑:总湿渍面积不应大于总防水面积(包括顶板、墙面、地面)的1/1000;任意$100m^2$防水面积上的湿渍不超过1处,单个湿渍的最大面积不大于$0.1m^2$。 其他地下工程:总湿渍面积不应大于总防水面积的6/1000;任意$100m^2$防水面积上的湿渍不超过4处,单个湿渍的最大面积不大于$0.2m^2$
三级	有少量漏水点,不得有线流和漏泥砂。 任意$100m^2$防水面积上的漏水点数不超过7处,单个漏水点的最大漏水量不大于2.5L/d,单个湿渍的最大面积不大于$0.3m^2$
四级	有漏水点,不得有线流和漏泥砂。 整个工程平均漏水量不大于$2L/(m^2 \cdot d)$;任意$100m^2$防水面积的平均漏水量不大于$4L/(m^2 \cdot d)$

表10-7 不同防水等级的适用范围

防水等级	适用范围
一级	人员长期停留的场所,因有少量湿渍会使物品变质、失效的储物场所及严重影响设备正常运转和危及工程安全运营的部位,极重要的战备工程
二级	人员经常活动的场所,在有少量湿渍的情况下不会使物品变质、失效的储物场所及基本不影响设备正常运转和工程安全运营的部位,重要的战备工程
三级	人员临时活动的场所,一般战备工程
四级	对渗漏水无严格要求的工程

2. 地下工程的防水设防要求

地下工程的防水设防要求应根据使用功能、结构形式、环境条件、施工方法及材料性能等因素合理确定。

(1) 明挖法地下工程的防水设防要求应按表10-8选用。

表10-8 明挖法地下工程防水设防要求

工程部位	主体						施工缝					后浇带				变形缝、诱导缝						
防水措施	防水混凝土	防水砂浆	防水卷材	防水涂料	塑料防水板	金属板	遇水膨胀止水条	中埋式止水带	背贴式止水带	外抹防水砂浆	外涂防水涂料	膨胀混凝土	遇水膨胀止水条	背贴式止水带	防水嵌缝材料	中埋式止水带	背贴式止水带	可卸式止水带	防水嵌缝材料	外贴防水卷材	外涂防水涂料	遇水膨胀止水条
防水等级 一级	应选	应选一至二种					应选二种					应选	应选二种			应选	应选二种					
防水等级 二级	应选	应选一种					应选一至二种					应选	应选一至二种			应选	应选一至二种					
防水等级 三级	应选	宜选一种					宜选一至二种					应选	宜选一至二种			应选	宜选一至二种					
防水等级 四级	宜选	宜选一种										应选	宜选一种			应选	宜选一种					

(2) 暗挖法地下工程的防水设防要求应按表10-9选用。

表10-9 暗挖法地下工程防水设防要求

工程部位	主体				内衬砌施工缝					内衬砌变形缝、诱导缝			
防水措施	复合式衬砌	离壁式衬砌、衬套	贴壁式衬砌	喷射混凝土	背贴式止水带	遇水膨胀止水条	防水嵌缝材料	中埋式止水带	外涂防水涂料	中埋式止水带	背贴式止水带	可卸式止水带	防水嵌缝材料
防水等级 一级	应选一种				应选二种					应选	应选二种		
防水等级 二级	应选一种				应选一至二种					应选	应选一至二种		
防水等级 三级			应选一种		宜选一至二种					应选	宜选一种		
防水等级 四级			应选一种		宜选一种					应选	宜选一种		

(3) 处于侵蚀性介质中的地下工程,应采用耐侵蚀的防水混凝土、防水砂浆、卷材或涂料等防水材料。

(4) 处于冻土层中的混凝土结构,其混凝土抗冻融循环不得少于100次。

(5) 结构刚度较差或受振动作用的工程,应采用卷材、涂料等柔性防水材料。

防水混凝土是指以调整配合比或掺用外加剂的办法增加混凝土自身抗渗性能的一种混凝土。隧道衬砌常用的防水混凝土有以下两类。

(1) 普通防水混凝土。普通防水混凝土是指以控制水灰比,适当调整含砂率和水泥用量的方法来提高其密实性及抗渗性的一种混凝土,其配合比需经过抗压强度及抗渗性能试验后按有关规定要求施工。

(2) 外加剂防水混凝土。在混凝土中掺入适量的外加剂,如引气剂、减水剂或密实剂等可使其达到防水的要求。这种防水混凝土施工较为方便,若使用得当,一般能满足隧道衬砌的防水要求。

当衬砌处于侵蚀性地下水环境中时,混凝土的耐侵蚀系数不应小于0.8。

混凝土的耐侵蚀系数按下式计算:

$$N_s = f_{ws}/f_{wy} \tag{10-17}$$

式中：N_s——混凝土的耐侵蚀系数；

f_{ws}——在侵蚀性水中养护6个月的混凝土试块抗折强度，kPa；

f_{wy}——在饮用水中养护6个月的混凝土试块抗折强度，kPa。

防水混凝土的设计抗渗等级，应符合表10-10的规定。

表10-10 防水混凝土设计抗渗等级

工程埋置深度/m	设计抗渗等级(标号)	工程埋置深度/m	设计抗渗等级(标号)
＜10	S6	20～30	S10
10～20	S8	30～40	S12

注：① 本表适用于Ⅳ、Ⅴ级围岩(土层及软弱围岩)；

② 山岭隧道防水混凝土的抗渗等级可按铁路、公路隧道设计规范执行。

混凝土的抗渗标号是以每组6个试件中4个未发现有渗水现象时的最大水压力表示。抗渗标号按下式计算：

$$S_{con} = 10p_w - 1 \tag{10-18}$$

式中：S_{con}——混凝土抗渗标号；

p_w——第三个试块顶面开始有渗水时的水压力，MPa。

10.4 地下建筑防水材料

10.4.1 卷材防水层

卷材防水层适用于受侵蚀性介质作用或受振动作用的地下工程。卷材防水层应铺设在混凝土结构主体的迎水面上；用于建筑物地下室的卷材防水层应铺设在结构主体底板垫层至墙体顶端的基面上，在外围形成封闭的防水层。

卷材防水层为一层或二层。高聚物改性沥青防水卷材单层使用时，厚度不应小于4mm；双层使用时，总厚度不应小于6mm。合成高分子防水卷材单层使用时，厚度不应小于1.5mm；双层使用时，总厚度不应小于2.4mm。

卷材防水层应选用高聚物改性沥青类或合成高分子类防水卷材并符合下列规定。

(1) 卷材外观质量、品种规格应符合现行国家标准或行业标准。

(2) 卷材及其胶黏剂应具有良好的耐水性、耐久性、耐刺穿性、耐腐蚀性和耐菌性。

(3) 高聚物改性沥青防水卷材的主要物理性能应符合表10-11的要求。

表10-11 高聚物改性沥青防水卷材的主要物理性能

项目		性能要求		
		聚酯毡胎体卷材	玻纤毡胎体卷材	聚乙烯膜胎体卷材
拉伸性能	拉力/(N/50mm)	≥800(纵横向)	≥500(纵向)	≥140(纵向)
			≥300(横向)	≥120(横向)
	最大拉力时伸长率/%	≥40(纵横向)		≥250(纵横向)

续表

项　目	性　能　要　求		
	聚酯毡胎体卷材	玻纤毡胎体卷材	聚乙烯膜胎体卷材
低温柔度	≤－15℃ 厚 3mm，r＝15mm；厚 4mm，r＝25mm；弯 180°无裂纹		
不透水性	压力为 0.3MPa，保持时间为 30min，不透水		

（4）合成高分子防水卷材的主要物理性能应符合表 10-12 的要求。

表 10-12　合成高分子防水卷材的主要物理性能

项　目	性能要求				
	硫化橡胶类		非硫化橡胶类	合成树脂类	纤维胎增强类
	JL_1	JL_2	JF_3	JS_1	
拉伸强度/MPa	≥8	≥7	≥5	≥8	≥8
断裂伸长率/%	≥450	≥400	≥200	≥200	≥10
低温弯折性/℃	－45	－40	－20	－20	－20
不透水性	压力为 0.3MPa，保持时间为 30min，不透水				

10.4.2　涂料防水层

涂料防水层所用材料包括无机防水涂料和有机防水涂料。无机防水涂料可选用水泥基防水涂料、水泥基渗透结晶型涂料；有机涂料可选用反应型、水乳型、聚合物水泥防水涂料。

无机防水涂料宜用于结构主体的背水面，有机防水涂料宜用于结构主体的迎水面。用于背水面的有机防水涂料应具有较高的抗渗性，且与基层有较强的黏结性。

水泥基防水涂料的厚度宜为 1.5～2.0mm；水泥基渗透结晶型防水涂料的厚度不应小于 0.8mm；有机防水涂料根据材料的性能，厚度宜为 1.2～2.0mm。

无机防水涂料、有机防水涂料的性能指标应符合表 10-13、表 10-14 的规定。

表 10-13　无机防水涂料的性能指标

涂料种类	抗折强度/MPa	黏结强度/MPa	抗渗性/MPa	冻融循环
水泥基防水涂料	＞4	＞1.0	＞0.8	＞D50
水泥基渗透结晶型防水涂料	≥3	≥1.0	＞0.8	＞D50

表 10-14　有机防水涂料的性能指标

涂料种类	可操作时间/min	潮湿基面黏结强度/MPa	抗渗性/MPa			浸水 168h 后拉伸强度/MPa	浸水 168h 后断裂伸长率/%	耐水性/%	表干/h	实干/h
			涂膜 30min	砂浆迎水面	砂浆背水面					
反应型	≥20	≥0.3	≥0.3	≥0.6	≥0.2	≥1.65	≥300	≥80	≤8	≤24
水乳型	≥50	≥0.2	≥0.3	≥0.6	≥0.2	≥0.5	≥350	≥80	≤4	≤12
聚合物水泥	≥30	≥0.6	≥0.3	≥0.8	≥0.6	≥1.5	≥80	≥80	≤4	≤12

注：① 浸水 168h 后的拉伸强度和断裂伸长率是在浸水取出后只经擦干即进行试验所得的值；

② 耐水性指标是指材料浸水 168h 后取出擦干测量得到的其黏结强度及抗渗性的保持率。

10.4.3 塑料防水板防水层

塑料防水板可选用乙烯-醋酸乙烯共聚物(EVA)、乙烯-沥青共聚物(ECB)、聚氯乙烯(PVC)、高密度聚乙烯(HDPE)、低密度聚乙烯(LDPE)等或其他性能相近的材料。

塑料防水板应符合下列规定:

(1) 幅宽宜为2～4m;

(2) 厚度宜为1～2mm;

(3) 耐刺穿性好;

(4) 耐久性、耐水性、耐腐蚀性、耐菌性好;

(5) 其物理力学性能应符合表10-15的规定。

表 10-15 塑料防水板物理力学性能

项目	拉伸强度/MPa	断裂伸长率/%	热处理时变化率/%	低温弯折性	抗渗性
指标	≥12	≥200	≤2.5	-20℃无裂纹	0.2MPa,24h不透水

防水板应在初期支护基本稳定并经验收合格后进行铺设。铺设防水板的基面应平整,无尖锐物。基面平整度应符合 $D/L=1/10\sim1/6$ 的要求。其中,D 为初期支护基面相邻两凸面间凹进去的深度,L 为初期支护基面相邻两凸面间的距离。

铺设防水板前应先铺缓冲层。缓冲层应用暗钉圈固定在基面上(无钉孔敷设),如图10-10所示。

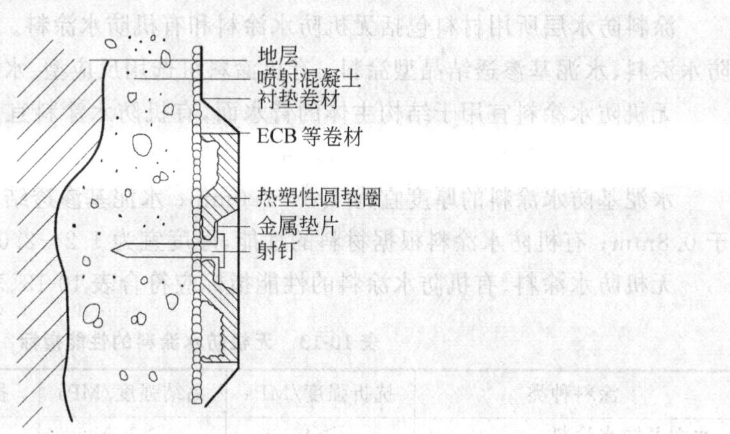

图 10-10 塑料防水板无钉孔敷设

铺设防水板时,边铺边将其与暗钉圈焊接牢固。两幅防水板的搭接宽度应为100mm,搭接缝应为双焊缝,单条焊缝的有效焊接宽度不应小于10mm,焊接严密,不得焊焦或焊穿。环向铺设时,先拱后墙,下部防水板应压住上部防水板。

10.4.4 膨润土板(毯)防水层

用膨润土板(毯)做地下工程防水层应用最多的是美国、加拿大、日本、韩国、新加坡、马来西亚等国家。韩国五个城市近几年修建的地铁和垃圾填埋场几乎百分之百用膨润土板(毯)防水。

膨润土(bentonite)的矿物学名称叫蒙脱石(montmorillonite),是天然的纳米材料。其具有高度的水密实性和自我修补、自愈合功能,在理论上是最接近于完美的防水材料。

1. 膨润土板(毯)的四种特性

(1) 密实性。天然钠基膨润土在水压状态下形成凝胶隔膜,在厚约 5mm 时,它的透水系数小于 10^{-9}cm/s,几乎不透水。

(2) 自保水性。天然钠基膨润土在和水反应的时候,因为 13～16 倍膨胀力的作用,混凝土结构物的 2mm 以内的裂纹会自我补修填补,从而继续维持其防水能力。

(3) 永久性。因为天然钠基膨润土是天然无机矿物质,所以不会出现因为时间的增长而发生常见的老化或者腐蚀现象,也不会发生化学性质的变化,因此它具有永久的防水性能。

(4) 环保性。膨润土是天然无机矿物质,不会污染地下水。

2. 使用膨润土防水的基本条件

(1) 只有在密闭的空间(有压力)才能防水。如果密实度(一般 85%以上)不够,则膨润土不能正常发挥作用。增加密实度可以用填充的方法解决。填充时要求压力一般为 1.4～2.0kPa。另外,对密实度的要求条件中,在膨润土防水剂和结构物之间不能有影响密实度的其他物质。

(2) 与水接触后发挥防水性能。膨润土只有和水接触才会水化膨胀并形成凝胶体,所以必须要有水。有时在施工完膨润土防水层后,将为了防止水化而设的保养薄膜去掉;有时也提前让其和水接触,使其提前形成胶体。

(3) 膨润土和结构的结合。膨润土在特性上要求和结构物接触才会在结构物表面形成胶体隔膜,从而达到防水的目的。

10.5　地下建筑混凝土结构防水

10.5.1　变形缝防水

1. 一般规定

(1) 变形缝应满足密封防水、适应变形、施工方便、检修容易等要求。

(2) 用于伸缩的变形缝宜不设或少设,可根据不同的工程结构类别及工程地质情况采用诱导缝、加强带、后浇带等替代措施。

(3) 变形缝处混凝土结构的厚度不应小于 300mm。

2. 变形缝防水设计

(1) 用于沉降的变形缝其最大允许沉降差值不应大于 30mm。当计算沉降差值大于 30mm 时,应在设计时采取措施。

(2) 用于沉降的变形缝的宽度宜为 20～30mm,用于伸缩的变形缝的宽度宜小于此值。

(3) 变形缝的防水措施可根据工程开挖方法、防水等级按表 10-9、表 10-10 选用,变形缝的几种复合防水构造形式如图 10-11～图 10-13 所示。

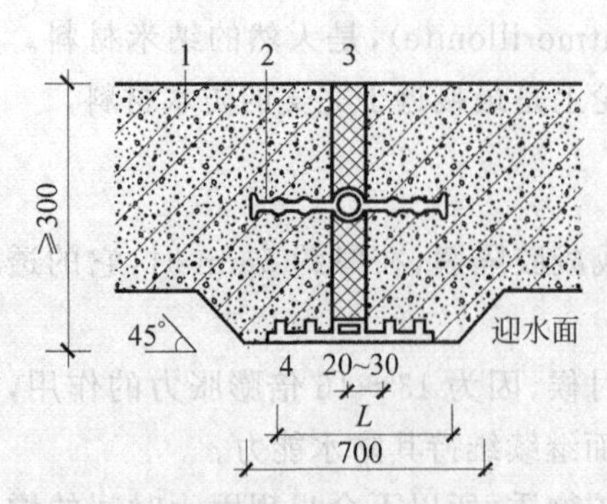

图 10-11 中埋式止水带与背贴式止水带复合使用(长度单位: mm)

1—混凝土结构; 2—中埋式止水带; 3—填缝材料; 4—背贴式止水带。其中,背贴式止水带 $L\geqslant300$,外贴防水卷材 $L\geqslant400$,外涂防水涂层 $L\geqslant400$

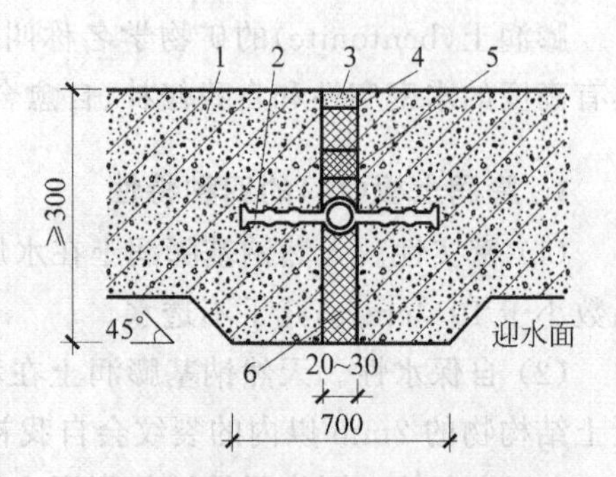

图 10-12 中埋式止水带与遇水膨胀橡胶条、嵌缝材料复合使用(长度单位: mm)

1—混凝土结构; 2—中埋式止水带; 3—嵌缝材料; 4—背衬材料; 5—遇水膨胀橡胶条; 6—填缝材料

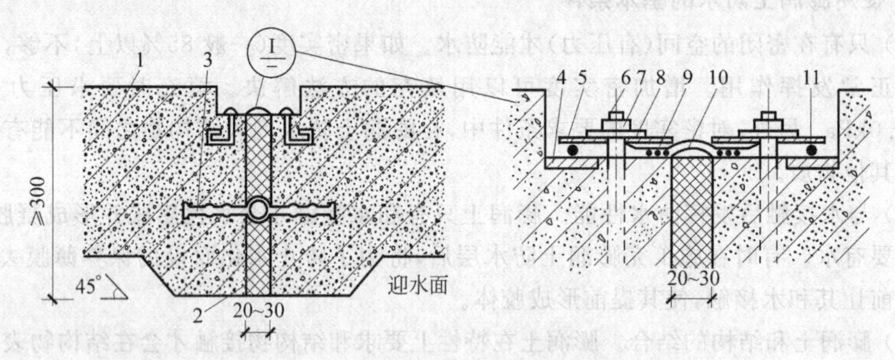

图 10-13 中埋式止水带与可卸式止水带复合使用(长度单位: mm)

1—混凝土结构; 2—填缝材料; 3—中埋式止水带; 4—预埋钢板; 5—紧固体压板; 6—预埋螺栓; 7—螺母; 8—垫圈; 9—紧固件压块; 10—Ω 形止水带; 11—紧固件圆钢

(4) 对环境温度高于 50℃处的变形缝,可采用 2mm 厚的紫铜片或 3mm 厚不锈钢等金属止水带,其中间呈圆弧形,如图 10-14 所示。

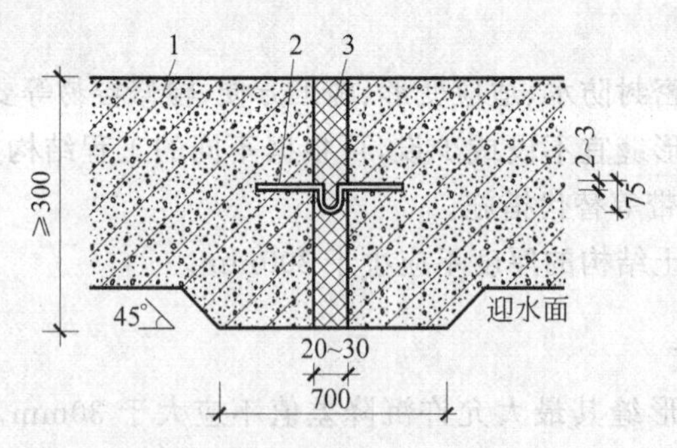

图 10-14 中埋式金属止水带(长度单位: mm)

1—混凝土结构; 2—金属止水带; 3—填缝材料

(5) 变形缝使用的钢边橡胶止水带的物理力学性能应符合表 10-16 的规定。

表 10-16　钢边橡胶止水带的物理力学性能

项目	硬度/邵氏 A	拉伸强度/MPa	扯断伸长率/%	压缩永久变形(70℃,24h)/%	撕裂强度/(N/mm)	热老化性能(70℃,168h)			拉伸永久变形(70℃,24h 拉伸 100%)/%	橡胶与钢带黏合试验	
						硬度变化/邵氏 A	拉伸强度/MPa	扯断伸长率/%		破坏类型	黏合强度/MPa
性能指标	62±5	≥18.0	≥400	≤35	≥35	≤+8	≥16.2	≥320	≤20	橡胶破坏(R)	≥6

10.5.2　施工缝防水

施工缝防水的三种构造形式如图 10-15～图 10-17 所示。施工缝的施工应符合下列规定：

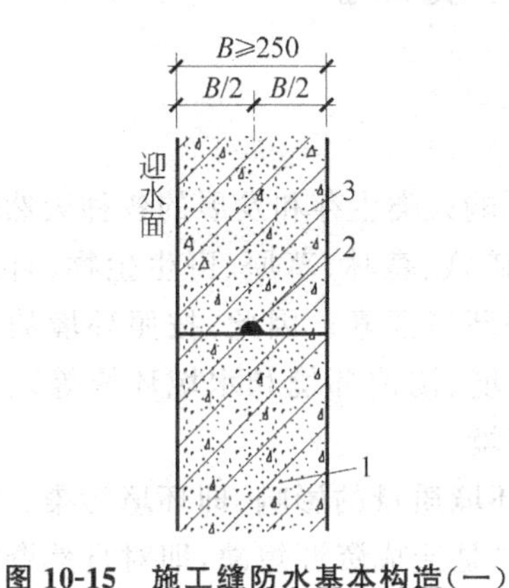

图 10-15　施工缝防水基本构造(一)
(长度单位：mm)

1—先浇混凝土；2—遇水膨胀止水条；3—后浇混凝土

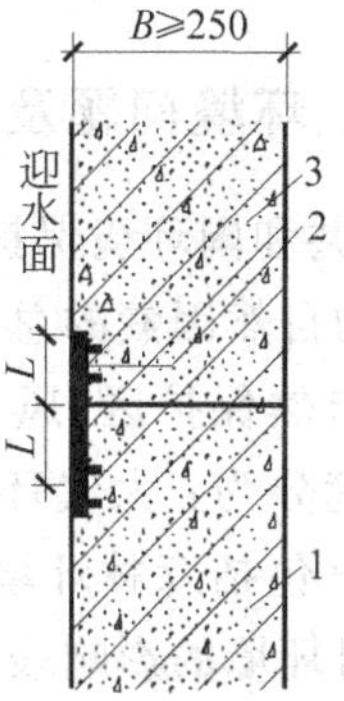

图 10-16　施工缝防水基本构造(二)
(长度单位：mm)

1—先浇混凝土；2—背贴止水带；3—后浇混凝土。背贴止水带 $L \geqslant 150$,外涂防水涂料 $L=200$,外抹防水砂浆 $L=200$

(1) 水平施工缝浇筑混凝土前应将其表面浮浆和杂物清除,铺水泥砂浆或涂刷混凝土界面处理剂并及时浇筑混凝土；

(2) 垂直施工缝浇筑混凝土前应将其表面清理干净,涂刷界面处理剂并及时浇筑混凝土；

(3) 施工缝采用遇水膨胀橡胶止水条止水时,应将止水条牢固地安装在缝表面预留凹槽内；

(4) 施工缝采用中埋式止水带止水时,应确保止水带位置准确、固定牢靠。

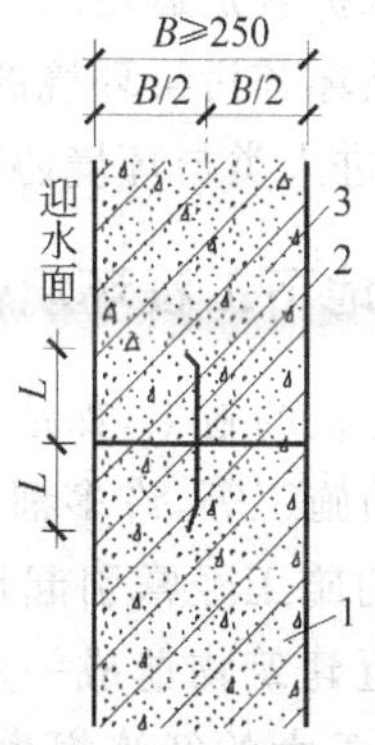

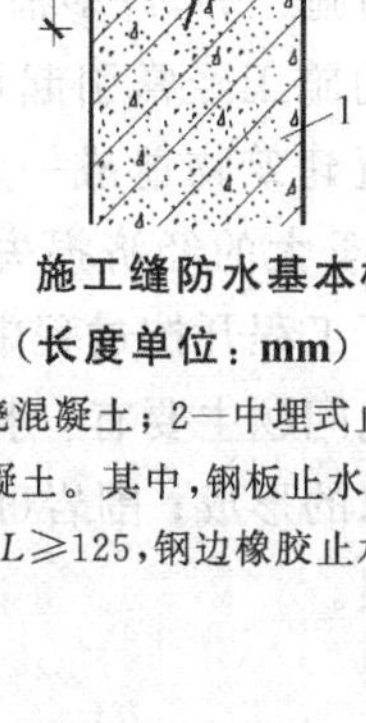

图 10-17　施工缝防水基本构造(三)
(长度单位：mm)

1—先浇混凝土；2—中埋式止水带；3—后浇混凝土。其中,钢板止水带 $L \geqslant 100$,橡胶止水带 $L \geqslant 125$,钢边橡胶止水带 $L \geqslant 120$

10.5.3　后浇带防水

后浇带应设在受力和变形较小的部位,间距宜为 30～60m,宽度宜为 700～1000mm。后浇带可做成平直缝,结构主筋不宜在缝中断开,如必须断开,则主筋搭接长度应大于45倍主筋直径,并应按设计要求加设附加钢筋。后浇带的防水构造如图10-18所示。

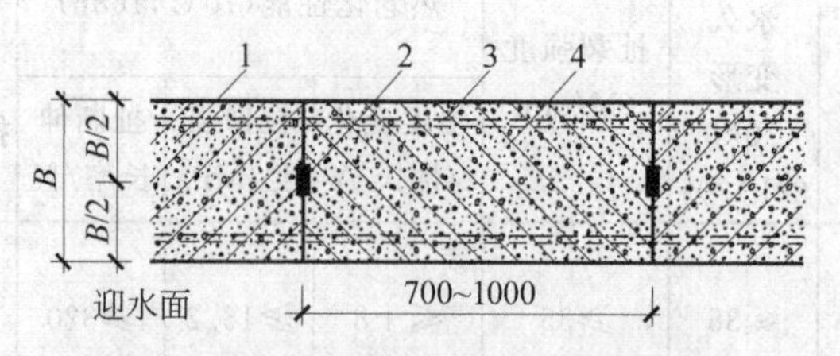

图10-18 后浇带防水构造(长度单位:mm)

1—先浇混凝土;2—遇水膨胀止水条;3—结构主筋;4—后浇补偿收缩混凝土

10.6 地下建筑工程环境保护

10.6.1 环境、环境问题及环境保护

《中华人民共和国环境保护法》对环境的定义是:影响人类生存和发展的各种天然的和经过人工改造的自然因素的总体,包括大气、水、土地、矿藏、森林、草原、野生生物、自然遗迹、人文遗迹、自然保护区、风景名胜区、生活居住区等环境要素。因此,按照环境的不同要素可以把环境分为:大气环境、水环境(包括海洋环境、湖泊环境和水域环境等)、土壤环境、生物环境(包括森林环境和草原环境等)、地质环境。

人类活动对环境的影响表现在两个方面。一是对环境质量的影响,即环境污染。如大气环境污染、水环境污染、声环境污染和土壤污染等。二是造成资源短缺,即对自然资源的超额利用,如水资源短缺、土地沙化、森林锐减等。因此,所谓环境问题是指由于人类活动作用于人们周围的环境所引起的环境质量变化,以及这种变化对人类的生产、生活和健康的影响问题。

环境保护就是运用现代环境科学的理论和方法,在更好地利用自然资源的同时,深刻认识和掌握破坏和污染环境的根源和危害,有计划地保护环境,防止环境质量的恶化,控制环境污染,促进人类与环境协调发展。

10.6.2 地下工程环境保护的内容

地下建筑的施工,如地铁的建造、高楼地下室深基坑的开挖、各种隧道的修建以及各种地下管线的施工等,许多都在建筑物、道路和管线等基础设施高度密集的城市进行,这些地下工程的施工经常引起地表沉降,同时也会造成地下水和孔隙水压发生变化,对道路、管线和附近建筑物造成一定的影响,严重时将导致道路沉陷、管线破裂、建筑物裂损甚至倒塌,造成重大的经济损失和恶劣的社会影响。

在地下工程开挖过程中,必然要改变围岩(或土)中地下水的循环系统。这种改变可能引起的环境问题主要有:水资源浪费和水资源的局部枯竭;加速围岩(或土)风化作用和侵蚀性地下水的形成;围岩(或土)中重金属元素或有害元素的活化迁移,使水资源水质下降和污染土壤。

地下工程施工时把产生的弃渣搬运到了地表，进入与人类生存直接相关的地表环境系统，由此可能引发以下三个方面的环境问题：造成放射性污染；有害或有毒元素进入地表水循环系统，导致水质下降；弃渣淤塞河道或为泥石流提供物源。另外，修建地下工程也会不同程度地破坏地表植被，影响动植物的生存环境。

总之，与地下工程修筑有关的环境病害既有直接的，也有间接的，如表10-17所示。能够及时引起人们关注的环境问题一般是直接的，如城市地下工程修筑中的地表沉降和施工弃渣引起的河道淤塞等，而滞后于施工的间接环境问题则往往被人们忽视。

表10-17　地下工程修筑与环境病害的关系

类型	引起的主要环境问题		工程实例或表现形式
直接病害	地表沉降、围岩(或土)承载能力下降		矿区采空区、交通隧道所经区段上部建筑物损毁或沉降
	地下水循环体系的改变	水资源浪费	山岭及城市隧道施工期间大量涌水
		水资源的局部枯竭	越岭隧道围岩中地下水位急剧降低
		围岩(或土)地下水位下降	矿区、山岭隧道、城区隧道围岩中地下水位急剧下降
	施工弃渣	淤塞河道	在峡谷中修筑傍山隧道或采矿
		与弃渣有关的泥石流	在降雨季节性强，且雨量集中的地区发生此类泥石流
		放射性污染	^{40}K、^{87}Rb、^{147}Sm、^{235}U、^{232}Th、^{176}Lu、^{187}Re等引起污染
		有害元素污染	Cd、Hg、Pb、As、Be、Ba、Se、V、Cr、Ni等引起污染
	围岩(或土)中有害气体释放		瓦斯爆炸，使人缺氧、窒息
间接病害	围岩(或土)及弃渣中有害元素污染水源和土壤		重金属(Cu、Pb、Zn、Cr、Ni)和有害非金属元素(As、Se、S)等引起的污染
	弃渣风化而形成侵蚀性地表水		侵蚀道路结构或地表建筑物
	围岩(或土)中侵蚀性地下水的形成		侵蚀地下工程支护体系，污染水源及土壤

综上所述，地下工程环境保护主要包括三个方面的内容。首先是采取一切必要手段，严格控制地层移动和地表沉降。为此，在进行地下工程设计时，要科学地估算周围地层的影响范围、变形大小，从而对地层变形范围内的邻近建筑物及设施的保护做出正确的决策和周密的安排；在地下工程施工时，要合理地安排施工方法和施工工艺，采取恰当的防治地层移动和地表沉降的措施。

其次，妥善处理弃渣对环境的危害，切实做好水土资源保护和控制水土污染问题。要根据地下工程的不同用途，深入细致地找出污染水土资源的一切物质和根源，制定切实可行的排污方式、方法和措施。设计、施工过程中要充分考虑这些废水的处理和废渣的倾倒场地，必要时可修建废水、弃渣的处理设施，避免侵占良田、淤塞河道。从环保的角度，可以考虑废物再利用的可能。

再次，最大限度地减少地下工程对自然植被的破坏。根据地下工程的性质，对能够利用的花草树木要加以利用，不破坏或少破坏地表植被，要深入研究地下工程的特点，从勘察、设计和施工诸角度去减少对自然植被的破坏。目前我国在隧道选线设计时就遵循“早进晚出”的原则，给我们提出了保护自然植被最好的理念。

10.6.3 地下工程环境保护的意义

人类多年的生活实践证明,改造自然、发展生产,必须同时注意自然界的“报复”,时刻关注发展生产给包括人类在内的整个生态系统所带来的影响,而不能超过某一个限度。环境保护工作就是要明确这一限度,以政策、法律形式做出具体规定,并在人类生产活动中严格遵守,否则人类的生存环境就会遭到破坏。

自然资源的破坏,有的需要几十年,乃至上百年才能恢复,有的则不可逆转。近2000年来的统计发现,自然界已有110多种兽类、130多种鸟类灭绝,其中有三分之一是近50年消亡的。目前全世界估计有2.5万种植物、1000多种脊椎动物正处于灭绝的边缘。

环境污染给人类健康带来的严重威胁,不仅是癌症高发,而且也会引起遗传变异、染色体畸变和遗传基因退化。这不仅是人类第二代、第三代的问题,严重时可能使人类的质量退化,贻害子孙后代,造成无可挽回的损失。

鉴于地下工程仍然存在破坏环境问题并造成环境污染,因此必须注重环境保护问题。我国现阶段仍处于发展中国家行列,地下工程方兴未艾,从现在开始严格执行我国环境保护法和相关的政策,是荫及子孙、造福人类的大事,绝不能掉以轻心!

充分认识到地下工程建设和环境保护之间的关系是经济建设中的战略问题。作为工程技术人员要高瞻远瞩,既要持可持续建设和发展的观点,又要深刻认识保护环境的重要性,以期达到环境效果与经济效果的统一。在这方面,我们不仅要高度重视人类活动的消极影响——破坏和污染环境,更要重视人类活动的积极影响——改善和创造美好的环境。

10.6.4 地下工程环境保护方法

1. 控制地表沉降

控制地层位移和地表沉降可以采用积极保护法和工程本体保护法。积极保护法是指在施工前对地质和环境作深入的调查,提出减少地层位移和地表沉降的施工工艺和参数,并根据经验和理论相结合的原则,预测地下工程施工时对周围环境的影响范围和程度。工程本体保护法是根据偏于安全的沉降估计,预先实施防止周围环境发生灾害性破坏的工程措施。工程本体保护法偏于安全和保险,适用于地质条件复杂、保护要求较高的地下工程,故一般应优先考虑较经济的积极保护法,必要时再采用工程本体保护法。

积极保护法在施工前对地质和环境的调查主要包括以下几种。

(1) 工程地质条件,如岩土体的性质结构、初始地应力场、地温场、地下水等。对于岩石地下工程,还要调查岩石的风化程度、节理裂隙特征及组合规律等。

(2) 岩土体的物理、力学参数,包括密度、孔隙率、强度、变形模量等。

(3) 工程结构参数,如埋深、断面形式和尺寸、支护结构形式、支护材料、工程用途、服务年限等。

(4) 施工参数,如开挖方式、开挖顺序,支护形式、支护时间,防、堵、排水,工程监测与信息处理,作业方式与工程进度等。

工程本体保护法有隔断法、基础托换法、地基加固法、建筑物结构补强法等,简介如下。

(1) 隔断法。在地下工程施工区与附近建筑物之间设置隔断墙以减少土体的水平位移和沉降量,避免由于工程施工导致建筑物产生破坏的工程保护方法称为隔断法。

上海地铁河南中路站总长 230.9m，标准段宽 22.64m，车站结构为双层三跨式矩形框架，基础埋深 17m。车站周边施工情况复杂，地下管线多，环境保护等级高，其中基坑南侧东海商都为特级环境保护。为保证东海商都免受地铁地墙开挖导致的地基沉降影响，地墙施工前先施工两排按特殊"∽"拱形布置的树根桩隔断墙，桩径 350mm，桩长 25.0m，内放钢筋笼，注入快硬双液浆(309 根)；拱脚间配合用砂浆配筋桩土体置换，桩径 110mm，桩长 12.0m，灌注水泥砂浆(63 根)，使成槽时坑外主动土压力和地面超载作用于树根桩并传到分幅处树根桩，以最大限度地减少成槽塌方和地表沉降，如图 10-19 所示。

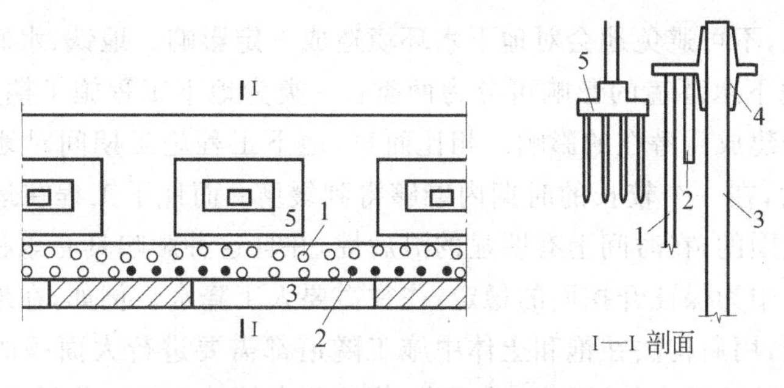

图 10-19　树根桩隔断墙示意图

1—树根桩；2—砂浆配筋桩；3—地墙槽段；4—高导墙；5—东海商都独立基础

(2) 基础托换法。基础托换法就是对建筑物基础用钻孔灌注桩或树根桩进行加固，将建筑物荷载传至深部刚度较大的地层，以减少基础沉降幅度的方法。加固施工前，要对加固基础的承载能力、适应不均匀沉降的限度作详细分析，以确定布桩设计。在加固施工过程中，要在严密跟踪、监测的条件下，根据控制地基的要求，采用合理的钻孔制桩程序及制桩材料的合适配比并考虑是否需要辅助注浆。

(3) 地基加固法。地基加固法特指注浆加固地基，通过对地基注入适当的注浆材料使土体得到加固，从而控制由于地下工程施工引起的土体松散、坍塌及地基变形和不均匀沉降，使地面建筑物免于遭受破坏。地基注浆法适宜用于保护独立条形基础的高层建筑，一般先将独立的基础用现浇的钢筋混凝土连接成筏式基础，筏式基础上留有注浆孔，在地下工程开挖中根据建筑物倾斜或沉降的观测值以合适的压力和流量向基础下及时进行双液分层快凝注浆，达到调整不均匀沉降或减少沉降的目的。

沪南变电所为一长 3m、高 16.3m 的三层钢筋混凝土框架结构大楼，是上海市中心的重要供电站，该大楼距离盾构法施工的隧道中心线约 6m，隧道顶部覆土厚度仅 6m 左右，为防止隧道施工引起的不均匀沉降对大楼的影响，采用了注浆加固地基处理(见图 10-20)。在变电所四周布置了注浆孔(东、西、南、北分别布置 4 孔、5 孔、8 孔和 4 孔，孔深 5～11m，孔间距约 2m)，当盾构推进到该区域时，根

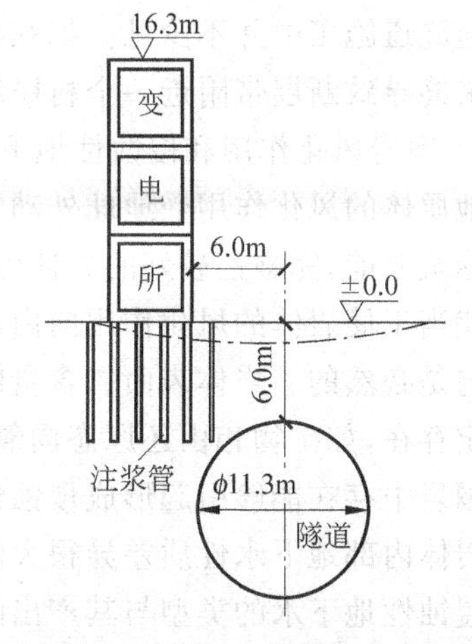

图 10-20　沪南变电站注浆加固示意图

据监测到的沉降资料选定注浆孔,随时注入浆液。由于注浆工艺恰当,施工过程中变电所发生的最大倾斜位移50mm,经注浆校正后,实际倾斜仅20mm,建筑结构始终完好无损,确保了变电所的正常运行。

(4) 建筑物结构补强法。对建筑物本身进行加固,使其结构刚度加强以适应由于地表沉降引起的变形,也是地下工程施工时实现环境保护的有效方法。对建筑物结构本身进行加固的措施有多种,需要根据不同建筑物的特点加以选择。

2. 水土保护

开发地下空间,不可避免地会对地下水环境造成一定影响。地铁、水底交通隧道等大跨度的地下工程对地下水环境的影响可分为两类：一类为地下工程施工期间所产生的影响；另一类为地下工程建成后潜在的影响。相比而言,地下工程施工期间对地下水环境产生的影响是局部范围的,在一个较长的时期内能够得到缓解；而地下工程在运营中对地下水环境的影响则是大范围的,在时间上有明显的滞后性,并且这种影响具有累积效应。

地下工程施工中为保证开挖面的稳定,往往需要人工降水。例如,在地下水位较浅的地区进行深基坑开挖,用盾构法在饱和土体中施工隧道都需要进行大面积的人工降水。大面积的人工降水将导致地下水的“漏斗式”下降,使地下水的动力场和化学场发生变化,引起地下水中某些物理化学组分和微生物含量的变化,可能导致地下水的污染逐步加剧,水质恶化进而影响土质。地下工程施工中为提高土体的防渗性能和增强土体的强度所进行的化学注浆,可能引起地下水的化学污染；施工产生的废水(洞内漏水、洗刷水、排水)、废浆以及施工机械漏油等也将影响到地下水质和导致土壤污染。除此之外,地下工程施工时还应解决好如下三个环保问题。

1) 水资源浪费和水资源的局部枯竭问题

在地下工程的不良地质地段施工过程中,主要的注意力往往集中在开挖与支护环节上。在不少山岭隧道施工中遇到涌水问题时,往往首先考虑如何减小涌水量,使开挖与支护顺利进行,而忽视了因大量涌水产生的水资源浪费和由此引发的围岩地下水位急剧降低,使地下工程周围的地表水源枯竭,从而严重影响当地居民的生活和生产。这样的实例在采矿工程和交通隧道施工中并不少见。如在我国著名的大瑶山隧道的修筑过程中,F9断层带大量涌水并最终导致断层带附近一个村民组的生产及生活用水严重短缺。

2) 围岩风化作用和侵蚀性地下水的形成问题

地质体的风化作用受地球外动力地质作用的控制,作用的深度一般是有限的。在地下工程修筑之前,完整性较好的岩体内部的风化作用一般是微弱的。地下工程施工在一定程度上相当于使岩体的风化作用向内部延伸。在岩体的化学及生物化学风化过程中,地下水的参与是必然的。岩体表面氧含量的增加和地下水循环系统的改变,使围岩中部分矿物不能稳定存在,如矿物相由还原态向氧化态转变,加速围岩的风化作用。如果在地下水比较丰富的围岩中存在能够引起形成侵蚀性地下水的矿物及其组合,则可能形成与地下工程施工之前岩体内部地下水性质差异很大的侵蚀性地下水。

侵蚀性地下水的类型与其产出的地质体的地球化学特征有关,从便于在勘测设计阶段应用的角度,划分为硫化物型、硫酸盐型、氯化物型、碳酸型、组合型等五种类型。至于各种类型的侵蚀性地下水的特点,以及产出的地质环境,请参考相关文献。

3）与弃渣有关的环境问题

地下工程施工时把岩土体内部的物质搬运到了地表，进入与人类生存直接相关的地表环境系统，形成弃渣，由此可能引发以下三方面的环境问题。

首先是放射性物质的危害，主要表现在放射性元素衰变产生的 α 射线和 β 射线具有很强的直接或间接引起人体内水分子电离的作用。地下工程的弃渣中含有 ^{40}K、^{87}Rb、^{147}Sm、^{235}U、^{232}Th、^{176}Lu、^{187}Re 等放射性元素，将其搬运到地表无疑是一种污染源的扩大途径，对此必须引起高度重视。

其次是引起地表水水质下降。地下工程施工弃渣被人工搬运到地表，极易遭受风化。在风化过程中，弃渣中的有害或有毒元素比在地下工程围岩中更容易进入地表水循环系统，导致水质下降。同样，也可能使地表水具有侵蚀性。

再次，弃渣对土壤的污染。地下工程的弃渣在地表水的侵蚀下，将有毒、有害物质和元素带到土壤中，造成土壤污染。此外，弃渣还会造成泥石流等其他地质灾害。

根据地下工程自身的特点和目前普遍采用的动态设计原则，在勘测和施工期间对于硫化物含量较高和放射性元素含量较高的施工弃渣，可采用固体废物处理的方法进行妥善处置，如深层掩埋、高温焚烧或冶炼等。

3. 减少对自然植被的破坏

地下工程建设总会或多或少地造成对自然植被的破坏，除了在勘察、设计和施工过程中时刻注意减少对自然植被的破坏外，还应采取适当的补救办法，及时恢复自然植被，如在弃渣场地植树种草等。

复习思考题

10.1　简述几种井点降水方法的基本原理。

10.2　简述地下混凝土结构防水措施。

10.3　简述在地下工程施工中对地下水的保护措施。

10.4　地下工程环境保护的主要内容有哪些？

习　题

10.1　南水北调中线某渠道倒虹吸工程，管身为三孔一联的箱形混凝土结构。基坑总长 200m，宽为 57.25m。

本区地下水为第四系孔隙水，水量充沛，渗透性好。含水层的主要岩性为粗砂夹中砂、砾砂透镜体，厚度为 16m，具有承压性，地下水受降雨影响较大，补给较快，水的渗透系数为 $k=15\text{m/d}$，降水深度约 5.96m，确定采用管井井点降水方案。

10.2　拟建某住宅 A2 栋为 18 层框架剪力墙结构建筑物，设地下室一层。场地地势较平坦，西临盘龙江，地下涌水量较大。场区内地下水位稳定埋深为 −3.0m，地下水对混凝土无腐蚀性。渗透系数为 $k=15\text{m/d}$，地下水为潜水、完整井。基坑长×宽为 45m×43m，设计基坑开挖深度 −6.85m，不透水层 −9.85m。试对该基坑进行真空井点降水设计。

参考文献

[1] BEER G. Numerical Simulation in Tunnelling[M]. Springer，2003.

[2] KOLYMBAS D. Tunnelling and Tunnel Mechanics[M]. Springer，2005.

[3] GHOSE A K，JOSHI A. Blasting in Mines-New Trends[M]. CRC Press，2013.

[4] HOEK E，BROWN E T. 岩石地下工程[M]. 北京：冶金工业出版社，1986.

[5] International Tunnelling Association，Guidelines for the design of shield tunnel lining[J]. Tunnelling and Underground Space Technology，2000，15(3)：303-331.

[6] KOLYMBA D. Tunnelling and Tunnel Mechanics[M]. Springer，2005.

[7] MARGOTTINI C，CANUTI P，SASSA K. Landslide Science and Practice[M]. Springer，2013.

[8] PETROSYAN M I. Rock Breakage by Blasting[M]. A. A. Balkema/Rotterdam/Brookfield，1994.

[9] SINHA R S. Underground Structures Design and Construction[M]. ELSEVIER，1991.

[10] SPATHIS A T，GUPTA R N. Tunnelling in Rock by Drilling and Blasting[M]. CRC Press，2012.

[11] WOOD D M. Geotechnical Modelling[M]. Spon press，2003.

[12] 贺少辉. 地下工程[M]. 北京：清华大学出版社，北京交通大学出版社，2006.

[13] 李茜，付乐. 简明地下结构设计施工资料集成[M]. 北京：中国电力出版社，2005.

[14] 陈希哲. 土力学地基基础[M]. 5版. 北京：清华大学出版社，2006.

[15] 李志业，曾艳华. 地下结构设计原理与方法[M]. 成都：西南交通大学出版社，2003.

[16] 李世辉. 隧道支护设计新论——典型类比分析法应用和理论[M]. 北京：科学出版社，1999.

[17] 龚维明，童小东. 地下结构工程[M]. 南京：东南大学出版社，2004.

[18] 周文波. 盾构法隧道施工技术及应用[M]. 北京：中国建筑工业出版社，2004.

[19] 胡明亮，刘刚，张小平. 基坑支护工程设计施工实例图集[M]. 北京：中国建筑工业出版社，2008.

[20] 马宝松，STEIN D，蒋国盛. 顶管和微型隧道技术[M]. 北京：人民交通出版社，2004.

[21] 袁聚云，李镜培，楼晓明. 基础工程设计原理[M]. 上海：同济大学出版社，2001.

[22] 葵胜华，黄智勇，董建军，等. 注浆法[M]. 北京：中国水利水电出版社，2006.

[23] 小泉淳. 盾构隧道管片设计[M]. 北京：中国建筑工业出版社，2012.

[24] 尉希成，周美玲. 支挡结构设计手册[M]. 2版. 北京：中国建筑工业出版社，2004.

[25] 黄绍铭，高大钊. 软土地基与地下工程[M]. 2版. 北京：中国建筑工业出版社，1999.

[26] 东南大学，天津大学，同济大学. 混凝土结构设计原理[M]. 3版. 北京：中国建筑工业出版社，2005.

[27] 马建秦，王小明. 与地下工程修筑有关的几个环境问题[J]. 现代隧道技术，2002，39(8)：27-31.

[28] 李金湘. 城市地下工程引起的环境工程地质问题[J]. 西部探矿工程，2006，119(3)：276-277.

[29] 史佩栋. 城市地下工程与环境保护 大陆卷[M]. 北京：人民交通出版社，2002.

[30] 黄显智. 环境保护实用教程[M]. 北京：化学工业出版社，2004.